DICTIONNAIRE

DES

SCIENCES NATURELLES.

TOME XVIII.

GA = GJU.

Le nombre d'exemplaires prescrit par la loi a été déposé. Tous les exemplaires sont revêtus de la signature
de l'éditeur.

DICTIONNAIRE

DES

SCIENCES NATURELLES,

DANS LEQUEL 

ON TRAITE MÉTHODIQUEMENT DES DIFFÉRENS ÊTRES DE LA NATURE, CONSIDÉRÉS SOIT EN EUX-MÊMES, D'APRÈS L'ÉTAT ACTUEL DE NOS CONNOISSANCES, SOIT RELATIVEMENT A L'UTILITÉ QU'EN PEUVENT RETIRER LA MÉDECINE, L'AGRICULTURE, LE COMMERCE ET LES ARTS.

SUIVI D'UNE BIOGRAPHIE DES PLUS CÉLÈBRES NATURALISTES.

Ouvrage destiné aux médecins, aux agriculteurs, aux commerçans, aux artistes, aux manufacturiers, et à tous ceux qui ont intérêt à connoître les productions de la nature, leurs caractères génériques et spécifiques, leur lieu natal, leurs propriétés et leurs usages.

PAR

Plusieurs Professeurs du Jardin du Roi, et des principales Écoles de Paris.

TOME DIX-HUITIÈME.

F. G. LEVRAULT, Editeur, à STRASBOURG, et rue des Fossés M. le Prince, n.º 33, à PARIS.

LE NORMANT, rue de Seine, N.º 8, à PARIS.

1820.

Liste des Auteurs par ordre de Matières.

Physique générale.

M. LACROIX, membre de l'Académie des Sciences et professeur au Collége de France. (L.)

Chimie.

M. CHEVREUL, professeur au Collége royal de Charlemagne. (Ch.)

Minéralogie et Géologie.

M. BRONGNIART, membre de l'Académie des Sciences, professeur à la Faculté des Sciences. (B.)

M. BROCHANT DE VILLIERS, membre de l'Académie des Sciences. (B. ou V.)

M. DEFRANCE, membre de plusieurs Sociétés savantes. (D. F.)

Botanique.

M. DESFONTAINES, membre de l'Académie des Sciences. (Desf.)

M. DE JUSSIEU, membre de l'Académie des Sciences, professeur au Jardin du Roi. (J.)

M. MIRBEL, membre de l'Académie des Sciences, professeur à la Faculté des Sciences. (B. M.)

M. HENRI CASSINI, membre de la Société philomatique de Paris. (H. Cass.)

M. LEMAN, membre de la Société philomatique de Paris. (Lem.)

M. LOISELEUR DESLONGCHAMPS, Docteur en médecine, membre de plusieurs Sociétés savantes. (L. D.)

M. MASSEY. (Mass.)

M. POIRET, membre de plusieurs Sociétés savantes et littéraires, continuateur de l'Encyclopédie botanique. (Poir.)

M. DE TUSSAC, membre de plusieurs Sociétés savantes, auteur de la Flore des Antilles. (De T.)

Zoologie générale, Anatomie et Physiologie.

M. G. CUVIER, membre et secrétaire perpétuel de l'Académie des Sciences, prof. au Jardin du Roi, etc. (G. C. ou CV. ou C.)

Mammifères.

M. GEOFFROI, membre de l'Académie des Sciences, professeur au Jardin du Roi. (G.)

Oiseaux.

M. DUMONT, membre de plusieurs Sociétés savantes. (Ch. D.)

Reptiles et Poissons.

M. DE LACÉPÈDE, membre de l'Académie des Sciences, professeur au Jardin du Roi. (L. L.)

M. DUMERIL, membre de l'Académie des Sciences, professeur à l'École de médecine. (C. D.)

M. CLOQUET, Docteur en médecine. (H. C.)

Insectes.

M. DUMERIL, membre de l'Académie des Sciences, professeur à l'École de médecine. (C. D.)

Crustacés.

M. W. E. LEACH, membre de la Société royale de Londres, Correspondant du Muséum d'histoire naturelle de France. (W. E. L.)

Mollusques, Vers et Zoophytes.

M. DE BLAINVILLE, professeur à la Faculté des Sciences. (De B.)

M. TURPIN, naturaliste, est chargé de l'exécution des dessins et de la direction de la gravure.

MM. DE HUMBOLDT et RAMOND donneront quelques articles sur les objets nouveaux qu'ils ont observés dans leurs voyages, ou sur les sujets dont ils se sont plus particulièrement occupés. M. DE CANDOLLE nous a fait la même promesse.

M. F. CUVIER est chargé de la direction générale de l'ouvrage, et il coopérera aux articles généraux de zoologie et à l'histoire des mammifères. (F. C.)

DICTIONNAIRE

DES

SCIENCES NATURELLES.

GA

GA. (*Ornith.*) Ces deux lettres expriment, dans une partie du Piémont, le nom du geai d'Europe, *corvus glandarius*, Linn. (Cʜ. **D.**)

GAA-FE, GOA-FE. (*Mamm.*) Le premier de ces noms est, dit-on, en Laponie, celui du putois femelle, et le se--cond celui du putois mâle. (F. C.)

GAAR. (*Ichthyol.*) Ce nom est donné par les Espagnols au brochet de mer, *esox belone*, Linn. Voyez Ésoce et Orphie. (H. C.)

GAARBON. (*Ornith.*) Les Norwégiens appellent ainsi l'engoulevent, *caprimulgus europœus*, Linn. (Cʜ. **D.**)

GAAS, GASA. (*Mamm.*) C'est, dit-on, le nom que l'on donne, au Kamtschatka, à l'ours de cette contrée. (F. C.)

GAAS. (*Ornith.*) Ce mot, seul et sans épithète, corres-pond, en danois, à *anser*, oie. (Cʜ. **D.**)

GAASPOU (*Ornith.*), nom danois du corlieu, *scolopax phœopus*, Linn. (Cʜ. **D.**)

GABAR. (*Ornith.*) Ce nom a été donné par M. Levaillant (Ois. d'Afr., t. 1, p. 89 et pl. 33), à une espèce d'épervier

18.
 i

décrite au tome 15 de ce Dictionnaire, pag. 26, sous la dénomination de *dædalion gabar*. (Ch. D.)

GABBIANI. (*Ornith.*) Cetti, dans ses *Uccelli di Sardegna*, pag. 291, désigne par ce terme les goélands, que sur nos côtes de la mer méditerranée on appelle aussi *gabians*. (Ch. D.)

GABBRE (*Bot.*), nom donné, dans l'île de Ceilan, suivant Linnæus, à un jambosier, *eugenia*, dont il ne détermine pas l'espèce. (J.)

GABBRO. (*Min.*) Nom donné par les marbriers d'Italie à la roche jadienne et felspathique qui renferme la diallage verte (*verde di Corsica*), à plusieurs serpentines qui contiennent aussi la diallage verte ou bronzée, et à quelques autres roches qui s'éloignent sensiblement de celles-ci. Des minéralogistes avoient appliqué le même nom de *gabbro* à des serpentines ordinaires et à des amphiboles, en sorte qu'il étoit devenu vague et insignifiant; mais M. de Buch l'a particulièrement adopté pour désigner un genre de roche très-répandu dans la nature, qu'on rencontre sous toutes les latitudes en masses notables et étendues, dont le gisement se rattache à celui des serpentines, et qui paroît avoir succédé aux schistes primitifs et précédé ceux de transition. Je renvoie tout ce qui peut rester à dire sur cette roche intéressante au mot Euphotide, que MM. Haüy et Brongniart ont cru devoir substituer à celui de *gabbro*. (Brard.)

GABBRONITE. (*Min.*) Substance minérale compacte, blanche, verdâtre ou bleuâtre, à cassure écailleuse, qui raye le verre, qui résiste à l'action d'une pointe de fer, mais qui n'étincelle pas sous le briquet : elle se fond difficilement au chalumeau en un émail blanc, et semble d'ailleurs avoir quelque analogie avec le felspath compacte tenace ; c'étoit au moins l'opinion de M. Reuss, et M. Haüy sembloit aussi la partager. Le comte de Bournon pense différemment, car il dit positivement, dans son catalogue, qu'il possède deux échantillons de gabbronite qui offrent des traces de cristallisation telles, qu'elles ne permettent pas de considérer cette substance comme un felspath compacte.

M. Jameson, en regardant le gabbronite, dans sa Minéralogie, comme une simple variété de paranthine compacte, a-t-il rencontré juste? C'est ce que nous ne pouvons point décider affirmativement dans l'état actuel de nos connoissances sur cette substance.

Le gabbronite, découvert en Norwége par M. Schumacher, est associé, dans tous les échantillons qui existent dans les collections publiques ou particulières, à un felspath rouge-incarnat bien caractérisé , à de l'amphibole hornblende verdâtre, à du talc et à du fer oligiste, qui est quelquefois magnétique : il est encore très-rare. La variété bleuâtre se trouve à Kenlig près Arendal, et celle qui est verte à Friderichsvarn, où elle est disséminée dans une siénite à gros grains. (BRARD.)

GABIAN. (*Ornith.*) Suivant Salerne, on nomme ainsi, en langage provençal, le héron commun, *scolopax arcuata*, Linn. Ce terme est également employé pour désigner les goélands. Voyez GABBIANI. (CH. D.)

GABIER. (*Ornith.*) M. d'Azara décrit, sous le n.º 152 de ses Oiseaux du Paraguay, une espèce de *contre-maîtres*, à laquelle il donne ce nom parce qu'elle se tient au milieu des arbres. Cet oiseau a du rapport avec notre pouillot ou chantre. (CH. D.)

GABILAN. (*Ornith.*) Suivant Barrère, *Ornithologiæ specimen*, p. 67, la grue ordinaire, *ardea grus*, Linn., porte ce nom en Catalogne. (CH. D.)

GABINA. (*Ornith.*) L'oiseau auquel Barrère, pag. 18, applique ce nom catalan, se rapporte, suivant Buffon, au goéland à manteau gris ou bourgmestre, *larus fuscus*, Linn. (CH. D.)

GABIOURNE. (*Ornith.*) Ce nom est donné, dans les Langues, contrée du Piémont, aux piegrièches que dans l'Astesane on appelle *gabiousne*. Le guépier commun, *merops apiaster*, Linn., est nommé, dans ce dernier pays, *gabiousna d'marina*. (CH. D.)

GABIRA. (*Mamm.*) Marcgrave dit que ce nom est celui d'un singe de Nigritie, dont la taille égale celle du renard, qui a la queue longue et la couleur noire. Ces détails ne suffisent pas pour faire reconnoître l'espèce à laquelle ce singe peut appartenir. (F. C.)

GABON. (*Ornith.*) Il est fait mention, dans l'Histoire générale des voyages de l'abbé Prévost, in-4.°, t. 5, p. 58, d'un gros oiseau que le capitaine Stibbs a tué dans les plaines environnant la rivière de Gambra, vulgairement Gambie, et que ce voyageur se borne à désigner comme ayant six pieds de longueur entre le bec et la queue, en ajoutant que les Portugais le nomment *gosreal*, et les Mandingos *gabon*. (Ch. D.)

GABOT. (*Ichthyol.*) Suivant M. Bosc, c'est le nom d'un poisson qu'on pêche pour servir d'amorce, et qui a la propriété de rester trois ou quatre jours en vie hors de l'eau. On ignore à quel genre appartient cet animal. (H. C.)

GABRE. (*Ornith.*) Le coq d'Inde est quelquefois désigné par ce nom, qu'on applique aussi au mâle de la perdrix. (Ch. D.)

GABRIAN (*Ornith.*), dénomination provençale du plongeon. (Ch. D.)

GABUAN (*Bot.*), nom égyptien de la chrysène, *chrysanthemum segetum* de Forskal. (J.)

GABUB. (*Ichthyol.*) Nous avons décrit, à l'article Esclave, sous la dénomination de *therapon jarbua*, Cuv., un poisson qui fréquente les rivages de l'Arabie, et que plusieurs auteurs ont rangé parmi les sciènes et les holocentres. C'est lui que les Arabes appellent gabub. Voyez Esclave. (H. C.)

GABUERIBA. (*Bot.*) Cet arbre du Brésil, cité dans le Recueil des voyages. est le même que le *cabureiba* cité précédemment et mentionné par Pison; il est estimé, non-seulement pour le baume qui suinte de son écorce, mais encore pour son bois, qui est dur et pesant, très-propre pour les constructions. (J.)

GABURA. (*Bot.*) Adanson a nommé ainsi un genre dont le type est la plante figurée, pl. 19, fig. 27, de l'*Historia muscorum* de Dillenius. Cette figure étant celle du *collema fasciculare* d'Acharius, on peut dire qu'Adanson a fondé le premier ce genre de la famille des lichens, quoique les caractères qu'il lui assigne ne conviennent qu'à une partie de ses espèces. Il le place, comme plusieurs autres genres de lichens, dans la famille des champignons, et le caractérise ainsi : Champignons charnus, comme gélatineux ou mucilagineux, en buisson élevé à branches plates. terminées par des écussons hémisphériques, dont la surface supérieure porte des graines sphériques. Le *collema fasciculare* appartient à la seconde section (*enchylium*) du genre COLLEMA. Voyez ce mot. (LEM.)

GACHET (*Ornith.*), nom donné par Brisson à l'hirondelle de mer à tête noire, *sterna nigra*, Linn. (CH. D.)

GACHIPAES (*Bot.*), nom que porte dans la Nouvelle-Grenade, suivant M. de Humboldt, une espèce de palmier qu'il nomme *bactris gasipaes*, et qui a une tige très-élevée. (J.)

GACKE (*Ornith.*), nom saxon du choucas ou petite corneille des clochers, *corvus monedula*, Linn. (CH. D.)

GAD (*Bot.*), nom oriental de la coriandre cultivée, cité dans Rauwolf. (J.)

GADDEB. (*Ornith.*) C'est par ce nom que les oiseleurs de Londres désignent le pilet ou canard à longue queue, *anas acuta*, Linn. (CH. D.)

GADDEVIERRUSH (*Ornith.*), nom que porte, en Laponie, le chevalier rayé de Buffon, *tringa striata*, Linn. (CH. D.)

GADDFUR (*Ichthyol.*), un des noms suédois de l'épinoche, *gasterosteus aculeatus*. Voyez GASTÉROSTÉE. (H. C.)

GADE, *Gadus.* (*Ichthyol.*) Dans Athénée, un poisson que les Grecs appeloient autrement ὄνος, est désigné par le nom de γάδος, nom qu'Artédi et Linnæus ont appliqué à un genre de poissons très-nombreux en espèces. Ce genre appartient à la famille des auchénoptères, et au sous-ordre des holobranches jugulaires, suivant M. Duméril; M. Cuvier le range parmi ses malacoptérygiens subbrachiens. C'est à lui qu'il faut rapporter la morue, l'églefin, le tacaud, le capelan, le colin, le merlan, le merlus, etc., qui doivent être rangés dans différens sous-genres, mais qui présentent, avec tous les autres gades, des caractères communs, que nous allons faire connoître.

Ces poissons, en effet, ont généralement tous le corps médiocrement alongé et lisse; les catopes attachés sous la gorge, couverts d'une peau épaisse, et aiguisés en pointe; les écailles molles et petites; les yeux latéraux; les opercules non dentelées; la tête sans écailles; toutes les nageoires molles; les mâchoires et le devant du vomer armés de dents pointues, inégales, médiocres, sur plusieurs rangs, et faisant la carde ou la râpe; les ouies grandes, à sept rayons.

Presque tous, en outre, portent deux ou trois nageoires sur le dos, et une ou deux derrière l'anus.

Leur nageoire caudale est distincte.

Leur estomac est vaste et a des parois très-robustes, de même que leur vessie aérienne, qui est très-grande et souvent dentelée sur les côtés. Ils ont de nombreux cœcums et un canal intestinal assez long.

Le genre Gade, d'abord très-vaste, a été ensuite partagé en sections, puis démembré en plusieurs sous-genres par différens ichthyologistes. M. Cuvier a proposé récemment une division de ce genre, qui est généralement déja adoptée, et suivant laquelle les Gades sont partagés en Brosmes, Lottes, Merlans, Merluches, Mories, Mustelles, Phycis et Raniceps. Voyez ces différens mots. (H. C.)

GADELLES. (*Bot.*) Dans quelques parties de la France on donne ce nom aux groseilles rouges. (L. D.)

GADELLIER. (*Bot.*) C'est le nom que portent, dans quelques cantons, le groseillier rouge et le groseillier épineux. (L. D.)

GADILLE. (*Ornith.*) L'oiseau auquel ce nom et ceux de *gadrille* et *gagrille* sont, d'après Salerne, donnés à Saumur, est le rouge-gorge, *motacilla rubecula*, Linn. (Ch. D.)

GADIN. (*Conchyl.*) Adanson (Sénégal, p. 55, pl. 2) décrit sous ce nom une petite espèce de coquille patelliforme que l'on range, très-probablement à tort, parmi les véritables patelles. (De B.)

GADISSE (*Ornith.*), nom danois, suivant Muller, de la sarcelle de Ferroé, *anas hyemalis*, Linn. (Ch. D.)

GADJER. (*Bot.*) Voyez Djyzar-hendi. (J.)

GADO-FOWLO. (*Ornith.*) Stedman parle, t. 1, p. 158, de son Voyage à Surinam, d'un oiseau très-familier portant ce nom, qui signifie oiseau du bon Dieu, et dont la taille et le plumage se rapprochent de ceux du roitelet commun. Son gazouillement enchanteur, ajoute-t-il, l'a fait appeler *rossignol de l'Amérique septentrionale*. Sonnini, qui suppose une faute typographique dans cette dénomination d'un oiseau du midi de l'Amérique, observe, d'ailleurs, qu'il ne soupçonne pas à quelle espèce peut se rapporter le gado-fowlo, qu'il n'a jamais vu dans la Guiane. (CH. D.)

GADOÏDE. (*Ichthyol.*) M. Noël, de Rouen, a donné ce nom spécifique à un saumon que l'on pêche dans l'étang de Trouville, et M. de Lacépède l'a adopté. Linnæus l'avoit déjà appliqué à un blennie, que l'on pêche très-communément toute l'année, dit M. Risso, dans les mers de Nice. (H. C.)

GADOLINITE. (*Min.*) Substance minérale d'un noir bleuâtre, verdâtre ou brunâtre, recouverte en partie d'une pellicule blanche, dont la cassure vitreuse et conchoïde la fait ressembler, au premier aspect, à l'obsidienne noire volcanique. Elle est opaque jusque sur les bords, et présente tout au plus, dans les lames les plus minces, une teinte vert-sombre, quand on les place entre l'œil et la lumière.

La gadolinite se décolore ou se réduit en gelée dans les acides affoiblis et chauffés : placée brusquement à l'action du chalumeau, elle y décrépite en lançant au loin ses débris embrasés; mais, échauffée avec lenteur et précaution, elle se fond par places en se boursouflant. Elle n'est point magnétique, mais elle attire fortement l'aiguille ou le barreau aimanté; placée sur un isoloir, elle acquiert l'électricité résineuse par le frottement, et, malgré sa grande fragilité, elle attaque légèrement le quarz et donne quelquefois des étincelles sous le choc du briquet. Fondue avec le verre de borax, elle le colore en jaune de topaze, et sa pesanteur spécifique est de 4,24, ce qui est énorme pour une pierre, et égal à la gravité du sulfate de baryte.

On n'a point encore rencontré la gadolinite à l'état de cristallisation parfaite; mais M. Haüy s'est assuré qu'on peut la ramener à un prisme rhomboïdal oblique dans lequel l'incidence de M sur M seroit d'environ 110°, et celle de P sur l'arête H d'environ 136°. (Tableau comparatif, fig. 16.)

MM. Vauquelin, Klaproth, Gadolin et Eckeberg ont analysé la gadolinite : on conclura sans doute de la dissemblance de leurs résultats, que cette substance n'est pas toujours parfaitement dans le même état de composition, ce qui, au reste, n'est point sans exemple. L'yttria que renferme toujours cette substance, bien rare encore, la met au nombre des minéraux les plus intéressans, et sa grande pesanteur spécifique, jointe à la couleur jaune qu'elle communique au verre de borax, fait naturellement présumer que l'*yttrium*, qui est ici à l'état d'oxide, doit se rapprocher sous quelques points des métaux ordinaires.

Analyses de la gadolinite.

	Par Vauquelin	Par Klaproth.	Par Gadolin.	Par Eckeberg.
Yttria................	35.00	59.75	38.00	47.50
Silice................	25.00	21.25	31.00	25.00
Oxide noir de fer.......	25.00	17.50	12.00	18.00
Alumine.............	≈ ≈	0.50	19.00	4.50
Eau.................	10.50	0.50	≈ ≈	≈ ≈
Oxide de manganèse....	2.00	≈ ≈	≈ ≈	≈ ≈
Chaux...............	2.00	≈ ≈	≈ ≈	≈ ≈

M. Eckeberg a trouvé depuis, en répétant cette analyse, jusqu'à 4,5 de glucine.

Le capitaine Arrhenius découvrit la gadolinite, en 1788, dans un felspath blanc (peut-être l'albyte) de la carrière d'Ytterby en Suède, et particulièrement dans les points où cette substance étoit coupée par des filets de mica noir. M. Léonhard, dans son Manuel de minéralogie pour l'année 1815, annonce que MM. Gahn et Berzelius ont trouvé, aux environs de Fahlun en Suède, des gisemens nouveaux de gadolinite; on en cite aussi à Brodbo, à Afvestad et à l'île de Bornholm, également en Suède. Il seroit à souhaiter que cette substance devînt assez commune pour qu'on pût faire quelques expériences en grand sur l'yttria qu'elle renferme abondamment, et qui semble jouir de quelques caractères très-remarquables. (Brard.)

GADOONG. (*Bot.*) Les habitans de l'île de Sumatra nomment ainsi, suivant Marsden, la squine qu'ils emploient pour le traitement des maladies vénériennes. (J.)

GADWALL (*Ornith.*), nom anglois du chipeau, *anas strepera*, Linn., qu'on appelle aussi *grey*. (Ch. D.)

GÆDAWAKA. (*Bot.*) Hermann et Burmann parlent d'un arbre de ce nom, que le dernier compare à un platane, probablement parce qu'il porte des fruits sphériques et hérissés; mais ces fruits sont beaucoup plus petits et disposés en épis. (J.)

GÆDDABA. (*Bot.*) Nom égyptien de la renoncule maritime, suivant Forskal. A Ceilan, suivant Hermann et Burmann, le micocoulier du Levant est nommé *ghædhaba*. (J.)

GÆDHUMBA. (*Bot.*) Voyez GHÆDHABA. (J.)

GÆJA (*Bot.*), nom égyptien, suivant Forskal, du *lignum sanctum*, qui est le gayac. (J.)

GAELGENSICKEN (*Ornith.*) nom allemand du bruant commun, *emberiza citrinella*, Linn. (Ch. D.)

GAELVOGEL. (*Ornith.*) A Louvain on appelle ainsi le tarin commun, *fringilla spinus*, Linn. (Ch. D.)

GAE-MARIL (*Bot.*), nom brame du *muriguti* des Malabares, cité par Rhéede, qui est l'*hedyotis auricularia* des botanistes. (J.)

GÆRTNERA. (*Bot.*) Ce nom est consacré à la mémoire du botaniste célèbre qui nous a fait le mieux connoître la formation intérieure des fruits et des graines. Schreber l'avoit donné au *molina* de Cavanilles, genre de la famille des malpighiacées, qui ne pouvoit subsister avec cette dénomination, déjà appliquée à un autre genre, pour lequel le nom d'*hyptage*, donné par Gærtner, a prévalu. Retz avoit aussi appelé *gærtnera* le genre que nous avions nommé *pongatium* (parce que c'est le *pongati* des Malabares) et que Gærtner nomme *sphenoclea*. Un troisième *gærtnera*, établi par M. de Lamarck, qui a été adopté, tient aux rubiacées, en offrant néanmoins des caractéres faisant exception dans cette famille. (J.)

GÆRTNÈRE, *Gærtnera*. (*Bot.*) Genre de plantes monocotylédones, à fleurs complètes, monopétalées, de la famille des *rubiacées*, de la *pentandrie monogynie* de Linnæus, offrant pour caractère essentiel : Un calice d'une seule pièce, lâche.

presque campanulé, accompagné de deux bractées à sa base; une corolle presque infundibuliforme, partagée en cinq découpures à son limbe; cinq étamines; un style bifide à son sommet. Le fruit est une baie supérieure, à deux semences, muni à sa base du calice persistant.

La dénomination de *gærtnera* avoit été employée pour la formation d'un autre genre, qui est l'*hyptage madablota* de Gærtner, *gærtnera racemosa* de Roxburg, *molina racemosa* de Cavanilles, que M. de Lamarck avoit d'abord mentionné dans l'Encyclopédie sous le nom de *banisteria unicapsularis* n.° 5. Le *gærtnera* dont il est ici question, a été établi par le même auteur pour une plante découverte à l'Isle-de-France par Commerson.

GÆRTNÈRE A GAINES : *Gœrtnera vaginata*, Encycl., 2.° Suppl., 685; *Ill. gen.*, tab. 167 : *Gœrtnera longiflora*, Gært. fils, tab. 191. Arbre de l'Isle-de-France, dont les rameaux sont droits, striés, très-glabres, garnis de feuilles pétiolées, opposées, glabres à leurs deux faces, coriaces, ovales-lancéolées, acuminées, entières, longues d'environ cinq pouces, larges de deux, rétrécies à leur base; les nervures simples, alternes, saillantes; les stipules entières, en forme de gaine, garnies de filets roides à leur bord supérieur et tronquées.

Les fleurs sont disposées en une belle panicule terminale, très-ramifiée; les ramifications opposées, munies chacune à leur base de deux bractées lancéolées, entières. Le calice est presque campanulé, persistant, à découpures courtes, ovales-aiguës; accompagné, un peu au-dessous de sa base, de deux petites bractées : le tube de la corolle cylindrique; les découpures du limbe lancéolées, un peu aiguës, de la longueur du tube; les filamens courts, insérés à l'orifice du tube; les anthères oblongues, obtuses, à peine saillantes; l'ovaire supérieur, ovale, un peu arrondi; deux stigmates en tête, fort petits. Le fruit est une baie ovale, à deux valves, environnée à sa base par le calice, renfermant deux noix monospermes, ovales, planes d'un côté, convexes de l'autre. (Poir.)

GÆSS (*Ichthyol.*), nom arabe d'un poisson de la mer Rouge, que Forskal et Linnæus ont décrit sous le nom de *scomber fulvo-guttatus*. M. de Lacépède en a fait un caranx. (H. C.)

GÆTHACHORAKA. (*Bot.*) Le guttier, *cambogia gutta*, est ainsi nommé à Ceilan, suivant Burmann et Linnæus. (J.)

GÆTHANA (*Bot.*), espèce de millet de Ceilan, suivant Hermann. (J.)

GAEY (*Ornith.*), nom allemand du choucas, *corvus monedula*, Linn. (Сн. **D.**)

GÆZZ. (*Ichthyol.*) Voyez Gæss. (H. C.)

GAFARRON. (*Ornith.*) Ce nom, qui s'écrit aussi *gafarrou* ou *gafarru*, désigne, dans la Catalogne et l'Arragon, le venturon ou serin d'Italie, *fringilla citrinella*, Linn. M. d'Azara, n.° 134, l'a appliqué à un oiseau de Buenos-Ayres, qu'on appelle aussi *parachi*, et dont la tête, la gorge et une partie du cou sont noires; la poitrine et le croupion d'un jaune foncé; les côtés de la tête et la nuque d'un jaune plus pâle, les parties supérieures verdâtres, et les pennes des ailes et de la queue jaunes à l'origine et noires à l'extrémité. M. d'Azara regarde cet oiseau comme de la même espèce que le tarin; mais Sonnini le rapporte au chardonneret jaune de Buffon, figuré dans les planches enluminées, n.° 202, sous le nom de chardonneret du Canada, *fringilla tristis*, Linn., et M. Vieillot le nomme chardonneret-olivarez. (Сн. **D.**)

GAFEL. (*Bot.*) Voyez Cafal. (J.)

GAFET. (*Conchyl.*) Adanson (Sénégal, pag. 237, pl. 18) donne ce nom à une espèce de donace, *Donax trunculus*. (De B.)

GAGANA. (*Bot.*) Le *valli-wara* des Malabares, ainsi nommé par les Brames, est regardé par M. Poiret comme le même que son *tragia colorata*, plante de la famille des euphorbiacées. (J.)

GAGAR. (*Ornith.*) Les oiseaux aquatiques qui portent ce nom au Kamtschatka, et dont Krascheninnikow cite quatre espèces, page 500 de sa Description de ce pays, imprimée à la suite du Voyage de l'abbé Chappe en Sibérie, appartiennent au genre *Colymbus*. (Сн. **D.**)

GAGARO. (*Bot.*) Voyez Gageri. (J.)

GAGEA. (*Bot.*) On trouve sous ce nom, dans le *Botan. Magaz.*, plusieurs espèces d'ornithogales présentées comme devant former un genre particulier. Voyez Ornithogale. (Poir.)

GAGEL. (*Bot.*) Les Allemands nomment ainsi le piment royal, *myrica gale*, au rapport de C. Bauhin. (J.)

GAGERI (*Bot.*), nom brame du *crotalaria laburnifolia*, qui est le *nelia-tandale-coti* du Malabar, suivant Rhéede. Le *gagaro* ou *wellia-tandale-coti* des mêmes lieux est le *crotalaria quinquefolia*. (J.)

GAGET (*Ornith.*), un des noms vulgaires du geai commun, *corvus glandarius*, Linn. (Ch. D.)

GAGHA. (*Ornith.*) Marsden cite, tom. 1, p. 188, de son Histoire de Sumatra, ce nom, comme étant celui d'une corneille de cette île. (Ch. D.)

GAGIANDRA, GALANA (*Erpétol.*) : noms italiens des tortues. (H. C.)

GAGILA (*Ornith.*), un des noms hébreux de l'aigle commun, *falco fulvus*, Linn. (Ch. D.)

GAGL (*Ornith.*), nom norwégien du cravant, *anas bernicla*, Linn., qui s'écrit aussi *gaul*. (Ch. D.)

GAGNEDI. (*Bot.*) L'arbrisseau d'Abyssinie nommé ainsi par Bruce est le *protea abyssinica* de Willdenow. (J.)

GAGNOL (*Ichthyol.*), synonyme de syngnathe-trompette. Voyez à l'article Syngnathe. (H. C.)

GAGNOLLE (*Ichthyol.*), nom marseillois du syngnathe-hippocampe. Voyez Syngnathe. (H. C.)

GAGOU. (*Bot.*) Préfontaine, dans sa Maison rustique de Cayenne, parle d'un grand arbre de ce nom, qu'il met au rang des cèdres, et que les naturels du pays emploient pour faire des canots. Il n'est cité par aucun autre voyageur. (J.)

GAGUEY. (*Bot.*) L'arbre cité sous ce nom par Oviedo est regardé par Clusius comme le même qu'un autre dont on lui avoit envoyé une grappe de fruits semblable à celle du *ficus racemosa*; ce qui peut faire présumer que l'un et l'autre ne sont qu'une espèce de figuier. (J.)

GAHAJA (*Ichthyol.*), nom arabe d'un poisson que Forskal et Linnæus ont rangé parmi les sciènes, sous la dénomination de *sciæna spinifera*. (H. C.)

GAHNIA. (*Bot.*) Genre de plantes monocotylédones, à fleurs glumacées, de la famille des *cypéracées*, de l'*hexandrie monogynie* de Linnæus, offrant pour caractère essentiel : Des paillettes imbriquées, fasciculées, conniventes; plusieurs vides et stériles; six étamines; un style à trois ou cinq divisions profondes; une noix environnée à sa base par les filamens des étamines très-alongés.

Ce genre est rapproché des choins, *schœnus*, Linn. : il comprend des herbes à feuilles vaginales, graminiformes; à fleurs paniculées, la plupart originaires de la Nouvelle-Hollande. Il a été d'abord établi par Forster, et consacré à la mémoire de Henri Gahn, natif de Suède. M. de Labillardière en a découvert plusieurs espèces, qui lui ont fourni l'occasion de réformer en partie le caractère essentiel. Les principales espèces sont :

Gahnia des perroquets : *Gahnia psittacorum*, Labill., *Nov. Holl.*, 1, pag. 89, tab. 115; Zelar., Encycl., Suppl. Ses tiges sont glabres, hautes de cinq à six pieds, presque simples, à feuilles glabres, alternes, fort longues, linéaires, subulées, hérissées en-dessus de petits aiguillons rudes, transparens; les gaines fendues vers leur sommet. Les fleurs sont disposées en une panicule terminale, touffue, serrée, longue de sept à huit pouces; les épillets oblongs, pédonculés, très-obtus; les écailles ovales, nombreuses, toutes stériles, excepté les deux supérieures; l'une des deux fleurs hermaphrodite, l'autre avortée; quatre, cinq, plus souvent six étamines; les filamens planes; les anthères oblongues, à deux loges; les stigmates simples, aigus. Le fruit est une noix ovale, acuminée par une portion du style, luisante, à une loge; l'enveloppe très-dure, presque osseuse, noirâtre, entourée par les filamens des étamines; une semence presque cylindrique, marquée de six impressions transverses, annulaires; l'embryon à peine sensible; le périsperme blanchâtre, charnu, ombiliqué, proche duquel on distingue un globule d'un jaune de soufre un peu verdâtre. Cette plante croît au cap Van-Diemen.

Gahnia trifide : *Gahnia trifida*, Labill., *Nov. Holl.*, 1, pag. 89, tab. 116. Cette espèce a des tiges simples, droites, très-glabres, cylindriques, hautes de deux pieds; les feuilles étroites, linéaires, subulées, presque jonciformes, fort longues, rudes en dehors. Les panicules sont grêles; ses rameaux simples, axillaires, soutenant chacun deux ou trois épis ovales, presque globuleux, composés d'épillets sessiles, imbriqués d'environ quatre à cinq écailles presque égales, acuminées, finement dentées en scie; une seule fertile; les filamens roussâtres, un peu épaissis vers leur base; l'ovaire globuleux: le style trifide; une noix ovale, presque a trois faces, bleuâtre, luisante; une semence solitaire et roussâtre. Cette plante a été découverte à la Nouvelle-Hollande par M. de Labillardière.

GAHNIA A HAUTE TIGE : *Gahnia procera*, Forst., *Nov. Gen.*, n.° 26: Linn. fils, *Suppl.*, 211; Gærtn. fils, tab. 181. Ses tiges sont droites, cylindriques, hautes de trois ou quatre pieds, très-glabres; les feuilles linéaires, subulées; les fleurs disposées en une panicule terminale, alongée, composée d'épis oblongs et d'épillets munis de quatre à six écailles concaves, lancéolées, acuminées; les inférieures stériles; six filamens courts; les anthères droites, linéaires, acuminées; l'ovaire oblong: le style bifide à son sommet; deux stigmates bifides, recourbés. Le fruit est une noix glabre, oblongue, presque anguleuse; la semence marquée de quelques impressions transverses, annulaires. Les filamens, persistans, prolongés et pendans, entourent les noix à leur base. Cette plante croît sur les collines à la Nouvelle-Zélande.

GAHNIA FAUX-CHOIN : *Gahnia schœnoïdes*, Forst., *Prodr.*, n.° 159; Willd., *Spec.*, 2, pag. 244. Cette plante a le port d'un *schœnus*. Ses tiges sont flexueuses et se terminent par une panicule ramifiée, composée de plusieurs épis roides, presque solitaires sur les pédoncules. Elle a été découverte par Forster à l'île d'Otahiti. (POIR.)

GAHNITE. (*Min.*) Nom donné par MM. Hissinger et Berzelius à la substance octaèdre qui fut trouvée par M. Gahn à Falun en Suède, et qui a reçu, à raison de ses principes constituans ou de sa forme cristalline, les noms de corindons, de spinelles zincifères ou même de zinc-gahnite. Voyez ZINC-GAHNITE. Enfin, suivant M. Lucas, le comte Lobo a décrit, sous le même nom de gahnite, une substance trouvée dans le pays de Salzbourg, que M. Haüy considère comme une simple variété d'idocrase. (BRARD.)

GAI. (*Bot.*) Cette plante du Japon, citée par Kæmpfer, et dont on fait le moxa, est l'*artemisia indica* de Linnæus. M. Thunberg reporte ce nom et cette propriété à l'*artemisia vulgaris.* Le nom de *jamogi* est aussi donné aux deux espèces. (J.)

GAI (*Ornith.*), ancien nom françois du geai, qu'on écrivoit aussi *guai* et *gayon.* M. Bonelli, dans son catalogue des oiseaux du Piémont, dit qu'on y donne aussi au geai le nom de *gaï,* et qu'on appelle le casse-noix *gaï d'mountagna,* et le rollier *gaï marin.* (Cн. D.)

GAÏAC et GAYACINE. (*Chim.*) Le gaïac est une substance d'un aspect résineux, qui exsude du *guayacum officinale,* ou que l'on extrait des parties ligneuses de cet arbre par le procédé suivant. On divise le bois en bûches; on perce chacune d'elles dans le sens de leur longueur; on chauffe une de leurs extrémités: le gaïac fondu coule à l'extrémité opposée.

Le gaïac est solide; sa densité est de 1,2289. Il est coloré en rouge, en brun, ou en vert quand il a été exposé à la fois au soleil et au contact de l'oxigène : il est translucide ; il se liquéfie au feu. Si on chauffe le gaïac devenu vert, il perd sa couleur. Lorsqu'on le frotte ou qu'on le pulvérise, il répand une odeur balsamique. Sa saveur est d'abord légère, puis âcre. Exposé au contact du chlore gazeux, il devient vert, bleu, puis brun.

L'eau enlève 0,09 au gaïac que l'on fait digérer avec elle. La dissolution, d'un brun verdâtre, précipite l'alun, l'hydrochlorate de protoxide d'étain, le nitrate d'argent ; quand on la fait évaporer, il reste un extrait brun, qui est soluble dans l'alcool et très-peu dans l'éther.

L'alcool dissout le gaïac en totalité, et devient d'un brun foncé. L'eau précipite de cette dissolution la partie du gaïac qui est à proprement parler résineuse, et la sépare ainsi de celle qu'elle peut dissoudre. Le gaïac est précipité en bleu pâle par le chlore, en gris cendré par l'acide hydrochlorique, en vert pâle par l'acide sulfurique. L'acide nitrique foible, mêlé à la solution de gaïac, ne paroît pas d'abord avoir d'action ; mais, au bout de quelques heures, le liquide devient vert, puis bleu, et enfin brun: alors il se produit un précipité de cette couleur. La dissolution nitrique, verte ou bleue, donne avec l'eau des précipités de l'une ou l'autre de ces couleurs.

Le gaïac est moins soluble dans l'éther hydratique que

dans l'alcool : 15 parties d'eau saturée de potasse, et 58 d'eau saturée d'ammoniaque, peuvent dissoudre 1 partie de gaïac.

L'acide sulfurique concentré dissout le gaïac. Si on mêle de l'eau à cette dissolution au moment où elle vient de s'opérer, on obtient un précipité couleur de fleurs de lilas.

L'acide nitrique à froid le dissout : il se produit une forte effervescence. La dissolution concentrée donne beaucoup d'acide oxalique et une eau mère d'un jaune brun qui ne précipite pas la gélatine.

100 parties de gaïac distillées ont donné :

Eau acidulée	5,5
Huile brune épaisse.	24,5
Huile empyreumatique. . . .	30
Gaz acide carbonique . . . }	
Gaz hydrogène carburé . . }	9
Charbon	30,5
Perte.	0,5
	100,0

Tels sont les faits chimiques que le gaïac a fournis à l'observation. M. Wollaston a reconnu le premier la coloration du gaïac en vert, lorsqu'il est exposé au soleil et au contact de l'oxigène. M. Hatchett a vu qu'il se conduit avec l'acide nitrique d'une manière un peu différente des résines ; car celles-ci donnent, quand on les traite par cet acide, une substance qui précipite la gélatine, et beaucoup moins d'acide oxalique. M. Brande, après M. Hatchett, a fait connoître toutes les autres propriétés du gaïac que nous avons exposées. Il pense que c'est en absorbant des quantités d'oxigène croissantes que cette substance devient verte, bleue et enfin brune. Suivant M. Brande, le gaïac a quelque analogie avec la partie colorante verte des feuilles. Tomson, dans son Système de chimie, a inscrit le gaïac comme espèce distincte parmi les principes immédiats, d'après trois propriétés : 1.° celle de donner 0,30 de charbon à la distillation, tandis que les résines en donnent au plus 0,15 ; 2.° celle de donner beaucoup d'acide oxalique sans substance astringente, lorsqu'on le traite par l'acide nitrique ; 3.° enfin, celle de devenir vert, bleu, brun par l'acide nitrique et le chlore. Mais, sans nier précisément l'existence d'une espèce nouvelle de principe immédiat dans le gaïac, nous ferons observer que certainement ce principe n'a point encore été étudié à l'état de pureté ; qu'en conséquence, pour l'admettre définitivement, il faut faire de nouvelles expériences, et commencer par isoler de la partie résineuse la partie qui se dissout dans l'eau. Si l'on démontre l'existence de ce principe, on pourra lui donner le nom de *gayacine* proposé par M. De Candolle. (CH.)

GAÏAC DE CAYENNE. (*Bot.*) Les Créoles de cette colonie nomment ainsi le *coumarouna* d'Aublet, parce qu'ils l'emploient aux mêmes usages que le gaïac. Dans quelques Antilles le nom de gaïac bâtard est donné à une espèce de buis, qui est le *tricera citrifolia* de Willdenow. Le plaqueminier, *diospyros*, étoit nommé *guaiacum* par plusieurs anciens, et ensuite *guaiacana* par des auteurs plus récens. (J.)

GAIDEROPE (*Conchyl.*) : nom signifiant pied-d'âne, sous lequel les anciens désignoient une espèce de coquille bivalve dont on fait maintenant le genre SPONDYLE. Voyez ce mot. (DE B.)

GAIDEROTHYMUM (*Bot.*), herbe de Crète, mentionnée sous ce nom par Honorius Belli, et rapportée par C. Bauhin au *stachys spinosa*. (J.)

GAIGAMADOU. (*Bot.*) L'arbre cité sous ce nom par Préfontaine est le même que le *ieaieamadou* ou *voirouchi* de Cayenne, *virola* d'Aublet. (J.)

GAILLARD. (*Bot.*) Suivant Nicolson, le gayac est ainsi nommé à Saint-Domingue. (J.)

GAILLARDA. (*Bot.*) Fougeroux avoit consacré ce genre à la mémoire de Gaillard de Charentonneau, amateur distingué de la botanique. Voyez GALARDIE. (J.)

GAILLARDIE, *Gaillardia*. (*Bot.*) [*Corymbifères*, Juss. = *Syngénésie polygamie frustranée*, Linn.] Ce genre de plantes, établi par Fougeroux de Bondaroy, en 1786, dans les Mémoires de l'Académie des sciences, appartient à la famille des synanthérées, à notre tribu naturelle des hélianthées, et à la section des hélianthées-héléniées, dans laquelle nous le plaçons auprès du *tithonia*, qui nous semble en différer très-peu, quoique nous ne connoissions ce dernier genre que par la description de son auteur. Fougeroux a dédié la gaillardie à son ami, M. Gaillard de Charentonneau, qui savoit allier aux devoirs de la magistrature la culture des plantes et l'étude de la botanique, dont il faisoit son délassement. C'est pourquoi ce genre a reçu de son premier auteur le nom très-convenable de *gaillardia*, et non point celui de *gaillarda*, qui est un peu baroque, ni celui de *galardia*, qui est insignifiant. Comme il n'y a aucun motif plausible pour modifier, altérer ou changer la dénomination primitive du genre, nous n'adoptons pas le changement que M. de Lamarck a fait du nom de *gaillardia* en celui de *galardia*; nous rejetons à plus forte raison les noms de *calonnea* et de *virgilia*, donnés au même genre par Buchoz et par l'Héritier.

Voici les caractères génériques que nous avons nous-même observés avec beaucoup de soin sur des échantillons secs des deux espèces que nous décrirons.

La calathide est radiée, composée d'un disque multiflore, régulariflore, androgyniflore, et d'une couronne unisériée, liguliflore, neutriflore. Le péricline, supérieur aux fleurs du disque, est formé de squames pauciseriées, imbriquées, appliquées, courtes, coriaces, surmontées d'un long appendice étalé, foliacé, lancéolé. Le clinanthe est convexe et garni de fimbrilles subulées. Les ovaires sont oblongs et pourvus de très-longs poils membraneux, dressés, appliqués; leur aigrette est longue, composée de cinq à huit squamellules subunisériées, à peu près égales, dont la partie inférieure est paléiforme, lancéolée, entière, membraneuse, uninervée, et dont la partie supérieure est filiforme, roide, un peu barbellulée. Les fleurs de la couronne ont un faux-ovaire aigretté, à peu près semblable à l'ovaire des fleurs du disque; point de style ; la corolle à languette multinervée, parsemée de glandes nombreuses, tres-élargie de bas en haut, partagée supérieurement en trois divisions oblongues. Les corolles du disque ont le tube court, le limbe long à cinq divisions munies de longs poils articulés, colorés. Chaque style porte deux stigmatophores, surmontés chacun d'un long appendice subulé, hérissé de collecteurs membraneux, colorés.

Il est très-essentiel de remarquer que le clinanthe des *gaillardia* n'est point garni de squamelles, mais de fimbrilles ; ce qui est fort différent, quoique les botanistes s'obstinent, contre l'évidence, à confondre ces deux sortes d'appendices. (Voyez notre article FIMBRILLES.)

GAILLARDIE ÉLÉGANTE : *Gaillardia pulchella*, Fouger., Mém. de l'Acad. des sc., 1786 ; *Galardia bicolor*, Lamck., Willd., Pers. ; *Calonnea pulcherrima*, Buchoz ; *Virgilia helioides*, l'Hérit. C'est une plante herbacée, annuelle, dont la tige, haute d'un pied et demi à deux pieds, est rameuse, cylindrique, striée, garnie de petits poils. Ses feuilles sont éparses, sessiles, iné-gales et dissemblables ; la plupart sont longues d'environ un pouce et demi ou deux pouces, larges d'environ six lignes, peu épaisses, oblongues, obtuses ou aiguës au sommet, pres-que toutes découpées sur les bords en quelques dents écartées, inégales, plus ou moins saillantes ; les deux faces sont par-semées de petits poils. Les calathides, larges d'environ deux pouces, sont solitaires au sommet de la tige et des rameaux, qui sont nus en leur partie supérieure ; elles sont composées d'un disque violet, et d'une couronne, dont la partie voisine du disque est violette ou rougeâtre, et l'autre partie jaune. Les squames du péricline sont bisériées, très-courtes ; leurs appendices sont très-longs, linéaires-lancéolés, et parsemés de petits poils comme les feuilles ; les fimbrilles du clinanthe sont épaisses, roides et courtes ; les squamellules de l'aigrette, au nombre de six à huit, ont la partie supérieure filiforme aussi longue que la partie inférieure paléiforme ; les corolles de la couronne ont le tube très-court et le limbe très-long, orné de deux couleurs ; les corolles du disque ont le tube court, étroit, le limbe long, large, cylindrico-campanulé, partagé supérieurement en cinq lobes demi-lancéolés, bordés de poils articulés, moniliformes, et surmontés chacun au sommet d'un très-long appendice filiforme, épais, qui pa-roît aussi formé d'articles arrondis ; les lobes de ces corolles, les poils et appendices qui les bordent, les stigmatophores, leurs appendices et collecteurs sont vivement colorés en violet.

Nous avons observé et décrit cette belle plante dans l'Her-bier de M. Desfontaines. Elle habite l'Amérique septentrionale. Elle fut d'abord trouvée à la Louisiane par M. le comte d'Essales, qui apporta ses graines en France, et les donna à Fougeroux, auteur du genre. Cultivée avec succès dans ce pays, pendant plusieurs années, la gaillardie élégante sembloit destinée à devenir l'un des ornemens de nos jardins, où elle fleurissoit depuis la mi-juillet jusqu'à la fin d'Octobre : ses premières graines mûrissoient assez pour reproduire l'espèce ; mais malheureusement elle a disparu peu à peu par l'effet de l'altération de ses graines, qui ont successivement produit des individus de plus en plus dégénérés. La beauté de ses calathides résulte des deux couleurs de la couronne et de l'élégance du disque, qui est due principalement aux poils et aux appendices des corolles, ainsi qu'aux collecteurs qui garnissent les appendices des stigmatophores. Nous avons cru devoir restituer à cette plante son premier nom de *gaillardia pulchella*, auquel M. de Lamarck a substitué très-arbitrairement celui de *galardia bicolor*, mal à propos adopté par presque tous les botanistes.

GAILLARDIE RUSTIQUE ; *Gaillardia rustica*, H. Cass. L'espèce que nous nommons ainsi, parce qu'elle est plus robuste et moins belle que la précédente, a la racine vivace, produisant plusieurs tiges herbacées, simples ou ramifiées en leur partie inférieure, hautes d'environ un pied, dressées, cylindriques, striées, un peu rougeâtres, dépourvues de feuilles en leur partie supérieure. Les feuilles sont épaisses, coriaces-charnues, glauques ou d'un vert-cendré blanchâtre, traversées par une nervure médiaire également saillante sur les deux faces, lesquelles sont garnies, ainsi que les tiges et les rameaux, de poils plus ou moins longs, épars, couchés, un peu roides, articulés ; elles exhalent, quand on les froisse, une odeur un peu aromatique. La plupart de ces feuilles sont très-entières ; mais quelques-unes des inférieures, parfaitement analogues à certaines feuilles de *sisymbrium tenuifolium*, sont presque pinnatifides, ou découpées latéralement en lobes distans, irréguliers, inégaux, triangulaires ; les feuilles radicales sont longues de quatre pouces et demi, larges de sept à huit lignes, pétiolées, oblongues, lancéolées, aiguës ; les caulinaires sont alternes, ordinairement sessiles, demi-amplexicaules, longues de trois pouces, étroites,

oblongues-lancéolées-aiguës, comme ciliées sur les bords de
leur partie basilaire. Les calathides, larges d'un pouce et
demi tout au plus, sont solitaires au sommet des tiges et
des rameaux, qui sont longs, garnis de feuilles en leur partie
inférieure, nus et pédonculiformes en leur partie supérieure; elles sont composées d'un disque violet ou rougeàtre,
et d'une couronne d'environ dix-huit languettes glabres et
entièrement jaunes en-dessus, ou seulement nuancées à la
base par une très-légère teinte rougeàtre à peine sensible,
mais hérissées en-dessous de poils rougeàtres. Le péricline,
supérieur aux fleurs du disque, mais inférieur à celles de
la couronne, est presque plane, orbiculaire, étalé, formé
de squames trisériées, dont les appendices ont les bords
rougeàtres, et sont hérissés d'une multitude de longs poils
articulés; les fimbrilles du clinanthe sont plus longues et
moins épaisses que dans la gaillardie élégante; les squamellules de l'aigrette, au nombre de cinq ou six, ont, comme
dans l'autre espèce, la partie supérieure filiforme aussi
longue que la partie inférieure paléiforme. Les corolles de
la couronne ont le tube plus long et le limbe moins grand
que dans l'espèce précédente; elles sont presque entièrement
jaunes, criblées de glandes et parsemées de poils en-dessous:
les corolles du disque ont le tube court, le limbe long,
parsemé de glandes, les divisions hérissées extérieurement
de longs poils articulés; mais les appendices de ces divisions,
étant plus petits que dans la première espèce, se confondent
avec les poils: les divisions de ces corolles, les poils qui les
garnissent, les stigmatophores, avec leurs appendices et
collecteurs, sont colorés en violet, comme dans la première
espèce.

La gaillardie rustique est cultivée au Jardin du Roi sous
le nom de *galardia pulchella* : mais on se convaincra que
c'est une espèce bien distincte, si on compare attentivement
les deux descriptions qu'on vient de lire et que nous avons
faites sur plusieurs échantillons secs ou vivans. Il n'est pas
aussi certain que notre espèce soit différente de la *galardia
aristata*, décrite par Pursh dans sa Flore de l'Amérique
septentrionale; cependant nous avons lieu de croire qu'elle
en diffère spécifiquement. 1.° Pursh attribue aux aigrettes

de sa plante des arêtes beaucoup plus longues que dans l'espèce primitive du genre, et c'est pour cela qu'il a donné à la sienne le nom d'*aristata* : mais les aigrettes de notre gaillardie rustique n'ont pas de plus longues arêtes que celles de la gaillardie élégante. 2.° Dans la description de Pursh on lit *planta hirsutissima, folia hirsutissima*; tandis que cette épithète ne peut s'appliquer qu'au péricline de notre plante, et non à ses autres parties. 3.° Ce botaniste dit que sa plante est bisannuelle, et le jardinier de l'école de botanique nous a certifié que la nôtre étoit vivace. 4.° Pursh ne fait aucune mention des feuilles pétiolées et pinnatifides, qui sont si remarquables sur notre plante. 5.° Il dit que les calathides sont d'un jaune orangé : d'où il paroît que le disque est à peu près, dans son ensemble, de la même couleur que la couronne, ce qui n'est pas dans notre espèce. Nous pensons donc que la gaillardie rustique peut être considérée comme une espèce distincte et intermédiaire entre la plante de Fougeroux et celle de Pursh. M. Desfontaines pense également que notre espèce, étant vivace, diffère de celle de Fougeroux, qui est annuelle. Il croit que la *gaillardia rustica*, qui est venue d'Angleterre, est la même que celle qui est faussement nommée *galardia bicolor* dans le *Botanical Magazin*, tab. 1602, et que l'auteur dit être vivace.

Quelques autres plantes ont été décrites comme des espèces de gaillardie ; mais il paroît qu'elles n'appartiennent pas réellement à ce genre. La *galardia fimbriata* de Michaux constitue le genre *Leptopoda* de Nuttal; ce dernier botaniste rapporte la *galardia acaulis* de Pursh au genre *Actinella*; la *galardia amara* de Rafinesque est peut-être, suivant cet auteur, un *anthemis* ou un *helenium* ; selon Willdenow et Persoon, la *galardia lanceolata* de Michaux est la même espèce que la *gaillardia pulchella* de Fougeroux. (H. Cass.)

GAILLET ou CAILLE-LAIT ; *Galium*, Linn. (*Bot.*) Genre de plantes dicotylédones, de la famille des *rubiacées*, Juss., et de la *tétrandrie monogynie*, Linn., dont les principaux caractères sont les suivans : Calice monophylle, à quatre dents; corolle monopétale, en roue ou en cloche, à quatre divisions, très-rarement à trois; quatre étamines, et trois seulement lorsque la corolle est trifide ; un ovaire inférieur, surmonté d'un style terminé par deux stigmates ; deux coques arrondies, accolées l'une à l'autre, monospermes, indéhiscentes et non couronnées par les dents du calice.

Les gaillets sont des plantes presque toutes herbacées, à racines traçantes, souvent vivaces; à tiges ordinairement tétragones, garnies de feuilles verticillées ou en étoile à chaque nœud, et dont les fleurs, très-petites, sont disposées en panicules terminales, ou plus rarement axillaires, sur des pédoncules-rameux. Le nom de caille-lait, sous lequel ces plantes sont le plus ordinairement connues, leur vient de ce que l'on croyoit autrefois que leurs fleurs avoient la propriété de faire cailler le lait; mais les expériences de Bergius, de Parmentier et de M. Deyeux ont prouvé que cette croyance étoit une erreur.

Les espèces sont nombreuses dans ce genre; les botanistes en comptent au-delà de quatre-vingts, dont environ la moitié croît naturellement en France. Pour faciliter la distinction de ces espèces, on les a distribuées en trois sections, dont la première comprend les gaillets à fruits glabres, non tuberculeux; la seconde renferme ceux à fruits également glabres, mais tuberculeux; et dans la troisième sont placés ceux à fruits hérissés de poils. Mais, comme ces plantes ne présentent en général que peu d'intérêt, nous ne parlerons ici que de quelques espèces de chaque section.

* *Gaillets à fruits glabres, non tuberculeux.*

GAILLET JAUNE; vulgairement VRAI CAILLE-LAIT, PETIT MUGUET : *Galium verum*, Linn., *Spec.*, 155; *Gallium*, Dod., *Pempt.*, 355. Ses tiges sont grêles, hautes de dix à quinze pouces, simples et couchées dans leur partie inférieure, divisées dans la supérieure en rameaux courts, et garnies, dans toute leur longueur, de feuilles linéaires, glabres, verticillées six à huit ensemble. Les fleurs sont très-petites, jaunes, légèrement odorantes, disposées par petits bouquets le long de la partie supérieure des tiges, et formant dans leur ensemble une panicule alongée et étroite. Cette plante fleurit en été; elle est commune en France et en Europe, dans les prés secs et sur les bords des bois.

Les fleurs de ce caille-lait passent pour diurétiques, sudorifiques, astringentes et antispasmodiques. On en fait aujourd'hui fort peu d'usage en médecine. Ces mêmes fleurs, et même l'herbe entière, bouillies avec de l'alun, sont propres à teindre les laines en jaune : les racines donnent une teinture rouge. Dans le comté de Chester, en Angleterre, on met les sommités fleuries de cette plante dans le lait, avec de la présure, et l'on assure que c'est là ce qui donne un excellent goût aux fromages de ce canton.

GAILLET CROISETTE, vulgairement CROISETTE : *Galium Cruciata*, Scop., *Fl. Carn.*, 1, pag. 100; *Valantia cruciata*, Linn., *Spec.*, 1491. Ses tiges sont grêles, simples, hautes de huit à douze pouces, garnies de feuilles ovales, velues, verticillées par quatre. Ses fleurs sont jaunes, les unes mâles, les autres hermaphrodites, disposées, dans la partie supérieure des tiges, en plusieurs petits bouquets axillaires. Les fruits sont réfléchis en bas. Cette espèce est commune dans les bois et les buissons, où elle fleurit au printemps.

La croisette a passé autrefois pour astringente et vulnéraire; aujourd'hui elle n'est plus en usage.

GAILLET POURPRE : *Galium purpureum*, Linn., *Spec.*, 156. Sa tige est très-rameuse, droite, tétragone, haute de six à douze pouces, garnie de feuilles linéaires, étalées, verticillées cinq à six ensemble et hérissées de poils, ainsi que les tiges; ses fleurs sont petites, d'un rouge foncé, portées sur des pédoncules simples. Cette plante croît sur les collines sèches, en Provence et en Italie.

GAILLET ROUGE : *Galium rubrum*, Linn., *Spec.*, 156; *Galium rubro flore*, Clus., *Hist.*, 2, pag. 175. Cette espèce ressemble un peu à la précédente; mais elle en diffère par ses tiges plus élevées et moins rameuses, par ses feuilles plus larges, par ses fleurs portées sur des pédoncules rameux et divergens. Elle croît sur les bords des bois, en Italie.

GAILLET DES BOIS : *Galium sylvaticum*, Linn., *Spec.*, 155. Ses tiges sont hautes de deux à trois pieds, à peine anguleuses, lisses, garnies de feuilles lancéolées, presque glauques, un peu rudes en leurs bords, et verticillées par six. Ses fleurs sont blanches, très-petites, portées sur des pédoncules capillaires, et disposées en panicule terminale.

Cette plante croît dans les bois des montagnes : sa racine donne une belle couleur rouge.

GAILLET BLANC : *Galium mollugo*, Linn., *Spec.*, 155 ; Bull., Herb., t. 283. Ses tiges sont lisses, tétragones, foibles, rameuses, longues de deux à quatre pieds, garnies de feuilles ovales-oblongues, légèrement dentées, mucronées, disposées par huit en verticilles très-ouverts. Ses fleurs sont blanches, pédonculées, disposées en une panicule très-rameuse et très-étalée. Cette espèce est fort commune dans les prés, dans les haies et sur les bords des bois. Ses racines donnent un assez beau rouge.

GAILLET A FEUILLES DE GARANCE : *Galium rubioides*, Linn., *Spec.*, 152. Ses tiges sont droites, tétragones, un peu rudes, hautes d'un à deux pieds, garnies de feuilles lancéolées ou ovales-lancéolées, verticillées par quatre. Ses fleurs sont blanches, portées sur des pédoncules courts, et disposées en panicule terminale et un peu resserrée. Ce gaillet croit en Allemagne et en Suisse.

GAILLET DIVERGENT : *Galium divaricatum*, Lamck., Dict. enc., 2, pag. 580 ; Dec., *Icon. plant. rar.*, 1, p. 28, t. 24. Sa tige est grêle, droite, haute de quatre à six pouces, divisée en rameaux étalés et divergens, garnis de feuilles linéaires, verticillées cinq à sept ensemble. Les fleurs sont blanchâtres, extrêmement petites, portées, à l'extrémité de la tige et des rameaux, sur des pédoncules très-grêles, trifides ou quatrifides. Ce gaillet se trouve dans les terrains sablonneux : il est annuel.

GAILLET DES PYRÉNÉES : *Galium pyrenaicum* ; Linn. fils, *Suppl.*, 121 ; Gouan, *Illust.*, 5, t. 1. Ses tiges sont longues de deux à trois pouces, grêles, couchées, rameuses, disposées par petites touffes ayant l'aspect d'une mousse. Ses feuilles sont linéaires, glabres, luisantes, disposées six à sept à chaque verticille. Ses fleurs sont d'un blanc jaunâtre, opposées et presque sessiles dans les aisselles des feuilles supérieures. Cette plante croît dans les Pyrénées et dans les montagnes de l'Apennin.

** *Gaillets à fruits glabres, tuberculeux.*

GAILLET BATARD ; *Galium spurium* , Linn., *Spec.*, 154. Ses tiges sont quadrangulaires, foibles. rameuses, longues d'un pied à un pied et demi, garnies de feuilles linéaires-lancéolées, mucronées, rudes en leurs bords, et verticillées six à sept ensemble. Les fleurs sont blanches, portées sur des pédoncules axillaires, deux fois plus longs que les feuilles, divisés et divergens. Cette espèce est annuelle, et commune dans les champs et les moissons.

GAILLET SUCRÉ : *Galium saccharatum* , Allion., *Fl. Ped.*, n.° 39 ; *Valantia aparine* , Linn., *Spec.*, 1491. Ses tiges sont foibles, un peu couchées, longues de six à dix pouces, garnies de feuilles linéaires, verticillées par six ou sept, rudes en leurs bords. Ses fleurs sont d'un blanc jaunâtre, trois à quatre ensemble sur des pédoncules étalés ; il leur succède de gros fruits fortement tuberculeux. Ce gaillet est annuel, et se trouve dans les lieux cultivés.

*** *Gaillets à fruits hérissés de poils.*

GAILLET GRATERON ; vulgairement GRATERON, RIÈBLE, CAPEL A TEIGNEUX : *Galium aparine* , Linn., *Spec.*, 157 ; Bull., Herb., tab. 315. Sa tige est grêle, quadrangulaire, longue de deux à quatre pieds, chargée sur ses angles d'aspérités crochues, et garnie de feuilles linéaires, rudes en leurs bords. verticillées par six ou huit. Ses fleurs sont blanches, petites, solitaires, ou deux à trois ensemble sur des pédoncules axillaires. Les fruits qui leur succèdent sont hérissés de nombreux poils crochus. Cette espèce est annuelle ; on la trouve communément dans les haies, les buissons et les lieux cultivés.

Le grateron a été employé autrefois en médecine comme incisif, apéritif, résolutif, diurétique, et même lithontriptique ; mais aujourd'hui, qu'on a reconnu combien peu il étoit efficace sous tous ces rapports, les médecins en ont abandonné l'usage. A l'époque de la cherté des denrées coloniales, on a proposé ses graines pour remplacer le café ; elles acquièrent, en effet, par la torréfaction, une odeur et une saveur analogues à celles de la féve arabique, mais si foibles qu'elles ne peuvent en aucune manière soutenir la comparaison.

Gaillet maritime; *Galium maritimum*, Linn., *Mant.*, 38. Sa tige est grêle, tétragone, couchée dans sa partie inférieure, longue de dix à quinze pouces, hérissée, ainsi que toute la plante, de poils courts, et garnie de feuilles oblongues, verticillées par six ou huit. Ses fleurs sont rougeâtres, velues en dehors, portées sur des pédicelles grêles, plus courts que les feuilles et bifurqués. Cette plante croît dans le midi de la France et en Italie.

Gaillet tubéreux; *Galium tuberosum*, Loureiro, *Fl. Cochin.*; 1, p. 99. Ses racines sont munies d'un petit tubercule alongé, blanchâtre, farineux; elles produisent des tiges simples, couchées, longues de quinze à dix-huit pouces, garnies de feuilles loncéolées, glabres, d'une couleur glauque, verticillées par quatre à cinq. Les fleurs sont axillaires, solitaires sur des pédoncules alongés; il leur succède des fruits arrondis, hérissés. Ce gaillet croît dans les champs, à la Chine et à la Cochinchine. Ses tubercules cuits sont bons à manger; on en retire une farine dont les médecins de ces contrées prescrivent l'usage aux phthisiques et aux convalescens. (L. D.)

GAINE, *Vagina*. (*Entom.*) On nomme ainsi, d'après Fabricius, une partie de la bouche dans les insectes suçeurs, principalement chez les hémiptères et chez les diptères à suçoir corné. C'est le tuyau dans lequel sont renfermées les soies aiguës qui font en même temps l'office de lancettes et de pompe hydraulique, pour faire monter jusqu'à l'œsophage le liquide de la plaie faite à l'être organisé par l'insecte qui l'a piqué pour s'en nourrir. L'ensemble de la gaine et des soies qu'elle contient, porte, chez les hémiptères, le nom de bec (*rostrum*). Dans les diptères sclérostomes le suçoir (*haustellum*) est le plus souvent formé de deux valves, l'une antérieure et l'autre postérieure. Chez ces derniers, la gaine est courbée dans l'empis, articulée dans les espèces du genre Myope et les conops, très-alongée et inflexible dans les bombyles, et au contraire molle et pliable dans les cousins. Dans les hémiptères, les dispositions les plus remarquables de la gaine ou de l'étui du bec sont les particularités suivantes. Elle paroît naitre du front dans les zoadelges et les phytadelges, comme les punaises, les réduves, les pentatômes. Dans les cigales, elle semble provenir du col : elle est courte dans les hydrocorécs. comme les notonectes; elle est, au contraire, très-longue dans les vraies cigales et dans les fulgores dites porte-lanternes. (C. D.)

GAINE (*Mamm.*), nom lapon du loup. (F. C.)

GAINIER ; *Cercis*, Linn. (*Bot.*) Genre de plantes dicotylédones, de la famille des *légumineuses*, Juss., et de la *décandrie monogynie*, Linn., qui offre pour caractères : Un calice monophylle. court, campanulé, ventru et à cinq dents; une corolle papillonacée , à cinq pétales onguiculés, dont l'étendard est plus petit que les ailes, qui montent au-dessus de lui ; dix étamines à filamens libres et distincts ; un ovaire supérieur, linéaire-lancéolé, porté sur un petit pédicule, et terminé en un style courbé à son sommet ; un légume oblong, très-aplati, aigu , bordé sur son dos d'une aile étroite, membraneuse, et contenant plusieurs graines ovoïdes, attachées à sa suture supérieure.

Les gainiers sont des arbres à feuilles simples, alternes, et à fleurs ramassées en petits bouquets latéraux. On n'en connoit que deux espèces.

GAINIER COMMUN ; vulgairement ARBRE DE JUDÉE, ARBRE D'AMOUR : *Cercis siliquastrum*, Linn., *Spec.*, 534 Duham., nouv. éd., vol. 1, p. 17, tab. 7. Cet arbre s'élève de vingt à vingt-cinq pieds, et son tronc, revêtu d'une écorce noirâtre, acquiert quatre à six pieds de tour. Ses feuilles sont pétiolées, arrondies, échancrées en cœur à leur base, d'un vert agréable, glabres en-dessus et en-dessous. Ses fleurs, qui naissent avant les feuilles, sont d'un rose foncé et éclatant, quelquefois presque blanches, pédonculées et disposées en grappes courtes ou en petits bouquets sur les parties latérales des branches, et quelquefois sur le tronc même. Elles sont remplacées par des gousses planes, linéaires-lancéolées, membraneuses, contenant huit à dix graines ovoïdes, comprimées, rougeâtres. Ces fruits restent attachés sur l'arbre toute l'année, et jusqu'au moment où les nouvelles fleurs se développent.

Le gainier commun croit naturellement dans le midi de la France et en Italie, en Espagne, en Portugal, dans la

Turquie d'Asie et principalement en Judée. C'est un des plus beaux arbres qu'on puisse cultiver pour l'ornement des jardins. Il se charge chaque printemps, à la fin d'Avril ou au commencement de Mai, d'une si grande quantité de fleurs, que quelquefois ses branches et ses rameaux en sont entièrement couverts, et ces fleurs conservent tout leur éclat pendant trois semaines. Lorsqu'elles sont passées, cet arbre fait un joli effet par ses grandes et belles feuilles, qui ne sont sujettes à être dévorées par aucun insecte ni par aucun quadrupède herbivore.

Ses fleurs ont un goût piquant et assez agréable, qui fait qu'on les met quelquefois sur les salades, soit comme ornement, soit comme assaisonnement. On les confit aussi au vinaigre, quand elles sont en bouton, afin de les conserver, par ce moyen, pour l'hiver.

Cultivé dans les jardins, cet arbre souffre bien d'être taillé aux ciseaux ou au croissant, et il prend facilement les différentes formes qu'on veut lui donner. Sous le rapport de l'agrément, on peut en faire des palissades, des cabinets de verdure, des berceaux; et, sous un rapport utile, M. Bosc croit que, planté pour faire des taillis, il seroit très-propre à mettre en valeur de mauvaises terres, et particulièrement celles qui sont crayeuses.

Le bois du gainier est agréablement veiné de brun, de verdâtre et de jaune, et comme il a le grain assez fin et susceptible de prendre un beau poli, il seroit propre à faire de jolis ouvrages d'ébenisterie, de tabletterie ou de tour, s'il acquéroit plus communément une certaine grosseur; mais, comme il est rare d'en trouver des échantillons propres au travail, les ouvriers ne l'emploient que fort peu. Ses branches étant flexibles, et son bois dur, on pourroit aussi en faire de petits cerceaux pour les barils.

Le gainier n'est pas difficile quant au terrain; il vient très-bien dans les terres sèches et légères, et il ne craint que celles qui sont humides et argileuses. On l'élève de graines, qu'on sème, au mois d'Avril, dans une terre bien labourée et exposée au levant et au midi. Au bout de deux ans, on repique le jeune plant en pépinière, et on l'y laisse, en lui donnant les soins convenables, jusqu'à ce qu'il soit en état d'être mis en place à demeure, ce qui arrive quand il a atteint six à huit ans, selon qu'on le destine à former des palissades ou à être élevé en arbre.

GAINIER DU CANADA : *Cercis canadensis*, Linn., *Spec.*, 534. Cet arbre ressemble beaucoup au précédent; il en diffère seulement parce que ses fleurs sont plus petites, et surtout parce que ses feuilles sont en cœur, pointues à leur sommet. Ses fleurs sont d'un rose pâle, ou quelquefois entièrement blanches, moins nombreuses que dans le gainier commun : elles paroissent à la même époque. Cette espèce croit dans l'Amérique septentrionale, depuis la Virginie jusqu'en Canada, et elle y est connue sous le nom de bouton rouge. On la cultive en Europe dans les jardins, et on la traite comme l'espèce indigène : elle supporte mieux le froid que cette dernière, qui ne peut vivre dans le nord de l'Allemagne, tandis que le gainier du Canada peut y braver les hivers les plus rigoureux. (L. D.)

GAIRO. (*Bot.*) Voyez GARAIL. (J.)

GAIRO (*Ornith.*), dénomination lapone du goéland à manteau noir, *larus marinus*, Linn. (CH. D.)

GAIROUTES (*Bot.*), nom languedocien d'une gesse, *lathyrus cicera*, suivant M. Gouan. (J.)

GAISKE (*Ornith.*), nom de la grande mouette cendrée en Laponie, *larus canus*, Linn. (CH. D.)

GAISSENIA. (*Bot.*) Sous le nom de *gaissenia verna*, M. Rafinesque a établi (Journ. botan., vol. II, pag. 168) un genre particulier pour le *trollius americanus*, Muhlenb., *Ined.*, et Donati, *Catal.* Voyez TROLLIUS. (POIR.)

GAISSUM, KESUM, CATHSUM (*Bot.*) : noms arabes de l'*abrotanum* des anciens, selon Daléchamps. Voy. CATHSUM. (J.)

GAITG (*Ornith.*), nom catalan du geai commun, *corvus glandarius*, Linn. (CH. D.)

GAIVOTA. (*Ornith.*) Voyez GAVIOTA. (CH. D.)

GAJA. (*Ornith.*) Le geai commun, *corvus glandarius*, Linn., se nomme ainsi dans le bas Montferrat. (CH. D.)

GAJANY, *Gajanus*. (*Bot.*) L'arbre de l'Inde que Rumph décrit et figure sous ce nom, est, selon M. Thunberg, l'*inocarpus* de Forster, genre qui a quelque affinité avec les myrsinées. (J.)

GAJAPALA, NEPALAM, WAIJAPALI. (*Bot.*) Suivant Hermann, ces noms sont donnés, dans l'île de Ceilan, à une plante qu'il nomme ricin, et qui est le *croton tiglium* de Linnæus, lequel donne la graine de Tillé, indiquée dans les matières médicales. (J.)

GAJATI. (*Bot.*) A Ternate on nomme ainsi l'*æschynomene indica*, suivant Rumph; c'est le *codia-janti* ou *cojanti* des habitans de Java. (J.)

GAJOU-TUTTA. (*Erpétol.*) Les habitans du Bengale appellent ainsi la couleuvre maligne de Daudin. Elle est figurée n.° 16, pl. 161, de l'Histoire naturelle des serpens du Coromandel par Russel. (H. C.)

GAKATTE. (*Ornith.*) L'oiseau auquel ce nom et celui de *gakkov* sont donnés en Laponie, est le *colymbus septentrionalis* de Muller, *Zool. Dan. prodr.*, n.° 153, correspondant au *lumme* de Martens, au *lomvia* de Clusius, et au grand guillemot de Buffon, *colymbus troile*, Linn. (Ch. D.)

GAKENIA. (*Bot.*) Sous ce nom Heister faisoit un genre du *cheiranthus tricuspidatus*, à cause de sa silique terminée par trois pointes. (J.)

GAKUS. (*Ornith.*) Aldrovande cite ce terme comme étant le nom persan du grand duc, *strix bubo*, Linn., que Gesner écrit *hakus*. (Ch. D.)

GAL, *Gallus.* (*Ichthyol.*) On appelle ainsi un genre de poissons établi d'abord par M. de Lacépède, et généralement adopté depuis par tous les ichthyologistes. Ce genre appartient à la famille des leptosomes, suivant l'auteur de la Zoologie analytique, et forme une des divisions secondaires du grand genre Vomer de M. Cuvier; il est facilement reconnoissable aux caractères suivans :

Des dents aux mâchoires; corps et queue très-comprimés; deux nageoires dorsales, bordées d'épines de chaque côté du dos; la première de ces deux nageoires terminée par plusieurs filamens très-longs; une membrane verticale placée transversalement au-dessous de la lèvre supérieure; catopes alongés; écailles très-petites; point d'aiguillons au devant des nageoires dorsales, ni de la nageoire anale.

On distingue donc les Gals des Sélènes, en ce que celles-ci ont les catopes fort courts, et des Vomers proprement dits,

en ce que ces derniers ont toutes les nageoires courtes et
sans aucun prolongement.

La seule espèce connue dans ce genre est,

Le GAL VERDATRE : *Gallus virescens*, Lacép.; *Zeus gallus*,
Linn.; Bloch, tab. 192, fig. 1. Sept filamens prolongés à la
première nageoire du dos, qui est très-basse; nageoire caudale fourchue; deux orifices à chaque narine; nuque très-
relevée et un peu bombée; ligne latérale se courbant en
haut vers son origine, puis redescendant pour se diriger
ensuite vers la nageoire de la queue, sans se dévier de sa
route. Nageoires d'un beau vert; côtés du corps argentés
et brillans; teinte générale verdâtre : taille d'environ sept
pouces.

Plusieurs voyageurs ont observé ce poisson et en ont parlé
dans leurs relations. Tous s'accordent à dire qu'il vit dans la
mer des Indes, et Ruysch l'a figuré à la pl. XXXVII, fig. 2,
de son *Theatr. animal.*, comme venant de ces contrées orientales. Bloch est le seul qui le suppose du Brésil, puisqu'il
prétend avoir pris la figure qu'il en donne dans les manuscrits du prince Maurice de Nassau. Au reste, comme le
remarque M. Cuvier, c'est pour avoir mal à propos rapporté
au gal l'*aba catuaja* de Marcgrave (161), que beaucoup de
naturalistes ont cru notre poisson d'Amérique.

La chair du gal passe pour avoir une saveur agréable.

GAL. M. le comte de Lacépède a encore décrit, sous ce
nom, un poisson des côtes d'Arabie, que Forskal a inscrit
parmi les scares sous la dénomination de *scarus gallus*, et
que Gmelin a ensuite appelé *labrus gallus*. Ce poisson passe
pour très-venimeux, et sa chair est imprégnée de sucs dé-
létères et mal-faisans. Voyez OSPHROMÈNE. (H. C.)

GAL (*Ornith.*), nom, en vieux françois, du coq, que
l'on appeloit aussi *gau*, *geau*, *gog*. (CH. D.)

GALACTES (*Chim.*), combinaisons de l'acide lactique avec
les bases. Voyez LACTATES. (CH.)

GALACTIE, *Galactia*. (*Bot.*) Genre de plantes dicotylédones, à fleurs complètes, papillonacées, de la famille des
légumineuses, de la *diadelphie décandrie* de Linnæus, offrant
pour caractère essentiel : Un calice à quatre dents, muni
de deux bractées; une corolle papillonacée, à cinq pétales

oblongs; l'étendard tombant, plus large que les autres; dix étamines diadelphes: un style; un stigmate obtus. Le fruit est une gousse cylindrique, bivalve, uniloculaire, contenant plusieurs semences arrondies.

Ce genre avoit d'abord été établi par Browne, dans ses plantes de la Jamaïque, sous le nom de *galactia*. Linnæus l'avoit réuni aux *clitoria*. Michaux, ayant découvert, dans l'Amérique septentrionale, quelques autres plantes susceptibles d'être rapportées au genre de Browne, a cru devoir le rétablir tel que nous le présentons ici.

GALACTIE A FLEURS PENDANTES : *Galactia pendula*, Pers., *Synops.*, 2, pag. 302; Brown., *Jam.*, 298, tab. 32, fig. 2: *Clitoria galactia*, Linn.; *Phaseolus minor lactescens*, etc., Sloan., *Jam. Hist.*, 1, 182, tab. 114, fig. 4. Plante originaire de la Jamaïque, dont toutes les parties sont laiteuses, au rapport de Sloane. Ses tiges sont grêles, cylindriques et grimpantes, longues d'environ six pieds, garnies de feuilles composées de trois folioles oblongues, elliptiques, obtuses, quelquefois un peu échancrées à leur sommet. Les fleurs sont disposées en grappes droites à l'extrémité des rameaux; chaque fleur pendante, composée d'un calice campanulé, à quatre dents, accompagné de deux bractées petites et caduques, en forme de calice extérieur. La corolle, médiocrement papillonacée, a tous ses pétales oblongs, étroits; l'étendard un peu plus large et tombant. Les gousses sont menues, cylindriques, aiguës.

GALACTIE MOLLE; *Galactia mollis*, Mich., *Flor. Bor. Amer.*, 2, pag. 61. Toute la plante est revêtue d'un duvet mou, épais, légèrement blanchâtre; ses tiges sont garnies de feuilles alternes, composées de trois folioles ovales; les gousses velues. Cette espèce a été découverte dans la Caroline par Michaux.

GALACTIE GLABRE : *Galactia glabella*, Mich., *Fl. Bor. Amer.*, 2, pag. 61; *an Ervum volubile?* Walt., *Carol.* Cette espèce, recueillie dans la Nouvelle-Géorgie et la Caroline, est presque entièrement glabre. Elle est pourvue d'une racine fusiforme, perpendiculaire. Ses tiges sont garnies de feuilles alternes, à trois folioles ovales-oblongues, légèrement échancrées à leurs deux extrémités, obtuses à leur sommet. Leur calice est glabre.

18. 3

GALACTIE SOYEUSE : *Galactia sericea*, Pers., *Synops.*, pl. 2, page 502; *Clitoria phryne*, Juss., *in Herb.* comm. Cette espèce a des tiges grimpantes, pourvues de feuilles ternées; les folioles sont ovales, un peu émoussées, blanchâtres et soyeuses; les fleurs disposées en grappes axillaires; le calice velu, la corolle petite. Cette plante a été découverte par Commerson à l'île de Bourbon. L'espèce que M. Persoon a nommée *galactia pinnata*, me paroît être la même plante que le *clitoria polyphylla*, Encycl. *Suppl.*, n.° 9. Voyez CLITORE. (POIR.)

GALACTIQUE [ACIDE]. (*Chim.*) C'est l'ancien nom de l'acide lactique. Voyez LACTIQUE (ACIDE). (CH.)

GALACTIS ou GALAXIE. (*Min.*) C'est un des noms donnés par les anciens aux pierres météoriques et aux pyrites radiées, qu'ils regardoient à tort comme étant des produits de la foudre. (BRARD.)

GALACTITE, *Galactites.* (*Bot.*) [*Cinarocéphales*, Juss. = *Syngénésie polygamie frustranée*, Linn.] Ce genre de plantes, établi par Mœnch, en 1794, dans sa *Methodus plantas describendi*, appartient à la famille des synanthérées, et à notre tribu naturelle des carduinées. Voici les caractères génériques que nous avons observés sur des individus vivans.

La calathide est radiée, composée d'un disque multiflore, subrégulariflore, androgyniflore, et d'une couronne unisériée, ampliatiflore, neutriflore. Le péricline, inférieur aux fleurs du disque et ovoïde, est formé de squames imbriquées, appliquées, interdilatées, coriaces; les intermédiaires ovales et surmontées d'un très-long appendice étalé, subulé, roide, spinescent au sommet. Le clinanthe est planiuscule, épais, charnu, garni de fimbrilles longues, inégales, libres, filiformes-laminées. Les ovaires sont glabres; leur aréole basilaire n'est point oblique; leur aréole apicilaire est couverte d'un plateau entouré d'un anneau qui porte l'aigrette et se détache spontanément : cette aigrette est longue, composée de squamellules bi-trisériées, inégales, filiformes-laminées, munies sur les deux bords de longues barbes capillaires, à l'exception de la partie supérieure, qui n'est que barbellulée. Les fleurs de la couronne sont dépourvues de faux-ovaire; le limbe de leur corolle est divisé jusqu'à la base en cinq lanières égales, longues, étroites, linéaires, étalées. Les fleurs du disque ont la corolle un peu obringente, et les étamines entregreffées non-seulement par les anthères, mais aussi par les filets, qui sont pourvus de très-petites papilles éparses; l'appendice apicilaire de l'anthère est crochu au sommet.

La monadelphie des étamines est un caractère remarquable, dont l'observation avoit été négligée par Mœnch, par M. De Candolle, et par tous les autres botanistes qui ont décrit la galactite. Nous avons également observé cette monadelphie dans le *carduus marianus*, qui constitue le genre *Silybum* de Vaillant, ainsi que dans le *carduus leucographus*, qui constitue notre genre *Tyrimnus*; et comme les feuilles sont marquées de taches blanches dans le *galactites*, le *silybum* et le *tyrimnus*, il en résulte un rapprochement assez curieux.

GALACTITE COTONNEUSE : *Galactites tomentosa*, Mœnch; *Centaurea galactites*, Linn. C'est une plante herbacée, annuelle, bisannuelle ou vivace, selon les divers auteurs, et pourvue d'un suc propre laiteux; sa tige, haute d'environ un pied et demi, est peu rameuse, très-cotonneuse et blanchâtre; ses feuilles sont alternes, décurrentes sur la tige, longues, étroites, pinnatifides, à pinnules lancéolées, dentées, épineuses, à face inférieure cotonneuse, à face supérieure verte avec des taches blanches; les calathides, composées de fleurs purpurines ou quelquefois blanches, sont solitaires au sommet de rameaux pédonculiformes; les épines de leur péricline sont longues et jaunâtres. Cette plante habite les lieux secs, stériles et découverts, autour de la mer Méditerranée et dans les îles de cette mer : on la trouve dans nos provinces méridionales. C'est jusqu'à présent la seule espèce du genre; mais M. De Candolle mentionne trois variétés, qu'on devra peut-être élever au rang d'espèces, quand elles seront mieux connues. La première a les feuilles pinnatifides, alternes, courtement décurrentes; dans la seconde, les feuilles sont pinnatifides, alternes, larges, longuement décurrentes en ailes interrompues et épineuses; enfin, la troisième se distingue par ses feuilles presque opposées et presque entières. (H. CASS.)

GALACTITES. (*Min.*) Les naturalistes de l'antiquité paroissent avoir donné ce nom, qui signifie *laiteux*, à certaines argiles smectiques qui se délayent dans l'eau et la rendent blanche comme du lait. Peut-être aussi, comme le pense Walerius, ce nom s'appliquoit-il encore au jaspe blanc d'Italie, qui n'est varié que par quelques légers filamens roses. (BRARD.)

GALACTON, EUGALACTON (*Bot.*) : noms donnés anciennement, suivant Pline et Daléchamps, au *glaux maritima*, qui étoit aussi le *glaus* ou *galas* des Grecs, l'herbe au lait des François. (J.)

GALAGO. (*Mamm.*) Nom que les naturels donnent, au Sénégal, à un petit quadrumane, et dont M. Geoffroy-Saint-Hilaire a fait un nom de genre dans lequel il comprend quatre ou cinq espèces, toutes originaires vraisemblablement des régions équatoriales de l'ancien continent.

Les galagos ont beaucoup de la figure des makis : ce sont, comme eux, des quadrumanes à tarses postérieurs très-longs, à tête large, à museau effilé, terminé par des narines environnées d'un mufle, et dont la queue très-touffue n'est pas prenante ; mais ils s'en distinguent par leurs tarses démésurément longs, leurs très-larges oreilles membraneuses, leurs grands yeux à fleur de tête, et surtout leur tête courte et arrondie : cependant les galagos et les makis ont entre eux les plus grands rapports.

Les galagos sont des animaux nocturnes; ils passent le jour cachés dans les trous des arbres qu'ils se sont choisis pour retraite, où ils établissent leur nid avec des herbes sèches, et d'où ils sortent avec le crépuscule pour satisfaire leurs besoins : ils se nourrissent principalement d'insectes et de fruits, et ils s'accouplent à la manière des autres animaux. C'est là tout ce que l'on sait sur les mœurs de ces singuliers animaux, qu'on ne connoit que depuis fort peu de temps, et dont on n'a encore possédé qu'un très-petit nombre d'individus. Tous ceux dont l'origine est connue, venoient d'Afrique ou de Madagascar.

Les galagos ont quatre incisives à la mâchoire supérieure, séparées, deux à deux, par un intervalle vide au milieu, et elles sont verticalement implantées dans l'intermaxillaire; immédiatement après viennent deux fortes canines triangulaires, et à la suite de celles-ci deux fausses molaires à une seule pointe. Les quatre molaires qui suivent sont de même forme, et garnies sur leurs couronnes de quatre tubercules mousses, deux au côté interne et deux au côté externe; mais la première et la dernière sont plus petites que les deux moyennes. A la mâchoire inférieure, on trouve six incisives, très-longues, très-étroites et couchées en avant : les canines sont épaisses et crochues, et elles sont suivies d'une fausse molaire, qui est suivie elle-même de quatre molaires composées comme celles de la mâchoire opposée; seulement leur largeur est égale à leur longueur, tandis que dans les autres la largeur surpasse l'autre dimension.

L'ouverture des narines est entourée d'un mufle : la langue est douce, et la bouche sans abajoues; les oreilles sont démesurément grandes et membraneuses, et les yeux fort gros. Les organes du mouvement sont semblables à ceux des makis : les mains ont cinq doigts avec un pouce distinct, de même que les pieds, au second doigt desquels on voit l'ongle pointu qui caractérise le même doigt chez les makis. La queue est très-longue, touffue et susceptible de mouvement volontaire, mais elle n'est pas prenante. On ne connoît point les organes de la génération.

Les naturalistes n'ont encore décrit que trois ou quatre animaux que l'on puisse rapporter à ce genre.

Le GRAND GALAGO OU GALAGO A QUEUE TOUFFUE (*Galago crassicaudatus*, Geoff.; G. Cuvier, Règne animal, pl. 1, fig. 1) est de la grandeur d'un lapin, et ses poils épais et soyeux sont d'un gris roux; ses oreilles ovales ont les deux tiers de la longueur de la tête. Sa patrie est ignorée.

Le GALAGO DU SÉNÉGAL : *Galago Senegalensis*, Geoff.; Audebert, Galago, pl. 1. Ses oreilles sont aussi longues que sa tête; son pelage est d'un gris roux, et sa queue est plus longue que son corps.

Le GALAGO DU MADAGASCAR : *Rat de Madagascar*, Buff., Suppl., 3, fig. 20. Son pelage est roux, ses oreilles ont moitié moins de longueur que sa tête, et sa queue, plus longue que le corps, est couverte de poils courts. On voit combien cette espèce ressemble à un makis. Voici, au reste, ce que Buffon rapporte d'un de ces animaux : « Il a vécu

« plusieurs années chez Mad.ᵉ la comtesse de Marsan ; il
« avoit les mouvemens très-vifs, mais un cri plus foible que
« celui de l'écureuil et à peu près semblable ; il mange aussi,
« comme les écureuils, avec les pattes de devant, relevant
« sa queue, se dressant et grimpant aussi de même en écar-
« tant les jambes ; il mord assez serré et ne s'apprivoise pas :
« on l'a nourri d'amandes et de fruits ; il ne sortoit guère
« de sa caisse que la nuit, et il a très-bien passé les hivers
« dans une chambre où le froid étoit tempéré par un peu
« de feu. »

GALAGO DE DEMIDOFF ; *Galago Demidoff*, Fischer, Actes de
Moscou, 1, p. 24, fig. 1 : à pelage roux-brun ; à museau
noirâtre ; à oreilles moitié moins longues que la tête, et à
queue plus longue que le corps et finissant en pinceau. Si
cette espèce diffère réellement de la précédente, du moins
elle lui ressemble beaucoup.

On a aussi pensé que le Poto de Bosmann pourroit appartenir à ce genre, ce qui seroit à vérifier. Voyez POTO. (F. C.)

GALAMBIZA. (*Bot.*) C'est en Hongrie le nom de l'agaric
poivré, *ag. piperatus*, Linn. (LEM.)

GALANCIÉ (*Bot.*), nom languedocien de l'églantier, *rosa
eglanteria*, selon M. Gouan. (J.)

GALANDE. (*Bot.*) On donne ce nom à une variété de
l'amandier. (L. D.)

GALANDER (*Ornith.*), nom allemand de la calandre,
alauda calandra, Linn., qui s'écrit aussi *kalender*. (CH. D.)

GALANE, *Chelone*. (*Bot.*) Genre de plantes dicotylédones,
à fleurs complètes, monopétalées, irrégulières, de la famille
des *bignoniées*, de la *didynamie angiospermie* de Linnæus,
offrant pour caractère essentiel : Un calice à cinq divisions
profondes ; une corolle monopétale en masque et ventrue ;
quatre étamines didynames ; un cinquième filament glabre
et stérile, placé entre les deux supérieurs ; un ovaire supérieur ; le style simple ; le stigmate obtus. Le fruit est une
capsule bivalve, à deux loges, renfermant un grand nombre
de semences.

On a séparé de ce genre, sous le nom de *pentstemon*,
plusieurs espèces qui ont le cinquième filament stérile, barbu
à sa partie supérieure : nous en parlerons en son lieu, en

observant ici qu'il faut avoir une grande passion pour les genres nouveaux pour en créer un sur un caractère aussi peu important et qui ne paroit influer en rien sur les autres parties de la fleur. Nous ferons aussi connoître ailleurs l'*ourisia*, Juss., qui est le *chelone ruellioides*, Linn. fils, *Suppl.* D'après ces réformes, il reste pour le genre *Chelone* les espèces suivantes.

Galane glabre ; *Chelone glabra*, Linn. Belle espèce, qui croît naturellement dans plusieurs contrées de l'Amérique septentrionale, que l'on cultive, ainsi que la plupart des suivantes, comme plantes d'ornement, au Jardin du Roi et ailleurs. Sa racine est fibreuse, épaisse, rampante ; ses tiges, hautes de trois pieds, glabres, cylindriques ou à peine tétragones ; ses feuilles presque glabres, opposées, lancéolées, vertes, dentées en scie, médiocrement pétiolées ; les supérieures plus étroites, un peu plus longues. Les fleurs sont blanches, disposées en un épi court et serré au sommet des tiges et des rameaux. La corolle est grosse, ventrue, ayant sa lèvre supérieure voûtée en dos de tortue, un peu échancrée ; l'inférieure légèrement trifide ; les étamines et les anthères velues ; les capsules obtuses, contenant des semences orbiculaires, bordées d'un petit feuillet membraneux.

Cette plante fleurit dans le mois d'Août : elle veut une terre humide et fraîche, une situation ombragée. Elle trace beaucoup. On la multiplie rarement par graines, plus souvent par la séparation de ses pieds, qui se fait en automne, encore mieux au printemps. Quelques personnes regardent comme variété de l'espèce précédente le *chelone obliqua*, Linn., qui est le *chelone purpurea*, Miller, *digitalis mariana*, etc., Pluk., *Mant.*, 64, tab. 348, fig. 3. Sa principale différence consiste dans les fleurs purpurines : assez généralement ses feuilles sont un peu plus larges, plus profondément dentées.

Galane barbue : *Chelone barbata*, Cavan., *Icon. rar.*, 3, tab. 242 ; *Chelone ruellioides*, Andr., *Repos.*, tab. 54, *non* Linn. *Suppl.* ; *Chelone formosa*, Wendl., *Obs.* 51. Cette espèce se distingue par ses fleurs d'un beau rouge écarlate. Ses tiges sont foibles, glabres, cylindriques ; les feuilles inférieures pétiolées, glabres, lancéolées, très-entières ; les caulinaires

sessiles, opposées ; les fleurs disposées en une belle panicule
terminale , alongée ; ses ramifications soutiennent deux , trois
ou quatre fleurs pédicellées, pendantes, longues d'un pouce ;
les divisions du calice courtes, glabres , ovales, un peu mucronées; la corolle droite , à deux lèvres ; la lèvre inférieure
à trois lobes aigus, réfléchis, chargés vers leurs bords d'une
touffe de poils jaunâtres ; les filamens de couleur purpurine ,
courbés à leur sommet, soutenant deux anthères accolées à
leur base, divergentes; le style saillant.

Cette galane croît au Mexique : c'est la plus élégante de
toutes celles que l'on cultive, et dont les fleurs durent le
plus long-temps. On plante les galanes par touffes, dans les
jardins paysagers, le long des massifs, sur le bord des eaux.
(Poir.)

GALANGA , *Maranta.* (*Bot.*) Genre de plantes monocotylédones, à fleurs irrégulières. de la famille des *amomées*,
de la *monandrie monogynie* de Linnæus, offrant pour caractère essentiel : Un calice fort petit, supérieur, à trois folioles
lancéolées; une corolle monopétale, tubuleuse à sa base;
le limbe à quatre ou six divisions inégales ; trois extérieures
semblables, une ou trois autres plus intérieures, plus grandes;
une étamine; l'anthère linéaire, soudée sur une lanière semblable à une découpure de la corolle; un ovaire inférieur;
un style; un stigmate trigone et courbé. Le fruit est une
capsule à trois ou à une seule loge par avortement, ne contenant ordinairement qu'une seule semence dure et ridée.

Il nous manque bien des observations sur la plupart des
espèces qui composent ce genre, d'où résultent des incertitudes sur la place qu'elles doivent occuper, soit dans ce
genre, soit dans ceux qui l'avoisinent. C'est ainsi que le
maranta galanga a été placé parmi les *alpinia* par Willdenow, avec les *amomum* par Loureiro, etc. Deux espèces
d'*hellenia*, l'*alba* et le *chinensis*, Willd., paroissent avoir de
grands rapports avec cette espèce. Un autre *galanga* se trouve
dans les *kæmpferia*, mais c'est une autre plante. Sans prononn-
cer sur ces réformes. nous ferons connoître les suivantes, et
surtout le galanga officinal, dont il n'a pas été fait mention
à l'article *Alpinie*. D'ailleurs je crois qu'il faudra retrancher
de ce genre toutes les espèces dont le fruit est à trois valves,

à trois semences, lorsqu'elles seront mieux connues, si toutefois celles qu'on cite comme uniloculaires sont constantes, et ne le sont point par avortement.

GALANGA OFFICINAL : *Maranta galanga*, Linn., *Flor. med.*, tab. 174; *Alpinia galanga*, Willd.; *Galanga major*, C. Bauh., 35, Clus., *Exot.*, 211; *Galanga*, Rumph., *Amb.*, 5, tab. 63; vulgairement le GRAND GALANGA. Le galanga a des racines épaisses, noueuses, inégales, géniculées, à peu près de la grosseur d'un à deux pouces; d'un brun rougeâtre en dehors, plus pâle en dedans; d'une odeur aromatique; rameuses, entourées de bandes circulaires, courbées comme par articulations, garnies en-dessous de longues fibres enfoncées perpendiculairement dans la terre. Dans le petit galanga, *galanga minor officinarum*, C. Bauh., 35, qu'on regarde comme une simple variété du précédent, les racines, assez semblables à celles du grand, sont beaucoup plus petites, à peine de la grosseur du petit doigt, douées d'une odeur aromatique plus pénétrante, d'une saveur plus piquante.

Les tiges sont droites, très-simples, hautes d'environ six pieds; garnies de feuilles étroites, alternes, lancéolées, aiguës, longues d'un pied et demi sur trois ou quatre pouces de large. Les fleurs sont blanchâtres, pédonculées, disposées en une grappe terminale, étroite, paniculée. Leur calice est petit, d'une seule pièce, à trois divisions; la corolle monopétale, tubulée, à trois découpures extérieures réfléchies; une quatrième plus grande, plus intérieure, concave, spatulée; un filament linéaire, pétaliforme, soutenant une seule anthère; le style, filiforme et montant, va placer sa partie supérieure dans un sillon, qui partage l'anthère en deux parties, forme une très-petite saillie au-dessus de l'anthère et laisse paroître un stigmate en tête. Le fruit est une capsule presque en baie, de forme ovoïde, plus grosse qu'une baie de genévrier, rouge dans sa maturité. Cette plante croît dans les Indes orientales, aux lieux humides : on la cultive aussi dans les jardins du pays, à cause de l'emploi que l'on fait de ses racines.

Si l'on en croit quelques auteurs, les Grecs anciens et modernes, et même les Arabes, n'avoient aucune connoissance du galanga ; cependant Spielman et Murray assurent que cette plante ne leur étoit pas inconnue : toutefois son introduction dans la matière médicale ne paroît pas remonter au-delà des médecins arabes. Les Indiens, et particulièrement les habitans du Malabar, font un cas très-particulier des racines du galanga, qu'ils emploient comme aliment, comme assaisonnement et comme remède. Ils les réduisent en farine, et en préparent, avec le suc de coco, des pains et des gâteaux, qu'ils mangent avec délices, et dont ils prétendent avoir constaté les vertus merveilleuses dans les cas d'hystérie, de coliques et dans les affections des voies urinaires. L'impression stimulante qu'excite cette racine sur l'organe du goût, la place, parmi les toniques, à côté du poivre, du gingembre et de la cannelle, dont elle se rapproche plus ou moins par sa manière d'agir : ainsi, elle a pu être utilement employée, soit intérieurement, soit à l'extérieur, pour stimuler le système nerveux, provoquer l'action musculaire, exciter les fonctions digestives, et pour augmenter les sécrétions, particulièrement dans les affections qui tiennent à un état d'atonie. Cette racine, dit le docteur Chaumeton, losqu'elle fut expédiée pour la première fois en Europe, obtint de toutes parts, mais spécialement en France, cet acceuil fanatique réservé à toutes les drogues qui joignent, au prestige de la nouveauté, le mérite de venir de loin. On soutint que la racine de galanga étoit le plus précieux des aromates, le plus puissant des toniques : on en distilla des huiles ; on en fit des essences, des teintures ; on en surchargea des préparations antiques, et on l'introduisit dans les nouvelles.

GALANGA DE L'INDE : *Maranta indica*, Tuss., Journ. bot., 3, p. 41 ; Martin., *Centur.*, tab. 39 : *Canna indica radice alba*, etc., Sloan., *Jam. Hist.*, 1, pag. 253, tab. 149 : *Maranta petiolis gangleonosis*, Brown, *Jam.*, pag. 112. Cette plante, dit M. de Tussac, a été confondue jusqu'à ce jour avec le *maranta arundinacea* : elle en diffère cependant par des caractères bien tranchés. Dans le *maranta arundinacea* de Plumier, les pétioles et le dessous des feuilles sont velus ; ils sont glabres dans celui de l'Inde. Dans ce dernier les racines produisent des rejets charnus, longs, cylindriques, couverts d'écailles triangulaires et rampant sous terre, avant que l'extrémité en sorte pour reproduire de nouvelles tiges : dans la plante de Plumier les rejets sortent du collet de la racine, à fleur de terre et constituent de suite la nouvelle tige, qui n'est qu'annuelle. Les feuilles sont glabres, ovales-lancéolées ; du sommet des rameaux sortent des panicules lâches, composées de fleurs blanches. Les divisions du calice sont concaves, aiguës, lancéolées ; le tube de la corolle plus long que le calice, arqué, ventru à sa base ; les trois divisions extérieures du limbe courtes, égales, ovales-acuminées ; les trois intérieures plus grandes : deux ovales, égales ; la troisième plus petite, à deux lobes inégaux, sert de filament à l'anthère. Le style, soudé d'abord sur la corolle, est libre à sa partie supérieure. Le fruit consiste en une capsule ovale, presque trigone, très-ordinairement monosperme ; l'embryon petit, adhérent latéralement à un périsperme grand et farineux.

Cette espèce a été apportée des Indes orientales à la Jamaïque, il y a plus d'un demi-siècle, par un capitaine anglois. Elle a d'abord été cultivée sous le rapport de la curiosité, et comme contrepoison des blessures faites par les flèches empoisonnées des sauvages. Cette propriété n'est rien moins que constatée ; mais d'autres qualités, qu'on ne peut revoquer en doute, ont déterminé les colons de la Jamaïque à faire de sa culture une spéculation mercantile. Il en existe des plantations très-considérables. Quand les tiges sont desséchées, on enlève les racines, ou plutôt les drageons succulens, longs quelquefois de plus d'un pied, sur un pouce ou un pouce et demi de diamètre. Ces drageons sont très-bons à manger bouillis et assaisonnés, comme toutes les racines potagères : mais leur usage le plus important est d'en retirer une fécule abondante, saine et nourrissante. On en fait une bouillie des plus agréables pour la nourriture des enfans : on sert également sur les tables des crêmes faites avec cette fécule, en y ajoutant du sucre et quelques aromates ; outre qu'elles flattent agréablement le goût, elles sont encore très-favorables à l'estomac. Les médecins anglois, même à Londres, ordonnent cette fécule à leurs malades ; dans les cas où ils ordonnoient autrefois le sagou ; ils la substituent même au salep. Elle forme un objet important de commerce entre la Jamaïque et Londres, et la culture de ce maranta augmente de jour en jour. On râpe ces racines dans un baquet d'eau, que l'on passe ensuite dans un filtre d'une toile assez claire. Après quelques heures de repos, on décante avec précaution l'eau du baquet, et l'on trouve dans le fond une fécule imitant par sa blancheur la fleur de farine la plus belle. Le marc qui est resté sur le filtre, ne doit pas être rejeté : étant cuit, il sert à engraisser la volaille et les cochons.

GALANGA A FEUILLES DE BALISIER : *Maranta arundinacea*, Linn.; Plum., *Gen. nov.*, 16; Lamck., *Ill. gen.*, tab. 1, fig. 1. Cette plante, confondue d'abord avec la précédente, ainsi que nous l'avons exposé, se distingue par son port, et surtout par les caractères de sa fleur et de son fruit. Sa racine est noueuse, garnie de longues fibres blanches, tendres et rampantes; elle produit trois ou quatre tiges droites, effilées, presque de l'épaisseur du doigt, hautes de trois ou quatre pieds, dures, recouvertes par les pétioles longs, membraneux, roulés en gaine, velus, ainsi que la côte des feuilles; celles-ci sont amples, ovales-lancéolées, aiguës; les rameaux noueux, articulés, glabres, feuillés, coudés aux articulations, ramifiés eux-mêmes en une panicule ample et lâche, garnie de fleurs blanches, petites; les trois folioles du calice lancéolées; la corolle presque infundibuliforme; le fruit ovoïde, un peu ferme, presque de la grosseur d'une olive. Elle croit dans l'île de Saint-Vincent, aux lieux humides et voisins des ruisseaux. Les Caraïbes, au rapport d'Aublet, en mangent la racine pour faire cesser les fièvres intermittentes.

On soupçonne que le *maranta tonekat* d'Aublet, *Guian.*, 3, n'est qu'une variété de l'espèce précédente : mais l'*arundinastrum* de Rumph, *Amb.*, 4, tab. 7, cité en synonyme, et auquel paroît se rapporter le *donax arundinastrum* de Loureiro, n'y convient que médiocrement. La plante de Rumph est plus grande; elle s'élève à la hauteur de six à huit pieds. Ses tiges sont nues inférieurement avec des entre-nœuds fort longs; les rameaux amplement paniculés. D'après Aublet, cette plante croit dans les terres humides de l'île de Cayenne et de la Guiane. Elle sert à faire des corbeilles et des *payaras*, espèce de paniers dans lesquels les Caraïbes renferment leurs petits meubles.

Galanga de Surinam ; *Maranta comosa*, Linn., *Suppl.* Le port de cette plante, le caractère de ses fruits, donnent lieu de soupçonner que, mieux connue, elle pourroit bien constituer un nouveau genre. Ses feuilles sont radicales, glabres, pétiolées, semblables à celles du balisier ; sa hampe est nue, cylindrique, de la grosseur d'une plume de cygne, haute de trois pieds, soutenant un bouquet de folioles sessiles, réfléchies. Les fleurs sont sessiles, axillaires, entourées de deux rangs de bractées ; ces fleurs viennent trois ensemble : leur calice est supérieur, caduc, à trois folioles pétaliformes ; le tube de la corolle presque aussi long que le calice ; le limbe à cinq divisions, dont quatre sont lancéolées, la cinquième bifide ; le filament court, inséré sur le tube ; une anthère droite, oblongue ; le style en massue, le stigmate simple. Le fruit est une capsule à trois loges, contenant plusieurs semences. Cette plante croît à Surinam.

Galanga effilé : *Maranta juncea*, Lamck., Encycl. ; *Bermudiana juncea*, etc., Plum., Manuscr. 5, tab. 23 et 24 ; *Maranta arouma*, Aubl., *Guian.*, 3. Sa racine est rouge, rampante, très-fibreuse. Ses hampes, nues, droites, effilées, hautes d'environ dix pieds, enveloppées à leur base par quelques gaines membraneuses, portent à leur sommet des feuilles glabres, ovales, aiguës, longuement pétiolées. Les fleurs sont rouges, presque sessiles, disposées le long des ramifications d'un pédoncule terminal et couvert d'écailles vaginales, rougeâtres, membraneuses, d'où sortent une ou deux fleurs. Leur corolle est à cinq divisions ouvertes, aiguës ; le style un peu épais, le stigmate orbiculaire. Cette plante croit dans la Guiane, aux Antilles, dans les lieux marécageux et aquatiques. Les Caraïbes la nomment *arouma* ou *aroman* : ils se servent de ses tiges fendues pour faire des paniers et autres meubles utiles.

Plumier, dans ses manuscrits (5, tab. 21 et 22), cite encore, sous le nom de *bermudiana amplissimo cannacori folio*, le *maranta lutea*, Aubl., *Guian.*, dont la racine est fibreuse : elle pousse quatre ou cinq grandes feuilles droites, ovales, longues de deux pieds, larges d'un, portées sur des pétioles longs de quatre ou cinq pieds. De leur centre s'élève une tige droite, nue, haute de neuf à dix pieds, terminée par quelques épis ovales, coniques, imbriqués d'écailles roussâtres, d'où sort une petite fleur jaune ; le fruit est rouge, réticulé, s'ouvrant en trois valves et contenant autant de semences. Cette plante croît, aux lieux humides, dans la Guiane et aux Antilles : les Caraïbes la nomment *cachibou;* ils se servent de ses tiges, coupées en lanières, pour faire des corbeilles et des paniers. Voyez le *Maranta cachibou,* Jacq., *Fragm.,* tab. 69 et 70.

Galanga a fleurs en tête; *Maranta capitata,* Fl. Per., 1, pag. 3, tab. 8. Plante du Pérou, qui croît aux lieux ombragés, dont les racines sont fibreuses, les tiges simples, purpurines; les feuilles toutes radicales, longuement pétiolées, ovales-oblongues, lancéolées ; les fleurs réunies en tête, munies de bractées d'un vert jaunâtre ; le calice blanchâtre · le tube de la corolle un peu renflé à sa base ; les trois découpures extérieures du limbe blanchâtres, les intérieures d'un jaune fauve ; une capsule ovale, trigone, à trois valves. Le *maranta lateralis,* Fl. Per., l. c., n'est peut-être qu'une variété de la même plante.

Jacquin, dans ses *Fragmenta,* a figuré quelques espèces, telles que le *maranta casupo,* tab. 63, fig. 4; *Maranta casupito,* tab. 64, fig. 5 ; *Maranta allonya,* tab. 71 ; *Maranta arouma,* tab. 72, 73, qui est le *maranta juncea.* (Poir.)

GALANGA DE MARAIS. (*Bot.*) On donne vulgairement ce nom au souchet odorant, au choin marisque, au scirpe maritime, et à quelques espèces de laiches. On a aussi désigné sous ce nom la racine d'acorus et celle de l'achillée mille-feuille. (L. D.)

GALANG-LAUT. (*Bot.*) Voyez Curitmus. (J.)

GALANT. (*Bot.*) Ce nom vulgaire est donné à deux espèces de cestreau : l'un est le galant de jour, *cestrum diurnum;* l'autre, le galant de nuit, *cestrum nocturnum.* (J.)

GALANT D'HIVER (*Bot.*), un des noms vulgaires de la galantine perce-neige. (L. D.)

GALANTHUS (*Bot.*), nom latin du genre Galantine. (L. D.)

GALANTINE ; *Galanthus,* Linn. (*Bot.*) Genre de plantes monocotylédones, de la famille des *narcissées,* Juss., et de l'*hexandrie monogynie,* Linn., dont les principaux caractères sont les suivans : Calice nul; une spathe monophylle, s'ouvrant latéralement; corolle de six pétales, dont trois extérieurs oblongs, et trois intérieurs plus courts, échancrés en cœur; six étamines plus courtes que les pétales; ovaire inférieur, surmonté d'un style à stigmate simple; capsule ovale, à trois valves, à trois loges contenant plusieurs graines globuleuses. Ce genre ne renferme que l'espèce suivante.

GALANTINE PERCE-NEIGE; vulgairement GALANT D'HIVER, PERCE-NEIGE : *Galanthus nivalis*, Linn., *Spec.*, 413; Jacq., *Fl. Aust.*, tab. 513. Sa racine est une bulbe tuniquée; elle produit deux feuilles oblongues, étroites, glauques, du milieu desquelles naît une hampe grêle, haute de cinq à six pouces, terminée à son sommet par une seule fleur campanulée, pendante, portée sur un pédoncule qui sort de la spathe : ses pétales extérieurs sont d'un blanc de lait; les intérieurs plus épais et verdâtres. Cette plante croît naturellement dans les prés et les bois des montagnes, en France, en Allemagne, en Suisse, en Italie, etc.

On cultive la galantine dans les jardins, à cause de ses charmantes fleurs, qui paroissent au milieu de l'hiver et quelquefois même lorsque la terre est couverte de neige. C'est réunie en touffe qu'elle fait le plus d'effet. Dans les jardins paysagers on peut la mettre aux pieds des arbres, et elle y restera plusieurs années de suite sans avoir besoin d'aucun soin particulier. Une terre sèche et légère est celle qui lui convient le mieux; mais elle peut s'accommoder de toute autre, pourvu qu'elle ne soit pas trop humide. Elle se multiplie naturellement de graines; mais dans les jardins on préfère, pour la propager, se servir des cayeux que ses oignons produisent assez abondamment, et qu'on peut, à cet effet, relever tous les trois à quatre ans. On en connoît une variété à fleurs doubles; mais, selon nous, cette plante est une de celles que la multiplication des pétales n'embellit pas : la galantine double a perdu toute l'élégance qui faisoit le charme des fleurs de l'espèce naturelle.

Les bulbes de la perce-neige ont la propriété de provoquer le vomissement; mais on n'en fait point d'usage en médecine. On a attribué à ces oignons d'autres propriétés.

comme d'être émolliens, résolutifs, fébrifuges : ils sont également inusités sous ces rapports. Autrefois on préparoit
dans les pharmacies une eau distillée de fleurs de perce-
neige, qui passoit alors pour être utile contre la cataracte,
et propre à blanchir la peau et à effacer les taches de rous-
seur. L'insuffisance de cette préparation, dans tous ces cas,
l'a fait tomber en désuétude. (L. D.)

GALANTINE (*Bot.*), nom provençal et languedocien de
l'ancolie. *aquilegia vulgaris*, selon Garidel et M. Gouan. (J.)

GALARDIENNE, *Galardia*. (*Bot.*) Voyez GAILLARDIE. (H.
CASS.)

GALARDIES, *Galardiæ*. (*Bot.*) Dans un ouvrage publié à
Philadelphie, en 1818, et intitulé : *The Genera of North
American plants*, l'auteur, M. Nuttal, propose de former,
dans la famille des synanthérées, un groupe naturel nommé
galardiæ, composé des cinq genres *Helenium, Leptopoda, Actinella. Galardia, Balduina*, et caractérisé de la manière suivante :

Péricline de plusieurs squames foliacées, à peu près égales
ou imbriquées ; une couronne composée de fleurs neutres
ou stylifères, à corolle radiante, ligulée, semi-trifide ou
tridentée; corolles du disque à tube petit, à quatre ou cinq
dents, et pourvues de glandes visqueuses; clinanthe hémisphérique ou convexe. inappendiculé, ou plus rarement fim-
brillifère, ponctué ou très-profondément alvéolé; fruits ob-
coniques, très-velus; aigrette de cinq à dix squamellules
paléiformes, réunies à la base, simples ou surmontées d'une
arête ; tige herbacée, excepté chez une espèce d'*actinella*,
où elle est ligneuse; feuilles alternes, entières, rarement
toutes radicales; calathides terminales, pédonculées.

Dans notre quatrième Mémoire sur la famille des synanthérées, lu à l'Académie des sciences le 11 Novembre 1816,
et publié dans le *Journal de physique* de Juillet 1817, nous
avons indiqué une division de la tribu des hélianthées en plusieurs groupes naturels, dont l'un est notre section des hélianthées-héléniées. Cette section renferme le groupe proposé
depuis par M. Nuttal sous le nom de *galardiæ;* mais nos héléniées sont fondées sur des caractères beaucoup moins restric-
tifs que les galardies du botaniste américain : c'est pourquoi

elles comprennent un bien plus grand nombre de genres. Les caractères assignés par M. Nuttal ont l'inconvénient d'exclure du groupe, des genres qui doivent évidemment y entrer. Nous croyons aussi que le nom d'héléniées, dérivé d'un genre ancien et très-connu, est préférable à celui de galardies, dérivé d'un genre moins connu et plus moderne. Voyez notre article Héléniées. (H. Cass.)

GALARIAS. (*Ichthyol.*) Voyez Callarias, dans le Suppl. du 6.ᵉ vol. (H. C.)

GALARIN (*Bot.*), un des noms vulgaires de la màcre flottante. (L. D.)

GALARIPS. (*Bot.*) Allioni désigne sous ce nom l'*allamanda* de Linnæus. Voyez Allamande. (J.)

GALATÉADÉES, *Galateadæ.* (*Crust,*) Famille de crustacés malacostracées, macrourées, dont la quatrième paire de pattes est plus grande et didactyle; les cinquième, sixième et septième paires simples; la huitième, petite, didactyle, ayant la queue formée de plus d'une pièce; les antennes inférieures, longues, sans écailles à leur base.

1.ʳᵉ Race. Test de forme triangulaire-ovale, alongée antérieurement; troisième paire de pattes non dilatée.

2.ᵉ Race. Test arrondi, légèrement convexe, non alongé antérieurement; troisième paire de pattes dilatée intérieurement, au moins à leur premier article.

1.ʳᵉ Race.

1.ᵉʳ Genre. Æglée, *Ægla.*

Le deuxième article des antennes supérieures plus court, mandibules largement dentelées; la troisième paire de pattes simple, la quatrième légèrement inégale; les doigts entiers; les cuisses et les crochets des cinquième, sixième et septième paires simples; test uni, presque droit en arrière, divisé dans son milieu par une suture qui se dirige un peu en arrière; l'abdomen et le dos lisses; queue bipartie.

Æglée unie, *Ægla lævis.* Corps couvert de petites touffes de poils; queue brusquement acuminée; mains ovales; poignets garnis intérieurement de crêtes dentelées; bras triangulaires; angles supérieurs et inférieurs légèrement épineux.

18.   4

Galathea lævis, Latr., Encycl. méth., Crust., pl. 3o8, fig. 2.

Les seuls individus de cette espèce que j'ai vus, sont conservés au Muséum d'histoire naturelle de Paris. On ne sait point d'où ils viennent. Les poils supérieurs du corps sont couleur brun sale. Le test est échancré de chaque côté antérieurement.

2.ᵉ Genre. GRIMOTÉE, *Grimotœa*.

Le deuxième article des antennes supérieures pas plus court que le premier, claviforme à son extrémité. Mandibules dépourvues de dents; troisième paire de pattes alongée; les trois derniers articles foliacés; la quatrième paire égale; les doigts droits, denticulés intérieurement, aigus et très-recourbés à leur extrémite; les cuisses des cinquième, sixième et septième paires de pattes épineuses en-dessous, leurs ongles simples; test échancré en arrière; le dos entaillé transversalement; bords des entailles garnis de poils, se dirigeant en avant. Abdomen entaillé et cilié comme le test; queue composée de plusieurs plaques, dont les deux postérieures plus grandes.

GRIMOTÉE SOCIALE, *Grimotœa gregaria*. Bec élilé et triangulaire, les angles légèrement dentelés; deux épines sur chaque côté de sa base, et deux autres plus petites par derrière. La quatrième paire de pattes comprimée avec des tubercules écailleux, garnis de poils sur leurs bords; couleur rouge de sang, plus foncée sur la région du cœur.

Galathea gregaria, Fabr., *Ent. syst.*, 11, 473. Cette espèce fut découverte sous les 37° 3o′ de latitude sud, par sir Joseph Banks, dans son voyage autour du monde avec le capitaine Cook. La mer en étoit tellement couverte qu'elle paroissoit rouge comme du sang. Les côtés internes de la quatrième paire de pattes sont garnis de légères épines.

3.ᵉ Genre. GALATÉE, *Galatea*.

Deuxième et troisième articles des antennes supérieures égaux: le premier terminé par trois épines; mandibules dépourvues de dents; extrémités de la troisième paire de pattes, ainsi que celles de leurs deux premiers articles, épineuses; quatrième paire égale; doigts dentelés à leur extrémité et creusés intérieurement ; les cuisses des cinquième, sixième et septième paires de pattes, épineuses à leur base ; ongles un peu épineux en-dessous ; test échancré en arrière ; dos traversé de profondes entailles, bords semés de poils dirigés en avant ; bec éfilé, armé de quatre piquans sur les côtés ; abdomen sillonné et velu comme le test ; écailles ou segmens obtus latéralement ; queue triangulaire, composée de plusieurs plaques, les deux postérieures plus grandes, échancrées sur leurs bords, avec leurs lobes arrondis.

Ce genre fut établi par Fabricius, en 1798. Il l'écrivit *Galathea*, au lieu de *Galatea*, et tous les auteurs qui lui ont succédé l'ont écrit comme lui. Les espèces de ce genre habitent les eaux profondes des côtes de l'Europe : on les trouve quelquefois parmi les thalassophytes à mer basse. Elles ont des mouvemens très-rapides, et lorsqu'elles sont prises, elles agitent vivement leur abdomen contre leur poitrine.

1.º GALATÉE PORTE-ÉCAILLES, *Galatea squamifera*. Le troisième article de la troisième paire de pattes plus long que le premier ; quatrième paire écailleuse. Les mains épineuses en dehors, les poignets (carpes?) et les bras le sont en dedans.

Galatea squamifera, Leach, *Malac. Podoph. Britan.*, tab. *XXVIII, A.*

Cette espèce est très-commune sur les côtes sud-ouest de l'Angleterre. Elle m'a aussi été envoyée de Marseille, de Malte et de Sicile, par mes amis MM. Ritchie, Roux et Swainson. Ma *Galatea Fabricii*, figurée planche XXI du supplément à l'Encyclopédie britannique, n'est autre que l'adulte de cette espèce. Les jeunes ont ordinairement une ligne blanchâtre sur toute la longueur du dos.

2.º GALATÉE PORTE-ÉPINES, *Galatea spinifera*. Deuxième article de la troisième paire de pattes plus court que le premier ; quatrième paire écailleuse, épineuse en-dessus et sur les côtés ; bras dénués de dents en dehors.

Galatea spinifera, Leach, *Malac. Podoph. Britann.*, tab. *XXVIII, B.*

Tous les auteurs ont confondu cette espèce avec le *cancer strigosus* de Linnæus, auquel il assigne, pour caractère spécial, *rostrum acutum septemdentatum*, tandis que l'espèce que nous décrivons a quatre dents de chaque côté du bec. On la trouve très-abondamment dans les mers d'Europe et la Méditerranée. Lorsqu'elle est vivante, le pédoncule de ses yeux, la partie supérieure de la coquille et de l'abdomen, sont magnifiquement colorés d'un bleu azurin ; les jeunes ont les pattes élégamment ornées d'anneaux rouges et blancs.

4.ᵉ Genre. Munidée, *Munida*.

Les deuxième et troisième articles des antennes supérieures sont égaux : le premier article armé de quatre épines ; mandibules dépourvues de dents ; extrémité du premier article de la troisième paire de pattes terminé en épine, ainsi que le milieu inférieur du deuxième article ; quatrième paire de pattes de longueur égale, arrondie et filiforme ; doigts légèrement dentelés en dedans ; un des pouces ou tous les deux échancrés à leur extrémité ; les cuisses des cinquième, sixième et septième paires de pattes, épineuses en-dessus ; leurs ongles un peu épineux en-dessous ; test échancré en arrière, sillonné transversalement sur le dos ; les sillons légèrement garnis, sur leurs bords, de poils dont l'extrémité se dirige en avant ; bec en forme d'épine, armé de deux piquans à chaque côté de sa base ; abdomen profondément sillonné, garni de poils comme le test ; segmens aigus latéralement ; queue carrée transversalement, formée de plusieurs plaques, dont les deux postérieures plus grandes, légèrement échancrées sur leurs bords ; angles des échancrures arrondis.

Munidée rugueuse, *Munida rugosa*. Quatrième paire de pattes épineuses, surtout à l'intérieur ; six épines au deuxième segment de l'abdomen, quatre au troisième, toutes dirigées en avant.

Cette espèce est le *leo* de Rondelet ; l'*astacus Bamffius* de Pennant.

Galathea rugosa des auteurs ; *Galathea longipeda* du premier ouvrage de M. de Lamarck. Voyez *Malac. Podoph. Brit. tab. XXIX*.

Le premier article de la troisième paire de pattes plus long que le second. Dans l'état jeune, les doigts de la quatrième paire sont appliqués l'un contre l'autre sur toute leur longueur, tandis que dans les adultes ils sont écartés à leur base. Cette espéce se trouve assez rarement sur les côtes de France et d'Angleterre.

Obs. N'ayant point vu les *Galathea antiqua* et *glabra* de Risso, non plus que la *Galathea amplectens* de Fabricius, dont un dessin, réprésentant les pattes postérieures plus petites, se trouve dans la collection de Sir Jos. Banks, je m'abstiendrai d'en parler. Cependant il me semble qu'on pourroit former deux genres de ces deux dernières espèces.

M. Salt a découvert une belle espéce de cette race dans la mer Rouge. Le dessin colorié qu'il m'en a donné, n'offre pas assez de détails pour que je puisse assigner le genre auquel elle appartient.

2.ᵉ RACE.

Les animaux de cette race ont le test si court qu'au premier abord on les prendroit pour des brachiures, ordre dans lequel ils furent placés par les anciens naturalistes. Les auteurs modernes les ont réunis sous le nom de *Porcellane;* mais, en les examinant de plus près, je m'aperçois qu'ils doivent constituer deux genres distincts.

5.ᵉ Genre. PISIDIE, *Pisidia.*

Les deuxième, troisième, quatrième et cinquième articles de la troisième paire de pattes, comprimés et dilatés intérieurement; le sixième alongé en triangle; la quatrième paire de pattes comprimée.

* *Test, abdomen et pattes sillonnées transversalement et velues.*

1.° PISIDIE VERTE, *Pisidia viridis.* Les bras de la quatrième paire de pattes dentelés en avant et en arrière; les dents antérieures plus grandes et épineuses sur leurs bords extérieurs.

Habitation inconnue. Donnée par le chevalier de Lamarck. Le test et l'abdomen sont sillonnés en arrière et ciliés, comme dans les genres Galatée, Munidée et Grimodée, et les cuisses de la cinquième, sixième et septième paires de pattes ont les mêmes caractères, ainsi que les pattes de devant, mais moins réguliers. Ce ne peut pas être la *porcellane verdâtre* de M. de Lamarck, puisqu'il l'a décrite comme étant lisse; ce n'est pas non plus la *porcellane galathine* de Bosc, puisqu'il lui donne pour caractère, corselet strié longitudinalement. Ces deux espèces me sont inconnues.

** *Test dépourvu de sillons transverses.*

2.° Pisidie de Lamarck, *Pisidia Lamarckii.* Test traversé de lignes courtes et élevées, légèrement velu ; front peu saillant et canaliculé ; mains granulées ; bras squamulés antérieurement, et ayant trois dents.

Habitation inconnue : mon cabinet. Il y a un sillon transverse entre et derrière les yeux.

3.° Pisidie asiatique, *Pisidia Asiatica.* Test, comme dans la précédente, strié de lignes courtes, élevées et transversales, légèrement velu ; front un peu saillant et canaliculé ; mains irrégulièrement granuleuses ; bras squameux, dentelés devant et derrière.

Habite les mers de l'Inde ; est très-commune à l'Isle-de-France. Elle a aussi un sillon derrière et entre les yeux.

4.° Pisidie de Linnæus, *Pisidia Linnæana.* Test marqué par des lignes courtes et transverses légèrement ciliées ; front trifide, le prolongement du milieu échancré et finement dentelé ; les mains et les bras squameux ; les écailles semées de grains très-fins. Habite l'Océan européen et la Méditerranée.

On ne sauroit douter que ce ne soit le véritable *cancer hexapus* de Linnæus, qu'il décrit expressément en ces termes : *thorax convexiusculus, antice inter oculos trifidus, medio emarginato, chalcæ læves* (*Syst. nat.*, 1, 2040). Le dessin de Pennant est inexact, et j'ai peine à croire qu'Herbst, fig. C, tab. 47, ait voulu désigner cette espèce. La description que Latreille en donne est excellente. Les bras dans cette espèce sont ordinairement inégaux, et le pouce du plus petit d'entre eux toujours échancré à son extrémité. Le *cancer longicornis* de Linnæus est supposé appartenir à ce genre, avec lequel on a souvent confondu les espèces décrites plus haut.

5.° Pisidie de Say, *Pisidia Sayana.* Test et la quatrième paire de pattes marqués par des lignes courtes et transverses ; front trifide, le prolongement du milieu encore sous-trifide et finement granulé.

Habite les côtes de la Géorgie et de la Floride dans l'Amérique.

Communiqué par mon ami M. Say, sous le nom de *Porcellana galathina.*

6.° Pisidie sociale, *Pisidia socia.* Partie antérieure de test rabattue ; quatrième paire de pattes tuberculée ; les tubercules granulés.

Porcellana sociata, Say, Journ. de l'Acad. nat. d. scienc. de Philadelphie, 1, 456.

Habite les côtes de la Géorgie. Communiqué par M. Say.

La Porcellane Blutel, *Porcellana Blutelli*, de M. Risso, est du nombre des espèces que je n'ai point vues : d'après la description qu'en donne cet ingénieux auteur, je croirois qu'elle appartient à ce genre. Elle habite les rochers des côtes de Nice.

La Porcellane longues-pattes, *Porcellana longimana*, du même auteur, m'est aussi inconnue. Il est probable qu'elle formeroit un genre particulier.

6.ᵉ Genre. Porcellane, *Porcellana.*

Le deuxième article de la troisième paire de pattes est très-comprimé et très-dilaté intérieurement ; le troisième est cylindrique ; le quatrième légèrement dilaté à l'extérieur vers son extrémité ; le cinquième est dilaté extérieurement, étroit vers le bout ; le sixième a la forme d'un triangle alongé ; la quatrième paire de pattes est très-comprimée et dilatée.

Porcellane a larges pinces, *Porcellana platycheles.* Test suborbiculaire ; front trifide ; prolongement du milieu canaliculé ; mains oblongues ; doigts formant un triangle alongé. *Cancer platycheles*, Pennant, *Zool. Brit.*, IV, t. 6, *fig.* 12 ; *Porcellana platycheles*, Lam., Syst. des anim. sans vert., 153.

Le test et les pattes ont de petites lignes saillantes et ciliées ; les bords extérieurs des mains sont garnis de longs poils. Lorsque l'animal est vivant, sa couleur est testacée-brune en-dessus, blanche en-dessous.

Habite les rochers des bords de l'océan Européen et de la Méditerranée : fixée sous les pierres isolées.

La Porcellane hérissée, *Porcellana hirta*, de M. de Lamarck, appartient probablement à ce genre. Je n'ai jamais vu la

Porcellane pinces-inégales , *P. anisocles*, de M. Latreille. (W. E. I..)

GALATÉE , *Galatea* (*Crust.*); mal à propos nommée Gala-thée, *Galathea* : genre de crustacés de la famille des Galatéa-dées. Voyez ce mot. (W. E. L.)

GALATÉE. *Galatea*. (*Bot.*) [*Corymbifères*, Juss. = *Syngé-nésie polygamie frustranée*, Linn.] Ce sous-genre de plantes , que nous avons établi dans le Bulletin de la société philo-matique de Novembre 1818, appartient à la famille des synanthérées, à notre tribu naturelle des astérées, et au genre Aster. Il diffère des autres sous-genres par la couronne composée de fleurs neutres, et par le péricline de squames inappendiculées, appliquées, coriaces, vraiment imbriquées.

La calathide est radiée, composée d'un disque pluriflore, régulariflore, androgyniflore, et d'une couronne unisériée, liguliflore, neutriflore. Le péricline , très-inférieur aux fleurs du disque et cylindracé, est formé de squames imbriquées, appliquées, ovales-oblongues, subcoriaces. Le clinanthe est planiuscule, subalvéolé, à cloisons charnues , irrégulières, dentées, interrompues. Les ovaires sont oblongs, velus; leur aigrette est composée de squamellules nombreuses, inégales, filiformes, barbellulées. Les fleurs de la couronne ont un faux-ovaire demi-avorté, inovulé, aigretté, le style nul ou demi-avorté.

Galatée pauciflore : *Galatea pauciflora*, H. Cass.; *Aster dracunculoides*, Lamck., Encycl. C'est une plante herbacée, à racine vivace, produisant plusieurs tiges hautes de quatre pieds, dressées, cylindriques, striées, simples et glabres in-férieurement, divisées supérieurement en rameaux un peu pubescens, qui forment, par leur assemblage, une panicule corymbiforme terminale, ornée de calathides très-nombreuses. Les tiges et les rameaux sont garnis d'un bout à l'autre de feuilles éparses, inégales, dont les plus grandes sont longues de quatre pouces et demi, larges de six lignes; toutes sont sessiles, étalées, oblongues-lancéolées, trinervées, à bords entiers, mais rudes par l'effet de denticules visibles à la loupe; leur face inférieure est un peu ponctuée, et parsemée de très-petits poils roides visibles à la loupe. Les calathides ont le dis-que jaune composé de quatre fleurs, et la couronne purpurine composée de trois à six fleurs, dont la languette est oblongue-lancéolée, à sommet très-aigu, entier ou bidenté ; le clinanthe est petit et semble pyramidal, parce qu'il ne porte que des demi-cloisons centrales d'alvéoles. Nous avons observé et décrit cette plante au Jardin du Roi, où elle est cultivée depuis très-long-temps, et où l'on ignore son origine : elle constitue une espèce très-distincte, fort agréable, et remarquable par le petit nombre des fleurs de chaque calathide.

. GALATÉE BLANCHATRE : *Galatea canescens*, H. Cass.; *Aster canus*, Willd., *Sp. pl.* Cette plante vivace, qui habite les terrains garnis d'arbrisseaux et de gramens, dans le Bannat, province de Hongrie, a des tiges hautes de trois pieds et demi, dressées. cylindriques, striées, simples inférieurement, divisées supérieurement en rameaux pubescens ; les tiges et les rameaux sont garnis de feuilles alternes, éparses, sessiles, étalées, oblongues-lancéolées, aiguës au sommet, très-entières sur les bords, munies de trois nervures saillantes en-dessous, et garnies sur les deux faces de poils longs, mous, blanchâtres, couchés, appliqués, plus rares en-dessus qu'en-dessous ; les feuilles inférieures ont deux pouces de long et cinq lignes de large ; les supérieures sont plus petites et plus chargées de poils; les calathides sont nombreuses, et disposées en grandes panicules corymbiformes terminales ; elles sont larges de neuf lignes, composées d'un disque jaune, multiflore, et d'une couronne purpurine ou lilas d'environ dix fleurs. Cette espèce est bien distincte de toutes les autres par les longs poils dont elle est garnie : nous l'avons décrite au Jardin du Roi, où on la cultive.

GALATÉE PONCTUÉE : *Galatea punctata*, H. Cass.; *Aster punctatus*, Willd., *Sp. pl.* La racine est vivace; les tiges, hautes de quatre pieds et demi, sont dressées, droites, cylindriques, un peu anguleuses, pubérulentes, ramifiées supérieurement; elles sont garnies de feuilles éparses, sessiles, étalées, les plus grandes longues de trois pouces et demi, larges de cinq lignes, oblongues-lancéolées, le plus souvent un peu obtuses, fermes, trinervées; leurs bords sont garnis de petits poils roides; leur face supérieure est parsemée d'une multitude de petites cavités ponctiformes, au fond desquelles on aperçoit à la loupe un petit tubercule; les calathides sont

nombreuses, disposées en panicules corymbiformes terminales, dont les ramifications sont pubescentes et garnies de
petites feuilles : chaque calathide est large de quinze lignes;
son disque est multiflore, d'abord jaune, puis rougeàtre;
sa couronne est purpurine ou lilas. Cette espèce habite la
Hongrie ; nous l'avons observée au Jardin du Roi.

GALATÉE INTERMÉDIAIRE ; *Galatea intermedia*, H. Cass. Les
tiges sont hautes de deux pieds, dressées, cylindriques,
striées, simples inférieurement, rameuses supérieurement,
garnies de feuilles ; celles-ci sont alternes, sessiles, étalées,
longues d'un pouce quatre lignes, larges de deux lignes et
demie, les supérieures plus petites ; toutes sont oblongues-
lancéolées, très-entières, ponctuées en-dessus, garnies de
poils excessivement courts, et munies de trois nervures, dont
les deux latérales sont très-foibles : les calathides, composées d'un disque multiflore, jaune, et d'une couronne purpurine ou lilas-clair, sont nombreuses et disposées en panicules corymbiformes terminales. Cette plante est étiquettée
aster acris au Jardin du Roi, où nous l'avons décrite : elle
semble intermédiaire entre la galatée ponctuée et la galatée
roide.

GALATÉE ROIDE : *Galatea rigida*, H. Cass.; *Aster trinervis*,
Hort. Reg. Par.; *Aster acris*, var. β, Lamck., Encycl. Plante
toute glabre, à racine vivace; tiges hautes d'un pied, un
peu épaisses, très-roides, dressées, simples, garnies de
feuilles d'un bout à l'autre; feuilles éparses, sessiles, étalées,
longues de deux pouces, larges de trois lignes, linéaires-
lancéolées, très-entières, trinervées, un peu coriaces; calathides disposées au sommet des tiges en corymbe terminal
bien fourni et arrondi, dont les ramifications sont roides et
garnies de petites feuilles; disque jaune, multiflore; couronne purpurine, composée d'une douzaine de fleurs. Nous
avons décrit cette plante au Jardin du Roi; elle y est cultivée depuis long-temps, mais on ignore son origine : M. de
Lamarck la regarde comme une simple variété de l'*aster
acris*.

GALATÉE A COURONNE BLANCHE : *Galatea albiflora*, H. Cass.;
Aster linifolius, Willd., *Sp. pl.* Cette plante est glabre, à
l'exception des sommités, qui sont parsemées de petits poils;

les tiges sont hautes d'un pied et demi, cylindriques, striées, simples inférieurement, rameuses supérieurement, garnies de feuilles nombreuses, rapprochées; ces feuilles sont alternes, sessiles, étalées, longues d'un pouce, larges d'une ligne, les supérieures progressivement plus petites; elles sont linéaires-aiguës, uninervées, poncticulées sur les deux faces, garnies sur les bords de petites dents cartilagineuses visibles à la loupe : les calathides, très-nombreuses, sont disposées en corymbes terminaux arrondis; elles sont larges de sept lignes, composées d'un disque jaune, multiflore, et d'une couronne blanche, interrompue, pauciflore, neutriflore : le péricline, très-inférieur aux fleurs du disque et subcylindracé, est formé de squames paucisériées, irrégulièrement imbriquées, oblongues-aiguës, uninervées, subfoliacées, les extérieures le plus souvent inappliquées supérieurement, les autres appliquées; les fleurs de la couronne ont des rudimens d'étamines, un faux-ovaire grêle, inovulé, le style nul ou semi-avorté, la languette souvent irrégulière. Nous croyons devoir attribuer cette espèce au sous-genre *Galatea*, quoique les squames extérieures du péricline soient inappliquées supérieurement : elle se distingue aussi des autres espèces par sa couronne blanche et par ses feuilles uninervées. Elle est vivace et habite l'Amérique septentrionale; on la cultive au Jardin du Roi, où nous l'avons observée.

Notre sous-genre *Galatea*, qui nous semble très-naturel et distingué par des caractères suffisans, doit comprendre sans doute plusieurs autres espèces que celles qui viennent d'être décrites, mais qui sont les seules que nous ayons observées jusqu'à présent. (H. Cass.)

GALATHÉE. (*Crust.*) Voyez Galatée. (W. E. L.)

GALATHÉE. (*Foss.*) M. Risso a trouvé, dans des excavations faites près de Nice, une espèce fossile de ce genre, à laquelle il a donné le nom de *galathea antiqua*. (Risso, Hist. nat. des crustacés de Nice, p. 73.)

Elle a le test bombé, garni en-dessus de neuf plaques transversales, qui se trouvent relevées sur leurs bords inférieurs par une ligne saillante. Sa couleur est d'un jaune ochracé. On ne voit point de pattes; mais on distingue les places où elles étoient attachées. L'abdomen est un peu renflé. Elle a près de deux pouces de longueur sur quatorze lignes de largeur. Voyez GALATÉE et GALATÉADÉES. (DE F.)

GALATHÉE, *Galathea.* (*Conchyl.*) Genre proposé par Bruguières dans l'Encyclopédie méthodique, établi par M. de Lamarck, Ann. du mus., vol. 5. p. 430, pl. 28, pour une belle coquille bivalve que Gmelin avoit placée parmi les vénus sous le nom de *venus subviridis.* Nous exprimons ainsi les caractères de ce genre : Animal inconnu, mais très-probablement fort peu différent de celui des cyclades : coquille assez épaisse, subtrigone, équivalve, à sommets proéminens, presque verticaux; charnière complexe, dissemblable, dorsale; deux dents cardinales rapprochées sur la valve droite, avec un enfoncement triangulaire en avant et en arrière; deux dents cardinales écartées, et au milieu une excavation intermédiaire sillonnée sur la valve gauche; dents latérales médiocres; ligament postérieur, extérieur et très-bombé; deux impressions musculaires. Ce genre, qui est évidemment fort rapproché des cyclades, a été nommé ÉGÉRIE par M. de Roissy; changement qu'il a cru devoir faire avec assez de raison, parce que le nom de galathée est depuis long-temps employé pour désigner un genre de décapodes. On n'y range encore qu'une seule espèce qui, comme toutes les cyclades jusqu'ici connues, est fluviatile. On dit qu'elle se trouve dans les rivières de Ceilan et des Grandes-Indes. M. de Lamarck la nomme la GALATHÉE A RAYONS, *Galathea radiata;* parce que, lorsqu'elle a été polie, on voit deux ou trois rayons violets partant des sommets et s'effaçant vers le bord ventral. La dénomination que lui avoit donnée Gmelin, de *venus subviridis,* auroit dû être préférée, puisque, dans son état naturel, elle est réellement entièrement couverte, si ce n'est probablement vers les sommets, d'un épiderme verdâtre, comme les cyclades. Du reste, c'est une très-belle coquille, encore fort rare, de trois à quatre pouces de long, presque toute blanche quand elle a été dépouillée. (DE B.)

GALAX. (*Bot.*) Voyez ERYTHRORHIZE. (POIR.)

GALAXAURE, *Galaxaura.* (*Corall.*) Genre établi par M. Lamouroux (Polyp. flex., p. 259) pour quelques espèces de corps organisés phytoïdes, rangés parmi les corallines par Solander et la plupart des zoologistes, quoique Gmelin et

Esper en aient placé plusieurs avec les tubulaires. Le fait est qu'on ne sait pas encore trop ce que c'est : ce ne peut être des tubulaires, puisqu'on n'a certainement encore pu y observer aucune trace d'animaux ou de polypes, qui sont très-développés dans ce genre, et qui sont toujours à l'extrémité de chaque tube ; on ne peut non plus les assimiler exactement aux corallines, dont les tiges sont évidemment pleines, tandis que celles des galaxaures sont fistuleuses : en sorte qu'il est assez convenable d'en faire une petite coupe générique nouvelle, qui devra être placée près des corallines. Dans le cas où il n'y auroit pas de polypes, ce genre peut être défini un assemblage plus ou moins considérable de petites tiges cylindriques, fistuleuses, dichotomes, ordinairement articulées, et simulant une sorte de petite plante. Mais si, comme le soupçonne M. Lamouroux, ces tubes sont ouverts à l'extrémité et renferment chacun un polype, alors ce genre devra être à peine séparé des tubulaires : et, en effet, les tubes sont formés d'une substance membraneuse, fibreuse, encroûtée, il est vrai, d'une légère couche de matière calcaire ; les galaxaures sont ordinairement petites, presque toujours fort régulièrement dichotomes ; les unes sont fortement articulées, tandis que les autres le sont à peine. M. Lamouroux, quoiqu'il n'en ait jamais vu de vivantes, suppose que leur couleur est un vert herbacé, tirant un peu sur le violet, comme les nisées et les acétabulaires. En général, ce sont des corps organisés qui, comme presque tous les zoophytes, ont encore grand besoin d'être étudiés, non plus dans les herbiers, comme on l'a fait jusqu'à présent, mais dans la mer où ils se trouvent. Quoi qu'il en soit, M. Lamouroux en caractérise douze espèces.

1.° La GALAXAURE OBLONGUE ; *Galaxaura oblongata*, Soland. et Ell., tab. 22, fig. 1. Articulations oblongues, comprimées, à écorce très-mince et rougeâtre. Des mers d'Amérique et du Portugal.

2.° La GALAXAURE OMBELLÉE ; *Galaxaura ombellata*, *Tubul. omb.*, Esper., Zooph., tab. 17, fig. 1, 2. Rameaux se dichotomisant beaucoup et formant une sorte d'ombrelle. Mer des Antilles.

3.° La GALAXAURE OBTUSE : *Galaxaura obtusata*, Soland. et

Ellis, tab. 22, fig. 2. Dichotome; articulations ovales-oblongues, arrondies aux deux extrémités. Isles de Bahama.

4.° La GALAXAURE ANNELÉE; *Galaxaura annulata*, Lamx., *Tubul. dichot.*, Esper., tab. 6, fig. 1, 2. La tige et les rameaux annelés. Indes orientales.

5.° La GALAXAURE RUGUEUSE : *Galaxaura rugosa*, Soland. et Ell., tab. 22, fig. 3; *Corall. rugosa* et *Tubul. fragilis*, Gmel. Dichotome; les articulations annelées et un peu rugueuses, cylindriques, aplaties au sommet. Mers d'Amérique.

6.° La GALAXAURE MARGINÉE; *Galaxaura marginata*, Soland. et Ell., tab. 22, fig. 6. Dichotome; rameaux subcontinus, lisses, s'aplatissant et se recourbant un peu par la dessiccation. Côtes des îles de Bahama.

7.° La GALAXAURE LAPIDESCENTE : *Galaxaura lapidescens*, Soland. et Ell., tab. 21, fig. 9, et tab. 22, fig. 9. Dichotome; articulations cylindriques, velues. Cap de Bonne-Espérance.

8.° La GALAXAURE FRUTICULEUSE; *Galaxaura fruticulosa*, Soland. et Ell., tab. 22, fig. 5. Rameaux cylindriques, continus, jaunâtres, aigus au sommet. Côtes des îles de Bahama.

9.° La GALAXAURE ENDURCIE; *Galaxaura indurata*, Soland. et Ell., tab. 22, fig. 7. Dichotome; rameaux presque continus, cylindriques, lisses, divergens. Des mêmes mers.

10.° La GALAXAURE ROIDE; *Galaxaura rigida*, Lamx., Polyp. flex., pl. 8, fig. 4, *a B*. Rameaux roides, cassans, annelés, velus, sans articulations.

11.° La GALAXAURE LICHENOÏDE; *Galaxaura lichenoides*, Soland. et Ell., tab. 22, fig. 8. Dichotome; rameaux continus, un peu rugueux, comprimés supérieurement. Isles de Bahama.

12.° La GALAXAURE SANOÏDE; *Galaxaura sanoides*, Lamx. Rameaux dichotomes, filiformes, légèrement articulés, formés en touffe; grandeur, deux centimètres; couleur gris-violet blanchâtre. Mers de l'Australasie. (DE B.)

GALAXEA. (*Polyp.*) Division du genre Madrépore de Linnæus, proposée par M. Ocken (Élém. d'hist. nat., p. 72), et caractérisée ainsi : Tubes simples, courts; étoiles petites, séparées ou réunies par l'extrémité en un cercle, mais détachées toutes d'une manière distincte, et non complétement enfermées dans un ciment. Les espèces que M. Ocken range dans ce genre évidemment artificiel, sont divisées en quatre sections : la première, dont les tubes sont uniques, ne contient que le *madr. cyathus, gal. antophyllum;* la deuxième, dont les tubes semblent bourgeonner, c'est-à-dire naissant supérieurement du milieu d'un autre, renferme le *gal. antophyllites;* la troisième, qui offre quelque ressemblance avec des clous, n'en contient encore qu'une espèce, le *gal. organum,* type du genre *Sarcinula* de M. de Lamarck ; et, enfin, la quatrième, dont les tubes semblent naître d'un seul point, renferme, outre le *madr. fascicularis,* que M. Ocken nomme *gal. caryophyllites,* les *madr. cespitosa, cuspidata, calycularis, truncata* et *verrucaria :* ce sont des caryophyllies de M. de Lamarck. (DE B.)

GALAXIA. (*Bot.*) Voyez GALAXIE. (POIR.)

GALAXIAS. (*Bot.*) Daléchamps dit que quelques auteurs nommoient ainsi le chardon-marie, *carduus marianus* de Linnæus, *silybum* de Vaillant et de Gærtner, probablement à cause des taches blanches répandues sur ses feuilles. (J.)

GALAXIE, *Galaxia.* (*Bot.*) Genre de plantes monocotylédones, à fleurs incomplètes, de la famille des *iridées,* de la *triandrie monogynie* de Linnæus, qui a des rapports avec les bermudiènes (*sisyrinchium*), caractérisé par une spathe univalve ; une corolle infundibuliforme ; le tube droit, long, filiforme, élargi à son sommet en un limbe presque campanulé, régulier, à six découpures égales ; trois étamines plus courtes que la corolle, réunies à leur base ; un ovaire inférieur ; le style filiforme, à trois stigmates multifides. Le fruit consiste en une capsule presque cylindrique, à trois valves, à trois loges, contenant plusieurs semences fort petites.

Ce genre a été établi par Thunberg pour quelques plantes du cap de Bonne-Espérance, rapportées d'abord aux ixia. Leur racine est bulbeuse ; les feuilles simples, toutes radicales ; la hampe courte, presque uniflore.

GALAXIE A FEUILLES OVALES : *Galaxia ovata,* Thunb., *Nov. gen.,* 2, pag. 51; *Icon.,* Cavan., *Dissert.,* 6, tab. 189; Jacq., *Icon. rar.,* 2, tab. 291; Lamck., *Ill.,* tab. 568, fig. 1 : *Ixia galaxia,* Linn., *Suppl.,* 93. Petite plante qui s'élève à peine à la hauteur d'un pouce et demi, et dont la fleur est jaune ,

très-fugace. Sa racine est munie d'une bulbe ovale, canne-
lée, anguleuse, d'où sort un pédicule grêle, long d'un demi-
pouce, qui, arrivé à la surface de la terre, donne naissance
à une petite touffe de feuilles radicales, nombreuses, glabres, ovales, un peu obtuses, longues d'environ un pouce,
vaginales à leur base. De leur centre s'élèvent une ou plusieurs fleurs, portées chacune sur une hampe nue, beaucoup plus courte que les feuilles, qui s'alonge un peu à mesure que le fruit se développe : le tube de la corolle est
filiforme, long de six lignes et plus. La fleur, d'après Thunberg, varie du jaune au pourpre et au violet ; elle se ferme
le soir avant quatre heures, et sa corolle se contourne en
se flétrissant.

GALAXIE A FEUILLES ÉTROITES : *Galaxia graminea*, Thunb.,
Nov. gen., 2, pag. 51, *Icon.* ; Jacq., *Icon. rar.*, tab. 18, fig. 2 ;
Lamck., *Ill.*, tab. 568. fig. 2 ; Cavan., Dissert., 6, tab. 189,
fig. 3 : *Ixia fugacissima*, Linn., *Suppl.*, 94. Cette espèce, très-
rapprochée de la précédente et aussi petite, s'en distingue
facilement par ses feuilles, qui sont fort étroites, linéaires-
subulées, presque filiformes, canaliculées, longues d'un
pouce et plus, élargies et vaginales à leur base. Les fleurs
sont très-fugaces, entièrement jaunes ou d'une teinte violette
sur leur tube.

GALAXIE FAUX-NARCISSE : *Galaxia narcissoides*, Willd., *Spec.*,
3, pag. 583 ; *Sisyrinchium narcissoides*, Cavan., Dissert., 6,
tab. 192, fig. 3. Cette plante, d'après Willdenow, ne peut
appartenir aux bermudiènes, parmi lesquelles Cavanilles
l'avoit placée, quoiqu'elle ait une spathe bivalve. Elle a le
port d'un narcisse ; mais sa fleur offre le caractère d'un
galaxia. Ses racines sont fibreuses ; sa tige droite, cylindrique ; les feuilles linéaires, ensiformes, à gaine renflée. Les
spathes renferment environ quatre fleurs inclinées. La corolle
est blanche, en forme d'entonnoir, quelquefois rayée, tant
en dedans qu'en dehors, de stries d'un pourpre foncé. Cette
plante croît au détroit de Magellan.

Le *Galaxia ovata*, Andr., *Bot. reps.*, tab. 94, paroît devoir être distingué de la première espèce. M. Persoon l'a
nommé *ixia ciliata*, *Synop.*, 1, pag. 41. Ses feuilles sont plus
alongées, ciliées à leurs bords ; la corolle jaune, très-

longue. Le *galaxia obscura* de Cavanilles, Dissert., 6, tab. 189, fig. 4, est une plante encore très-peu connue, et qui, peut-être, appartient au genre *Wittsenia*. Le *galaxia iriæfolia*, Redout., *Liliac.*, tab. 41, est l'*ixia columnaris et variegata*, Andr., *Bot. repos.*, tab. 203, 211, 213, 250. C'est l'*ixia monadelpha*, *Bot. Mag.*, tab. 607. Le *galaxia plicata*, Jacq., est l'*ixia heterophylla*, Vahl, *Enum. plant.* Plusieurs autres espèces de *galaxia*, citées par différens auteurs, ont été placées dans d'autres genres. (Poir.)

GALAXIE, *Galaxias*. (*Ichthyol.*) M. Cuvier a établi sous ce nom un genre de poissons dans sa famille des *ésoces*, qui répond à une partie de celle des siagonotes de M. Duméril, et il lui a assigné les caractères suivans :

Corps sans écailles apparentes; bouche peu fendue; des dents pointues et médiocres aux os palatins et aux deux mâchoires, dont la supérieure a presque tout son bord formé par l'intermaxillaire; quelques fortes dents crochues sur la langue ; des pores sur les côtés de la tête.

Le célèbre auteur de ce sous-genre des ésoces ne le compose encore que d'une seule espèce, qu'il nomme *esox truttaceus*, et qu'il croit nouvelle, à moins qu'elle ne puisse être rapportée à l'*esox argenteus*, Forst. Voyez ÉSOCES. (H. C.)

GALAYL. (*Bot.*) Nom arabe du laitron commun, *sonchus oleraceus*, suivant M. Delile. Il lui donne aussi celui de LIBBEYN, appliqué encore à d'autres plantes de la même famille. Voyez ce mot. (J.)

GALBA (*Bot.*), nom donné dans les Antilles, suivant M. Richard, au calaba, *calophyllum*. (J.)

GALBANOPHORA. (*Bot.*) Necker a voulu, sous ce nom, séparer du *bubon macedonicum*, plante herbacée, le *bubon galbanum*, arbrisseau dont les graines sont comprimées, bordées dans leur contour, relevées de trois côtes sur le dos, et duquel on croit qu'est extrait le *galbanum*, cité dans les matières médicales. (J.)

GALBANUM. (*Bot.*) Gomme-résine fournie par le BUBON GALBANIFÈRE. Voyez ce mot, vol. V, p. 394. (L. D.)

GALBERIJA (*Bot.*), espèce de vigne de Ceilan, qui est le *cissus vitiginea* de Linnæus. (J.)

18. 5

GALBERO (*Ornith.*), nom italien du loriot commun, *oriolus galbula*, Linn., qu'on écrit aussi *gualbedro*. (Ch. **D.**)

GALBESSEN (*Bot.*), nom belge, suivant Rhéede, de l'*aria-bepou* du Malabar, *melia azadirachta*. (J.)

GALBULA. (*Ornith.*) Ce nom, qui désigne le loriot commun, ainsi que celui de *galgulus*, a été appliqué par Mœhring au jacamar; et Brisson en a fait, pour ces derniers oiseaux, une dénomination générique, que M. Cuvier a adoptée. (Ch. **D.**)

GALBULES, *Galbulæ* (*Bot.*): nom que l'on donne, dans les pharmacies, aux cônes arrondis du cyprès. (J.)

GALE. (*Bot.*) Ce nom, donné en latin par Tournefort et Adanson au genre qui est maintenant le *myrica* de Linnæus, lui a été conservé en françois. (J.)

GALÉ; *Myrica*, Linn. (*Bot.*) Genre de plantes de la famille des *amentacées*, Juss., et de la *dioécie pentandrie*, Linn., dont les fleurs mâles et les fleurs femelles sont sur des pieds différens, disposées en chatons imbriqués d'écailles, et offrent les caractères suivans : Dans chaque fleur mâle, quatre à six étamines attachées à la base d'une écaille ovale, un peu pointue; dans chaque fleur femelle, un ovaire attaché sur l'axe commun, au même point que l'écaille qui l'accompagne, et surmonté de deux styles déliés, à stigmate simple; chaque ovaire devient un petit noyau ovoïde ou globuleux, à une loge, contenant une seule graine.

Les galés sont des arbrisseaux aromatiques, à feuilles simples, alternes, parsemées de points résineux, et à fleurs disposées dans les aisselles des feuilles ou au sommet des rameaux. On en connoît aujourd'hui une douzaine d'espèces, dont une croît naturellement dans le nord de l'Europe; les autres se trouvent en Amérique, en Afrique et en Asie. Parmi les espèces exotiques, une seule peut supporter le froid qu'on éprouve en hiver dans le nord de la France; les autres ont besoin d'être abritées dans l'orangerie pendant la saison rigoureuse.

GALÉ ODORANT : *Myrica gale*, Linn., *Spec.*, 1453; Duham., nouv. éd., vol. 2, p. 194, tab. 57. Cet arbrisseau, connu vulgairement sous les noms de PIMENT ROYAL, de MYRTE BATARD, forme un buisson de trois à quatre pieds. Ses rameaux

.sont d'un brun rougeàtre, garnis de feuilles oblongues, élargies et dentées en leur partie supérieure, rétrécies à leur base, et portées sur de courts pétioles. Ses fleurs naissent, avant les feuilles, sur de petits chatons sessiles, le long des rameaux, ovales dans les individus femelles, et oblongs, presque cylindriques, dans les mâles. Le galé odorant croît naturellement dans les endroits marécageux, en France, en Angleterre, en Hollande, dans diverses parties du nord de l'Europe et dans l'Amérique septentrionale.

Toutes les parties de cet arbrisseau, et surtout ses fruits, ont une odeur forte, un peu aromatique. Dans les pays où il est commun, on en met quelquefois les rameaux dans les armoires, pour donner une bonne odeur aux objets qui y sont renfermés et pour en écarter les teignes. On en prenoit autrefois l'infusion, ainsi qu'on fait aujourd'hui du thé. Il existe même un traité composé par un médecin anglois pour prouver que c'étoit le véritable thé; mais, depuis que celui-ci est connu en Europe, on est désabusé à ce sujet, et l'on a même prétendu que l'usage du galé pouvoit être nuisible et causer des maux de tête. Aujourd'hui on n'en fait plus d'autre usage que d'employer, dans les pays où il est commun, ses tiges et ses rameaux pour brûler. Il est utile, d'ailleurs, de conserver cet arbrisseau dans les marais, où il vient naturellement, au lieu de chercher à l'en extirper, parce qu'il absorbe le gaz hydrogène qui s'en exhale, et qu'il contribue ainsi à les assainir.

GALÉ CIRIER, vulgairement CIRIER DE LA LOUISIANE; *Myrica cerifera*, Linn., *Spec.*, 1453, *var. a.* Dans son pays natal, cet arbrisseau s'élève jusqu'à huit pieds de hauteur; en Europe, il ne forme souvent qu'un buisson de trois à quatre pieds. Ses rameaux sont un peu velus vers leur sommet, garnis de feuilles lancéolées, pointues, dentées dans leur partie supérieure, entières et rétrécies à leur base. Les fleurs sont disposées en chatons axillaires, courts et sessiles. Les fruits, globuleux, de la grosseur d'un pois, recouverts d'une couche d'une substance grasse, grenue, et comme poudreuse, sont ramassés sur de petites grappes latérales et sessiles. Ce galé croit naturellement aux lieux humides et marécageux, dans la Louisiane, dans les Carolines : on le cultive en France depuis plus de cent ans.

Galé de Pensylvanie, vulgairement Cirier de Pensylvanie, *Myrica pensylvanica*, Duham., nouv. éd., vol. 2, p. 190, tab. 55. Cette espèce n'offre aucun caractère bien tranchant ; mais elle a un aspect différent : elle est moins élevée, forme davantage le buisson ; ses feuilles sont plus larges, plus molles, moins dentées et moins pointues, et les plus jeunes ont les bords roulés en-dessous. Le galé de Pensylvanie croît naturellement dans les marais de cette partie des États-Unis, et jusque dans le Canada.

Dans le nord de la France, le cirier de la Louisiane a besoin d'être abrité dans l'orangerie pendant l'hiver. On le cultive en pot et en terre de bruyère, et on le multiplie de graines semées sur couche et sous châssis. Le cirier de Pensylvanie est beaucoup plus robuste : il brave le froid de nos hivers en plein air, et il réussit bien dans une terre ordinaire, pourvu qu'elle soit fraîche : il se multiplie de lui-même par les rejetons que produisent ses racines, et ce moyen de multiplication est plus prompt que de l'obtenir de graines qu'on sème en pleine terre de bruyère.

Les fruits de ces deux galés fournissent une cire verte, avec laquelle on fait des bougies qui répandent, en brûlant, une odeur aromatique, mais qui donnent une lumière triste. Selon Raynal, cette cire végétale tint pendant long-temps lieu de la cire et du suif ordinaires aux premiers Européens qui abordèrent en Amérique. Mais, quoique ces arbrisseaux soient toujours très-communs dans les marais de l'Amérique, surtout dans la Caroline, et qu'ils rapportent une grande quantité de fruits qu'il seroit facile de récolter ; cependant les habitans de ce pays paroissent avoir renoncé à s'en servir pour s'éclairer, parce que, selon M. Bosc, les bougies qu'on en fabrique reviennent plus cher que les chandelles de suif, et il n'y a plus, d'après le même auteur, que les nègres esclaves qui s'occupent encore à recueillir de la cire de ces galés, non pour en fabriquer des bougies, mais pour en faire tout simplement des espèces de lampions. Au reste, voici le procédé qu'ils emploient pour récolter cette sorte de cire : ils coupent les branches des ciriers les plus chargées de fruits, en séparent ces derniers, et les mettent dans des sacs de toile qu'ils plongent entièrement dans une chaudière d'eau bouillante. La cire, liquéfiée par la chaleur, ne tarde pas à sortir à travers la toile ; elle monte à la surface de l'eau, d'où on l'enlève avec des cuillers. Duhamel dit que, si on ne fait bouillir les fruits que légèrement, on obtient une cire jaune, et que celle qu'on retire ensuite en les faisant bouillir de nouveau, est verte.

En France, les galés ciriers ne sont, jusqu'à présent, cultivés que comme arbrisseaux d'agrément et de curiosité, et l'on n'a point encore essayé de retirer de la cire de leurs fruits. (L. D.)

GALÉ. (*Ornith.*) Ce nom et celui de *galet* se donnent, dans le midi de la France, au poulet. (Cʜ. D.)

GALÉA, GALÉATULE, *Echinites galeatus.* (*Foss.*) Luid et d'autres anciens oryctographes ont donné ces différens noms à ceux des échinides fossiles qui portent aujourd'hui le nom de Gᴀʟᴇ́ʀɪᴛᴇ. Voyez ce mot. (Dᴇ F.)

GALÉA. (*Conchyl.*) Klein (*Tentam. ost.*, p. 57) établit sous ce nom une petite coupe générique parmi les buccins, pour les espèces globuleuses dont le canal est court, droit, échancré : ce sont maintenant des pourpres. (Dᴇ B.)

GALÉA. (*Echinod.*) Klein avoit donné depuis long-temps ce nom générique aux espèces d'oursins dont M. de Lamarck a fait depuis son genre Aɴᴀɴᴄʜɪᴛᴇ. Voyez ce mot. (Dᴇ B.)

GALEDRAGON. (*Bot.*) Suivant Anguillara, cité par C. Bauhin, Xénocrate donnoit ce nom à la cardère, *dipsacus*, que l'on trouve dans Daléchamps sous celui de *labrum Veneris*, lèvre de Vénus. (J.)

GALÉDUPA. (*Bot.*) Nous avions réuni sous ce genre de M. de Lamarck le *pungam* de l'*Hort. malab.* et le *caju-gadelupa* de Rumph. Le premier est maintenant le *pungamia* de Lamarck, dont le second doit être séparé à cause de sa gousse bivalve et disperme, et de ses feuilles pennées sans impaire, pour devenir peut-être dans la suite un genre distinct, lorsqu'il sera mieux connu. (J.)

GALÉDUPA ou PONGOLOTTE. (*Bot.*) Genre de plantes dicotylédones, à fleurs complètes, papillonacées, de la famille des *légumineuses*, de la *diadelphie décandrie* de Linnæus, offrant pour caractère essentiel : Un calice court, en soucoupe, entier, tronqué obliquement ; les pétales onguiculés ;

l'étendard étalé à deux lobes; les ailes et la carène conniventes: dix étamines diadelphes: un style courbé au sommet.
Le fruit consiste en une gousse elliptique. plane, un peu
arquée en faux, terminée par une petite pointe courbe,
contenant une ou deux semences comprimées, réniformes.

Galédupa des Indes : *Galedupa indica*, Lamk., Encyclop.;
Pongamia glabra, Venten., Malm.; Lamk., *Ill. gen.*, tab.
605, fig. 1 : *Dalbergia arborea*, Willd., *Spec.*, 3, pag. 901 :
Pongami seu Minori, Rheed., *Malab.*, 6, pag. 5, tab. 3;
vulgairement Arbre de pongolotte, Sonnerat. Arbre des
Indes orientales, qui s'élève à une assez grande hauteur,
sur un tronc épais, chargé, à sa partie supérieure, de rameaux glabres. cylindriques. Ses feuilles sont alternes, ailées
avec une impaire, composées de cinq à sept folioles assez
grandes, glabres, entières, ovales-acuminées, pétiolées;
la terminale plus grande que les autres. Les fleurs sont
papillonacées, blanchâtres, odorantes, disposées en grappes
axillaires, pédonculées, longues de quatre à cinq pouces :
leur calice est court, d'une seule pièce, chargé de poils
courts dans sa jeunesse; la corolle papillonacée, composée
de cinq pétales à onglets saillans hors du calice; l'étendard
large, relevé, échancré en cœur; la carène oblongue, obtuse,
enveloppant les organes sexuels; les ailes conniventes autour
de la carène et de même longueur qu'elle; les gousses sont
elliptiques, comprimées, longues d'un pouce et demi sur un
de large, conservant le calice à leur base. Cet arbre est
toujours vert, et ses fleurs répandent une odeur agréable.
Ventenat dit dans une note, que le *dalbergia arborea*, Willd.,
et le synonyme de l'*Hort. malab.* paroissent différer du *galedupa indica* par la forme du fruit et de la graine. Willdenow
les réunit.

Ventenat indique deux autres espèces de galédupa sous
le nom de *pongamia*, savoir : 1.º le *Pongamia grandiflora*,
Venten., *Hort. Malm.*, 1, pag. 28; ses feuilles sont ailées,
composées d'environ six paires de folioles elliptiques, obtuses,
pubescentes en-dessous; elle croit dans les Indes orientales.
2.º Le *Pongamia sericea*, Venten., *l. c.*, à feuilles ternées;
les folioles oblongues, soyeuses en-dessous : elle a été découverte à Java par M. Delahaye. (Poir.)

GALÉGA. (*Bot.*) Ce nom, chez les anciens, a été donné à diverses plantes, à un orobe, à la vesce multiflore, au sesban de l'Inde, que Linnæus réunissoit à son *æschynomene*, et qui constitue maintenant le genre *Sesbania*. Matthiole l'attribuoit à la rue de chèvre, *ruta capraria*, qui l'a conservé. Quelques modernes avoient aussi rapporté à ce genre des *sophora* et des casses. (J.)

GALÉGA; *Galega*, Linn. (*Bot.*) Genre de plantes dycotylédones de la famille des *légumineuses*, Juss., et de la *diadelphie décandrie*, Linn., qui a pour caractères : Un calice monophylle, à cinq dents subulées, presque égales; une corolle papillonacée, dont l'étendard est ovale ou en cœur, relevé ou réfléchi, et dont les deux ailes sont oblongues, inclinées sur la carène, qui est comprimée sur les côtés; dix étamines ordinairement diadelphes; un ovaire supérieur, oblong, terminé par un style court, montant, à stigmate un peu globuleux; un légume linéaire, comprimé, un peu noueux, contenant plusieurs graines réniformes.

Le genre Galéga renferme quarante et quelques espèces, qui toutes, excepté une seule, sont exotiques, et croissent, en général, dans les climats chauds. Dix à douze de ces plantes se trouvent particulièrement en Amérique; les autres appartiennent à l'Asie, aux îles de la mer des Indes, à l'Afrique, et surtout au cap de Bonne-Espérance. Les espèces sont les unes herbacées, les autres frutescentes; elles ont les feuilles alternes ailées avec impaire, et les fleurs disposées en grappes axillaires et terminales. Nous ne parlerons ici que de celles qui présentent quelque intérêt sous le rapport de leurs propriétés, et de quelques autres qui sont cultivées dans les jardins de botanique.

GALÉGA OFFICINAL; vulgairement FAUX-INDIGO, LAVANÈSE, RUE DE CHÈVRE; *Galega officinalis*, Linn., *Spec.*, 1062. Ses tiges sont droites, rameuses, hautes de deux pieds ou environ, garnies de feuilles composées de quinze à dix-sept folioles oblongues. Ses fleurs sont bleuàtres ou purpurines, quelquefois blanches, pédiculées, pendantes, disposées en longues grappes serrées, sur des pédoncules axillaires, ou placées au sommet de la tige et des rameaux. Cette plante croit naturellement dans les prés, les bois, et les terrains un peu humides, en Espagne, en Italie, et dans quelques cantons de la France.

Ce galéga est propre à orner les plates-bandes des grands parterres, et les massifs des jardins paysagers, par la verdure agréable de son feuillage, et par ses jolies fleurs, qui se succèdent continuellement pendant les mois de Juin, Juillet et Août. On le multiplie de graines, ou plus souvent en relevant les vieux pieds à l'automne, et en les éclatant.

Quelques agronomes ont préconisé cette plante pour en faire des prairies artificielles, et elle offriroit sans doute beaucoup d'avantages par l'abondance de sa fane; mais elle ne paroît pas être du goût des bestiaux, qui, dans les pays où elle croît naturellement, la laissent sans y toucher dans les pâturages où elle se trouve, ou ne broutent tout au plus que ses plus jeunes pousses. Elle peut fournir, dit-on, une fécule bleue, analogue à l'indigo : mais cette matière colorante ne paroît pas y être dans des proportions assez favorables pour dédommager des frais de l'extraction; car, dans ces derniers temps, où l'on a cherché à retirer du pastel un indigo indigène, on n'a pas essayé d'en obtenir du galéga.

Quant aux propriétés médicinales de cette plante, elles ont été très-exaltées autrefois; car la lavanèse a passé pour sudorifique, vermifuge, et elle a été surtout vantée comme un excellent antidote dans les fièvres pestilentielles. Aujourd'hui les médecins n'en font plus aucun usage. Dans certains cantons de l'Italie on mange ses feuilles comme herbes potagères, ou cuites, ou en salade.

GALÉGA DU LEVANT; *Galega orientalis*, Lamck., Dict. enc., 2, p. 596. Ses feuilles sont composées d'environ onze folioles ovales ou ovales-lancéolées, larges de plus d'un pouce, sur un pouce et demi à deux pouces de longueur. Ses fleurs sont bleues, plus petites que celles de l'espèce précédente, disposées d'ailleurs de la même manière. Cette espèce a été trouvée dans le Levant, par Tournefort; on la cultive au Jardin du Roi.

GALÉGA ROSE; *Galega rosea*, Lamck., Dict. enc., 2, p. 599. Cette espèce est un arbrisseau de quatre à cinq pieds de hauteur, dont les rameaux sont grêles, garnis de feuilles com-

posées d'environ quinze folioles oblongues, presque glabres. Les fleurs sont assez grandes, d'un beau rouge ou d'un
pourpre rose, et disposées en grappes courtes. Elle est originaire du Cap, et cultivée au Jardin du Roi. On la rentre
dans l'orangerie pendant l'hiver.

GALÉGA ÉLÉGANT; *Galega pulchella*, Willd., *Spec.*, 3, p. 1244.
Ses tiges sont ligneuses, divisées en rameaux anguleux, velus, garnis de feuilles composées de cinq à six paires de
folioles ovales, mucronées, rétrécies en coin à leur base,
pubescentes en-dessous. Les fleurs sont d'un pourpre clair,
disposées en grappes peu fournies. Il leur succède des gousses
linéaires et pubescentes. Cette espéce croît au cap de Bonne-
Espérance.

GALÉGA SOYEUX; *Galega sericea*, Lamck., Dict. enc., 2,
p. 596. Sa tige est droite, haute de trois à quatre pieds,
anguleuse, recouverte d'un duvet cotonneux. Ses feuilles
sont composées d'environ quinze paires de folioles presque
linéaires, soyeuses et blanchâtres en-dessous. Ses fleurs sont
purpurines, avec une grande tache jaune à la base de l'étendard, et elles sont disposées en grappes droites et terminales. Cette plante croît naturellement dans les Antilles, et
on la cultive à Cayenne sur toutes les habitations, parce
qu'on en fait usage pour enivrer le poisson.

GALÉGA DES ANTILLES; *Galega caribæa*, Jacq., *Amer.*, 212,
tab. 125. Cette espéce est un petit arbrisseau divisé en rameaux grêles, garnis de feuilles composées de quinze à dix-
neuf folioles ovales-oblongues, mucronées. Ses fleurs sont
panachées de rouge et de blanc, disposées en grappes axillaires, peu fournies et un peu plus longues que les feuilles.
Elle croît aux Antilles parmi les buissons : on la cultive
au Jardin du Roi, dans la serre chaude.

GALÉGA DE VIRGINIE; *Galega virginiana*, Linn., *Spec.*, 1062.
Sa tige est cylindrique, presque glabre dans sa partie inférieure, chargée de quelques poils dans la supérieure, et
garnie de feuilles composées de dix-neuf à vingt-cinq folioles ovales-oblongues, mucronées. Ses fleurs sont d'un rouge
incarnat, disposées en épi serré ; leur calice est lanugineux,
et les légumes sont comprimés, courbés en faux et velus.
Ce galéga croît naturellement dans la Virginie et la Caro-

line : il passe, dans ces pays, pour un très-bon vermifuge.

GALÉGA DES TEINTURIERS; *Galega tinctoria*, Linn., *Spec.*, 1065. Ses tiges sont menues, rameuses, et elles s'élèvent en touffe à la hauteur de deux à trois pieds. Ses feuilles sont à treize ou quinze folioles oblongues, cunéiformes, glabres en-dessus, velues en-dessous. Ses fleurs sont purpurines, et disposées en grappes serrées, à l'extrémité des tiges ou dans les aisselles des feuilles. Cette plante croit aux lieux arides et sablonneux dans l'Inde et dans l'ile de Ceilan. Les habitans de ce dernier pays en retirent une sorte d'indigo dont le bleu est peu foncé. (L. D.)

GALÉIFORME [PÉTALE]. (*Bot.*) En forme de casque, comme par exemple, ceux de l'aconit. (MASS.)

GALEJOU (*Ornith.*), nom provençal qui, suivant M. Desmarest, est employé pour désigner le héron gris de Brisson, c'est-à-dire le bihoreau dans son jeune âge. (CH. D.)

GAL-EL-CHALLAZ. (*Mamm.*) Nom arabe, qui signifie chat à oreilles noires, et que l'on donne en Orient au caracal. Voyez CHAT. (F. C.)

GALÈNE. (*Min.*) Nom vulgaire du plomb sulfuré, par lequel on désigne ordinairement celui qui se présente en masses laminaires, cuboïdes et brillantes; qui sert à vernir la poterie la plus commune, sous le nom d'*alquifoux*, d'*arquifoux* ou simplement de *vernis*, et qui est le minérai le plus généralement exploité comme mine de plomb, parce qu'il se présente en filons puissans, et qu'il contient jusqu'à 75 pour cent de plomb pur et presque toujours une certaine dose d'argent.

On donne particulièrement le nom de *galène argentifère* à celle dont le grain fin approche de celui de l'acier, parce qu'on s'est persuadé que cette variété étoit plus riche en argent que celle qui est laminaire; mais je connois d'excellens métallurgistes qui regardent cette opinion comme un préjugé. Voyez PLOMB SULFURÉ. (BRARD.)

GALÈNE DE FER. (*Min.*) Nom donné fort mal à propos par d'anciens naturalistes à quelques variétés du fer oligiste, et même au schéelin ferruginé. (BRARD.)

GALÈNE PALMÉE. (*Min.*) On a donné ce nom au plomb sulfuré qui est mélangé à de l'antimoine sulfuré, qui modifie

sa cassure et lui fait présenter des espèces de palmes. Voyez
Plomb sulfuré. (Brard.)

GALENGANG. (*Bot.*) Plante de Sumatra citée par Marsden, qui est employée pour les dartres. Il dit qu'elle a les
feuilles grandes et pennées, et les fleurs jaunes. C'est peut-être
le *cassia tora*, qui a les mêmes caractères et les mêmes propriétés, et que par cette raison on nomme, à Pondichéry,
herbe à dartres. (J.)

GALENIA. (*Bot.*) Voyez Galiène. (Poir.)

GALÉOBDOLON. (*Bot.*) Une espèce de *galeopsis* à fleurs
jaunes, *galeopsis galeobdolon* de Linnæus, se distingue en
outre de ses congénères par un calice divisé plus profondément, une corolle dépourvue de dents latérales, à lèvre
supérieure entière et non crénelée, à lèvre inférieure à trois
divisions simples. Dillen en avoit fait un genre sous le nom
de *galeobdolon*, adopté par Royen, Hudson et M. De Candolle.
Heister l'avoit aussi séparée sous le nom de *lamiastrum*; Roth,
sous celui de *pollichia*; M. de Lamarck, sous celui de *car-
diaca*; Necker, sous celui de *psilopsis*. Voyez Lamium. (J.)

GALÉODE : *Galeodes*, Olivier; *Solpuga*, Fab. (*Entom.*)
Genre d'insectes aranéides ou acères, dont les mandibules ne
sont pas en crochets, mais en pinces plus longues que la
moitié du corps, et dont l'abdomen ne se termine pas par
une queue. Ces différens caractères suffisent pour distinguer
les galéodes de toutes les aranéides, c'est-à-dire, à tête et
corselet réunis, privées d'antennes et munies de huit pattes.
En effet, les araignées, les mygales et les trombidies ont les
mandibules en crochets; les scorpions portent une sorte de
queue formée par le prolongement de l'abdomen; les phrynes
et les pinces ou chélifères ont leurs palpes en pince; enfin,
les faucheurs ont les mandibules plus courtes que la moitié
du corps. Les caractères des galéodes sont donc bien tranchés. (Consultez l'article Aranéide, tom. II de ce Dictionnaire, pag. 35o.)

Ce nom de galéode, emprunté d'Aristote, Γαλεώδης, désignoit un poisson voisin des gades; il a été donné par Olivier, en
1791, à ce genre qu'il a décrit dans l'Encyclopédie méthodique.
Il n'a cependant pas été conservé par Fabricius, qui a préféré la
dénomination de *solpuga*, proposée par M. Lichtenstein, qui

lui-même a détourné ce nom du sens que lui attribuoient Pline (*lib.* 8, *cap.* 29) et Lucain (*lib.* 9, *Quis calcare tuas metuat si lpuga latebra,?*), puisque ces deux auteurs paroissent désigner une sorte de fourmi dont la piqûre étoit venimeuse.

Pallas a donné une description et une figure exactes d'une espèce de ce genre, sous le nom de phalangium, dans ses Glanures de zoologie, cahier 9, pl. 3, fig. 7, 8 et 9. On en trouve de très-bonnes représentations dans une Monographie du genre Solpuga, par Herbst ; dans le Voyage en Grèce de Sonnini ; et M. Olivier, dans son Voyage en Perse, a donné des détails curieux sur ces insectes. Nous avons nous-même donné une figure d'après nature du *galéode aranéoïde*, dans l'Atlas de ce Dictionnaire, pl. 1.re des Aranéides, sous le n.° 3.

Les galéodes n'ont encore été observés que dans les pays chauds, au midi de l'Europe, en Asie et en Afrique. En général, on redoute leurs morsures comme celles des scorpions. On les croit venimeux, et on ose à peine les toucher. Ils ressemblent aux araignées. Leur corps est alongé, très-velu ; leur corselet en cœur ; l'abdomen ou le ventre annelé ou à segmens transversaux au nombre de neuf à douze ; huit pattes velues ; deux grandes mandibules en pinces rapprochées l'une de l'autre dans toute leur étendue, articulées sur une pièce mobile courte, avec lesquelles l'insecte saisit et divise sa proie ; les palpes sont excessivement alongés et ressemblent à une cinquième paire de pattes.

Ces insectes fuient la lumière ; le soir et dans l'obscurité ils courent très-vîte : ils se nourrissent d'autres insectes, à peu près comme les araignées et les scorpions.

Les principales espèces de ce genre sont les suivantes :

1.° Le Galéode aranéoïde, *Phalangium araneoidum* de Pallas, le même que nous avons fait figurer.

Son corps est velu, jaunâtre ; les mandibules sont ciliées, armées de fortes dents : c'est un insecte d'Asie. Pallas l'a observé au nord de la mer Caspienne, et Olivier en Perse.

2.° Le Galéode dorsal, *Galeodes dorsalis.*

Il a été observé en Espagne, et rapporté par M. le général Dejean et par M. Dufour. Il est roussâtre en-dessus, noirâtre en-dessous, et a les pinces et les mandibules couleur de rouille : c'est une petite espèce qui n'a guère que six lignes de longueur. (C. D.)

GALEOLA, Lour. (*Bot.*) Voyez Cranichis. (Poir.)

GALÉONYME. (*Ichthyol.*) Galien rapporte, dans un passage de ses Œuvres, qu'un poisson du genre des *galéonymes* (*e genere* γαλεῶν *vel galeonymorum*) étoit en grande estime chez les Romains. Cet auteur ajoute qu'on ne le trouve point dans la mer de la Grèce, c'est-à-dire dans la mer Méditerranée, ce qui nous porte à croire que les galéonymes des anciens n'étoient point nos callionymes. Gesner pense que ce devoit être une espèce du genre des gades. Il est probable que c'est notre Cabliau. Voyez Gade et Morue. (H. C.)

GALÉOPE; *Galeopsis*, Linn. (*Bot.*) Genre de plantes dicotylédones, de la famille des *labiées*, Juss., et de la *didynamie gymnospermie*, Linn., dont les caractères sont d'avoir un calice monophylle, à cinq dents aiguës et épineuses; une corolle monopétale, à tube plus long que le calice, élargie insensiblement, et divisée à son limbe en deux lèvres, dont la supérieure en voûte arrondie, concave, légèrement dentelée, et l'inférieure à trois lobes, dont le moyen plus large, ayant une bosse de chaque côté de sa base; quatre étamines didynames, cachées sous la lèvre supérieure; un ovaire supérieur, à quatre lobes, surmonté d'un seul style filiforme, bifide et à deux stigmates aigus; quatre graines nues, trigones, situées au fond du calice.

Les galéopes sont des plantes herbacées, annuelles, à tige quadrangulaire, à feuilles simples et opposées, et à fleurs axillaires et verticillées. On en connoît cinq espèces, qui sont toutes indigènes et qui présentent peu d'intérêt. Celles qu'on trouve le plus communément, sont les deux suivantes :

Galéope ladane; *Galeopsis ladanum*, Linn., *Spec.*, 810. Sa tige est rameuse, pubescente, haute de six à dix pouces, garnie de feuilles lancéolées ou linéaires-lancéolées, légèrement velues en-dessous, et bordées de quelques dents écartées. Ses fleurs sont purpurines, marquées de jaune à la naissance de la lèvre inférieure, et disposées par verticilles écartés; leurs calices sont velus, à dents subulées, épineuses et très-ouvertes. Cette espèce est commune dans les champs et les lieux cultivés. On la connoit vulgairement sous le nom d'*ortic rouge*.

GALÉOPE PIQUANT; *Galeopsis tetrahit*, Linn., *Spec.*, 810. Sa tige est hérissée de poils dirigés en bas, renflée un peu au-dessus de chaque nœud, garnie de feuilles ovales-oblongues, hérissées et dentées en scie. Ses fleurs sont purpurines, un peu tachées de blanc en leur lèvre inférieure, et disposées par verticilles, dont les supérieurs sont très-rapprochés. Les dents de leur calice sont épineuses et piquantes. Cette plante se trouve dans les bois humides, dans les haies et sur les bords des fossés. Les bestiaux la broutent quelquefois, lorsqu'elle est jeune et encore tendre ; mais plus tard ils n'en veulent plus. M. Bosc dit que ces deux plantes peuvent fournir, par incinération, assez de potasse pour mériter d'être employées sous ce rapport ; autrement on n'en fait aucun usage. (L. D.)

GALÉOPITHÈQUES. (*Mamm.*) Nom composé de deux mots grecs, qui signifie chat-singe, et que Pallas a donné au genre qu'il a formé du *lemur volans* de Linnæus, de cet animal singulier des Moluques désigné par les voyageurs sous les noms de chat volant, de singe volant, de chien volant, etc.

Les galéopithèques ne sont encore que des animaux très-imparfaitement connus. Tout ce que ceux qui les ont vus vivans nous en apprennent, c'est qu'ils se tiennent sur les arbres, aux branches desquels ils s'accrochent et se suspendent par leurs pieds de derrière ; qu'ils se nourrissent d'insectes et peut-être de petits oiseaux ; qu'ils marchent sans aisance à terre, mais grimpent facilement aux arbres, s'élancent avec agilité de l'un à l'autre, soutenus par la membrane qui s'étend sur les côtés de leur corps ; enfin, que ce sont des animaux crépusculaires, c'est-à-dire qui restent inactifs pendant le jour, et qui agissent et pourvoient à leurs besoins dès que la lumière, qui fatigue leurs yeux, commence à s'affoiblir.

Leur organisation est un peu mieux connue que leur genre de vie. Les divers noms qui leur ont été donnés par les voyageurs, et que nous venons de rapporter, indiquent jusqu'à un certain point leur physionomie générale. Le plus grand galéopithèque, le seul peut-être qui soit connu, ne surpasse pas la taille d'un jeune chat; mais il a des proportions plus élancées, plus sveltes et qui le rapprochent des derniers quadrumanes, des makis.

Les galéopithèques se rapprochent encore des makis par les dents, qui offrent cependant des caractères particuliers très-remarquables. A la mâchoire inférieure, les incisives sont au nombre de six : les quatre moyennes, couchées tout-à-fait en avant, sont dentelées exactement comme un peigne; les deux externes, moins couchées que les précédentes, sont aussi moins dentelées ; elles ressemblent assez, sous ce rapport, à une crête de coq. Immédiatement après, et sans intervalle vide, viennent les molaires: la première est assez semblable aux fausses molaires ordinaires ; elle n'a qu'une pointe principale et deux racines. Celle qui vient après et qui n'est peut-être aussi qu'une fausse molaire, est déjà plus compliquée : on y remarque d'abord la pointe principale, en avant de laquelle se trouve une pointe moins élevée, et par derrière trois pointes disposées en triangle. Quatre molaires viennent ensuite : on remarque, à la première, sa partie antérieure, formée d'une pointe épaisse, du côté externe, garnie à sa base intérieurement de deux pointes plus petites, qui forment avec la grande un triangle; et sa partie postérieure, formée de deux pointes contiguës, une à la face interne, et l'autre à la face externe. Les trois autres de ces molaires se ressemblent : elles sont formées, en dehors, d'une forte pointe, et en dedans de deux paires de pointes plus petites, l'une antérieurement, l'autre postérieurement. A la mâchoire supérieure on ne trouve que deux incisives de la même forme que les incisives latérales d'en-bas ; immédiatement après vient une fausse molaire, à deux racines, mais implantée dans l'intermaxillaire, comme le seroit une canine; aussi cette dent a-t-elle quelquefois reçu ce dernier nom. Une seconde fausse molaire suit la précédente et lui ressemble, et une troisième, qui vient après, a deux pointes principales, une en avant, l'autre en arrière, et est très-épaisse à sa base. Les quatre molaires qui suivent ont la même forme : elles se composent, en dehors, de deux pointes, une antérieure, l'autre postérieure, de forme triangulaire et à base très-large, et en dedans d'une seule pointe ; mais, entre celle-ci et la face interne des deux premières on en voit deux petites, très-minces et fort aiguës. Ces singulières dents sont des plus découpées, des plus tuberculeuses, de toutes celles qu'on connoit ; mais elles sont formées sur le plan général de toutes les molaires d'insectivores, dont les dents des makis se rapprochent aussi singulièrement.

Les organes du mouvement sont tout-à-fait engagés dans la membrane qui garnit les côtés du corps, et qui fait elle-même partie de ces organes. Les quatre pieds ont cinq doigts, disposés parallèlement, et garnis d'ongles longs, forts, très-aigus et recourbés en demi-cercle; tous les doigts sont réunis par la membrane, au dehors de laquelle on ne voit que les ongles. La queue, assez longue, est, comme les autres membres, engagée dans la membrane. Celle-ci naît sous le cou, gagne les doigts des mains, passe aux pieds, dont elle embrasse aussi les doigts, et arrive à l'extrémité de la queue, de sorte que, lorsque l'animal étend ses quatre jambes et sa queue, il couvre une étendue beaucoup plus grande que son corps, et offre à l'air, lorsqu'il saute, une telle surface, proportionnément à son poids, qu'il ne tombe qu'avec lenteur, et que ses sauts se prolongent fort au-delà de l'étendue qu'ils auroient sans cette espèce de parachute.

On connoît peu les sens des galéopithèques et leur étendue ; et l'on ignore tout ce qui, chez ces animaux, tient à la génération. Leurs yeux sont grands et saillans, leur nez est entouré d'un mufle ; leur langue est douce ; leurs oreilles ne sont pas fort étendues, et leur pelage est moelleux, épais et d'une apparence laineuse. Ils n'ont point de moustaches, et la peau de leurs mains et de leurs pieds est très-douce. Les mamelles sont situées sur la poitrine, et la verge est pendante. Leur canal intestinal a un grand cœcum.

Les naturalistes n'ont point encore accordé de place fixe à ces singuliers animaux dans leur système. Linnæus, et même Pallas, qui en fit un genre particulier, les joignirent aux makis ; M. Geoffroy-Saint-Hilaire les transporta dans le sous-ordre des cheiroptères, comme intermédiaires entre les animaux de ce sous-ordre et les makis. M. G. Cuvier, les plaçant à la fin des cheiroptères, les considère comme plus voisins, par leur organisation, des omnivores proprement dits que des quadrumanes. Illiger en fait la première famille de son ordre des *volitantia*, qui répond aux cheiroptères de MM. Geoffroy et Cuvier, mais qu'il place entre les monotrèmes et les omnivores. Il nous semble que la véritable place de ces animaux, dans l'ordre naturel, est celle qui les fait servir de passage entre les makis et les cheiroptères, soit qu'on les place avec Linnæus à la fin des premiers, ou avec M. Geoffroy à la tête des seconds.

On ne connoit bien qu'une seule espèce de galéopithèque.

Le Galéopithèque roux: *Lemur volans*, Linn.; Audebert, Hist. nat. des singes et des makis, pl. 1. Cet animal, à peu près de la grandeur d'un jeune chat, est d'un beau roux vif aux parties supérieures du corps, et d'un roux plus pâle aux parties inférieures. On dit qu'il répand une odeur forte et désagréable, mais que sa chair est fort bonne à manger. Les habitans des iles Pelew le nomment *oleck*, et ce nom propre lui conviendroit mieux que celui qu'il a reçu des naturalistes.

Le Muséum du Jardin du Roi possède un petit galéopithèque, dont on ne connoit pas l'origine, et dont on a fait le type d'une seconde espèce; c'est

Le Galéopithèque varié (*Galeopithecus varius*, Audebert, Hist. nat. des singes et des makis, pl. 2), qui est beaucoup plus petit que le précédent, et dont le pelage, d'un brun sombre, est varié de quelques taches blanches sur les jambes. Deux taches de même couleur se trouvent aussi entre les yeux. On a soupçonné que ce galéopithèque n'étoit qu'un individu très-jeune de l'espèce précédente.

Enfin, l'on trouve dans Seba la figure et la description d'un galéopithèque qu'on a aussi regardé comme appartenant à une espèce distincte. On en a fait

Le Galéopithèque de Ternate: *Galeopithecus ternatensis*, Geoff.; Seba, pl. 58, fig. 2 et 3. Poil d'un gris roux, serré et doux comme celui de la taupe, plus foncé en-dessus qu'en-dessous; quelques taches blanches sur la queue.

Il y a lieu de penser qu'on découvrira encore d'autres espèces de galéopithèques; car il paroît qu'on rencontre de ces animaux, si ce ne sont des écureuils, en Asie jusque dans la grande Tartarie. On trouve dans les observations de

18. 6

physique de l'empereur Kong-Hi, qu'une espèce de rat volant existe dans les épaisses forêts de la Tartarie; que ses ailes ne sont que des peaux légères qui vont d'un pied à l'autre, et se terminent à sa queue; que cet animal ne vole qu'en s'élançant d'un arbre sur un autre plus bas, et qu'il ne peut pas voler en montant, etc. (F. C.)

GALEOPSIS. (*Bot.*) On trouve dans Daléchamps et d'autres anciens ce nom donné à quelques espèces de *lamium*, et à une espèce de sauge, *salvia glutinosa*. Dodoens l'appliquoit à la grande scrophulaire. Le genre des labiées, auquel il est maintenant attribué, est composé d'espèces auparavant éparses dans les genres *Urtica*, *Sideritis*, etc. (J.)

GALEOPSIS (*Bot.*), nom latin du genre Galéope. (L. D.)

GALÉORHIN. (*Ichthyol.*) M. de Blainville a proposé d'établir sous ce nom un sous-genre parmi les squales de la plupart des ichthyologistes. Le milandre et l'émissole lui servent de type. (H. C.)

GALEOS. (*Ichthyol.*) Dans Aristote et quelques anciens naturalistes grecs, le mot γαλεος semble désigner notre chien de mer. (H. C.)

GALÉOTE, *Calotes*. (*Ichthyol.*) M. Cuvier a fait, sous ce nom, un genre de reptiles sauriens, très-voisin de celui des ACAMES de Daudin, et de celui des LOPHYRES de M. Duméril (voyez ces mots). Il lui assigne les caractères des agames et des lophyres tout à la fois; mais il le fait différer des premiers en cela, que le corps, dans les galéotes, est régulièrement couvert d'écailles disposées comme des tuiles libres et tranchantes sur leurs bords, souvent carénées et terminées en pointe, tant sur le tronc que sur les membres et sur la queue, qui est très-longue; celles du milieu du dos sont relevées et comprimées en épines, et forment une crête plus ou moins étendue. Les galéotes n'ont point de fanon, ni de pores visibles aux cuisses.

Les GALÉOTES ne diffèrent véritablement des LOPHYRES que parce qu'ils n'ont point la queue comprimée et garnie d'une crête sur son dos. On les distingue d'ailleurs facilement des IGUANES, en ce qu'ils n'ont point le palais armé de dents, et des LÉZARDS, en ce qu'ils n'offrent point sur les cuisses une rangée de tubercules poreux.

L'espèce la mieux connue dans ce genre est,

Le Galéote, *Calotes vulgaris* : *Lacerta calotes*, Linn. ; *Agama calotes*, Daudin, tom. 3, pag. 361, pl. XLIII; *Iguane ophiomaque*, Latreille; *Iguana calotes*, Laurenti. Tête aplatie en-dessus, très-large par-derrière, munie de gros yeux peu saillans et de vastes ouvertures aux oreilles, recouverte en-dessus de petites écailles minces, lisses et à peu près hexagonales; quelques écailles relevées en épines et en une double crête au-dessus des oreilles; pieds assez longs; doigts séparés, grêles et armés d'ongles crochus et noirs en-dessus. Taille de dix-huit pouces environ, sur lesquels il en faut prendre à peu près quatorze pour la queue seulement. Teinte générale d'un joli bleu clair, avec des bandes transversales blanches.

Ce reptile habite les contrées les plus chaudes des Indes orientales, à Ceilan, dans les Moluques, où on le nomme caméléon, quoiqu'il change peu ses couleurs. Ses œufs sont fusiformes.

Il vit dans les maisons et plus particulièrement sur les toits, où il se nourrit d'insectes et surtout d'araignées. On prétend aussi que souvent il prend les petits rats et se défend contre les serpens.

Suivant M. Cuvier, il faut encore rapporter à ce genre l'*agame arlequiné* de Daudin, *agama versicolor*, que cet auteur a décrit d'après un individu qui existe dans les galeries du Muséum d'histoire naturelle de Paris. (H. C.)

GALEPENDRUM. (*Bot.*) Genre établi par Wiggers (*Hols.*, page 108), pour y placer le *lycoperdon epidendrum*, Linn., jolie espèce de champignons, dont Micheli (*Gen.*, tab. 95, fig. 2) avoit déjà fait un genre particulier sous le nom de *lycogala*, adopté par Adanson et puis par les botanistes qui, comme Persoon, ont jugé que cette plante ne pouvoit pas rester avec les vrais lycoperdons ou vesses-loups. Voyez Lycogala. (Lem.)

GALERA. (*Mamm.*) Brown, dans son Histoire de la Jamaïque, donne la description et la figure d'un animal qu'il nomme galera, et qui paroit être le tayra de Buffon, espèce du genre Glouton. Voyez ce mot. (F. C.)

GALERAND (*Ornith.*), dénomination bretonne du butor. *ardea stellaris*, Linn. (Ch. D.)

GALÈRE. (*Arachnoderm.*) Les marins désignent presque toujours sous ce nom la Physale et la Vélelle, parce qu'avec une forme ovale, pointue aux deux extrémités, ces animaux offrent une crête verticale longitudinale qui semble une espèce de voile qui les aide à nager.

On le donne aussi quelquefois à la coquille de l'argonaute. (D. B.)

GALÈRE. (*Chim.*) C'est un fourneau employé dans les arts, lorsqu'on veut chauffer à la fois plusieurs cornues. Il a ordinairement la forme d'un prisme rectangulaire qui repose sur le sol par une de ses grandes faces. On y remarque trois capacités, le cendrier, le foyer, et celle où l'on place les cornues. Les ouvertures du cendrier et du foyer sont à un des bouts, et le tuyau de la cheminée est au bout opposé. Les cornues que l'on met dans une galère, sont ordinairement en grès; elles reposent sur des grilles en fer; pour les chauffer également en haut et en bas, et suffisamment, on fait une voûte au fourneau avec des briques que l'on joint les unes aux autres au moyen d'un lut de terre. Si l'on vouloit chauffer des cornues de verre dans une galère, il faudroit séparer du foyer la capacité destinée à les recevoir, au moyen d'une plaque de fonte ou de tôle; mettre un demi-pouce de sable sur cette plaque, y placer la cornue, puis remplir les vides de la capacité avec du sable. Presque toujours on élève un petit mur de chaque côté du fourneau, parallèlement à sa longueur, afin de soutenir les récipiens que l'on adapte aux cornues.

Le nombre des cornues que l'on peut placer dans les fourneaux de ce genre est de six à douze.

On construit des galères qui sont circulaires.

En général, ces fourneaux sont employés pour les distillations de plusieurs acides, quelquefois pour des sublimations. (Ch.)

GALERITA. (*Bot.*) Suivant C. Bauhin, Tragus donnoit ce nom au pétasite, *tussilago petasites.* (J.)

GALERITA. (*Ornith.*) L'oiseau désigné dans Pline (Hist. nat., liv. 10, chap. 49) par ce nom latin est le cochevis ou alouette huppée, *alauda cristata*, Linn. Varron a écrit *galeritus*, et ce terme ayant été corrompu dans Gesner, où l'on trouve *galericus*, Rzaczynski (*Hist. nat. Poloniæ.* pag. 269) a suivi cette version fautive, qui a été ensuite copiée par Brisson, etc. Il y a aussi probablement erreur dans la dénomination de *galerita varia*, donnée par Fabricio de Padoue au jaseur, *ampelis garrulus*, Linn. (Cu. D.)

GALÉRITE. *Galerita*. (*Entom.*) Nom donné par Fabricius à un genre d'insectes coléoptères, de l'ordre des pentamérés, et de la famille des créophages ou carnassiers. C'est une espèce qu'il avoit rangée d'abord avec les carabes, et qui paroît avoir les plus grands rapports avec les brachyns, comme on va le voir par les caractères suivans : Élytres durs, distincts, comme tronqués, couvrant un abdomen aplati ; corselet plus étroit que l'abdomen, et tête plus large que le corselet ; jambes de devant échancrées. La seule différence générique consiste dans la manière dont la tête est articulée sur le corselet ; car dans les brachyns elle est sessile ou presque sessile, tandis que dans les galérites l'occiput rétréci forme une sorte de col.

La GALÉRITE AMÉRICAINE est figurée dans l'ouvrage d'Olivier sur les Coléoptères, n.° 35, pl. 6. n.° 72. Le corps est noir ; le corselet et les pattes sont jaunes, ainsi que le premier anneau des antennes. Les élytres, sillonnés, sont d'un noir bleuâtre, velouté. M. Bosc en a rapporté beaucoup d'échantillons des États-Unis d'Amérique. (C. D.)

GALÉRITE; *Galerites*, Lam. (*Foss.*) Genre de la famille des oursins, établi par M. de Lamarck, et dont les espèces ont pour caractères communs : Une base plate sur laquelle leur corps s'élève en cône ou en demi-ellipsoïde ; la bouche au milieu de la base, et l'anus près de son bord. (Voyez OURSIN.) On trouve quelques espèces fossiles de ce genre dans les couches anciennes du calcaire compacte; mais le plus grand nombre provient des couches de la craie, et il paroît qu'on n'en rencontre pas dans les couches plus nouvelles.

On les trouve sous deux états : dans l'un, le test, toujours dépourvu de ses petites pointes, s'est conservé ; et dans l'autre il a disparu, n'ayant laissé que son moule siliceux. Si l'on vouloit signaler les espèces sur ces moules, on seroit exposé à commettre des erreurs ; car, dans ce dernier état, les dix rayons qui forment les cinq ambulacres complets, sont ordinairement profonds, et très-différens de ceux des individus dont le test s'est conservé. En outre, ces moules portent souvent à leur face inférieure dix sillons, formés par des pièces intérieures du test et dont celui-ci ne porte aucune trace à l'extérieur. En conséquence nous nous bornerons à parler des espèces qui ont conservé leur test.

GALÉRITE CONIQUE ; *Galerites albo-galerus*, Lmck., Anim. sans vert., tom. 5, p. 20 ; Encycl., pl. 152, fig. 5, 6 ; Gmel., p. 3181. Corps conique, à cinq ambulacres complets, couverts de très-petits tubercules ; bouche centrale, anus près du bord. Diamètre, 16 lignes. Lieu natal.....

GALÉRITE DÉPRIMÉE : *Galerites depressus*, Lmck., loc. cit. ; *Echinus depressus*, Gmel., p. 3182 ; Encycl., pl. 152, fig. 7, 8. Corps suborbiculaire, hémisphérique, dont les cinq ambulacres sont formés par dix lignes poreuses ; anus ovale et très-grand près du bord. Diamètre, un pouce. Lieu natal...

GALÉRITE A SIX BANDES : *Galerites sexfasciatus*, Lmck., l. c., p. 21 ; *Echinus sexfasciatus*, Gmel., p. 3185 ; Encycl., pl. 153, fig. 12, 13. Corps orbiculaire, convexe, portant six ambulacres ; anus près du bord. Diamètre, 18 lignes. Lieu natal...

Quoique les figures de l'Encyclopédie paroissent ne représenter que le moule intérieur de cette échinide, nous avons cru devoir représenter cette espèce, attendu que ses six ambulacres la distinguent essentiellement de toutes les autres.

GALÉRITE ROTULAIRE : *Galerites rotularis*, Lmck., loc. cit. ; Encycl., p. 155, fig. 15—17. Corps orbiculaire hémisphérique, portant cinq petits ambulacres formés par dix petits sillons ; anus entre le bord et la bouche. Diamètre, 5 lignes. Lieu natal, le département du Gers et l'Angleterre. On en rencontre une variété un peu plus grande dans les couches du calcaire compacte.

Les figures de l'Encyclopédie citées par M. de Lamarck paroissent représenter deux espèces différentes.

GALÉRITE SCUTIFORME : *Galerites scutiformis*, Lmck., loc. cit. ; *an Scilla corp. marin. tab. XI, n.° 2, fg. superiores ?* Corps ovale-elliptique, convexe, à sommet excentrique, à face inférieure concave ; anus près du bord. Diamètre, deux pouces et demi. Lieu natal.....

GALÉRITE GLOBULEUSE : *Galerites globosus*, Def. ; Parkinson, tom. 3, pl. 2, fig. 10. Corps hémisphérique, à face inférieure étroite et un peu bombée ; ambulacres peu marqués ; anus ovale dans le bord. Diamètre, vingt lignes. Lieu natal.... dans des couches de craie.

GALÉRITE MIXTE; *Galerites mixtus*, Def. Cette espèce a beaucoup de rapports avec la précédente : mais elle en diffère par sa face inférieure un peu aplatie, et par cinq légères saillies du test aux endroits où passent les ambulacres. Diamètre, seize lignes. Lieu natal, Saint-Paul-Trois-Châteaux (Drôme).

GALÉRITE TRONQUÉE; *Galerites truncatus*, Def. Corps hémisphérique, orbiculaire, à ambulacres peu marqués et à face inférieure très-plate ; anus en-dessous près du bord. Diamètre. vingt-deux lignes. Lieu natal.... dans la craie.

GALÉRITE APLATIE; *Galerites complanatus*, Def. Corps suborbiculaire, aplati, à face inférieure concave ; anus en-dessous, contre le bord. Diamètre, plus de trois pouces. Fossile d'Italie.

On trouve encore dans l'ouvrage de M. de Lamarck ci-dessus cité la description des espèces fossiles de galérites ci-après : la galérite commune, la galérite raccourcie, la galérite fendillée, la galérite hémisphérique, la galérite conoïde, la galérite ovale, la galérite sémiglobe, la galérite cylindrique, la galérite excentrique, la galérite ombrelle et la galérite patelle. Ces deux dernières espèces sont figurées dans l'Encyclopédie, pl. 142, fig. 7, 8, et pl. 143, fig. 1, 2; mais, ces figures ni la description n'exprimant pas où l'anus se trouve placé, il y a lieu de penser qu'il est situé dans le sillon qui se trouve entre deux ambulacres à la partie supérieure, comme nous en connoissons des exemples sur d'autres échinides ; alors celles-ci devroient être rangées dans le genre Nucléolite du même auteur.

Nous pensons que l'échinite auquel nous avons donné, dans cet ouvrage, le nom de clypéastre trilobé, doit être regardé comme une galérite, attendu qu'ayant la bouche au centre, les ambulacres complets et l'anus dans le bord, il en porte tous les caractères. (DE F.)

GALERO (*Mamm.*), un des noms italiens du loir. (F. C.)

GALÉRUCITES. (*Entom.*) M. Latreille a désigné, sous ce nom de tribu, plusieurs genres de la famille des coléoptères tétramérés phytophages, qui comprend les altises, les galéruques, les lupères et les adories. Voyez Phytophages. (C. D.)

GALÉRUQUE, *Galeruca*. (*Entom.* C'est le nom d'un genre d'insectes coléoptères tétramérés, ou dont les tarses ont tous cinq articles, dont les antennes sont en fil, composées d'articulations grenues ou en chapelet, et que nous rapportons en conséquence à la famille des herbivores ou phytophages.

Ce nom, dont nous ignorons l'origine, a été d'abord employé par Geoffroy, qui avoit très-bien caractérisé ce genre et plusieurs autres, qu'il a séparés de celui qui, dans l'ouvrage de Linnæus, portoit le nom de *chrysomela*.

Le genre des *Galéruques* comprend donc des coléoptères phytophages à corselet rebordé, légèrement aplati, à antennes en fil n'atteignant pas les deux tiers du corps, et à cuisses postérieures simples.

Ces divers caractères suffisent pour distinguer les galéruques, d'abord des érotyles, des cassides et des chrysomèles, dont les antennes sont plus ou moins grossissantes, et le corps arrondi en demi-sphéroïde tranché par-dessous; secondement, des alurnes, criocères, hispes et donacies, dont le corselet n'est pas rebordé: troisièmement, des clytres et des gribouris, qui ont le corselet convexe en tout sens; des lupères, qui ont les antennes au moins aussi longues que le corps, quand elles ne le dépassent pas: enfin, des altises, qui ont les cuisses postérieures renflées et propres par cela même au saut.

Le corps des galéruques est ovale-alongé, ce en quoi il diffère de celui des chrysomèles, qui est arrondi; mais d'ailleurs les mœurs de ces deux genres sont à peu près les mêmes. Sous la forme de larves, comme dans l'état adulte, les galéruques se nourrissent de feuilles de végétaux : elles vivent en famille. Leur histoire est absolument celle des chrysomèles, auxquelles nous invitons le lecteur de se reporter.

Fabricius, qui écrit ce nom de genre par deux *ll*, *Galleruca*, y rapporte plus de cent espèces. Nous allons faire connoître les principales, et notamment celles des environs de Paris.

1.e GALÉRUQUE DE LA TANAISIE, *Galeruca tanaceti*. Degéer nous en a donné l'histoire, la description et la figure, dans le tome V de ses Mémoires, pag. 299, n.° 4, pl. 8, fig. 27.

Elle est toute noire ; les élytres débordent l'abdomen et sont pointillées. Les femelles, à l'époque de la ponte, ont le ventre si gros, elles se traînent si lentement sur la terre, et alors leurs élytres sont proportionnellement si petites, qu'on les prend au premier aspect pour des meloës. Les larves sont noires : elles portent un mamelon visqueux à l'extrémité de l'abdomen, par lequel elles s'accrochent pour se retenir sur les plantes, et principalement à l'époque des mues et de la métamorphose en nymphe, qui se dessèche à l'air libre, comme dans les chrysomèles et les coccinelles.

2.° GALÉRUQUE DE L'AUNE, *Galeruca alni*.

Car. Violette, avec les pattes et les antennes noires, les élytres grésillées ou marquées irrégulièrement de points enfoncés.

3.° GALÉRUQUE DE L'ORME, *Galeruca calmariensis*. Olivier en a donné une très-bonne figure à la planche 3, fig. 37, de ses Coléoptères. Elle est d'un jaune verdâtre ; le corselet et la tête sont tachetés de noir ; les élytres, légèrement velus, portent une raie noire vers le bord antérieur, et quelquefois une autre plus courte à la base.

Cette espèce est extrêmement commune sur l'orme ; les femelles sont beaucoup plus grosses que les mâles.

4.° GALÉRUQUE DU NÉNUPHAR, *Galeruca nymphææ*. C'est la galéruque aquatique de Geoffroy.

Sa couleur est d'un brun clair ; le rebord saillant des élytres est jaune ; les antennes sont mélangées de noir et de jaune ; le dessous du corps est plus foncé.

On trouve la larve sur les plantes nayades, les potamogetons, les sagittaires, les nénuphars, etc. Leur corps est comme huileux ; elles peuvent nager à la surface de l'eau, pour se transporter d'une plante à une autre.

5.° GALÉRUQUE DU SAULE-MARCEAU, *Galeruca capreæ*. Grise, à antennes noires, taches noires sur le corselet et les élytres.

6.° GALÉRUQUE DE L'OSIER, *Galeruca vitellinæ*. Bleue ou verte ; élytres à stries de points ; anus roux. (C. D.)

GALERUS BRABANTICUS. (*Bot.*) Sterbeeck a représenté sous ce nom, dans son *Theatrum fungorum*, pl. 99, fig. *F*, une variété du champignon du fumier, *agaricus fimetarius*, Linn. Voyez ŒUFS A L'ENCRE. (LEM.)

GALET. (*Min.*) Galet n'est point le nom d'un minéral particulier; c'est le mot par lequel on est convenu de désigner ces morceaux de silex, de quarz, de granite, de schiste, de pierres calcaires ou de toute autre roche, qu'on trouve roulés, arrondis et réunis en grande abondance, soit sur les bords de la mer, sur les rives des grands fleuves, ou dans le lit des torrens; soit dans l'intérieur des terres, et formant alors des amas immenses qui ont donné naissance à des collines, qui ont rempli des bas-fonds, les ont nivelés et changés en vastes plaines.

Les cailloux roulés dont la réunion forme le galet proprement dit, varient de grosseur et de figure à raison du transport plus ou moins long qu'ils ont souffert, ou du roulement plus ou moins prolongé auquel ils ont été soumis. Les différentes roches ne s'usent pas précisément de la même manière.

Les quarz produisent souvent des masses ovoïdes, pointues à l'une de leurs extrémités.

Les silex perdent leurs angles et conservent leurs saillies.

Les porphyres, les granites se changent souvent en sphéroïdes réguliers.

Les schistes et les roches micacées prennent toujours la forme discoïde, parce qu'ils se divisent en lames ou en feuillets, et qu'ils perdent aisément les angles de leurs bords.

Enfin, les pierres calcaires compactes s'arrondissent d'autant plus régulièrement que leur texture est plus homogène, et qu'elles sont plus dures et plus solides. On remarque d'ailleurs que ce sont toujours les roches les plus tenaces qui forment le *galet*, tandis que celles qui sont tendres ou graveleuses, se réduisent promptement en sable ou en vase, sont transportées au loin, déposées dans les espaces où l'eau, redevenue calme et dormante, permet à ces molécules atténuées d'obéir à leur gravité spécifique et de se précipiter à la longue. Saussure et d'autres géologues ont prouvé, par de nombreuses observations, que le *galet* des vallées étroites, situées entre de hautes montagnes, appartient toujours aux roches de ces mêmes montagnes, tandis que celui des plaines ou des grandes vallées qui y débouchent, est étranger et provient souvent de contrées fort éloignées.

Je divise le galet en deux classes : 1.° celui qui forme le

sol de certains pays et qui est étranger aux courans d'eau actuellement existans; je le nomme *galet antique*. 2.° Celui qui se forme journellement sous nos yeux aux dépens des roches que nous connoissons en place, et qui est arrondi et transporté par l'action des fleuves, des torrens ou de la mer; je le nomme *galet moderne*.

Le *galet antique* est le produit des courans de l'ancien monde; c'est le monument le moins équivoque de leur action violente, celui dont il nous est permis de retrouver l'origine en remontant les longues traînées et les vastes amas de ces matériaux déplacés, en comparant les roches dont ils sont composés avec celles qui sont restées en place, et en retrouvant de loin en loin les témoins immuables du passage impétueux de ces grandes débâcles. Le galet antique renferme quelquefois des roches dont nous ne connoissons plus aucun reste en place : tel est celui qui constitue le sol de Lyon, d'une partie du bassin du Rhône en descendant jusqu'à Avignon , qui est essentiellement caractérisé par un quarz grenu particulier qui n'est point un grès, et dont ce galet est presque entièrement composé. Ce même quarz, qui forme aussi les sept huitièmes du galet de la plaine de la Crau, que Saussure estime à vingt lieues carrées et dont la profondeur est inconnue, ne se retrouve en place ni dans les Alpes ni dans les autres montagnes qui bordent le fleuve. Il paroît donc que la masse entière en a été fracassée et que les débris en ont été transportés au loin. Je ne connois en France que le quarz de la montagne du Roule près Cherbourg qui ait, à la teinte près, quelque analogie de structure avec celui dont il s'agit ici. Je remarquerai même que le quarz de la Crau a dû former, comme celui de Cherbourg, des bancs continus et puissans , peut-être aussi des montagnes entières, puisqu'il est de fait que tous les quarz sont purs , qu'ils ne paroissent point avoir été disposés en simples filons, et qu'ils ne portent aucun indice de la roche dans laquelle ils auroient été contenus.

Parmi les nombreux exemples de galets antiques, on peut donc citer ceux du Lyonnois et de la Crau, et ceux du Piémont et de la Lombardie, qui se trouvent sur une étendue d'environ trente lieues de longueur, et qui sont d'autant moins mélangés de sable et de terre qu'ils occupent des espaces où le courant qui les transportoit devoit avoir le plus de vélocité, et réciproquement (Saussure, §. 1315). Il est arrivé souvent que ces grands dépôts de cailloux roulés se sont solidifiés à l'aide du sable quarzeux ou de la terre calcaire qui leur sert alors comme de pâte, et qu'il en est résulté des bancs solides et étendus, des montagnes même assez élevées, uniquement composées de ces roches d'alluvion qu'on nomme Poudding. (Voyez ce mot.)

Le *galet moderne* est composé des fragmens des roches sillonnées par les torrens impétueux qui sapent continuellement leurs masses, qui en entraînent les éclats de chute en chute, et qui finissent par les réduire en cailloux arrondis et mobiles : ainsi préparés à de longs transports, ces débris roulans sont livrés par les torrens aux grands fleuves, qui les charient en nombre immense jusqu'à leur embouchure dans les mers, où ils sont soumis au balancement des flots et bientôt réduits à l'état de sable ou de gravier. Cette action de la mer, dans les lieux où elle est continuellement agitée, est extrêmement rapide ; nous en avons de nombreux exemples : ainsi, depuis long-temps on protège la jetée du port de Cette par des blocs de pierre qu'on exploite près de là, et qu'on y lance journellement : ces masses de marbre dur, que plusieurs bœufs ont peine à traîner de la carrière à la jetée, sont bientôt réduits par le roulis des flots en galets de la grosseur du poing. Saussure a fait la même observation sur des masses de laves jetées dans le port de Catane en Sicile, par les soins du prince de Biscaris (§. 205). Enfin, dans les lieux où le littoral est bordé par des roches calcaires qui renferment des rognons de silex, la mer, en battant continuellement ces substances de dureté différente, produit des éboulemens, ronge le calcaire, isole les silex, les roule continuellement sur ses bords et en forme un galet local. Ainsi le galet moderne se prépare journellement avec les roches que nous connoissons en place ; mais il peut aussi se trouver mêlé à des roches qui nous sont inconnues aujourd'hui, parce que les fleuves qui le transportent peuvent traverser d'anciennes alluvions et en entraîner les débris.

Il est donc certain, par exemple, que le galet du Rhône, vers le terme de son cours, doit être composé des roches des Alpes et des quarz anciens, qu'il rencontre en sortant des gorges du Jura, et dont l'analogue n'est point encore trouvé.

L'étude du galet n'est point dénuée d'intérêt, puisqu'elle se rattache à l'histoire des révolutions anciennes, et qu'elle peut aider à en tracer le cours et la direction : aussi Saussure la recommande dans l'Agenda qui termine ses Voyages géologiques, et qui renferme, selon lui, le tableau général des observations et des recherches dont les résultats doivent servir de base à la théorie de la terre. Il veut (§. 2312) qu'on observe le volume de ces galets; qu'on remarque s'il y en a quelques espèces qui puissent servir à caractériser un canton ; qu'on s'assure si le galet qui occupe les bords d'une rivière peut être considéré comme ayant été charrié par elle, ou si elle n'a fait que le mettre au jour ; qu'après avoir établi le caractère propre à celui d'un canton, on le suive comme à la piste, et qu'on en déduise son origine et la route qu'il a suivie (il ne s'agit ici que du *galet antique*). Enfin, il pense avec raison, que la considération des cailloux qui forment le galet, la hauteur à laquelle ils se trouvent, les grandes vallées vis-à-vis desquelles ils se rencontrent, peuvent donner des indices sur la direction, le volume et la force des courans produits par les grandes révolutions du globe. (BRARD.)

GALET. (*Ornith.*) Voyez GALÉ. (CH. D.)

GALÈTE, *Galea.* (*Entom.*) Partie de la bouche dans les insectes de l'ordre des orthoptères, comme les grillons, et dans quelques névroptères. C'est un appendice mobile et articulé, appliqué sur la partie externe de la mâchoire. Fabricius, qui l'a distingué le premier, a établi sur son existence la dénomination de son ordre des ulonates. (Voyez ORTHOPTÈRES.) Quelques entomologistes ont traduit le mot latin, employé par Fabricius, par le nom françois de *casque*; mais celui que nous indiquons est adopté plus généralement. M. de Blainville croit que la galète existe dans la plupart des coléoptères : il regarde comme telle la deuxième paire de palpes maxillaires des coléoptères créophages. Bulletin des sciences, Mai 1820. (C. D.)

GALETRA. (*Ornith.*) Ce nom et celui de *gavina* sont donnés, en Italie, à la petite mouette cendrée, *larus cinerascens*, Linn., que, sur le lac de Côme, on appelle *guleder*. (Cʜ. D.)

GALEUS (*Ichthyol.*), nom latin. Voyez Mɪʟᴀɴᴅʀᴇ. (H. C.)

GALFELSTAART (*Ichthyol.*), nom hollandois de la girelle-croissant. Voyez Gɪʀᴇʟʟᴇ. (H. C.)

GALGA-RETAMA (*Bot.*), nom péruvien de l'*abatia rugosa* de la Flore du Pérou. Il est nommé aussi *taucca-taucca*. (J.)

GALGO (*Mamm.*), nom de notre variété de chien-levrier en Espagne et en Portugal. (F. C.)

GALGULE, *Galgulus*. (*Entom.*) Nom donné par M. Latreille à un genre d'insectes hémiptères, de la famille des hydrocorées ou rémitarses, qui ne comprend encore qu'une espèce de la Caroline, rapportée auparavant au genre Nᴀᴜᴄᴏʀᴇ (voyez ce mot), dont elle diffère en ce que ses tarses antérieurs se terminent par deux crochets et non par un seul. C'est l'espèce de naucore appelée *bioculata* par Fabricius, qui avoit remarqué cette particularité, *pedibus anticis biunguiculatis*.

Le nom de *galgulus* est indiqué par Pline, *lib.* 33, *cap.* 11, comme celui d'un oiseau auquel se rattachoient quelques préjugés. On pourroit croire que c'est un rollier ou un troupiale, que les Grecs nommoient ιχτερος. (C. D.)

GALGULUS. (*Ornith.*) Ce nom, que Gueneau de Montbeillard, dans une note sur l'article Loriot, regarde comme applicable à l'*avis icterus* et à l'*ales luridus* de Pline, a été employé par Brisson pour désigner génériquement les rolliers, *coracias*, Linn. (Cʜ. D.)

GALI. (*Bot.*) L'arbrisseau ainsi nommé par les Brachmanes, est le *benkara* du Malabar, cité par Rhéede, lequel paroît devoir se rapporter à la famille des rubiacées, dans la section des fruits à plusieurs loges polyspermes. Clusius, dans ses *Exotica*, cite aussi l'indigotier sous le nom de *gali*. (J.)

GALIAN. (*Ichthyol.*) Nom d'une espèce de cyprin qui vit dans les ruisseaux rocailleux des environs de Catherinopolis, en Sibérie. Sa longueur est d'environ trois pouces. Il a des taches brunes sur un fond olivâtre ; le dessous de son corps est rouge. Ses écailles sont arrondies et fortement fixées à la peau. (H. C.)

GALICE (*Ichthyol.*), un des noms de la sardine. Voyez Clupée. (H. C.)

GALI-DOUSA (*Bot.*), nom brame du *perin-kara* des Malabares, qui est l'*elæocarpus serrata* de Linnæus. (J.)

GALIÈNE, *Galenia.* (*Bot.*) Genre de plantes dicotylédones, à fleurs incomplètes, de la famille des *atriplicées*, de l'*octandrie digynie* de Linnæus, offrant pour caractère essentiel : Un calice à quatre découpures ; point de corolle ; huit étamines ; deux styles ; l'ovaire supérieur ; une capsule à deux loges, à deux semences.

Galiène d'Afrique : *Galenia africana*, Linn., Lamck., *Ill.*, tab. 314 ; *Kali lignosum*, etc., Boccon., *Mus.*, 150, tab. 110 ; *Atriplex africana*, etc., Till., *Hort. Pis.*, 20, tab. 15. Arbrisseau originaire de l'Afrique, et que l'on cultive au Jardin du Roi. Il est remarquable par ses feuilles très-étroites, visqueuses dans leur jeunesse, et par ses fleurs très-petites, sans apparence et sans éclat. Ses tiges sont assez fortes dans leur vieillesse, inégales, très-rameuses, hautes d'environ quatre pieds. Les rameaux sont grêles, cylindriques, la plupart alternes, visqueux dans leur jeunesse, couverts de poils écailleux, peu apparens, garnis de feuilles sessiles, linéaires, canaliculées, persistantes, d'un vert un peu jaunâtre, longues d'un ou deux pouces ; les supérieures opposées. Les fleurs sont herbacées, un peu blanchâtres, disposées en une panicule terminale. Leur calice est petit, concave, à quatre divisions oblongues ; les étamines au nombre de huit, à peine de la longueur du calice ; les anthères à deux loges ; un ovaire arrondi, surmonté de deux styles à stigmates simples. Le fruit est une capsule arrondie, biloculaire, renfermant deux semences.

Le *galenia procumbens* de Linnæus fils est une plante peu connue, du cap de Bonne-Espérance. Ses tiges sont couchées ; ses feuilles ovales, canaliculées, étalées et recourbées à leur sommet. (Poir.)

GALIGNOLE (*Ornith.*), nom donné au faisan par les Nègres du Congo et d'Angole. (Ch. D.)

GALILÉEN. (*Ichthyol.*) Hasselquist a décrit, sous le nom de *sparus galilæus*, un poisson du lac de Génésareth en Galilée. Linnæus et les autres ichthyologistes ont adopté cette espèce, qu'on a appelée en françois *spare galiléen*. (H. C.)

GALINACHE. (*Ornith.*) L'oiseau de la Guiane que, suivant Labat (Voy. du chev. Desmarchais, tom. 3, p. 529), les Portugais nomment ainsi, et qui est appelé *marchand* par les François de Saint-Domingue, est le vautour urubu, *vultur aura*, Linn. Voyez GALLINAÇA. (CH. D.)

GALINE (*Ichthyol.*), un des noms sous lesquels la torpille est vulgairement connue. (H. C.)

GALINETOS (*Bot.*), nom provençal vulgaire, suivant Garidel, de la scorzonère laciniée. (J.)

GALINETTE. (*Bot.*) Dans le midi de la France et en Italie on donne ce nom à la mâche : on désigne aussi sous ce nom les cocrêtes. (L. D.)

GALING-GALING. (*Bot.*) Voyez GALBERTIA. (J.)

GALINOLE (*Bot.*), nom languedocien de la clavaire coralloïde, selon M. Gouan. (J.)

GALINSOGE, *Galinsoga*. (*Bot.*) [*Corymbifères*, Juss. = *Syngénésie polygamie superflue*, Linn.] Ce genre de plantes, établi par Cavanilles, en 1794, dans ses *Icones et Descriptiones Plantarum*, appartient à la famille des synanthérées, à notre tribu naturelle des hélianthées, et à la section des hélianthées-héléniées, car il nous paroit avoir de l'affinité avec les genres *Schkuhria*, *Florestina*, *Hymenopappus*. Quoi qu'il en soit, voici les caractères génériques que nous avons observés sur des individus vivans.

La calathide est globuleuse, courtement radiée, composée d'un disque multiflore, régulariflore, androgyniflore, et d'une couronne unisériée, interrompue, pauciflore, liguliflore, féminiflore. Le péricline, à peu près égal aux fleurs du disque et subglobuleux, est formé de squames subunisériées, presque égales, appliquées, larges, ovales, foliacées-membraneuses. Le clinanthe est conoïdal et garni de squamelles inférieures aux fleurs, ovales, membraneuses. Les ovaires sont obpyramidaux, subtétragones, hispides, pourvus d'un bourrelet basilaire et d'un bourrelet apicilaire ; leur aigrette est composée de squamellules subunisériées, à peu près égales, paléiformes, linéaires, frangées sur les bords, membraneuses, à base charnue. Les fleurs de la couronne ont la languette courte, large, suborbiculaire, trilobée ; leur aigrette est dimidiée, composée de squamellules filiformes-laminées, à peine barbellulées.

Galinsoge a petites fleurs ; *Galinsoga parviflora*, Cavan., Willd., Pers. C'est une plante herbacée, annuelle, haute d'environ deux pieds : sa tige est dressée, rameuse, cylindrique, glabre ; ses feuilles sont opposées, pétiolées, longues de deux pouces, ovales, triplinervées, légèrement den'ées, garnies de poils rares et courts ; les calathides, portées chacune sur un pédoncule grêle, sont tantôt disposées en panicule terminale, lâche, irrégulière, tantôt situées dans l'aisselle des feuilles supérieures et géminées ; elles sont petites, composées d'un disque jaune et d'une couronne blanche de cinq fleurs. Cette plante, qui habite le Pérou, est, dit-on, vulnéraire et antiscorbutique.

Cavanilles, auteur du genre *Galinsoga*, en a décrit deux espèces, qu'il a nommées *parviflora* et *trilobata*. Il est évident que c'est le *parviflora* qui est le type du genre ; car, outre que l'auteur a placé cette espèce en première ligne, les caractères qu'il a donnés au genre ne s'appliquent exactement qu'à elle seule. Cependant, six ans après que Cavanilles a eu publié son *Galinsoga*, Roth a décrit le *Galinsoga parviflora* sous le nom de *wiborgia acmella*. Le *wiborgia* de Roth étant absolument le même genre que le *galinsoga* de Cavanilles publié long-temps auparavant, il ne pouvoit pas être adopté par les botanistes, qui tiennent à l'observation des règles prescrites sur cette matière par la raison et par la justice. C'est pourquoi, lorsque nous eûmes observé que les deux espèces de *galinsoga* de Cavanilles n'étoient point congénères, nous conservâmes le nom de *galinsoga* au *parviflora*, comme étant le type du genre, et nous donnâmes le nouveau nom générique de *sogalgina* à la seconde espèce. M. Kunth, en adoptant sur ce point nos observations, a voulu éviter de reconnoître que nous en étions l'auteur : c'est pour cela qu'il a imaginé d'appliquer à notre *sogalgina* le nom de *galinsogea*, et au vrai *galinsoga* celui de *wiborgia*, qui avoit été donné par Thunberg et par Mœnch à

18. 7

deux genres de légumineuses, avant d'être employé par Roth.

Le genre *Sogalgina*, que nous avons établi dans le Bulletin de la société philomatique de Février 1818, est immédiatement voisin du *galinsoga*, dont il diffère par la couronne biliguliflore, c'est-à-dire composée de fleurs à deux languettes, par le péricline imbriqué, par le clinanthe presque plane, par l'aigrette plumeuse ou composée de squamellules filiformes barbellées, et par les branches du style pourvues d'un appendice semi-conique glabre, prolongé en un filet pénicillé. (H. Cass.)

GALIOTE (*Bot.*), nom vulgaire donné dans quelques lieux à la benoîte, *geum urbanum*. (J.)

GALIPIER, *Galipœa.* (*Bot.*) Genre de plantes dicotylédones, à fleurs complètes, monopétalées, dont la famille naturelle n'est pas encore déterminée, appartenant à la *diandrie monogynie* de Linnæus, caractérisé par un calice tubulé, à quatre ou cinq dents; une corolle tubulée, divisée à son limbe en quatre ou cinq découpures profondes; quatre étamines didynames, les deux plus longues fertiles, les deux autres stériles; les anthères oblongues; un ovaire supérieur, à quatre ou cinq côtes, surmonté d'un style et d'un stigmate à quatre sillons. Le fruit inconnu.

GALIPIER A TROIS FEUILLES : *Galipœa trifoliata*, Aubl., *Guian.*, 662, tab. 269; Lamk., *Ill. gen.*, tab. 10; vulgairement l'INGA DES CARAÏBES. Arbrisseau qui s'élève à la hauteur de cinq ou six pieds, sur plusieurs tiges grêles, rameuses, cylindriques, revêtues d'une écorce lisse et verte. Les feuilles sont alternes, pétiolées, composées de trois folioles lancéolées, vertes, glabres, entières; celle du milieu plus grande; le pétiole commun canaliculé en-dessus, bordé d'un petit feuillet décurrent. Les fleurs sont petites, verdâtres, peu nombreuses, pédonculées, disposées en cône au sommet des rameaux. Leur calice est d'une seule pièce, à quatre ou cinq angles et autant de dents aiguës; la corolle presque infundibuliforme; le tube court; le limbe partagé en quatre ou cinq découpures oblongues, aiguës, inégales; les filamens attachés au tube de la corolle; l'ovaire arrondi. Cet arbrisseau croit dans la Guiane, sur les bords de la rivière d'Orapu. Il fleurit au mois de Septembre. (Poir.)

GALIPŒA. (*Bot.*) Voyez GALIFIER. (Poir.)

GALIPOT. (*Bot.*) Suc résineux qui découle de quelques espèces de pins, et surtout du PIN MARITIME. Voyez cet article et RÉSINES. (L. D.)

GALISOPSIS. (*Bot.*) Voyez GLICHON. (J.)

GALL. D'INDI (*Ornith.*), nom catalan du dindon, *meleagris gallo-pavo*, Linn. (CH. D.)

GALLA MAREZA (*Ornith.*), nom catalan du râle d'eau, *rallus aquaticus*, Linn. (CH. D.)

GALLADES. (*Conchyl.*) Aristote paroît avoir désigné sous ce nom la *chama piperata*, qui est, en effet, toujours d'une blancheur éclatante. (DE B.)

GALLAIQUE. (*Min.*) M. de Launay pense que les anciens donnoient ce nom à une variété de fer sulfuré d'une teinte blanche, qui se présentoit en cubes isolés : il paroit assez probable que c'est la même substance que Pline a désignée sous le nom d'*androdame*. (BRARD.)

GALLARETA (*Ornith.*), nom espagnol des sarcelles. (CH. D.)

GALLARIAS. (*Ichthyol.*) Voyez GALARIAS. (H. C.)

GALLATES. (*Chim.*) Combinaisons de l'acide gallique avec les bases. Voyez GALLIQUE [ACIDE]. (CH.)

GALLE, *Galla.* (*Entom.*) On appelle ainsi une excroissance produite sur les végétaux par la piqûre de divers insectes qui, pour la plupart, y déposent un ou plusieurs œufs, dont naissent des larves qui vivent ainsi en parasites.

Ce nom est tout-à-fait latin; on le trouve dans Pline, *Hist. natur.*, *lib.* 20, *cap.* 20, et dans Virgile, *Géorgiques*, livre IV. La principale espèce, qui est recueillie dans le commerce pour servir essentiellement à la teinture, et qui provient de l'Asie mineure, contient un acide qu'on a nommé *gallique*, et les différens sels qui proviennent de l'union de cet acide avec une base, prennent le nom de *gallate* en chimie.

Les galles se développent sur les différentes parties des végétaux : sur les feuilles ou sur leurs pétioles, sur ou dans les fleurs, dans la queue ou le pédoncule des fruits ou des fleurs; dans les bourgeons, sur les branches, les rameaux, les troncs et même les racines de beaucoup de plantes; et souvent une même plante, comme le chêne, est piquée dans ses différentes parties par autant d'espèces d'insectes divers, qui choisissent chacun la portion du végétal qui convient à la larve, de sorte qu'on connoît plus de vingt sortes de galles différentes seulement sur le chêne.

Réaumur, dans ses Mémoires, a fait connoître, décrit et figuré un très-grand nombre de galles : la plupart sont produites par des espèces de *cynips* et de *diplolèpes*, comme nous l'avons indiqué dans ces deux articles; mais il y a beaucoup d'autres insectes qui en produisent : ainsi, parmi les coléoptères, quelques *saperdes*, en particulier celle du peuplier, quelques *charansons*, quelques *criocères*; parmi les hyménoptères, beaucoup de larves d'uropristes ou de mouches à scie, en particulier celles de plusieurs *tenthrèdes*, qui déterminent des excroissances de formes très-variées.

Parmi les hémiptères, quelques espèces d'*acanthies*, comme celle qui rend monstrueuses les fleurs de la germandrée ; plusieurs espèces de *psylles*, de *pucerons*, des *thrips*, qui produisent les galles des feuilles du tilleul, des saules, des peupliers, des sapins, des genevriers; enfin, plusieurs diptères, tels que les *scatopses* et les *cosmies*, dont les larves se développent dans les tiges, les racines, les fleurs des plantes cynarocéphales et crucifères, et y produisent des tumeurs ; ou dans les fleurs avortées du buis, des euphorbes, etc.; une sorte de *tipule* dans les fleurs du genêt.

On a distingué les galles des végétaux en simples, qui ne nourrissent qu'une ou plusieurs larves dans une même cavité, comme dans la galle d'Alep ou des teinturiers, dans la galle fongueuse du chêne, dans celle en grappe de raisin, etc. ; en galles composées, comme celles du bédeguar, du rosier, des racines du chêne, du lierre terrestre, du chardon hémorrhoïdal.

On désire un travail complet sur les galles : quelques auteurs s'en sont occupés. Degéer, Réaumur, Guettard, de Reynier, ont déjà préparé ce travail. D'Anthoine, Bosc, Marchant, ont donné la description de beaucoup d'espèces. Mais il n'y a pas de recherches générales sur cette partie intéressante de l'histoire naturelle des végétaux et des insectes.

Les principales espèces connues sont les suivantes.

La *Galle du rosier*, ou BÉDEGUAR (voyez ce mot) : elle est produite par un diplolèpe ou cynips.

La *Galle fongueuse du chêne*, qui nourrit le diplolèpe terminal.

La *Galle en artichaux du chêne*, du diplolèpe des bourgeons.

La *Galle en cerise du chêne*, provenant de la piqûre du diplolèpe des feuilles.

La *Galle du commerce*, ou noix de galle, produite par le cynips de la galle.

La *Galle du genêt* est produite par une espèce de diptère voisin des tipules, dont M. Latreille a fait le genre *Cécidomye*.

Les galles vésiculeuses du *peuplier noir*, du saule *marceau*, renferment des larves de pucerons.

La *Galle des joncs* est produite par un psylle;

La *Galle de l'euphorbe à feuilles de cyprès*, celle de *buis*, par un scatopse ;

La *Galle de la germandrée*, par l'acanthic à grosses antennes. (C. D.)

Une variété de sauge produit dans la Perse une galle charnue succulente, de la grosseur d'une petite pomme, bonne à manger, et que l'on vend dans les marchés. Belon, dans son Voyage du Levant, parle d'une autre galle, cueillie sur le térébinthe, que l'on récolte au printemps pour les mêmes usages que celle du chêne. Elle a alors la même forme que cette dernière; mais si on la laisse sur l'arbre, elle s'alonge d'un demi-pied en forme de corne. (J.)

GALLERIE ; *Galleria*, Fab. (*Entom.*) Nom sous lequel Fabricius a désigné un genre d'insectes lépidoptères, de la famille des séticornes, ou à antennes en soie, très-voisin de celui des teignes, avec lesquelles nous avons même cru devoir les laisser dans la Zoologie analytique. En effet, ces insectes, sous l'état parfait, ne portent pas leurs ailes étalées dans l'état de repos, mais appliquées sur les côtés du corps, qu'elles embrassent comme un fourreau , en se relevant cependant à leur extrémité libre ou postérieurement.

Réaumur a très-bien décrit les mœurs de ces teignes dans son huitième Mémoire du tome III, et en a fait représenter les principaux détails dans la planche 19, pag. 280, du même volume. Nous en extrairons les faits que nous allons faire connoître, ayant eu occasion de suivre nous-même, plusieurs fois et pendant plusieurs années de suite, l'histoire de ces insectes. Il est probable que le nom de *gallerie* a été choisi par Fabricius pour indiquer l'une des particularités de la manière de vivre des larves de ces insectes, qui se construisent des espèces de galeries ou de tuyaux, qu'ils ne transportent pas avec eux, mais sous lesquels ils vivent à l'abri, comme les mineurs dans leurs travaux souterrains.

La principale espèce de ce genre, qui est la teigne de la cire, *galleria cereana*, a été figurée par Réaumur à la planche indiquée, et par Hubner dans son Histoire des lépidoptères, planche des teignes, n.° 25. Elle est grise, avec la tête et le corselet plus clairs ; les ailes ont de petites taches brunes le long de leur bord intérieur, et elles sont comme échancrées à leur extrémité, ce qui forme une sorte de crête relevée en arrière.

Les larves de ces teignes se nourrissent uniquement de la cire des gâteaux alvéolaires, et elles font les plus grands dégâts dans les ruches des abeilles, à tel point que souvent ces insectes industrieux sont obligés d'abandonner leur demeure, et de laisser livrés à leur dévastation les rayons préparés pour recevoir le miel et le couvain. Leur corps, couvert d'une peau molle et tendre, porte cependant quelques poils roides et rares. Chaque individu a sa galerie ou son tuyau distinct, que l'insecte alonge à mesure qu'il veut aller en avant, de sorte qu'il est de ces galeries qui ont jusqu'à douze pouces de longueur. A la vérité, ces tuyaux sont contournés : le tuyau est maintenu dans sa forme cylindrique par un tissu de soie serré que l'insecte file ; il est recouvert en dehors de petits grains de cire ou des excrémens de la chenille, qui masquent tout-à-fait la galerie, et qui, probablement, garantissent les chenilles qu'elle renferme de la piqûre des abeilles, qui doivent faire tous leurs efforts pour s'en débarrasser. Voyez TEIGNE. (C. D.)

GALLETTA. (*Ornith.*) On nomme ainsi, à Turin, le roitelet, *motacilla regulus*, Linn.; et les noms de *galletto di maggio*, et *galletto del bosco*, désignent, en italien, la huppe commune, *upupa epops*, et le jaseur, *ampelis garrulus*, Linn. (Ch. D.)

GALLICOLES. (*Entom.*) M. Latreille a désigné sous ce nom, qui signifie habitans des galles, une petite tribu d'insectes hyménoptères, qu'il avoit d'abord indiquée sous le nom de diplolépaires. Voyez l'article Cynips et Néottocryptes. (C. D.)

GALLIGASTRE (*Ornith.*), nom provençal de la poule d'eau commune, *fulica chloropus*, Linn. (Ch. D.)

GALLINA. (*Ichthyol.*) A Nice, dit M. Risso, l'on donne ce nom au *dactyloptère pirapède*, espèce de poisson volant. Voyez Dactyloptère. (H. C.)

GALLINA. (*Ornith.*) Ce nom latin de la poule est appliqué, par divers auteurs, à des oiseaux de genres différens. Avec l'épithète de *rustica*, c'est, dans Gesner, la bécasse, *scolopax rusticola*, Linn.; avec celle de *corylorum*, c'est, chez le même auteur et chez Aldrovande, la gelinotte, *tetrao bonasia*, Linn.; avec les épithètes de *sylvatica*, *crepitans*, c'est, dans la France équinoxiale de Barrère, l'agami, *psophia crepitans*, Linn. La cane-pétière, *otis tetrax*, Linn., est appelée, en italien, *gallina pratajuola*, et le vautour perenoptère est nommé, dans la même langue, *gallina di Faraone*. (Ch. D.)

GALLINAÇA. (*Ornith.*) Ce nom et celui de *gallinaço* ont été donnés par les Espagnols et les Portugais au vautour urubu, *vultur aura*, Linn. Voyez Galinache et Gallinasse. (Ch. D.)

GALLINACCIA. (*Bot.*) Jean-Baptiste Porta décrit sous ce nom le même champignon que Sterbeeck a désigné par celui de Florum fasciculus (voyez ce mot), et Garidel par celui d'*agaricus esculentus*, ou de *barbo*, nom provençal de ce champignon, que nous avons dit être le *boletus frondosus*, Pers., ou *ramosissimus*, Jacq. (Lem.)

GALLINACCIO, GALLUCCIO, GALLINACCI, GALLINACEI. (*Bot.*) Divers noms italiens de la chanterelle, *agaricus cantharellus*, Linn., champignon placé maintenant dans le genre *Merulius*. Cette plante est ainsi dénommée parce que ses sommités sont découpées et ressemblent, jusqu'à un certain point, à la tête d'un coq qui chante. La chanterelle est proprement le *gallinaccio giallo* ou *gialleto* et *guallieto* des Italiens : il y a encore le *gallinaccio bianco*, qui est un autre champignon (voyez *Girolle blanche*, à l'article GIROLLE). La chanterelle étoit autrefois un objet de commerce en Italie : on en exportoit beaucoup pour la Hollande et pour la Belgique. (LEM.)

GALLINACE. (*Min.*) Nom donné par les Péruviens au verre volcanique ou obsidienne, dont on trouve des plaques taillées et polies, qui paroissent avoir servi de miroir dans les *guaques* ou tombeaux des anciens habitans du pays. Sa belle couleur noire lui a valu le surnom de gallinace, parce qu'on l'a comparée au plumage du *vultur gallinæ*, qui paroit être révéré dans ces contrées. Voyez OBSIDIENNE. (BRARD.)

GALLINACÉS. (*Ornith.*) Les oiseaux de cet ordre habitent presque tous les contrées chaudes des deux continens; à l'exception des alectors, ils ont peu l'habitude de se percher. Quoiqu'ils n'aient point de nourriture exclusive, ils vivent en général de graines, et pour avaler la boisson qu'ils ont introduite dans leur bec, ils lèvent la tête en l'air; ce en quoi ils diffèrent des pigeons, qui, en plongeant le bec dans l'eau, boivent d'un seul trait. Ils sont pulvérateurs, c'est-à-dire qu'ils aiment à se couvrir de poussière, habitude dont le principal motif paroit être de se débarrasser de la vermine qui les tourmente. Les sexes présentent de grandes différences dans leur plumage jusqu'à ce que les individus aient atteint un âge avancé, époque à laquelle les femelles se revêtent quelquefois de celui des mâles, qui est plus éclatant; et dans le plus grand nombre des espèces la taille de celle-là est moins forte. En comparant les gallinacés aux mammifères sous les rapports de la structure intérieure, on voit que ceux avec lesquels ils ont le plus d'analogie sont les ruminans. Comme eux, ils ont trois estomacs successifs : la nourriture est réunie dans le premier jabot, qui travaille peu, et où les grains commencent seulement à se ramollir; la digestion s'ébauche dans le second, qui est glanduleux, et elle se termine dans le troisième, qui est très-vigoureux, et qu'on appelle gésier. Redi, Magnoletti et Réaumur ont fait, sur la force digestive de l'estomac de ces oiseaux, des expériences que Spallanzani a vérifiées et multipliées, et il est résulté du travail de ce dernier que, si la trituration, à laquelle seule Réaumur attribuoit tout le mécanisme de la digestion, préparoit la macération des alimens, l'action des sucs gastriques servoit à compléter l'opération, à laquelle les petites pierres avalées par les gallinacés contribuoient fort peu, si même elles étoient de quelque usage. La longueur du tube intestinal ajoute encore à l'analogie de cet ordre d'oiseaux avec les mammifères, auxquels on vient de les comparer.

Le sternum osseux des gallinacés est diminué par deux échancrures qui sont si larges et si profondes qu'elles occupent presque tous ses côtés. La pointe aiguë de la fourchette ne se joint que par un ligament à sa crête tronquée en avant, et, les muscles pectoraux se trouvant ainsi affoiblis, les gallinacés ont moins de facilité pour le vol, auquel ils n'ont en effet recours qu'après avoir d'abord essayé de se soustraire par leurs pieds aux dangers dont ils se voient menacés. S'il n'est aucun de ces oiseaux dont le chant soit agréable, c'est à cause de l'extrême simplicité de leur larynx inférieur.

Les gallinacés sont presque tous polygames, et le désir de la reproduction est plus impétueux et plus fortement caractérisé chez eux que dans les autres classes d'oiseaux. La passion de l'amour, qui les domine, est même souvent accompagnée d'une sorte de frénésie, et les mâles se livrent des combats à outrance pour la possession des femelles.

Les alectors, c'est-à-dire ces grands gallinacés d'Amérique qui n'ont pas d'éperons, et dont la queue n'est composée que de douze pennes, comme les hoccos, les pauxis, les guans ou jacous, les paraquas, l'hoazin, qui vivent, dans les bois, de bourgeons et de fruits, se perchent sur les arbres et y nichent; mais les autres font par terre, avec quelques brins de paille ou d'herbe étalés grossièrement, un nid, dans lequel la femelle pond un nombre d'œufs considérable. Le mâle, étranger à la construction du nid et à l'incubation, l'est également à la nourriture de la femelle pendant qu'elle couve, et il ne s'occupe pas davantage des petits, dont les yeux s'ouvrent à la lumière dès l'instant de leur naissance, et qui vont eux-mêmes chercher leur nourriture, sous la direction de la mère, qui la leur indique.

Aucune autre espéce d'oiseaux n'offre à l'homme plus de ressources pour ses besoins, ses goûts et ses jouissances. La chair de beaucoup de gallinacés est un mets sain et léger, qui restaure les malades, et qu'en état de santé l'on savoure avec délices. Leurs plumes servent aussi à divers usages, et la conquête du dindon, de la peintade, etc., a fait placer ceux à qui elle est due, au rang des bienfaiteurs de l'humanité.

Les caractéres extérieurs et généraux auxquels se reconnoissent les gallinacés sont: un bec voûté, dont la mandibule inférieure a les bords recouverts par la mandibule supérieure, et que Linnæus compare à un harpon propre à ramasser les alimens; des narines en partie couvertes par une membrane cartilagineuse; des pieds de médiocre hauteur, ou courts, et propres à la course; des tarses arrondis, nus et réticulés, ou emplumés; trois doigts devant, et un ou point derrière; les doigts antérieurs unis à la base par une membrane, ou totalement séparés; le pouce, lorsqu'il existe, élevé de terre, ou n'y touchant que par le bout, et quelquefois mutique; les ongles non rétractiles, courbés, pointus, et rarement comprimés sur les côtés; une queue composée de douze à dix-huit rectrices, et quelquefois presque nulle, comme le prétend M. d'Azara à l'égard des tinamous.

Ces oiseaux, que l'on peut diviser en nudipèdes et plumipèdes, fournissent peu de caractères saillans pour leur séparation en genres. Linnæus y comprenoit, sous le nom de *gallinæ*, outre l'autruche, l'outarde et le dronte, qui depuis en ont été distraits; les paons, les dindons, les faisans, les marails, les hoccos, les tétras, les peintades. M. Cuvier a divisé les gallinacés en sept grands genres, savoir: les paons, *pavo*; les dindons, *meleagris*; les alectors, *alector*; les faisans, *phasianus*; les peintades, *numida*; les tétras, *tetrao*; les tridactyles, *hemipodius*, et les tinamous, *tinamus*. Ses subdivisions dans les genres qu'il en a cru susceptibles, sont : pour les alectors, en hoccos proprement dits, *crax*; pauxi, ourax; guans ou jacous, *penelope;* parraquas, *ortalida;* hoazin, *opisthocomus* : pour les faisans, en coqs, *gallus;* faisans proprement dits. *phasianus;* et en houpifères, lophophores, cryptonix : pour les tétras, outre les coqs de bruyère, les gelinottes, les lagopèdes, auxquels il conserve le nom de *tetrao.* en gangas, *pterocles;* perdrix, *perdix,* lesquelles comprennent les francolins, les perdrix ordinaires, les cailles, *coturnix,* et les colins. (Ch. D.)

GALLINARIA. (*Bot.*) Rumph, dans l'*Herb. Amb.*, nomme ainsi deux espèces de casse, *cassia obtusifolia* et *acutifolia,* dont les noms indiens signifient herbe à la poule. Elles tirent ce nom de la propriété qui leur est attribuée de guérir les maladies des poules, soit par l'usage intérieur, soit par l'application sur les parties souffrantes. (J.)

GALLINASSE. (*Ornith.*) Cet oiseau, désigné dans le Dictionnaire théorique et pratique de chasse et de pêche de Delisle de Sales, et dans celui de l'Encyclopédie méthodique, comme un corbeau du Pérou, est le vautour urubu, nommé *gallinaza* par les Espagnols, qui prononcent *gallinaçu,* et par les habitans du pays, *suyuntu,* qu'on prononce *souyountou.* Voyez Gallinaze. (Ch. D.)

GALLINAZE. (*Ornith.*) M. Vieillot a formé des vautours urubu et aura, considérés, d'après Sonnini et M. d'Azara, comme deux espèces différentes, un genre particulier dans la famille des vautours, et il lui a appliqué, en françois, le nom de gallinaze, et en latin celui de *catharista,* dérivé d'un mot grec correspondant au verbe *purgo,* qui annonce des habitudes communes à l'ordre entier, plutôt qu'une qualité distincte. Les caractères assignés par cet auteur aux gallinazes sont d'avoir le bec un peu grêle, alongé, à bords droits; les narines simples, percées à jour, situées sur la partie antérieure du bec; la tête et le cou ridés ou mamelonnés, un peu poilus. Les deux espèces sont : 1.° l'iribu proprement dit de M. d'Azara, n.° 2, correspondant à l'urubu de Buffon, *catharista urubu,* Vieill.; 2.° l'acabiray, Azara, n.° 3, *catharista aura,* Vieill. Voyez Vautour. (Ch. D.)

GALLINE. (*Ichthyol.*) On donne vulgairement ce nom à plusieurs espèces de poissons du genre Trigle, mais plus par-

ticulièrement au *trigle grondin* et au *gronau*. Voyez Trigle.
(H. C.)

GALLINELLA (*Bot.*) de Césalpin, Jean-Baptiste Porta et
des Italiens. Voyez Gallinole. (Lem.)

GALLINELLA. (*Ornith.*) Cetti, pag. 277, applique ce
nom au râle d'eau, *rallus aquaticus*, Linn. (Ch. D.)

GALLINETTE. (*Ichthyol.*) Voyez Gallina et Gallino.
(H. C.)

GALLINETTO (*Ichthyol.*), nom que l'on donne, sur la
côte de Nice, à l'hirondelle marine, *trigla hirundo*, Linn.
Voyez Trigle. (H. C.)

GALLINO (*Ichthyol.*), nom niééen du gronau, poisson du
genre Trigle. Voyez ce dernier mot. (H. C.)

GALLINOGRALLES. (*Ornith.*) M. de Blainville, dans son
Prodrome, a proposé, pour désigner une famille d'oiseaux
de l'ordre des échassiers qui ont des rapports avec les gallinacés, ce terme, composé des mots *gallinacei* et *grallatores*.
(Ch. D.)

GALLINOLE et GALLINETTE. (*Bot.*) Noms qu'on donne,
en Languedoc et dans d'autres parties du midi de la France,
aux clavaires rameuses des espèces que nous avons décrites,
à l'article Clavaire, sous les noms de clavaires *coralloïde,
cendrée, amethyste* et *bicolore*. Ces champignons ont été ainsi
appelés à cause de leurs sommités, semblables en quelque
sorte à de petites crêtes de poule ou de coq, surtout dans
la variété bicolore, qui est blanche avec les extrémités
purpurines. En Italie on les nomme *gallinella*, qui signifie
poulette. (Lem.)

GALLINSECTES. (*Entom.*) Nom vulgaire des Cochenilles
(voyez ce mot), genre d'insectes hémiptères de notre famille des phytadelges ou plantisuges.

M. Latreille a désigné sous ce nom de gallinsectes une
petite famille, ou plutôt une tribu de cette division, qui
comprend les cochenilles et les kermès ou chermès, dont les
femelles apodes se fixent sur les végétaux, et dont le corps
se gonfle après la fécondation, pour servir d'enveloppe aux
œufs, qui éclosent ainsi sous le cadavre de leur mère, lequel simule une sorte de galle ou d'excroissance végétale.
(C. D.)

GALLINULA. (*Conchyl.*) Klein (*Tentam. ostracol.*, p. 56) fait sous ce nom un petit genre de quelques espèces de strombes. (De B.)

GALLINULA (*Ornith.*), nom latin et générique, proposé par Brisson et adopté par Latham, pour les poules d'eau que Linnæus n'a pas séparées des foulques, *fulica.* (Ch. D.)

GALLINULE. (*Ornith.*) M. Vieillot a adopté ce terme françois pour désigner les poules d'eau, *gallinula* de Brisson et de Latham; et quoique ce mot ne soit qu'un diminutif de poule, sans présenter une idée particulière et propre à faire sur-le-champ distinguer ce groupe d'oiseaux aquatiques des gallinacés proprement dits, on l'auroit adopté pour éviter des innovations: mais, si la dénomination d'hydrogalline, déjà employée par M. de Lacépède, n'est pas très-régulière quant à son origine, elle offre au moins, en un mot alongé seulement d'une syllabe, l'avantage d'exprimer ce que ne dit point *gallinule,* et l'on croit devoir la préférer. Voyez Hydrogalline. (Ch. D.)

GALLIQUE [Acide]. (*Chim.*) Acide qu'on extrait de la noix de galle, et qui est caractérisé par la couleur bleue qu'il développe quand on le mêle avec un sel soluble de peroxide de fer.

Composition.

	En poids.	En volume.
Oxigène	38,36	1
Carbone	56,64	2
Hydrogène	5,00	2

(Berzelius.)

Propriétés physiques.

L'acide gallique a ordinairement la forme de petites aiguilles transparentes, d'une blancheur parfaite. Il a une saveur aigre qui n'est pas sensiblement astringente.

Propriétés chimiques.

L'acide gallique rougit la teinture de tournesol. Richter estime qu'il faut 3 parties d'eau bouillante et 20 d'eau froide pour en dissoudre une d'acide. L'alcool froid en dissout plus que l'eau; car, si l'on mêle une solution alcoolique saturée avec de l'eau, il se produit un précipité : lorsque l'acide gallique se sépare lentement, soit de l'eau, soit de l'alcool, il cristallise en aiguilles soyeuses, très-brillantes; mais, pour qu'il conserve sa blancheur, il ne faut pas le mettre en contact avec des papiers dont on n'auroit pas enlevé le souscarbonate de chaux et le peroxide de fer avec de l'acide hydrochlorique.

Il ne précipite pas la gélatine.

L'acide sulfurique foible n'altère pas sensiblement l'acide gallique; mais l'acide concentré le décompose.

L'acide nitrique, versé dans une solution d'acide gallique, y développe une couleur pourpre, qui bientôt passe au jaune : il se produit une légère odeur nitreuse : l'acide gallique est décomposé.

La solution aqueuse d'acide gallique, mêlée à l'eau de potasse concentrée, ne donne pas de précipité. Les liqueurs prennent une couleur jaune, qui devient rouge par le contact de l'oxigène. Cette couleur perd peu à peu de son intensité, et finit par passer au jaune-orangé. Si, deux heures après avoir fait le mélange des liqueurs, on neutralise l'alcali en excès par l'acide acétique, on observe que l'acétate de peroxide de fer n'y produit que quelques flocons d'un brun verdâtre. Au bout de vingt-quatre heures, la même épreuve fait connoître que tout l'acide gallique a été décomposé.

La solution de soude se comporte comme celle de potasse.

L'eau de baryte, ajoutée à la solution d'acide gallique, en sépare des flocons blancs, qui deviennent verts, puis bleus et pourpres par le contact de l'oxigène; ils finissent par prendre une couleur gris-fauve : alors l'acide gallique est décomposé.

Les eaux de strontiane et de chaux se comportent comme celle de baryte : ces trois bases ne décomposent pas l'acide gallique aussi rapidement que la potasse et la soude.

Ces expériences me conduisent à penser que, s'il existe réellement des gallades alcalins (c'est-à-dire des alcalis unis à l'acide gallique non altéré), on ne peut certainement produire ces composés en mêlant avec le contact de l'air des solutions d'alcalis et d'acide gallique. Il seroit important de savoir si ces composés existent réellement.

La solution d'acide gallique, mêlée avec le carbonate de potasse, devient jaune, puis d'un vert foncé. A la longue il se dépose quelques flocons.

L'acétate de plomb est précipité en flocons blancs par l'acide gallique, et en flocons jaunâtres pour peu que celui-ci contienne cette substance que j'ai décrite, en 1815, dans l'Encyclopédie (partie chimique, tom. VI, pag. 235 et suivantes), et à laquelle M. Braconnot, qui ignoroit probablement mon travail, a donné le nom d'acide ellagique.

L'acétate de peroxide de fer est précipité en bleu. Ce précipité, qui est le principe colorant de l'encre à écrire (voyez ENCRE, tom. XIV, pag. 452), a été considéré par M. Proust comme du gallate de peroxide de fer, et par M. Berthollet comme un mélange de charbon et d'oxide noir de fer. Si l'existence de la combinaison de l'acide gallique avec le peroxide de fer est douteuse, celle de ce même acide avec le protoxide de ce métal est certaine ; car, en mettant du fer avec une solution d'acide gallique sous le contact de l'air, il y a dégagement de gaz hydrogène, dissolution du fer : la liqueur se colore en bleu dès qu'elle a le contact de l'oxigène.

L'acide gallique, dissous dans l'eau, se décompose spontanément ; il se produit une matière brune, abondante en charbon.

L'acide gallique, chauffé dans une petite cornue, se fond, dégage quelques vapeurs huileuses, et il se sublime dans le col de la cornue des aiguilles ou des lames cristallisées, que l'on a prises généralement pour de l'acide gallique non altéré, mais qui m'ont paru différer de cet acide sous plusieurs rapports. Il reste beaucoup de charbon.

Telles sont les propriétés que j'ai reconnues à l'acide gallique extrait par le procédé que j'ai décrit, en 1815, dans l'Encyclopédie, article cité. Je vais le rapporter.

Préparation de l'acide gallique.

On fait infuser une partie de noix de galle pulvérisée avec huit parties d'eau ; on filtre dans un flacon qui ne doit en être rempli qu'aux trois quarts de sa capacité. On bouche le vase, et on l'abandonne dans une chambre dont la température est de 15 à 25 degrés. Il se dépose d'abord un *sédiment* d'un gris jaunâtre, formé en grande partie d'*acide ellagique* ; il se produit ensuite des moisissures. Quand la décomposition est jugée assez avancée, on expose le flacon à une température de 6 à 0 degrés ; il se précipite beaucoup de petites aiguilles du plus beau blanc : c'est l'acide gallique. On jette le liquide sur un filtre, de manière que le sédiment et les moisissures restent pour la plus grande partie dans le flacon. On recueille l'acide gallique sur le filtre, et en le fondant dans l'eau froide et passant la solution dans un papier lavé à l'acide hydrochlorique, on obtient, par l'évaporation spontanée de l'eau, de très-beaux cristaux. J'ose assurer que ce procédé est le plus convenable pour obtenir l'acide gallique. J'en expliquerai la théorie au mot Tannin.

Usage.

L'acide gallique pur n'est d'aucun usage. Mais cet acide, uni aux autres principes de la noix de galle, est employé dans les laboratoires comme réactif de plusieurs substances métalliques, notamment du fer et du titane, et dans plusieurs teintures comme matière colorante. (Ch.)

GALLITE. (*Ornith.*) M. d'Azara a décrit, n.ᵒˢ 225 et 226, sous les noms de petit coq et de guirayetapa, deux oiseaux appartenant à son ordre des *Queues-rares*, dont M. Vieillot a fait, dans la famille des *Myothères*, le genre *Alectrurus*, caractérisé par un bec plus large qu'épais, droit, conico-convexe, dont la mandibule supérieure est un peu crochue à la pointe et l'inférieure droite, et qui a les narines arrondies, situées vers le milieu du bec : la langue large, courte, et non terminée en pointe ; les angles de la bouche garnis de longs poils noirs : la penne bâtarde des ailes courte et pointue ; la troisième rémige la plus longue de toutes ; les doigts distribués trois en devant et un derrière ; les pennes de la queue verticales et susceptibles de rester relevées dans la première espèce, la seconde n'ayant que les deux rectrices extérieures sur un plan vertical, et rien n'annonçant si sa queue est relevée comme celle de l'autre.

Ces oiseaux sont d'un naturel tranquille et peu farouche; ils ne s'élèvent pas beaucoup, mais ils volent avec légèreté et sans secousse; ils n'entrent pas dans les bois, et ne se perchent que sur les joncs et les plantes aquatiques. Quoiqu'ils prennent ordinairement par terre les insectes dont ils se nourrissent, ils se jettent sur ceux qui passent près d'eux. Quand ils sont effrayés, ou lorsqu'ils veulent dormir, ils se cachent si bien sous les plantes, qu'on ne peut les en faire sortir. M. d'Azara a toujours trouvé les mâles à d'assez grandes distances entre eux ; mais il a quelquefois rencontré en petites troupes des femelles, qu'il a peut-être confondues avec des jeunes, comme on est d'ailleurs en droit de l'inférer des inductions qu'il tire, sur un prétendu hermaphroditisme, de la forme et de la disposition des pennes de la queue.

Le GALLITE TRICOLORE (*Alectrurus tricolor*, Vieill.) celui que M. d'Azara nomme petit-coq, est long de cinq pouces et demi; les douze pennes caudales ont de fortes barbes, et, à l'exception des deux intermédiaires, elles ont la forme d'une pelle, c'est-à-dire qu'elles s'élargissent beaucoup à leur extrémité, et présentent un plan vertical, comme celles du coq; les deux intermédiaires ont douze lignes de moins que celles du milieu. Le mâle a le front marbré de blanc et de noir; le dessus de la tête et du cou, la queue et ses parties supérieures sont d'un noir profond, ainsi qu'au demi-collier au bas du cou; les côtés de la tête et les parties inférieures sont de couleur blanche; le dos et le croupion sont cendrés; les plumes scapulaires et les petites ouvertures du dessus des ailes sont d'un beau blanc; les grandes couvertures et les rémiges sont noirâtres, avec une bordure blanche; l'iris est brun. Le bec, qui est olivâtre, a la pointe tirant sur le noir, et cette dernière couleur est celle du tarse. La femelle, dont les dimensions sont plus petites, a le dessus de la tête et du cou d'un brun noirâtre, avec une bordure d'une teinte plus claire, le dos d'un brun

18.   8

roussâtre, les couvertures supérieures et les pennes alaires noirâtres et finement bordées de blanchâtre. Les pennes caudales, de la même forme que celles du mâle, mais pliées en deux parties, présentent un enfoncement et ne se relèvent pas au-dessus du croupion. Le dessous du corps est, chez quelques femelles, d'un blanc moins sale; les autres teintes sont moins vives, et la gorge est brune.

Cet oiseau se trouve entre les 26.ᵉ et 28.ᵉ degrés de latitude, arrive à Buenos-Ayres en Septembre, et en repart au mois de Mars; quelques-uns restent toute l'année dans le pays. Le mâle monte presque verticalement dans les airs, en battant vivement des ailes et relevant beaucoup sa queue; on le prendroit alors pour un papillon. Descendu à environ trente-six pieds de terre, il se laisse tomber obliquement pour se poser sur quelque plante.

La seconde espèce, que M. Vieillot ne présente pas décidément pour telle, et qui est le *guira yetapa*, c'est-à-dire, en langage guarani, l'oiseau coupeur ou en ciseaux, est longue de onze pouces et demi : elle a, comme le petit-coq, dix-neuf rémiges et douze rectrices; l'extérieure de chaque côté se joint, dans le mâle, au-dessous des autres; toutes deux sont ébarbées sur dix-sept lignes de longueur, et leur plan est vertical. La seconde penne, plus courte, excède de cinq pouces les deux intermédiaires; les autres sont étagées, et toutes, fortes et roides, ont l'extrémité pointue. L'oreille est couverte de plumes noires, alongées, et celles qui entourent les yeux et couvrent la base du bec, la gorge, une partie du devant du cou et les autres parties inférieures, sont blanches; un collier de plumes noires occupe le bas du cou et le haut de la poitrine; le dessus de la tête et du cou est noirâtre, le dos et le croupion sont plombés; les rémiges sont brunes, et les grandes couvertures supérieures noires, avec un liséré blanc; les autres sont marbrées de blanc et de cendré; les rectrices sont noirâtres et terminées de brun; l'extérieure est entièrement noire; l'iris est brun, le bec de couleur de paille sèche, et le tarse noirâtre. La femelle, beaucoup plus petite que le mâle, a la tête et le devant du cou blanchâtres, le demi-collier d'un roux sale; le dessus du corps blanc, avec un peu de rouge sur les flancs : le dos, le croupion et les petites couvertures supérieures des ailes, d'un brun roussâtre ; les grandes couvertures plus foncées et bordées de rouge , et les pennes caudales noirâtres.

Cette espèce a paru à M. d'Azara composée de huit à dix fois plus de femelles que de mâles, vu qu'il a rencontré les premières en bandes de plus de trente ; mais il ne dit cependant pas qu'il y ait polygamie parmi ces oiseaux. (CH. D.)

GALLITRICHUM. (*Bot.*) Les anciens botanistes nommoient ainsi la sclarée, *salvia sclarea* , ainsi que quelques autres espèces du même genre. (J.)

GALLITZINITE (*Min.*), nom donné à une variété de *titane oxidé ferrifère*, en l'honneur du prince Dimitri de Gallitzin, qui cultive la minéralogie. (BRARD.)

GALLO (*Ornith.*), nom du coq en espagnol et en italien. (CH. D.)

GALLOT (*Ichthyol.*), nom vulgaire de la tanche de mer, *labrus tinca* , Linn. M. de Lacépède en a fait son labre tancoïde. Voyez LABRE. (H. C.)

GALLUCCIO. (*Bot.*) Voyez GALLINACCIO. (LEM.)

GALLULUS. (*Ornith.*) Ce terme est employé par certains auteurs pour désigner le jaseur, *ampelis garrulus*, Linn. (CH. D.)

GALLUS (*Ornith.*), nom latin du coq. (CH. D.)

GALLUSCHEL et GÆNSEL (*Bot.*), noms silésiens de la chanterelle, champignon du genre Merulius. (LEM.)

GALLYRION (*Bot.*), nom grec du lis, cité par Mentzel. (J.)

GALMEY (*Min.*), synonyme allemand de la calamine. Voyez ZINC OXIDÉ. (BRARD.)

GALONNÉ. (*Erpétol.* et *Ichthyol.*) Ce nom spécifique a été donné à un SQUALE, à un LÉZARD, à une GRENOUILLE. (Voyez ces différens mots.) Nous avons parlé de la vipère galonnée de Daudin, ou *coluber lemniscatus* de Linnæus, à l'article ÉLAPS. (H. C.)

GALOPINA. (*Bot.*) Genre de plantes dicotylédones, à fleurs complètes, monopétalées, de la famille des *rubiacées*, et de la *tétrandrie digynie* de Linnæus, offrant pour caractère essentiel : Un calice à peine saillant ou presque nul; une corolle monopétale, à quatre divisions roulées en dehors; quatre étamines; deux styles : le fruit inférieur, composé de deux semences hérissées , globuleuses.

GALOPINA FAUSSE-CIRCÉE : *Galopina circœoides*, Thunb., *Nov. gen.*, 1; Poir., *Encycl.*, Suppl.; Willden., *Spec.*, 1 , pag. 706 : *Anthospermum galopina* , Thunb. , *Prodr.* 32. Plante herbacée , du cap de Bonne-Espérance. Ses tiges sont glabres, simples, cylindriques, droites, foibles, rougeâtres, hautes d'environ deux pieds, rarement rameuses; les rameaux alternes, étalés; les feuilles opposées, pétiolées, glabres, entières, oblongues, aiguës, plus pâles en-dessous, longues d'un pouce et plus, renfermant, dans leurs aisselles, d'autres feuilles plus petites. Les fleurs sont opposées, disposées en une panicule lâche, diffuse, terminale; les pédoncules et les pédicelles glabres, capillaires, accompagnés de bractées sétacées, opposées. Leur calice est à peine apparent; la corolle monopétale, contenant quatre étamines; les filamens longs, capillaires; les anthères droites, alongées; l'ovaire inférieur, surmonté de deux styles un peu plus courts que les étamines; les stigmates simples; le fruit fort petit. (Poir.)

GALOS-PAULES. (*Mamm.*) Marmol, dans sa Description de l'Afrique, rapporte que les Espagnols donnent ce nom à un singe couleur de chat sauvage, qui a la queue longue et le museau blanc ou noir. On a rapporté cette description au patas, mais sans fondement. (F. C.)

GALPHINIE, *Galphinia*. (*Bot.*) Genre de plantes dicotylédones, à fleurs complètes, polypétalées, très-rapproché des *malpighia* (mourciller), appartenant à la famille des *malpighiacées*, et à la *décandrie trigynie* de Linnæus, caractérisé par un calice à cinq divisions, privé de glandes; cinq pétales inégaux, plus ou moins onguiculés; dix filamens libres; un ovaire à trois loges monospermes; trois styles. Le fruit n'est pas connu.

Ce genre, très-peu distingué des *malpighia*, auxquels il devroit peut-être appartenir, en diffère par ses filamens libres et non connivens à leur base, par son calice privé de glandes. Peut-être que les fruits, s'ils étoient connus, offriroient quelque autre caractère. Ce genre a été établi par Cavanilles. Il se compose de trois espèces.

Galphinie glauque : *Galphinia glauca*, Cavan. , *Icon. rar.*, 5, tab. 489; Poir., *Illust. suppl.*, tab. 957. Arbrisseau découvert dans le Mexique, à Salvatierra et Acambaro. Il s'élève à la hauteur de six pieds, et se divise en rameaux rougeàtres, cylindriques, garnis de feuilles opposées, très-médiocrement pétiolées, ovales-obtuses, entières, vertes en-dessus, glauques en-dessous, souvent munies d'une petite dent à leur partie inférieure. Les fleurs sont disposées en une grappe terminale; les pédicelles opposés, munis de petites bractées axillaires, ovales-aiguës : le calice divisé en cinq découpures profondes, ovales, étalées; la corolle jaune, souvent rougeâtre à son sommet; les pétales ovales, onguiculés; le supérieur plus grand; les filamens libres; les anthères oblongues, aiguës, presque sagittées, échancrées à leur base; l'ovaire et les styles rouges. On distingue, dans l'intérieur de l'ovaire, trois loges monospermes.

Galphinie hérissée; *Galphinia hirsuta*, Cavan. , *Icon. rar.*, 5, p. 62. Cet arbrisseau s'élève un peu plus que le précédent : il présente des rameaux velus, opposés, rougeàtres, élancés, garnis de feuilles ovales, médiocrement pétiolées, hérissées à leurs deux faces. Les fleurs sont disposées en une grappe terminale, longue d'un demi-pied et plus, semblable d'ailleurs à celle de l'espèce précédente. Cet arbrisseau croit au Mexique, entre *Chilpancingo* et *Rio-Azul*.

Galphinie glanduleuse; *Galphinia glandulosa*, Cavan. , *Icon. rar.*, 6, page 43, tab. 565. Cette espèce, découverte au Mexique, comme les deux précédentes, s'en distingue par ses tiges et ses rameaux glabres, par ses feuilles lancéolées; les pétioles munis de deux glandes à leur base. (Poir.)

GALUCHAT. (*Ichthyol.*) On appelle ainsi dans les arts une sorte de peau verte ou grise, extrêmement dure et résistante, susceptible du plus beau poli, granulée, et ayant l'apparence d'un corps minéral renfermant des corpuscules d'une teinte plus claire dans une pâte foncée. On en connoît deux espéces, l'une à petits et l'autre à gros grains.

Cette peau sert à couvrir les boîtes et les étuis destinés à renfermer les bijoux et les petits meubles précieux. Celle à petits grains est fournie par la roussette, *squalus canicula*,

Linn., poisson du genre des squales, fort commun sur nos côtes : elle est peu estimée.

Long-temps on a ignoré d'où provenoit l'autre espèce, que les gainiers de Paris tirent exclusivement de l'Angleterre, et qu'ils paient fort cher. M. de Lacépède a démontré qu'elle étoit la dépouille d'une raie de la mer Rouge et de celle des Indes ; c'est la raie sephen, *raja sephen*, Forskal. Pourquoi notre industrie ne s'est-elle pas encore emparée de cette branche de commerce ? Nous savons les moyens de la faire prospérer, et nous l'abandonnons aux étrangers, quand nous-mêmes en avons le plus grand besoin. Procurons-nous donc directement le galuchat dont nous manquons, et allons le chercher dans les mers les plus éloignées ; il nous reviendra encore à meilleur marché. Voyez Pastenague et Sephen. (H. C.)

GALUGA (*Bot.*), nom malais du rocou, suivant Rumph. (J.)

GALUNGEN, KALUNGEM. (*Bot.*) Selon Daléchamps, c'est par corruption que Serapion et les Maures nomment ainsi le *calungian* des Arabes, qui est le *galanga*. (J.)

GALVANI (*Ichthyol.*), nom spécifique d'une Torpille. Voyez ce mot. (H. C.)

GALVANIA. (*Bot.*) Genre de plantes établi par Vandelli, *Specim. Flor. Lus. et Bras.*, pag. 15, tab. 1, fig. 7. Ce genre, de la famille des *rubiacées*, de la *pentandrie monogynie* de Linnæus, a beaucoup de rapports avec le *palicourea* d'Aublet, ainsi qu'avec les *psycothria*. Il diffère du genre d'Aublet par le tube de sa corolle ventru, fermé à son orifice ; par les poils des filamens ; par les anthères alongées, bifides à leurs deux extrémités. Le calice est fort petit, d'une seule pièce, à cinq dents ; la corolle monopétale ; le limbe à cinq découpures aiguës ; les étamines au nombre de cinq ; les filamens insérés à la base du tube de la corolle, pourvus de poils qui ferment l'orifice du tube ; les anthères à deux loges ; un ovaire inférieur en ovale renversé ; le style filiforme, légèrement incliné, plus long que les étamines ; le stigmate à deux divisions divergentes. Le fruit consiste en une baie à deux loges ; chaque loge renferme une semence striée. Cette plante croît au Brésil. (Poir.)

GALVEZIA. (*Bot.*) Dans les manuscrits de Dombey se trouvoit sous ce nom un genre du Pérou que nous avions adopté et mentionné, dans le *Genera plantarum*, parmi les scrophulaires ou personées. Les auteurs de la Flore ont réuni ce genre dans la même famille au *dodartia*, dont il diffère seulement par une corolle renflée et un stigmate simple, et ils ont appliqué le nom de *galvezia* à un autre genre, décrit ci-après. (J.)

GALVÉZIE, *Galvezia*. (*Bot.*) Genre de plantes dicotylédones, à fleurs complètes, polypétalées, de la famille des *laurinées*, de l'*octandrie tétragynie* de Linnæus, offrant pour caractère essentiel : Un calice à quatre découpures; quatre pétales; huit étamines, les alternes plus courtes; un appendice glanduleux sous les ovaires, au nombre de quatre, connivens; autant de styles; quatre drupes supérieurs, renfermant chacun une noix à une seule loge.

Galvézie ponctuée : *Galvezia punctata*, **Prodr. Flor. Per.**, pag. 56, tab. 55; et *Syst.*, pag. 97. Arbre du Chili, très-remarquable, dont les feuilles répandent une odeur aromatique très-agréable : elles sont opposées, médiocrement pétiolées, oblongues, lancéolées, dentées en scie, parsemées de points transparens, glabres, épaisses, coriaces, toujours vertes; les fleurs disposées en grappes paniculées, axillaires, un peu plus courtes que les feuilles; les ramifications opposées, comprimées, garnies à leur base de petites bractées lancéolées; le calice divisé en quatre petites folioles ovales, caduques; la corolle blanche, à peine une fois plus grande que le calice; les pétales alongés, concaves et réfléchis; les anthères ovales; les ovaires placés sur un corps oblong, glanduleux. Le fruit consiste en quatre drupes ovales, en bosse, ponctués. (Poir.)

GAMACHE. (*Ornith.*) Suivant Salerne, on nomme ainsi, dans le département de la Dordogne, la fauvette à tête noire, *motacilla atricapilla*, Linn. (Ch. D.)

GAMAL (*Mamm.*), nom hébreu du chameau. (F. C.)

GAMALA (*Mamm.*), nom chaldéen du chameau. (F. C.)

GAMAMAH. (*Ornith.*) Selon Gesner et Aldrovande, le pigeon porte, en Arabie, ce nom et ceux de *chamamah* et d'*azamach*. (Ch. D.)

GAMANA PERIDE. (*Bot.*) On lit dans l'*Historia plantarum* de Rai, que ce nom est un de ceux donnés au quinquina dans le Pérou. (J.)

GAMAON (*Bot.*), nom portugais de l'asphodèle, selon M. Vandelli. (J.)

GAMARSA. (*Bot.*) Voyez Cogombrillos. (J.)

GAMASE, *Gamasus*. (*Entom.*) M. Latreille a établi sous ce nom un genre d'insectes aptères, de la famille des *acères*, voisin des *trombidies*, ou de celle des rhinaptères, près des *cirons*. Ce nom de *gamasus* est emprunté du grec. Suivant M. Latreille, il signifieroit *agile*. Le ciron des coléoptères, *acarus coleoptratorum* de Linnæus, en est le type; mais M. Latreille annonce que ce genre n'est pas encore bien circonscrit. Voyez Mitte. (C. D.)

GAMAT (*Bot.*), nom malais du *menispermum glaucum* de M. de Lamarck, rapporté par M. De Candolle à son genre *Cocculus*. (J.)

GAMBALEVROT. (*Ornith.*) On nomme ainsi, dans les Langues, en Piémont, le pluvier gris, qui est le vanneau suisse en habit d'hiver, *tringa helvetica*, Linn. (Ch. D.)

GAMBALIEN. (*Erpétol.*) Voyez Caméléon. (H. C.)

GAMBARETTO. (*Entom.*) C'est le nom du taupe-grillon ou courtilière en Italie, à cause de sa ressemblance avec l'écrevisse. (C. D.)

GAMBARUR. (*Ichthyol.*) Voyez Demi-bec. (H. C.)

GAMBERELLO. (*Bot.*) Micheli indique sous le nom italien de *gamberello di colore affummicato*, un petit agaric dont le chapeau, creusé en forme de godet, de couleur de fumée, est porté sur un stipe alongé, comparé ainsi à une petite jambe, comme le signifie le nom italien de *gamberello*. (Lem.)

GAMBETTE. (*Ornith.*) Cet oiseau se rapporte au chevalier aux pieds rouges, *tringa gambetta*, Linn., et *totanus calidris*, Bechst. (Ch. D.)

GAMBO - GOOSE. (*Ornith.*) C'est l'oie armée de Buffon, *anas gambensis*, Linn. (Ch. D.)

GAMBRA. (*Ornith.*) M. Temminck a ainsi nommé, dans son Histoire générale des gallinacés, tom. 3, pag. 368, une perdrix qui se trouve sur les bords de la rivière de Gambie

ou Gambra, et qui est la même que la perdrix de roche,
perdix petrosa, Lath. (Ch. **D.**)

GAMMA. (*Entom.*) C'est un nom donné à quelques espèces
de papillons portant sur leurs ailes des lignes blanches qui
ont la forme de cette lettre grecque, Γ ou γ. Ainsi le papillon
diurne C blanc, *C album*, a été nommé *gamma*, et la noc-
tuelle gamma a été appelée le gamma doré par Geoffroy.
(C. **D.**)

GAMMAROLITHE. (*Foss.*) C'est un des noms génériques
qui ont été donnés anciennement aux crustacés fossiles.
(D. F.)

GAMONONG (*Bot.*), nom malais de l'*hebenaster* de Rumph,
qui paroît appartenir au genre Plaqueminier. (J.)

GAN. (*Ornith.*) L'oiseau auquel on donne, sur le lac de
Constance, ce nom et celui de *ganner*, est le harle vulgaire,
mergus merganser, Linn. et Lath. (Ch. **D.**)

GANDASULI, *Hedychium*. (*Bot.*) Genre de plantes monocotylédones, à fleurs irrégulières, de la famille des *amomées*,
de la *monandrie monogynie* de Linnæus, très-rapproché des
kœmpferia, offrant pour caractère essentiel : Un calice très-
long, tubulé, tronqué obliquement à son bord; une corolle
monopétale, à long tube grêle : le limbe à six divisions;
deux très-étroites, linéaires; trois autres ovales-oblongues;
la sixième plus large, échancrée en cœur : un filament attaché à l'orifice du tube ; une anthère longue, linéaire,
canaliculée ; un ovaire inférieur; le style très-long, tra-
versant le sillon de l'anthère ; le stigmate presque en tête,
pubescent.

Gandasuli a bouquets : *Hedychium coronarium*, Lamk., Dict.
enc., 2, p. 603; Kœnig, *in* Retz., *fasc.* 3, p. 73 ; *Kœmpferia
hedychium*, Lamk., *Ill. gen.*, tab. 1, fig. 3; *Gandasulium*,
Rumph., *Amboin.*, 5, p. 175, tab. 69, fig. 3. Plante intéressante par l'odeur suave de ses fleurs, et qui croît à Java et
dans la presqu'île de Malacca. Sa racine est blanchâtre,
presque cylindrique, horizontale, avec des cicatrices annulaires, garnie de fibres filiformes : elle produit des tiges
droites, simples, hautes de trois pieds et plus, garnies de
feuilles alternes, oblongues, aiguës, presque sessiles, entières, vertes et glabres en-dessus, pâles en-dessous, parse-

mées de poils longs et rares, longues d'un pied, larges d'un pouce et demi, traversées par une côte blanche avec des stries obliques, latérales et très-fines.

Les fleurs sont disposées en un épi sessile, terminal, ovale-oblong, un peu lâche, composé d'écailles en forme de spathes, deux à deux, l'une plus large, enveloppant l'autre, alternes sur l'axe commun, vertes, glabres, oblongues, concaves, roulées en dedans à leurs bords, enveloppant deux fleurs qui s'épanouissent l'une après l'autre. Ces fleurs sont blanches avec un peu de jaune, et répandent une odeur très-agréable : leur calice est membraneux, saillant hors des écailles, long d'un pouce, une fois plus court que le tube de la corolle, tronqué obliquement à son bord, comme la corolle des aristoloches ; le tube de la corolle est grêle, long de deux pouces et demi, un peu courbé, légèrement renflé après sa sortie hors du calice, terminé par un limbe d'un pouce et demi de diamètre, ouvert, à six divisions inégales, trois plus intérieures. Le filament est plane, linéaire, large d'une ligne ; l'anthère linéaire, soudée au filament, courbée, longue de quatre lignes, à deux lobes canaliculés, appliqués l'un sur l'autre, laissant entre eux une cavité qui donne passage au style. L'ovaire est petit, oblong ; le style capillaire, de la longueur de la fleur : il traverse le tube, suit le filament de l'étamine, et enfile la cavité longitudinale de l'anthère, formant, en sortant, une saillie courte que termine le stigmate. La plante cultivée ne donne point de graine ; elle se multiplie par les cayeux que l'on sépare de ses racines. Elle fait l'ornement des jardins dans les Indes orientales. Les jeunes filles s'ornent la tête de ses fleurs, à cause de la bonne odeur qu'elles répandent. Il seroit à désirer qu'on puisse la propager en Europe. (Poir.)

GANDASULIUM. (*Bot.*) La plante, de la famille des amomées, nommée ainsi par Rumph, est l'*hedychium* de Kœnig et de M. de Lamarck. Voyez Gandasuli. (J.)

GANDIS (*Bot.*), un des noms donnés dans l'Inde, suivant Clusius, au *folium Indum* ou Cadegi-indi. Voyez ce mot. (J.)

GANDOLA. (*Bot.*) On trouve, dans l'*Herb. Amboin.* de Rumph, cité sous ce nom, le *basella*. (J.)

GANEBU (*Bot.*), nom japonois de la vigne sauvage, *vitis labrusca*, suivant M. Thunberg. (L.)

GANEJOU. (*Bot.*) D'après Clusius, c'est le nom donné par les Hongrois à un champignon pernicieux, qui paroît être le même que le *fungus bombaceus*, figuré pl. 24, *BB*, de l'ouvrage de Sterbeeck sur les champignons, et le même que notre Champignon du fumier. Voyez cet article, Tom. VIII, p. 129, et Fonge. (Lem.)

GANELLI. (*Ichthyol.*) A Nice, selon M. Risso, l'on donne ce nom à la raie pécheresse. Voyez Baudroie. (H. C.)

GANGA. (*Ornith.*) On a déjà exposé dans ce Dictionnaire, au mot Alchata, considéré comme synonyme de la grandoule, les incertitudes qui existoient sur la véritable place qu'il convenoit d'assigner à cet oiseau. Parmi les faits que Darluc a cités dans son Histoire naturelle de Provence, tom. 1, pag. 557, les plus importans sont de nature à le rapprocher des pigeons, puisqu'il ne pond que deux, et rarement trois œufs; que les petits naissent sans plumes, et que la mère leur dégorge la nourriture jusqu'à ce qu'ils soient assez forts pour quitter le nid : tandis que les perdrix, dont la ponte est considérable, ne s'occupent pas de ce soin, et que leurs petits, qui sont couverts de plumes au moment de leur naissance, vont sur-le-champ à la recherche des alimens, qu'ils savent dès-lors se procurer eux-mêmes. Les divers auteurs qui ont parlé du ganga l'ont néanmoins rangé assez généralement parmi les gallinacés, et Darluc, n'osant trancher la difficulté, n'a vu d'autre moyen de se tirer d'embarras sur ce point, que de l'appeler *pigeon-perdrix* de la Crau.

M. Temminck, qui, dans le 3.ᵉ volume de son Histoire générale des pigeons et des gallinacés, associe au ganga plusieurs espèces étrangères, en a fait, sous le nom de *pterocles*, un genre qu'il a placé entre les tétras et les perdrix; mais, quoiqu'il n'ait pas été à portée d'étudier personnellement les mœurs du premier, sans égard pour les observations de Darluc, confirmées depuis par M. de Belleval, de Montpellier, il attribue aux oiseaux de ce genre une ponte de quatre à cinq œufs, et dit que les petits courent aussitôt après leur naissance. Le même auteur donne aussi aux gangas la faculté de courir très-vîte sur le sable, et il la fait résulter de la forme de leurs pieds, tandis que le ganga cata ou la grandoule marche lentement. Quoi qu'il en soit, les divers naturalistes continuant de présenter les gangas comme appartenant à la famille des gallinacés, malgré la forme et la longueur de leurs ailes, leur vol élevé et très-rapide, leur ponte, la manière de boire et d'élever les petits, et indiquant seulement des caractères propres à en faire un genre particulier, on se bornera à faire remarquer que le signe extérieur qui les distingue plus particulièrement des gallinacés et des pigeons, est l'élévation et la petitesse de leur pouce. On peut encore ajouter à ce caractère principal un bec court et comprimé, dont la mandibule supérieure se courbe vers la pointe et dépasse l'inférieure; des narines à moitié fermées par une membrane, et ouvertes en-dessous; le tour des yeux nu, mais non de couleur rouge; la langue charnue, entière; les tarses couverts, sur la partie antérieure, de plumes très-courtes; les trois doigts antérieurs réunis, jusqu'à la première articulation, par une petite membrane; les ongles très-courts et obtus; les ailes longues, étroites, pointues, et dont la première penne excède les autres; la queue composée de seize pennes, dont les deux centrales sont alongées en fils.

La justesse de l'application du mot *œnas* à ce genre paroissant encore susceptible d'être contestée, on adoptera ici de préférence le mot *pterocles*, qui n'indique qu'une particularité dans la forme des ailes.

A l'exception de la grandoule, qui se trouve dans les contrées méridionales de l'Europe, les gangas habitent la zone torride, où M. Temminck les regarde comme les représentans des tétras, habitans des parties septentrionales du globe. Leur taille est svelte, leur corps peu charnu, et leur chair musculeuse et fibreuse, qualités convenables pour des oiseaux obligés de fournir à un vol long et soutenu. M. Temminck en a décrit cinq espèces.

Ganga cata : *Pterocles setarius*, Temm.; *Tetrao alchata*, Linn.; *Ænas cata*, Vieil. Cette espèce, figurée dans les planches enluminées de Buffon, n.ºs 105 et 106, est celle qui porte, en Arabie, les noms de *kata, cata, chata, alchata;*

dans le midi de la France, ceux d'*angel* et de *grandoule*, et
qui a été décrite par Brisson sous la dénomination de gélinotte des Pyrénées. Le mâle a, sans compter les filets de
la queue, dix pouces six lignes, et avec eux treize pouces
et demi; il est de la grosseur de la perdrix. Son bec a
sept lignes de longueur, et quatre de hauteur à sa base;
derrière les yeux est un petit trait noir; les joues sont d'un
cendré jaunâtre; le dessus de la tête, le cou, le dos et le
croupion sont rayés transversalement de noir et de jaunâtre
sur un fond d'un roux olivâtre; les petites et les moyennes
couvertures des ailes ont, sur le bord extérieur, une large
bande oblique d'un rouge marron, et sont terminées par un
croissant blanc, qui est bordé d'une fine raie noire; les
grandes couvertures sont d'un jaune olivâtre, et terminées
par un croissant noir; les rémiges sont cendrées, mais la
barbe extérieure des deux premières, qui *sont effilées et
s'alongent*, dit Darluc, *comme chez les hirondelles*, sont noires;
les pennes de la queue, d'un cendré olivâtre sur les barbes
intérieures, ont les barbes extérieures rayées de jaune et
de noir; les deux du milieu sont très-étroites, et se terminent en filets noirs. La gorge est de cette dernière couleur; les côtés et le devant du cou sont d'un cendré tirant
sur le jaune; au devant du cou s'étend, en forme circu-
laire, une bande noire très-étroite, et il y a, plus bas,
une seconde bande, séparée par un espace de deux pouces,
dont la couleur est d'un rouge orangé; le ventre et les
parties inférieures sont blancs. La femelle adulte, qui n'a
point de filets à la queue, et dont les deux pennes intermédiaires ne dépassent les autres que d'environ un pouce,
diffère principalement du mâle par sa gorge blanche; et les
jeunes, mâles et femelles, dont la gorge est de la même couleur, se reconnoissent aux taches noires qui ne font encore
qu'indiquer la place des colliers.

Ces oiseaux vivent en troupe dans la plaine stérile de
la Crau, où on les trouve en tout temps; ils s'accouplent
au mois de Mars, et pondent, en Juin, deux ou trois œufs
sur la terre, sans y pratiquer de nid. Ils ne se laissent point
approcher, et lorsqu'ils aperçoivent quelqu'un, ils s'envolent
à tire-d'aile et très-haut, en poussant de grands cris. L'ari-

dité des plaines les oblige, pendant les chaleurs de l'été, à aller, surtout le matin, se désaltérer au bord des étangs, où les chasseurs les attendent à l'affut; et Darluc prétend que, lorsqu'ils ont essuyé quelques coups de fusil, ils ne s'arrêtent plus, et boivent en volant et rasant la surface des eaux. La chair des grandoules est noire, dure, et en général peu estimée; mais celle des petits est plus tendre, et recherchée des gourmets.

Cette espèce, que l'on trouve aussi dans les landes stériles, du côté des Pyrénées et le long des bords de la Méditerranée, en Espagne, en Sicile, à Naples et dans tout le Levant, paroît être fort nombreuse en Perse.

GANGA DES SABLES OU UNIBANDE : *Pterocles arenarius*, Temm.; *Tetrao arenarius* et *Perdix calcarata*, Lath., et *Tetrao arenaria*, Pallas, *Nov. comm. Petrop.*, t. 8, p. 418, tab. 19, et *Appendix* de son *Voyage*, pag. 53, n.° 51. Cet oiseau, qui est le *dsherdk* des Tartares, et que Pallas appelle *poule des steppes*, est d'une taille plus forte que celle de la perdrix; il a douze à quatorze pouces de longueur, suivant les contrées qu'il habite : la tête et le cou cendrés; la gorge fauve, avec un triangle noir au milieu du cou; le dos varié de blanc, de brun et de jaune; un collier noir; la poitrine blanche, le ventre et l'anus noirs; les ailes alongées et très-aiguës, ainsi que la queue; les tarses emplumés sur le devant jusqu'aux doigts, et verruqueux dans la partie postérieure. La femelle est d'un jaune pâle, et variée de points noirs; sa gorge et les autres parties inférieures ressemblent à celles du mâle.

Cette espèce, qui paroît être la même que la gélinotte de Barbarie dont il est parlé dans les Mémoires de l'Académie des sciences, année 1787, a été trouvée par Pallas dans les déserts sablonneux des environs du Volga, où elle se nourrit de graines d'astragale. On la rencontre aussi, selon M. Temminck, au nord de l'Afrique, et dans l'Andalousie et autres provinces du midi de l'Espagne, où elle est connue sous le nom de *charra*. La femelle dépose dans un trou, sur le sable, quatre ou cinq œufs, blanchâtres selon Pallas, et tachetés de brun suivant la Faune arragonoise. Trois individus de cette espèce ayant été vus dans le territoire d'Anhalt, Naumann a compris cet oiseau parmi ceux de l'Allemagne, et il en a donné la figure pl. 6, n.° 15.

Ganga a double collier ou bibande; *Pterocles bicinctus*, Temm., et *Ænas bicincta*, Vieil. Le mâle de cette espèce, trouvée en Afrique, près de la rivière des Poissons, par M. Levaillant, qui ne l'a pas encore décrite, a deux colliers de forme demi-circulaire, qui remontent sur le dos : sa longueur est de neuf pouces et demi ; son bec, grêle, droit et foiblement courbé, est long de neuf lignes : les ailes s'étendent jusqu'à l'extrémité de la queue, qui est fortement étagée, et les deux plumes du centre ne sont ni subulées ni alongées, comme dans les autres espèces. Il y a, à la base du bec, une petite tache blanche ; une large bande noire s'étend d'un œil à l'autre, mais elle est coupée au milieu par deux taches blanches ; les plumes du haut de la tête et de l'occiput, d'un roux jaunàtre, ont une tache noiràtre sur le milieu ; les joues, le cou, la poitrine et les petites couvertures des ailes sont d'un cendré jaunàtre ; le dos, les grandes et les moyennes couvertures sont d'un cendré brun, et se terminent par une grande tache blanche de forme triangulaire ; le croupion et les couvertures de la queue, tant en-dessus qu'en-dessous, sont transversalement rayées, ainsi que les pennes, de brun et de roux jaunàtre ; les rémiges sont noires ; la poitrine offre deux colliers qui remontent jusqu'au dos, dont l'un est blanc et l'autre noir ; le ventre et les autres parties inférieures sont blanchàtres et finement rayées de brun ; les plumes qui recouvrent le devant du tarse sont d'un blanc terne, et la partie postérieure du tarse, les doigts, les ongles et le bec sont jaunàtres. La femelle n'a ni les colliers ni la bande frontale, et le haut de la tête, qui est roussàtre, est rayé longitudinalement de noir ; les autres parties du corps présentent aussi quelques différences, et les jeunes mâles lui ressemblent avant leur première mue.

Ces oiseaux, encore inconnus dans la colonie du cap de Bonne-Espérance, habitent en grand nombre dans les pays qui s'étendent vers les côtes de Guinée et d'Angole, où ils vivent par compagnies composées des parens et de la couvée, jusqu'au temps des amours, où leur séparation s'effectue. Ils ne prennent pas leur vol au premier bruit, comme les gangas catas; mais ils se blottissent par paire ou par compagnie dans les broussailles, d'où l'on a beaucoup de peine à les faire sortir.

GANGA NAMAQUOIS OU VÉLOCIFER : *Pterocles tachypetes*, Temm.; *Ænas namaqua*, Vieill., et *Tetrao namaqua*, Lath. Buffon regarde cet oiseau comme une simple variété du *ganga cata*, et M. Temminck le rapporte à la gélinotte du Sénégal, pl. enl., n.° 130, dont Latham a fait une espèce dans son *Index ornithologicus*, sous la dénomination de *tetrao senegalus*, lequel est décrit, en double emploi, sous celle de *tetrao namaqua*. Au reste, la longueur du ganga dont il s'agit est de neuf pouces et demi à dix pouces, sans les filets, et, avec ceux-ci, d'un pouce et demi de plus. Le bec, droit, grêle et très-comprimé, est long de sept lignes, et haut seulement de deux à la base : en quoi il diffère de celui du *ganga cata*, qui est plus haut, plus gros, et courbé. La gorge du mâle adulte est d'un beau jaune; la tête et le cou sont d'un cendré qui prend une teinte pourpre sur la poitrine, au bas de laquelle on voit deux bandes étroites, l'une d'un blanc pur, et l'autre d'un cendré pourpré; l'abdomen, les cuisses et les plumes anales sont d'un roux clair; les parties supérieures offrent un mélange de cendré, de brun et d'ocre; les plus longues rémiges sont terminées par la première de ces couleurs, les autres sont bordées d'un blanc pur, et les deux filets sont noirs vers le bout; les petites plumes du devant du tarse sont d'un roux pâle. La femelle, un peu moins grande que le mâle, a la gorge roussâtre; la tête, le cou et la poitrine d'un roux blanchâtre, avec des bandes brunes, longitudinales ou en forme de croissant, au centre; les parties supérieures sont rayées transversalement de brun noirâtre et de roux, et le ventre présente aussi des raies transversales blanchâtres et brunes; les plumes abdominales et anales sont d'un roux clair; les rémiges et les rectrices latérales ne diffèrent guère de celles du mâle, mais les filets sont un peu plus courts.

Ces oiseaux, dont il est souvent question dans les *Voyages* de M. Levaillant, comme fournissant, par leur vol, des indices propres à annoncer la situation des sources ou réservoirs d'eau dans les contrées désertes et arides, s'en éloignent au temps des pluies. Leur nourriture consiste en graines mûres des plantes graminées, auxquelles M. Temminck ajoute des insectes. Ils font, dans des touffes d'herbe ou dans des broussailles, une ponte que le même auteur dit être composée de quatre ou cinq œufs d'un vert olivâtre, marqués d'un grand nombre de taches noires, et ressemblant aux œufs du vanneau d'Europe. Les Hottentots de la colonie les nomment *namaquas patrys*, c'est-à-dire, perdrix des Namaquois.

Ganga des Indes ou quadrubande : *Pterocles quadricinctus*, Temm.; *Tetrao indicus*, Lath. Cet oiseau, figuré par Sonnerat, pl. 96 de son Voyage aux Indes, sous le nom de *gélinotte des Indes*, se trouve à la côte de Coromandel, où on l'appelle *caille de la Chine*. Le fond du plumage des deux sexes est d'un gris terreux et roussâtre. Il y a, sur le front du mâle, trois bandes, dont les deux latérales sont blanches, et dont l'intermédiaire est noire; chaque plume porte une bande longitudinale noirâtre; les parties supérieures sont rayées transversalement de brun, de jaune et de noir; la poitrine offre quatre colliers demi-circulaires, dont le plus élevé est d'un brun mordoré, le second blanc, le troisième noir, et le quatrième de la même couleur que le second. Les colliers manquent à la femelle, et sa tête, d'un roux jaunâtre, n'a qu'une bande longitudinale au milieu. Les jeunes mâles leur ressemblent dans la première mue. (Ch. D.)

GANGART. (*Min.*) C'est le nom allemand par lequel on désigne les diverses substances qui accompagnent les minérais dans les filons. Voyez Gangue. (Brard.)

GANGFISCH. (*Ichthyol.*) Nom que, pendant sa troisième année, on donne en Allemagne au corégone de Wartmann. Voyez Corégone. (H. C.)

GANGILA (*Bot.*), nom donné, suivant Margrave, par les habitans du Congo, au *girgilion* ou *gergilion* des Portugais du Brésil, ou *gigeri* de Saint-Domingue, qui est le sésame, nommé aussi jugéoline. (J.)

GANGIRAM-MURRA. (*Bot.*) Voyez Gigirang. (J.)

GANGUE. (*Min.*) Ce mot, pris dans son acception purement

minéralogique, désigne la substance dans laquelle un minéral cristallisé, rare ou précieux, est engagé.

La gangue des minéraux s'est formée conjointement avec eux; mais, comme elle est ordinairement moins pure et plus abondante, elle a rarement pu cristalliser : aussi les gangues sont-elles généralement compactes ou simplement laminaires. Cependant il arrive quelquefois que les substances les plus communes, et qui servent le plus souvent de gangue aux autres, sont pures et cristallisées elles-mêmes, en sorte qu'il existe un grand nombre d'échantillons où plusieurs substances sont associées et groupées ensemble, sans qu'il soit possible de déterminer quelle est celle qui fait fonction de gangue.

On peut expliquer ces différentes dispositions entre les minéraux et leurs gangues, en supposant, comme cela est très-probable, que le fluide qui a rempli les filons où on les trouve, étoit sursaturé de la substance qui a formé les gangues amorphes, tandis qu'il contenoit infiniment moins des autres matières minérales; en sorte que la gangue a rempli presque tout le vide sans pouvoir cristalliser, faute d'espace, et que les autres substances se sont distribuées au milieu d'elle et ont cristallisé régulièrement toutes les fois qu'elles ont rencontré la plus petite fissure, la plus légère cavité. Voilà ce qui semble être arrivé le plus ordinairement ; car les filons présentent presque toujours une substance commune et dominante qui forme la gangue proprement dite des minéraux métalliques ou autres qu'ils renferment, et il arrive même très-souvent qu'ils sont remplis d'une seule et même substance : tels sont les filons de quarz. Quant aux minéraux associés, parmi lesquels on ne distingue pas de gangue, il paroit évident qu'ils ont été déposés par un fluide qui n'en étoit point saturé à l'excès, et dans un espace qui leur a permis de cristalliser simultanément, en prenant chacun la forme qui appartient à leur espèce. L'art est d'ailleurs ici parfaitement d'accord avec la nature; car, toutes les fois qu'une dissolution saline est saturée et qu'elle est contenue dans un espace resserré, il n'en résulte jamais que des masses informes, composées de lames entrelacées et de cristaux confus ou ébauchés; tandis que, si la dissolution n'est pas surchargée, et qu'elle soit renfermée dans un vide assez vaste, il se produit des cristaux parfaits, légèrement entrelacés les uns parmi les autres, et analogues, en cela, à ces belles cristallisations que l'on trouve dans les espèces de poches ou de renflemens qui existent dans les filons, et dont les plus remarquables sont ceux où l'on exploite le quarz hyalin, plus connu sous le nom de *cristal de roche*.

On doit en convenir, cependant, si la gangue n'est pas toujours facile à déterminer dans les échantillons de cabinet, il est bien rare qu'on ne puisse le faire sur le terrain; car il arrive ordinairement que l'une des substances qui remplissent un filon, devient plus abondante et moins pure que les autres, si ce n'est vers le milieu, du moins sur les parois ou dans les places les plus resserrées.

Le quarz, la baryte sulfatée, et la chaux carbonatée lamellaire, sont les trois substances qui servent de gangue au plus grand nombre de minéraux; mais il en existe une infinité d'autres qui deviennent gangue à leur tour, toutes les fois qu'elles dominent dans un gisement, et qu'elles renferment quelques substances rares ou cristallisées : le felspath, par exemple, qui est implanté sur une gangue, lorsqu'il se présente en cristaux réguliers, est souvent gangue lui-même quand il se trouve en masse lamellaire. Le quarz, cette gangue par excellence, au contraire, se trouve quelquefois en cristaux parfaits et isolés, soit dans le marbre blanc de Carrare, soit dans les gypses rouges et les arragonites d'Espagne et des Landes. Les gangues volcaniques offrent aussi de nombreuses anomalies; mais, comme elles appartiennent à un autre mode de formation, et qu'on n'est pas parfaitement d'accord sur l'origine des substances cristallisées qu'elles renferment, il seroit difficile de se rendre compte des accidens qu'elles présentent.

La gangue, dans le langage des mineurs ou des métallurgistes, est la substance de non-valeur que contient une matière métallique utile qui fait le but de leurs exploitations ou de leurs travaux métallurgiques. Celle d'un même minérai est assez constante dans une même contrée, mais elle ne l'est pas généralement : là, c'est toujours le quarz qui sert de gangue aux minérais de plomb; ailleurs, c'est la baryte sulfatée; dans un autre pays c'est la chaux carbonatée ou la chaux fluatée, etc. : aussi la rencontre d'une de ces substances au jour, ou à la surface du terrain, peut être d'un heureux présage dans tel canton, et n'être d'aucune importance pour tel autre. Les minéraux remarquables, et surtout les métaux, se trouvant le plus ordinairement dans les filons, ont presque toujours pour gangue des substances tout-à-fait différentes de celles qui composent la masse de la montagne qu'ils traversent (voyez FILON). Cependant il arrive quelquefois aussi que les minérais sont disséminés dans la roche même ; mais on remarque, dans ce cas, qu'elle est plus ou moins altérée, et plus ou moins différente des parties qui sont stériles.

L'art de séparer complétement les minérais de leur gangue, comprend une suite d'opérations mécaniques et métallurgiques du plus grand intérêt. Dans la première série de ces travaux le minérai ne change que de forme et d'aspect, parce qu'on ne lui fait subir que des préparations qui consistent à le trier, à le boccarder ou piler, à le laver et cribler, et cela dans le but de diminuer la masse à fondre et de le dégager d'une substance réfractaire : dans la seconde partie, qui constitue réellement l'art du métallurgiste, le minérai préparé d'avance est attaqué par le feu ou par d'autres agens, et il perd non-seulement le reste de sa gangue, mais aussi les substances avec lesquelles il étoit chimiquement combiné, pour passer successivement de l'état de minérai à l'état de métal pur ou de *régule*.

Il arrive quelquefois que la gangue facilite la fonte des minérais, soit parce qu'elle est excessivement fusible, soit parce qu'elle se combine avec quelque principe étranger au métal, et qu'elle contribue à l'épurer : telles sont les fonctions des pierres calcaires et de certaines argiles, de la *castine* et de l'*herbue* dans la fonte des minérais de fer, et telle est aussi l'action du quarz qu'on ajoute en assez grande proportion dans le traitement de quelques minérais de cuivre pyriteux surchargés de fer, qu'on a grillés d'avance.

La connoissance de la gangue des minérais fait donc partie essentielle de leur histoire, soit sous le point de vue géologique, soit sous celui de l'art des mines, puisqu'elle peut aider dans la recherche des minérais, et que leur nature influe sur leur préparation mécanique et sur leur traitement métallurgique. Je ne crois pas cependant pouvoir entrer ici dans les détails de ces travaux d'art; car on trouvera partout ailleurs la description des patouillets, des égrappoirs, des boccards, des gratticoles, des pentes inverses, des labyrinthes, des cribles, des tables dormantes et à percussion, des caisses allemandes, et celle de tous les modes de grillage, de distillation ou de fonte, dans lesquels on a égard à la dureté, à la pesanteur, ou à la nature plus ou moins réfractaire des gangues. (BRARD.)

GANGUE. (*Bot.*) Parmentier, en parlant des indigos d'Afrique, dit que les Nègres du Sénégal tirent d'une plante de ce nom une fécule semblable à l'indigo. Ils en pilent les sommités, et les réduisent ainsi en pâte fine, dont ils composent de petits pains qu'ils font sécher à l'ombre. (J.)

GANIAUDE. (*Bot.*) Voyez ÉGALADE. (J.)

GANIL. (*Min.*) Kirwan, dans la seconde édition de sa Minéralogie, p. 78, donne ce nom à une chaux carbonatée, grenue, qui paroit analogue à notre chaux carbonatée lente, dolomie, ou chaux carbonatée magnésienne; qui abonde en Angleterre, puisqu'on s'en sert comme de pierre à bâtir, et qui a été découverte en premier lieu sur le Saint-Gothard. Voyez CHAUX CARBONATÉE LENTE. (BRARD.)

GANISCH (*Bot.*), nom arabe du *saccharum biflorum* de Forskal, que Vahl rapporte au *saccharum spontaneum* de Linnæus. (J.)

GANITRE, *Elæocarpus.* (*Bot.*) Genre de plantes dicotylédones, à fleurs complètes, polypétalées, de la famille des *tiliacées*, de la *polyandrie monogynie* de Linnæus, offrant pour caractère essentiel : Un calice coriace, à quatre ou cinq divisions égales; quatre ou cinq pétales onguiculés, frangés à leurs bords; quinze à vingt étamines insérées sur le réceptacle; les filamens courts; les anthères linéaires, bifides à leur sommet; un ovaire supérieur placé sur un disque velu, glanduleux; un style; un stigmate simple. Le fruit est un drupe globuleux, contenant une noix osseuse et ridée, perforée, et comme crépue à l'extérieur.

Ce genre a éprouvé plusieurs réformes assez importantes. On en a retranché l'*elæocarpus dicera*, Linn., *Suppl.*, et du ganitre denté on a séparé le *dicera dentata* de Forster et le *ganitrus* de Rumph, dont Vahl a fait, au moins du premier, une espèce particulière, sous le nom d'*elæocarpus dentata*. D'après les observations de M. de Jussieu, nous réunirons à ce genre le *craspedum* et l'*adenodus* de Loureiro.

GANITRE DENTÉ EN SCIE : *Elæocarpus serrata*, Linn.; Lamk., *Illust.*, tab. 459, fig. 1; Burm., *Ceyl.*, tab. 40 : *Perin-Kara*, Rheed., *Hort. malab.*, 4, tab. 24. Grand arbre des Indes orientales, qui supporte une cime médiocrement étalée, dont les branches sont redressées, divisées en longs rameaux effilés. Les feuilles sont alternes, pétiolées, ovales ou un peu oblongues, glabres, obtusément dentées, veinées. Les fleurs sont blanches, disposées en grappes simples, latérales, axillaires, solitaires, un peu lâches, au moins de la longueur des feuilles; la plupart des fleurs à cinq divisions. Les fruits consistent en drupes presque ovales ou sphériques, renfermant un noyau dur, à surface inégale, crevassée, comme vermoulue. Dans l'île de Ceilan, on confit, dans la saumure, les fruits de cet arbre avant leur maturité; on y ajoute un peu d'huile d'olive, pour leur en donner le goût.

GANITRE A FEUILLES ENTIÈRES : *Elæocarpus integrifolia*, Lamk., Encycl.; *an ganitrum oblongum?* Rumph, *Amb.*, 3, pag. 163, tab. 102. Espèce recueillie à l'Isle-de-France par Commerson. Ses rameaux sont glabres, cylindriques, garnis vers leur sommet de feuilles alternes, médiocrement pétiolées, ovales-oblongues, obtuses, glabres, entières, un peu coriaces, munies à leur surface supérieure, dans les aisselles et la bifurcation des nervures, de tubercules glanduleux. Les fleurs sont disposées en grappes simples, axillaires, solitaires, un peu plus longues que les feuilles : leur calice est divisé en quatre folioles coriaces, lancéolées, aiguës, un peu concaves; les pétales, au nombre de quatre, un peu plus longs que le calice, laciniés ou frangés à leur sommet; vingt à trente étamines plus courtes que les pétales; les anthères oblongues, bifides à leur sommet. M. de Lamarck soupçonne que cette plante est la même que le *ganitrum oblongum* de Rumph. Les fruits de cet arbre, d'après ce dernier auteur, sont peu recherchés; cependant à Macassar et ailleurs on les vend au marché : ils sont peu charnus, peu substantiels. Le bois est solide, durable et s'emploie dans les constructions.

GANITRE A DENTELURES LACHES : *Elæocarpus den'ata*, Vahl. *Symb.*, 3, pag. 67; *Dicera dentata*, Forst., *Gen.*, 80, tab. 40. Ses rameaux sont cylindriques, ponctués, pubescens dans leur jeunesse, puis glabres; garnis de feuilles alternes, pétiolées, oblongues, rétrécies en pointe à leur base, lâchement dentées en scie vers leur sommet, longues de deux pouces, glabres à leurs deux faces, excepté en-dessous sur leurs principales nervures : les pétioles velus; les fleurs disposées en grappes axillaires. Cette plante a été découverte dans la Nouvelle-Zélande.

GANITRE A LONGS PÉDONCULES; *Elæocarpus peduncularis*, Labill., *Nov. Holl.*, 2, pag. 15. Cet arbrisseau offre dans ses fleurs des caractères particuliers qui pourroient engager à en former un genre particulier. Il s'élève à la hauteur de huit à dix pieds. Ses rameaux sont droits, cylindriques; ses feuilles médiocrement pétiolées, opposées, rarement alternes, ou réunies trois en verticille, lancéolées, dentées en scie, longues de deux ou trois pouces; les fleurs axillaires, solitaires ou ternées, soutenues par des pédoncules filiformes, qui s'alongent à mesure que les fruits mûrissent, munis de deux ou quatre petites écailles caduques. Le calice est divisé en quatre découpures ovales-oblongues, caduques, un peu ciliées; quatre pétales ovales, un peu onguiculés, divisés au sommet en trois lobes inégaux; huit glandes en forme d'écailles entre les étamines et les pétales; douze étamines courtes, un peu pileuses, ainsi que le style. Le fruit est une capsule en forme de baie, ovale, indéhiscente, à deux ou quatre sillons, avec autant de loges, chacune d'elles contenant deux semences. M. de Labillardière a découvert cette plante au cap Van-Diemen.

GANITRE RUSTIQUE : *Elæocarpus sylvestris*, Poir., *Encycl.*; *Adenodus sylvestris*, Lour., *Flor. Cochinc.*, 1, pag. 361. Cet arbre, découvert par Loureiro dans les forêts de la Cochinchine, ne s'élève qu'à une médiocre hauteur. Ses rameaux sont étalés; ses feuilles glabres, alternes, ovales-lancéolées, dentées en scie; les fleurs disposées en épis presque terminaux; le calice partagé en cinq découpures lancéolées, réfléchies, caduques; la corolle panachée de blanc et de rouge, à cinq pétales ovales, de la longueur du calice, à découpures filiformes depuis leur milieu jusqu'au sommet; cinq glandes à deux lobes; quinze étamines courtes; les anthères oblongues, tétragones. Le fruit est un petit drupe glabre, ovale, oblong, monosperme.

GANITRE DES CABANES: *Elæocarpus tectorium*, Poir., Encycl.; *Craspedum tectorium*, Lour., Flor. Cochinc., 1. pag. 411. Cet arbre s'élève fort haut. Ses rameaux sont étalés; ses feuilles ovales-oblongues, crénelées, acuminées, réfléchies à leur sommet: les fleurs d'un jaune verdâtre, disposées en épis ramassés, presque terminaux; le calice à cinq découpures ovales-aiguës: cinq pétales presque cunéiformes, obtus, découpés en plusieurs lanières: cinq glandes réniformes et tomenteuses; environ trente filamens courts, filiformes; les anthères oblongues: l'ovaire globuleux. Le fruit est une petite baie arrondie, à une seule loge, contenant plusieurs semences petites, arrondies. Le bois de cet arbre entre dans la construction des édifices; les feuilles servent à couvrir les cabanes.

GANITRE MONOCÈRE; *Elæocarpus monocera*, Cavan., *Icon. rar.*, 6. pag. 1, tab. 501. Cette plante de l'Amérique méridionale pourroit peut-être devenir le type d'un nouveau genre, si son fruit étoit mieux connu. C'est un arbre de plus de vingt pieds de haut, couronné par une belle cime touffue. Les feuilles sont éparses, nombreuses, élargies, lancéolées, un peu dentées à leur sommet, glabres, longues d'un pied et plus; les pétioles courts. Les fleurs sont disposées en grappes axillaires, solitaires; chaque fleur pédicellée, velue, munie de deux stipules ovales, aiguës; le calice ferrugineux, à cinq découpures profondes, lancéolées; la corolle d'un rouge foncé, tomenteuse en dehors, à peine de la longueur du calice; cinq pétales épais, ovales-lancéolés, à déchiquetures capillaires; une petite écaille orbiculaire, velue, à la base des filamens, et au-dessous environ dix glandes rudes; les étamines très-courtes, nombreuses, colorées: les anthères prolongées par un filet sétacé; l'ovaire ovale, velu, à deux loges. (POIR.)

GANITRI, GANITER. (*Bot.*) Noms malais du Ganitre,

ganitrus, de Rumph, arbre dont le fruit, de la grosseur d'une cerise, bon à manger, renferme un noyau très-dur, inégal à sa surface, comparé pour cette raison à une fraise, recherché dans diverses parties de l'Inde pour faire divers colliers et autres ornemens. C'est probablement le même dont parle Linschot sous le nom de garnitre, transporté de Java à Bantam, où on l'échange contre des marchandises de la Chine. (J.)

GANJA. (*Bot.*) Nom malais d'une corète, *corchorus capsularis*, mentionnée par Rumph. Il ajoute qu'elle est aussi nommée *ramium* ou *ramitsjina*, et que ce nom est généralement donné aux plantes textiles. Elle est encore employée comme plante potagère pour la classe des esclaves ou serviteurs, et nommée en cette qualité *sajor bengala*. Marsden, dans son Histoire de Sumatra, dit que le chanvre est nommé *ganjo* dans cette île, qu'on l'y cultive pour le fumer, comme du tabac, et que dans cet état il est désigné sous le nom de *bang*. (J.)

GANNET. (*Ornith.*) Ce nom anglois, que Buffon rapporte au goëland brun, est donné par Blumenbach, Man. d'hist. nat., tom. 1, pag. 274 de la traduction françoise, et par Montagu, *Ornithological dictionnary*, comme synonyme du fou de Bassan, *pelecanus bassanus*, Linn. (CH. D.)

GANNILLE (*Bot.*), nom que l'on donne, dans quelques cantons, à la ficaire et au populage des marais. (L. D.)

GANS (*Ornith.*), nom allemand et flamand des oies, auxquelles s'appliquent aussi les dénominations de *Ganser* et *Ganserich*, et qui portent, en espagnol, le nom de *ganso*, et en illyrien celui de *gansy*. (CH. D.)

GANSBLUM (*Bot.*), nom donné par Adanson à la drave, *draba*, genre de plante crucifère. (J.)

GANSO (*Bot.*), nom japonois, suivant M. Thunberg, de son *pteris nervosa*, genre de fougère. (J.)

GANT DE NOTRE-DAME. (*Bot.*) Voyez GANTELÉE. (J.)

GANTA (*Ornith.*), nom catalan de la cigogne blanche, *ardea ciconia*, Linn. (CH. D.)

GANTELÉE, GANT DE NOTRE-DAME (*Bot.*) : noms anciens et vulgaires de deux campanules, *campanula trachelium*, et *campanula glomerata*. (J.)

GANTELINE. (*Bot.*) Voyez *Clavaire coralloide* et *Clavaire cendrée*, a l'article Clavaire. (Lem.)

GANTELINE D'ANGLETERRE (*Bot.*), nom vulgaire de la campanule glomérulée, *campanula glomerata*, Linn. (L. D.)

GANTI. (*Bot.*) Racine apportée de Chine dans les îles de la Sonde, suivant Linschot, laquelle a quelque rapport avec le gingembre, et est estimée par les habitans, qui s'en servent pour se teindre le corps. Cet usage paroît indiquer que cette racine est le *curcuma*. (J.)

GANTILLIER. (*Bot.*) Voyez Gantelée. (L. D.)

GANTS DE NOTRE-DAME. (*Bot.*) On donne vulgairement ce nom à l'ancolie commune, à la digitale pourprée et à quelques espéces de campanules. (L. D.)

GANUS ou GANNUS (*Mamm.*), nom de l'hyène en latin moderne. (F. C.)

GAR. (*Bot.*) Voyez Gaur. (J.)

GARAB. (*Bot.*) Voyez Garb. (J.)

GARADAH (*Bot.*), nom arabe du *gymnocarpos decandrum* de Forskal : on le prononce aussi *djarad*. (J.)

GARA-DUDI (*Bot.*), nom brame d'une plante cucurbitacée à très-gros fruit, qui est le Bela-schora du Malabar. Voyez ce mot. (J.)

GARAGAY. (*Ornith.*) Nieremberg, qui parle de cet oiseau de proie de l'Amérique méridionale, liv. 10, chap. 57, dit qu'il est de la taille du milan ; qu'il a la tête et l'extrémité des ailes blanches ; que son vol est court, et son odorat assez subtil pour lui faire découvrir les lieux où les crocodiles et les tortues ont enseveli sous le sable leurs œufs, qu'il déterre et qu'il mange. Le même auteur ajoute qu'il est toujours seul, à moins qu'il ne soit suivi de vautours, qui, ne pouvant comme lui creuser sous le sable, cherchent à profiter de ses découvertes. (Ch. D.)

GARAGIAU. (*Ornith.*) Dapper, après avoir dit, dans sa Description de l'Afrique, pag. 385, que les alcatraces sont des oiseaux gris, à peu près comme les mouettes, ajoute que les *garagiaux* en diffèrent peu. Ces oiseaux sont vraisemblablement les mêmes que ceux qui sont appelés par les Portugais *garaios*, et qu'on rapporte à la petite mouette cendrée, *larus cinerarius*, Linn. (Ch. D.)

GARAGOI (*Conchyl.*), nom barbare, imaginé par Rumph et adopté par Klein (*Tentam. ostracol.*, p. 55) pour une espèce de coquille qui a tous les caractères des buccins, mais dont la spire est turriculée. (DE B.)

GARAIL (*Bot.*), nom brame de l'acacia, dit Cœur-de-Saint-Thomas, *mimosa scandens* de Linnæus, qui est le *gairo* des Portugais, le *perim-kaku-valli* du Malabar. (J.)

GARAIO. (*Ornith.*) Voyez GARAGIAU. (CH. D.)

GARAIS, GARAS (*Bot.*) : noms vulgaires du fusain, *evonymus*, dans quelques lieux, suivant l'auteur du Dictionnaire économique. (J.)

GARAMAN. (*Ichthyol.*) Dans le langage nicéen, on désigne ainsi l'espèce de trigle que Bloch a appelée *trigla pini*, et qu'il a figurée pl. 355 de son bel ouvrage. (H. C.)

GARAMIT. (*Ichthyol.*) Nom arabe d'un poisson observé par Forskal dans la mer du Levant. Cet auteur ne le caractérise que par cette seule phrase : *Gadus an Blennius? an potius novus, nomine Salariæ; dorso monopterygio, cyrrhis nullis* (*Faun. Ægypt. Arab.*, p. 22, n.° 3)? Sonnini dit qu'à Alexandrie il porte indistinctement le nom de *garamit* et celui de *garmuth*, mais que ce dernier est appliqué par les habitans du Caire à une espèce de silure. Il est assez remarquable qu'un poisson de la mer Rouge soit connu également à Alexandrie. Quoi qu'il en soit, M. de Lacépède en a fait une espèce du genre Blennie. (H. C.)

GARAN (*Ornith.*), nom de la grue commune, *ardea grus*, Linn., en gallois. (CH. D.)

GARANCE; *Rubia*, Linn. (*Bot.*) Genre de plantes dicotylédones, qui a donné son nom à la famille des *rubiacées*, et qui, dans le système de Linnæus, se trouve placé dans la *tétrandrie monogynie*. Ses caractères sont les suivans : Calice très-court, à quatre dents ; corolle monopétale, en cloche évasée, à quatre, et plus rarement à cinq divisions ouvertes ; quatre étamines plus courtes que la corolle, et quelquefois cinq, quand celle-ci est quinquéfide ; un ovaire inférieur, globuleux, surmonté d'un style bifide à son sommet, et terminé par deux stigmates ; deux baies globuleuses, monospermes, réunies ensemble, et dont une avorte assez fréquemment.

Les garances sont des plantes pour la plupart herbacées, à tiges rameuses, ordinairement chargées d'aspérités; à feuilles simples, verticillées quatre à six ensemble, et dont les fleurs sont petites, le plus souvent disposées en panicules terminales. On en connoit environ quinze espèces, dont trois croissent naturellement en France; les autres sont exotiques. Nous ne parlerons que des premières, dont une particulièrement offre beaucoup d'intérêt, bien plus par la belle couleur rouge que ses racines fournissent aux arts, et par le commerce considérable dont elles sont l'objet sous ce rapport, qu'à cause de leurs propriétés médicinales, dont cependant nous dirons aussi quelque chose.

GARANCE DES TEINTURIERS, ou tout simplement LA GARANCE : *Rubia tinctorum*, Linn., *Spec.*, 158; Blackw., *Herb.*, tab. 526. Sa racine est vivace, longue, rampante, de la grosseur d'une plume à écrire, rouge en dedans et en dehors; elle produit plusieurs tiges quadrangulaires, rameuses, rudes au toucher, hautes de deux à trois pieds, garnies de feuilles ovales-oblongues, pointues, verticillées par quatre à six, hérissées, en leurs bords et sur leur nervure, de dents crochues. Ses fleurs sont jaunâtres, petites, disposées en panicule à l'extrémité des rameaux et dans les aisselles des feuilles supérieures; elles paroissent en Juin et Juillet. Les fruits qui leur succèdent sont des baies noirâtres. Cette espèce croit naturellement dans les haies et les buissons, surtout dans le midi de la France et de l'Europe : on la cultive dans plusieurs cantons, à cause de la grande consommation qu'on en fait dans la teinture.

GARANCE VOYAGEUSE; *Rubia peregrina*, Linn., *Spec.* 158. Cette espèce a beaucoup de ressemblance avec la précédente : mais elle en diffère par ses feuilles, qui persistent d'une année à l'autre; par ses fleurs plus grandes, toujours divisées en cinq découpures larges et ovales à leur base, brusquement rétrécies à leur sommet en pointe acérée. Ses feuilles sont oblongues-lancéolées, cinq à six ensemble à chaque verticille. Elle croit naturellement aux environs de Paris, de Lyon, de Marseille.

GARANCE LUISANTE; *Rubia lucida*, Linn., *Syst. nat.*, 12, pag. 752. Cette plante a ses feuilles persistantes, comme

la précédente : mais elle s'en distingue à ses tiges presque
lisses, surtout dans leur partie inférieure ; à ses feuilles
verticillées seulement quatre ensemble, et plus luisantes en-
dessus. Ses fleurs sont blanchâtres. Elle se trouve dans le
midi de la France, dans les parties méridionales de l'Europe,
en Barbarie, etc.

La racine de la garance des teinturiers étant la partie
productive de cette plante, il est essentiel de consacrer à
sa culture un terrain qui lui soit favorable, et où il lui soit
facile de s'étendre et de prendre le plus d'accroissement
possible. Sous ces rapports une terre légère, et en même
temps fraîche et substantielle, est celle qui lui convient le
mieux.

On a observé que la garance réussit mieux dans les champs
où l'on vient de récolter du blé, de l'orge ou de l'avoine,
que dans ceux qui étoient en prairies artificielles; et la
raison en est que, la garance ayant besoin d'un terrain bien
ameubli, elle trouve cette condition bien plutôt après la
culture des céréales qu'autrement.

De simples labours ne sont pas suffisans pour la terre dans
laquelle on doit mettre de la garance; elle doit être défoncée à deux pieds de profondeur, et c'est en Novembre
et Décembre qu'on doit s'occuper de ce travail préparatoire,
afin de pouvoir faire ses semis ou sa plantation à la fin de
l'hiver.

On forme une garancière de trois manières : 1.º par le
semis en place; 2.º par le semis fait en pépinière pour être
repiqué ensuite; 3.º par la séparation des racines tirées d'une
plantation déjà existante.

Les garances des pays chauds sont plus estimées que celles
des pays froids, parce que leurs racines donnent plus de
couleur et une couleur plus foncée. D'après cette considération, lorsqu'on veut cultiver de la garance dans les pays
du Nord, il est toujours plus avantageux d'en tirer les graines
du Midi.

Comme la graine de la garance est de nature cornée, et
que, lorsqu'elle est trop desséchée, elle ne lève qu'au bout
de deux ou trois ans, et même point du tout, il faut, pour
lui conserver sa faculté germinative, lorsqu'on doit tarder

à la semer, la faire stratifier dans de la terre ou du sable un peu humide.

C'est en Janvier et Février qu'on sème la garance, et ses graines se répandent de trois manières, à la volée, en rayons ou en planches. Le semis à la volée a l'inconvénient de produire une plantation souvent peu égale, trop claire en quelques endroits, trop épaisse dans d'autres, et dans laquelle les binages nécessaires à son entretien sont toujours assez difficiles à exécuter. Cependant cette manière de faire est celle qui est le plus généralement pratiquée en France. Dans la seconde manière de semer, au contraire, dans le semis en rayons, on répand les graines par lignes parallèles à la distance d'un pied et demi à deux pieds, et l'intervalle qui reste entre chaque rayon donne le moyen de faire les binages avec beaucoup de facilité, et de butter les pieds des plantes quand cela est nécessaire.

Dans les pays où le semis en planches est en usage, on divise le champ destiné à recevoir les graines de garance en planches, auxquelles on donne alternativement quatre à six pieds de largeur : on creuse les premières d'un demi-pied de profondeur; la terre qui en sort est jetée sur les secondes, et les graines sont répandues dans les premières, soit à la volée, soit en rayons écartés d'un pied. Quant aux plates-bandes restées vides, on y sème, au printemps, des haricots, des pois, du maïs, etc. A l'automne de la première année du semis, après que les légumes ou grains de la seconde plate-bande sont récoltés, on remplit d'abord celle où est la garance, et l'année suivante on l'élève d'un demi-pied, et on ajoute de la terre sur les côtés, de manière à lui donner alors six pieds de largeur, en prenant la terre de la planche vide, qui se trouve ainsi réduite à quatre pieds. La troisième année, au printemps, on élève encore la même plate-bande de quelques pouces par un autre emprunt de terre; et par ce moyen les racines inférieures, par la profondeur où elles sont, trouvent une humidité qui les fait pousser avec vigueur, tandis que les supérieures, rencontrant une terre nouvelle et bien meuble, végètent également avec beaucoup de force, ce qui les fait multiplier en nombre et augmenter en volume. Cette manière de cultiver la garance est celle qui est pratiquée dans le Levant : depuis quelque temps elle a commencé à être mise en usage dans quelques cantons de la France, et on l'applique également à la plantation en racines; mais dans ce cas on commence à remplir les planches garnies de racines à l'automne de la première année de la plantation.

Le semis en pépinière ne se pratique que dans les pays chauds, où les printemps sont souvent très-secs, et où le semis en place ne pourroit réussir que si on avoit la facilité de l'arroser par irrigation; mais, comme cela est fort rare, on est forcé de semer la garance dans un terrain qui soit dans le voisinage des eaux, afin de l'arroser lorsque le temps l'exige, et on la repique ensuite, dans les terres destinées à sa culture, à peu près de la même manière que lorsqu'on en fait la plantation au moyen de racines tirées d'une ancienne garancière.

Pour planter la garance par cette troisième méthode, on a besoin, lorsqu'on détruit une vieille plantation, de réserver les plus belles têtes des racines, et on les divise en éclats, de manière à ce que chaque portion ait deux à trois bourgeons, ou, lorsqu'on ne doit pas encore arracher sa garance, on s'en procure du plant en enlevant seulement les pousses latérales des plus forts pieds; mais il faut user de ce moyen avec beaucoup de ménagement, car il diminue beaucoup les produits des pieds qui ont été ainsi sevrés d'une partie de leurs racines.

Les racines de garance se plantent, ou dans des trous faits au plantoir, ou en rigoles faites avec la pioche ou la bêche, et auxquelles on donne six pouces de profondeur. Il ne faut pas mettre moins de six pouces entre chaque pied dans les terrains médiocres, ou huit à dix dans les bons, et le collet de chaque racine ne doit pas être recouvert de plus de deux pouces de terre. Comme ces racines sont très-sensibles au hâle, il est bon d'avoir la précaution de les tenir dans des paniers couverts, et, en outre, de ne les arracher qu'au moment de les planter et seulement ce qu'on peut en employer dans la journée. Dans le nord de la France, ce n'est qu'en Février, et même au commencement de Mars, qu'on plante la garance; dans les pays du Midi, il faut le faire en Septembre et Octobre.

Les garancières formées par la voie de la plantation demandent, pendant leur première année, les soins qu'on donne à celles provenues de semis à leur seconde année, et ensuite les unes et les autres se traitent de même. Les premières donnent plus tôt leur produit, mais il est moins bon et moins beau. On doit d'ailleurs se garder, selon M. Bosc, d'employer constamment ce moyen de multiplication, parce que, lorsqu'on le pratique trop long-temps de suite, et qu'on néglige de renouveler les plants par les graines, ceux-ci finissent par dégénérer et par ne plus donner que des produits très-inférieurs.

Quant au semis de garance fait sur place, qui est véritablement la meilleure manière d'établir une garancière, voici comme il doit être traité. La première année il n'a besoin que d'être sarclé dans le courant du printemps, et d'un léger binage pendant l'été. Les soins qu'il exige la seconde année sont un binage au printemps, un autre en été, et un labour un peu profond vers la fin de l'automne. La culture est la même la troisième année, avec la différence qu'au premier binage on butte les pieds de garance, c'est-à-dire qu'on recouvre de terre la base d'une partie de leurs tiges, pour que cela les fasse pousser avec plus de vigueur et fasse grossir leurs racines.

Avant de pratiquer le second binage, on peut faire couper les tiges de garance pour les donner aux bestiaux, qui les aiment beaucoup: mais cela ne doit pas se répéter plusieurs fois dans l'année, comme quelques agronomes l'ont conseillé, parce que la suppression des tiges et des feuilles, trop multipliée, empêche les racines de prendre autant de nourriture et d'acquérir la grosseur qui, dans la culture de cette plante, doit être le principal but du cultivateur.

C'est à la fin de la troisième année, en Octobre et Novembre, que les racines de garance ont acquis toute la grosseur désirable, et qu'elles contiennent le plus de matière colorante: c'est aussi à cette époque qu'il faut les faire arracher. Si l'on prolongeoit leur culture un an ou deux de plus, il y auroit beaucoup plus à perdre qu'à gagner.

La meilleure manière d'arracher la garance est d'y procéder

à tranchée ouverte, en fouillant la terre jusqu'au-dessous des racines. On est bien dédommagé des frais de cette opération par le bénéfice qu'elle procure, parce qu'on enlève facilement toutes les racines sans en perdre une seule, ce qui n'arrive pas lorsqu'on se contente de fouiller simplement la terre au pied de chaque touffe, ou en employant la charrue ordinaire, avec laquelle on fait encore plus de perte, à cause du peu de profondeur à laquelle elle pénètre. Dans un bon terrain, un pied de garance peut donner jusqu'à quarante livres de racines fraîches, qui diminuent communément par la dessiccation des six septièmes aux sept huitièmes. Les brins les plus gros sont toujours les plus riches en matière colorante.

Aussitôt que la garance est arrachée, il faut la laver à grande eau, pour en détacher toute la terre qui pourroit la salir; il faut aussi l'éplucher de toutes les parties pourries, et la faire sécher le plus rapidement qu'il est possible. A cet effet, on la porte dans un grenier ou hangar exposé à un courant d'air, mais à l'abri de la pluie, et on l'y laisse environ dix à douze jours, jusqu'à ce qu'elle ait perdu la plus grande partie de son eau de végétation ; alors on l'expose au soleil si le temps est beau, ou on la met dans une étuve ou dans un four, après qu'on en a retiré le pain. Lorsque les racines de garance sont parfaitement desséchées, on les conserve dans un lieu bien aéré et qui soit en même temps exempt d'humidité, jusqu'à ce qu'on les fasse réduire en poudre pour l'usage. C'est dans des moulins à tan qu'on leur fait subir cette préparation, dont les marchands s'occupent d'ailleurs beaucoup plus souvent que les cultivateurs.

On donne, dans le commerce, le nom de *garance-grappe* à la garance moulue, qui est la plus riche en principes colorans : on l'obtient en passant au tamis la poudre au moment où elle sort du moulin. La *garance robée* est, au contraire, la plus mauvaise espèce ; elle n'est formée que des plus petites racines et de l'épiderme qui se détache des grosses lorsqu'on les vanne pour les nettoyer.

Dambournay, d'après quelques expériences, avoit cru devoir conseiller d'employer pour les teintures la garance fraîche; mais M. Chaptal, dans son Nouveau traité de la teinture sur coton, est d'un avis opposé, et, d'après ses expériences, il assure positivement qu'à l'état frais les racines de garance ne fournissent ni autant de couleur, ni une couleur aussi vive et aussi solide, que lorsqu'elles sont sèches.

Les teinturiers emploient la garance pour donner une couleur rouge à la laine, à la soie, et même au coton. Ce rouge est très-solide, et il résiste bien à l'action de l'air et du soleil. On est parvenu, dans ces derniers temps, à rendre ce rouge très-vif, très-éclatant et approchant beaucoup du pourpre. Les peintres en font aussi usage, mais depuis peu d'années seulement; car cela ne remonte pas à plus de douze ans. L'alumine est la substance que l'on fait servir de base à sa partie colorante. Par ce moyen, elle prend du corps et donne une belle couleur rose, que l'on emploie aisément et avec beaucoup de succès à l'huile; aussi s'en sert-on généralement aujourd'hui de cette manière, parce qu'elle est beaucoup plus solide que les laques tirées de la cochenille. Elle s'emploie de même pour peindre à l'aquarelle, où elle présente aussi plus de solidité que les laques ou carmins tirés de la cochenille; mais elle est d'un très-difficile usage, et ne donne pas un aussi beau ton.

La garance étoit à peine cultivée en France il y a cent soixante ans. On doit à Colbert les premiers encouragemens donnés à cette culture; et, en 1756, Louis XV ordonna que ceux qui entreprendroient des plantations de garance dans des marais et autres lieux non cultivés, seroient, pendant vingt ans, exempts d'impositions. Depuis les encouragemens donnés à la culture de cette plante, on en a formé des plantations dans plusieurs cantons de l'Alsace, de la Flandre, du Languedoc, de la Normandie, etc.; mais elle n'est pas encore assez étendue pour satisfaire à la grande consommation qui s'en fait dans nos manufactures : nous sommes encore obligés de tirer de l'étranger une partie de la garance qui nous est nécessaire. Il nous en vient du Levant et surtout de la Hollande, et parmi cette dernière c'est celle de Zélande qu'on estime le plus.

La racine de garance a été souvent employée en médecine, comme astringente, apéritive, diurétique et fondante. Les

anciens formulaires la mettent au rang des cinq racines apéritives mineures. Elle a été conseillée et plus ou moins pré-
conisée dans les obstructions des viscères du bas-ventre,
dans la jaunisse, l'hydropisie, la leucorrhée, la gravelle,
la goutte, etc.; mais il paroît que ses prétendues vertus,
dans ces différentes maladies, avoient été considérablement
exagérées : car aujourd'hui on la regarde comme très-insulli-
sante dans tous ces cas, et les médecins de nos jours en ont
presque entièrement abandonné l'usage. Elle a la singulière
propriété de colorer en rouge les os des animaux auxquels
on la donne pour nourriture ; ce qui a été constaté d'abord
par les observations de Belchier, de Mizauld, et ensuite
par les expériences de Bergius, de Bezenes, de Bœhmer,
et surtout de Duhamel. (L. D.)

GARANCE [Petite], (*Bot.*), nom vulgaire de l'aspérule à
l'esquinancie. (L. D.)

GARANNIER JAUNE (*Bot.*), nom provençal, suivant
Garidel, de la giroflée jaune, *cheiranthus cheiri*. (J.)

GARAOUAN. (*Bot.*) Voyez CERUANA. (J.)

GARATAUK. (*Ornith.*) Les Turcs nomment ainsi la grive
draine, *turdus viscivorus*, Linn. (CH. D.)

GARB. (*Bot.*) Les Maures, suivant Avicenne, nomment
ainsi le saule pleureur ou saule du Levant, *salix babylonica*,
que Daléchamps nomme *garab*. (J.)

GARBA, DJARBA. (*Bot.*) Ce nom est donné, dans l'Arabie et dans l'Égypte, au *lunaria scabra* de Forskal, qui est,
selon M. Delile, la même plante que le *cheiranthus farsetia*
de Linnæus. (J.)

GARBA. (*Ornith.*) On donne, dans le bas Montferrat, ce
nom et ceux de *garbeou*, *garbou*, *sgarbeou*, au loriot d'Europe,
oriolus galbula, Linn. (CH. D.)

GARBELLA (*Ornith.*), dénomination italienne du loriot,
oriolus galbula, Linn., qu'on appelle aussi *galbero*, *garbou*, etc.
(CH. D.)

GARBOTEAU. (*Ichthyol.*) Voyez GARBOTIN. (H. C.)

GARBOTIN. (*Ichthyol.*) Nom vulgaire du *cyprinus jeses*,
de Linnæus, poisson compris dans la division des ables, faite
dans le grand genre des cyprins. Voyez ABLE dans le Supplément du 1.er volume de ce Dictionnaire. (H. C.)

GARCA (*Ornith.*), nom portugais de la grue, *ardea grus,* Linn. (Ch. D.)

GARCH, HANDACHACHA, THUSF (*Bot.*) : noms arabes du lotier commun, *lotus carniculatus.* selon Daléchamps. (J.)

GARCIA. (*Bot.*) Genre de plantes dicotylédones, à fleurs incomplètes, monoïques, polypétalées, de la famille des *euphorbiacées,* et de la *monoécie polyandric* de Linnæus, dont le caractère essentiel consiste, pour les *fleurs mâles,* dans un calice à deux découpures profondes ; une corolle composée de dix ou onze pétales ; deux glandes à la base de chaque filament ; un grand nombre d'étamines : dans les *fleurs femelles,* un calice à deux découpures profondes ; sept ou neuf pétales ; un bourrelet glanduleux à la base de l'ovaire ; un style ; un stigmate à trois lobes ; une capsule à trois coques.

Garcia incliné : *Garcia nutans* , Vahl, *Symb.*, 3, pag. 100 ; *Act. soc. hist. nat. Hafn.?* pag. 218, tab. 9 ; Willd., *Spec.*, 4, pag. 492. Arbre découvert dans l'Amérique, à l'île de Sainte-Marthe. Ses rameaux sont alternes, cylindriques, blanchâtres vers leur sommet ; garnis de feuilles alternes, pétiolées, glabres, oblongues, acuminées, très-entières. Les fleurs sont au nombre de six environ, disposées presque en grappes vers l'extrémité des rameaux ; les mâles séparées des femelles sur des branches différentes. Dans les unes et les autres, le calice est profondément partagé en dix découpures ; la corolle composée de dix à onze pétales dans les fleurs mâles, de sept à neuf dans les femelles, tous linéaires, chargés en-dessous de longs poils très-épais, de couleur purpurine en-dessus avec des poils plus courts et plus rares ; les étamines nombreuses ; l'ovaire, obscurément trigone, surmonté d'un seul style, terminé par un stigmate à trois lobes. Le fruit est une capsule à trois coques. (Poir.)

GARCIANA. (*Bot.*) Genre de plantes observé par Loureiro dans la Cochinchine. Willdenow le regarde comme congénère du *phylidrum* de Gærtner, adopté par Schreber et Willdenow, dont il diffère seulement parce que son anthère, suivant la description, est roulée en spirale. Voyez Philydre. (J.)

GARCINIA. (*Bot.*) Voyez Mangoustan. (Poir.)

GARDE-BŒUF. (*Ornith.*) L'oiseau auquel ce nom est

donné par les Européens établis en Égypte, paroît être l'aigrette ou héron-garzette, *ardea garzetta*, Linn. (Ch. D.)

GARDE-BOUTIQUE. (*Ornith.*) Un des noms vulgairement donnés au martin-pêcheur, *alcedo ispida*, Linn., d'après la fausse opinion que son corps, suspendu dans les magasins, préservoit les étoffes de laine de l'attaque des teignes et autres insectes destructeurs. (Ch. D.)

GARDE-CHARRUE. (*Ornith.*) Salerne, pag. 223, cite cette dénomination vulgaire comme appliquée au motteux, *motacilla œnanthe*, Linn. (Ch. D.)

GARDELLO. (*Ornith.*) Ce nom, et ceux de *gardellin*, *gardellino*, sont donnés, en Italie, au chardonneret, *fringilla carduelis*, Linn. (Ch. D.)

GARDÈNE, *Gardenia*. (*Bot.*) Genre de plantes dicotylédones, à fleurs complètes, monopétalées, régulières, de la famille des *rubiacées*, de la *pentandrie monogynie* de Linnæus, très-voisin des *mussœnda* et des *genipa*, offrant pour caractère essentiel : Un calice à cinq dents ou à cinq découpures; une corolle infundibuliforme ; le tube alongé ; le limbe à cinq ou neuf divisions ; cinq étamines, attachées à l'orifice du tube ; les anthères oblongues, sessiles, quelquefois un peu saillantes ; un ovaire inférieur ; le style filiforme ; le stigmate épais et bifide. Le fruit consiste en une baie presque sèche, à deux ou quatre loges contenant des semences nombreuses, disposées longitudinalement en un double rang dans chaque loge.

Les botanistes ne sont point très-d'accord sur les espèces qui doivent composer ce genre. M. de Lamarck y avoit d'abord réuni les *mussœnda*, qu'il en a séparés depuis dans ses Illustrations des genres ; mais il y a ajouté les *genipa*. M. Richard pense qu'il faut aussi y réunir les Duroia (voyez ce mot). Enfin, plusieurs espèces de *gardenia* sont renvoyées aux *randia*.

Gardène a large fleur : *Gardenia florida*, Linn.; Lamk., *Ill. gen.*, tab. 158, fig. 1 ; Ellis, *Act. angl.*, vol. 51, tab. 23 ; Ehret, *Pict.*, tab. 15 : *Castjopiri*, Rumph, *Amb.*, 7, tab. 14, fig. 2 ; vulgairement le Jasmin du Cap. Arbrisseau très-remarquable par la beauté et l'odeur très-agréable de ses fleurs. Il s'élève à la hauteur de quatre à six pieds, sur une tige droite, rameuse dans sa partie supérieure, revêtue d'une écorce brune ou grisâtre. Les rameaux sont glabres, un peu noueux; garnis vers leur extrémité de feuilles opposées, quelquefois ternées, ovales, aiguës aux deux bouts, presque sessiles, glabres, vertes, entières, longues de deux pouces et demi, larges d'environ un pouce, avec des stipules intermédiaires, solitaires, à demi vaginales. Les fleurs sont presque sessiles, solitaires, au sommet des rameaux, blanches, un peu jaunâtres, d'une odeur suave; leur calice est découpé en cinq ou six lanières droites, linéaires, contournées; la corolle un peu coriace; le tube presque aussi long que le calice; le limbe de deux pouces au moins de diamètre; ses divisions, de cinq à neuf, planes, ovales, obtuses, presque aussi longues que le tube. Le fruit est une baie glabre, oblongue, anguleuse, couronnée par le calice, uniloculaire, à cinq ou six valves : elle renferme une pulpe jaunâtre ou de couleur de safran, qu'on vend dans les boutiques et qu'on emploie pour teindre en la même couleur.

Cette plante est originaire des Indes orientales; elle croît également au Japon, dans l'île d'Amboine et au cap de Bonne-Espérance : on l'y cultive à cause de l'élégance et de la bonne odeur de ses fleurs. On la cultive aussi dans plusieurs jardins de l'Europe, dans lesquels elle a été introduite vers le milieu du siècle dernier. Elle conserve ses feuilles en hiver : quand elle est soignée convenablement, elle fleurit deux fois, en Mai et en Septembre. On peut la cultiver en plein air dans le midi de la France; mais il faut la tenir, à Paris, dans les serres d'orangerie pendant l'hiver : elle exige une terre franche, légère, mêlée de moitié de terre de bruyère, renouvelée deux fois par an après la floraison. Comme cette plante ne donne jamais de fruits dans nos jardins, on la multiplie par marcottes et par boutures. Au Japon on en fait de belles haies vives.

Gardene radicante : *Gardenia radicans*, Thunb., *Flor. Jap.*, tab. 20, et Dissert.. n.° 1, tab. 1, fig. 1. Cet arbuste diffère du précédent en ce qu'il est beaucoup plus petit; par sa tige plus grêle, couchée, radicante à sa partie inférieure; les feuilles plus étroites, lancéolées; les fleurs blanches, presque sessiles au sommet des rameaux; les divisions du calice droites, lancéolées, contournées, de moitié plus courtes que le tube de la corolle. Cet arbuste croît au Japon. On le cultive au Jardin du Roi.

Gardène de Thunberg : *Gardenia Thunbergia*, Linn., *Suppl.*; *Gardenia verticillata*, Lamk., Encycl., et *Ill. gen.*, tab. 155, fig. 3; *Thunbergia capensis*, Mont., *Act. Stockholm.*, 1773, tab. 11 ; *Bergkias*, Sonn., *Itin. Guian.*, pag. 48, tab. 17 ; vulgairement la Caquepire. Arbrisseau très-agréable, chargé d'un grand nombre de belles fleurs, que l'on cultive au Jardin des plantes, et que M. Sonnerat a découvert dans les bois de la Guinée et Thunberg au cap de Bonne-Espérance. Il s'élève à la hauteur de quatre pieds et plus, sur une tige droite, chargée, à sa partie supérieure, de rameaux nombreux, courts, cylindriques, un peu pileux. Les feuilles sont verticillées trois ensemble à chaque nœud, inégales, vertes, glabres, luisantes, ovales, entières, acuminées, rétrécies en pétioles, munies en-dessous de quelques poils dans l'aisselle des nervures. Les fleurs sont sessiles, solitaires, terminales, blanches, d'une odeur très-agréable. Le calice est long d'un pouce, en entonnoir, presque spathacé, à sept ou huit découpures oblongues et spatulées ou un peu concaves à leur sommet, fendu d'un côté jusqu'à sa moitié ; le tube de la corolle cylindrique, presque long de trois pouces ; le limbe large de deux, à neuf ou dix découpures ovales ; neuf ou dix anthères sessiles ; l'ovaire couronné de tubercules nectarifères. Le fruit est une baie oblongue, à quatre loges, contenant des semences imbriquées, lenticulaires.

Gardène de Madagascar ; *Gardenia Madagascariensis*, Lamk., Encycl. Très-belle espèce, recueillie par Commerson dans l'île de Madagascar. Ses rameaux sont ligneux, glabres, grisâtres ; ses feuilles opposées, pétiolées, glabres, coriaces, entières, ovales, un peu aiguës, longues de trois pouces sur au moins un pouce et demi de large ; les stipules lancéolées ; les fleurs presque sessiles, solitaires, axillaires, longues de trois pouces et plus, couvertes en dehors d'un duvet cotonneux ; le calice court, presque glabre ; le tube très-long ; le limbe à cinq divisions oblongues, peu ouvertes ; les anthères linéaires, non saillantes.

Gardène gommier : *Gardenia gummifera*, Linn., *Suppl.*, 164 ; Thunb., *Dissert.*, n.° 4, tab. 2. Cette espèce est remarquable par une gomme-résine, fort semblable à la gomme-élémi, qui découle de ses feuilles et des crevasses de son écorce. Elle ressemble d'ailleurs à la gardène à larges fleurs par la grandeur et la figure du limbe de sa corolle. Ses feuilles sont oblongues, obtuses, hérissées de poils, ainsi que le calice, très-courts, à cinq dents; le tube de la corolle est très-long, filiforme, couvert de poils très-fins. Elle croît à l'île de Ceilan.

GARDÈNE CAMPANULÉE : *Gardenia Rothmannia*, Linn., *Suppl.*, pag. 163 : *Rothmannia capensis*, Thunb., *Act. Stockholm.*, 1776, pag. 65, tab. 2. Les fleurs de cette espèce, cultivée au Jardin du Roi, répandent le soir et la nuit une odeur très-suave. Son bois, très-dur, est employé pour faire des essieux; ses rameaux noueux, comme articulés; les feuilles opposées, un peu rétrécies en pétiole à leur base, oblongues, entières, aiguës. Les fleurs sont sessiles, solitaires, axillaires; les dents du calice subulées; la corolle glabre, infundibuliforme; le limbe campanulé. à cinq découpures ovales-aiguës; cinq étamines non saillantes. Cet arbrisseau croît au cap de Bonne-Espérance.

GARDÈNE A LONGUES FLEURS; *Gardenia longiflora*, Flor. Per., 2. pag. 67, tab. 219, fig. a, *non Aiton*. Cet arbrisseau, découvert dans les forêts des Andes au Pérou, a des tiges très-rameuses, hautes de dix à douze pieds. Les rameaux sont très-longs. étalés; les plus jeunes courts et tétragones; les feuilles médiocrement pétiolées, oblongues, lancéolées, aiguës. glabres, un peu luisantes en-dessus, légèrement hérissées en-dessous sur leurs veines, longues de deux pouces; les stipules rougeâtres, caduques et subulées; une fleur presque sessile à l'extrémité de chaque rameau; le calice velu, a peine long d'un pouce; la corolle blanche, très-velue en dehors; le tube filiforme, très-long. velu à son orifice; le limbe très-ouvert; ses découpures longues d'un pouce et demi : les baies grandes, alongées, jaunâtres, à dix nervures brunes. longitudinales. Le *gardenia longiflora* d'Aiton, *Hort. Kew.*, edit. nov., 1, p. 368, est une autre plante, originaire de Sierra-Leone. que l'on cultive au Jardin du Roi, dont la corolle est infundibuliforme; les découpures de son limbe rabattues en dehors; les feuilles oblongues.

Gardène a feuilles de clusier : *Gardenia clusiæfolia*, Willd., *Spec.*, 1, pag. 1229; Jacq., *Collect. append.*, pag. 57, tab. 4, fig. 3 : *Arbor jasmini floribus*, etc., Catesb., *Carol.*, 1, tab. 59. Arbrisseau des îles de Bahama, haut d'environ cinq pieds, dont les tiges sont droites, rameuses à leur partie supérieure; les rameaux cendrés; les feuilles glabres, médiocrement pétiolées, coriaces, entières, en ovale renversé, obtuses ou un peu échancrées, rétrécies à leur base, longues de six pouces; les stipules larges, sessiles, triangulaires, aiguës. Les fleurs sont très-odorantes, terminales, pédonculées; la corolle coriace; le tube d'un vert pâle; les découpures du limbe blanches, un peu jaunâtres à leur sommet, lancéolées, aiguës, de la longueur du tube; les anthères sessiles, acuminées. Le fruit est une baie ovale, assez grande, contenant plusieurs semences planes, arrondies.

Gardène de la Nouvelle-Grenade : *Gardenia granatensis*, Poir.; *Gardenia parviflora*, Kunth, *in* Humb., *Nov. gen.*, 3, pag. 408, tab. 293; *non* Poir., Encycl. Arbrisseau épineux, très-rameux; les rameaux pubescens dans leur jeunesse; les feuilles opposées, pétiolées, ovales-acuminées, très-entières, rétrécies à leur base, un peu coriaces, pubescentes, longues d'un pouce et demi sur huit à neuf lignes de large; les stipules ovales-acuminées, pubescentes; six à huit fleurs sessiles, situées au sommet des rameaux; des bractées subulées, soudées à leur base, entourant l'ovaire; un calice campanulé, à quatre dents, soyeux, pubescent; la corolle blanche, pileuse en dehors, longue de huit à neuf lignes; son tube cylindrique, trois fois plus long que le calice; les découpures du limbe lancéolées, acuminées, un peu réfléchies; l'ovaire pubescent; le style saillant, pileux à sa base. Cette plante croît à la Nouvelle-Grenade.

Gardène a petites fleurs; *Gardenia parviflora*, Poir., Enc., Suppl., *non* Kunth. Arbrisseau des Indes orientales, dont les rameaux sont glabres, cendrés; les feuilles coriaces, pétiolées, glabres, ovales, acuminées, très-entières, luisantes en-dessus, longues d'environ quatre pouces, larges de deux et plus. Les fleurs sont petites, approchant de celles des *chiococca*, disposées en petites grappes axillaires, un peu touffues, très-glabres, à peine longues d'un pouce; la corolle petite et blanchâtre; les fruits globuleux, de la grosseur d'un pois.

On cite plusieurs autres espèces de *gardenia*. Roxburg, dans les *Plantes du Coromandel*, a figuré et décrit les suivantes : *Gardenia dumetorum*, tab. 136; *Gardenia fragrans*, tab. 157; *Gardenia latifolia*, tab. 134; *Gardenia spinosa*, tab. 156; *Gardenia uliginosa*, tab. 155. On trouve dans le *Botanical Magazin*, tab. 1904, le *Gardenia amœna*, dont les tiges sont munies d'épines droites, situées dans l'aisselle d'une feuille ovale, aiguë, glabre; les fleurs terminales, solitaires; le calice campanulé, denticulé. (Poir.)

GARDENNA. (*Ornith.*) L'espèce de grive dont Aldrovande parle sous ce nom, est la draine, *turdus viscivorus*, Linn. (Ch. D.)

GARDERACANTHA. (*Bot.*) Dans l'île de Lemnos, suivant Dodoens, le chardon-bénit, *cnicus benedictus*, est ainsi nommé. (J.)

GARDEROBE (*Bot.*), nom vulgaire donné soit à l'aurone, *artemisia abrotanum*, soit à la santoline. (J.)

GARDES. (*Véner.*) On donne ce nom aux ergots du cerf en vénerie. (F. C.)

GARDIO (*Ichthyol.*), nom languedocien de la rosse, poisson d'eau douce du grand genre des cyprins. (H. C.)

GARDON. (*Ichthyol.*) Voyez Able, dans le Supplément du 1.ᵉʳ volume, et Rosse. (H. C.)

GARDOQUIA. (*Bot.*) Genre de plantes dicotylédones, à fleurs complètes, monopétalées, irrégulières, de la famille des *labiées*, de la *didynamie gymnospermie* de Linnæus, très-rapproché des mélisses et des sarriètes, offrant pour caractère essentiel : Un calice tubulé, à deux lèvres, à cinq dents ou à cinq découpures; une corolle tubulée, beaucoup plus longue que le calice, barbue à son orifice; le limbe à deux lèvres; la supérieure échancrée; l'inférieure à trois lobes presque égaux; quatre étamines didynames, écartées entre elles; quatre semences au fond du calice.

Ce genre, comme la plupart de ceux qui appartiennent à la famille des labiées, n'a que des caractères peu tranchés. Très-rapproché des mélisses et des sarriètes, il ne diffère des premières que par son calice à deux lèvres, et des secondes par ses étamines écartées et les lobes de la lèvre inférieure de la corolle presque égaux. Il comprend des arbrisseaux, presque tous originaires du Pérou, très-rameux, à odeur forte, à feuilles entieres, opposées: les fleurs sont jaunâtres ou de couleur incarnate, axillaires, solitaires, rarement verticillées, réunies deux ou trois sur le même pédoncule. Il a été établi par les auteurs de la Flore du Pérou, qui en ont indiqué six espèces, mais sans autre description qu'une seule phrase spécifique. M. Kunth, dans le *Nov. gen. Humb. et Bonpl.*, en a décrit une dixaine, qui paroissent presque toutes différentes de celles de la Flore du Pérou. Nous allons indiquer les plus remarquables.

GARDOQUIA A PETITES FEUILLES : *Gardoquia microphylla*, Kunth, *Nov. gen. in Humb. et Bonp.*, 2, pag. 311. Arbrisseau de deux ou trois pieds, qui répand une odeur très-agréable. Ses rameaux sont pubescens dans leur jeunesse ; les feuilles médiocrement pétiolées, ovales en cœur, obtuses, glabres, un peu roulées et ciliées à leurs bords et sur la nervure du milieu, luisantes, à peine longues d'une ligne ; les pétioles pileux ; les fleurs solitaires, axillaires, presque longues d'un pouce ; les pédoncules très-courts, pubescens ; le calice un peu rude, à dix stries, à cinq dents ; la corolle rougeâtre, presque cinq fois plus longue que le calice, pubescente en dehors ; le tube court ; l'orifice très-long ; les étamines à peine saillantes ; les anthères réniformes, à deux loges ; le stigmate bifide.

GARDOQUIA BICOLORE ; *Gardoquia discolor*, Kunth, *l. c.*, pag. 312. Ses rameaux sont opposés, tétragones, très-nombreux, pubescens et blanchâtres dans leur jeunesse ; les feuilles oblongues, entières, aiguës au sommet, rétrécies en coin à leur base, vertes et un peu pubescentes en-dessus, soyeuses et blanchâtres en-dessous, à peine pétiolées ; les fleurs médiocrement pédonculées, axillaires et solitaires à l'extrémité des rameaux ; leur calice tubulé, velu et pileux ; à dix nervures ; son orifice fermé par des poils blancs : la corolle trois ou quatre fois plus longue que le calice, purpurine, pubescente en dehors ; les lobes du limbe arrondis, l'orifice nu ; les filamens glabres ; quatre ovaires glabres, fort petits : le style filiforme et saillant ; le stigmate médiocrement bifide.

Gardoquia a feuilles d'if; *Gardoquia taxifolia*, Kunth, *l. c.*, pag. 312. Arbrisseau distingué par ses feuilles linéaires, lancéolées ou oblongues, obtuses, glabres, très-entières, rétrécies à leur base, un peu ponctuées en-dessous, longues de quatre à cinq lignes, larges de deux : les fleurs axillaires, solitaires, longues d'un pouce et plus; le calice glabre, fermé par des poils; la corolle rougeâtre.

Gardoquia glabre; *Gardoquia glabra*, Kunth, *l. c.*, p. 313. Cette espèce diffère très-peu de la précédente. Ses rameaux sont pubescens; ses feuilles oblongues, lancéolées, aiguës à leurs deux extrémités, roulées à leurs bords, glabres, légèrement dentées en scie, ponctuées et glanduleuses en-dessous; les pétioles articulés vers leur milieu; les fleurs pubescentes, fermées par des poils à leur orifice.

Gardoquia argentée; *Gardoquia argentea*, Kunth, *l. c.*, pag. 313. Arbrisseau chargé de rameaux très-nombreux, touffus, tétragones, argentés et soyeux. Les feuilles sont presque sessiles, oblongues, lancéolées, obtuses, très-entières, roulées à leurs bords, à nervure moyenne très-saillante, longues de deux ou trois lignes, argentées et soyeuses à leurs deux faces; les fleurs d'un rouge écarlate, longues d'un demi-pouce; les étamines didynames; une seule fertile; les trois autres stériles.

Gardoquia a feuilles de thym; *Gardoquia thymoides*, Kunth, *l. c.*, p. 314. Ses rameaux sont pubescens; ses feuilles ovales-aiguës, presque en cœur, roulées à leurs bords, légèrement dentées en scie, presque glabres en-dessus, blanchâtres et pubescentes en-dessous, longues de trois lignes, larges de deux; les fleurs verticillées; le calice pubescent, à dents inégales, subulées; la corolle jaunâtre, pubescente, barbue à son orifice; son limbe tacheté de pourpre.

Gardoquia a grandes fleurs; *Gardoquia grandiflora*, Kunth, *l. c.*, pag. 314; *an Gardoquia incana, Syst. flor. Per.?* Arbrisseau de trois pieds, chargé de rameaux nombreux, pubescens dans leur jeunesse. Les feuilles sont ovales, presque rondes, obtuses, aiguës à leur base, dentées vers leur sommet, légèrement pubescentes en-dessus, tomenteuses et blanchâtres en-dessous, longues d'un demi-pouce, larges de quatre lignes; les fleurs solitaires, axillaires, longues de neuf ou dix lignes;

la corolle jaune, pubescente en dehors, barbue dans le fond
de son orifice; les étamines un peu saillantes; quatre semences
lisses, brunes, trigones, obtuses, placées au fond du calice.

GARDOQUIA TOMENTEUSE; *Gardoquia tomentosa*, Kunth, *l. c.*,
pag. 314. Espèce très-rapprochée de la précédente, répandant une odeur aromatique. Ses tiges sont hautes de trois
pieds, très-rameuses; les rameaux pubescens dans leur jeunesse; les feuilles ovales-arrondies, un peu aiguës, presque
tronquées à leur base, roulées à leurs bords, légèrement
dentées en scie, pubescentes en-dessus, blanches et tomenteuses en-dessous, longues au plus de six lignes; les pédoncules axillaires, chargés de deux ou trois fleurs; le calice
tomenteux; la corolle de couleur incarnate, pubescente en
dehors; le tube court; l'orifice alongé, barbu dans le fond;
les lobes du limbe obtus; les semences brunes, obtuses, triangulaires.

GARDOQUIA ÉLÉGANTE; *Gardoquia elegans*, Kunth, *l. c.*, pag.
315. Arbrisseau d'une odeur aromatique, très-rameux, haut
de trois ou quatre pieds; les rameaux blanchâtres et tomenteux dans leur jeunesse; les feuilles rhomboïdales, presque
rondes, obtuses, dentées en scie, pubescentes en-dessus,
blanchâtres et tomenteuses en-dessous, coriaces, entières
vers leur base. longues de neuf lignes, larges de huit; les
pédoncules axillaires, chargés de deux ou trois fleurs; la
corolle rouge, pubescente en dehors, jaune à son orifice,
marquée de taches incarnates.

GARDOQUIA MIGNONE; *Gardoquia pulchella*, Kunth, *l. c.*, pag.
315. Cet arbrisseau s'élève à la hauteur de trois ou quatre
pieds : ses rameaux sont dressés, tétragones, tomenteux et
pubescens; ses feuilles ovales ou un peu arrondies. rétrécies
en coin à leur base, crénelées, roulées à leurs bords, un peu
rudes en-dessus, blanchâtres et tomenteuses en-dessous, longues de huit à neuf lignes, larges de sept; les pédoncules
axillaires, à trois fleurs longuement pédicellées; le calice
tomenteux; la corolle incarnate et ponctuée de jaune.

Quelques autres espèces de *gardoquia* sont citées par les
auteurs de la Flore du Pérou, telles que le *Gardoquia striata*
à feuilles ovales, striées : *Gardoquia revoluta*, à feuilles très-
petites, ovales en cœur, roulées à leurs bords : *Gardoquia*

multiflora; les pédoncules chargés de plusieurs fleurs : les feuilles ovales, dentées en scie : *Gardoquia elliptica;* les pédoncules presque ternés ; les feuilles elliptiques, ovales, dentées en scie : *Gardoquia obovata,* à feuilles entières, en ovale renversé ; les pédoncules ternés. (Poir.)

GARENT-OGUEN (*Bot.*), nom donné chez les Iroquois, suivant le P. Lafiteau, jésuite missionnaire, au ginseng du Canada, *panax quinquefolium.* (J.)

GARESOL. (*Ornith.*), nom arabe de la huppe, *upupa epops,* Linn. (Ch. **D.**)

GARFAHL. (*Ornith.*) Le nom qui est ainsi écrit, d'après Bartholin, dans le *Fauna suecica* de Linnæus, et qui correspond aux mots *garfulh, garfugl, geirfugl* et *goirfugl,* cités par Muller, Othon Fabricius, etc., est applicable au grand pingouin de Buffon, *alca impennis,* Linn. (Ch. **D.**)

GARGA (*Ornith.*), nom turc du casse-noix, *corvus caryocatactes,* Linn. (Ch. **D.**)

GARGANELLE (*Ornith.*), nom italien de la sarcelle commune, *anas querquedula,* Linn., que les Anglois appellent *garganey.* (Ch. **D.**)

GARGANON. (*Bot.*) C'est, selon Mentzel, la même plante que le *tragium* de Dioscoride, lequel est rapporté par C. Bauhin au boucage, *pimpinella saxifraga.* (J.)

GARGIA (*Ornith.*), nom italien du butor, *ardea stellaris,* Linn. (Ch. **D.**)

GARGOT (*Ornith.*), nom piémontois du canard-garrot, *anas clangula,* Linn. (Ch. **D.**)

GARHOUDA. (*Ornith.*) Ce terme est donné par le P. Paulin de Saint-Barthelémi, tom. 1, pag. 421, de son Voyage aux Indes orientales, comme le nom de l'épervier en langue samscrite. (Ch. **D.**)

GARICUM (*Bot.*), nom arabe de l'agaric, selon Daléchamps. (J.)

GARIDELLE (*Bot.*) : *Garidella,* Tourn., Linn. Genre de plantes dicotylédones, de la famille des *renonculacées,* Juss., et de la *décandrie tryginie,* Linn., dont les principaux caractères sont les suivans : Calice de cinq folioles ovales-oblongues ; corolle de cinq pétales, plus grands que le calice et à deux lèvres ; dix étamines ; trois ovaires supérieurs, chargés chacun d'un stigmate latéral et presque sessile ; trois capsules soudées ensemble dans leur partie inférieure, et contenant plusieurs graines.

Le nom de *Garidella*, donné par Tournefort à ce genre, rappelle le botaniste provençal, J. Garidel, qui en a donné une bonne figure dans son Histoire des plantes qui naissent aux environs d'Aix. Les garidelles sont des plantes herbacées, à feuilles ailées et à fleurs terminales. On n'en connoît que deux espèces.

GARIDELLE NIGELLINE : *Garidella nigellastrum*, Linn., *Spec.*, 608 ; *Garidella foliis tenuissime divisis*, Tourn., Inst., 655 ; Garid., Aix, 203, tab. 39. Sa tige est grêle, glabre, haute d'un pied ou environ, divisée dans sa partie supérieure en quelques rameaux effilés. Ses feuilles sont deux fois ailées, à découpures linéaires, aiguës; ses fleurs, mélangées de bleu, de rouge et de blanc, sont petites, solitaires à l'extrémité des rameaux ; leurs pétales ont la lèvre intérieure fort courte, et l'extérieure partagée en deux découpures linéaires. Cette plante est annuelle, et croît naturellement dans les champs, en Provence, en Italie, et dans l'île de Candie. Ses semences sont un peu âcres et aromatiques; on n'en fait aucun usage.

GARIDELLE A LONGS ONGLETS; *Garidella unguicularis*, Lamck., *Illust.*, tab. 379, fig. 2. Cette espèce est caractérisée par ses feuilles supérieures, simples ou trifides, et par ses pétales à onglets capillaires, saillans, une fois plus longs que le calice. Elle a été trouvée dans l'Orient. (L. D.)

GARIDELLE (*Ornith.*), un des noms vulgaires du rouge-gorge, *motacilla rubecula*, Linn. (CH. D.)

GARIES. (*Bot.*) On donne ce nom au chêne dans quelques parties de la France. (L. D.)

GARIN (*Conchyl.*) ; Adanson, Sénég., p. 200, pl. 14. Espèce de coquille bivalve, adhérente, placée par Linnæus parmi les huitres, par Bruguières dans le genre Spondyle, et dont M. de Lamarck a fait son genre PLICATULE. Voyez ce mot. (DE B.)

GARINELLO (*Ornith.*), nom italien de la cresserelle, *falco tinnunculus*, Linn. (CH. D.)

GARIOT (*Bot.*), nom vulgaire de la benoîte. (L. D.)

GARLU. (*Ornith.*) Ce nom est rapporté par Gueneau de Montbeillard au geai à ventre jaune de Cayenne, pl. enl., n.° 249; mais M. d'Azara, n." 200, article *Bienteveo* ou *Pui-taga*, observe que c'est une erreur, et suivant M. Vieillot c'est le tyran tictivie. (Сн. D.)

GARMEL. (*Bot.*) Les Arabes donnent ce nom à une fabagelle commune dans le désert, qui est le *zygophyllum portulacoides* de Forskal, et, selon Vahl, le *zygophyllum simplex* de Linnæus. Dans le pays on croit que ses feuilles, broyées dans l'eau et appliquées sur les yeux, font disparoître les taies. (J.)

GARMUTH. (*Ichthyol.*) Voyez GARAMIT. (H. C.)

GARNA. (*Bot.*) Voyez DJARNA. (J.)

GARNITRE. (*Bot.*) Voyez GANITRI. (J.)

GARNOT (*Conchyl.*); Adanson, Sénég., p. 40, pl. 2. Espèce de patelle à coquille cloisonnée des anciens auteurs, et à laquelle M. de Lamarck a donné le nom de CRÉPIDULE. Voyez ce mot. (DE B.)

GARO, *Aquilaria.* (*Bot.*) Genre de plantes dicotylédones, à fleurs incomplètes, dont la famille n'est pas encore connue. Il appartient à la *décandrie monogynie* de Linnæus, et paroît se rapprocher des *samyda* et des *anavinga*. Il offre pour caractère essentiel : Un calice turbiné, persistant; le limbe à cinq divisions; point de corolle : un anneau intérieur, imitant une corolle, attaché à l'orifice du calice, partagé à son sommet en dix lobes inégaux, alternes, avec les filamens très-courts des étamines; les anthères oblongues, versatiles; un ovaire supérieur; point de style; un seul stigmate. Le fruit consiste en une capsule ligneuse, à deux loges, à deux valves; deux, plus souvent une seule semence, entourée à sa base d'un arille spongieux.

GARO DE MALACCA : *Aquilaria malaccensis*, Lamk., Encycl., 2, page 610, et 1, page 49; *Ill. gen.*, tab. 356 : *Aquilaria ovata*, Cavan., *Dissert. bot.*, 7, pag. 377, tab. 224 : vulgairement GARO ou BOIS D'AIGLE. Cet arbre croit dans les Indes orientales, et particulièrement à Malacca. Ses rameaux ont le bois blanc, tirant un peu sur le jaune; ils sont recouverts d'une écorce d'un gris roussâtre, un peu chagrinée : ces rameaux sont velus vers leur sommet, garnis de feuilles alternes, pétiolées, glabres, d'un beau vert, velues avant leur entier développement, ovales-lancéolées, entières, fortement acuminées, longues de trois pouces et demi , larges de deux , garnies à leurs bords de poils courts. Les fleurs sont petites, dépourvues de corolle ; les étamines courtes, placées alternativement entre les lobes d'un anneau presque campanulé ; l'ovaire ovale, couronné par un stigmate simple , fort petit. Le fruit est une capsule turbinée , longue d'environ un pouce , à deux loges, à deux valves ; les valves épaisses, subéreuses, divisées par une cloison, renfermant chacune une semence noire, petite, ovale, aiguë, et dont une avorte presque toujours. Au bas de chaque semence on trouve un arille sous la forme d'un corps spongieux.

GARO? OPHISPERME : *Aquilaria ophispermum* , Poir. ; *Ophispermum sinense*, Lour., *Flor. cochinc.*, 1 , pag. 344. Grand arbre de la Chine, dont les rameaux sont étalés, garnis de feuilles luisantes, alternes, lancéolées, ondulées, très-entières ; les fleurs terminales et solitaires ; leur calice campanulé, à cinq découpures ovales-alongées, égales, presque droites ; point de corolle ; un anneau court, tomenteux , à dix lobes, alternant avec autant d'étamines ; les filamens très-courts ; les anthères petites, alongées, point versatiles ; un ovaire ovale, comprimé ; un style plus long que les étamines, soutenant un stigmate bifide. Le fruit est une capsule comprimée, élargie , lancéolée , à deux loges monospermes, s'ouvrant à leur sommet ; les semences ovales, acuminées (munies d'une aile latérale, Loureir.). (POIR.)

GAROBUSTO. (*Ichthyol.*) Dans le langage languedocien on donne ce nom aux petits poissons, ou fretin , que les pêcheurs abandonnent aux pauvres sur les bords de la mer. (H. C.)

GAROFOLI (*Bot.*), nom italien de l'œillet, qui paroît dériver du latin . *caryophyllus*, sous lequel il étoit désigné par Tournefort. (J.)

GAROSMUS, GAROSMUM. (*Bot.*) Cordus et Dodoens nommoient ainsi l'anserine puante, *chenopodium vulvaria*, qui est le *connina* des Toscans, suivant Césalpin. *Garosmum* signifie *garum olens*, ayant l'odeur du poisson nommé *garus*. (J.)

GAROU ou GAROUETTE (*Bot.*), noms vulgaires du daphné garou. Quelques botanistes ont aussi adopté la première de ces dénominations comme nom françois générique de tous les daphnés. (L. D.)

GAROUILHE. (*Bot.*) Dans quelques cantons, on donne ce nom au chêne-kermès ; dans d'autres, c'est le maïs qui s'appelle ainsi. (L. D.)

GAROUPE (*Bot.*), nom vulgaire de la camelée à trois coques. (L. D.)

GAROUTTE. (*Bot.*) On donne ce nom, dans l'Anjou, à une espèce de gesse (*lathyrus cicera*). Voyez aussi GAROU. (L. D.)

GAROVO (*Bot.*), nom espagnol du caroubier, *ceratonia*, suivant Dodoens. (J.)

GARRANIER (*Bot.*), un des noms vulgaires de la giroflée de muraille. (L. D.)

GARROFERA. (*Bot.*) C'est, dans le Midi, un des noms que l'on donne au caroubier. (L. D.)

GARROT. (*Ornith.*) Ce canard est l'*anas clangula* de Linnæus. (CH. D.)

GARROUN. (*Ornith.*) On donne, suivant le nouv. Dict. d'hist. nat., ce nom au vieux mâle de la perdrix. (CH. D.)

GARRU. (*Bot.*) Voyez DURRAKA. (J.)

GARRU. (*Ornith.*) Sur les côtes du département de la Somme, on appelle ainsi le combattant, *tringa pugnax*, Linn. (CH. D.)

GARRULUS. (*Ornith.*) Ce nom latin est appliqué, par Gesner et Aldrovande, au rollier, et par Brisson au geai. (CH. D.)

GARRUS. (*Bot.*) Le houx, commun dans les bois de la Sainte-Baume en Provence, y est ainsi nommé, suivant Garidel. (J.)

GARS. (*Ornith.*) Ce nom, qui s'écrit aussi *garsz*, est donné, en langage breton, à l'oie domestique, *anas anser*, Linn. (CH. D.)

GARSILHA. (*Bot.*) Nom portugais du *couradi* du Malabar, qui est le *grewia orientalis*. (J.)

GARSOTTE (*Ornith.*), un des noms vulgaires de la sarcelle commune, *anas querquedula*, Linn., qui s'écrit aussi *garzotte*. (CH. D.)

GARULÉON, *Garuleum*. (*Bot.*) [*Corymbifères*, Juss. = *Syngénésie polygamie nécessaire*, Linn.] Le caractère essentiel et distinctif du genre *Osteospermum* est, ainsi que son nom l'indique, d'avoir les péricarpes osseux, c'est-à-dire, épais et durs. Cependant l'espèce nommée *cæruleum* par Jacquin et *pinnatifidum* par l'Héritier, a les péricarpes simplement coriaces, c'est-à-dire minces, flexibles, élastiques, comme dans la plupart des synanthérées; elle diffère aussi des vrais *calendula* par la forme de ses péricarpes, qui ne sont point arqués ni munis d'appendices membraneux ou spiniformes, et des *meteorina* par son disque, qui est masculiflore au lieu d'être androgyniflore. Cette espèce doit donc être considérée comme le type d'un nouveau genre appartenant à la famille des synanthérées et à notre tribu naturelle des calendulées, dans laquelle nous le plaçons entre l'*osteospermum* et le *meteorina*. Nous le nommons *garuleum*, et nous lui assignons les caractères suivans.

Calathide radiée; disque multiflore, régulariflore, masculiflore; couronne unisériée, multiflore, liguliflore, féminiflore. Péricline subcampanulé, un peu inférieur aux fleurs du disque, formé de squames bisériées, égales, appliquées, oblongues-aiguës, coriaces-foliacées; les intérieures plus larges, ovales-lancéolées, membraneuses sur les bords latéraux. Clinanthe convexe, inappendiculé. Cypsèles de la couronne obovoïdes-oblongues, subtriquètres, inaigrettées; à péricarpe sec, coriace, mince, ridé extérieurement, couvert d'aspérités et muni de trois côtes. Faux-ovaires du disque oblongs, comprimés, lisses, inaigrettés et inovulés. Corolles de la couronne à languette longue, étroite, terminée par trois petites dents. Styles du disque à branches entregreffées inférieurement, libres et divergentes supérieurement, hérissées de collecteurs piliformes sur la face extérieure, et bordées de deux bourrelets stigmatiques sur la face intérieure.

Une fleur de synanthérée peut être mâle, soit parce que l'ovaire est dépourvu d'ovule, soit parce que le style est dépourvu de stigmate, soit par le concours de ces deux causes réunies. Le disque du *garuleum* n'est masculiflore que par défaut d'ovules, tandis que celui de l'*osteospermum* est masculiflore non-seulement par défaut d'ovules, mais encore par défaut de stigmates.

GARULÉON VISQUEUX : *Garuleum viscosum*, H. Cass., Bull. de

la soc. philom., Novembre 1819; *Osteospermum cœruleum*, Jacq.; *Osteospermum pinnatifidum*, l'Hérit. C'est un arbuste du cap de Bonne-Espérance, haut de quatre pieds, doué d'une odeur analogue à celle du souci: ses rameaux sont longs, simples, dressés, droits, cylindriques, et couverts, ainsi que les feuilles, d'une sorte de duvet glutineux; ils sont garnis de feuilles alternes, étalées, longues de douze à quinze lignes, larges de neuf lignes, à base dilatée, semi-amplexicaule, presque décurrente, à partie inférieure pétioliforme, la supérieure pinnatifide, à pinnules oblongues, incisées ou dentées. Les rameaux sont terminés par des corymbes de trois, quatre ou cinq calathides, dont chacune est portée sur un long pédoncule garni de quelques bractées linéaires-subulées: les calathides, larges d'un pouce, sont composées d'un disque jaune et d'une couronne bleu-de-ciel. Cet arbuste est cultivé pour l'agréable couleur de ses calathides, qui ressemblent beaucoup à celles de l'agathée céleste; on le multiplie de boutures dans le cours de l'été, ou par ses graines semées au printemps sur couche et en terrine: il exige une terre consistante, et d'être garanti de la gelée dans l'orangerie, où on a soin de lui procurer de la lumière et un air souvent renouvelé, et de le préserver de l'humidité. (H. Cass.)

GARUM, *Garum*. (*Ichthyol.*) Les anciens Romains donnoient ce nom, ou plutôt celui de *garus*, à une sorte de sauce, qui servoit non-seulement d'assaisonnement, mais encore de remède contre plusieurs maladies, et que les Grecs appeloient γάρος. ou γάρον suivant Dioscoride. Pline (*lib.* 31, *cap.* 7 *et* 8) rapporte qu'on fabriquoit cette liqueur précieuse en faisant subir un commencement de putréfaction à des intestins et à des débris de poissons qu'on avoit saupoudrés de sel, et en recueillant le fluide corrompu (*sanies putrescentium*) qui en sortoit; on y joignoit du laurier, du thym et d'autres aromates.

Cette liqueur étoit noire, d'un aspect dégoûtant et d'une odeur repoussante, comme on peut en juger par ces deux vers de Martial,

> Unguentum fuerat, quod onyx modo parva gerebat:
> Nunc, postquam olfecit Papilus, ecce garum est

Mais elle excitoit énergiquement l'appétit, et pour cette seule raison elle fut si estimée sous les premiers empereurs, où on la servoit dans les repas de luxe, qu'on la payoit aussi cher que les parfums les plus rares. Aussi ce même Martial, qui fait peu de cas de l'odeur d'une sauce aussi recherchée. dit-il, dans une autre épigramme,

Nobile nunc sitio luxuriosa garum,

et nous indique, par le choix de l'épithète, en quel grand honneur elle étoit tenue chez ses contemporains.

On employoit plus particulièrement pour la confection de l'assaisonnement dont il s'agit, les intestins, la tête, les ouïes, etc., de l'anchois, du maquereau, et du picarel, *sparus smaris*. Il y en avoit d'ailleurs une infinité d'espèces ; Dioscoride parle même d'un garum de viande, et un autre auteur loue celui des sauterelles. Le plus estimé étoit fait avec le maquereau.

Aujourd'hui l'emploi du garum est abandonné en Italie ; mais en Turquie et aux Indes on en fait encore usage. A Constantinople les aubergistes en usent pour conserver les poissons cuits qui n'ont point été consommés dans la journée.

On se servoit aussi beaucoup du garum comme d'un médicament. Il passoit pour détersif et antiseptique ; aussi recommandoit-on de laver avec cette liqueur les ulcères gangréneux. Enfin on en a fait un antilyssique, et on ordonnoit d'en appliquer sur les morsures faites par des animaux enragés. (H. C.)

GARUNDO-PALA. (*Bot.*) Nom brame d'un arbrisseau, qui est le *natsjatam* du Malabar, et que Linnæus, d'après Commelin, confondoit avec celui qui fournit la capre du Levant. Cette opinion n'est point confirmée par les botanistes modernes, qui ont rejeté ce synonyme de son *menispermum cocculus*, faisant partie du genre *Cocculus* de M. De Candolle. (J.)

GARVANE ou GARVANCE (*Bot.*), nom vulgaire, donné dans quelques cantons de la France à la ciserole tête-de-belier ou pois chiche (J.)

GARVIES (*Ichthyol.*), nom par lequel on désigne la sardine à Kinkardine. (H. C.)

GARVOCK (*Ichthyol.*), nom de la sardine à Inverness en Écosse. (H. C.)

GARYOPHYLLATA. (*Bot.*) Chez plusieurs auteurs anciens on trouve ainsi écrite la plante nommée plus généralement *caryophyllata* maintenant *geum*, la benoite. C'est la *gariofilata* de Césalpin. Le nom *garyophyllata* est encore donné par Daléchamps et d'autres a la saxifrage ordinaire, *saxifraga rotundifolia*. (J.)

GARYOPHYLLUM. (*Bot.*) L'arbre ainsi nommé par Pline est jugé par Clusius être le même que son *anomum quorumdam*; mais la figure qu'il donne de sa plante, est absolument conforme à celle de Plukenet (t. 155, fig. 3), rapportée au *myrtus acris* de Swartz, qui est une plante des iles d'Amérique, conséquemment inconnue à Pline. On seroit plus porté à croire que son *garyophyllum*, qui a les fruits petits et sphériques, est la cannelle giroflée, *myrtus caryophyllata*, originaire de Ceilan. (J.)

GARZA (*Ornith.*), nom espagnol du héron, *ardea*. (Ch. D.)

GARZETTE. (*Ornith.*) Cet oiseau, le même que l'aigrette, est l'*ardea garzetta*, Linn. (Ch. D.)

GAS ou GASH (*Ornith.*), noms languedociens du geai, *corvus glandarius*, Linn. (Ch. D.)

GASAR. (*Conchyl.*) C'est sous ce nom qu'Adanson (Sénég., p. 96, pl. 14) donne la figure et surtout une excellente description de l'huitre des arbres ou parasite. Voyez Huître. (De B.)

GASCANEL, GASCANET, GASCON (*Ichthyol.*) : noms vulgaires du caranx trachure, *caranx trachurus*. Voyez Caranx. (H. C.)

GASCHVE (*Bot.*), nom arabe de l'*ipomena triflora* de Forskal, qui croit dans l'Égypte. (J.)

GASCON (*Ichthyol.*) Voyez Gascanel. (H. C.)

GASELLE (*Mamm.*), nom tiré de l'arabe Gazal. Voyez ce mot. (F. C.)

GASI-ALCHALEB. (*Bot.*) Voyez Chasi-attraler. (J.)

GASIOR (*Ornith.*), nom polonois de l'oie domestique, *anas anser*, Linn. (Ch. D.)

GASOITO (*Ornith.*), nom italien de la grive draine, *turdus viscivorus*, Linn. (Ch. D.)

GASTA (*Ichthyol.*), un des nombreux noms par lesquels la sardine est désignée. Voyez CLUPÉE. (H. C.)

GASTAUDELLO. (*Ichthyol.*) A Nice l'on appelle ainsi le scombrésoce campérien, dit M. Risso. Voyez SCOMBRÉSOCE. (H. C.)

GASTEROPELECUS. (*Ichthyol.*) Voyez SERPE et STERNICLE. (H. C.)

GASTÉROMYCIENS, *Gasteromyci.* (*Bot.*) Voyez GASTROMYCIENS. (LEM.)

GASTÉROPLÈQUE. (*Ichthyol.*) Gronou a établi sous le nom de *gasteroplecus* un genre de poissons des mers d'Amérique, dont le ventre est très-tranchant et dont il n'a point aperçu les catopes. Linnæus, qui les a aperçus, a placé ce poisson parmi les clupées, sous les doubles noms de *clupea sternicla* et de *clupea sima.* Pallas, lui ayant reconnu une seconde nageoire dorsale adipeuse, l'a fait entrer dans le genre *Salmo,* sous l'appellation de *salmo gaster; plecus.* M. de Lacépède l'a laissé parmi les clupées sous le nom de clupée feinte. Voyez STERNICLE. (H. C.)

GASTÉROPODES (*Malacoz.*), mot hybride. Voyez GASTROPODES. (DE B.)

GASTÉROSTÉE, *Gasterosteus.* (*Ichthyol.*) Les ichthyologistes ont appelé de ce nom, tiré du grec, γαστὴρ, *venter,* et ὀστέον, *os,* un genre de poissons qui appartient à la famille des astractosomes, et dont toutes les espèces ont des catopes qui semblent formés uniquement d'un aiguillon mobile, articulé sur un sternum osseux à l'aide d'un crochet particulier. Ce genre, établi primitivement par Artédi, conservé et augmenté par Linnæus, subdivisé en plusieurs autres par MM. de Lacépède et Cuvier, est facile à reconnoître aux caractères suivans, outre celui qu'indique son nom lui-même :

Point de fausses nageoires derrière les nageoires du dos et de l'anus; nageoire dorsale unique, aiguillonnée; écailles lisses; os du bassin formant entre les catopes un bouclier pointu en arrière, et remontant par deux apophyses de chaque côté; une carène de chaque côté de la queue.

On distinguera donc aisément les GASTÉROSTÉES des SCOMBRES, des TRACHINOTES, des SCOMBÉROMORES, des SCOMBÉROÏDES, qui ont des fausses nageoires derrière celles du dos et de l'anus;

des Centronotes et des Cæsiomores, qui ont plus de quatre rayons à chaque catope ; des Lépisacanthes, qui ont les écailles très-épineuses : des Céphalacanthes, des Cæsions, des Caranxomores, qui ont leur nageoire dorsale sans aiguillons ; et, enfin, des Pomatomes, des Centropodes, des Caranx et des Istiophores. qui ont deux nageoires du dos. Voyez Atractosomes, dans le Supplément du 5.e volume de ce Dictionnaire.

Les espéces connues dans ce genre sont peu nombreuses et présentent toutes de petites dimensions.

L'Épinoche, Épinarde ou Escharde : *Gasterosteus aculeatus*, Linn. ; Bloch, 53, fig. 3. Tête tronquée antérieurement ; bouche grande ; mâchoires également avancées ; yeux saillans ; iris argenté ; ligne latérale recouverte de plaques osseuses transversales. qui forment de chaque côté une espèce de cuirasse ; trois aiguillons alongés et isolés l'un de l'autre en avant de la nageoire du dos : taille de trois pouces et demi au plus.

Ce poisson a la partie supérieure de son corps d'un brun verdâtre et parsemée de petits points noirs ; l'inférieure brille de l'éclat de l'argent ; sa gorge et sa poitrine montrent souvent celui du rubis ; ses nageoires sont d'un jaune doré. Sa chair est fade et sans aucune saveur. Son foie est très-volumineux et trilobé. Il n'y a point de cœcum près du pylore.

L'épinoche, qu'on trouve à peu près par toute l'Europe, dans les ruisseaux, où elle vit en troupes nombreuses, et quelquefois à l'embouchure des fleuves dont le cours est lent, est l'un des plus petits poissons que l'on connoisse. Elle dépose, au printemps, ses œufs sur les plantes aquatiques, qui les maintiennent à une distance assez rapprochée de la surface des eaux pour qu'il leur soit permis d'éprouver l'influence bienfaisante des rayons du soleil. Elle nage avec vitesse quand le temps est beau et serein : mais, lorsque le ciel est couvert, elle se tient en repos et se laisse prendre aisément.

Elle se nourrit de vers, de chrysalides, d'insectes aquatiques, de petits poissons qui viennent d'éclore. Les aiguillons dont son dos est armé, le bouclier et les lames qui revêtent son corps, les épines de ses catopes la mettent à l'abri des attaques des ennemis que sa petite taille semble devoir lui attirer. Malheur au poisson inexpérimenté et vorace qui l'engloutit dans sa gueule! Elle s'y arrête en redressant ses épines, et venge ainsi sa mort par elle-même.

Des vers intestinaux habitent communément l'intérieur du corps de cet animal. Une espèce de binocle, que Geoffroy a décrite dans son Histoire des insectes des environs de Paris, le tourmente aussi, en s'attachant fortement à son corps pour le sucer.

Dans plusieurs contrées on pêche les épinoches, afin de les répandre par milliers dans les champs, où elles servent d'engrais, ou pour nourrir, dans les basses-cours, des canards, des oies, des cochons, et d'autres animaux domestiques. On en retire aussi, par expression, une huile bonne à brûler: c'est ce qui arrive en particulier dans les environs de Dantzick.

L'Épinochette : *Gasterosteus pungitius*, Linn.; Bloch, 53, 4. Neuf ou dix aiguillons sur le dos; point de plaques sur les côtés du corps; écailles peu visibles; dos jaune; ventre argenté. Taille d'environ vingt lignes.

L'épinochette est le plus petit de nos poissons d'eau douce. Elle vit en troupes nombreuses dans les lacs et dans les mers de l'Europe, en particulier dans la Baltique. Au printemps, elle fréquente les embouchures des fleuves, et M. Noël l'a vue dans la Seine jusqu'à Quillebœuf.

Les pêcheurs n'en font aucun cas et la rejettent comme inutile.

Le docteur Mitchill, de New-York, a fait connoître récemment' deux gastérostées d'Amérique, sous les noms de *gasterosteus biaculeatus*, et de *gasterosteus quadratus* : le peu de particularités qu'offrent ces deux poissons nous oblige à ne point nous y arrêter. (H. C.)

GASTÉROSTÉE DU JAPON. (*Ichthyol.*) Voyez Lépisacanthe. (H. C.)

GASTÉROSTÉE PILOTE. (*Ichthyol.*) Voyez Centronote. (H. C.)

GASTÉROSTÉE SPINACHIE. (*Ichthyol.*) Voyez Gastré. (H. C.)

GASTERUPTION. (*Entom.*) M. Latreille avoit désigné sous ce nom de genre celui que M. Fabricius a formé sous le nom de Foene (voyez ce mot). Ce sont des hyménoptères entomotiles, à abdomen comprimé en faucille, inséré sur le dos du corselet, et dont la tête est portée sur une sorte de cou. (C. D.)

GASTON, *Gastonia.* (*Bot.*) Genre de plantes dicotylédones, à fleurs polypétalées, irrégulières, de la famille des *araliacées*, de la *décandrie dodécagynie* de Linnæus, offrant pour caractère essentiel : Un calice court, à bords entiers; cinq, plus souvent six pétales élargis à leur base; dix ou douze étamines, deux en face de chaque pétale; un ovaire inférieur, surmonté de dix à douze styles fort petits, réunis à leur base; une capsule à dix ou douze loges.

Ce genre a été consacré par Commerson à la mémoire de Gaston, duc d'Orléans, frère de Louis XIII, à qui l'on doit l'établissement d'un jardin de botanique à Blois, dont il donna la direction à Morison, qu'il favorisa dans ses travaux.

GASTON A ÉCORCE SPONGIEUSE : *Gastonia spongiosa,* Commers., *Herb. mss. et Icon.;* Lamk., Encycl., vol. 2; vulgairement BOIS D'ÉPONGE. Grand arbre, revêtu d'une écorce spongieuse et noirâtre, chargé de rameaux épais, fragiles, marqués, après la chute des feuilles, de larges cicatrices. Les feuilles sont situées à l'extrémité des rameaux, éparses ou **rapprochées**, ailées ordinairement avec une impaire, composées de trois ou quatre paires de folioles fermes, épaisses, ovales, sessiles, glabres, obtuses, très-entières, d'un noir rougeâtre en-dessus, de couleur pâle en-dessous, larges d'environ deux pouces. Les fleurs naissent en grappes latérales et rameuses; les dernières ramifications soutiennent des ombelles à rayons divergens, uniflores, longs d'un pouce, sans involucre. Ces fleurs sont d'une couleur un peu ferrugineuse; leur calice est court, d'une seule pièce et comme tronqué à son bord; les pétales lancéolés, attachés au bord intérieur du calice, courbés en dehors, concaves à leur sommet; dix à douze étamines disposées en couronne autour du pistil; les filamens courts, subulés; les anthères jaunâtres, striées. Le fruit, vu très-jeune, paroît être une capsule couronnée par le rebord du calice, et divisée intérieurement en douze loges. Cette plante croît dans les bois, aux îles de France et de Bourbon. Elle fleurit dans le courant du mois de Janvier. (Poir.)

GASTRÉ, *Spinachia*. (*Ichthyol.*) M. Cuvier a donné ce nom à un genre de poissons qu'il a séparé des gastérostées de Linnæus, et qui appartiendroit à la famille des atractosomes, sans la disposition de ses catopes. Il lui assigne les caractères suivans:

Catopes abdominaux; ligne latérale armée comme dans les caranx; corps alongé; épines dorsales nombreuses.

On ne connoît qu'une espèce dans ce genre, c'est

La Spinachie : *Spinachia vulgaris*, N. ; *Gasterosteus spinachia*, Linn.; Bloch, 53, 1. Quinze aiguillons au-devant de la nageoire du dos; des lames dures sur les côtés du corps; museau tubulé; ouverture de la bouche petite; opercules ciselées en rayons; nageoire caudale arrondie. Taille de six à sept pouces. Dos jaune; ventre argenté.

Les spinachies ne fréquentent point les eaux douces; elles abondent dans la mer du Nord et dans la Baltique, et sont très-communes sur les côtes de la Hollande en particulier. Elles vivent de vers, d'insectes, de petits crustacés. Les pauvres se nourrissent de leur chair, qui fournit une assez grande quantité d'huile bonne à brûler, et avec laquelle on fume les terres. (H. C.)

GASTRIDIER ; *Gastridium*, Palis. (*Bot.*) Genre de plantes monocotylédones, de la famille des *graminées*, Juss., et de la *triandrie digynie*, Linn., dont les principaux caractères sont les suivans : Calice de deux glumes ventrues en leur partie inférieure, contenant une seule fleur à deux balles trois fois plus courtes que les glumes; l'extérieure à trois ou quatre dents, et chargée d'une arête au-dessous de son sommet; l'intérieure bidentée : trois étamines, un ovaire supérieur, surmonté de deux styles courts, à stigmates velus; une seule graine. Ce genre ne renferme qu'une seule espèce.

Gastridier lendigère : *Gastridium lendigerum*. Desf., H. R. P., 1815, p. 13; *Gastridium australe*, Palis., *Agrost.*, 21, tab. 6, fig. 6; *Milium lendigerum*, Linn., *Spec.*, 91; Schreb., *Gram.*, 14, tab. 23, fig. 5. Sa racine, fibreuse, annuelle, produit plusieurs chaumes droits, hauts de six pouces à un pied, garnis de quelques feuilles linéaires, et terminés par des fleurs nombreuses, d'un vert clair, disposées en une panicule resserrée et ayant la forme d'un épi. Cette plante se trouve, dans les moissons, en France et dans le midi de l'Europe. (L. D.)

GASTRIDIUM. (*Bot.*) Les plantes cryptogames de la famille des algues, que Lyngbye met dans ce genre, avoient été placées autrefois dans les genres *Ulva* et *Conferva* de Linnæus, et puis par Lamouroux dans les genres qu'il a nommés *Dumontia*, *Gigartina* et *Ulva*.

Lyngbye caractérise ainsi ce genre : Fronde cylindrique, tubuleuse, rameuse ou simple, gélatineuse, quelquefois offrant des contractions ou resserremens qui la font paroître comme articulée ; graines nues, plongées dans la substance des petites ramifications.

Ces caractères sont, à peu de chose près, les mêmes que ceux fixés par M. Lamouroux au genre Dumontia. La seule différence seroit dans les espèces d'articulations qu'offrent ces plantes, articulations qui sont quelquefois très-renflées et ventrues, ce qui a fait donner à ce genre son nom de *gastridium*, dérivé d'un mot grec qui signifie ventricule. Ce genre est peu naturel, si l'on consent à y rapporter à la fois l'*ulva incrassata*, *Flor. Dan.* (*dumontia*, Lamx.), les *fucus clavellosus* et *kaliformis*, Turn. (*gigartinæ*, Lamx.), et l'*ulva lubrica*, Turn.

Lyngbye rapporte à ce genre huit espèces d'algues marines : voici la description des plus remarquables.

1.° *Espèces à fronde rameuse.*

GASTRIDIUM FILIFORME : *Gastridium filiforme*, Lyngb., *Tent.*, *hydroph.*, page 68, tab. 17 ; *Ulva filiformis*, *Flor. Dan.*, tab. 1480, fig. 2 ; *Ulva purpurascens*, *Engl. Bot.*, tab. 641. Fronde cylindrique ou comprimée, presque égale en diamètre, rameuse ; rameaux épars, presque simples, alongés, un peu écartés.

1.re *Variété.* A rameaux cylindriques, renflés vers leur extrémité : c'est l'*ulva incrassata*, *Flor. Dan.*, tab. 655 ; le *conferva fistulosa*, Roth ; le *dumontia incrassata*, Lamx.

2.e *Variété.* A rameaux simples : c'est l'*ulva spongiformis*, *Flor. Dan.*, tab. 763, fig. 2.

5.ᵉ *Variété.* Plus grande, rugueuse, à rameaux peu nombreux et très-simples.

4.ᵉ *Variété.* De couleur blonde.

Ces diverses variétés croissent dans l'Océan, fixées aux pierres : elles forment des touffes longues de six à sept pouces.

GASTRIDIUM PURPURIN ; *Gastridium purpurascens*, Lyngb., *l. c.* Fronde filiforme, rameuse ; rameaux et leurs divisions distiques, presque opposés ; dernières ramifications pennées, à découpures fines et opposées. Cette plante, présumée être l'*ulva purpurascens*, Huds., croît sur les côtes de Feroë, attachée aux rochers et aux plantes marines : elle forme des touffes plus ou moins denses et longues de cinq à sept pouces.

A cette première division appartiennent les *fucus clavellosus* et *kalliformis*, Turn. (Voyez GIGARTINA.)

2.° *Espèces à fronde simple.*

GASTRIDIUM OPUNTIA ; *Gastridium opuntia*, Lyngb., *l. c.* p. 71, tab. 18. Fronde cylindrique, lancéolée, atténuée à la base, réticulée, lorsqu'on la regarde avec la loupe. Cette espèce est parasite et croît, en été, sur les plantes marines des côtes de la Norwvége. Ses frondes olivâtres ont d'un à trois pouces de longueur : elles sont membraneuses, très-délicates, molles et agréablement réticulées par un réseau à mail hexagone, caractère qui semble devoir faire rentrer cette plante dans le genre *Dyctiota*.

GASTRIDIUM OVALE ; *Gastridium ovale*, Lyngb., *l. c.*, p. 72, tab. 18. Fronde verte, simple, tubuleuse, oviforme ou ovale-enflée, très-tenace par rapport à sa petitesse, remplie d'une masse aqueuse. Cette plante, de la grosseur d'un pois, ou de deux à trois lignes de longueur, a été observée, sur les côtes de Feroë, adhérente aux rochers baignés par la mer. Elle s'éloigne beaucoup des espèces de ce genre que nous venons de décrire, et se rapproche infiniment des *ulva nostoch* et *bullata*, Decand., ainsi que des genres *Rivularia* et *Endosperma*. On trouve dans l'île Sainte-Croix une espèce très-voisine, peut-être la même ; mais elle a la grosseur d'un œuf de pigeon.

Lyngbye rapporte à cette division les *ulva lubrica*, Roth, et *cylindrica*, Wahlenberg, *Flor. Lap.*, tab. 30, fig. 1. La première espèce est le *ruvularia lubrica* de la Flore françoise, 2.ᵉ édit., et la seconde le *rivularia cylindrica* de Hooker, *Iter Isl.*, p. 71, 82 et 271. (Lem.)

GASTROBRANCHE, *Gastrobranchus*. (*Ichthyol.*) Bloch a donné ce nom à un genre de poissons que MM. de Lacépède et Cuvier ont adopté et auquel on n'a encore rapporté que deux espèces. L'une d'elles a servi à M. le professeur Duméril à l'établissement d'un nouveau genre dans la famille des cyclostomes, et l'autre constitue le genre Myxine de Linnæus. Nous avons décrit la première à l'article Epҫatrème; c'est le *gastrobranche Dombey* de M. de Lacépède : nous parlerons de la seconde, qui est le *gastrobranchus cæcus* de Bloch, au mot Myxine. Voyez aussi Cyclostomes. (H. C.)

GASTROCHÈNE. (*Foss.*) Voyez Fistulane fossile. (D. F.)

GASTROCHŒNE, *Gastrochæna*. (*Malacoz.*) Genre de mollusques acéphales, de notre famille des pyloridées, de celles des enfermés de M. Cuvier, des pholadaires, Lmck., établi par Spengler, et admis, par la plupart des zoologistes modernes, pour quelques espèces de pholades dont la coquille n'offre aucune trace de dents à la charnière, qui est linéaire et marginale, et dont les valves, égales, triangulaires, sont extrèmement bâillantes, surtout vers l'une des extrémités. L'on ajoute que l'animal diffère beaucoup de celui des pholades, en ce que les bords de son manteau ne sont pas réunis inférieurement, et que les deux longs tubes qui terminent le corps, quoique fort extensibles, peuvent rentrer entièrement dans la coquille. M. de Lamarck dit que c'est par la grande ouverture formée par l'écartement des valves que sortent ces tubes, tandis que, suivant M. Cuvier, et avec plus de raison ce nous semble, le manteau est percé de ce côté pour laisser sortir le pied, qui paroît être fort petit. Alors les tubes sortiroient du côté de la pointe de la coquille, comme cela a lieu dans les pholades. Quoi qu'il en soit, toutes les espèces de ce genre vivent dans la substance des madrépores, et sont par conséquent térébrantes.

M. de Lamarck compte trois espèces de gastrochænes :

1.ᵉ La G. cunéiforme; *G. cuneiformis*, Sprengl., Nov. act. Dan., 2, fig. 8 — 11; *Pholas hians*, Gmel.; Chemnitz, *Conch.*, tab. 172, fig. 1678 — 1681. Petite coquille, d'un blanc grisàtre, en forme de coin, mince, presque pellucide, avec des stries transverses arquées.

Dans les roches calcaires des iles de France et d'Amérique.

2.° La G. MYTILOÏDE; *G. mytiloïdes*, Lmck. Coquille ovale; les valves ornées de rugosités transverses brunes et distinguées par un espace longitudinal en forme de pyramide.

Isle-de-France.

3.° La G. MODIOLINE : *G. modiolina*, Lmck. ; *Mya dubia*, Pennant, *Zool. Brit.*, 4, pl. 44, fig. 19. Très-petite coquille, extrêmement fragile, avec les sommets saillans avant la base, qui se trouve sur les côtes d'Angleterre et sur celle de la Rochelle.

M. Cuvier croit aussi devoir distinguer de la G. cunéiforme ou du *Ph. hians* de Chemnitz, la coquille que cet auteur a figurée sous le n.° 1681, et dont les sommets sont presque médians. M. de Lamarck ne paroît pas être de cette opinion. (DE B.)

GASTRODIA. (*Bot.*) Ce genre, établi par M. Rob. Brown, *Prodr. Nov. Holl.*, 1, pag. 330, s'éloigne peu des *limodorum*. (Voyez LIMODORE.) Il paroît se rapprocher du *limodorum epipogium* de Swartz. Son caractère consiste dans une corolle tubulée, d'une seule pièce, divisée en six lobes, le sixième en forme de lèvre libre, détachée, onguiculée, inclinée sur le corps du pistil ; celui-ci est alongé, concave à son sommet, épaissi antérieurement à l'endroit du stigmate ; une anthère mobile, terminale, caduque, à deux loges rapprochées ; les masses du pollen composées de particules anguleuses, qui se séparent avec élasticité.

M. Brown n'en cite qu'une seule espèce, sous le nom de *gastrodia sesamoides*, dont les racines sont charnues, rameuses, articulées; la hampe garnie d'écailles vaginales, courtes, alternes ; les fleurs disposées en grappes étalées ; la corolle blanche ou jaunâtre, assez semblable à celle du *sésame*. Cette plante, qui exigeroit d'autres détails pour être mieux connue, croît à la Nouvelle-Hollande sur les racines des arbres. Les pétales, réunis et soudés à la partie inférieure, représentent une corolle monopétale, tubulée. Considérée sous ce rapport, cette plante peut être distinguée des *limodorum*, ainsi que l'a fait M. Brown. (POIR.)

GASTROLOBIUM. (*Bot.*) Genre de plantes dicotylédones, à fleurs complètes, papillonacées, de la famille des *légumineuses*, de la *décandrie monogynie* de Linnæus, qui a des rapports avec le *sclerothamnus*, offrant pour caractère essentiel : Un calice à deux lèvres, à cinq divisions, non accompagné de bractées ; une corolle papillonacée ; les pétales presque tous de la même longueur ; dix étamines libres ; un ovaire pédicellé, à deux ovules, surmonté d'un style subulé, ascendant et d'un stigmate simple. Le fruit est une gousse ventrue.

Gastrolobium a deux lobes ; *Gastrolobium bilobum*, Robert Brown, *in Ait. edit. nov.*, vol. 3, pag. 16. Plante découverte sur les côtes de la Nouvelle-Hollande. Ses tiges sont ligneuses ; ses rameaux garnis de feuilles alternes, à deux lobes, longues d'un pouce, émoussées à leur sommet, soyeuses à leur face inférieure ; les lobes arrondis ; une pointe mucronée, plus courte que les lobes ; les gousses ventrues, pédicellées dans le calice : le pédicelle de la longueur du tube du calice. (Poir.)

GASTROMYCIENS, *Gastromyci* et *Gasteromyci*. (*Bot.*) Deuxième ordre de la famille des champignons dans la méthode de Link. Les champignons qui le constituent, sont globuleux ou sphéroïdes, composés d'une membrane (*sporangium*, Link) qui contient des séminules nues. Cet ordre est subdivisé en huit séries :

1.° Les Mucidées ;
2.° Les Solidées ;
3.° Les Diversisporées ;
4.° Les Flocconnées ;
5.° Les Mycétodéens ;
6.° Les Compositées ;
7.° Les Rhanthisporées ;
8.° Les Solido - Grumosées. (Voyez ces articles.)

L'établissement de l'ordre des gastromyciens est dû à Willdenow ; il a reçu depuis lui de très-grands développemens, surtout de la part de Link, et de T. F. L. Nées ab Esenbeck, dans son *Radix plantarum mycetoidearum*. (Lem.)

GASTROPLACE, *Gastroplax*. (*Malacoz.*) Genre de mollusques de la famille des laplysies ou de l'ordre des Monopleurobranches de M. de Blainville, et de celui des Tectibranches de M. Cuvier, établi par le premier pour un animal fort singulier qu'il a observé, décrit et figuré dans la Collection du Muséum britannique, faveur qu'il doit à l'amitié de M. le docteur Leach. L'extrait de son travail a été publié dans le Bulletin par la Société philomatique, année 1819, p. 178. Les caractères de ce genre sont : Corps ovalaire, adhérent en-dessus? très-déprimé, pourvu inférieurement d'un large disque, musculaire ou pied, dépassant de toutes parts le manteau, qui est à peine marqué; une sorte d'entonnoir en avant, au fond duquel est la bouche et deux tentacules buccaux en forme de crête et pédiculés; deux tentacules supérieurs fendus et lamelleux à l'intérieur; branchies nombreuses et formant un long cordon qui occupe tout le côté antérieur et droit d'un sillon qui sépare le corps du pied; anus à la partie postérieure du cordon branchial; les deux sexes sur le même individu et dont les orifices distincts communiquent entre eux par un sillon extérieur; coquille non symétrique, tout-à-fait plate en-dessus comme en-dessous, à bords irréguliers, à sommet à peine visible et excentrique, adhérente sous la partie gauche du pied.

On ne connoît encore qu'une seule espèce de ce genre, que M. de Blainville a proposé de nommer le G. TUBERCU-LEUX, G. *tuberculosus*. Sa coquille seule a été figurée par Chemnitz, sous le nom de *patella umbracula*, et les marchands la désignent communément par la dénomination de *parasol chinois*. Comme la définition donnée plus haut paroîtra sans doute fort singulière, nous allons donner la description de l'animal tel que nous l'avons vu en bon état de conservation dans l'alcool. Le corps est fort large, déprimé, presque rond, un peu pointu en arrière et fortement échancré en avant dans la ligne médiane : assez épais au milieu du dos, qui est tout-à-fait plane, il s'amincit peu à peu jusqu'aux bords, en sorte que ses côtés sont en talus. La partie moyenne ou plate, formant le dos proprement dit, n'étoit couverte que par une peau blanche, molle, mince, et qui sans doute étoit garantie de l'action des corps extérieurs d'une manière quelconque : en effet, cette espèce d'élévation étoit circonscrite par une bande musculaire, au bord de laquelle étoit la partie libre du manteau, très-peu saillante, fort mince et déchirée évidemment d'une manière

18.   12

fort irrégulière. Au-delà de ce bord libre, le dessus de l'animal est celui du pied, et il est couvert d'une très-grande quantité de tubercules de différentes grosseurs; mais, entre le manteau et le bord du dessus du pied se trouve un large espace ou sillon dont la peau étoit lisse, et dans la partie antérieure et latérale droite duquel se trouve une longue série de branchies nombreuses en forme de pyramide épaisse et que ce qui restoit des bords du manteau étoit bien loin de pouvoir recouvrir. A la partie antérieure du dos du pied est un autre large sillon, partant à angle droit du premier, qui va se terminer dans l'échancrure marginale dont il a été parlé plus haut. Au point d'embranchement des deux sillons se voit à droite et à gauche un organe de forme singulière, roulé en cornet, et dont l'intérieur est tapissé par une membrane finement plissée : c'est l'analogue de ce qu'on nomme les tentacules supérieurs des laplysies. En avant et dans le sillon antérieur est un gros bourrelet communiquant, au moyen d'une fente assez courte, avec un orifice, terminaison de l'appareil femelle de la génération. L'échancrure marginale antérieure conduit dans un large entonnoir, dont le bord épais est fendillé. Dans sa partie la plus profonde se trouve un gros mamelon saillant avec une fente verticale pour la bouche, et de chaque côté une sorte de crête ou d'appendice cutané, assez irrégulièrement dentelé dans son contour et attaché seulement par une espèce de pédicule qui occupe à peu près le milieu d'un des longs bords : ce sont les tentacules buccaux. Enfin, toute la partie inférieure de ce singulier mollusque est formée par un disque musculaire énorme, tout-à-fait plat, blanc, lisse, absolument comme dans les mollusques gastropodes; mais, ce qui est le plus singulier, c'est que tout le côté droit, et même une grande partie du milieu de ce pied, étoit recouvert par un disque crétacé ou une coquille tout-à-fait plate, composée, comme à l'ordinaire, de couches appliquées les unes contre les autres, et à laquelle adhèrent évidemment et très-fortement les fibres musculaires du pied, qui se trouvoient au-dessous.

Quant à la structure intérieure, M. de Blainville a trouvé beaucoup de rapports avec celle de la laplysie: la masse buccale très-forte est pourvue de ses muscles et d'une plaque dentaire linguale, et de glandes salivaires. L'œsophage, fort court, se dilate presque aussitôt en un vaste estomac membraneux, enveloppé dans le lobe postérieur et le plus volumineux du foie, qui y verse la bile par quatre ouvertures. Le canal intestinal est large; après deux ou trois courbures il va se terminer en arrière de la série branchiale par un orifice flottant. Les branchies sont bordées par une grosse veine, dans laquelle se termine successivement chaque veine branchiale; le cœur, formé, comme à l'ordinaire, d'une oreillette où arrive la veine branchiale, et d'un ventricule d'où sortent les deux aortes, se trouve situé presque transversalement un peu en avant de la moitié antérieure du dos. Quant aux organes de la génération, ils sont presque semblables à ceux des laplysies. Le cerveau, situé comme de coutume, est composé de trois ganglions symétriques de chaque côté; des deux antérieurs naissent les nerfs antérieurs, et du troisième l'anneau sous-œsophagien.

On ne connoît rien sur les mœurs de cet animal vivant dans les mers de la Chine; mais, d'après la position extrêmement anomale de la coquille, il est difficile de concevoir comment il pourroit ramper. Aussi M. de Blainville, s'appuyant sur ce que le dos, couvert d'une peau extrêmement mince, a dû aussi être mis à l'abri de l'action des corps extérieurs, a supposé que ce mollusque étoit, pour ainsi dire, compris entre deux corps protecteurs, l'un inférieur, ou la coquille, et l'autre supérieur, qui pourroit être ou une sorte de valve extrêmement mince et adhérente comme dans les anomies, ou même quelque rocher : hypothèse que peut encore étayer la cavité au fond de laquelle est la bouche, et vers laquelle les tentacules pédiculés pourroient, par leur mouvement, déterminer l'arrivée des substances nutritives. (De B.)

GASTROPODES , *Gastropoda*. (*Malacoz.*) Dénomination que M. G. Cuvier, dans ses premiers travaux sur la classification des animaux mollusques, a substituée à celle de *limaces* de Pallas, et surtout à celle de *repentia*, qu'avoit employée Poli pour désigner toutes les espèces de mollusques, nus ou conchifères, qui rampent sur le ventre à la manière des limaces. C'est dans sa Méthode la troisième classe des mollusques, comme on pourra le voir à l'article Malacologie, où nous en donnerons l'analyse.

M. de Lamarck. qui emploie aussi cette dénomination, quoique d'une manière moins importante, la restreint aux mollusques dont le plan musculaire locomoteur occupe toute la partie inférieure du ventre, ou l'abdomen, donnant celle de Trachélipodes aux espèces chez lesquelles il est attaché par une sorte de pédicule sous le cou, comme dans les coquillages spirivalves.

Dans notre manière de voir, ce mot n'indique plus qu'un caractère d'ordre, et souvent même de genre seulement : il indique que l'organe de la locomotion occupe toute la face inférieure de l'abdomen. (De B.)

GASZ. (*Ornith.*) L'oie domestique, *anas anser*, Linn., est ainsi appelée dans la Frise. (Ch. D.)

GAT, KAT (*Bot.*), noms arabes du *catha* de Forskal, qui est une espèce de *celastrus*, selon Vahl. (J.)

GATA (*Mamm.*), nom de la chatte domestique en portugais. (F. C.)

GATA. (*Ichthyol.*) Les Espagnols, d'après Parra, donnent ce nom à un chien de mer que M. Schneider appelle *squalus punctatus.* (H. C.)

GATAF, RAGHAT. (*Bot.*) Dans l'Égypte on nomme ainsi l'*atriplex glauca*, suivant Forskal. (J.)

GATALES (*Bot.*), un des noms grecs de l'astragale, suivant Mentzel. (J.)

GATAN. (*Conchyl.*) Adanson (Sénég., p. 255, pl. 17) en fait une espèce de chame ; Gmelin, une espèce de *solen* sous le nom de *solen vespertinus*. (De B.)

GATANGIER (*Ichthyol.*), nom marseillois de la roussette, *squalus canicula*, Linn. Voyez Roussette. (H. C.)

GATBA. (*Bot.*) Ce nom et celui d'*eddraejsi* sont donnés dans l'Arabie, suivant Forskal, à la herse, *tribulus terrestris*, et celui de *kotaba*, a son *tribulus hexandrus*, que M. Delile nomme *tribulus alatus*. Celui-ci cite encore pour le premier le nom de *kharchoum-el-nageb* dans la haute Égypte, et de *kenyssakout* dans la Nubie. Pour la même Rauwolf cite le nom arabe *haseck*, et Daléchamps ceux de *husach* et *haserk*. (J.)

GATEAU (*Entom.*) On nomme ainsi les plaques formées par l'accolement des alvéoles horizontales des abeilles, et qui sont simples et verticales dans les gâteaux des guêpes. Voyez ABEILLE A MIEL et GUÊPE. (C. D.)

GATEAU FEUILLETÉ (*Conchyl.*), nom marchand du *chama Lazarus*. (DE B.)

GATEAUX DE LOUP. (*Bot.*) Voyez CÈPES PINAUX (Tome VII, page 401) et PINAU MOYEN. (LEM.)

GATERIN (*Ichthyol.*), nom arabe d'un poisson que Forskal et Linnæus ont placé parmi les sciènes. C'est l'holocentre gaterin des ichthyologistes modernes. Voyez HOLOCENTRE. (H. C.)

GATI-ÉGER, GAATI-ÉGER (*Mamm.*), noms hongrois du rat d'eau. Voyez CAMPAGNOL. (F. C.)

GATIFE (*Bot.*), nom arabe de l'œillet d'Inde, *tagetes*, suivant Forskal. M. Delile le nomme *qatifeh*. (J.)

GATILIER; *Vitex*, Linn. (*Bot.*) Genre de plantes de la famille des *verbénacées*, Juss., et de la *didynamie angiospermie*, Linn., qui a pour caractère : Un calice monophylle, court, campanulé, à cinq dents inégales; une corolle monopétale, à tube plus long que le calice, et à limbe un peu bilabié, partagé en cinq divisions très-inégales; quatre étamines didynames; un ovaire supérieur, arrondi, surmonté d'un style filiforme, terminé par deux stigmates; un petit drupe un peu sec, contenant un osselet à quatre loges monospermes.

Les gatiliers sont des arbres ou des arbrisseaux à feuilles opposées, communément digitées ou ternées, rarement simples, et à fleurs souvent disposées en panicules terminales ou axillaires. On en connoît environ vingt espèces propres aux pays chauds des diverses parties du globe; une seule d'elles croît naturellement dans les parties méridionales de l'Europe.

GATILIER COMMUN : *Vitex agnus castus*, Linn., *Spec.*, 890; Duham., nouv. éd., vol. 6, pag. 115, tab. 55. Cette espèce, connue vulgairement sous les noms d'*agnus castus*, d'arbre au poivre, est un arbrisseau de dix à douze pieds de haut, dont les jeunes rameaux sont effilés, pubescens, légèrement tétragones, garnis de feuilles pétiolées, composées le plus souvent de sept, quelquefois, mais plus rarement, de cinq folioles lancéolées, entières, glabres et d'un vert foncé en-dessus, couvertes en-dessous d'un duvet court, serré et grisâtre. Ses fleurs sont bleuâtres, quelquefois rougeâtres, ou tout-à-fait blanches, réunies plusieurs ensemble par petits groupes opposés, presque sessiles, un peu écartés, et disposées, en grappes interrompues, au sommet des rameaux ou dans les aisselles des feuilles supérieures. Les fruits qui leur succèdent sont globuleux, à peine de la grosseur d'un grain de poivre; ils ont une saveur âcre et aromatique : on leur donne communément, dans les pays où ils viennent naturellement, les noms de poivre sauvage, de petit poivre. Le gatilier commun se trouve sur les bords des rivières et dans les lieux humides du midi de la France, en Italie, en Sicile.

Les anciens avoient donné le nom d'*agnus castus* à cet arbrisseau, parce qu'ils lui croyoient la propriété d'éteindre les désirs amoureux : mais ils étoient évidemment dans l'erreur : car la saveur âcre et aromatique de toutes ses parties, et l'huile volatile qu'elles contiennent, annoncent bien plutôt qu'elles sont douées d'une faculté excitante, et, sous ce rapport, elles pourroient bien plutôt allumer les passions qu'elles ne seroient propres à les éteindre.

GATILIER DÉCOUPÉ ; *Vitex incisa*, Lamck., Dict. enc., 2, p. 612. Cette espèce a le même port que la précédente, mais elle en diffère d'ailleurs, parce qu'elle s'élève moitié moins; parce que ses rameaux ne sont pas pubescens; parce que ses feuilles ne sont composées que de trois à cinq folioles lancéolées, profondément incisées ou presque pinnatifides, et parce que ses fleurs sont plus petites, disposées par étages, plus distinctement pédonculées. Ses fleurs sont bleuâtres ou blanchâtres. Cet arbrisseau passe pour être originaire de la Chine.

Les deux gatiliers que nous venons de décrire sont les seules espèces de ce genre qui soient cultivées en pleine terre dans les jardins. Fleurissant en Août et Septembre, quelquefois même encore en Octobre, lorsque leur floraison a été retardée, ils sont très-propres, par cette raison, à servir à l'ornement des jardins, dans lesquels les fleurs sont rares à cette époque. Ces deux arbrisseaux s'accommodent de toute sorte de terre, pourvu qu'elle soit un peu humide, ou au moins pas trop sèche, et ils viennent mieux à une exposition un peu ombragée qu'au grand soleil. Ils ne craignent pas le froid, à moins qu'il ne devienne très-rigoureux ; et encore si, dans ce cas, il arrive que leurs tiges et leurs rameaux se trouvent frappés par de fortes gelées, ces parties sont ordinairement les seules qui périssent, et les racines repoussent, au printemps suivant, de nouvelles tiges qui ont bientôt réparé le dommage.

Les gatiliers se multiplient bien de graines, qu'on peut semer en pleine terre, à la fin d'Avril, et à l'exposition du midi ou du levant, ou mieux dans des terrines sur couche et sous châssis ; mais, comme le plant qui en provient ne croît que lentement, les jardiniers préfèrent le plus souvent les multiplier de marcottes ou de boutures, qui viennent plus rapidement. (L. **D.**)

GATO (*Mamm.*), nom espagnol et portugais du chat domestique. (F. C.)

GATTAIR (*Ornith.*), nom arabe qui, suivant Forskal (*Descript. animalium*, etc., pag. 5, n.° 10), est donné, en Égypte, à une sarcelle, *anas gattair*. Gmel. (Ch. **D.**)

GATTE (*Ichthyol.*), synonyme de *finte*, espèce de poisson du genre Clupée, et que l'on a désignée sous le nom scientifique de *clupea fallax*. Voyez CLUPÉE. (H. C.)

GATTENHOFFIA. (*Bot.*) Necker a divisé les *calendula* de Linnæus en trois genres, sous les noms de *calenduia*, *gattenhoffia* et *lestibodea*. Les deux derniers ne nous paroissent pas pouvoir être distingués, et ils se trouvent compris l'un et l'autre dans notre genre MÉTÉORINA. Voyez ce mot et DIMORPHOTHECA. (H. CASS.)

GATTILIERS, GATILIER. (*Bot.*) A ce nom, donné d'abord à une famille de plantes dont le gattilier, *vitex*, fait partie, on a substitué celui de VERBÉNACÉES, qui a paru préférable, soit parce que la verveine, *verbena*, de la même famille, est plus connue et plus nombreuse en espèces, soit parce que son nom est plus facile à changer en adjectif : ce qui est conforme au principe actuel, assez généralement adopté, qui fait préférer pour nom d'une famille celui de son genre le plus connu, le plus considérable, le plus propre à recevoir une terminaison adjective. (J.)

GATTO. (*Ichthyol.*) A Nice, selon M. Risso, on appelle ainsi une espèce de chien de mer. le *squalus stellaris* de Linnæus. On y nomme aussi *gatto de fount* une autre espèce du même genre, que M. Risso désigne sous le nom de *squale nicéen*. (H. C.)

GATTO. (*Mamm.*) Les Italiens donnent ce nom au chat domestique. (F. C.)

GATTOLARO. (*Bot.*) Séguier dit que l'on nomme ainsi le plaqueminier, *diospyros*, aux environs de Vérone. (J.)

GATTORUGINE (*Ichthyol.*), nom spécifique d'un blennie qu'on appelle en françois coquillade. C'est le *blennius gatto-rugine*, Linn. (H. C.)

GATT-VISCH. (*Ichthyol.*) Les voyageurs hollandois ont souvent donné le même nom à des poissons d'espèces différentes. C'est ainsi que l'holocentre *pira piranga* a été appelé par eux *gatt-visch*, quoique ce nom soit aussi appliqué à d'autres animaux. Voyez HOLOCENTRE. (H. C.)

GATUONE (*Bot.*), nom africain du laitron, cité dans la table d'Adanson. (H. CASS.)

GATYONE, *Gatyona*. (*Bot.*) [*Chicoracées*. Juss. = *Syngénésie polygamie égale*, Linn.] Ce genre de plantes, que nous avons proposé dans le Bulletin de la société philomatique de Novembre 1818, appartient à la famille des synanthérées et à la tribu naturelle des lactucées, dans laquelle nous le plaçons immédiatement auprès de notre genre *Nemauchenes*, dont il diffère peu : il a aussi beaucoup d'affinité avec les *crepis*, les *barkhausia* et les *picris*.

La calathide est incouronnée, radiatiforme. multiflore, fissiflore, androgyniflore. Le péricline, égal aux fleurs centrales, et globuleux inférieurement, est formé de squames unisériées, égales, linéaires, embrassantes, accompagnées à la base de quelques petites squames surnuméraires, éparses, subulées. Le clinanthe est plane, alvéolé, à cloisons charnues, denticulées. Les cypsèles intérieures sont cylindracées, atténuées supérieurement en un col court, et munies de côtes longitudinales arrondies, striées transversalement ; les cypsèles marginales sont très-lisses, et munies sur la face intérieure d'une aîle longitudinale membraneuse. Les aigrettes sont composées de squamellules inégales, filiformes, barbellulées. Les corolles sont glabriuscules.

GATYONE GLOBULIFÈRE : *Gatyona globulifera*, H. Cass., Bull. de la soc. philom., Novembre 1818 ; *Picris globulifera*, Desf., Tabl. de l'éc. de bot., 2.ᵉ édit.; *Crepis dioscoridis?* Linn., Decand. C'est une plante herbacée, haute d'un à deux pieds : sa tige est rameuse, cylindrique, glabre, à partie supérieure dépourvue de feuilles, et divisée en longs rameaux nus, grêles, simples ou bifurqués : ses feuilles sont alternes, sessiles, semi-amplexicaules, glabres ; les inférieures sont longues de six pouces, subspatulées, pétioliformes inférieurement, obovales supérieurement, irrégulièrement sinuées-dentées ; les supérieures sont progressivement plus courtes, sessiles, obovales-oblongues, sagittées à la base, sinuées-dentées ; les calathides sont solitaires au sommet de la tige et des rameaux ; leur péricline est blanchâtre, subtomenteux ; leurs fleurs sont jaunes, rougeâtres en-dessous : après la chute des corolles, les calathides deviennent globuleuses, ce qui a valu à cette espèce le nom de globulifère. Elle est cultivée au Jardin du Roi, où nous avons étudié ses caractères génériques et spécifiques.

Vahl ayant assuré à M. Desfontaines que cette plante étoit le vrai *crepis Dioscoridis* de Linnæus, M. De Candolle l'a décrite et figurée sous ce nom dans la Flore françoise et dans ses *Icones plantarum Galliæ rariorum*. (H. CASS.)

GAU (*Ornith.*), vieux nom françois, qu'on écrivoit aussi *geau*, et en Lorraine· *gea*, pour désigner le coq, *gallus*. (CH. D.)

GAUCA - GAUCU (*Ornith.*), dénomination fautive de l'oiseau décrit par Marcgrave sous le nom de *guaca guacu*. (CH. D.)

GAUCHE-FER. (*Bot.*) Les Provençaux, suivant Garidel, nomment ainsi la souci des vignes, *calendula arvensis*. (J.)

GAUDE. (*Bot.*) On sait que la plante qui porte communément ce nom, et que l'on emploie pour les teintures jaunes, est le *luteola* de Tournefort, *reseda luteola* de Linnæus. Elle étoit aussi nommée dans quelques lieux herbe aux juifs, parce que, à l'époque où les juifs n'étoient que tolérés dans les villes, on les forçoit trop rigoureusement à porter pour signe distinctif un chapeau jaune teint avec cette plante. Dans la Bresse, une partie de la Bourgogne et quelques autres provinces méridionales on nomme aussi gaude le maïs ou blé de Turquie, *zea*, dont les graines donnent une farine jaune, employée pour engraisser les volailles, et même pour faire une bouillie propre à la nourriture des hommes et surtout des enfans. (J.)

GAUDINIE, *Gaudinia*. (*Bot.*) Genre de plantes établi, dans la famille des *graminées*, par M. Palisot de Beauvois (*Agrost.*, 95, tab. 19, fig. 5), aux dépens de quelques espèces d'avoine, et dont les principaux caractères sont les suivans : Calice de deux glumes inégales, obtuses, contenant neuf à onze fleurs composées chacune de deux balles, dont l'extérieure est bidentée à son sommet. et chargée, un peu au-dessus de sa partie moyenne, d'une arête tortillée, et dont l'intérieure est à deux ou quatre dents. Les principales espèces rapportées à ce nouveau genre par M. Palisot sont les *avena fragilis* et *planiculmis*. (L. D.)

GAUDRON ou GOUDRON. (*Bot.*) Voyez ce dernier mot. (L. D.)

GAUFRE (*Conchyl.*), nom marchand du *murex anus*. (De B.)

GAUFRE ROULÉE. (*Conchyl.*) Dénomination que les marchands de coquilles emploient quelquefois pour désigner le *bulla lignaria*, dont M. Denys de Monfort a fait son genre SCAPHANDRE. (De B.)

GAUL. (*Ornith.*) Voyez GAGL. (Ch. D.)

GAULO (*Ornith.*), dénomination italienne du guépier, *merops apiaster*, Linn. (Ch. D.)

GAULTHÉRIE, *Gaultheria*. (*Bot.*) Genre de plantes dicotylédones, à fleurs complètes, monopétalées, régulières, de la famille des *éricinées*, de la *décandrie monogynie* de Linnæus, offrant pour caractère essentiel : Un calice campanulé, à cinq divisions, entouré de deux bractées en forme d'écailles; une corolle ovale, à limbe réfléchi; dix étamines insérées au fond de la corolle; les filamens souvent velus; les anthères bifurquées à leur sommet: dix écailles entre les filamens des étamines. entourant l'ovaire : un style: un stigmate obtus. Le

fruit est une capsule à cinq loges, à cinq valves, recouverte
par le calice coloré et succulent; plusieurs semences dures,
anguleuses.

Ce genre a éprouvé plusieurs réformes. Linnæus a fait
entrer dans le caractère essentiel du *gaultheria* le calice coloré et succulent. M. Rob. Brown, dans l'exposition de ces
caractères, exclut de ce genre toutes les espèces dont le
calice est ainsi constitué, et les place parmi les *andromeda*.
Quelques autres espèces, moins bien connues, ont été réunies, par différens auteurs, aux *epigeia*, aux *arbutus*, aux
vaccinium, etc. (Voyez Épigée, Arbousier, Brossée, etc.)

Gaulthérie couchée : *Gaultheria procumbens*, Linn.; Lamk.,
Ill. gen., tab. 367; Duham., *Arbr.*, tab. 113; vulgairement
Palommier. Petit arbuste, dont les tiges sont longues de six
à huit pouces, lisses et couchées; les rameaux courts, nombreux, légèrement pubescens, garnis de feuilles presque
sessiles, alternes, ovales-mucronées, lâchement dentées en
scie, vertes, souvent teintes de pourpre à leur base, longues
d'un pouce. Les fleurs sont rouges, pédonculées, axillaires
et pendantes, souvent réunies en bouquets de trois à cinq
fleurs : les calices pourprés à leur base; la corolle trois et
quatre fois plus grande, ovale, resserrée à son orifice, quelquefois blanchâtre : les fruits d'un rouge pourpre.

Cet arbuste croit en grande abondance dans l'Amérique
septentrionale. Cultivé dans nos jardins, il se plaît dans les
plates-bandes de terre de bruyère exposées au nord. Il
fleurit pendant une partie de l'année, et peut remplacer le
buis en bordures dans les localités qui lui conviennent. C'est
assez généralement par le moyen de ses rejets, toujours très-
nombreux, qu'on le multiplie : on peut le faire également
par ses graines, qui mûrissent fort bien dans le climat de
Paris. Il faut les semer peu après leur récolte, autrement
elles ne leveroient que la seconde ou la troisième année.
Le plant qu'elles fournissent, se relève la seconde année; il
doit être placé à six pouces de distance en pépinière, dans
une terre de bruyère, humectée par des arrosemens fréquens
en été : deux ans après, les pieds seront assez forts pour être
mis en place. Cette plante craint plus la chaleur que le froid.
On la tient en touffes épaisses pour lui donner plus d'appa-

rence. Ses feuilles desséchées acquièrent une odeur aromatique ; les habitans du Canada les boivent en infusion comme du thé.

Gaulthérie droite ; *Gaultheria erecta*, Vent., Jard. de Cels, pag. et tab. 5. Cette espèce, originaire du Pérou, est une acquisition faite depuis environ trente ans ; mais, plus délicate que la première, elle veut être élevée en pots pour la rentrer pendant l'hiver dans la serre d'orangerie. C'est un arbrisseau d'environ un pied et demi de hauteur, velu, très-rameux, glanduleux et visqueux, particulièrement sur les jeunes pousses et sur les grappes de fleurs : les rameaux sont garnis à leur base d'écailles d'un rouge vif et de feuilles pétiolées, ovales, presque glabres, mucronées, longues d'un pouce et demi, un peu blanchâtres, parsemées souvent de poils ferrugineux. Les fleurs sont disposées en grappes droites, solitaires : les pédicelles recourbés, munis à leur base de deux bractées courtes, linéaires ; le calice d'un rouge vif, à cinq dents aiguës ; la corolle pentagone, en grelot, d'un rouge éclatant, insérée sur un disque glanduleux, à cinq dents, muni à sa base de cinq glandes. Le fruit est une capsule globuleuse, en baie, à cinq loges polyspermes ; les semences attachées, dans chaque loge, à un placenta central et charnu.

Gaulthérie a feuilles de buis ; *Gaultheria buxifolia*, Willd., *Nov. Act. Berol.*, 4. Arbrisseau découvert sur les hautes montagnes des environs de Caracas. Ses tiges se divisent en rameaux droits, alternes, cylindriques, hérissés de poils courts, garnis de feuilles alternes, pétiolées, assez semblables à celles du buis, ovales-arrondies, dentées à leur contour, glabres en-dessus, rudes et ponctuées en-dessous. Les fleurs sont solitaires, axillaires, pédonculées ; les pédoncules uniflores.

Gaulthérie a feuilles rudes ; *Gaultheria scabra*, Willden., *Nov. Act. Berol.*, *l. c.* Arbrisseau dont les feuilles se conservent vertes toute l'année. Il se distingue du précédent par ses fleurs disposées en grappes axillaires, pourvues de bractées. Ses feuilles sont ovales, échancrées en cœur, aiguës, dentées à leur contour, rudes au toucher. Le calice devient une baie noirâtre. Cette plante croît aux mêmes lieux que la précédente.

Gaulthérie odorante; *Gaultheria odorata*, Willden., *l. c.*
Cette espèce croît sur les hautes montagnes de Caracas ; elle
répand une odeur assez agréable. Ses rameaux sont garnis
de feuilles alternes, médiocrement pétiolées, en ovale renversé, obtuses, dentées en scie à leurs bords, glabres en-
dessus, rudes et ponctuées en-dessous ; les fleurs disposées en
grappes terminales, pourvues de bractées.

Gaulthérie hispide ; *Gaultheria hispida*, Brown, *Nov. Holl.*,
1, pag. 559; *an Andromeda rupestris*, Forst. ? Ses tiges sont
droites ; ses rameaux hispides ; ses feuilles oblongues-lancéolées ; pileuses en-dessous et sur leur pétiole. Les fleurs sont
disposées en grappes axillaires et terminales, plus courtes
que les feuilles ; le pédoncule commun et les pédicelles pubescens ; les calices se convertissent en baies sur le fruit :
ils sont glabres, ainsi que les ovaires. Cette plante croît à la
Nouvelle - Hollande.

Gaulthérie schallon ; *Gaultheria schallon*, Pursh. *Flor.*
Amer., 1, pag. 283. Arbrisseau toujours vert, chargé de rameaux glabres, cylindriques, verruqueux, pubescens et ferrugineux dans leur jeunesse. Les feuilles sont alternes, à
peine pétiolées, ovales, souvent presque en cœur à leur base,
coriaces, acuminées, denticulées, glabres à leurs deux faces.
Les fleurs sont blanches, unilatérales, rougeâtres, pubescentes, disposées en grappes simples, axillaires et terminales ;
les pédicelles munis de deux bractées lancéolées ; la corolle
urcéolée, presque fermée à son limbe, tridentée. Le fruit
est une baie charnue, purpurine, presque globuleuse, hérissée, à demi divisée en cinq valves; les loges polyspermes ;
les semences ovales, presques trigones. Cette plante croit
sur les bords de la rivière Columba, dans l'Amérique septentrionale. (Poir.)

GAULTRO. (*Bot.*) Au Chili on nomme ainsi, suivant les
auteurs de la Flore du Pérou, le *molina racemosa*, espèce d'un
genre de la famille des composées, qui devra être assimilé
au *baccharis*. Les feuilles de cette espèce sont employées au
Chili pour teindre en noir. (J.)

GAUR, GAR (*Bot.*) : noms arabes du laurier ordinaire,
selon Daléchamps. Matthiole les cite aussi pour le fragon ou
laurier Alexandrin, *ruscus*. (J.)

GAUR (*Ornith.*), nom d'une espèce de bruant. *emberiza asiatica*, Lath. (Ch. D.)

GAURA. (*Bot.*) Genre de plantes dicotylédones, à fleurs complètes, polypétalées, régulières, de la famille des onagraires, de l'octandrie monogynie de Linnæus, offrant pour caractère essentiel : Un calice alongé, cylindrique; le limbe à quatre découpures réfléchies; quatre pétales onguiculés, ascendans et rangés d'un seul côté : huit étamines; les anthères oblongues, vacillantes : un ovaire inférieur; le style filiforme; le stigmate à quatre lobes. Le fruit est une capsule ovale, tétragone, striée, à quatre loges, dont trois avortent très-souvent, et ne conservent qu'une semence nue, oblongue, angulaire.

GAURA BISANNUEL : *Gaura biennis*, Linn.; Lamck., *Ill. gen.*, tab. 281; *Act. Holm.*, 1756, pag. 222, tab. 8; Giseke, *Icon.*, *fasc.* 1, n.° 8 ; Curtis, *Magaz.*, tab. 389 : *Lysimachia chamœnerio similis*, etc., Pluken., tab. 428, fig. 2. Plante herbacée, qui s'élève à la hauteur de quatre ou cinq pieds sur plusieurs tiges droites, velues, un peu rameuses, garnies, dans toute leur longueur, de feuilles alternes, nombreuses, sessiles, lancéolées, vertes, un peu luisantes, presque glabres, douces au toucher, bordées de dents rares. Les fleurs sont d'un rouge tendre ou légèrement purpurines, disposées, à l'extrémité des rameaux, en petits bouquets serrés, presque en corymbe; les découpures du calice caduques; les filamens un peu moins longs que les pétales, accompagnés chacun d'une glande située à leur base; les capsules ovales, turbinées, quadrangulaires.

Cette plante croit dans la Virginie, la Pensylvanie et la Caroline, sur le bord des bois, dans des terrains frais : elle est depuis long-temps cultivée dans les jardins, dont elle fait la décoration. Lorsqu'on veut en obtenir une végétation vigoureuse, il faut l'élever dans un sol un peu humide et ombragé; aussi réussit-elle mieux dans les jardins paysagers, où elle se resème souvent d'elle-même, que dans les parterres et les écoles de botanique : elle fleurit vers la fin de l'été; les gelées ne lui sont point contraires. Ses graines demandent à être mises en terre aussitôt qu'elles sont récoltées, et en place, autant que possible. Lorsque l'automne se prolonge, elles lèvent de suite, et fleurissent l'année suivante. Dans le cas contraire, elles ne lèvent qu'au printemps, et ne fleurissent que l'année d'après. Lorsqu'on les cultive dans des terrains secs et découverts, des arrosemens leur sont nécessaires pendant les sécheresses. (Bosc, Dictionnaire d'agriculture de l'Encyclopédie.)

Gaura a feuilles étroites; *Gaura angustifolia*, Mich., *Flor. Bor. Amer.*, 1, pag. 226. Cette espèce a beaucoup de rapports avec la précédente : elle en diffère par ses feuilles plus nombreuses, plus étroites, linéaires, glabres à leurs deux faces, aiguës, ondulées ou sinuées à leurs bords. Les fleurs sont distantes, disposées en un épi terminal; la corolle une fois plus petite que celle de la première espèce ; les fruits alongés, tétragones, légèrement blanchâtres, aigus à leurs deux extrémités. Cette espèce a été cultivée pendant plusieurs années, au Jardin du Roi, de graines récoltées par M. Bosc dans la Caroline; mais elle n'a pas pu être propagée, ses fruits n'ayant pu arriver à maturité avant les gelées. Elle croît dans les sables humides, et s'y fait remarquer par l'élégance de son port.

Gaura ligneux; *Gaura fruticosa*, Jacq., *Icon. rar.*, 3, tab. 457. Cette plante se distingue du *gaura biennis* par ses tiges ligneuses, par ses rameaux très-étalés, par ses feuilles étroites, linéaires-lancéolées, glabres, denticulées ou sinuées à leurs bords. Les fleurs sont pédicellées, disposées en petites grappes terminales; la corolle rougeâtre, très-petite ; les découpures de son limbe filiformes; les fruits glabres, ovales, presque sessiles. Elle croît dans l'Amérique méridionale. On la cultive au Jardin du Roi. Elle passe l'hiver en pleine terre; mais, comme elle ne donne pas toujours de bonnes graines, il est prudent d'en conserver quelques pieds en pots, pour les rentrer dans l'orangerie, et en assurer la conservation : au reste, comme elle est vivace, on peut la multiplier autant que l'on veut de boutures faites sur couche et sous châssis; elles s'enracinent avec la plus grande facilité.

Gaura a fleurs changeantes : *Gaura mutabilis*, Cavan., *Icon. rar.*, 3, tab. 258; *Œnothera anomala*, Curtis, *Botan. Magaz.*, tab. 388. Espèce très-remarquable par le singulier changement qui s'opère dans ses fleurs immédiatement après que la fécondation a été effectuée ; de jaunes qu'elles étoient, elles deviennent rouges. Ses tiges sont ligneuses, pubescentes ; ses rameaux diffus, élancés ; les feuilles médiocrement pétiolées, ovales, un peu pileuses, à peine longues d'un pouce, médiocrement dentées, aiguës, un peu mucronées à leur sommet ; les fleurs presque sessiles, disposées en un épi court ; la corolle assez grande ; les pétales un peu orbiculaires, en croix, et non rangés du même côté ; les fruits ovales, sessiles, un peu pubescens et cendrés. Elle croît à la Nouvelle-Espagne.

Le *gaura œnotheriflora*, Zucc., *Observ. bot.*, n.° 65, qui est le *gaura canescens* des jardiniers, ne paroit être qu'une variété de l'espèce précédente. Sa tige est plus roide, presque herbacée ; un duvet mou recouvre toute la plante ; ses feuilles sont irrégulièrement ternées en verticilles.

Gaura a trois pétales : *Gaura tripetala*, Cavan., *Icon. rar.*, 4, tab. 596, fig. 1 : *Gaura hexandra*, Orteg., *Decad.* Autre espèce, qui se distingue par sa corolle composée seulement de trois pétales avec six étamines. Ses rameaux sont grêles, pubescens, un peu anguleux : ses feuilles étroites, lancéolées, presque glabres, légèrement dentées, aiguës, longues d'un pouce et demi, rétrécies en pétioles à leur base ; les fleurs sessiles, distantes, disposées en un long épi grêle, terminal ; la corolle petite, d'un rouge écarlate ; le stigmate trifide. Les fruits sont courts, ovales, aigus, à trois côtes saillantes. Cette plante a été découverte au Mexique. On la cultive au Jardin du Roi : elle est vivace, mais elle exige la serre d'orangerie dans les temps froids.

Gaura de la Chine ; *Gaura chinensis*, Lour., *Flor. cochinc.*, 1, pag. 276. Arbrisseau originaire de la Chine, à tige droite, grêle, hispide, haute d'un pied, tétragone, médiocrement rameuse ; les rameaux ascendans ; les feuilles opposées, sessiles, lancéolées, dentées en scie ; les fleurs jaunes, presque terminales, disposées en épis droits ; les folioles du calice aiguës, réfléchies ; quatre pétales ovales, courbés, puis redressés ; les filamens courts : les anthères droites, alongées ; un stigmate sessile. Le fruit est rude, ovale, un peu arrondi : il ne renferme qu'une semence assez petite.

Gaura a fleurs écarlates ; *Gaura coccinea*, Pursh, *Flor.*

Amer., 2, pag. 753. Cette espèce, recueillie dans la Louisiane, est pubescente et soyeuse sur toutes ses parties. Ses tiges sont herbacées; ses feuilles linéaires-lancéolées, légèrement denticulées; ses fleurs disposées en un épi touffu; la corolle est à peu près de la longueur du calice, d'un rouge écarlate; le stigmate presque entier. (Poir.)

GAURE. (*Min.*) Dans une partie du département du Rhône, et particulièrement dans les montagnes du ci-devant Beaujolois, on donne le nom de *gaure* au granite tendre et désagrégé, qui peut se laisser attaquer par le pic; ce sont ces *gaures* qui forment, là et ailleurs, les graviers ou sables granitiques qui recouvrent la roche solide et qui se changent par la culture en terre végétale. On s'en sert aussi pour la composition du mortier commun. (Brard.)

GAUTEREAU (*Ornith.*), un des noms vulgaires du geai, *corvus glandarius*, Linn. (Ch. D.)

GAVARON. (*Ichthyol.*) Sur la côte de Nice, l'on donne ce nom aux jeunes individus du picarel, *sparus smaris*, Linn. Voyez Picarel. (H. C.)

GAVIA. (*Ornith.*) Ce nom latin est, dans Brisson, la dénomination générique des mouettes ou mauves, *larus*, Linn. (Ch. D.)

GAVIAL. (*Erpétol.*) M. Cuvier a donné ce nom, qui n'appartenoit d'abord qu'à une espèce de saurien, à une division du grand genre Crocodile des auteurs, qui se trouve ainsi partagé en trois sections, les Caïmans, les Crocodiles proprement dits, et les Gavials.

Ceux-ci, qui présentent tous les caractères communs aux sauriens de la famille des uronectes et aux crocodiles en général, ont des particularités de conformation propres à les faire reconnoître au premier coup d'œil.

Ainsi *leur museau est rétréci, cylindrique, extrémement alongé et un peu renflé au bout; la longueur du crâne fait à peine le cinquième de la longueur totale de la tête. Leurs dents, presque égales, sont au nombre de vingt-cinq à vingt-sept de chaque côté en bas, et de vingt-sept à vingt-huit en haut; les deux premières et les deux quatrièmes de la mâchoire inférieure passent dans des échancrures de la supérieure et non point dans des trous. Le crâne a de grands trous derrière les yeux, et les pieds de der-*

18.   13

rière sont dentelés et palmés, comme ceux des crocodiles propre-
ment dits.

On n'a encore observé des gavials que dans les contrées les
plus chaudes de l'ancien Continent. Le premier auteur qui
ait parlé de ces animaux est le peintre anglois Edwards, qui
en décrivit, en 1756, dans le tom. 49 des *Philosoph. Transact.*,
un individu sortant de l'œuf, et qu'il annonça comme venant
de la côte d'Afrique. Gronou, en 1763, en a décrit un autre,
qui faisoit partie de son cabinet, et Merck a parlé d'un troisième, en 1785 (*Hessische Beyträge*, II, 1, p. 73). Mais tous
ces individus étoient petits, et leurs descriptions, manifeste-
ment trop courtes, auroient été peu utiles, sans celle, aussi
complète qu'exacte, d'un individu long de douze pieds, qu'a
publiée M. le comte de Lacépède, avec les mesures et la
figure. C'est lui qui, le premier, a donné à l'espèce le nom
indien de *Gavial*.

Ce sous-genre ne renferme encore que deux espèces; savoir:

Le GRAND GAVIAL : *Crocodilus longirostris*, Schneider ; *Lacerta gangetica*, Gmelin. Tête très-large en arrière ; table
supérieure du crâne formant, derrière les orbites, un rec-
tangle plus large que long d'un tiers ; orbites aussi plus larges
que longues et très-écartées l'une de l'autre ; trous du crâne
plus grands que dans aucune autre espèce, et peu rétrécis
vers leur fond ; vingt-cinq dents de chaque côté en bas,
vingt-huit en haut : en tout cent six dents. Longueur du bec
à celle du corps :: 1 : $7\frac{1}{2}$; deux petits écussons seulement
derrière le crâne, suivis de quatre rangées transversales qui
se continuent avec celles du dos.

Le grand gavial habite le Gange, et probablement les
fleuves voisins, comme le Buram-Pouter. Il ne se nourrit que
de poissons, et quoiqu'il parvienne à une taille gigantesque,
il n'est point dangereux pour les hommes.

M. de Lacépède a observé, dans la collection du Muséum
d'histoire naturelle de Paris, une portion de la mâchoire
d'un gavial des Grandes-Indes qui devoit avoir trente pieds
dix pouces de longueur, et qui présentoit par conséquent
des dimensions peu communes.

Le même naturaliste croit que c'est à cette espèce qu'il
faut rapporter les crocodiles vus sur les bords du Gange, par

Tavernier, depuis Toutipour jusqu'au bourg d'Acérat. Mais ce grand fleuve d'Asie est aussi habité par une quantité prodigieuse de crocodiles vulgaires, comme le dit M. Cuvier, fait que n'ignoroient pas les anciens (Élien, *lib. XII, c.* 41), et que vient de vérifier M. de Fichtel, habile naturaliste, attaché au cabinet de l'empereur d'Autriche.

Le petit Gavial.; *Crocodilus tenuirostris*, Cuv. Crâne plus long et moins large, à proportion du museau, que dans l'espèce précédente ; table supérieure du crâne formant un carré derrière les orbites, qui sont plus longues que larges, et peu écartées ; trous du crâne rétrécis dans leur fond ; longueur du bec étant à celle du corps :: 1 : 7 ; nuque armée derrière le crâne de deux paires d'écussons ovales, ensuite de quatre rangées transversales d'écailles carenées ; dix-huit bandes dorsales.

On ne sait encore à quelle taille peut parvenir ce gavial, ni quel pays il habite, quoiqu'on le soupçonne d'Afrique.

Ces deux reptiles ont été fort bien figurés par Faujas de Saint-Fond, dans son Histoire de la Montagne de Saint-Pierre, pl. 46 et 48.

On vient de décrire aussi tout récemment, dans la sixième livraison des Annales générales des sciences physiques, publiées à Bruxelles, deux espèces de sauriens qui semblent établir le passage du sous-genre des gavials à celui des crocodiles proprement dits. (H. C.)

GAVIAL. (*Foss.*) On trouve à l'état fossile des débris de cette espèce de crocodile. Voyez Reptiles fossiles. (D. F.)

GAVIAL. (*Ichthyol.*) Nom spécifique d'un poisson du genre Lépisostée : c'est le *lepisosteus gavial* de Lacépède, et l'*esox osseus* de Linnæus. Il a été figuré par Bloch, pl. 390, et par Catesbi, *Carol.*, t. 2, pl. 30. Voyez Lépisostée et Ésoce. (H. C.)

GAVIAN (*Ornith.*), nom donné, dans Belon, à la mouette tridactyle ou kutgeghef, *larus tridactylus*, Linn. (Ch. D.)

GAVIAON (*Ornith.*), nom que, suivant Marcgrave (*Hist. rerum natural. Brasil.*, pag. 211), les Portugais du Brésil donnent au *caracara*. (Ch. D.)

GAVI-GAVI (*Ornith.*), dénomination par laquelle, suivant Cetti, pag. 255, on désigne, en Sardaigne, le vanneau commun. *tringa vanellus*, Linn. (Ch. D.)

GAVINA. (*Ornith.*) On désigne, en Italie, par ce nom et par celui de *galetra*, la petite mouette cendrée, *larus cinerarius*, Linn. (Ch. **D.**)

GAVION (*Ornith.*), nom portugais du caracara. Voyez Gaviaon. (Ch. **D.**)

GAVIOTA. (*Ornith.*) Ce nom, qui est écrit *gaivota* dans Marcgrave, pag. 205, s'applique au *guaca guacu* du même auteur, lequel correspond à la mouette d'hiver, *larus hybernus*, Linn. (Ch. **D.**)

GAVOUÉ. (*Ornith.*) Cet oiseau, qui se nomme, en langage provençal, *chic gavotte*, est l'*emberiza provincialis* de Linnæus et de Latham. (Ch. **D.**)

GAWRON (*Ornith.*), nom polonois du freux, *corvus frugilegus.* (Ch. **D.**)

GAYAC, *Guajacum.* (*Bot.*) Genre de plantes dicotylédones, à fleurs complètes, polypétalées, régulières, de la famille des *rutacées*, de la *décandrie monogynie* de Linnæus, offrant pour caractère essentiel : Un calice à cinq divisions inégales et profondes; cinq pétales onguiculés, insérés sur le réceptacle; dix étamines; un ovaire supérieur, un peu pédicellé, surmonté d'un style simple et d'un stigmate aigu. Le fruit est une capsule anguleuse, de deux à cinq loges, comprimée à ses angles; une semence osseuse dans chaque loge.

Ce genre comprend des arbres exotiques, à feuilles opposées, ailées, sans impaire; les fleurs sont fasciculées vers l'extrémité des rameaux; les pédicelles uniflores; il leur succède des capsules courtes, anguleuses. Ces arbres ont un bois très-dur; il est employé, à cause de cette qualité, à construire, dans les îles, des roues et des dents de moulin à sucre, à fabriquer des manches d'outils, des boules et autres ustensiles. Il est surtout très-recherché pour faire les poulies dont on se sert sur les vaisseaux. Comme, à raison de sa dureté, il est susceptible de recevoir un beau poli, les menuisiers, les tourneurs, les ébenistes en font de très-beaux meubles.

La découverte du gayac est presque aussi ancienne que celle de l'Amérique. Au rapport de l'Écluse, un naturel de Saint-Domingue, qui exerçoit la médecine dans cette île, révéla à un Espagnol attaqué du mal vénérien, les propriétés du bois de gayac, dont la réputation passa rapidement du nouveau dans l'ancien continent. L'Écluse en a donné une assez bonne figure, avec la description extraite de Monardes; mais la connoissance exacte de ses fleurs est due au P. Plumier, qui a formé du gayac un genre particulier. Le bois passe pour un assez bon sudorifique : on lui a d'abord attribué quelques succès pour guérir la maladie vénérienne; mais la confiance dans ses vertus a peu à peu disparu. Il est même reconnu aujourd'hui que, s'il peut être utile dans les traitemens, ce n'est qu'à la suite de l'emploi du mercure; qu'il agit alors uniquement comme sudorifique, quand le traitement mercuriel a été poussé un peu trop loin, et que l'on peut aussi sûrement obtenir les mêmes effets par une décoction de réglisse. Ce même bois, et surtout sa résine, ont été encore employés dans les rhumatismes chroniques, la sciatique, les anciens catarrhes; on y a eu recours quelquefois contre les dartres et autres affections cutanées rebelles. L'huile essentielle que fournit le gayac est appliquée quelquefois avec succès sur les dents cariées. Il paroit que les deux espèces que je vais faire connoître, sont douées l'une et l'autre des mêmes propriétés.

GAYAC OFFICINAL : *Guajacum officinale*, Linn.; Lamk., *Ill. gen.*, tab. 342; Pluken., tab. 35, fig. 4; Clus., *Exot.*, 314, *Icon.* Cet arbre s'élève à une grande hauteur, mais il croît très-lentement. Son bois est dur, compact, résineux, d'un brun jaunâtre, d'une saveur amère ou aromatique; ses rameaux glabres, comme articulés; ses feuilles opposées, ailées sans impaire, composées de quatre ou six folioles sessiles, vertes, glabres, ovales-entières, obtuses, un peu épaisses, opposées, longues d'un pouce et demi, larges d'un pouce. Les fleurs sont bleues, pédonculées, presque en ombelles au sommet des rameaux; les pédoncules simples, un peu velus, ainsi que les calices; les étamines au nombre de dix; les filamens élargis vers leur base. Le fruit est une capsule charnue, presque en cœur, à deux angles un peu comprimés sur les côtés, tronquée à son sommet avec une petite pointe courbe d'un jaune rougeàtre : une semence dure, de la grosseur d'une olive; l'autre avortée, ainsi qu'une des deux loges.

Cet arbre croît à Saint-Domingue, à la Jamaïque, etc.; il y est devenu rare, parce qu'on l'a coupé partout sans mesure, et sans penser que la lenteur de sa croissance devoit l'en faire disparoître un jour. On peut juger, d'après cela, quels doivent être les progrès de son accroissement dans nos serres d'Europe : aussi, quelques soins que l'on apporte à sa culture, à peine, dit M. Bosc, les vieux pieds gagnent-ils une ligne de hauteur et un huitième de ligne de grosseur par an. Il n'y a d'ailleurs aucun autre moyen de le multiplier que le semis de ses graines, tirées de son pays natal, et semées chacune dans un pot sur couche et sous châssis, ou mieux dans une bache à bonne tannée. Arrivé à quelques années d'âge, le gayac ne demande d'autres soins que de le tenir constamment à la température la plus élevée, de lui donner des arrosemens légers en hiver et plus abondans en été, et de renouveler la terre tous les ans ou tous les deux ans : la serpette doit rarement le toucher.

Gayac a feuilles de lentisque : *Guajacum sanctum*, Linn.; Commel., *Hort.*, 1, tab. 88; Pluken., tab. 94, fig. 4; vulgairement le Bois saint. Arbre des mêmes contrées que le précédent, mais moins élevé. Son bois est de couleur de buis, également dur et pesant; son écorce épaisse, noirâtre en dehors, parsemée de taches grises, pâle en dedans; les rameaux un peu noueux; les feuilles opposées, ailées sans impaire, composées de quatre ou cinq paires de folioles ovales-oblongues, émoussées, mucronées à leur sommet, vertes, glabres à leurs deux faces, longues de neuf à dix lignes, larges de trois ou quatre. Les fleurs sont bleuâtres, pédonculées, disposées au sommet des rameaux en fascicules ombelliformes peu garnis; les pétales oblongs, obtus, onguiculés, presque denticulés à leurs bords; l'ovaire turbiné, un peu pédicellé, à quatre angles tranchans; le style court. Le fruit est tétragone, comme celui du fusain, à quatre loges, contenant chacune une semence ovale, rouge, osseuse. Cette plante croît dans l'île de Saint-Domingue, au Mexique, à Porto-Ricco, etc.

On cite encore deux espèces de gayac, mais bien moins connues. L'une est le *guajacum verticale*, Orteg., *Decad.*, 93. Ses feuilles sont composées de cinq paires de folioles ovales-oblongues, médiocrement acuminées; les fleurs sont bleues; les pétales munis d'onglets contournés; les fruits turbinés, pédicellés; les semences suspendues dans les loges par un petit pédicule : elle croît à la Nouvelle-Espagne. L'autre espèce est le *guajacum dubium*, observé par Forster dans l'île de Tongatabu, à feuilles conjuguées, oblongues, lancéolées. Quant au *guajacum afrum* de Linnæus, il a été reconnu que cette plante appartenoit aux légumineuses, et qu'elle devoit être rapportée au genre *Schottia*. Voyez Scotie. (Poir.)

GAYAC DES ALLEMANDS. (*Bot.*) C'est le frêne élevé. (L. D.)

GAYAPIN (*Bot.*), nom vulgaire du genêt anglois. (L. D.)

GAYLUSSACIA. (*Bot.*) Genre de plantes dicotylédones, à fleurs complètes, monopétalées, régulières, de la famille des *éricinées*, de la *décandrie monogynie* de Linnæus, rapproché du *thibaudia*, et dont le caractère essentiel consiste dans un calice adhérent à l'ovaire; son limbe à cinq découpures : une corolle tubulée, ventrue à sa base; le limbe à cinq divisions égales : dix étamines non saillantes, insérées sur le limbe du calice; les anthères droites, à deux loges, s'ouvrant en dedans longitudinalement, prolongées en deux tubes égaux, percées d'un pore à leur sommet; un ovaire inférieur, à dix loges monospermes; un style; un stigmate en tête comprimée. Le fruit est un drupe presque globuleux, entouré par le calice, à dix loges; une semence dans chaque loge.

Ce genre a été consacré à M. Gay-Lussac, chimiste très-distingué de l'Académie des sciences de Paris. Il se rapproche beaucoup du *thibaudia*, dont il diffère essentiellement par le nombre double des loges de ses fruits, et par une seule semence dans chaque loge. Il ne renferme que la seule espèce suivante, découverte par MM. Humboldt et Bonpland dans l'Amérique méridionale, proche *Santa-Fe de Bogota*.

Gaylussacia a feuilles de buis; Kunth, *in* Humb. et Bonp., *Nov. gen.*, 3, p. 276, tab. 257 : *Thibaudia glandulosa*, Humb., *Rel. hist.*, p. 602. Arbrisseau chargé de rameaux nombreux, bruns, glabres, cylindriques, hispides dans leur jeunesse, garnis de feuilles éparses, médiocrement pétiolées, rapprochées, oblongues, elliptiques, arrondies à leurs deux extrémités, entières, coriaces, pubescentes à leurs deux faces, parsemées

en-dessous de très-petites glandes terminées par une glande
brune et comprimée, longues de six à huit lignes, larges de
trois ou quatre. Les fleurs sont disposées au sommet des rameaux en grappes presque fasciculées, simples, presque
longues d'un pouce : les pédoncules et pédicelles hispides et
pileux; une bractée à la base de chaque pédicelle; deux
autres un peu au-dessus, opposées, pubescentes.

Le calice est chargé de poils glanduleux; ses découpures
ovales, égales, presque acuminées; la corolle au moins quatre fois plus longue que le calice, d'un rouge écarlate,
pubescente en dehors; les divisions de son limbe ovales,
aiguës; les filamens rouges, ciliés et pubescens à leurs bords.
Le fruit est un drupe presque globuleux, un peu hispide,
à dix stries anguleuses, à peine de la grosseur d'un pois, à
dix loges monospermes; les semences lenticulaires, un peu
brunes. (Poir.)

GAYO (*Ornith.*), nom espagnol du geai, qu'on appeloit
aussi, en vieux françois, *gaye* et *gayon*. (Ch. D.)

GAYO-COLORADO. (*Bot.*) Voyez Guayo-colorado. (J.)

GAZ. (*Min.*) Puisqu'on a rangé l'*air* et l'*eau* au nombre
des espèces minérales, ou parmi les corps inorganisés qui
se trouvent naturellement sur la terre, on doit nécessairement y joindre les gaz qui y existent tout formés aussi, et
qui manifestent leur présence par quelques phénomènes remarquables; en laissant toutefois à la chimie et à la physique
le soin d'en compléter l'histoire, et se renfermant scrupu-
leusement ici dans le domaine de la minéralogie et de la
géologie.

Gaz oxigène et azote. Le mélange de 0,21 d'oxigène,
de 0,78 d'azote et d'une très-petite dose de gaz acide carbonique et d'hydrogène, compose l'air atmosphérique que nous
respirons, qui enveloppe la terre d'une couche de treize
lieues et demie d'épaisseur environ, qui paroît bleue dans
sa partie la plus élevée, et dont le poids, au niveau de la
mer, fait équilibre à trente-deux pieds d'eau dans les
pompes aspirantes à vingt-huit pouces de mercure dans le
baromètre : cet air, qui est compressible et dilatable, qui
peut seul entretenir la vie, la végétation et la combustion,
et dont nous consommons chacun environ trente pieds cubes

par heure (Marie de Saint-Ursin), a reçu le nom d'air ou d'atmosphère. (Voyez AIR et ATMOSPHÈRE.)

GAZ ACIDE CARBONIQUE. Ce gaz, qui est composé de 27,7 parties de carbone et de 72,3 d'oxigène, est un des plus lourds de tous les fluides élastiques; il peut se verser d'un vase dans un autre à la manière d'un liquide; il éteint la lumière et la vie, en s'opposant à la combustion et en produisant l'asphyxie. Il est inodore, et les réactifs qui font connoître sa présence, lors même qu'il est en très-petites proportions, sont l'eau de chaux, de baryte et de strontiane, et, mieux encore, une dissolution de sous-acétate de plomb.

Le gaz acide carbonique se dégage de l'intérieur de la terre, et s'amasse dans des cavernes naturelles ou creusées de main d'homme, dans lesquelles l'air extérieur ne peut pénétrer. Quand il rencontre de l'eau, il s'y dissout, la rend aigrelette et lui procure quelquefois la faculté de mousser. Les lieux les plus célèbres où ce gaz a été reconnu, et où il produit des effets remarquables, sont :

1.° *La grotte du chien*, sur le bord du lac Agnano, près Pouzzole, dans le royaume de Naples. C'est une petite excavation de quatre pieds de large sur dix de longueur, dont la hauteur est inégale, et qui a été creusée, ainsi que le pense M. Breislak, dans l'intention de rechercher de la pouzzolane, mais qu'on a abandonnée à cause du mauvais air qu'elle renferme. Cette grotte étoit célèbre dans l'antiquité; Pline en fait mention, et l'on rapporte que Tibère y fit enfermer deux esclaves, qui y périrent. Il paroît donc que le gaz méphitique étoit alors plus abondant qu'aujourd'hui, puisque dans l'état actuel il ne forme qu'une couche peu épaisse sur le sol, et qu'il faut y plonger la tête de l'animal qui sert à l'expérience, pour qu'il soit frappé d'asphyxie, ce qui a lieu après quelques minutes : mais on le rappelle à la vie en le jetant dans le lac, ou tout simplement en l'exposant à l'air extérieur; car l'eau du lac n'a aucune vertu particulière, elle n'agit que par sa fraîcheur. Comme on se sert ordinairement d'un chien pour faire l'expérience devant les étrangers, la grotte en a pris le nom.

M. Breislak s'est assuré que la température de la couche

méphitique est plus élevée que celle de la couche supérieure;
car le thermomètre marquoit treize à quinze degrés dans l'air
respirable. et s'élevoit à vingt-un et vingt-deux quand on
le plongeoit dans la couche de gaz acide carbonique. Enfin,
cette couche inférieure devient visible à l'œil quand on y
éteint un flambeau, parce que la fumée se mêle au gaz,
s'étend avec lui et semble s'écouler lentement au dehors.
Il existe en Italie beaucoup d'autres grottes qui renferment
également du gaz acide carbonique, et particuliérement aux
environs de Bolsena et au duché de Castro, dans les états
romains; mais celle de Pouzzole est la plus connue.

2.º *La grotte de Pyrmont*, en Westphalie, renferme habituellement aussi du gaz acide carbonique; mais la quantité
en varie suivant l'état de l'atmosphère et la direction du
vent: ainsi l'on a remarqué que, dans un assez beau temps,
la couche a deux ou trois pieds d'épaisseur, qu'elle s'élève
beaucoup plus dans un temps chaud et calme, à l'approche
d'un orage et par un vent d'est, tandis qu'on n'en trouve
pas le plus léger indice dans les temps pluvieux et quand
le vent souffle de l'ouest. (Voyez Marcard, Description de
Pyrmont.)

3.º *Les puits de la poule*, à Neyrac, département de l'Ardèche, sont trois petites excavations de quelques pieds de
profondeur seulement, qui étoient connues depuis long-
temps en Vivarais, mais qui n'ont été signalées aux naturalistes qu'à l'époque où Faujas publia son bel ouvrage sur les
volcans éteints, et où il reconnut la propriété délétère du
gaz qui remplit ces trous, en y asphyxiant une poule. Beaucoup de naturalistes les ont visitées depuis, et j'y ai moi-même
asphyxié des grenouilles. Il existe, tout auprès des puits,
une source abondante, qui forme une mare, d'où il s'élève
une infinité de bulles gazeuses qui viennent crever à sa surface. Cette eau va se jeter dans l'Ardèche, qui coule au bas
de Neyrac; elle y agglutine tous les cailloux et en forme une
digue naturelle, fort solide, qu'on est obligé de briser de
temps à autre.

Il seroit aisé d'augmenter le nombre des exemples de ces
grottes méphitiques, car il en existe beaucoup d'autres;
mais on a remarqué, sans pouvoir expliquer l'origine de ce

gaz d'une manière satisfaisante, qu'il ne se rencontre que dans les terrains volcaniques, dans les terrains calcaires secondaires, et jamais dans les terrains primitifs. On pourroit objecter, il est vrai, qu'il existe plusieurs sources d'eau chargées de ce même gaz, qui sortent du sein des roches granitiques; mais elles peuvent, malgré cela, provenir originairement de l'un de ces deux terrains, où elles auroient rencontré le gaz acide qu'elles contiennent. (Voyez EAUX GAZEUSES.)

Les grottes qui renferment cette espèce de gaz qu'on nomme assez ordinairement *moffette*, étoient connues des anciens sous le nom de *méphitis*, et l'on présume même que les antres où les Sybilles rendoient leurs oracles, renfermoient quelques gaz dont l'action altéroit les traits et l'expression de la figure de ces femmes soi-disant inspirées. Telle étoit surtout celle qui prophétisoit près de la ville de Cumes en Campanie, où les moffettes et les grottes sont si communes.

Le gaz acide carbonique se trouve souvent dans les mines mal aérées et surtout dans les houillères : il manifeste sa présence en éteignant les lumières et en rendant la respiration des hommes excessivement pénible; heureux quand il permet de fuir les lieux qu'il infecte, et qu'il n'est point assez abondant pour produire l'asphyxie. Il augmente sensiblement d'intensité quand le temps est chaud et orageux, et quand le vent suit une certaine direction.

On se débarrasse de cette moffette, qui n'est pas celle qu'on redoute le plus dans les travaux souterrains, soit par un courant d'air que l'on produit par deux percemens inégalement élevés, qui ont leur orifice au jour; soit par des conduits ou tuyaux qui partent du fond des travaux et qui vont aboutir sous la grille d'un foyer extérieur, dont on ferme hermétiquement le cendrier et la porte, afin qu'il ne reçoive point d'autre air que celui qui lui est apporté par ces conduits.

GAZ HYDROGÈNE CARBONÉ. Ce gaz, qui est composé, d'après M. Berthollet, de soixante-quinze parties de carbone et de vingt-cinq d'hydrogène, est spécifiquement plus pesant que l'hydrogène pur : son odeur est désagréable, et il n'est point propre à la respiration, quoiqu'il brûle avec une flamme blanche quand il est pur, et avec une flamme bleue quand il est mélangé avec l'oxigène.

Les feux naturels, les fontaines inflammables et les terrains ardens, dont les voyageurs, les géographes et les historiens font mention, en exagérant souvent leur importance et leurs effets, sont dus à des dégagemens continuels de cette combinaison gazeuse, qui s'enflamment accidentellement et qu'on rallume quand elles s'éteignent.

Les salses ou volcans d'air dégagent ce gaz continuellement aussi : mais, soit qu'il contienne trop de carbone, d'acide carbonique ou d'eau, son inflammation est plus rare que dans le gisement précédent.

Enfin, le *grisou* des mineurs, ou ce gaz qui se produit spontanément dans les exploitations de houille, et qui détonne avec fracas lorsqu'il est en contact avec une lumière, est encore l'hydrogène carboné mêlé à une petite dose d'azote et d'acide carbonique.

Nous allons examiner rapidement ces trois gisemens.

1.° *Hydrogène carboné des feux naturels et des fontaines ardentes.* Les feux de Pietra mala, sur la route de Bologne à Florence, et de Barigazzo, près Modène, sont les plus connus de ceux qui existent en Europe : ils ont été visités et décrits par Spallanzani ; mais M. Menard, après les avoir étudiés à son tour, en a donné nouvellement la description avec l'intention d'en constater l'état, afin qu'on pût le comparer un jour et s'assurer s'ils ont conservé leur énergie ou s'ils en ont acquis davantage.

Il résulte des observations du voyageur françois (et l'on peut compter sur leur extrême exactitude),

Qu'en 1813 et 1814 l'aliment de ces feux étoit le gaz hydrogène carboné pur ;

Qu'il passoit à travers le sol, sans qu'il y eût à sa surface ni fentes ni crevasses ;

Que l'émanation en étoit lente, paisible et continuelle ;

Que le gaz prenoit feu, lorsqu'on l'allumoit, sans produire de détonation, mais seulement un bruit de flammes légères ;

Que, parmi ces flammes, les unes étoient bleues et visibles

seulement la nuit, et les autres blanches, jaunâtres ou rougeàtres, hautes de six pieds et visibles le jour, comme le
sont celles du bois ou de la paille ;

Que ces flammes ne produisoient point de fumée, mais
qu'elles déposoient à la longue sur les pierres une espèce
de suie noire ;

Que l'odeur de ces feux étoit celle de l'hydrogène jointe
à quelque chose de suffocant qui n'avoit rien de commun
avec l'odeur du pétrole ;

Que leur chaleur se faisoit sentir d'assez loin, consommoit
promptement les corps combustibles, calcinoit la pierre calcaire à la longue, et cuisoit les terres argileuses à la manière
des briques, en les rougissant, et s'opposoit, par conséquent,
à toute espèce de végétation dans un certain rayon ;

Que le vent ne pouvoit les éteindre, ou du moins que
la chaleur du sol suffisoit pour les enflammer de nouveau,
et presque sans interruption ;

Qu'enfin tout sembloit prouver que la source du gaz étoit
située à une grande profondeur, et que les différens feux,
qui sont au nombre de huit à Barigazzo, quoique assez
éloignés les uns des autres, ont une origine commune et
communiquent les uns avec les autres.

Ce que M. Menard a observé en Italie, peut s'appliquer
plus ou moins exactement à tous les feux naturels connus ;
car ils présentent presque tous les mêmes phénomènes, d'une
manière plus ou moins apparente, suivant le degré d'abondance de la source gazeuse qui les alimente : on peut d'ailleurs prendre ceux-ci pour exemple ; car il paroît qu'ils sont
doués d'une grande énergie, puisque Spallanzani assure qu'un
nommé Michel-Angiolo Turini construisit, à Barigazzo, un
petit four à chaux dans la plaine des feux, et qu'il étoit
encore en activité en 1794. Au reste, on a utilisé depuis
long-temps des feux analogues qui existent dans la pénin-
sule d'Abscheron en Perse, à trois milles de la mer Caspienne ;
puisqu'on y a établi un caravanserail, habité par des prê-
tres indiens, adorateurs du feu, des *Guèbres*, qui, avec le
seul secours des flammes de l'hydrogène sortant du sol,
cuisent leurs alimens dans des vases adaptés exactement sur
des trous faits exprès, et calcinent de la pierre calcaire

en l'entassant dans des fosses, où elle se trouve parfaitement cuite au bout de trois jours. A l'égard des fontaines ardentes, elles ne sont autre chose que des lieux analogues aux précédens, mais qui sont recouverts d'eau stagnante ou d'eau vive, à travers laquelle il s'émane du gaz hydrogène carboné, qui brûle à sa surface sans que l'eau y participe en rien; et cela est si positif et si certain, que l'on connoît de ces fontaines brûlantes qui sont à sec une partie de l'année, et d'où le gaz s'échappe et brûle toujours. Telle est celle des environs de Grenoble, qui étoit comptée au nombre des sept merveilles de la province.

Les feux naturels et les fontaines brûlantes étoient connus des anciens; Pline en cite un grand nombre, et l'on en connoît aujourd'hui dans plusieurs contrées fort éloignées les unes des autres : mais il est très-probable, ainsi que le pense M. Menard, qu'il existe beaucoup de ces émanations que le hazard n'a point encore allumées et qui sont par conséquent invisibles pour nous. On croit avoir remarqué que la roche d'où le gaz hydrogène carboné s'échappe ordinairement, est un calcaire schisteux argilo-marneux, qui passe par une addition de sable micacé à une espèce de *Grauwacke*, qu'on appelle *macigno* dans les Apennins. [1]

2.° *Hydrogène carboné des salses* ou *volcans d'air*. Le gisement de ce gaz dans les salses diffère beaucoup en apparence de celui qui donne naissance aux feux naturels et aux fontaines ardentes; mais, si nous en croyons M. Menard, à qui nous devons encore la dernière et la meilleure description des salses du Modénois, il existeroit, au contraire, la plus grande analogie entre ces phénomènes, où l'air inflammable joue le principal rôle. Dans le premier cas, il sort directement du sol ou traverse simplement une eau plus ou moins claire; dans le second, c'est-à-dire dans les salses, il est obligé de franchir une couche argileuse, une vase plus ou moins visqueuse, qui entrave son cours, le force quelquefois à s'accumuler, ce qui occasionne les crises et les espèces d'éruptions qui sont propres aux salses et qui sont toujours

---

1 Menard, Nouvelle description des feux naturels de Pietra mala, etc., Journal de phys., t. 85, 1817.

précédées d'un calme parfait et menaçant. Il est probable aussi que c'est à la difficulté que le gaz éprouve à parvenir au jour qu'on peut attribuer son mélange avec l'eau et l'acide carbonique qui entrave son inflammation. En effet, elle n'a lieu que dans les grandes crises, et cet hydrogène refuse même de s'embraser par le contact d'un corps allumé, ce qui avoit trompé Dolomieu lorsqu'il examina la grande salse de *Macaluba* en Sicile, et lui avoit fait croire qu'elle ne dégageoit que du *gaz acide carbonique*. Au reste, si l'on excepte la présence du sel et du pétrole, qui paroissent essentiellement attachés aux salses, et qui ne se voient point ordinairement dans les feux naturels, on peut dire avec M. Menard qu'on pourroit changer une *salse* en fontaine ardente, si on la débarrassoit de la couche argileuse qui la couvre, et réciproquement une fontaine brûlante en *salse*, si l'on rendoit son eau épaisse et pâteuse par une addition d'argile ; car, dans les salses, l'hydrogène carboné est toujours accompagné de cette espèce particulière de bitume, et l'argile est toujours délayée dans de l'eau salée. Dans les grandes éruptions de ces volcans d'air, ainsi qu'on les appelle assez improprement, il sort quelquefois du bourbier des fragmens d'un calcaire gris, veiné de blanc, quelques pyrites non altérées, et des morceaux de fer et de manganèse oxidée. [1]

Il existe des salses en Italie, en Sicile, en Crimée, en Perse, au nord de Backa, à Java, à l'extrémité nord de l'Amérique méridionale, etc. (Voyez SALSES.)

3.° *Hydrogène carboné des mines* ou *grisou*. L'hydrogène carboné qui infecte les mines, est presque toujours mêlé à une certaine dose d'azote ou d'acide carbonique, qui le rend moins combustible que celui des feux naturels ; cent pouces cubes de ce gaz pèsent dix-neuf grains et demi, et c'est particulièrement dans les houillères qu'il se rencontre. Le *grisou* sort de la houille avec un léger bruissement, non-seulement quand elle est en place, mais encore quand elle en est détachée : il se produit quelquefois à la surface des tailles avec une telle abondance qu'on peut adapter des

---

1 Menard, Description des salses du Modénois ; Journal de physique, Avril, 1818.

tuyaux sur les places ou *souffleurs* d'où il sort, et le conduire
au jour dans des boyaux de cuir, d'où il s'échappe en produisant un jet sensible qu'on peut allumer. Ce sont particulièrement les houilles très-bitumineuses, grasses et friables, qui
laissent transsuder la plus grande quantité d'hydrogène carboné, et je ferai remarquer, à ce sujet, que ce sont précisément là les qualités qui en produisent le moins à la distillation et qui sont les moins propres à alimenter les thermo-
lampes. On a observé que le grisou augmente d'intensité à
l'approche des failles et des changemens que la couche
éprouve dans sa puissance ; quelquefois même il devient
visible et se présente, dit-on, sous la forme d'espèces de
bulles ou ballons enveloppés de légères pellicules, que l'on
compare à des toiles d'araignées, et que les mineurs s'em-
pressent d'écraser entre leurs mains avant qu'ils ne parviennent sur les lumières, où ils feroient explosion.

Toutes les fois que le grisou s'accumule dans une partie
des travaux où l'air est stagnant, et qu'il parvient à former
plus du treizième de la masse, il devient susceptible de s'allumer à l'approche des lumières, et de produire des explosions qui brûlent les ouvriers et qui bouleversent les travaux.
On cite les mines de Newcastle et de Whitehaven en Angleterre, et celles des environs de Mons et de Liége en Belgique,
comme étant très-sujettes au grisou.

On parvient à se préserver des effets terribles de ce gaz
inflammable, en établissant dans les travaux un courant d'air
qui rase et qui balaye la surface des *tailles* ou des portions
de la couche qu'on attaque, et qui l'entraîne au dehors avec
lui en le noyant dans sa masse. Mais ce moyen, qui est bien
certainement le meilleur de tous, puisqu'il détruit à chaque
instant la cause du danger, n'est praticable que dans une
exploitation déjà fort avancée, qui est pourvue de plusieurs
orifices au jour et qui se communiquent intérieurement ; car,
dans une exploitation nouvelle, on est réduit à brûler le
gaz, pour ainsi dire, à mesure qu'il se produit, afin qu'il ne
puisse point s'amasser ; ce qui sûrement n'est pas sans danger,
ainsi que plusieurs événemens l'ont prouvé. On avoit imaginé en Angleterre de remplacer les lampes par une espèce
de meule d'acier, qui frottoit contre des silex et qui produi-

soit une lueur suffisante, à la rigueur, pour le travail, mais qui n'étoit point parfaitement exempte d'allumer le gaz.

La lanterne de toile métallique de M. Davy semble propre à prévenir tous les dangers : elle permet de porter de la lumière au milieu même de l'hydrogène carboné, sans crainte d'explosion, ce qui est fondé sur la propriété singulière que ce célèbre chimiste a découverte, savoir, que les explosions du gaz inflammable des mines ne peuvent franchir les diaphragmes qui sont percés de trous dont le diamètre n'est qu'égal à leur profondeur. Cette heureuse découverte est un service rendu à l'humanité, puisque l'expérience prouve déjà que non-seulement cette lampe portative prévient les explosions dans les mines où elles étoient les plus fréquentes, mais qu'elle consomme, en éclairant l'ouvrier, le gaz meurtrier dont il est entouré. On peut consulter la description et la figure de cet appareil ingénieux dans le tome Ier des Annales des mines, et les expériences qui ont été faites par M. Baillet pour s'assurer de ses bons effets.

Gaz hydrogène sulfuré ou *gaz hépatique*. L'odeur infecte de ce gaz, qui se manifeste assez dans les œufs couvés, le fait aisément reconnoître partout où on le rencontre. Il est composé, d'après M. Thenard, de 70,857 de soufre et de 29,143 d'hydrogène : il rougit la teinture de tournesol à la manière des acides, brûle avec une flamme bleuâtre, et dépose du soufre sur les parois du vase dans lequel on fait l'expérience ; mais il est impropre à la respiration et à la combustion. Sa pesanteur varie à raison de la quantité du soufre qu'il contient, ainsi que la facilité que l'on éprouve à le dissoudre dans l'eau froide ; car, plus il est soufré, plus il est soluble : aussi le trouve-t-on dans toutes les eaux thermales sulfureuses, telles que celles de Barége. Il existe aussi, à l'état gazeux, dans plusieurs gisemens particuliers, et entre autres dans une portion de la grande galerie d'entrée des salines de Bex en Suisse.

Gaz hydrogène phosphoré. La propriété particulière de ce gaz, de s'enflammer au simple contact de l'air, a fait présumer, avec assez de raison, que les *feux follets*, les *ardens* et les *flambards*, qui se dégagent des marais et des cimetières, et qui font la terreur des gens de la campagne, sont des émanations de gaz hydrogène phosphoré qui brûlent et voltigent en l'air.

Telles sont les combinaisons gazeuses qui se trouvent toutes formées dans la nature, et les différens rôles qu'elles y jouent. Les gaz qui sont combinés dans les minéraux, et qui ne peuvent en être séparés que par l'analyse, sont du ressort de la chimie. (BRARD.)

GAZ et VAPEURS. (*Chim.*) On partage les fluides élastiques ou aériformes en deux classes, les *gaz* et les *vapeurs*.

Les gaz ne se liquéfient pas, lorsqu'ils sont soumis à la pression la plus forte que nous pouvons produire, ou lorsqu'ils sont exposés à une température de 20 degrés au moins au-dessous de zéro; les vapeurs, au contraire, dans les mêmes circonstances, prennent l'état liquide ou solide.

Nous ferons observer que c'est improprement que le mot *gaz* a été employé comme synonyme de fluide aériforme : ainsi, au lieu de vapeur aqueuse, on a dit quelquefois à tort *gaz* aqueux.

Nous allons examiner les propriétés générales les plus remarquables des gaz et des vapeurs : nous exposerons ensuite les propriétés caractéristiques de chaque espèce de gaz, et les procédés qu'on emploie pour les séparer, quand ils sont mêlés.

1.re DIVISION.

Des gaz et des vapeurs considérés sous le rapport de leurs propriétés générales les plus remarquables.

§. 1.er

Nature.

Les gaz et les vapeurs sont simples ou composés.

Gaz simples :
{ Oxigène ;
  Chlore ;
  Azote ;
  Hydrogène.

Gaz composés :
- Oxide de chlore ;
- Protoxide d'azote ;
- Deutoxide d'azote ;
- Acide sulfureux ;
- Oxide de carbone ;
- Acide carbonique ;
- Acide chloroxicarbonique ;
- Acide hydrochloriq. ;
- Acide hydriodique ;
- Acide phtoroborique ;
- Acide phtorosiliciq. ;
- Cyanogène ;
- Ammoniaque ;
- Acide hydrosulfuriq.
- Hydrogène protophosphuré ;
- Hydrogène perphosphuré ;
- Hydr. protocarburé ;
- Hydrog. percarburé ;
- Hydrog. arseniqué ;
- Acide hydro - tellurique. [1]

Vapeurs simples :
- Iode ;
- Soufre ;
- Phosphore ;
- Arsenic ;
- Tellure ;
- Mercure ;
- Zinc ;
- Potassium, etc.

Vapeurs composées :
- Eau ;
- Acide sulfurique ;
- Acide nitreux ;
- Acide arsenieux ;
- Acide chloro-phosphorique,
- Acide hydrocyanique ;
- Sulfure de carbone ;
- Alcool ;
- Éther hydratique ;
- Éther chlorurique ;
- Éther hydrochlorique ;
- Éther nitreux ;
- Éther hydriodique ;
- Essence de térébenthine ;
- Indigo, etc.

---

[1] Nous ne comprenons pas ici l'hydrogène potassié, parce que l'existence nous en paroît problématique.

§. 2.

Élasticité.

a) *Élasticité des gaz.*

Les particules des gaz, loin d'être soumises à la cohésion, sont au contraire animées d'une force répulsive qui tend à les écarter incessamment les unes des autres, au moins dans les limites de l'atmosphère que nous pouvons atteindre. Si nous concevons une colonne d'air en repos dont la base s'appuie sur la partie solide du globe, la couche la plus inférieure de cette colonne ne sera immobile que parce que les couches supérieures, la pressant en vertu de leur poids, s'opposeront à son extension. Mais, si la pression diminue, les particules de la première couche s'écarteront jusqu'à ce que l'affoiblissement de leur élasticité ait compensé la diminution de la pression. Boyle et Mariotte, ayant recherché le rapport qui existe entre le volume de l'air et la pression qu'il supporte, ont vu que les volumes d'une masse d'air, pour une même température, *étoient en raison inverse de la pression, et qu'en conséquence l'élasticité à température égale croissoit proportionnellement à la densité, et que l'une de ces choses pouvoit servir de mesure à l'autre.* Cette loi est applicable à tous les gaz secs.

b) *Élasticité des vapeurs.*

Ainsi que celles des gaz, leurs particules sont libres de toute cohésion, et ont une tendance à s'écarter les unes des autres; mais il y a cette différence que, si l'on prend un espace saturé d'une vapeur quelconque à une température déterminée, on pourra réduire cet espace à la moitié, au tiers, au quart, etc., sans augmenter l'élasticité de la vapeur. On observera seulement qu'il se liquéfiera une quantité de vapeur proportionnelle à la quantité dont l'espace aura été diminué. Il est évident, d'après ce qui précède, que si l'on réduit à la moitié, au tiers, au quart, etc., un espace rempli d'un gaz, on doublera, triplera, quadruplera, etc., son élasticité première. C'est en cela surtout que les gaz diffèrent des vapeurs; mais nous ferons observer que les vapeurs suivent la même loi que les gaz, lorsque les pressions différentes aux-

quelles on les soumet, sont inférieures à celle qui est nécessaire pour les liquéfier.

On mesure l'élasticité des fluides aériformes, ou, comme
on le dit encore, leur tension, par le poids de la colonne
de mercure qui est nécessaire pour les maintenir dans l'espace qu'ils occupent à l'instant où on les considère.

§. 3.

Dilatabilité.

Les gaz et les vapeurs suivent la même loi dans leurs dila-
tations. Ainsi, 1 volume d'un gaz sec, 1 volume de vapeur
à zéro, occupent, à 100^d, 1,375, la pression restant la même,
d'après les expériences de M. Gay-Lussac; et comme les dila-
tations sont égales pour chaque degré, il s'en suit que pour
un degré centigrade la dilatation est de 0,00375 ou $\frac{1}{266.67}$ du
volume à zéro.

§. 4.

Pouvoir réfringent des gaz et des vapeurs.

Les gaz et les vapeurs ont à des degrés différens le pouvoir
de réfracter la lumière qui les traverse. Nous allons présenter un tableau des pouvoirs réfringens des gaz pour la
température de zéro et la pression de 0^m,76, d'après les expériences de MM. Biot et Arago.

Nature des gaz.	Densité du gaz, celle de l'air étant l'unité.	Pouvoirs réfringeus des gaz, celui de l'air étant 1.
Air..........................	1,00000	1,00000
Oxigène.....................	1,10359	0,86161
Azote	0,96913	1,03408
Hydrogène...................	0,07321	6,61436
Ammoniaque.................	0,59669	2,16851
Acide carbonique............	1,51961	1,00476
Hydrogène carburé...........	0,57072	2,09270
Hydrogène plus carburé que le précédent..................	0,58825	1,81860
Acide hydrochlorique.........	1,24740	1,19625

S'il est permis de tirer quelques conséquences de ce tableau et de quelques autres expériences que l'on a faites sur le même sujet, on verra,

1.º Que l'oxigène, qui jouit éminemment de la propriété comburente, a un pouvoir réfringent très-foible.

2.º Que l'hydrogène, qui est combustible, en a un très-considérable, et qu'il paroît naturel d'attribuer pour la plus grande partie le pouvoir réfringent de l'ammoniaque, ainsi que celui des résines et des huiles, à l'hydrogène qui entre dans leur composition.

3.º Que le pouvoir réfringent d'un mélange gazeux est la somme des pouvoirs réfringens de ses élémens.

4.º Qu'il paroît en être de même pour quelques combinaisons dont les élémens n'ont pas contracté une forte union : exemple, l'ammoniaque.

5.º Que, dans les combinaisons où les élémens ont éprouvé une grande contraction, le pouvoir réfringent n'est pas proportionnel à celui des élémens ; exemple : l'eau a plus de pouvoir réfringent que n'en a le mélange de 1 volume d'oxigène et de 2 d'hydrogène.

6.º Que la conversion d'un liquide en vapeur affoiblit son pouvoir réfringent ; car il résulte des expériences de MM. Arago et Petit que le sulfure de carbone, qui a un pouvoir réfringent un peu plus grand que 3 à l'état liquide, en a un qui ne surpasse pas 2 quand il est réduit en vapeur.

7.º Que le carbone, réduit à l'état gazeux par sa combinaison avec l'oxigène ou l'hydrogène, a un pouvoir réfringent très-foible, en comparaison de celui qu'il possède à l'état de diamant.

8.º Que la réfraction observée dans une masse d'air humide est sensiblement la même que si l'air étoit sec, la pression et la température étant égales : ce résultat est dû à ce que l'excès du pouvoir réfringent de la vapeur sur celui de l'air, les densités étant égales, est compensé dans le mélange par la diminution de la densité de la vapeur.

§. 5.

Couleurs des fluides aériformes.

Il n'existe qu'un petit nombre de fluides aériformes qui soient colorés ; ce sont :

1.º Le chlore, qui est d'un jaune verdâtre.

2.º Son oxide, qui a une couleur semblable, mais plus brillante.

3.º La vapeur nitreuse, qui est d'un rouge orangé.

4.º La vapeur d'iode, qui est violette.

5.º La vapeur de soufre, qui est d'un jaune orangé.

6.º La vapeur de potassium, qui paroît être verte?

7.º La vapeur d'indigo, qui ressemble à celle de l'iode.

Les autres fluides aériformes ne sont pas, à proprement parler, colorés, au moins par transmission. Si la voûte céleste est bleue, cela est dû, suivant Saussure, non pas à des rayons que l'air transmet, mais à des rayons qu'il réfléchit.

§. 6.

Densités.

NOMS DES FLUIDES ÉLASTIQUES.	Densités déterminées par expérience.	Densités calculées.	Poids d'un litre de gaz à 0°, et sous la pression de 0,76m, déterminé par expérience.	Poids d'un litre de gaz à 0°, et sous la pression de 0,76m, trouvé par calcul.	NOMS DES OBSERVATEURS.
			Gram.		
Air	1.0000	......	1.2991		
Gaz hydriodique	4.4430	4.4288	5.7719	5.7535	Gay-Lussac.
— fluorique silicé	3.5735	......	4.6423	......	John Davy.
— chloroxicarbonique	......	3.3894	......	4.4032	Le même.
Chlore	2.4700	2.4216	3.2088	3.1459	Gay-Lussac et Thénard.
Oxide de chlore	......	2.3144	......	3.0066	Gay-Lussac.
Gaz fluoborique	2.3709	......	3.0800	......	John Davy.
— sulfureux	2.1930	2.2072	2.8489	2.8674	Davy.
Cyanogène	1.8064	1.8011	2.3467	2.3398	Gay-Lussac.
Protoxide d'azote	1.5204	1.5209	1.9752	1.9758	Colin.
Acide carbonique	1.5196	......	1.9741	......	Biot et Arago.
Gaz hydrochlorique	1.2474	1.2505	1.6205	1.6245	Les mêmes.
— hydrosulfurique	1.1912	1.1768	1.5475	1.5288	Thénard et Gay-Lussac
— oxigène	1.1036	......	1.4337	......	Biot et Arago.
Deutoxide d'azote	1.0338	1.0364	1.3495	1.3464	Bérard.
Hydrogène percarburé	......	0.9784	......	1.2710	Théodore de Saussure.
Gaz azote	0.9691	......	1.2590	......	Arago et Biot.
— oxide de carbone	0.9569	0.9678	1.2431	1.2573	Cruickshancks.
Hydrogène phosphuré	0.870	......	1.1302	......	Davy.
Gaz ammoniacal	0.5967	0.5943	0.7752	0.7721	Biot et Arago.
Hydrogène proto-carburé	0.5550	0.5624	0.7210	0.7306	Tomson.
— — arsénié	0.5290	......	0.6872	......	Tromsdorff

NOMS DES FLUIDES ÉLASTIQUES.	DENSITÉS déterminées par expérience.	DENSITÉS calculées.	Poids d'un litre de gaz à 0°, et sous la pression de 0,76m, déterminé par expérience.	Poids d'un litre de gaz à 0°, et sous la pression de 0,76m, trouvé par calcul.	NOMS DES OBSERVATEURS.
			Gram.		
Gaz hydrogène	0.0732	......	0.0951	......	Arago et Biot.
Vapeur d'iode	......	8.6195	......	11.1976	Gay-Lussac.
— — d'éther hydriodique	5.4749	......	7.1124	......	Le même.
— — d'essence de térébenthine	5.0100	......	6.512	......	Le même.
— — d'hydr. percarb. de chlore	3.4434	3.3484	4.4734	4.4792	Colin et Robiquet.
— — nitreuse	......	3.1764	......	4.1265	Gay-Lussac.
— — de sulfure de carbone	2.6447	......	3.4457	......	Le même.
— — d'éther sulfurique	2.5760	......	3.3595	......	Le même.
— — d'éther hydrochlorique	2.219	......	2.8825	......	Thénard.
— — d'acide chloro-cyanique	......	2.1113	......	2.7428	Gay-Lussac.
— — d'alcool absolu	1.6133	1.6030	2.0958	2.0825	Le même.
— — d'acide hydro-cyanique	0.9475	0.9360	1.2310	1.2160	Le même.
— — d'eau	0.6235	0.6250	0.8100	0.8119	Le même.
— — de carbone	......	0.4160	......	0.5404	Le même.

Cette table a été publiée par M. Gay-Lussac, dans le 1.ᵉʳ volume des Annales de chimie et de physique. Depuis, MM. Berzelius et Dulong ont déterminé la densité de plusieurs gaz : ils ont trouvé pour

       L'hydrogène 0,0685

       L'oxigène............. 1,1032

       L'acide carbonique...... 1,5260

2.ᵉ DIVISION.

§. 1.ᵉʳ

Composition en volumes de différentes espèces de combinaisons dont les élémens peuvent être réduits à l'état gazeux.

	Volume de la combinaison.	Proportion en volume des élémens	
		Chlore.	Oxigène.
Oxide de chlore	1	½	1
Acide chloreux[1]	x	1	5
Acide chlorique[2]	x	1	7

1 Acide des muriates oxigénés.   2 Découvert par le comte Stadion.

	Volume de la combinaison.	Proportion en volume des élémens.	
		Azote.	Oxigène.
Protoxide d'azote	1	1	$\frac{1}{2}$
Deutoxide d'azote	1	$\frac{1}{2}$	$\frac{1}{2}$
Acide hyponitreux	x	1	$1\frac{1}{2}$
Acide nitreux	x	1	2
Acide nitrique	x	1	$2\frac{1}{2}$
		Soufre.	Oxigène.
Acide sulfureux	1	$\frac{1}{2}$	1
Acide sulfurique	x	1	3
		Carbone.	Oxigène.
Oxide de carbone	1	$\frac{1}{2}$	$\frac{1}{2}$
Acide carbonique	1	$\frac{1}{2}$	1
		Oxide de carbone.	Chlore.
Acide chloroxicarbonique	1	1	1
		Hydrogène.	Iode.
Acide hydriodique	1	$\frac{1}{2}$	$\frac{1}{2}$
		Carbone.	Azote.
Cyanogène	1	1	1
		Hydrogène.	Azote.
Ammoniaque	1	$1\frac{1}{2}$	$\frac{1}{2}$
		Hydrogène.	Soufre.
Acide hydrosulfurique	1	1	$\frac{1}{2}$
		Hydrogène.	Carbone.
Hydrogène protocarburé	1	2	$\frac{1}{2}$
Hydrogène percarburé	1	2	1
		Hydrogène.	Oxigène.
Vapeur d'eau	1	1	$\frac{1}{2}$
		Hydr. percarb.	Eau.
Vapeur d'alcool	1	1	1
Vapeur d'éther hydratique		2	1
		Hydrogène.	Cyanog.
Vapeur d'acide hydro-cyanique	1	$\frac{1}{2}$	$\frac{1}{2}$
		Cyanogène.	Chlore.
Vapeur d'acide chloro-cyaniq.	1	$\frac{1}{2}$	$\frac{1}{2}$
		Hydr. percarb.	Chlore.
Vapeur d'éther chlorurique	1	1	1
		Hydr. percarb.	Hydrochlor.
Vapeur d'éther hydrochlorique	1	1	1

§. 2.

Propriétés caractéristiques de chaque espèce de gaz.

1.re SECTION.

Gaz qui rallument la bougie qu'on vient d'éteindre, si la mèche contient encore quelques particules charbonneuses en ignition.

a) *Sans détonation.*

Oxigène.

Incolore, inodore, sans action sur les réactifs colorés; le seul propre à l'entretien de la vie des animaux. Absorbable en totalité par les hydrosulfates et les sulfures hydrogénés. Solidifié en totalité, et en dégageant une vive lumière, quand on le fait passer bulle à bulle dans une cloche étroite pleine de mercure où l'on a mis un petit morceau de phosphore que l'on a chauffé ensuite extérieurement. A froid, sans action sur le phosphore et l'arsenic qu'on y projette : un volume mêlé à deux volumes d'hydrogène ne détone point quand on expose le mélange au soleil.

Protoxide d'azote.

Incolore, inodore; saveur légèrement sucrée; sans action sur les réactifs colorés; n'éprouve pas de changement de la part de l'oxigène. Quand on enflamme un mélange de 1 volume de ce gaz avec 1 volume d'hydrogène, on obtient de l'eau, et $\frac{1}{2}$ volume d'azote, si la décomposition du protoxide est complète.

b) *Avec détonation.*[1]

Oxide de chlore (préparé par l'acide sulfurique et le chlorite de potasse).

Jaune orangé verdâtre foncé ; détruit la couleur du tournesol, sans la rougir préalablement; à 100 degrés il détone en dégageant de la lumière ; un volume produit $\frac{1}{2}$ volume de chlore et 1 volume d'oxigène; assez soluble dans l'eau ; absorbé par l'eau de potasse.

---

[1] Il peut arriver que la bougie s'éteigne au moment de la détonation ; mais, si on la plonge dans le gaz après qu'il a détoné, la bougie se rallumera si sa mèche contient quelques particules embrasées.

2.ᵉ SECTION.

Gaz qui, quand ils ont le contact de l'air, s'enflamment, soit spontanément, soit lorsqu'on y plonge une bougie.

A. *Gaz qui sont sans action sur les réactifs colorés.*

Hydrogène perphosphuré.

Incolore ; s'enflamme dès qu'il a le contact de l'air ; produit de l'eau et de l'acide phosphorique. Le chlore l'enflamme : il se produit de l'acide hydrochlorique et de l'acide chlorophosphorique, si le chlore est en excès.

Hydrogène protophosphuré.

Incolore ; odeur d'ail ; ne s'enflamme point à la température ordinaire, quand il est en contact avec l'air ; s'enflamme quand il est échauffé, produit de l'eau et de l'acide phosphorique.

Hydrogène arseniqué.

Incolore ; odeur nauséabonde, extrêmement forte, qui n'est point alliacée ; très-délétère. Sa flamme est bleuâtre : s'il brûle lentement dans une petite cloche, il dépose une matière brune, qui paroît être de l'hydrure d'arsenic. Il est enflammé par le chlore ; il se produit du chlorure d'arsenic et de l'acide hydrochlorique. Si le produit de sa combustion est agité avec de l'eau, et que le chlore ne soit pas en excès, on obtient une dissolution d'acide hydrochlorique et d'acide arsenieux, qui précipite en jaune par l'acide hydrosulfurique.

Hydrogène.

Quand il est bien pur, il est inodore ; il peut rester quelque temps dans une cloche débouchée dont l'ouverture est en enbas : quand on le mêle avec un volume d'oxigène égal au sien et qu'on enflamme le mélange dans un eudiomètre, il reste la moitié de l'oxigène employé, c'est-à-dire $\frac{1}{2}$ volume. Le produit de la combustion est de l'eau.

Oxide de carbone.

Presque inodore ; brûle avec une flamme bleue : le produit est de l'acide carbonique qui précipite l'eau de chaux.

Un volume de ce gaz, mêlé avec un volume d'oxigène dans un eudiomètre placé sur le mercure, se réduit par l'inflammation à $1\frac{1}{2}$ volume. En traitant ce résidu par l'eau de potasse, on absorbe 1 volume d'acide carbonique, et il reste $\frac{1}{2}$ volume d'oxigène.

Hydrogène percarburé.

Odeur légère ; incolore ; brûle avec une flamme blanche, en produisant de l'eau et de l'acide carbonique. Pour le brûler complétement dans un eudiomètre à mercure, il faut pour 1 volume de gaz 3 volumes d'oxigène ; il se produit 2 volumes d'acide carbonique, et une quantité d'eau représentée par 2 volumes d'hydrogène et 1 volume d'oxigène. Pour opérer cette combustion sans danger, il faut mêler 5 volumes d'oxigène à 1 volume de gaz.

Un volume de chlore, mêlé à un volume d'hydrogène percarburé, produit de l'éther chlorurique.

Hydrogène protocarburé.

Incolore ; légère odeur ; inflammable ; flamme moins volumineuse que celle du précédent. Il exige, pour sa combustion, 2 volumes d'oxigène : le produit de la combustion est 1 volume d'acide carbonique et une quantité d'eau représentée par 2 volumes d'hydrogène et 1 volume d'oxigène. Il ne forme pas d'éther chlorurique, quand on le mêle avec son volume de chlore.

B. *Gaz qui agissent sur les réactifs colorés à la manière*

a) *des alcalis.*

Gaz ammoniaque.

Verdit la teinture de violette, bleuit celle d'hématine ; c'est le seul gaz dont la dissolution aqueuse agisse sur les réactifs colorés comme un alcali. Odeur forte. Il répand des fumées blanches très-épaisses, quand on le mêle avec des gaz acides, notamment avec le gaz hydrochlorique. Pour qu'il puisse s'enflammer par le contact de la bougie, il faut le mêler avec cinq fois son volume d'air, ou, ce qui vaut mieux, avec les trois quarts de son volume d'oxigène.

b) *Des acides.*

Gaz acide hydrosulfurique.

Incolore ; odeur d'œufs pourris : noircit les traits que l'on a tracés sur du papier avec une solution d'acétate de plomb ; est absorbé par l'eau et la potasse ; rougit la teinture de tournesol et finit par la décolorer. Sa solution aqueuse, mêlée à l'acide sulfureux, dépose du soufre. Enflammé dans une cloche étroite, il se produit de l'eau et de l'acide sulfureux ; une portion de soufre échappe à la combustion et se précipite sur les parois de la cloche.

Gaz acide hydro-tellurique.

Incolore ; odeur analogue à celle des œufs pourris : rougit la teinture de tournesol ; absorbable par l'eau et la potasse. Quand on l'agite avec une solution de chlore, on obtient une liqueur qui précipite en blanc lorsqu'on y verse du sous-carbonate de soude.

Cyanogène.

Odeur forte et pénétrante ; brûle avec une flamme violette et en produisant de l'acide carbonique : sa solution dans l'eau de potasse, mêlée à un acide, puis à des sulfates de protoxide et de peroxide de fer, forme du bleu de Prusse. Il rougit légèrement la teinture de tournesol.

3.ᵉ SECTION.

Gaz qui éteignent la bougie qu'on y plonge, et qui ne sont pas susceptibles de s'enflammer.

A. *Gaz qui sont sans action sur les réactifs colorés, et qui ne sont pas absorbés par l'eau de potasse.*

Azote.

Inodore, incolore ; impropre à l'entretien de la vie, sans être délétère ; éteint les bougies, ne précipite pas l'eau de chaux ; mêlé avec 2,5 fois son volume d'oxigène, et électrisé dans une cloche de verre posée sur le mercure et dans laquelle il y a de la potasse ou de la chaux, il produit de l'acide nitrique.

Deutoxide d'azote.

Incolore ; mais , dès qu'il a le contact de l'air, il produit
une vapeur rouge-orangée, qui est de l'acide nitreux. Ce
dernier est caractérisé non-seulement par sa couleur, mais
encore par son odeur extrêmement pénétrante et irritante.
Le deutoxide d'azote est insoluble dans l'eau. Lorsqu'on y
plonge du phosphore allumé, celui-ci, loin de s'éteindre,
brûle avec une activité extrême.

B. *Gaz qui ont de l'action sur les réactifs colorés, et qui sont
absorbés par l'eau de potasse.*

Chlore.

Jaune-verdâtre ; odeur forte et désagréable ; très-délétère :
il jaunit la teinture de tournesol, décolore celle de violette,
etc. ; le phosphore, l'arsenic, qu'on y plonge à froid, s'enflamment. Le mélange de volumes égaux de chlore et d'hydrogène détone quand il est exposé au soleil.

Acide sulfureux.

Incolore ; odeur du soufre qui brûle : rougit le tournesol.
Absorbé par l'eau. Absorbé par le borax cristallisé qui a
été réduit en petits morceaux. Mêlé avec le gaz acide hydrosulfurique humide, il y a décomposition des deux acides ; il
se produit de l'eau, et il se dépose du soufre.

Acide carbonique.

Presque inodore ; n'a qu'une foible action sur la teinture
de tournesol, et surtout sur le papier coloré avec cette matière ; impropre à la combustion, à la respiration : l'eau en
absorbe un volume égal au sien ; précipite l'eau de chaux. Ce
précipité, floconneux d'abord, se réunit ensuite en petits
grains qui, recueillis et séchés, font une vive effervescence
avec l'acide acétique.

Acide chloroxicarbonique.

Incolore ; odeur très-forte ; rougit fortement le papier de
tournesol ; mis en contact avec de l'eau, il décompose ce
liquide et il se produit de l'acide hydrochlorique et de l'acide
carbonique : s'il y a assez d'eau, les deux acides sont dissous :

s'il n'y en a qu'une très-petite quantité, l'acide hydrochlorique l'est seul. Quand on y chauffe de l'antimoine ou du zinc, le chlore s'unit aux métaux : il reste un volume d'oxide de carbone égal au volume de l'acide chloroxicarbonique. Quand on le chauffe avec l'oxide de zinc, on obtient un chlorure et un volume d'acide carbonique égal au volume du gaz primitif. Un volume de ce gaz absorbe quatre volumes d'ammoniaque. Le sel peut être sublimé dans le gaz sulfureux, sans éprouver de décomposition.

Acide hydrochlorique.

Incolore ; odeur forte ; rougit fortement le papier de tournesol ; répand des fumées blanches quand il a le contact de l'air ; impropre à la respiration et à la combustion ; très-soluble dans l'eau : la solution précipite le nitrate d'argent en un chlorure qui est insoluble dans l'acide nitrique, mais qui se dissout bien dans l'ammoniaque ; la solution d'acide hydrochlorique mise en contact avec le peroxide de manganèse, donne lieu à un dégagement de chlore.

Acide hydriodique.

Incolore ; odeur forte ; rougit le papier de tournesol ; très-soluble dans l'eau ; répand des fumées blanches dans l'air. Le chlore en précipite de l'iode.

Acide phtoroborique.

Odeur très-forte ; impropre à la respiration et à la combustion ; répandant des fumées excessivement épaisses quand il a le contact de l'air : quand on y plonge une bande de papier, sur-le-champ celle-ci noircit, parce que du charbon est mis à nu.

Acide phtorosilicique.

Odeur forte ; impropre à la respiration et à la combustion ; dès qu'il a le contact de l'eau, il se dépose de la silice à l'état de gelée.

3.ᵉ DIVISION.

De l'analyse des mélanges gazeux.

La première chose à faire, lorsqu'on veut examiner la composition d'un mélange gazeux, c'est d'en introduire une quantité déterminée, 100 volumes par exemple, dans une cloche à mercure, et de les y agiter avec 5 volumes d'une forte solution de potasse à l'alcool. S'il y a une absorption. on la notera.

A. Les gaz non absorbés pourront être.

1.° Oxigène ;
2.° Azote ;
3.° Protoxide d'azote ;
4.° Deutoxide d'azote ;
5.° Oxide de carbone ;
6.° Hydrogène ;
7.° Hydrogène protocarburé et percarburé ;
8.° Hydrogène protophosphuré et perphosphuré
9.° Hydrogène arseniqué.

B. Les gaz absorbés pourront être.

1.° Chlore ;
2.° Oxide de chlore ;
3.° Cyanogène ;
4.° Ammoniaque [1] ;
5.° Acide carbonique ;
6.° Acide sulfureux ;
7.° Acide phtoroborique ;
8.° Acide phtorosilicique ;
9.° Acide chloroxicarbonique ;
10.° Acide hydrochlorique ;
11.° Acide hydriodique ;
12.° Acide hydrosulfurique ;
13.° Acide hydrotellurique.

OBSERVATIONS. Il y a plusieurs gaz qui ne peuvent exister ensemble dans un même mélange ; nous allons les citer.

Gaz du premier groupe, qui ne peuvent exister ensemble aux températures ordinaires.

1.° L'*oxigène* ne peut exister avec
le *deutoxide d'azote* ; résultat : acide nitreux ;

___

[1] L'ammoniaque n'est absorbée dans la potasse que par l'eau qui tient celle-ci en dissolution.

l'*hydrogène perphosphuré*; résultat $\begin{cases} \text{eau}, \text{ .} \\ \text{acide phosphorique}; \end{cases}$

l'*hydrogène phosphuré*, dans le cas où la pression du gaz est peu considérable.

2.° Le *protoxide d'azote* ne peut exister avec

le *gaz hydrogène perphosphuré*; résultat $\begin{cases} \text{azote}, \\ \text{eau}, \\ \text{acide phosphorique.} \end{cases}$

3.° Le *deutoxide d'azote* ne peut exister avec
l'*oxigène*.

4.° L'*hydrogène perphosphuré* ne peut exister avec
l'*oxigène*, le *protoxide d'azote*.

    Gaz du second groupe, qui ne peuvent exister ensemble.

1.° Le *chlore* ne peut exister avec
le *cyanogène* et l'*eau*?

l'*ammoniaque*; résultat $\begin{cases} \text{azote}, \\ \text{acide hydrochlorique, qui s'unit à} \\ \quad \text{une portion d'ammoniaque}; \end{cases}$

l'*acide sulfureux* et l'*eau*; résultat $\begin{cases} \text{acide sulfurique}, \\ \text{acide hydrochlorique}; \end{cases}$

l'*acide hydriodique*; résultat $\begin{cases} \text{acide hydrochlorique}, \\ \text{iode ou chlorure d'iode}; \end{cases}$

l'*acide hydrosulfurique*; résultat $\begin{cases} \text{acide hydrochlorique}, \\ \text{soufre ou chlorure de soufre}; \end{cases}$

l'*acide hydrotellurique*; résultat $\begin{cases} \text{acide hydrochlorique}, \\ \text{tellure ou chlorure de tellure.} \end{cases}$

2.° L'*oxide de chlore* ne peut exister probablement avec aucun des gaz dont la présence exclut celle du chlore, parce que les élémens de l'oxide de chlore ne sont que très-foiblement unis.

3.° Le *cyanogène* ne peut exister avec
le *chlore* et l'*eau*?
l'*ammoniaque*;
l'*acide hydrosulfurique* et l'*eau*.

4.° L'*ammoniaque* ne peut exister avec
le *chlore*;
le *cyanogène*,
l'*oxide de chlore*?

18.   15

volumes

<table>
<tr><td rowspan="3">aucun des gaz
acides; résultat</td><td>sels ammoniacaux; tous
sont solides, excepté
ceux formés</td><td>d'acide phto-
roborique. 1   1
d'ammoniaq. 2   3</td></tr>
</table>

5.° *L'acide carbonique* ne peut exister avec
l'ammoniaque.

6.° *L'acide sulfureux* ne peut exister avec
le *chlore* et *l'eau ;*
l'oxide de chlore et *l'eau* ?
l'ammoniaque ;

l'acide hydriodique ; résultat { eau, iode, soufre ;

l'acide hydrosulfurique ; résultat { eau, soufre.

5.° *L'acide phtoroborique* ne peut exister avec
l'ammoniaque.

6.° *L'acide phtorosilicique* ne peut exister avec
l'ammoniaque.

7.° *L'acide chloroxicarbonique* ne peut exister avec
l'ammoniaque.

8.° *L'acide hydrochlorique* ne peut exister avec
l'ammoniaque ;
l'oxide de chlore.

9.° *L'acide hydriodique* ne peut exister avec
le *chlore ;*
l'oxide de chlore ?
l'ammoniaque ;
l'acide sulfureux.

10.° *L'acide hydrosulfurique* ne peut exister avec
le *chlore* et *l'eau ;*
l'oxide de chlore ?
l'ammoniaque ;
l'acide sulfureux.

11.° *L'acide hydrotellurique* ne peut exister avec
le *chlore ;*
l'oxide de chlore ?
l'ammoniaque ;
l'acide sulfureux ?

Gaz pris dans les deux groupes, qui ne peuvent exister ensemble aux températures ordinaires.

1.º Le *deutoxide d'azote* ne' peut exister avec
l'oxide de chlore?
le *chlore* et l'eau.

2.º *L'oxide de carbone* ne peut exister avec
le *chlore* exposé au soleil; résultat : acide chloroxicarbonique.

3.º *L'hydrogène* ne peut exister avec
le *chlore* exposé au soleil; résultat : acide hydrochlorique;
l'oxide de chlore?

4.º *L'hydrogène percarburé* ne peut exister avec
le *chlore*; résultat : éther chlorurique.

5.º *L'hydrogène phosphuré* ne peut exister avec
le *chlore*; résultat ⎰ acide hydrochlorique ,
⎱ chlorure de phosphore ou acide chloro-
phosphorique.
l'oxide de chlore?
l'acide hydriodique; résultat : composé solide , cristallin.

6.º *L'hydrogène arseniqué* ne peut exister avec
le *chlore*; résultat ⎰ acide hydrochlorique ,
⎱ chlorure d'arsenic ;
l'oxide de chlore ?

7.º Le *chlore* ne peut exister avec
le *deutoxide d'azote* et l'eau ;
l'oxide de carbone et l'hydrogène, exposés au soleil;
l'hydrogène percarburé ;
l'hydrogène phosphuré ;
l'hydrogène arseniqué.

Moyens de reconnoître les gaz qui constituent un mélange insoluble dans l'eau de potasse.

Reconnoître l'oxigène.

Faire passer le mélange dans une cloche pleine de mercure ;
y introduire ensuite un papier bleu de tournesol humide ,
puis du deutoxide d'azote : le papier bleu deviendra rouge ,
et, si l'oxigène est en quantité suffisante , les gaz se coloreront
en orangé.

Les sulfures hydrogénés absorbent l'oxigène.

Quand l'oxigène n'est pas en grande quantité dans un mélange, et que celui-ci est humide, le phosphore y répand des fumées blanches.

Reconnoître le deutoxide d'azote.

Opérer comme précédemment ; seulement, au lieu de faire passer du deutoxide d'azote dans le mélange, y introduire de l'oxigène.

On peut encore, en agitant le mélange avec une solution de sulfate ou d'hydrochlorate de protoxide de fer, absorber le deutoxide d'azote : dans ce cas la solution devient brune.

Reconnoître le protoxide d'azote.

M. Thenard prescrit d'agiter pendant dix à douze minutes une assez grande quantité de gaz avec le quart de son volume d'eau ; de remplir de cette eau une grande fiole, à laquelle on adapte un tube courbé dont l'ouverture s'engage sous une cloche pleine de mercure : par l'élévation de la température, le protoxide d'azote, qui a pu se dissoudre dans l'eau, s'en dégage ; on le reconnoît ensuite au moyen de la bougie.

Reconnoître l'hydrogène carburé.

Si le mélange contient une quantité notable d'hydrogène percarburé, le chlore que l'on y fera passer produira de l'éther chlorurique, qui apparoitra sous forme de gouttelettes. S'il est en moindre quantité, ou si c'est de l'hydrogène protocarburé, le soufre qu'on fera sublimer dans le mélange en précipitera du charbon.

Reconnoître l'hydrogène phosphuré.

Si l'hydrogène est saturé de phosphore, et s'il est en quantité notable dans le mélange, il prendra feu dès qu'il aura le contact de l'oxigène. S'il n'est qu'en petite quantité, ou si l'hydrogène n'est pas saturé de phosphore, l'odeur pourra le faire reconnoitre, ou mieux encore l'une ou l'autre des expériences suivantes.

1.° On agitera le gaz dans un flacon avec de l'eau de chlore : il se produira de l'acide hydrochlorique et de l'acide phosphorique : en faisant concentrer le liquide, on obtiendra un résidu sirupeux acide, qui, saturé par l'ammoniaque, précipitera le nitrate d'argent en jaune-serin.

2.° En supposant que le mélange ne contienne ni oxigène, ni protoxide, ni deutoxide d'azote, on fera passer le mélange dans une petite cloche de verre courbe pleine de mercure; on y portera o^{g}.o3 de potassium, au moyen d'une tige de fer; puis on chauffera (on aura soin d'employer un excés de gaz) : le potassium se convertira en un phosphure brun. On videra la cloche du gaz qu'elle contient; on y fera passer de l'eau : il se dégagera aussitôt de l'hydrogène phosphuré. (Thenard.)

L'hydrogène phosphuré, gardé sur l'eau, laisse précipiter de petits flocons rougeàtres.

Reconnoître l'hydrogène arseniqué.

S'il est en quantité notable, il sera facile à reconnoître par la propriété qu'il a de déposer une matière d'un brun marron lorsqu'on plonge une bougie allumée dans une cloche remplie du mélange. S'il n'est pas en quantité suffisante, on peut le traiter, 1.° comme on a traité l'hydrogène phosphuré, par l'eau de chlore; dans ce cas on obtient de l'acide arsénieux ou de l'acide arsenique en dissolution dans l'eau : 2.° si le mélange ne contient pas d'oxigène et d'oxide d'azote, M. Thenard conseille de le traiter par le potassium; on obtient alors un arseniure de potassium, qui, étant traité par l'eau, donne du gaz hydrogène arseniqué et des flocons d'hydrure d'arsenic.

Quant à l'azote, à l'hydrogène, à l'oxide de carbone, nous ne dirons rien ici des moyens de les reconnoître, parce que ces moyens exigent trop de manipulations. Nous les renverrons à la suite de cet article.

Des moyens de reconnoître les gaz qui constituent un mélange soluble dans la potasse.

Reconnoître le chlore.

Couleur jaune verdàtre, s'il est en quantité notable : il détruira la couleur du tournesol, attaquera le mercure; celui-ci deviendra irisé, puis brun ou gris : en traitant cette matière par l'eau de potasse, filtrant la liqueur, la saturant d'acide nitrique, on obtiendra, en la mêlant avec le nitrate d'argent, un précipité insoluble dans l'acide nitrique et soluble dans l'ammoniaque. (Thenard.)

Reconnoître l'oxide de chlore.

Couleur jaune verdâtre, s'il est en quantité suffisante; sans action sur le mercure, sur une feuille de cuivre; mais si on le chauffe, il se réduit en oxigène, et en chlore qui attaque le mercure. Si on le chauffe avec la feuille de cuivre, celle-ci peut être enflammée, si le gaz est en quantité suffisante.

Reconnoître le cyanogène.

La solution de potasse qu'on a mise en contact avec le mélange produit du bleu de Prusse, lorsqu'on la mêle, 1.º à de l'acide sulfurique, 2.º à une solution de sulfates de protoxide et de peroxide de fer; mais, pour être certain de l'existence du cyanogène dans le mélange, il est nécessaire d'avoir absorbé préalablement la vapeur d'acide hydrocyanique qui pourroit s'y trouver, au moyen du peroxide de mercure.

Reconnoître l'ammoniaque.

Parmi les gaz solubles dans l'eau de potasse, il n'y en a aucun qui puisse être mêlé avec l'ammoniaque. On reconnoît ce gaz, 1.º à la propriété qu'il a d'être absorbé par l'eau, et de donner à celle-ci la faculté de faire revenir au bleu la teinture de tournesol rougie par un acide, et de rendre l'hématine pourpre ou bleue; 2.º aux fumées blanches épaisses qu'il donne quand on le met en contact avec du gaz hydrochlorique.

Reconnoître l'acide sulfureux.

A son odeur, à la propriété qu'a sa solution alcaline de précipiter le sulfate de cuivre en sulfite de cuivre et de potasse, jaune, qui devient rouge quand on l'expose dans l'eau à une température de 100 degrés; enfin, à sa propriété d'être absorbé par le borax et de former avec l'excès de base de ce sel un sulfite qui, étant chauffé avec du charbon, se réduit en sulfure: ce dernier est facile à reconnoître par sa saveur d'acide hydrosulfurique.

Reconnoître l'acide phtoroborique.

Une petite bande de papier qu'on y plonge, donne lieu à une fumée blanche, puis elle est réduite en charbon. Le premier phénomène seulement peut être produit par les gaz hydrochlorique, hydriodique et phtoro-silicique. (Thenard.)

Reconnoître l'acide phtorosilicique.

Mis en contact avec l'eau, il dépose des flocons gélatineux blancs.

Reconnoître l'acide hydrochlorique.

L'absorber par des fragmens de borax; dissoudre ensuite le borax dans l'eau et mêler la solution au nitrate d'argent : s'il y avoit dans le mélange de l'acide hydrochlorique, on obtiendroit un précipité de chlorure d'argent, qui est insoluble dans un excès d'acide nitrique, et qui est soluble dans l'ammoniaque. (Thenard.)

Reconnoître l'acide hydriodique.

Le chlore fait passer ce gaz au violet, et il en précipite de l'iode. Cet acide est absorbé par le borax, comme le précédent; mais la solution du borax forme, avec le nitrate d'argent, un précipité qui diffère du chlorure d'argent, en ce qu'il est insoluble dans l'ammoniaque.

Reconnoître l'acide chloroxicarbonique.

Il faut avant tout absorber le chlore, l'oxide de chlore, l'acide hydrochlorique et les autres acides puissans que le mélange pourroit contenir : pour cela, 1.° on ajoute au mélange du gaz hydrochlorique, afin de convertir l'oxide de chlore en chlore et en eau; 2.° on absorbe le chlore par le mercure, 3.° l'acide hydrochlorique et les acides puissans par le borax; ensuite on absorbe le gaz acide chloroxicarbonique par l'alcool. En mêlant cette solution avec de l'eau chaude, on obtient du gaz acide carbonique et une liqueur qui précipite le nitrate d'argent en chlorure. (Thenard.)

Reconnoître l'acide hydrosulfurique.

Le mélange exhalera l'odeur des œufs pourris, et lorsqu'on y plongera des papiers imprégnés d'acétate de plomb, de sulfate de cuivre, ceux-ci se coloreront en brun.

Reconnoître l'acide hydrotellurique.

Après avoir traité le mélange par le borax, l'alcool et l'acétate de plomb, afin d'absorber l'acide hydrochlorique et les autres acides puissans, l'acide chloroxicarbonique, l'acide hydrosulfurique, on obtiendra un résidu ayant l'odeur des œufs pourris, et qui sera soluble en tout ou en partie dans la potasse. Cette solution, traitée par le chlore en excès, précipitera ensuite de l'oxide de tellure quand on y versera du carbonate de potasse, et du sulfure de tellure noir quand on y versera de l'hydrosulfate de potasse. (Thenard.)

Reconnoître l'acide carbonique.

Il faut traiter le mélange par l'acide hydrochlorique, le mercure, le borax, l'alcool : puis mêler le résidu à de l'eau de baryte : on obtiendra, s'il y a de l'acide carbonique, un précipité qui fera effervescence avec l'acide acétique foible.

Analyse de plusieurs mélanges gazeux.

En donnant ici les moyens d'analyser plusieurs mélanges gazeux, nous ne prétendons pas offrir à nos lecteurs un traité systématique de ce genre d'analyse ; nous voulons seulement présenter quelques exemples que nous choisissons parmi les analyses qu'on a le plus souvent occasion de faire. Les personnes qui voudroient avoir des détails plus amples sur cet objet, les trouveront dans le quatrième volume de la Chimie de M. Thenard.

L'exemple que nous donnerons d'abord, est celui de l'analyse de l'air atmosphérique, ou plutôt d'un mélange d'oxigène et d'azote ; parce que cette analyse est une des plus simples que l'on puisse faire, parce que c'est la première qui ait été essayée, et que c'est à son occasion que l'on a inventé ces instrumens si ingénieux qu'on a nommés EUDIOMÈTRES (voyez ce mot) et dont l'usage a été ensuite étendu à l'analyse de tous les mélanges gazeux. Ces premiers travaux sont si importans dans l'histoire de la science, que nous les présenterons à peu près dans l'ordre historique, en faisant connoître les différens moyens que l'on a mis en usage pour analyser l'air.

Nous examinerons ensuite les procédés qu'on peut employer pour analyser,

Un mélange d'oxigène et d'hydrogène ;

Un mélange d'oxide de carbone et d'hydrogène carburé ;

Un mélange de chlore et d'un gaz soluble ou insoluble dans la potasse ;

Un mélange d'acide carbonique et d'un gaz acide absorbable par le borax ;

Un mélange d'acide hydrosulfurique et d'un gaz acide absorbable par le borax ;

Un mélange d'acide carbonique et hydrosulfurique ;

Un mélange d'oxigène, d'azote, d'acide carbonique, d'hydrogène et d'hydrogène carburé ;

Un mélange semblable au précédent, qui contiendroit en outre de l'oxide de carbone.

1.er ARTICLE.

Analyse d'un mélange d'oxigène et d'azote.

Tous les procédés que l'on emploie pour arriver à ce but, se réduisent à absorber l'oxigène au moyen d'un corps combustible qui s'y combine, et à l'isoler ainsi de l'azote auquel il est mêlé. Les principales substances dont on a fait usage pour cet objet, sont, 1.° le gaz nitreux ; 2.° le mélange de deux parties de fer et d'une partie de soufre, les sulfures hydrogénés et les hydrosulfates solubles ; 3.° le gaz hydrogène ; 4.° le phosphore.

1.° Le *gaz nitreux*. Landriani, guidé par les expériences de Priestley, imagina le premier, en 1775, un instrument auquel il donna le nom d'eudiomètre, dont l'objet étoit de faire connoître la diminution de volume que l'air éprouve de la part du gaz nitreux aidé du contact de l'eau. Magellan, Gerardin, et surtout Fontana, inventèrent de nouveaux eudiomètres *à gaz nitreux*. Priestley, Ingenhousz, Lavoisier, Scherer, M. Humboldt, M. Dalton et M. Gay-Lussac, s'occupèrent successivement de chercher la proportion qu'il y avoit entre l'absorption produite par le mélange de l'oxigène et du gaz nitreux, et le volume de l'oxigène absorbé : ils arrivèrent tous à des proportions différentes. Aujourd'hui le gaz nitreux n'est plus employé comme moyen eudiométrique,

les causes d'erreurs auxquelles il donne lieu étant trop nombreuses et trop difficiles à éviter.

2.° *Mélange de deux parties de limaille de fer et une partie
de soufre, humecté; sulfure hydrogéné de potasse; hydrosulfate
de potasse.* Schéele fit, dans le mois de Janvier 1778, l'analyse de l'air au moyen d'un mélange de deux parties de
limaille de fer et d'une partie de soufre humecté : il conclut
de ses expériences, que 100 volumes d'air contenoient
presque constamment 27 volumes d'oxigène ; dès 1777,
il étoit arrivé au même résultat en faisant usage du sulfure
hydrogéné de potasse. Depuis Schéele, plusieurs physiciens
ont employé ce dernier composé; tel est surtout M. Marti.
Ce chimiste a fait voir, en 1790, que le sulfure absorboit
non-seulement de l'oxigène, mais encore de l'azote; que,
cependant, l'on pouvoit faire assez exactement l'analyse de
l'air, en employant une dissolution de sulfure de potasse
dans l'eau qui avoit été préalablement saturée de gaz azote.
M. Berthollet, ayant repris ce sujet plus tard, dit que le
sulfure n'absorboit point l'azote ; qu'en conséquence il pouvoit être employé comme moyen eudiométrique. En 1805,
MM. Gay-Lussac et Humboldt observèrent que la solution du
sulfure que l'on avoit fait chauffer, absorboit, outre l'oxigène,
une certaine quantité d'azote, qui étoit égale à celle que
la chaleur avoit chassée de la solution : que cette quantité
d'azote étoit d'ailleurs moindre que celle qui auroit pu être
absorbée par l'eau de la dissolution à l'état de pureté que l'on
auroit fait préalablement bouillir; que l'on pouvoit absorber
l'oxigène de l'air, sans absorber l'azote, en employant une
dissolution de sulfure faite à froid. Ces physiciens firent remarquer que, si M. Berthollet n'avoit point eu d'absorption
d'azote, c'est qu'il avoit opéré avec une solution de sulfure
qui étoit dans cette dernière condition.

Pour faire l'analyse de l'air par un sulfure hydrogéné,
il faut dissoudre à froid du sulfure de potasse dans l'eau,
filtrer la liqueur, et faire passer un volume connu d'air
dans une cloche graduée remplie de la dissolution. Si l'on
opéroit sur le mercure, ce métal se sulfureroit promptement, surtout si l'on vouloit accélérer l'opération en agitant
la cloche. Ce moyen eudiométrique est peu employé, à cause

du temps qu'il exige et des variations de volume qui peuvent survenir dans l'air qu'on analyse, par les changemens de température et de pression de l'atmosphère.

3.° *Le gaz hydrogène.* En 1778, M. Volta prescrivit la combustion de l'hydrogène pour connoître le degré de pureté de l'air; il imagina un eudiomètre au moyen duquel, après avoir introduit des volumes connus d'air et d'hydrogène dans cet instrument, et après avoir enflammé le mélange par l'étincelle électrique, il pouvoit déterminer le rapport qu'il y avoit entre le volume du résidu de la combustion et le volume des deux gaz avant la combustion. En 1800, MM. Gay-Lussac et Humboldt, après avoir examiné différens moyens eudiométriques, et observé que, toutes les fois que l'oxigène et l'hydrogène gazeux s'unissent par l'étincelle électrique, c'est toujours dans le rapport de 1 à 2, donnèrent à ce moyen eudiométrique la préférence sur tous les autres. L'eudiomètre à gaz inflammable a cela d'avantageux, qu'il peut servir non-seulement à l'analyse d'un mélange qui contient de l'oxigène ou de l'hydrogène libre, mais encore à déterminer la proportion des élémens de tout gaz composé qui est susceptible d'être enflammé par l'étincelle électrique quand il est mêlé à l'oxigène.

L'instrument dont on fait usage maintenant pour ces analyses, est infiniment plus simple que celui de Volta. C'est un cylindre de verre creux, très-épais, fermé à son sommet par une virole de fer, à laquelle est fixée extérieurement une petite tige surmontée d'une boule de même métal : ce cylindre est ouvert à sa base; mais cette ouverture est susceptible de se fermer au moyen d'une pièce de fer que l'on a légèrement creusée, et dans la cavité de laquelle est un écrou qui s'applique à un pas de vis pratiqué sur un cercle en fer qui est mastiqué extérieurement au cylindre. Lorsqu'on veut se servir de cet instrument, on le remplit de mercure; on y introduit, au moyen d'une petite cloche graduée, les gaz que l'on veut analyser; puis on fait glisser dans l'intérieur un gros fil de fer roulé en spirale et garni d'une boule à son extrémité supérieure : cette boule doit être placée à une ligne environ du plan de fer qui termine le cylindre. On ferme ensuite l'extrémité inférieure de ce dernier avec la pièce de fer dont nous avons parlé plus haut; enfin, on touche la boule de la virole avec le plateau d'un électrophore chargé, ou bien encore avec le bouton d'une bouteille de Leyde : aussitôt il éclate une étincelle dans l'intérieur du cylindre, qui détermine une inflammation, si le mélange gazeux en est susceptible par sa nature et la proportion de ses principes. On dévisse ensuite la pièce de fer, on retire le fil de fer du cylindre, et on fait passer le résidu gazeux dans la cloche graduée. En divisant le volume qui a disparu par 3, on a le volume de l'oxigène contenu dans le mélange, dans la supposition que ce mélange étoit formé d'oxigène et d'azote, et que le volume d'hydrogène qu'on y avoit mêlé étoit suffisant pour absorber tout l'oxigène. Dans le cas où un mélange ne contiendroit pas assez d'oxigène pour enflammer l'hydrogène, il faudroit prendre 5 volumes de mélange, 5 volumes d'hydrogène et 1,5 volume d'oxigène.

4.° Le *phosphore*. En 1773, Lavoisier, ayant examiné sa combustion en vase clos, observa qu'il réduisoit l'air à environ les quatre cinquièmes de son volume. En 1791, M. Seguin, qui avoit coopéré à beaucoup d'expériences de Lavoisier, et qui avoit eu l'occasion d'observer dans ces expériences la forte action du phosphore légèrement échauffé sur le gaz oxigène, proposa ce corps comme moyen eudiométrique. Il faisoit passer dans une cloche de verre d'un pouce de diamètre sur huit ou dix pouces de hauteur, un petit morceau de phosphore, l'y faisoit fondre, en approchant du sommet de la cloche un charbon ardent; ensuite il y introduisoit bulle à bulle un volume d'air déterminé au moyen d'une petite cloche graduée. La combustion une fois opérée, il faisoit repasser dans la cloche graduée le résidu de l'opération, et voyoit par là combien il y avoit eu d'oxigène solidifié par le phosphore. On peut encore se servir d'un tube de verre fermé à son extrémité, de $0^{m},015$ de diamètre, pour opérer la combustion du phosphore par l'oxigène d'un mélange qu'on veut analyser.

La combustion vive du phosphore est un très-bon moyen de connoître la proportion d'oxigène non combiné qui est contenu dans un mélange ; mais il ne faut point en faire usage si ce mélange contient un gaz qui puisse être enflammé lors de la combustion du phosphore.

La combustion lente du phosphore, dans une atmosphère humide, a été proposée pour l'analyse de l'air ; mais, pour que ce procédé soit applicable à l'analyse de tous les mélanges d'oxigène et d'azote, il faut que le premier ne fasse pas plus d'un tiers du mélange.

La combustion lente du phosphore peut encore servir à déterminer la proportion d'oxigène contenu dans un mélange qui seroit susceptible d'être allumé par la combustion rapide du phosphore : dans ce cas, si la proportion trop forte de l'oxigène s'opposoit à la combustion lente du phosphore, il faudroit introduire dans le mélange un volume connu de gaz azote.

2.e ARTICLE.

Analyse d'un mélange d'oxigène et d'hydrogène.

On en fera passer 100 mesures dans un eudiomètre à mercure, et on essaiera de faire détoner.

Il peut arriver :

a) *Qu'il y ait détonation.* Il faut alors mesurer le résidu, et voir s'il est formé d'oxigène ou d'hydrogène ; ensuite soustraire ce résidu des 100 mesures introduites dans l'eudiomètre. En appelant D la différence, $\frac{1}{3} D$ représentera l'oxigène et $\frac{2}{3} D$ l'hydrogène qui ont été brûlés.

S'il n'y avoit pas de résidu, le mélange seroit formé en volume de $\frac{1}{3}$ d'oxigène et de $\frac{2}{3}$ d'hydrogène.

b) *S'il n'y avoit pas détonation,* cela prouveroit que l'un des gaz est à l'autre dans une proportion trop forte pour qu'il y ait combinaison : dès-lors il faudroit reconnoître, au moyen de la bougie, la nature du gaz en excès ; il faudroit ajouter une quantité connue de l'autre gaz, afin d'avoir un mélange détonant.

Dans le cas où l'oxigène est mêlé à une grande quantité d'hydrogène, on peut en déterminer la proportion par la combustion lente, et même par la combustion rapide du phosphore : dans le premier cas il faut que les parois de la cloche soient humectées. Les sulfures hydrogénés, qui absorbent l'oxigène à l'exclusion de l'hydrogène, peuvent être encore employés pour faire l'analyse du mélange dont nous parlons.

3.e ARTICLE.

Analyse d'un mélange d'oxide de carbone et de gaz hydrogène carburé.

L'analyse d'un pareil mélange exige nécessairement la connoissance du poids du gaz qu'on analyse : conséquemment, avant de procéder à l'analyse, il est nécessaire de déterminer la densité du mélange : avec cette donnée on peut déterminer le poids d'un volume donné du gaz évalué en fractions de litre, puisque le poids d'un litre d'air sec est connu.

1.° On a une cloche d'un petit diamètre divisée en centimètres cubiques : chaque centimètre est divisé en dix parties. On fait passer dans cette cloche dix centimètres cubes du mélange, dont on a déterminé le poids par le calcul. Désignons ce poids par A. On transvase le gaz dans un eudiomètre sur le mercure ; on y ajoute quarante centimètres d'oxigène, dont le poids est B : on enflamme les gaz par l'étincelle électrique.

2.° On fait passer le résidu de la combustion dans la cloche graduée ; on note le volume, et on voit la quantité dont les gaz ont diminué ; on absorbe l'acide carbonique par un petit morceau de potasse humectée : quand l'absorption a cessé, on note le volume du résidu gazeux : connoissant le volume de l'acide carbonique absorbé, on en connoît le poids, puisqu'on sait ce que pèse le litre d'acide carbonique. Avec cette donnée on a le poids C du carbone et le poids B' de l'oxigène auquel C s'est combiné.

3.° On fait passer un petit morceau de phosphore dans une cloche de verre mince de o,^mo15 environ de diamètre, remplie de mercure : quand on a fondu le phosphore au moyen d'une lampe à alcool ou d'un charbon, on fait passer bulle à bulle le résidu gazeux (2). Si tout le gaz combustible a été brûlé, et si l'oxigène étoit pur, l'absorption du gaz par le phosphore sera complète. En soustrayant de B, poids de l'oxigène, le poids B'' du volume de l'oxigène qui étoit en excès à la combustion, on a le poids B''' de l'oxigène étranger au mélange inflammable, qui a été employé pour brûler ce dernier.

Les expériences précédentes fournissent toutes les données nécessaires pour déterminer la composition du mélange ; en effet, on connoît

A poids du gaz, c'est-à-dire, la somme des poids de ses élémens :

$\left\{\begin{array}{l} C \text{ poids du carbone ;} \\ O \text{ poids de l'oxigène ;} \\ H \text{ poids de l'hydrogène ;} \end{array}\right.$

B' poids de l'oxigène qui s'est uni à C ;

B''' poids de l'oxigène qu'A a absorbé pour être converti $\left\{\begin{array}{l} \text{en eau } E, \\ \text{en acide carbonique } (C + B'). \end{array}\right.$

Il est évident que $(A + B''') = (C + B') + E.$
$(C + B')$ étant connu, on a $E = (A + B''') - (C + B').$

E donne, par deux proportions, $\left\{\begin{array}{l} \text{le poids de l'hydrogène } H, \\ \text{et le poids de l'oxigène } B^{\text{iv}} \text{ qu'elle} \\ \text{contient.} \end{array}\right.$

On fait la somme de $(B' + B^{\text{iv}})$; on en retranche B''' ; la différence est l'oxigène O contenu dans A.

Si l'on calcule la quantité de carbone à laquelle O se combine pour former de l'oxide de carbone, le reste du carbone est la quantité qui étoit unie à l'hydrogène.

4.e ARTICLE.

Analyse d'un mélange de chlore et d'un des gaz suivans :
     Oxide de chlore ;
     Acide carbonique ;
     Acide sulfureux ;
     Acide phtoroborique ;
     Acide phtorosilicique ;
     Acide chloroxicarbonique ;
     Acide hydrochlorique.

En agitant un volume connu de ces gaz avec le mercure, le chlore seul est absorbé : la diminution de volume fait donc connoître le volume du chlore qui étoit mêlé à l'autre gaz.

Ce même procédé pourroit être employé pour séparer le chlore qui seroit mêlé à un gaz insoluble dans la potasse.

5.ᵉ ARTICLE.

Analyse d'un mélange de gaz acide carbonique et d'un des gaz
suivans :

Acide sulfureux ;
Acide hydrochlorique ;
Acide hydriodique ;
Acide phtoroborique ;
Acide phtorosilicique.

On introduit le mélange dans une cloche pleine de mercure, et on y fait passer ensuite des fragmens de borax, qui sont sans action sur le gaz acide carbonique, et qui absorbent le gaz auquel il est mêlé.

6.ᵉ ARTICLE.

Analyse d'un mélange de gaz acide hydrosulfurique et d'un des
gaz suivans :

Acide hydrochlorique ;
Acide hydriodique ;
Acide phtoroborique ;
Acide phtorosilicique.

On la fait, comme la précédente, avec le borax, qui n'absorbe pas le gaz hydrosulfurique.

7.ᵉ ARTICLE.

Analyse d'un mélange de gaz hydrosulfurique et d'acide
carbonique.

En agitant un volume connu de ces gaz avec l'acétate acide de plomb, l'acide hydrosulfurique est absorbé ; il se produit de l'eau et un sulfure de plomb : le résidu gazeux est l'acide carbonique.

8.ᵉ ARTICLE.

Analyse d'un mélange d'oxigène, d'acide carbonique, d'azote,
d'hydrogène et d'hydrogène carburé.

a) On absorbera l'oxigène par le phosphore légèrement échauffé : dans ce dernier cas il est bien nécessaire d'observer si la combustion du phosphore ne détermine pas l'inflammation de l'hydrogène. Lorsque la proportion de l'oxigène n'excède pas un tiers du mélange, on peut absorber l'oxigène en mettant les gaz en contact avec un cylindre de phosphore dans une cloche humectée qui repose sur le mercure.

b) On absorbera l'acide carbonique par une solution concentrée de potasse.

Observation importante. On pourroit employer, pour absorber l'oxigène, une solution de sulfure hydrogéné de potasse faite à froid ; dans ce cas il faudroit, avant de mettre le mélange en contact avec le sulfure, en séparer l'acide carbonique au moyen de la potasse : lorsqu'au contraire on fait usage du phosphore, il faut commencer par absorber l'oxigène avant l'acide carbonique.

c) Le mélange, privé d'oxigène et d'acide carbonique, sera mêlé dans l'eudiomètre même à une quantité d'oxigène A plus que suffisante pour brûler complétement l'hydrogène et l'hydrogène carburé. On fera détoner, et on notera la contraction.

d) On absorbera ensuite l'acide carbonique produit par l'eau de potasse concentrée. Le volume absorbé donnera la quantité de carbone, et la quantité A' d'oxigène qui a été nécessaire pour brûler ce carbone.

e) On fera ensuite passer bulle à bulle le résidu gazeux dans une cloche de verre pleine de mercure, où l'on aura chauffé un petit morceau de phosphore ; tout l'oxigène en excès à celui qui a brûlé les gaz combustibles, sera absorbé : nous désignerons cet excès par A''; le gaz qui restera, sera l'azote.

f) Maintenant, pour déterminer la quantité d'hydrogène, il suffira de soustraire d'A la quantité $A' + A''$; la différence A''' représentera la quantité d'oxigène qui a été employée à brûler un volume d'hydrogène qui est le double du volume d'A'''.

Observation. Si dans l'opération (*c*) la quantité A d'oxigène ajoutée au gaz ne pouvoit en déterminer la combustion, parce qu'il y auroit trop de gaz non combustible, il faudroit ajouter une quantité B d'hydrogène suffisante pour déterminer l'inflammation ; après l'opération, on retrancheroit cette quantité B de la quantité d'hydrogène trouvée par le calcul (*f*).

9.ᵉ ARTICLE.

Analyse d'un mélange semblable au précédent, qui contiendroit
en outre de l'oxide de carbone.

Après avoir déterminé la proportion de l'oxigène et de
l'acide carbonique par les procédés exposés dans l'article
précédent, on prendra la densité du mélange privé de ces
deux gaz; on en fera détoner un poids connu dans l'eudiomètre à mercure avec un poids également connu d'oxigène;
on déterminera le poids de l'acide carbonique produit. puis
celui de l'oxigène en excès à la combustion, et enfin le poids
de l'azote. Avec ces données il sera facile de calculer la proportion des élémens du mélange, si on se rappelle la manière dont on a procédé pour déterminer la proportion d'un
mélange d'oxide de carbone et d'hydrogène carburé. (Ch.)

GAZ ACIDE ACÉTIQUE (*Chim.*), dénomination qu'on a
appliquée improprement à la vapeur de l'acide acétique.
(Ch.)

GAZ ACIDE CARBONIQUE. (*Chim.*) C'est la combinaison
à l'état gazeux du carbone avec la plus forte quantité d'oxigène à laquelle il peut se combiner. Voyez CARBONIQUE
[ACIDE], tome VII, page 62. (Ch.)

GAZ ACIDE CRAYEUX. (*Chim.*) A l'époque où l'on ignoroit la nature du gaz acide carbonique que l'on retiroit du
carbonate de chaux, soit par la chaleur, soit par des acides,
Bucquet donna à ce fluide aériforme le nom de gaz crayeux.
(Ch.)

GAZ ACIDE FLUORIQUE. (*Chim.*) C'est le nom que l'on
a donné improprement à la vapeur de l'acide hydrophtorique. (Ch.)

GAZ ACIDE MARIN. (*Chim.*) C'est le gaz acide hydrochlorique. (Ch.)

GAZ ACIDE MARIN DÉPHLOGISTIQUÉ. (*Chim.*) C'est
le chlore. (Ch.)

GAZ ACIDE MURIATIQUE. (*Chim.*) C'est le gaz acide hydrochlorique. (Ch.)

GAZ ACIDE MURIATIQUE OXIGÉNÉ. (*Chim.*) C'est le
nom que l'on a donné au chlore, lorsqu'on le considéroit
comme un composé d'acide muriatique et d'oxigène. (Ch.)

GAZ ACIDE NITREUX. (*Chim.*) Depuis que M. Dulong a démontré que l'acide nitreux pur étoit liquide jusqu'à la température de 27 degrés, on a remplacé l'expression de gaz acide nitreux par celle de vapeur acide nitreuse. Si on observe souvent un fluide aériforme fortement coloré en rouge par de l'acide nitreux, et qui ne peut être liquéfié par la pression à la température ordinaire, cela tient à ce que la vapeur nitreuse est mêlée à un gaz permanent. (Ch.)

GAZ ACIDE PRUSSIQUE. (*Chim.*) Cette dénomination doit être remplacée par celle de *vapeur hydrocyanique.* (Ch.)

GAZ ACIDE SPATHIQUE. (*Chim.*) Cette dénomination a été employée improprement pour désigner la vapeur de l'acide hydrophtorique. (Ch.)

GAZ ACIDE SULFUREUX. (*Chim.*) C'est la seule combinaison connue du soufre avec l'oxigène qui soit gazeuse et acide. (Ch.)

GAZ AÉRIEN. (*Chim.*) Quelques personnes ont employé cette expression pour désigner l'air atmosphérique. (Ch.)

GAZ ALCALIN. (*Chim.*) C'est le plus ancien nom du gaz ammoniaque. (Ch.)

GAZ AMMONIAC, GAZ AMMONIACAL, actuellement **GAZ AMMONIAQUE** (*Chim.*) : noms que l'on a donnés à la combinaison qui est formée de trois volumes d'hydrogène et d'un volume d'azote condensés en deux volumes. (Ch.)

GAZ AZOTE (*Chim.*), nom donné à un des gaz de l'atmosphère, qui n'a pas, comme l'oxigène, la propriété d'entretenir la respiration des animaux. Voyez Azote. (Ch.)

GAZ AZOTE PHOSPHURÉ. (*Chim.*) Il est démontré aujourd'hui que le gaz qui a reçu ce nom, n'est qu'un mélange d'azote et de vapeur de phosphore. (Ch.)

GAZ AZOTE SULFURÉ. (*Chim.*) M. Gimbernat et, depuis, M. Monheim, avoient annoncé l'existence d'une combinaison d'azote et de soufre dans plusieurs eaux minérales : on sait aujourd'hui que cette combinaison est encore inconnue, et que le prétendu gaz azote sulfuré qu'on a retiré de ces eaux, n'étoit qu'un mélange de gaz azote et d'acide hydrosulfurique. (Ch.)

GAZ DÉPHLOGISTIQUÉ (*Chim.*), nom donné à l'oxigène par Priestley. (Ch.)

GAZ DEUTOXIDE D'AZOTE (*Chim.*): combinaison formée d'un volume d'oxigène et d'un volume d'azote, sans condensation apparente. Voyez Azote, Supplém. du Tom. III. (Ch.)

GAZ HÉPATIQUE (*Chim.*): ancienne dénomination de l'hydrogène sulfuré, ou plutôt de l'acide hydrosulfurique. *Hépatique* est dérivé du mot *hépar*, que l'on appliquoit au sulfure de potasse et de soude. (Ch.)

GAZ HYDROGÈNE (*Chim.*): corps simple, qui est naturellement à l'état gazeux quand il est libre de toute combinaison. Voyez Hydrogène. (Ch.)

GAZ HYDROGENE ARSENIÉ, ARSENIQUÉ, ARSENIURÉ (*Chim.*): combinaison gazeuse de l'hydrogène avec l'arsenic. Voyez Arsenic, Supplément du Tome III. (Ch.)

GAZ HYDROGÈNE CARBONÉ ou CARBURÉ. (*Chim.*) Combinaison gazeuse du carbone avec l'hydrogène. Il en existe au moins deux : l'une au minimum de carbone, qu'on appelle *gaz hydrogène protocarburé*; l'autre au maximum de carbone, que l'on appelle *gaz hydrogène percarburé*. Voyez Hydrogène. (Ch.)

GAZ HYDROGENE PHOSPHORÉ ou PHOSPHURÉ. (*Chim.*) On compte généralement deux combinaisons d'hydrogène et de phosphore : l'hydrogène saturé de phosphore, qu'on appelle *gaz hydrogène perphosphuré*, et l'hydrogène au minimum de phosphore, que l'on appelle *gaz hydrogène protophosphuré*. Le premier se distingue du second en ce qu'il s'enflamme spontanément quand il a le contact de l'air, tandis que le second a besoin d'être échauffé. (Ch.)

GAZ HYDROGENE SULFURÉ. (*Chim.*) C'est le gaz acide hydrosulfurique. (Ch.)

GAZ HYDROGENE TELLURÉ. (*Chim.*) C'est le gaz acide hydrotellurique. (Ch.)

GAZ INFLAMMABLE. (*Chim.*) C'est le plus ancien nom du gaz hydrogène ; cependant il faut savoir qu'il a été donné quelquefois à des gaz qui ne sont pas de l'hydrogène pur, mais des combinaisons de cet élément avec d'autres corps inflammables. (Ch.)

GAZ INFLAMMABLE DES MARAIS. (*Chim.*) C'est le gaz qui se dégage des marais ou des eaux stagnantes où il y a des matières végétales en décomposition. C'est un mélange ordinairement formé de 86 de gaz hydrogène protocarburé et de 14 de gaz azote. (Ch.)

GAZ MÉPHITIQUE. (*Chim.*) C'est l'acide carbonique. (Ch.)

GAZ NITREUX. (*Chim.*) C'est le gaz deutoxide d'azote. (Ch.)

GAZ NITROGÈNE (*Chim.*), nom que Fourcroy avoit proposé de donner à l'azote, parce que celui-ci produit l'acide du nitre en se combinant à l'oxigène. (Ch.)

GAZ NITRO-MURIATIQUE. (*Chim.*) Nom que l'on a donné à l'émanation de l'eau régale. Elle est essentiellement composée de chlore et d'acide nitreux en vapeur. (Ch.)

GAZ OLÉIGÈNE. (*Chim.*) Fourcroy avoit proposé de donner ce nom au gaz hydrogène percarburé, qui a la propriété de former l'éther chlorurique, dont l'aspect est huileux, lorsqu'on le mêle avec un volume de chlore égal au sien. (Ch.)

GAZ OXIDULE D'AZOTE. (*Chim.*) C'est le protoxide d'azote. (Ch.)

GAZ OXIGÈNE. (*Chim.*) Corps simple, éminemment comburent, qui est toujours gazeux lorsqu'il est libre de toute combinaison. Voyez OXIGÈNE. (Ch.)

GAZ PERMANENS. (*Chim.*) Plusieurs auteurs ont donné au mot *gaz* la même extension qu'à l'expression *fluides aériformes*. En conséquence ils ont divisé les gaz en *non permanens*, ce sont les vapeurs; et en *gaz permanens*, ce sont les fluides aériformes que nous avons appelés simplement *gaz*. (Ch.)

GAZ PROTOXIDE D'AZOTE (*Chim.*) : combinaison d'un volume d'oxigène et de deux volumes d'azote, condensés en deux volumes. Voyez AZOTE, Supplément du Tome III. (Ch.)

GAZAL (*Mamm.*), nom qui, dit-on, est générique chez les Arabes pour désigner plusieurs espèces d'antilopes. Voyez GAZELLE. (F. C.)

GAZALIBU (*Bot.*), nom arabe de l'ivraie, *lolium*, suivant Avicenne et Matthiole, cités par Mentzel. (J.)

GAZANÉ (*Ichthyol.*), nom que l'on donne, à Marseille, au syngnathe tuyau, *syngnathus pelagicus*, que l'on appelle à Nice cavao, dit M. Risso. Voyez SYNGNATHE. (H. C.)

GAZANIE, *Gazania*. (*Bot.*) [*Corymbifères*, Juss. = *Syngé-*

nésie polygamie frustranée, Linn.] Ce genre de plantes, établi par Gærtner, en 1791, dans le second volume de son traité sur les fruits, appartient à la famille des synanthérées, à notre tribu naturelle des arctotidées, et à la section des arctotidées-gortériées, dans laquelle nous le plaçons immédiatement auprès de notre genre *Melanchrysum*, qui en diffère cependant par plusieurs caractères très-essentiels. Voici les caractères génériques du *gazania*, que nous ne connoissons que par la description et la figure données par Gærtner.

La calathide est radiée, composée d'un disque multiflore, régulariflore, androgyniflore, et d'une couronne unisériée, liguliflore, neutriflore. Le péricline est campanulé, plécolépide, formé de squames nombreuses, paucisériées, imbriquées, oblongues-lancéolées, foliacées, entregreffées inférieurement, libres supérieurement. Le clinanthe est plane, alvéolé, à cloisons garnies de courtes fimbrilles piliformes. Les ovaires sont obpyramidaux, tétragones, glabres; leur aigrette est longue, caduque, fauve, composée de squamellules très-nombreuses, entregreffées à la base, filiformes, excessivement capillaires, et absolument inappendiculées. Les fleurs de la couronne ont un faux-ovaire demi-avorté et inaigretté; leur corolle a le tube nul ou presque nul, et la languette très-longue, lancéolée, bidentée.

GAZANIE DE GÆRTNER, *Gazania Gartneri* : *Gazania rigens*, Gærtn., *de Fruct. et sèm. plant.*, tom. 2, pag. 451, tab. 173, fig. 2; *Mussinia speciosa*, Willd.. *Sp. pl.*; *Gorteria rigens*, β, Thunb.. *Act. Hafn.*, 4, pag. 4, tab. 4, fig. 1. C'est une plante herbacée, annuelle; sa racine est divisée, fibreuse; il n'y a point de tige proprement dite; les feuilles sont toutes radicales, vertes et légèrement pubescentes en-dessus, blanches et tomenteuses en-dessous, à bords roulés en-dessous; les unes sont indivises, linéaires-lancéolées, les autres pinnatifides, à divisions linéaires-lancéolées, très-entières; les calathides sont solitaires au sommet de hampes ou pédoncules radicaux, deux fois plus longs que les feuilles et pubescens: leur péricline est cylindracé, pubescent, denté; les corolles de la couronne sont oblongues-lancéolées, jaunes, avec une bande obscure sur le milieu de leur face inférieure, et une tache noire à la base de la face supérieure. Cette plante habite la région du cap de Bonne-Espérance, comme toutes les autres arctotidées : on la trouve dans les terrains sablonneux, près Grœne-Kloof et Swartland. Willdenow, dont nous traduisons la description, et qui a vu la plante sèche, dit qu'elle diffère du vrai *gorteria rigens* par le port, par la structure du péricline, par la tige nulle, par la racine annuelle. En effet, le *gorteria rigens* est une plante ligneuse, pourvue de véritables tiges, et ses calathides sont portées, non sur des hampes, mais sur des pédoncules situés au sommet des tiges. M. de Lamarck a donné, dans ses *Illustrationes generum*, sous le titre de *Gazania*, la figure d'une plante offrant une hampe, ou un long pédoncule, terminé par une calathide, et des feuilles lancéolées, très-entières, comme pétiolées : mais les figures de M. de Lamarck, représentant les caractères génériques du *gazania*, ne sont qu'une servile copie des figures de Gærtner, ce qui nous fait craindre que l'auteur des *Illustrationes* n'ait négligé de vérifier ces caractères sur sa plante, de sorte qu'il a pu faire dessiner, sous le nom de *gazania*, le vrai *gorteria rigens*, qui n'est pas du même genre.

La ressemblance extérieure du *gazania Gœrtneri* avec le *gorteria rigens* a produit plusieurs erreurs, qui ont déjà beaucoup embrouillé la nomenclature en cette partie, et qu'il importe de signaler et de redresser, pour faire cesser la confusion qui en résulte. Gærtner, auteur du genre *Gazania*, a très-bien observé, décrit et figuré ses caractères génériques ; mais il a fait une erreur de synonymie, en déclarant que la plante sur laquelle il les observoit, étoit le *gorteria rigens* de Linnæus. Long-temps après Gærtner, Willdenow a reproduit, probablement sans le savoir, le genre *Gazania* sous le nouveau nom de *mussinia*, et il l'a très-imparfaitement caractérisé : mais, plus exact sur la synonymie, il a bien distingué le vrai *gorteria rigens* de Linnæus, qui ne peut pas être rapporté au *gazania* ou *mussinia*, et il l'a laissé dans le genre *Gorteria*. Il est indubitable que le *gazania* de Gærtner est au nombre des six espèces rapportées par Willdenow au *mussinia*, et il nous semble infiniment probable que c'est le *mussinia speciosa*. Cependant la description de Willdenow semble indiquer un péricline de squames unisériées, égales, tandis que la plante de Gærtner a le péricline formé de squames paucisériées, inégales : mais Willdenow, observant un échantillon sec, a pu se tromper sur ce caractère, assez variable d'ailleurs dans quelques plantes analogues au *gazania* ou *mussinia* : et en supposant que Willdenow n'ait commis aucune erreur, la différence que nous remarquons suffiroit peut-être pour établir que sa plante est une autre espèce que celle de Gærtner, mais il n'en seroit pas moins constant que le *mussinia* est le même genre que le *gazania*. M. Robert Brown n'a pas remarqué l'erreur de synonymie commise par Gærtner, non plus que l'identité du *gazania* et du *mussiniä*, reconnue par M. de Jussieu dans ses Mémoires sur les synanthérées, publiés dans les 6.ᵉ, 7.ᵉ et 8.ᵉ volumes des Annales du muséum d'histoire naturelle ; mais il a imaginé, contre toute vraisemblance, que cet observateur si exact avoit commis les plus grossières erreurs dans sa description et dans sa figure du *gazania* : en conséquence il a présenté, en 1813, dans la seconde édition de l'*Hortus Kewensis* d'Aiton, un genre *Gazania* comme étant celui de Gærtner, mais avec des caractères tout différens, et applicables au vrai *gorteria rigens*, sur lequel M. Brown les a décrits, tandis que Gærtner avoit observé une plante d'un autre genre. Nous avons pensé que, le *gazania* de Gærtner étant beaucoup plus ancien que le *mussinia* de Willdenow, qui est absolument le même genre, le premier nom devoit être conservé de préférence au second. Nous avons été convaincu surtout qu'il falloit bien se garder, en conservant le nom de *gazania*, de changer, comme M. Brown, les caractères assignés par Gærtner à ce genre, pour en substituer d'autres fournis par une plante étrangère au genre dont il s'agit et inconnue à l'auteur de ce genre. C'est pourquoi, considérant que le *gorteria personnata* est l'espèce primitive et le vrai type du genre *Gorteria*, comme Gærtner l'a judicieusement remarqué, et que le *gorteria rigens* n'est point réellement congénère de cette première espèce, nous avons proposé, dans le Bulletin de la société philomatique de Janvier 1817, le genre *Melanchrysum*, ayant pour type le *gorteria rigens* et présentant les caractères suivans.

Calathide radiée ; disque multiflore, régulariflore, androgyniflore ; couronne unisériée, liguliflore, neutriflore. Péricline supérieur aux fleurs du disque, cylindracé, plécolépide : formé de squames bi-trisériées, un peu inégales, imbriquées, entièrement entregreffées, mais surmontées d'un appendice libre, étalé, linéaire ou lancéolé, foliacé. Clinanthe épais, charnu, à face supérieure conique, alvéolée, à face inférieure creusée d'une cavité où s'insère le pédoncule. Ovaires tout couverts de longs poils capillaires, mous, appliqués, dressés et s'élevant plus haut que l'aigrette ; aigrette composée de squamellules nombreuses, bisériées, un peu inégales, longues, laminées, membraneuses, linéaires-subulées, finement denticulées en scie sur les bords. Fleurs de la couronne à faux-ovaire nul, à style nul, à corolle formée d'un long tube et d'une très-grande languette bidentée au sommet.

En comparant les caractères génériques du *gazania* et ceux du *melanchrysum*, on voit que ces deux genres diffèrent, 1.º par le clinanthe plane et fimbrillé en-dessus, point creusé en-dessous, dans le *gazania*, conique et sans fimbrilles en-dessus, creusé d'une cavité en-dessous, dans le *melanchrysum* ; 2.º par les ovaires glabres dans le *gazania*, tout couverts de poils excessivement longs dans le *melanchrysum* ; 3.º par les squamellules de l'aigrette, capillaires et inappendiculées dans le *gazania*, laminées et denticulées dans le *melanchrysum* ; 4.º par les fleurs de la couronne pourvues d'un faux-ovaire et dépourvues de tube dans le *gazania*, dépourvues de faux-ovaire et pourvues d'un tube dans le *melanchrysum*. M. Brown n'avoit sûrement pas remarqué ces différences, quand il a supposé que le *gorteria rigens* de Willdenow étoit le type du genre *Gazania* de Gærtner.

Les genres *Gazania* et *Melanchrysum* diffèrent du genre *Gorteria*, limité comme il doit l'être, principalement en ce que les ovaires du *gorteria* sont inaigrettés. Voyez notre article GORTERIA. (H. CASS.)

GAZAR-SJŒTANI. (*Bot.*) Voyez CHELLŒ. (J.)

GAZÉ. (*Entom.*) C'est le nom que Geoffroy a donné au papillon de l'aube-épine, *papilio cratœgi*, dont les ailes sont presque dépourvues d'écailles, et ressemblent ainsi à une gaze légère et gommée. (C. D.)

GAZÉITÉ (*Chim.*) : propriété qu'ont certaines substances d'être a l'état gazeux. (Ch.)

GAZELLE (*Mamm.*), nom dérivé du mot arabe GAZAL (voyez ce mot), et par lequel les naturalistes désignent plus particulièrement l'ANTILOPE CORINE, ou l'ANTILOPE KEVEL, et qu'on emploie même quelquefois génériquement comme synonyme d'ANTILOPE. (Voyez ces différens noms.)

On l'a joint à d'autres mots, pour désigner d'autres animaux :

La GAZELLE COMMUNE est la CORINE ;

La GAZELLE A BOURSE, le SAÏGA ;

La GAZELLE A CORNES DROITES, l'ORIX ;

La GAZELLE BLEUE, l'ANTILOPE BLEUE ;

La GAZELLE DU BÉZOARD est une CHÈVRE. Voyez ces divers noms. (F. C.)

GAZIEH. (*Bot.*) Voyez FETUEH. (J.)

GAZOLA (*Ornith.*), nom portugais du butor, *ardea stellaris*, Linn. (Ch. D.)

GAZOMETRES. (*Chim.*) Appareils destinés à contenir et à mesurer des volumes de gaz plus ou moins considérables. Nous renvoyons aux ouvrages de chimie la description de ces appareils, qui exige nécessairement des figures pour être bien comprise. (Ch.)

GAZON D'ANGLETERRE (*Bot.*), nom vulgaire de la saxifrage hypnoïde. (L. D.)

GAZON DE MONTAGNE, GAZON D'ESPAGNE (*Bot.*) : noms vulgaires sous lesquels on désigne communément le *statice armeria*. (L. D.)

GAZON D'OLYMPE (*Bot.*), nom vulgaire du *statice armeria*, qui croît sur les berges, et que l'on cultive en bordure dans les jardins. (J.)

GAZON DU PARNASSE (*Bot.*). nom qui est commun à la parnassie des marais et au muguet à deux feuilles. (L. D.)

GAZON TURC. (*Bot.*) C'est la saxifrage hypnoïde. (L. D.)

GAZOUL. (*Bot.*) Adanson, trouvant le genre Ficoïde, *Ficoïdes* de Tournefort, *mesembryanthemum* de Linnæus, trop nombreux en espèces, a voulu le subdiviser en quatre genres. Il a rangé sous son *mesembryum* toutes celles qui ont beaucoup d'étamines, cinq styles et un fruit à cinq loges ; sous le *rossia*, celles qui diffèrent des précédentes par le nombre des styles élevé de huit à quinze, et des loges du fruit, à quinze : il a nommé *mannetia*, celles qui n'ont que dix à vingt étamines, quatre styles et quatre loges, et *gazoul*, les espèces munies de dix à douze étamines, de cinq styles et de dix loges. Necker, admettant les mêmes genres, nomme le premier *mesembryanthus*, le second *abryanthemum*, le troisième *nycteranthus*. Il indique de plus des espèces à étamines nombreuses, à stigmate sessile divisé en cinq lobes, et à fruit quinquéloculaire, dont il forme son nouveau genre *Gynicidia*. Voyez GHASUL. (J.)

GAZZA. (*Ornith.*) L'oiseau qui porte, en Italie, ce nom et ceux de *gazzara*, *gazzola*, *gazzuola*, est la pie commune, *corvus pica*, Linn. (CH. D.)

GAZZOLI. (*Bot.*) Suivant Seguier, près de Vérone on donne ce nom au *potamogeton perfoliatum*, très-abondant dans le fleuve Mincio. (J.)

GEA. (*Ornith.*) Voyez GAU. (CH. D.)

GEAI. (*Ornith.*) On a exposé, au mot *Corbeau*, les motifs qui ont déterminé à diviser le genre *Corvus*, et à appliquer, avec Brisson, la dénomination de *garrulus* aux geais, quoiqu'ils ne possèdent pas de caractères qui puissent les faire nettement distinguer. Les seules différences qu'on ait remarquées jusqu'à présent entre eux et les corbeaux proprement dits, sont, que leur bec est plus court ; que la mandibule supérieure, dont l'arête est plus mousse, a une petite échancrure vers le bout, qui s'incline brusquement ; que la queue, souvent carrée ou arrondie, s'alonge peu, même lorsqu'elle est étagée, et que les plumes, lâches, soyeuses et effilées, qui couvrent le front et le sommet de la tête, se relèvent en forme de huppe à la volonté de l'animal.

Les geais, pétulans, criards et curieux, sont attirés par le moindre bruit extraordinaire ; mais ils fuient à l'aspect du danger. Ils ne marchent que par sauts, et se nourrissent de graines, de baies, de noix et d'insectes. Ils se plaisent dans les bois, et font leur nid sur les arbres ; dans l'automne, ils se réunissent en familles. Plusieurs espèces sont sédentaires, et d'autres voyagent dans l'arrière-saison.

M. Levaillant propose de distribuer les geais en deux sections, dont la première comprendroit ceux de l'ancien continent, qui ont, en général, les tarses plus courts; et la seconde ceux du nouveau monde, qui les ont plus alongés. C'est ainsi qu'on en va distribuer les espèces.

Geais de l'ancien continent.

GEAI COMMUN: *Garrulus glandarius*, Vieill. ; *Corvus garrulus*, Gmel. et Lath., pl. enl. de Buffon, n°. 481; de Lewin, t. 2, n.° 38; de Donovan, tom. 1, n.° 2; de George Graves, tom. 1: et surtout de Levaillant, Oiseaux de paradis, n.° 40. Cet oiseau, dont la longueur est d'environ treize pouces, l'envergure de vingt-un pouces, et le poids de sept onces, a le bec de couleur de corne foncée, la langue membraneuse, noire et fourchue; les côtés de la bouche offrent des moustaches noires. Le fond du plumage est d'un gris vineux et varié de taches longitudinales, noir sur le toupet, plus clair aux parties inférieures, et même blanc sous la queue. Les pennes primaires de l'aile sont noirâtres, bordées de gris, et les pennes secondaires noires et blanches; l'aile bâtarde est rayée transversalement de bleu très-foncé et de bleu d'azur beaucoup plus clair; la queue, coupée carrément, est cendrée à son origine, et noire dans le reste de son étendue. Les couleurs roussâtres du mâle sont plus vives que celles des femelles, et les plumes de la tête sont plus longues, ce qui la fait paroître plus grosse. Les jeunes ont, dans leur premier âge, du bleu sur le haut des bordures blanches des pennes alaires et à la naissance de la queue, ce que l'on ne voit plus dans un âge avancé, et ce qui, suivant M. Levaillant, est d'autant plus remarquable que les jeunes oiseaux ont toujours en moins les couleurs les plus éclatantes des vieux.

On rencontre quelquefois des geais blancs ou jaunâtres et dont l'iris est rouge, comme chez les albinos, ce qui prouve que ce changement de couleur, qui toutefois ne s'étend pas aux plumes azurées des ailes, provient d'une altération accidentelle et de la même nature. Tels sont les individus dont on trouve la figure dans l'Histoire naturelle des oiseaux d'Angleterre, par Donovan, tom. 2, pl. 34, et dans les Oiseaux de paradis de M. Levaillant, pl. 41. Ce dernier naturaliste a vu, dans l'état de domesticité, un individu qui étoit noirâtre ; et sur ce qu'on lui a dit que cet oiseau ne vivoit presque que de chenevis, il observe que cette graine huileuse produit le même effet sur d'autres, et notamment sur les moineaux, lorsqu'on la leur donne pour toute nourriture.

Pline parle aussi de geais ou pies à cinq doigts ; mais ils n'ont jamais dû être considérés comme formant une race particulière ; et cette monstruosité, qui s'est également rencontrée chez des poules, séra provenue de la surabondance des molécules organiques que l'état de domesticité procuroit aux deux espèces mieux nourries.

Les geais ordinaires sont répandus dans presque toutes les contrées de l'Europe, où ils se nourrissent, en été, de sorbes, de groseilles, de cerises, d'insectes.

Quoique les bois soient leur demeure ordinaire, ils les quittent souvent pour faire des excursions dans les champs ensemencés de pois et de féves, où ils font beaucoup de dégâts, et dans les jardins, où ils détruisent les fruits mûrs. On prétend qu'ils mangent aussi les œufs, et même les petits d'autres oiseaux. En hiver, ils vivent de glands et de noix, qu'ils ont ramassés et déposés dans le creux des arbres, d'où ils ne sortent eux-mêmes que pendant les jours plus doux qui tempèrent quelquefois la rigueur de cette saison. Leur bec, qui a l'apparence d'un coin arrondi, leur donne les moyens de fendre les noix et les glands non encore partagés d'eux-mêmes ; mais ils ne peuvent casser les noisettes entières, à moins qu'elles n'aient été percées par un ver, cas dans lequel, en les assujettissant sous les pieds, ils parviennent à en briser la coque. Leur instinct les porte à entasser les autres dans des trous d'arbres, ou à les enfouir dans quelque terrier abandonné, où l'humidité fait rompre la coque en gonflant l'amande. Les observations faites par Gueneau de Montbeillard sur la manière dont les geais captifs dépouillent le calice des œillets, pour mettre la graine à découvert avant de la manger, rendent peu probable le fait articulé par Belon, qu'ils avalent les noisettes et les châtaignes tout entières. Leur estomac est, d'ailleurs, d'une bien moindre consistance que le gésier des granivores.

L'usage, dans lequel sont les pies et les geais sauvages, d'amasser des provisions pour l'hiver, explique la cause qui, même en domesticité, les porte à dérober et cacher des objets qu'ils ne peuvent employer comme alimens, ce qui leur a fait donner la dénomination de voleurs.

Quoique beaucoup de geais restent constamment dans les lieux où ils sont nés, un nombre au moins égal abandonne nos climats, suivant Sonnini, pour aller chercher au loin une température plus douce, et des provisions fraîches et plus abondantes. Au commencement de l'automne, ce naturaliste en a vu arriver des troupes dans quelques contrées du Levant que n'attristent jamais les glaces ni les frimas, et d'où elles repartoient au printemps. Une partie de ces oiseaux, qui ne sont que de passage dans plusieurs des îles de la Méditerranée, paroît même se rendre en Égypte, en Syrie et en Barbarie. L'auteur cité s'est probablement trompé, soit en attribuant le plumage plus terne de ces oiseaux voyageurs à une altération produite dans les couleurs par les fatigues d'une longue traversée, soit en supposant que les femelles seules voyageoient; car la teinte grise du plumage est sans doute due, comme l'a présumé M. Vieillot, à la présence d'une plus grande quantité de jeunes, qui ne prennent leurs belles teintes qu'à la seconde mue. Au reste, de l'aveu de Sonnini lui-même, il y a des geais qui couvent dans l'île de Scio et dans les plus grandes îles du nord de l'Archipel.

Les geais ont les sensations vives, les mouvemens brusques, et ils sont si colériques qu'ils s'emportent au point d'oublier le soin de leur propre conservation et de se prendre quelquefois la tête entre deux branches, où ils meurent suspendus en l'air. Leur cri ordinaire est très-désagréable, et les sons en r sont ceux qu'ils font le plus entendre : ils ont de la disposition à contrefaire différens oiseaux qui ne chantent pas mieux, tels que la cresserelle, le chat-huant, etc.; et lorsqu'ils aperçoivent dans les bois un renard ou quelque autre animal de rapine, ils jettent un cri perçant qui fait rassembler plusieurs individus de leur espèce.

Ces oiseaux s'approchent souvent des habitations voisines des forêts et surtout de celles autour desquelles il y a des noyers, et ils ramassent toutes les noix tombées lorsqu'elles se dégagent de leur enveloppe ; ils savent aussi reconnoître celles dont le brou commence à se fendre, et, après les avoir abattues d'un coup de bec, ils les emportent tout entières pour leurs provisions d'hiver. Ils pratiquent sur des arbres, à l'insertion des premières grosses branches et quelquefois au sommet des buissons, un nid composé de brins de bois sec au dehors, et intérieurement de racines entrelacées avec des filamens d'herbes. La femelle y pond quatre à cinq œufs d'un gris verdâtre, tachetés de points et de petits traits bruns, dont on trouve la figure dans les *Ova avium* de Klein, tab. 8, n.° 2 ; dans la pl. 38 de Lewin, tom. 2, et dans l'*Ovarium britannicum* de George Graves, part. 1, pl. 3. Le mâle partage les soins de l'incubation, qui dure treize à quatorze jours; et il y a ordinairement une seconde couvée. Les petits, qui subissent leur première mue dès le mois de Juillet, ne quittent leurs parens qu'au printemps de l'année suivante, époque où la saison des amours les invite à s'apparier. Ceux qu'on veut élever doivent être laissés dans le nid jusqu'à ce que les plumes qui poussent à la base de la mandibule supérieure soient un peu saillantes; et, au lieu de les nourrir avec du pain et du lait, aliment trop peu substantiel, on doit leur donner, de préférence, des pois trempés dans du bouillon, et mêlés avec du cœur de mouton cuit et haché menu. Ils imitent naturellement les cris des animaux dans la société desquels ils vivent, comme le miaulement du chat, l'aboiement du chien; mais, pour faciliter l'articulation des sons qui leur sont étrangers, on est dans l'habitude de leur couper le filet qui se voit sous la langue.

Il y a des personnes qui trouvent la chair des geais mangeable, si on la fait bouillir et rôtir, après leur avoir retranché la tête; mais les jeunes seuls peuvent, au moyen de ces préparations, servir à la nourriture des hommes, et c'est plutôt afin de les écarter des terres ensemencées, ou pour se procurer un simple amusement, qu'on cherche à s'en emparer. Leur animosité contre les chouettes étant connue, on en tire parti. Après avoir chargé un arbre de gluaux, et attaché l'oiseau de nuit au pied de cet arbre sur une grosse branche, on froue très-légèrement, pour faire approcher un oiseau quelconque, qui, en voyant la chouette, jette un cri d'effroi, et fait accourir les geais, les grives, les merles d'alentour. On ne doit sortir de la cachette où l'on s'est placé que quand ces oiseaux sont presque tous englués et tombés par terre ; car il ne seroit plus possible de les attirer sous le même arbre, si on les avoit épouvantés par le moindre bruit. A défaut de chouette ou de petite chevêche en vie, on en emploie une empaillée. On prend aussi des geais à la pipée, à la fossette, aux abreuvoirs, au saut, à la répenelle. On peut encore attirer les geais sur un arbre chargé de gluaux, en attachant un geai sur le dos et le faisant crier ; mais il ne faut pas croire, comme des auteurs l'ont supposé, que, dans cette attitude, les geais du voisinage s'approchent assez du patient pour que celui-ci les serre avec les pattes et mette l'oiseleur à portée de les prendre à la main. On ne doit pas accorder plus de confiance aux résultats supposés du placement d'un plat d'huile dans un lieu fréquenté par les geais, où ceux-ci, venant se mirer dans le vase, s'imbiberoient assez les ailes pour ne plus pouvoir s'envoler.

Les femmes ont, dans un temps, fait usage, pour orner leurs vêtemens, des plumes azurées qui recouvrent les grandes pennes alaires des geais, et cette mode a dû causer une grande destruction dans l'espèce ; mais elle s'est bientôt éclipsée comme tant d'autres.

Geai boréal : *Garrulus infaustus*, Vieill. ; *Corvus sibiricus*, Gmel. ; *Corvus infaustus*, Lath. ; *Corvus russicus*, S. G. Gmelin. Cet oiseau, long de dix à onze pouces, et dont la queue est arrondie, a été long-temps confondu avec le merle de roche ; il est figuré, dans les planches enluminées de Buffon, n.° 608, sous le nom de *geai de Sibérie*, dans le *Museum Carlsonianum* de Sparrman, *Fasc.*, 4, pl. 76, et dans les Oiseaux de paradis de Levaillant, pl. 47, sous la dénomination de *geai orangé*. Il a la tête huppée et noirâtre ; le front, les joues et la gorge, d'un blanc sale ; le dessus du corps et les deux pennes centrales de la queue d'un cendré brun, et les autres rousses, ainsi que le croupion, le ventre et le dessous du corps. Le bec et les pieds sont noirâtres.

On le trouve dans les parties septentrionales de l'Europe, telles que le Danemarck, la Suède, la Pologne, la Russie, la Norwège, où il habite les bois et les buissons, et il ne vient pas dans les contrées tempérées.

M. Levaillant, qui a proposé les deux sections ci-dessus indiquées pour les geais, avoue que, par la longueur de ses tarses, le geai boréal déroge à cette distribution ; mais, comme ce n'est pas uniquement sous ces rapports qu'on l'a adoptée, et que parmi les geais de l'ancien continent celui-ci est le seul qui appartienne à l'Europe, on a cru le devoir laisser à cette place.

Geai longup ou a collier blanc ; *Garrulus galericulatus,* Cuv. On ne connoît de cette espèce qu'un individu envoyé de l'île de Java à M. Temminck, qui le conserve dans son cabinet, où M. Levaillant a fait prendre le dessin de la planche 42 de ses Oiseaux de paradis. Ce geai a la queue ample et étagée dans les quatre premières pennes de chaque côté ; son bec et ses pieds, d'un brun noirâtre, sont conformés comme ceux du geai d'Europe. On voit sur la tête une huppe dont deux plumes sont bien plus longues que les autres, et, à l'exception d'un collier blanc qui entoure la nuque et les côtés du cou, le reste du plumage est entièrement noir.

Geai a joues blanches : *Garrulus auritus*, Vieill., et *Corvus auritus*, Gmel., Lath., Daud. Sonnerat, qui a donné une figure de cet oiseau, pl. 107 de son Voyage aux Indes, l'a décrit le premier sous le nom de *petit geai de la Chine*, à cause de sa taille inférieure d'un tiers à celle du geai commun, et M. Levaillant lui a substitué, pag. 125 et pl. 43 du t. 1.ᵉʳ de ses Oiseaux de paradis, la dénomination de *geai à joues blanches*, qui est plus convenable, si on ne lui préfère, d'après Daudin (Traité d'Ornith., tom. 2, p. 250), celle de *geai à oreilles blanches.* Les dix pennes de sa queue sont de longueur inégale, et présentent une forme arrondie. Une large plaque blanche, qui part de l'œil, couvre les joues et les oreilles ; et les plumes du front, que Sonnerat dit être de la même couleur, sont présentées par M. Levaillant comme ayant seulement leur extrémité d'un bleu pâle. Le dessus de la tête, le cou et le haut de la

18. 17

gorge sont noirâtres; le dos, le croupion, les scapulaires, la poitrine et le ventre, d'un gris terreux et olivâtre ; les grandes pennes des ailes et de la queue brunes. Le bec est noir, et les pieds sont bruns.

Latham, après avoir décrit ce geai, pag. 83 du premier supplément à son *Synopsis*, dit quelques mots sur une autre espèce qu'il a vue dans le cabinet du docteur Fothergill, et qu'il croit avoir été aussi envoyée de la Chine : il la nomme *corvus purpurascens*, dans l'*Index ornith.*, et elle est appelée, dans le Nouveau Dictionnaire d'histoire naturelle, *geai à tête pourprée*. Le dessus du corps est d'un roux pâle, le dessous jaune ; la queue, assez longue, est noire, ainsi que les ailes ; les pieds sont de couleur de chair.

Geais du nouveau continent.

GEAI BLEU : *Garrulus cristatus*, Vieill., pl. 239 d'Edwards, 529 de Buffon, et 45 de Levaillant. Cette espèce, de l'Amérique septentrionale, a environ onze pouces de longueur. Le bleu domine sur la huppe et sur le plumage supérieur, où l'on remarque aussi une teinte purpurine ; il est coupé, sur les pennes alaires et caudales, par des raies transversales noires, qui sont plus prononcées sur le centre de la queue et l'extrémité des ailes, et il l'est plus encore par la bordure blanche de la première, et les taches de la même couleur qui sont dispersées sur la seconde ; le tour des yeux est également blanc, ainsi que la gorge, qui est entourée d'une bande noire remontant jusqu'à la nuque. La poitrine est d'un gris vineux, qui diminue d'intensité sur les parties inférieures, dont les dernières sont tout-à-fait blanches ; le bec et les pieds sont d'un noir plombé. Les plumes, susceptibles d'être relevées, sont moins longues chez la femelle, et ses couleurs sont moins vives.

Ces geais, auxquels Pennant attribue une belle voix, font seulement entendre des cris moins rauques que ceux de leurs congénères. Ils habitent le Canada, la Caroline; et les individus qui, à l'automne, se retirent des contrées boréales pour s'avancer vers le sud, passent en Pensylvanie par troupes nombreuses. Ils vivent de châtaignes, de glands, de vers, et mangent, dit-on, de petits serpens : ils causent de grands ravages dans les champs de maïs. Ils placent leur nid dans les lieux couverts et humides, et leur ponte consiste en quatre ou cinq œufs de couleur olive, tachetés de gris noirâtre.

M. Vieillot regarde comme une espèce particulière son geai azurin, *garrulus cyaneus*, qui habite les mêmes lieux, mais qui est d'une plus petite taille, n'a pas d'aigrette sur la tête, et dont le plumage entier est d'un bleu d'azur. Le même auteur présente aussi comme une espèce distincte son geai gris-bleu, *garrulus cærulescens*, qui se trouve dans les États-Unis d'Amérique, et dont les parties supérieures sont variées de gris et de bleu; les pennes alaires et caudales de cette dernière couleur, et les parties inférieures d'un gris roux; mais il n'en a vu qu'un individu, et il soupçonne lui-même que c'étoit un jeune ou une femelle de l'azurin.

Geai brun : *Garrulus fuscus*, Vieill.; *Corvus canadensis*, Gmel. et Lath. Cet oiseau, qui se trouve à la baie d'Hudson, à Terre-Neuve et en d'autres parties de la côte occidentale du nord de l'Amérique, est figuré dans les planches enluminées de Buffon, sous le n.° 530, avec la dénomination de geai brun du Canada. Il a beaucoup de ressemblance avec le geai commun; mais il en diffère par la forme de sa queue, qui est étagée, et par sa taille, qui n'est que de dix pouces. L'oiseau que M. Levaillant a fait peindre, pl. 48, sous le nom de geai brun-roux, et que M. Cuvier présente comme une variété de celui de Buffon, diffère du premier en ce qu'il a la queue carrée; mais la description ne fait pas mention de ce caractère, qui suffiroit pour détruire l'identité d'espèce : et l'on se bornera à observer ici, relativement au plumage, que le geai de M. Levaillant a le derrière du cou, le manteau, le dos et les pennes caudales intermédiaires d'un brun terreux clair; les pennes latérales et les couvertures inférieures de la queue, les moyennes et les grandes couvertures des ailes, le croupion et les flancs, roux; les pennes alaires d'un brun noir, avec une bordure rousse; la gorge blanche; le bec, les pieds et les ongles bruns. Ce geai vit dans les forêts, et pendant l'hiver il approche des habitations, où il cause les mêmes dommages que les nôtres; à défaut de grains, il se nourrit d'algues, de vermisseaux et de chair. Il fait sur les pins un nid dans lequel la femelle pond des œufs de couleur bleue.

GEAI DE STELLER ; *Garrulus Stelleri*, Vieill., et *Corvus Stelleri*, Gmel., Lath., Daud. Cette espèce n'est pas décrite de la même manière par les divers naturalistes. Suivant Daudin, elle auroit quinze pouces de longueur, et la tête seulement un peu huppée ; M. Vieillot la présente comme longue seulement de treize pouces et demi, et ayant une huppe de près de deux pouces de hauteur. Le premier ajoute que son plumage est noirâtre ; que les ailes sont bleues et ont des stries transversales noirâtres, et que la queue, également bleue, longue et cunéiforme, offre des lignes noires effacées sur les pennes intermédiaires. Suivant M. Vieillot, le même corbeau a le dessus du corps d'un noir pourpré, inclinant au vert sur le croupion ; les couvertures des ailes mélangées de noir brunâtre et de bleu foncé ; les pennes secondaires de cette dernière couleur, avec plusieurs raies transversales noires ; les pennes primaires de la même teinte, et bordées à l'extérieur de vert bleu ; le devant du cou et la poitrine noirâtres, et les parties inférieures d'un bleu pâle ; les pennes caudales longues de cinq pouces et demi, et un peu arrondies, d'un bleu foncé, avec les tiges noires. Le même auteur dit que le geai de Steller se trouve dans l'Amérique du Nord ; et, selon Daudin et Sonnini, il habite vers la baie de Nootka et sur les côtes du canal du Roi George. D'une autre part, M. Cuvier renvoie, pour le geai de Steller, à la planche 44 de M. Levaillant, qui représente son geai bleu-verdin, et M. Vieillot fait de cet oiseau son *graculus melanogaster*, qu'il décrit séparément, comme ayant la tête, le cou et la poitrine mélangés de bleu et de vert, qui se fondent dans un brun clair ; le croupion et le ventre noirs ; les ailes et la queue bleues, avec des raies noires ; le bec et les pieds jaunâtres. M. Levaillant ne lève point les incertitudes qui résultent du rapprochement de son geai bleu-verdin, envoyé de la mer du Sud, et plus petit même que le geai bleu d'Amérique dont Bartram fait mention, avec celui auquel on donne treize pouces et demi et même quinze pouces de longueur. Tout porte donc à croire qu'il y a ici une confusion d'espèces.

Mauduyt, Buffon et Daudin ont décrit, sous le nom de GEAI DU PÉROU, *Corvus peruvianus*, Lath., pl. enl., n.° 685, l'espèce qui a été figurée depuis par M. Levaillant, pl. 46, avec la dénomination de geai péruvien. Cet oiseau, de la taille du geai blanc, et dont la queue est longue et étagée, a le front et les côtés de la bouche d'un bleu d'azur; le haut de la tête, qui se boursoufle en forme de huppe, les joues et les côtés du cou blancs; la nuque, le dessus du corps et des ailes, et les six pennes intermédiaires de la queue, verts; la gorge et le devant du cou noirs; les six pennes latérales de la queue, la poitrine et le dessous du corps jaunes; le bec et les pieds d'un noir brun. Cet oiseau se trouve dans l'Amérique méridionale.

Brown a figuré, pl. 10 de ses Illustrations de zoologie, un oiseau qu'il a nommé *choucas de Surinam*, et décrit comme ayant la taille d'une corneille ordinaire et la teinte générale du plumage d'un vert bleu et foncé. C'est le *corvus surinamensis*, ou geai vert de Gmelin; le *corvus argyrophthalmus*, ou geai de Carthagène de Latham, et geai œil-d'argent de Daudin : mais, de l'aveu de M. Vieillot, cet oiseau seroit vraisemblablement placé d'une manière plus convenable avec les choucas qu'avec les geais.

On a donné de pareilles dénominations à des oiseaux auxquels elles appartiennent encore moins : telles sont celles de *geai d'Auvergne*, de *montagne*, du *Limousin*, d'*Espagne*, au casse-noix; de *geai d'Alsace* et de *Strasbourg*, au rollier commun; de *geai de Bohème*, au jaseur; de *geai de bataille*, au gros-bec d'Europe. On appelle encore quelquefois la huppe *geai huppé*, et le cormoran nigaud *geai à pieds palmés*. (CH. D.)

GÉANT. (*Bot.*) Le docteur Paulet donne ce nom à l'*agaricus giganteus*, Schæffer, *Fung. Bav.*, tab. 84. Il nomme GÉANT BLANC l'*agaricus giganteus* de Leysser et de Willdenow. Ce dernier champignon est de couleur blanche, et remarquable par la grandeur de son chapeau, qui a un pied de diamètre. Le premier est de couleur jaunâtre; il a un chapeau d'un diamètre beaucoup plus petit. Ces champignons croissent en Bavière et en Prusse. (LEM.)

GÉANT. (*Ornith.*) L'oiseau auquel ce nom est donné dans

les Voyages de Leguat (Amsterdam, 1708, tom. 2, pag. 72),
paroît être le flammant, *phænicopterus ruber*, Linn. (Cu. D.)

GÉANTHRAX. (*Min.*) M. Tondi a adopté ce nom, dans son
Tableau synoptique d'oréognosie, ou Connoissance des montagnes et des roches, pour désigner l'*anthracite*. Lucas, Tableau des espèces minérales, 2.e partie. (Brard.)

GEASTER. (*Bot.*) Micheli a établi sous ce nom le genre
de champignons décrit ci-après à l'article Geastrum. (Lem.)

GEASTEROIDES. (*Bot.*) Battara (*Fung. Arim.*, tab. 29,
fig. 168) représente sous ce nom un champignon voisin des
vesses-loups, que Paulet nomme *vesses-loups à têtes et à piliers*,
et qu'il rapporte au *lycoperdon coronatum*, Schæff. (*Bav.*,
pl. 182) et au *lycoperdon fenestratum*, Batsch (*Elem.*, tabl.
29, fig. 168); mais ce botaniste confond ici plusieurs espèces.
En effet, le *lycoperdon coronatum*, Schæff., est le même que
le *geastrum rufescens*, Pers., *Syn.*, son péridium est sessile;
et le *lycoperdon fenestratum*, Batsch, est une variété du
geastrum quadrifidum, Pers., *Syn.*, dont le péridium est
stipité. Il paroit que le *geasteroides* (ou *geastroides*, comme
l'écrit Adanson) est une monstruosité de ce dernier champignon; c'est le *fungus anthropomorphus* de Seger et une espèce de *carpobolus* pour Adanson. Voyez Anthropomorphites
et Geastrum. (Lem.)

GÉASTRE. (*Bot.*) Voyez Géastrum.

GEASTROIDES. (*Bot.*) Voyez Geasteroides. (Lem.)

GÉASTRUM (*Bot.*); vulgairement Vesse-loup étoilée,
Géastre. Champignons très-voisins des lycoperdons ou vesse-loups, avec lesquels même ils ont été long-temps réunis, et
qui en diffèrent par leur structure très-remarquable.

Ils sont globuleux et composés d'un péridium contenu
dans une enveloppe qui, à la maturité du champignon,
se divise par le sommet en plusieurs lanières coriaces
ou rayons qui s'étalent horizontalement à terre, ou se recourbent en-dessous en soulevant la plante. Le péridium,
situé dans le centre de cette collerette, est sessile ou stipité,
et s'ouvre au sommet par un orifice, qui tantôt est une
simple déchirure, et tantôt une ouverture bordée de cils.
L'intérieur contient une poussière fine, brune, entremêlée
de filamens épars et peu distincts, qui s'échappe sous la
forme de fumée, comme dans les vesses-loups.

Les géastrum croissent à terre. C'est après les pluies de l'automne que ces champignons curieux se montrent. Ils sont d'abord enfoncés ; mais petit à petit ils sortent de terre , et dans leur maturité complète ils sont quelquefois détachés de terre et soutenus sur les lanières de leur enveloppe externe : celle-ci est sensible aux variations de la température de l'air ; elle se contracte ou s'étale selon que l'atmosphère est sèche ou bien humide. Quelques botanistes pensent que cette enveloppe extérieure des géastrum doit être considérée comme une sorte de volva, différente cependant du volva des amanites et du volva des *phallus* ou satyres. Entre cette enveloppe et le péridium on observe quelquefois une seconde enveloppe très-mince, très-fugace et peu apparente ; c'est elle que M. De Candolle regarde comme le véritable *volva*. Cette enveloppe a beaucoup d'analogie avec celle qu'on observe dans le genre *Bovista* (voyez Boviste), et que Palisot-Beauvois prend pour l'épiderme du péridium. Un examen scrupuleux fera découvrir sans doute cette seconde enveloppe dans toutes les espèces de géastrum, et nous ne croyons pas qu'elle soit exclusive aux seules espèces dont M. Desvaux a cru devoir faire, à cause de cela, un genre distinct, celui qu'il a nommé *plecostoma*. Il est même à remarquer que, sur les dix espèces environ connues de géastrum, six sont rapportées aux *plecostoma*, et que les autres espèces, lesquelles restent dans le géastrum, offrent aussi cette seconde enveloppe, de l'aveu même de l'auteur du genre *Plecostoma*. La différence seroit seulement dans la régularité ou l'irrégularité avec laquelle cette enveloppe se déchire ; or, ce caractère est d'une grande variabilité et ne peut pas caractériser les deux genres *Plecostoma* et *Geastrum*. Nous suivons en cela l'opinion de M. Persoon, qui, dans son Traité sur les champignons comestibles, persiste à ne point diviser le géastrum, genre dont le premier établissement est dû à Micheli. Ce naturaliste l'avoit désigné par *geaster*, dénomination grecque, qui, comme celle de *geastrum*, signifie *terre* et *étoile*, ou mieux *étoile terrestre* : la forme de ces champignons et leur manière de croître justifient l'application de ces dénominations.

Les espèces de ce genre, quoique peu nombreuses, sont difficiles à caractériser. M. Desvaux a cherché à en établir plusieurs nouvelles; mais il nous semble que ces espèces ont été fondées seulement sur des figures et non pas sur les objets réels, et l'on sait quel est le degré de confiance qu'on doit, en cryptogamie, accorder aux figures; d'ailleurs, ce botaniste n'ayant point donné les phrases spécifiques, nous ne savons sur quels fondemens il a pu établir certaines espèces, considérées jusqu'ici comme de simples variétés d'autres espèces très-connues. Linnæus a confondu plusieurs de ces espèces dans son *Lycoperdon stellatum*, ce que Woodward a démontré un des premiers.

Parmi les dix ou douze espèces connues, et qui presque toutes croissent en Europe, nous ferons remarquer les suivantes.

§. 1.ᵉʳ *Péridium sessile, s'ouvrant au sommet par une simple déchirure. — Geastrum*, Desv.

Géastrum hygrométrique : *Geastrum hygrometricum*, Pers., *Synops. fung.*, p. 135; Journ. bot., 2, p. 135; Decand., Fl. fr., n.° 720; *Lycoperdon stellatum*, Bull., Champ., **tab.** 238; la *Vesse-de-loup étoilée* ou l'*Étoile de terre*, Paul., Champ., 2, p. 447, pl. 202, fig. 1. Collerette d'un brun roussâtre, divisée en six, sept et même huit lanières; péridium sessile, marqué de stries élevées et réticulées; ouverture arrondie, point striée.

Ce champignon croît en automne dans les bois sablonneux, et paroit après les grandes pluies. Il est d'abord assez profondément enfoncé en terre, mais son enveloppe ou collerette le soulève en s'épanouissant. Cette collerette étale ses lanières autour du péridium, en formant une étoile qui a jusqu'à deux pouces et demi de diamètre. Les lanières finissent par se rouler sur elles-mêmes de dedans en dehors et par leur pointe; par ce mouvement elles font sortir de terre ce champignon, et même l'en séparent entièrement; alors le péridium représente un petit globe porté sur un piédestal. Ce qu'il y a de remarquable, c'est que ce phénomène, produit par la sécheresse, est détruit par l'humidité; alors les lanières se déroulent et reprennent leur position horizontale.

Bolton, Bulliard, etc., ont observé entre la collerette et

le péridium une seconde enveloppe mince, membraneuse et rameuse.

J'ai trouvé cette plante dans les bois de Romainville, près Paris, où l'indique Bulliard.

Géastrum brun - marron : *Geastrum badium*, Pers., Journ. bot., 2, p. 27; *Lycoperdon stellatum*, Bull., Champ., pl. 471, fig. *MN*. Collerette à cinq ou six rayons courts de couleur de marron obscur, quelquefois grisâtre. Cette espèce, de moitié plus petite que la précédente, a été découverte par Bulliard au bois de Boulogne, près Paris, où elle est assez commune en automne. Ce botaniste la considéroit comme une variété de l'espèce précédente; mais il paroît avoir confondu quatre espèces sous le nom de *lycoperdon stellatum*, et d'après M. Desvaux la même erreur auroit été commise par M. Persoon. (Voyez Journ. bot., vol. 2, p. 101.)

Géastrum roux : *Geastrum rufescens*, Pers.; Schæff., *Fung.*, tab. 182; Schmid., tab. 43. Collerette rousse ou brun - roussâtre, à six ou sept rayons; péridium sessile, glabre, de couleur beaucoup plus pâle; orifice un peu cilié ou denté.

Cette espèce croît dans les bois de sapins : c'est une des plus grandes du genre. Lorsque sa collerette est étalée, elle a jusqu'à quatre pouces et demi de diamètre. Il en existe une variété beaucoup plus petite, figurée par Schmidel (pl. 50, fig. 1 — 3). Il paroît que la figure 4, de la planche 100 de l'ouvrage de Micheli, se rapporte à la grande variété.

Ce géastrum seroit pourvu d'une enveloppe ou d'un réseau entre la collerette et le péridium, selon M. Desvaux, qui ne veut pas que cette espèce soit le *lycoperdon stellatum*, Bull., pl. 471, fig. *L*, ainsi que l'a cru M. De Candolle. Cette dernière plante est dépourvue du réseau ci-dessus : c'est le *geastrum castaneum*, Desv.

§. 2. *Péridium stipité; orifice plissé ou pectiné.* — *Plecostoma*, **Desv.**

Géastrum couronné : *Geastrum coronatum*, var. *A*, Pers., *Syn. fung.*, 132; Schmid., *Ic.*, pl. 46. Collerette à sept et huit rayons brunâtres, granuleux en dehors; péridium globuleux, stipité, à disque plane, ouverture alongée en cône.

Cette espèce croît en Italie, en Allemagne, et probablement en France. Elle atteint plus de cinq pouces de diamètre. Elle est de couleur brune ou de bistre.

GÉASTRUM NAIN : *Geastrum nanum*, Pers., Journ. bot., 2, pag. 27, pl. 2, fig. 3 ; *Geastrum striatum*, Decand., Fl. fr., n.° 718 ; *Lycoperdon stellatum*, var. *B*, Woodw. ; *Geastrum coronatum*, *B*, Pers., *Syn. fung.*, 132 ; *Vesse-de-loup en voûte, colletée?* Paul., Champ., 2, p. 448, pl. 202, fig. 4. Collerette de six à huit rayons, d'un gris brun ; péridium sphérique, stipité, bord de l'orifice alongé en cône pointu, strié, garni de cils alongés.

Cette espèce, la plus petite du genre, n'a qu'un pouce et demi de diamètre lorsqu'elle est étalée. Elle croit sur la terre dans les lieux secs. On la rencontre assez fréquemment à Fontainebleau.

GÉASTRUM MULTIFIDE OU PECTINÉ : *Geastrum pectinatum*, Pers., *Synops. fung.*, p. 132 ; Journ. bot., 2, p. 27, pl. 2, fig. 4 ; Schmid., *Icon.*, tab. 57, fig. 11 à 14 ; *Lycoperdon fornicatum*, Bryant, *Hist. acc. lycoperdon*, fig. 12, 13, 14, 16, 17 ; *Geastrum multifidum?* Decand., Fl. fr., n.° 717. Collerette à sept ou huit rayons multifides, concaves et bruns ; péridium sphérique, de couleur de bistre, atténué à ses deux pôles, plissé, ponctué et porté sur un stipe le plus souvent sillonné ; orifice alongé en cône, frangé ou cilié sur le bord.

Cette espèce croît dans les bois de sapins. Elle a près de deux pouces dans son plus grand développement.

GÉASTRUM QUADRIFIDE : *Geastrum quadrifidum*, Pers., *Synops. fung.*, 133 ; Schæff., *Fung.*, tab. 185 ; Schmid., *Icon.*, tab. 37, fig. 1 ; *Vesse-de-loup à tête et à pilier*, Paul., Champ., 1, p. 550 ; *Vesse-de-loup à voûte et à pilier*, Paul., *l. c.*, 2, p. 448, pl. 202, fig. 5 et 6. Collerette à quatre découpures, se divisant en deux membranes ; l'inférieure irrégulière, concave, appliquée sur la terre ; l'autre, plus régulière, soulevant un péridium stipité, globuleux, brunâtre, terminé par un orifice arrondi, proéminent, cilié ou frangé.

Cette espèce très-singulière croît dans les bois de sapins. Il paroit que c'est elle, si toutefois on ne confond pas plusieurs espèces en une seule, qui est le GEASTEROIDES de Battara. (Voyez ce mot.)

M. Persoon rapporte à cette espèce le *lycoperdon fenestra-*

tum de Batsch, et il en **écarte** le *lycoperdon fornicatum* Huds., Woodw., Schæff., qu'il y avoit d'abord rapporté.

Selon Paulet, cette plante est la même que celle que Seger a fait connoître le premier dans les Mémoires des curieux de la nature, mais sous un nom et avec une figure capables d'en donner une idée peu juste, ayant fait représenter, sous le titre de *Fungus anthropomorphos*, un groupe de ces plantes qui, comme des hommes, semblent se tenir par la main, ont des bras, des cuisses, des jambes, et jusqu'aux traits de la figure humaine. Dans un autre endroit du même ouvrage on le trouve sous le titre de *Champignon représentant l'agneau pascal* etc. La figure qu'en a donnée Seger, en représente plusieurs qui avoient pris naissance l'un à côté de l'autre ; mais l'imagination en a détruit toute la vérité. Dans les figures bizarres de Seger le péridium forme la tête, son stipe le col, les quatre découpures de la membrane supérieure représentent les bras et les épaules, et les quatre sections de la membrane inférieure les hanches et les cuisses. L'imagination du dessinateur ou de l'auteur a ajouté, à une de ces figures, un nez, une bouche et des yeux. (Lem.)

GEATCHEIER (*Ornith.*), nom de l'alouette chez les Koriaques. (Ch. D.)

GEAU. (*Ornith.*) Voyez Gai. (Ch. D.)

GEBEL HENDY. (*Bot.*) Ce nom arabe est celui du *datisca cannabina*, dont les graines sont employées dans l'Égypte comme émétiques. (J.)

GEBETIBOBOCA. (*Bot.*), nom caraïbe d'un angrec, *epidendrum secundum*, tiré de l'herbier de Surian. (J.)

GÉBIÉE ; *Gebia*, Leach. (*Crust.*) Les crustacés que M. Leach a réunis sous ce nom de genre, appartiennent aux Décapodes à longue queue ou Macroures (voyez ces mots), et ne diffèrent des écrevisses qu'en ce que le pédoncule des antennes latérales n'a point de saillies en forme d'écailles ou d'épines, et que la lame des appendices natatoires du bout de la queue n'est que d'une seule pièce ; et ils se distinguent des Talessines par la forme presque triangulaire, et non linéaire, des feuillets du bout de la queue.

On ne connoit encore avec certitude que deux espèces de gébiées, et toutes deux habitent nos mers.

La Gébiée étoilée (*Gebia stellata*, Leach ; *Thalassyma littoralis*, Risso) a un peu moins de deux pouces de longueur : ses pinces sont velues et garnies d'une forte arête en-dessus ; les dentelures des doigts sont peu sensibles. Sa couleur est d'un vert sale luisant, et le corselet uni et rougeâtre.

L'organisation de ce crustacé lui donne des habitudes particulières, comme le rapporte M. Risso. Il se tapisse pendant le jour dans des trous qu'il se creuse sur le rivage, et il n'en sort que la nuit pour chercher sa nourriture. Aussitôt qu'on s'approche, il s'élance à l'eau et nage par élans, au moyen de sa queue, qu'il détend avec force, après l'avoir repliée sous son abdomen. Cet animal se nourrit de néréides et d'arénicoles, et il est très-recherché par les pêcheurs comme appât. En Juin et Juillet, la femelle est pleine d'œufs, qui sont verdâtres.

La Gébiée delture ; *Gebia deltura*, Leach, *Malac. Brit.*, t. 31, fig. 9 et 10. Corps long de deux pouces, blanchâtre, lavé de rouge clair en quelques parties. Pince des serres unie, avec des poils disposés en lignes en-dessus et en-dessous. Dents assez fortes au côté interne des doigts. Pouce tuberculé. Deux côtes sur la pièce du milieu de la nageoire caudale, réunies à leur base par une ligne élevée. Œufs rougeâtres.

M. Risso parle encore d'un thalassine rouge-carmin, avec l'abdomen d'un blanc nacré ; mais il ne le regarde que comme une variété de son riverain.

GEBOSCON. (*Bot.*) Un des noms grecs anciens de l'ail, cité par Ruellius, avec celui d'*elaphoboscon*, mentionné précédemment pour quelques plantes ombellifères. (J.)

GÉCARCIN ; *Gecarcinus*, Leach. (*Crust.*) Genre séparé de la nombreuse famille des Crabes par M. Leach, et qui a pour caractères : le test en forme de cœur, largement tronqué en arrière ; les pieds-mâchoires extérieurs écartés l'un de l'autre, et la deuxième paire des pieds plus courte que les suivantes.

Les gécarcins sont des crustacés de l'Amérique méridionale, dont plusieurs voyageurs ont beaucoup parlé à cause de leurs singulières mœurs. M. Latreille (Règne animal, par M. G. Cuvier) dit en deux mots ce que ces animaux, sous ce rapport, offrent de plus vraisemblable. Ils passent, dit-il, la plus grande partie de leur vie à terre, se cachant dans des trous et ne sortant que le soir. Il y en a qui se tiennent dans les cimetières. Une fois par année, lorsqu'ils veulent faire leur ponte, ils se rassemblent en bandes nombreuses, et suivent la direction la plus courte jusqu'à la mer, sans s'embarrasser des obstacles. Après la ponte ils reviennent très-affoiblis. On dit qu'ils bouchent leur terrier pendant la mue ; lorsqu'ils l'ont subie et qu'ils sont encore mous, on les appelle boursières, et on estime beaucoup leur chair, qui cependant est quelquefois empoisonnée. On attribue cette qualité au fruit du mancenillier.

Le Gécarcin tourlourou : *Gecarcinus ruticola*; *Cancer ruticola*, Linn., Herbst, *Canc.*, tab. 3, fig. 56, et tab. 20, fig. 116. Test d'un rouge de sang foncé ; impression dorsale en forme de H, se prolongeant jusque près des yeux ; carpe denté au côté interne ; les tarses ayant six arêtes.

Le Gécarcin bourreau : *Gecarcinus carnifex*; *Cancer carnifex*, Herbst, tab. 41, fig. 1. Test jaunàtre ou coupé de lignes purpurines, l'impression dorsale ne se prolongeant pas jusque près des yeux ; carpe ayant une petite dent au côté interne, et les tarses quatre arêtes.

M. Latreille indique encore deux gécarcins, le fouisseur et le guanhumi.

GÉCARCIN. (*Foss.*) On voit dans le cabinet de la Monnoie et dans la collection de M. de Drée des débris fossiles d'une espèce de ce genre, à laquelle M. Desmarest a donné le nom de gécarcin-trois-épines, *gecarcinus trispinosus*.

Ce fossile est de la couleur et de la grosseur d'une chataigne. Sa forme, en cœur, est tronquée postérieurement ; le bord antérieur n'est point tranchant : on aperçoit latéralement une petite fossette où l'œil, qui sans doute étoit pédonculé, devoit être logé dans le repos. La carapace est légèrement chagrinée, et présente des lignes qui désignent ses différentes régions ; les angles latéraux et antérieurs sont mousses, légèrement renflés, séparés de la région de l'estomac par une ligne sinueuse. On y voit trois épines, dont la plus forte est celle du milieu.

La queue des mâles est fort étroite et composée de six pièces. Le plastron est divisé en cinq parties, et creusé d'un sillon très-étroit et très-profond pour recevoir la queue. Les trois pièces antérieures du plastron sont les plus grandes, la première surtout. La dernière pièce de la pince est renflée, et porte quelques tubercules au côté extérieur. On remarque sur cette pièce une épine à la partie antérieure de l'articulation qui l'unit avec la précédente. On ignore où ces fossiles ont été trouvés. (D. F.)

GECEID. (*Ornith.*) Ce nom désigne, dans Gesner, l'alouette cochevis, *alauda cristata*, Linn. (Ch. D.)

GECKO (*Erpétol.*) : Gecko, Daudin ; *Stellio*, Schneider ; *Ascalabotes*, Cuvier. On a donné ce nom à un genre de reptiles sauriens de la famille des eumérodes, lequel renferme un grand nombre d'espèces répandues dans les pays chauds des deux Continens. Leur conformation singulière, leur air triste et lourd, leur ressemblance avec les crapauds et les salamandres, les ont fait haïr et redouter, et ne permettent point aux naturalistes de les confondre avec les sauriens des autres genres de la famille des eumérodes.

Les geckos ont un caractère distinctif qui les rapproche un peu des anolis : leurs doigts sont élargis sur toute leur longueur, ou au moins à leur extrémité, et garnis en-dessous d'écailles ou de replis de la peau très-réguliers ; ces doigts sont d'ailleurs presque égaux.

Ces reptiles n'offrent point la forme élancée des lézards, forme que nous retrouvons dans les anolis ; ils sont reconnoissables aux caractères génériques suivans :

Tête très-aplatie ; corps déprimé ; peau chagrinée en-dessus de très-petites écailles grenues, parmi lesquelles sont souvent des tubercules plus gros, et couverte en-dessous d'écailles un peu moins petites, plates et imbriquées ; langue épaisse, charnue, non extensible ; yeux grands, à pupille très-variable suivant l'intensité de la lumière ; tympan un peu renfoncé ; mâchoires garnies tout autour d'une rangée de très-petites dents serrées ; paupières très-courtes ; quelquefois des pores aux cuisses ; queue garnie de plis circulaires ; ongles rétractiles aux quatre pieds, et conservant, comme ceux des chats, leur tranchant et leur pointe ; marche lourde et rampante.

On trouve les geckos dans l'Amérique méridionale, en Afrique et aux Indes. Les naturalistes les ont partagés en plusieurs familles, et M. Cuvier les a dernièrement divisés en *Platydactyles*, en *Hémidactyles*, en *Thécadactyles*, en *Ptyodactyles* et en *Phyllures*.

Nous allons successivement examiner les principales espèces de ce genre, en les rapportant à des groupes distincts.

§. Ier *Geckos manquant d'ongles aux pouces seulement, et de pores au-devant de l'anus et aux cuisses; dessous des doigts garni d'écailles transversales, partagées par un sillon longitudinal profond où l'ongle peut se cacher entièrement; doigts élargis sur toute leur longueur.* (THÉCADACTYLES, Cuvier.)

Le Gecko lisse: *Gecko lævis*, Daudin; *Stellio perfoliatus*, Schneider; *Lacerta rapicauda*, Gmelin. La peau est couverte partout d'une multitude de très-petites écailles, qui la rendent lisse et comme satinée, et qui sont un peu plus distinctes et comme arrondies sous le ventre et sous la queue; celle-ci est légèrement conique et presque égale à la longueur du corps de l'animal, qui est ordinairement de huit à dix pouces. Le corps est trapu; les membres sont gros et courts, et munis chacun de cinq larges doigts à peine demi-palmés à leur base, arrondis et munis en-dessus d'un ongle très-court, saillant et recouvert par de petites écailles, en sorte que chaque extrémité des doigts a trois côtés, et ressemble même, en petit, à une capsule de tulipe, dit Daudin.

Ce gecko est gris, marbré de brun en-dessus; sa queue, naturellement longue et entourée de plis, comme à l'ordinaire, se casse très-aisément et repousse alors, en prenant la forme d'une petite rave. Ce sont ces monstruosités accidentelles qui lui ont fait donner par plusieurs naturalistes modernes le nom de *gecko rapicauda*. Il habite Surinam et les Antilles, où il paroît être désigné, aussi bien qu'une espèce de scinque, sous le nom caraïbe de *mabouia*.

Le Gecko de Surinam; *Gecko surinamensis*, Daudin. La peau de cette espèce est comme chagrinée et entièrement couverte d'écailles uniformes, d'un très-petit volume, et un peu plus grandes sous la queue et le ventre. Il n'y a aucun tubercule sur le corps, et la queue, longue et cylindrique, est dépourvue de verticilles.

La forme de ce saurien est assez élancée; il a le corps

svelte et moins large que la tête, qui est elle-même assez alongée. Tous les membres sont amincis ; chaque pied est muni de cinq doigts.

La teinte générale est d'un cendré pâle ; toute la partie supérieure du corps est marquée de petites gouttelettes brunâtres et comme effacées. Derrière chaque œil est une bande étroite d'un jaune pâle, bordée des deux côtés d'un trait brun un peu effacé. Cette bande se prolonge au-dessus des bras sur les flancs, et s'efface insensiblement au-delà des cuisses. Le ventre est blanchâtre. La queue a quelques bandes brunes en-dessus, avec une très-large raie de la même teinte sur son milieu.

Le gecko de Surinam a été rapporté de la colonie de ce nom par le voyageur Levaillant ; on en doit la première description à feu Daudin.

Suivant M. Cuvier, le *gecko squalidus* d'Hermann doit appartenir à cette même division.

§. II. *Geckos à doigts élargis sur toute leur longueur, garnis en-dessous d'écailles transversales, et privés d'ongles au nombre de trois sur cinq au moins ; pas de pores aux cuisses le plus souvent.* (PLATYDACTYLES, Cuvier.)

Le GECKO SANS ONGLES ; *Gecko inunguis*, Cuvier. Peau couverte de tubercules ; pas de pores aux cuisses : dos violet ; ventre blanc ; une ligne noire sur les flancs. Pas d'ongles du tout ; pouces très-petits.

De l'Isle-de-France.

Le GECKO OCELLÉ ; *Gecko ocellatus*, Oppel. Peau couverte de tubercules ; pas d'ongles ; pas de pores aux cuisses ; pouces très-petits. Teinte générale grise ; des taches œillées brunes, à milieu blanc.

De l'Isle-de-France.

Le GECKO CÉPÉDIEN ; *Gecko cepedianus*, Péron. Teinte générale aurore, marbrée de bleu ; une ligne blanche le long de chaque flanc : des pores aux cuisses ; pas d'ongles ; pouces très-petits.

De l'Isle-de-France.

Ces trois espèces sont figurées à la 5.ᵉ planche de l'ouvrage de M. Cuvier sur le Règne animal.

Le Geitje; *Lacerta geitje*, Sparmann. Queue courte, lancéolée, fort pointue, presque aussi épaisse dans son milieu que le corps de l'animal, qui est sans écailles, tacheté de noir en-dessus et blanc en-dessous, avec douze ou quatorze papilles sur le bord de la mâchoire inférieure; cinq doigts à chaque pied; des pores aux cuisses; pas d'ongles du tout.

Ce gecko habite le cap de Bonne-Espérance, où on le regarde comme très-venimeux. On y assure en effet que sa morsure produit une sorte de lèpre terrible qui se termine presque toujours par la mort, et que les effets ne s'en manifestent qu'au bout d'un an ou de six mois au plus tôt. Néanmoins, dit Sparmann, dans son Voyage au cap de Bonne-Espérance, quoiqu'on voie fréquemment cet animal au printemps près de Gorée-river et en d'autres lieux, on n'entend point parler souvent de maladies causées par sa blessure.

Les habitans assurèrent au voyageur suédois que, près de Sitsikamma, l'animal se nichoit ordinairement dans les coquilles vides de la *bulla achatina*.

La queue de ce reptile se détache et tombe au moindre choc. Ses mouvemens sont lents.

Le Gecko des murailles : *Gecko fascicularis*, Daudin; le *Geckote*, Lacépède; *Lacertus facetanus*, Aldrovandi; *Lacerta mauritanica* et *Lacerta turcica*, Gmelin; *Gecko muricatus*, Laurenti. Pas d'ongles aux pouces, aux deuxièmes et aux cinquièmes doigts de tous les pieds; point de pores aux cuisses; tête rude; tout le dessus du corps semé de tubercules pointus, formés chacun de trois ou quatre tubercules squamiformes, plus petits et rapprochés; queue courte, cylindrique; un pli longitudinal au bas des flancs, sur les côtés du ventre; les écailles du ventre, de la gorge, du dessous de la queue, petites, pentagonales et légèrement imbriquées; anus transversal et précédé par une rangée de quarante-cinq grains poreux : teinte générale d'un gris cendré, avec les doigts et les écailles fasciculées brunâtres. Taille de quatre à cinq pouces.

Cet animal hideux, qui se cache dans les trous des murailles et les tas de pierres, se recouvrant le corps de poussière et d'ordures, habite tout autour de la mer Méditerranée, et jusqu'en Provence et en Languedoc, où il est commun, dit Olivier, et où il porte le nom de *Tarente*, nom qui a été aussi donné au stellion et à un lézard vert, et qui se rapproche de celui de *terrentola*, par lequel les Italiens le désignent.

Le gecko des murailles recherche la chaleur et fuit les lieux bas et humides; aussi le trouve-t-on fréquemment sous les toits des masures et des vieilles maisons, où il passe l'hiver sans cependant tomber dans un état d'engourdissement complet. Dès les premiers jours du printemps il sort de sa retraite et va se réchauffer au soleil; mais au moindre bruit ou lorsqu'il va pleuvoir il rentre dans son trou.

Cet animal, assez agile, se nourrit d'insectes, et se cramponne facilement aux murailles à l'aide de ses ongles crochus et des écailles qui garnissent le dessous de ses doigts; aussi le voit-on quelquefois marcher dans une position renversée le long des plafonds des appartemens, ou demeurer long-temps immobile sous les voûtes des églises, ainsi que l'a observé Olivier. On a dit, mais à tort, qu'il étoit venimeux. Il ne jette aucun cri.

§. III. *Geckos à doigts élargis sur toute leur longueur, garnis en-dessous d'écailles transversales; pouces seulement privés d'ongles; une rangée de pores au-devant de l'anus.*

Le Gecko a gouttelettes; *Gecko guttatus*, Daud. Des tubercules arrondis et peu saillans sont répandus sur le dessus du corps, dont la teinte rousse est semée de taches rondes et blanches. Le dessous de la queue, qui est courte, arrondie, pointue et munie à sa base de six larges anneaux, est garni d'écailles carrées et imbriquées; il est d'ailleurs, comme le ventre, d'un blanc jaunâtre sans aucune tache. Taille de huit à neuf pouces.

La couleur des taches est sujette à varier dans cette espèce: quelques individus les ont d'un bleu clair; chez d'autres elles sont jaunâtres.

Ce gecko existe dans tout l'Archipel des Indes. Seba, qui l'a figuré dans le tome I.er de son grand ouvrage, et qui lui a consacré la planche CVIII, le fait venir de Ceilan, et dit que c'est à lui particulièrement que l'on donne le nom de gecko par onomatopée, à cause de son cri ; mais, bien auparavant, Bontius en avoit dit autant d'une espéce de Java.

Le Gecko a bandes blanches : *Gecko vittatus*, Houttuyn, Daudin ; *Lacerta vittata*, Gmelin ; *Lacerta unistriata*, Shaw. Tête un peu aplatie, large vers les tempes ; museau arrondi et déprimé ; yeux ronds, assez grands, peu bombés ; une rangée de petites plaques carrées autour des mâchoires ; une multitude de très-petites écailles rondes, bombées, comme tuberculeuses, de deux grosseurs différentes, irrégulièrement disposées entre elles, recouvrant tout le dessous de l'animal, de ses membres, de sa queue, ses côtés, sa gorge ; queue mince, arrondie, formée de trente-deux à trente-quatre anneaux, dont les écailles sont petites, nombreuses et disposées sur plusieurs rangées transversales ; deux ou trois grains arrondis derrière chaque coin de l'ouverture de l'anus ; membres amincis, un peu alongés, munis chacun de cinq doigts, armés, à l'exception du pouce, d'ongles crochus, placés sur la dernière phalange et la dépassant à peine.

Ce gecko est roussâtre en-dessus et blanchâtre en-dessous ; on voit sur son dos une bande longitudinale blanche, large de deux lignes, laquelle se bifurque sur la tête et sur la racine de la queue : cette dernière partie est annelée de blanc.

Ce reptile habite plusieurs îles de l'Océan indien, Java et Sumatra en particulier. A Amboine il se tient sur l'arbre nommé pandang de rivage, et voilà ce qui l'a fait appeler lui-même *lézard de pandang* dans ce dernier pays.

C'est à la division des geckos comprenant le lézard de pandang dont nous parlons, que M. Cuvier rapporte l'*anolis sputateur* de Daudin. Voyez l'article Anolis dans le Supplément du second volume de ce Dictionnaire. Nous y avons donné quelques détails sur cet animal remarquable.

§. IV. *Geckos ayant la base des doigts garnie d'un disque ovale, formé en-dessous par un double rang d'écailles en chevron ; cinq ongles à tous les pieds ; une rangée de pores de chaque côté de l'anus ; le dessous de la queue revêtu de larges plaques.* (Hémidactyles, Cuvier.)

Le Gecko a tubercules trièdres ; *Gecko triedrus*, Daudin. Dix-huit rangées longitudinales de tubercules trièdres et py-

ramidaux sur le dos et les flancs; six rangées semblables sur
la base de la queue, et quatre seulement sur le reste de
cette partie; peau couverte d'écailles hexagonales, plus
marquées sous le ventre qu'ailleurs : cinquante plaques transversales, lisses, étroites sous la queue; sous chaque cuisse
une rangée longitudinale de huit écailles, marquées dans
leur centre d'un pore roux, oblong et un peu saillant: teinte
générale d'un jaune pâle un peu sale; une tache brune oblongue, entre deux taches blanchâtres alongées, derrière
chaque œil; une multitude de petits points noirâtres sur le
dos, avec quelques nuages bruns qui s'étendent sur l'occiput; des taches arrondies et blanchâtres sur les flancs; pieds
courts; doigts séparés, alongés. Taille de sept à huit pouces.

On ne sait dans quel pays vit ce saurien, que Daudin a
décrit le premier, et qui paroît être le même animal que
le *stellio mauritanicus* de Schneider. Le *stellio platyurus* du
même auteur en est aussi fort voisin.

Le TOKAIE; *Gecko tuberculosus*, Daudin. Tout le dessus du
corps couvert d'écailles infiniment nombreuses, très-petites,
et parsemées de tubercules épars, assez rapprochés, gros,
arrondis et pointus, mais sans facettes, comme dans l'espèce
précédente; une rangée de pores sous chaque cuisse : couleur
générale d'un brun clair, avec quelques taches d'une teinte
marron, disposées deux à deux sur le dos et d'une forme
irrégulière; un trait brun derrière chaque œil. Taille d'un
pied.

Ce gecko habite Siam, et est appelé *tokaie* par les Malais,
à cause du cri qu'il fait entendre et que ce mot semble représenter. Perrault en avoit parlé, long-temps avant Daudin,
dans ses *Mémoires sur les animaux*, 5.ᵉ partie, pl. 67.

Le GECKO A QUEUE ÉPINEUSE; *Gecko spinicauda*, Daudin;
Gecko aculeatus, Houttuyn. Tête large, aplatie; museau arrondi; dos, dessous de la tête et dessous de la queue couverts
d'un nombre infini de très-petites écailles rondes, parmi lesquelles on en voit quelques-unes un peu plus grosses et
éparses sur le dos, tandis qu'on aperçoit des épines sur la
base de la queue; dessous du corps et des membres revêtu
d'écailles arrondies ou rhomboïdales, imbriquées, lisses et
disposées sur des lignes obliques, comme réticulées entre

elles; une rangée de pores sous chaque cuisse; queue arrondie, presque aussi longue que le corps, munie à sa base de trois larges anneaux; cuisses assez grosses; bras et jambes amincis; **ventre volumineux** : teinte générale d'un gris cendré sale en-dessus, d'un gris jaunâtre en-dessous; des teintes rembrunies sur le dos : ongles petits, apparens et crochus. Taille de six à huit pouces.

Daudin rapporte provisoirement à cette espèce le gecko venimeux des Indes, dont parlent Bontius et Valentin, et dont les habitans de Java se servent pour empoisonner leurs flèches. Le premier de ces observateurs écrit que la morsure de ce hideux reptile est tellement dangereuse que, si la partie affectée n'est point retranchée ou brûlée, on meurt en peu d'heures. Son urine, dit-il aussi, est un poison des plus corrosifs; son sang, et sa salive, jaune et épaisse, sont regardés de même comme des venins mortels.

M. Cuvier place encore dans cette division, sous le nom de Gecko de Java, un reptile qui ne paroit différer du tokaie que parce qu'il est plus lisse, et qui, selon Bontius, a été nommé *gecko*, par imitation de son cri. Il habite autour de Batavia dans des lieux humides ou de vieux troncs d'arbres, et pénètre dans les maisons, où on l'a en horreur, parce qu'on le croit venimeux.

§. V. *Geckos ayant les bouts des doigts seulement dilatés en plaques, dont le dessous est strié en éventail; les ongles placés dans une fissure pratiquée au milieu de cette plaque, fort crochus et ne manquant à aucun doigt.* (Ptyodactyles, Cuvier.)

Le Gecko des maisons : *Gecko lobatus*, Geoffroy Saint-Hilaire; *Gecko teres*, Laurenti; *Lacerta gecko*, Hasselquist, Linnæus, Gmelin; *Stellio Hasselquistii*, Schneider: *Gecko perlatus*, Houttuyn. Corps déprimé, large et trapu, lisse, d'un gris roussâtre piqueté de brun; écailles et tubercules très-petits; doigts libres; queue ronde; anus transversal, avec trois petits tubercules à chaque coin; une rangée de grains poreux sous les cuisses. Taille d'un pied au plus.

Cette espèce est commune dans les lieux humides et sombres des maisons des divers pays qui bordent la mer Méditerranée au midi et à l'orient, en Égypte, en Arabie, en

Syrie, en Barbarie, d'où elle s'est ensuite répandue dans diverses contrées de l'Europe méridionale. Au Caire on nomme le gecko des maisons *abou burs* (père de la lèpre), parce qu'on prétend qu'il donne ce mal en empoisonnant avec ses pieds les alimens et surtout les salaisons, qu'il aime beaucoup. Quand il marche sur la peau, il y fait naître des rougeurs, mais peut-être seulement à cause de l'acuité de ses ongles, dit M. Cuvier.

Sa voix ressemble au coassement des grenouilles. Son cri peut être, dit-on, rendu par les syllabes *gec-ko*. Linnæus le compare à la strideur d'une belette.

Les anciens auteurs, en parlant de ce reptile, ont du reste attaché trop d'importance aux fables que débitent les Levantins sur son compte : Bontius, par exemple, a eu tort de dire que le gecko peut imprimer ses dents sur les corps durs, même sur l'acier ; il ne les a même point assez fortes pour percer la peau.

Ce n'est ni par sa morsure, ni par sa salive, ni par son urine, que cet animal est nuisible. Hasselquist a remarqué que le venin est exhalé par les lobules des doigts. Cet auteur, en 1750, a vu au Caire deux femmes et une fille qui furent sur le point de mourir pour avoir mangé du fromage sur lequel cet animal avoit marché. Une autre fois il vit la main d'un homme qui avoit voulu saisir un gecko, se couvrir à l'instant de pustules rouges, enflammées et accompagnées d'une démangeaison pareille à celle que cause la piqûre de l'ortie.

On assure que les chats poursuivent le gecko et s'en nourrissent. On l'écarte des cuisines en Égypte en y conservant beaucoup d'ail. Lui-même se nourrit d'insectes. Ses œufs ont le volume d'une noisette.

Le Gecko porphyré; *Gecko porphyreus*, Daudin. Petit et svelte, d'un roux brun marbré en-dessus, et parsemé d'une certaine quantité de très-petites taches rondes, pâles et éparses sur les flancs, le dos et les membres, d'un blanc roussâtre en-dessous. Ce gecko habite diverses parties de l'Amérique méridionale, principalement l'île de Saint-Domingue.

Daudin, qui l'a décrit le premier, l'a confondu à tort avec

le *maboya* des Antilles, dont Le Romain parle à l'article *Lézard* de l'Encyclopédie de Diderot.

M. Cuvier rapporte à sa section des ptyodactyles quelques sauriens dont M. Duméril a fait un genre sous le nom d'Uroplate. (Voyez ce mot.)

Les Phyllures sont des geckos qui n'ont point les doigts élargis. (H. C.)

GECKOÏDE, *Geckoides*. (*Erpétol.*) Dans son Voyage aux terres australes (tom. 1, pag. 405), Péron propose l'établissement d'un genre de ce nom dans la famille des reptiles sauriens. Il y place, comme type, le *gecko platurus* de Shaw, que l'on trouve dans les marais des environs du port Jackson. Les caractères qu'il assigne à ce nouveau genre, sont les suivans :

Doigts grêles, alongés, très-comprimés latéralement et dépourvus des folioles qui caractérisent les geckos; queue lancéolée.

Le geckoïde de Péron a le corps très-plat, la tête fort grosse, les yeux saillans, la pupille linéaire et verticale. Il se nourrit d'insectes aquatiques. Sa queue se détache avec la plus grande facilité et pour peu qu'on y touche. Voyez Gecko. (H. C.)

GECKOTE (*Erpétol.*), nom d'une espèce de gecko du sousgenre des platydactyles. (H. C.)

GECKOTIENS. (*Erpétol.*) M. Cuvier a établi sous ce nom une famille de reptiles sauriens. Elle est formée par le seul genre Gecko. Voyez ce mot. (H. C.)

GEDEMALCHER. (*Ornith.*) C'est, en norwégien, l'engoulevent, *caprimulgus europæus*, Linn., qu'on appelle en allemand *Geissmelker*. (Ch. D.)

GEDWAR. (*Bot.*) La zédoaire est ainsi nommée par Clusius. Il dit encore ailleurs que c'est le *geiduar* apporté de la Chine dans l'Inde. (J.)

GEECKA. (*Ornith.*), nom que porte, en Laponie, le coucou, *cuculus canorus*, Linn. (Ch. D.)

GEELGORDST (*Ornith.*), terme qui, suivant Aldrovande, désigne le bruant commun, *emberiza citrinella*, Linn. (Ch. D.)

GEELICHEN, GEELŒRCHEN (*Bot.*) : noms de la chanterelle, champignon du genre *Merulius*, à Meissen, en Saxe, et en Prusse. (Lem.)

GEERIA. (*Bot.*) Necker substitue ce nom à celui de *enourea*, donné par Aublet à un de ses genres qui paroît appartenir à la famille des sapindées, et dont aucune raison ne peut motiver le changement de dénomination. (J.)

GEERING-LANDA. (*Bot.*) La plante légumineuse qui porte ce nom à Sumatra, paroît être un cniquier, *guilandina*, dont les graines nommées *geering* (c'est-à-dire petits grelots) font du bruit dans leur cosse. L'expression *landa*, qui signifie hérisson, paroît provenir de ce que la cosse ou gousse est très-chargée d'aspérités. (J.)

GEGEBANNA (*Bot.*), nom japonois de l'*astragalus sinicus*, cité par M. Thunberg. (J.)

GEGLER (*Ornith.*), un des noms que, suivant Frisch, les Allemands donnent au pinson des Ardennes, *fringilla monti-fringilla*, Linn. (CH. D.)

GEGUERS, GIAVERS, JEVERS (*Bot.*) : noms arabes du millet, *panicum miliaceum*, selon Daléchamps. Ces noms diffèrent de celui de *dokha*, cité pour la même plante par M. Delile, et qui a quelque rapport avec celui de *dochon*, mentionné par Daléchamps pour le panis, *panicum italicum*. Nous faisons ici cette observation, parce que précédemment nous avions appliqué, par inadvertance, le nom de *dochon* au millet; ce qu'il faut rectifier. Voyez DOCHON. (J.)

GEHAJA. (*Ichthyol.*) Voyez GAHAJA. (H. C.)

GEHLÉNITE. (*Min.*) Nom donné, en mémoire du chimiste Gehlen, à une substance minérale trouvée nouvellement près Salzbourg en Bavière, qui se présente en cristaux réguliers, noyés dans une gangue de calcaire spathique, et que M. Leman considère comme une simple variété de son espèce *jamesonite*, espèce qui réunit ce que les minéralogistes avoient désigné successivement par les noms d'*andalusite* et de *felspath apyre*. M. Cordier en fait une idocrase. Voyez JAMESONITE. (BRARD.)

GEHŒRNTER WELS (*Ichthyol.*), nom allemand de l'agénéiose armé. (H. C.)

GEHUTH, COBBAM. (*Bot.*) L'arbre de l'île de Taprobane (probablement Sumatra), cité sous ces noms par Daléchamps et C. Bauhin, n'a été rapporté jusqu'à présent à aucun genre connu. Il porte des fruits sphériques assez gros, contenant une noix monosperme, dont l'amande fournit, par expression, une huile fort estimée par les naturels du pays pour diverses maladies. (J.)

GEIDUAR. (*Bot.*) Voyez GEDWAR. (J.)

GEIER (*Ornith.*), nom générique des vautours en langue allemande, dans laquelle le gypaète est appelé *Geieradler*. (Ch. D.)

GEIRAN. (*Mamm.*) Gemelli Careri donne ce nom à une antilope du centre de l'Asie, qui est l'*antilope gutturosa* de Pallas. Ce nom s'écrit encore DSHEREN et TZEIRAN. Voyez ces mots et ANTILOPE. (F. C.)

GEIRFUGL. (*Ornith.*) Ce nom islandois est donné, suivant O. F. Müller, au harle vulgaire, *mergus merganser*, Linn., et au grand pingouin, *alca impennis*, Linn. (Ch. D.)

GEISSE, GEISS. GEIT, GEID, GET, GEYSE (*Mamm.*). noms de la chèvre domestique dans les langues d'origine germanique. (F. C.)

GEISSORHIZA. (*Bot.*) Genre de plantes monocotylédones, à fleurs incomplètes, très-voisin des ixia, de la famille des *iridées*, de la *triandrie monogynie* de Linnæus, offrant pour caractère essentiel : Une spathe bivalve ; une corolle monopétale ; le tube droit, un peu renflé à son orifice ; le limbe à six divisions égales, étalées ; trois étamines droites ; un style incliné, à trois stigmates un peu élargis, crépus et frangés à leurs bords. Le fruit consiste en une capsule scarieuse, ovale-trigone, contenant un grand nombre de semences fort petites.

Le genre *Ixia* est composé d'espèces si nombreuses qu'on a essayé de les distribuer en plusieurs genres ; à la vérité, les caractères qui les distinguent sont bien foibles : dans le *geissorhiza*, ils sont particulièrement établis sur le tube de la corolle et sur les stigmates membraneux et frangés. Les principales espèces à y rapporter, toutes originaires du cap de Bonne-Espérance, sont :

GEISSORHIZA DE LA ROCHE : *Geissorhiza rochensis, Bot. Magaz.*, tab. 598, *sub ixia; Ixia radians*, Thunb., *in* Weber; Vahl, *Enum.*, pl. 2, pag. 75. Ses racines sont bulbeuses ; ses tiges droites, presque simples, grêles, flexueuses, hautes de quatre à six pouces, terminées par une seule fleur. Les feuilles filiformes, à deux stries, plus courtes que les tiges, vaginales, renflées à leur gaine. Le limbe de la corolle est bleu, marqué dans son milieu d'un cercle blanc, de couleur purpurine à la base avec une tache plus foncée ; la spathe de la longueur du tube.

GEISSORHIZA UNILATÉRALE : *Geissorhiza secunda*, *Bot. Magaz.*, tab. 1105 ; *Ixia secunda*, Thunb., *Diss.* et *Bot. Magaz.*, 597. Cette espèce est pourvue d'une bulbe dure, de la grosseur d'un pois. Ses tiges sont droites, velues, cylindriques, presque simples, articulées, hautes de huit à dix pouces ; les feuilles linéaires, ensiformes, droites, glabres, nerveuses, plus courtes que les tiges ; les fleurs droites, petites, alternes, sessiles, violettes ou bleuâtres, toutes tournées du même côté, disposées, au nombre de quatre à six, en un épi penché sur un axe courbé entre chaque fleur presque en demi-cercle : les deux valves de la spathe oblongues, inégales, une fois plus longues que le tube de la corolle.

GEISSORHIZA SÉTACÉE : *Geissorhiza setacea*, *Bot. Magaz.*, 1105 ; *Ixia setacea*, Thunb., *Diss.*, n.º 13. Ses tiges sont droites, filiformes, en zigzag, rouges, glabres, longues de deux ou trois pouces, presque nues ; les feuilles très-étroites, linéaires, aiguës, plus courtes que les tiges radicales, au nombre de deux ou trois : les spathes vertes, striées, de la longueur du tube de la corolle : les trois divisions extérieures du limbe rayées de rouge en dehors, blanches en dedans ; les trois intérieures tout-à-fait blanches. L'*ixia sublutea*, Lamk., *Enc.*, n.º 8, pourroit bien être une des nombreuses variétés de cette espèce.

GEISSORHIZA A DOUBLE HAMPE : *Geissorhiza geminata*, *Bot. Magaz.*, *l. c.* ; *Ixia geminata*, Vahl, *Enum.*, 2, pag. 68 ; *Ixia obtusata*, *Bot. Magaz.*, tab. 672. Ses tiges ou ses hampes sont anguleuses à leur partie supérieure, munies, un peu au-dessus de leur base, d'une articulation entourée par la gaine d'une feuille, de laquelle sort un rameau en forme de hampe, un peu plus court que la hampe principale : d'où il résulte que cette plante paroît avoir deux hampes. Les feuilles, au nombre de trois ou quatre, sont toutes radicales, étroites, linéaires, beaucoup plus courtes que les hampes ; les fleurs jaunâtres, distantes, longues d'un pouce ; les spathes vertes, lancéolées, longues d'un demi-pouce ; le tube de la corolle aussi long que les spathes; les divisions du limbe lancéolées, aiguës ; les trois extérieures rougeâtres en dehors.

GEISSORHIZA BASSE : *Geissorhiza humilis*, Thunb., *Diss.*, n.° 4, *sub ixia*. Cette plante est pourvue d'une bulbe de la grosseur d'une noisette, profondément enfoncée dans la terre; sa hampe est droite, nue, filiforme, haute de quatre à sept pouces; deux ou trois feuilles radicales, droites, glabres, linéaires, sillonnées, plus longues que la hampe ; les fleurs, au nombre de trois à huit, disposées en grappe unilatérale, sur un axe en zigzag; la corolle jaune, d'un blanc roussâtre ou couleur de chair.

GEISSORHIZA A FLEURS DE SCILLE : *Geissorhiza scillaris*, Lamk., *Dict.*, *sub ixia*. *An Ixia pentandra?* Linn., *Suppl.* Espèce trèsélégante, remarquable par la ressemblance de ses fleurs avec celles de plusieurs scilles. Sa tige est droite, cylindrique, simple ou rameuse, haute de huit à dix pouces; ses rameaux un peu en zigzag; les feuilles étroites, ensiformes, droites, plus courtes que les tiges, à quatre ou cinq nervures; les fleurs alternes, nombreuses, sessiles, disposées en longs épis terminaux d'un pourpre violet, mêlé d'un peu de jaune ; le limbe ouvert en étoile ; les spathes courtes, membraneuses, souvent purpurines à leur sommet; l'extérieure tridentée, l'intérieure bifide; le tube grêle, de la longueur de la spathe; les anthères très-longues, tronquées à leur extrémité ; les stigmates en crochet.

GEISSORHIZA HÉRISSÉE ; *Geissorhiza hirta*, Thunb., *Diss.*, n.° 6, *sub ixia*. Cette plante s'élève à la hauteur de sept à neuf pouces sur une tige droite, simple ou rameuse, glabre, cylindrique, un peu courbée en zigzag. Les feuilles sont linéaires, ensiformes, droites, pileuses, striées, un peu moins longues que la tige ; les fleurs alternes, sessiles, tournées d'un seul côté, disposées, au nombre de trois à cinq, en un épi penché, sur un axe arqué entre chaque fleur; la corolle d'un pourpre bleuâtre; son tube plus court que la spathe ; celle-ci est à deux valves oblongues, entières. L'*ixia inflexa*, Laroche, diffère à peine de cette espèce.

GEISSORHIZA A FEUILLES COURTES : *Geissorhiza excisa*, *Bot. Magaz.*, *l. c.*; *Ixia excisa*, Linn., *Suppl.*, 92 ; Thunb., *Diss.*, n.º 24, tab. 1. Cette espèce, distinguée par ses feuilles courtes et par le tube alongé de sa corolle, s'élève très-peu. Ses tiges sont droites, glabres, menues, un peu flexueuses, hautes d'environ trois pouces; ses feuilles, toutes radicales, sont planes, glabres, ovales-oblongues, presque obtuses, deux ou trois fois plus courtes que la tige, ordinairement au nombre de deux, séparées l'une de l'autre comme une feuille fendue en deux: il existe quelquefois une feuille courte et vaginale dans la partie moyenne de la tige. Les fleurs sont blanches ou rougeâtres, purpurines en dehors, alternes, sessiles, unilatérales; la spathe verdâtre, obtuse; le tube de la corolle au moins une fois plus long que la spathe; son limbe plus court que le tube. (Poir.)

GEISSODEA (*Bot.*), c'est-à-dire, *en forme de tuiles*, en grec. C'est ainsi que Ventenat a nommé la troisième section du genre Lichen de Linnæus, dont il faisoit un genre particulier. Les espèces se font remarquer par leur expansion adhérente, foliacée, à découpures imbriquées, libres vers la circonférence; les scutelles sont sessiles ou légèrement stipitées. Les *lichens stellaris, omphalodes, saxatilis, parietinus*, Linn.; et les *lichens conspersus*, Ach., et *corrugatus*, Smith, furent rapportés au *geissodea* par Ventenat. Dans le Prodrome d'Acharius, ces lichens font partie de la tribu qu'il désigne par *imbricaria*, et dont M. De Candolle a fait, sous la même dénomination, un genre distinct: maintenant Acharius les a transportés dans son genre l'PARMELIA. Voyez ce mot. (Lem.)

GEISZ-VOGEL. (*Ornith.*) L'oiseau connu sous ce nom en Silésie est le courlis commun, *scolopax arcuata*, Linn. (Ch. D.)

GEITCHOGATCHI. (*Ornith.*) Les oiseaux aquatiques que Kraschenninikow indique sous ce nom et sous celui de *geichogatchi*, sont des espèces de canards qu'on appelle, en Russie, *selezni* et *swiazi*. (Ch. D.)

GEITJE. (*Erpét.*) Sparmann a décrit, sous le nom de *lacerta geitje*, un saurien qui passe pour très-venimeux au cap de Bonne-Espérance, contrée dans laquelle on le trouve. Sa morsure, a-t-on dit dans le pays à ce voyageur, produit une lèpre presque constamment mortelle, mais seulement après six mois ou un an de souffrances, et lorsque tout le corps s'est déjà partagé en lambeaux. Ce lézard appartient au genre des *geckos*, et à la division de ces reptiles que M. Cuvier a nommée PLATYDACTYLES. Voyez GECKO et PLATYDACTYLE. (H. C.)

GEITOAIR (*Ornith.*), nom koriaque d'une espèce d'oie, suivant Kraschenninikow. (CH. D.)

GÉITOHALE. (*Min.*) M. Wild propose de donner ce nom, qui veut dire *voisin du sel*, à notre *chaux sulfatine spathique*, qui se trouve en effet dans les salines, mais non pas exclusivement. Cette substance est déjà connue sous les noms de *spath cubique*, de *muriacite*, d'*anhydrite*, de *chaux sulfatée anhydre*, de *chaux sulfatine*. Voyez CHAUX SULFATINE. (BRARD.)

GEKATCHITCHIR. (*Ornith.*) Ce nom kouril, cité par Kraschenninikow comme correspondant au stariki des Russes, est probablement applicable à l'espèce de pingouin nommée par Linnæus *alca psittacula*. (CH. D.)

GEKRŒNTES. (*Ornith.*) Gesner donne ce terme comme désignant, en allemand, le troglodyte, *motacilla troglodytes*, Linn. (CH. D.)

GEKROSSTEIN ou GEKRŒSESTEIN. (*Min.*) Les mineurs allemands donnent ce nom à la baryte sulfatée concrétionnée qu'on a trouvée d'abord dans les salines de Wieliczka en Pologne, et ensuite en Saxe et en Derbyshire : c'est la *pierre de trippes* des anciens minéralogistes (voyez BARYTE SULFATÉE CONCRÉTIONNÉE). Suivant Stutz, le même nom allemand a été donné à une chaux sulfatée qui présente aussi des stries et des dessins contournés. (BRARD.)

GELA. (*Bot.*) Genre de plantes établi par Loureiro, dans la Flore de la Cochinchine. Il paroît devoir être réuni au *ximenia*, dont il diffère cependant par ses pétales entièrement lisses, son stigmate bifide, ses feuilles opposées. (J.)

GELALA-ITAM (*Bot.*), nom malais de l'arbre de corail, *erythrina indica* de Lamarck. (J.)

GELAPO (*Bot.*), un des noms anciens du jalap. (J.)

GÉLASIE, *Gelasia.* (*Bot.*) [*Chicoracées*, Juss. = *Syngénésie polygamie égale*, Linn.] Ce genre de plantes, que nous avons proposé dans le Bulletin de la société philomatique de Mars 1818, appartient à la famille des synanthérées, et à la tribu naturelle des lactucées, dans laquelle nous le plaçons immédiatement auprès du *scorzonera*, dont il diffère par le péricline subbisérié, à squames extérieures longuement appendiculées, par la corolle glabre, et surtout par l'aigrette, qui n'est point plumeuse.

La calathide est incouronnée, radiatiforme, multiflore, fissiflore, androgyniflore. Le péricline, égal aux fleurs marginales, est formé de squames bi-trisériées : les extérieures beaucoup plus courtes, ovales, appliquées, coriaces, surmontées d'un très-long appendice filiforme, inappliqué; les intérieures ovales-oblongues, appliquées, presque inappendiculées. Le clinanthe est plane, inappendiculé, ponctué. Les ovaires sont cylindriques, incollifères, munis de côtes striées transversalement, et d'un bourrelet apicilaire; leur aigrette est irrégulière, composée de squamellules très-inégales, filiformes, épaisses, barbellulées. Les corolles sont glabres.

GÉLASIE VELUE : *Gelasia villosa*, H. Cass.; *Scorzonera villosa*, Scop., *Flor. Carn*. C'est une plante herbacée, dont la tige, haute d'environ deux pieds, est rameuse, cylindrique, épaisse, striée, garnie de longs poils mous; les feuilles sont alternes, sessiles, demi-amplexicaules, dressées, longues d'environ huit pouces, larges de quatre lignes à la base, étrécies de bas en haut, presque filiformes supérieurement, très-entières sur les bords, garnies sur les deux faces de longs poils mous, épars, et munies de plusieurs nervures simples, parallèles : les calathides, composées de fleurs jaunes, sont grandes et solitaires au sommet de la tige et des rameaux, qui sont dépourvus de feuilles en leur partie supérieure; les périclines sont velus, comme les rameaux qui leur tiennent lieu de pédoncule. Nous avons observé et décrit cette plante, dans l'herbier de M. Desfontaines, sur des échantillons provenant du Jardin du Roi. Il est probable que c'est la même espèce qui, sous le nom de *scorzonera villosa*, est imparfaitement décrite et fort mal figurée dans la *Flora Carniolica* de Scopoli, où il est dit qu'elle habite aux environs de Trieste. (H. Cass.)

GÉLASIME; *Gelasimus*, Latr. (*Crust.*) Genre de crustacés décapodes de la famille des brachyures, voisin des OCYPODES,

des Goneplaces et des Ucas (voyez ces mots). Il diffère des premiers par les antennes, les yeux et les proportions relatives des pieds; des seconds, par le troisième article des pieds-mâchoires extérieurs, et des troisièmes, par la forme du test. En effet, les gélasimes ont le test en forme de trapèze, les pieds-mâchoires extérieurs rapprochés l'un de l'autre, et leur troisième article à l'extrémité latérale et supérieure de celui qui le précède. Les quatre antennes sont découvertes et distinctes, les latérales cétacées. Les yeux sont situés à l'extrémité d'un pédicule grêle, prolongé jusqu'aux angles extérieurs du test, et reçu dans une fossette longue et linéaire. Les pieds diminuant graduellement de longueur, à partir de la seconde paire; mais un des caractères les plus remarquables des gélasimes est la grandeur disproportionnée d'une de leurs serres, l'autre restant ordinairement très-petite.

Ces crustacés habitent près des rivages et les pays chauds. On en connoît surtout trois espèces.

La Gélasime maracoani ; *Gelasima maracoani*, Herbst, *Canc.*, tab. 1, fig. 1. Test chagriné, deux dépressions linéaires dans le sens de la longueur du test; corps jaune rougeâtre. Il se trouve à Cayenne et au Brésil.

La Gélasime combattante ; *Gelasima pugilator; Ocypode pugilator*, Bosc. Test uni, ponctué, fond gris, une tache violette en avant, et en arrière des lignes noires disposées parallèlement. Cette espèce se forme, en très-grand nombre, des terriers, qui sont cylindriques et très-profonds. Les mâles se distinguent des femelles par des couleurs plus fortes, une taille moindre, et une queue triangulaire. Les femelles portent des œufs dès le mois de février. Pendant l'hiver cette gélasime reste engourdie au fond de ses terriers. Elle se trouve dans la Caroline.

La Gélasime appelante; *Gelasima vocans; Cancer vocans*, Degéer, *Ins.*, t. 7, p. 430, pl. 26, fig. 12. Test uni avec son bord antérieur terminé en pointe; corps jaune pâle, ponctué de roux. M. Bosc a vu, dans la Caroline, cette espèce se jeter en foule sur les charognes pour les dévorer. Le nom de *vocans* lui a été donné parce qu'on la voit souvent élever sa grosse pince, comme pour avertir, pour appeler.

GELASON. (*Bot.*) C'est, suivant Adanson, le nom celtique du *diotis maritima*, Desf. (H. Cass.)

GELATINA. (*Bot.*) Genre proposé par M. Rafinesque-Schmaltz pour placer quelques champignons d'une substance gélatineuse, sans forme déterminée, naissant sur le bois, et qui se trouvent dans plusieurs parties de l'Amérique septentrionale. M. Rafinesque en désigne plusieurs espèces sous les noms de *fœtidissima*, *lutea*, *rubra*, *alba*. (Lem.)

GELATINARIA. (*Bot.*) Roussel, dans sa Flore du Calvados, établit sous ce nom un genre de plantes cryptogames de la famille des algues, qui a pour type le *conferva gelatinosa*, Linn. C'est le même que celui appelé par les botanistes *batrachospermum*. (Lem.)

GÉLATINE. (*Chim.*) Substance formée de

Oxigène.... 27,207
Azote...... 16,998
Carbone.... 47.881
Hydrogène.. 7,914.   (Gay-Lussac et Thenard.)

Propriétés physiques.

Elle est solide, plus dense que l'eau, sans couleur, inodore, insipide.

Propriétés chimiques.

a) *Cas où la gélatine agit par attraction résultante.*

Exposée dans une atmosphère humide, elle absorbe un peu d'eau.

A froid, elle ne se dissout pas ou que très-peu dans l'eau, si ses particules sont très-cohérentes; à 100 degrés elle s'y dissout bien. Lorsque cette solution est assez concentrée, elle se prend en gelée par le refroidissement; c'est de là que lui vient le nom de *gélatine*.

Cette propriété est due, sans doute, à ce que, la gélatine étant beaucoup plus soluble à chaud qu'à froid, par le refroidissement elle se sépare en grande partie de l'eau à l'état solide; mais cette matière solide est si divisée qu'elle enveloppe entre ses particules l'eau[1] qui la tenoit en disso-

---

[1] Cette eau contient la gélatine qu'elle est susceptible de dissoudre à froid.

lution, et sa force de cohésion est si foible que le liquide y reste interposé.

La solution aqueuse de gélatine n'a aucune action sur les couleurs végétales : si la solution de colle de poisson rougit le tournesol, et si celle de colle forte agit comme un alcali sur l'hématine, cela dépend de substances étrangères à la gélatine.

Les acides et les alcalis, qui sont assez étendus d'eau pour ne pas changer la composition de la gélatine, ne la précipitent pas de sa dissolution.

Un assez grand nombre de sels la précipitent, notamment ceux qui ont une saveur très-astringente, comme l'hydrochlorate d'iridium[1], le nitrate de mercure[2]. Ces précipités sont formés de gélatine, de la base du sel, et certainement aussi de l'acide qui étoit uni à cette dernière ; mais nous ignorons si l'acide est à la base dans le même rapport que dans le sel.

M. Mérimée a observé que le persulfate de fer la précipitoit. En constatant ce fait, nous avons remarqué que le précipité égoutté pouvoit être redissous par l'eau bouillante, et que l'ammoniaque ajoutée à la dissolution n'en précipitoit pas ou que très-peu de peroxide de fer, même au bout de vingt-quatre heures, ce qui prouve évidemment que la gélatine a de l'action sur cette base.

M. Mérimée a encore observé que l'alun épaissit la solution de gélatine, et que le mélange redevient parfaitement limpide lorsqu'on y ajoute de l'eau.

L'hématine, la noix de galle et les matières végétales solubles dans l'eau, qui ont une saveur astringente, précipitent la gélatine en formant avec elle des composés plus ou moins insolubles. On a généralement attribué la précipitation de la gélatine, par les substances astringentes, à un principe immédiat que l'on a nommé tannin ; mais, comme l'existence d'un pareil principe est loin d'être démontrée, nous reviendrons sur ce sujet au mot *Substances astringentes*.

L'amer de Velter, et les substances que M. Hatchett a

---

[1] Vauquelin.
[2] Thomson.

18.

nommées *tannins artificiels*, précipitent la gélatine en s'unissant avec elle. Nous en parlerons au mot *Substances astringentes artificielles.*

Les huiles, l'éther et l'alcool concentré ne dissolvent pas la gélatine sèche.

Lorsqu'on verse de l'alcool dans une solution aqueuse de gélatine, il s'y fait un précipité, qui est de la gélatine. Quelle que soit la quantité d'alcool, il reste toujours une quantité notable de matière en dissolution. Le précipité est redissous quand on ajoute de l'eau au mélange des deux liquides.

b) *Cas où la gélatine agit par affinité élémentaire.*

Lorsqu'on fait passer du chlore dans une solution de gélatine, ou lorsqu'on mêle celle-ci avec de l'eau de chlore, il se produit des flocons blancs, qui finissent par se réunir en filamens soyeux, élastiques. Ce précipité est insipide ; il rougit légèrement le tournesol ; il ne se dissout pas dans l'eau et l'alcool : quand on l'abandonne plusieurs jours à lui-même, il s'en sépare du chlore. Les alcalis le dissolvent ; une portion de ces bases devient chlorure. M. Bouillon-Lagrange a considéré cette substance comme de la gélatine oxigénée. Depuis, M. Thenard l'a examinée, et l'a considérée comme un composé de chlore, d'acide hydrochlorique et de gélatine probablement altérée.

L'acide nitrique favorise la dissolution de la gélatine sèche dans l'eau ; mais il finit par la convertir en plusieurs composés, notamment en acide oxalique.

L'acide sulfurique concentré exerce sur la gélatine une action extrêmement remarquable, dont M. Braconnot a fait connoître le résultat. Il mit 12 grammes de gélatine en macération avec 24 grammes d'acide sulfurique concentré. Au bout de vingt-quatre heures la liqueur n'étoit pas sensiblement colorée ; il y ajouta un décilitre d'eau, et fit bouillir, pendant cinq heures, en ayant soin de remplacer l'eau qui se vaporisoit : il satura l'excès d'acide par la craie ; filtra, fit concentrer la liqueur, et l'abandonna ensuite à elle-même. Il obtint, 1.° *des cristaux sucrés ;* 2.° *un liquide sirupeux incristallisable.*

Cristaux sucrés.

Ils sont sous forme grenue ou prismatique ; leur saveur est douce et sucrée, à peu près comme celle du sucre de raisin.

Ils sont un peu plus solubles dans l'eau que le sucre de lait. L'alcool bouillant, même foible, ne les dissout pas.

Ils ne sont pas susceptibles d'éprouver la fermentation alcoolique. Cette propriété nous empêche d'adopter le nom de sucre de gélatine que M. Braconnot leur a donné, parce que les espèces qui forment le genre Sucre ont pour caractère principal de produire de l'alcool lorsqu'elles sont placées dans des circonstances convenables. (Voyez Sucre, et Fermentation alcoolique, Tom. 16, pag. 440.)

Lorsqu'on les soumet à la distillation, on obtient un sublimé blanc et un produit ammoniacal : c'est une preuve qu'ils contiennent de l'azote · cette composition les distingue encore des espèces du genre Sucre, qui sont dépourvues de cet élément.

A froid, l'acide nitrique ne les dissout pas ou que très-peu ; à chaud, la solution a lieu sans effervescence et sans production d'acide nitreux. En faisant évaporer doucement l'excès d'acide nitrique, on obtient un résidu plus pesant que les cristaux employés. M. Braconnot le considère comme une combinaison d'acide nitrique et de la substance des cristaux ; il l'appelle *acide nitro-saccharique.*

L'acide nitro-saccharique cristallise en prismes incolores qui ressemblent aux cristaux de sulfate de soude : il a une saveur acide et légèrement sucrée ; il est très-soluble dans l'eau. Exposé au feu, il se boursoufle beaucoup et fuse obscurément en exhalant une vapeur piquante.

Il forme deux combinaisons avec la potasse ; l'une est avec excès d'acide, et l'autre est neutre : toutes deux cristallisent en aiguilles et détonent par la chaleur.

Il forme avec la chaux un sel qui cristallise en prismes fins, qui n'est pas déliquescent, et qui fuse quand on le jette sur un charbon ardent.

Il forme avec la magnésie un sel déliquescent, qui, exposé au feu, se fond, se boursoufle, fuse et laisse un résidu spongieux brun.

Il forme avec l'oxide de plomb jaune un composé dont la solution, incristallisable, se réduit, par la concentration, en une substance de consistance mucilagineuse, qui détone fortement par la chaleur.

Liquide sirupeux incristallisable.

Ce liquide contenoit, 1.° *de la matière sucrée cristallisable;* 2.° *une matière peu azotée*, précipitable par la noix de galle, qui s'opposoit à ce que la précédente pût cristalliser; 3.° *de l'ammoniaque*, qu'on en dégageoit par la potasse; 4.° une matière nouvelle que M. Braconnot appelle *leucine*.

Lorsqu'on traite le liquide sirupeux par l'alcool foible et bouillant, il n'y a qu'une petite quantité de matière dissoute : la solution, filtrée chaude, laisse précipiter par le refroidissement un sédiment blanchâtre, formé de *matière sucrée cristallisable* et de *leucine*. La liqueur, séparée du sédiment et concentrée, a une odeur de miel et de la tendance à cristalliser. Quant à la portion du liquide sirupeux indissoute par l'alcool, elle a une saveur sucrée et en même temps celle du bouillon.

Propriétés de la leucine.

La leucine est blanche, pulvérulente : on peut l'obtenir en cristaux grenus, ou en petits cristaux, qui se réunissent sous la forme des moules de bouton qui ont un rebord à la circonférence, et un point ou une dépression au centre.

Elle a le goût du bouillon : chauffée dans une petite cornue, elle se fond, répand une odeur de viande grillée, se sublime en partie sous la forme de petits cristaux blancs, grenus, opaques, et il se produit un liquide ammoniacal.

Elle se dissout dans l'eau : elle n'est pas précipitée par la noix de galle et par le sous-acétate de plomb ; le nitrate de mercure paroît être la seule dissolution métallique qui puisse le précipiter; la liqueur séparée du précipité est rose.

La leucine se dissout dans l'acide nitrique. La solution, exposée au feu, ne produit qu'une très-légère effervescence, sans qu'il se forme d'acide nitreux. Le résidu est entièrement formé d'un acide particulier que M. Braconnot regarde comme un composé de leucine et d'acide nitrique, et qu'il appelle en conséquence *acide nitro-leucique*. Cet acide se dissout dans l'eau et peut cristalliser en fines aiguilles divergentes presque incolores : il forme, avec les bases, des sels différens, des nitro-saccharates, mais qui fusent ou détonent comme eux par l'action de la chaleur.

Je ferai observer, relativement aux acides nitro-saccharique et nitro-leucique, que je crois avoir le premier découvert une substance organique qui, en se combinant à l'acide nitrique, forme un acide particulier. (Voyez, au mot Indigo, ce qui est relatif à l'action de l'acide nitrique sur cette substance, et en particulier sur l'*amer au minimum d'acide nitrique*, qui devient amer de Velter en se combinant à cet acide.)

Quand on expose la gélatine au feu, elle se fond, noircit, exhale une odeur de corne, se réduit en eau, en huile empyreumatique, en acide acétique, en ammoniaque, en gaz acide carbonique et hydrogène carburé, et en un charbon azoté qui est difficile à incinérer.

La gélatine, dissoute dans l'eau et abandonnée à elle-même dans une température de 15 à 25 degrés, devient acide, se moisit, et finit par se décomposer entièrement, en exhalant une odeur très-fétide. La gélatine, réduite en gelée, se décompose également, si elle n'est pas exposée à un air sec. On observe que la gelée de gélatine qui s'altère, perd de sa consistance, et qu'un liquide s'en sépare.

L'alcool que l'on a mis en contact à chaud avec la gélatine, tient en dissolution une matière grasse, que M. Berzelius considère comme un produit de la décomposition de la gélatine.

Préparation de la gélatine et de la colle forte.

Gélatine.

La gélatine la plus pure qu'il est possible de se procurer, se prépare de la manière suivante : on prend de l'*ichthyocolle* ou *colle de poisson* (c'est la vessie natatoire de plusieurs poissons des mers du Nord, particulièrement celle du grand esturgeon, dont on a enlevé la membrane extérieure (voyez Ichthyocolle); on la déroule et on la coupe en très-petits morceaux; on la fait bouillir dans l'eau. Presque toute la matière est dissoute ; on filtre la liqueur bouillante : quand la solution est formée de 2 à 5 parties de gélatine pour 100 d'eau bouillante, elle se prend en gelée par le refroidissement ; en faisant sécher cette gelée à l'étuve, après l'avoir mise dans des assiettes de porcelaine, on obtient pour résidu la gélatine sèche. Cette substance contient un peu d'acide, car sa solution rougit légèrement le tournesol.

Colle forte.

On prend des peaux, des rognures de peaux non tannées, des oreilles de veau, de bœuf, de mouton, etc.; on les fait tremper pendant au moins vingt-quatre heures dans l'eau : quand elles sont humectées, on les retire de l'eau, on les laisse égoutter, on les lave, et ensuite on les fait macérer dans de l'eau de chaux plus ou moins foible. On les en retire, on les lave de nouveau : puis on les met, avec un peu d'eau, dans une grande chaudière de cuivre placée sur un fourneau en maçonnerie : on chauffe doucement, et on finit par porter le liquide à l'ébullition. Les matières animales se dissolvent peu à peu ; il se produit des écumes qu'on enlève : quand tout est dissous, on peut, en ajoutant de l'alun ou de la chaux en poudre, faciliter le départ des substances dont la présence dans la colle en diminueroit la transparence. Lorsqu'on juge la liqueur suffisamment cuite, ce qui demande treize heures de feu environ, on la tire de la chaudière, pour la passer immédiatement dans des mannes d'osier, ou dans une toile de crin. La liqueur, ainsi filtrée, est reçue dans une cuve de bois, où elle s'éclaircit par un repos de quelques heures. On la décante, on la fait concentrer, on l'écume et on la transvase dans des moules ou boîtes de bois humectées : par le refroidissement la colle se prend en gelée. Après vingt-quatre heures, on détache la gelée des parois du moule avec un couteau à deux tranchans, dont on a mouillé la lame ; on divise la gelée en plusieurs morceaux ; on les enlève du moule un à un avec la main ou avec une palette : on les met sur une planche horizontale à l'extrémité de laquelle s'élève verticalement une petite planche contre laquelle le morceau de gelée s'appuie par une de ses faces verticales. Au moyen d'un fil de fer on divise ce dernier en tranches horizontales, que l'on porte ensuite dans un séchoir ou hangar, couvert et garni de rideaux des deux côtés. Là on pose les tranches sur un filet à pêcheur tendu, et on les y retourne de temps en temps, afin qu'elles se dessèchent également et qu'elles ne contractent pas d'adhésion avec le filet.

La belle colle est rousse ou d'un brun roux ; elle n'est point tachée ; elle a peu d'odeur ; elle a une cassure brillante ; elle se gonfle beaucoup dans l'eau froide, lorsqu'on l'y tient plongée. Si on l'en retire au bout de quatre jours, et si on la fait sécher, elle doit revenir à son poids primitif. M. Bostock estime que la colle forte contient 10,5 d'eau pour 100.

Ce qu'on nomme *colle de Flandre*, est une colle préparée avec plus de soin que la colle forte ordinaire, ou que la colle forte d'Angleterre : elle n'est pas aussi propre que cette dernière à coller le bois. C'est avec celle-là qu'on prépare la *colle à bouche* : pour cela on la fait fondre dans un peu d'eau ; on ajoute à la solution quatre onces de sucre candi par livre de colle ; on cuit un peu, et on coule la solution dans des moules, où elle se prend en gelée.

La colle des doreurs, des peintres, se prépare avec des peaux d'anguilles, ou bien encore avec du parchemin, du cuir blanc, des peaux de chat, de lapin, etc.

Les colles fortes préparées par ces procédés sont alcalines à l'hématine : c'est pour cette raison que les substances astringentes foibles, qui précipitent la colle de poisson, ne précipitent pas les colles fortes de leur solution aqueuse.

Les colles fortes ont souvent une odeur très-désagréable, qu'elles communiquent au papier, à la peinture *à la colle*, enfin, aux corps qu'on y incorpore ou sur lesquels on les applique. Cette propriété est due, ainsi que je l'ai découvert, à un acide volatil qui est produit par la décomposition spontanée des substances gélatineuses, quand celles-ci séjournent trop long-temps dans l'eau avant d'être soumises à l'action de ce liquide bouillant.

Lorsqu'on fait macérer les os dans l'acide hydrochlorique à 4 degrés, suivant le procédé de Herissant, on dissout la partie inorganique de l'os, et le tissu organique reste indissous en conservant la forme de l'os. En traitant ce tissu par l'eau bouillante, on peut faire une colle excellente, ainsi que M. Darcet l'a prouvé. Nous ferons observer que l'acide hydrochlorique dissout un peu de tissu organique avec la partie terreuse.

Sur la gélatine envisagée comme principe immédiat des animaux.

Plusieurs chimistes ont regardé la gélatine comme un principe immédiat des parties solides des animaux, qui se dissolvent dans l'eau bouillante en tout ou en partie, et qui donnent à ce liquide la faculté de se prendre en gelée par le refroidissement : Fourcroy et M. Bostock l'ont mise au nombre des principes du sang, et en général de tous les liquides animaux qui ont la propriété de précipiter par l'infusion de noix de galle, quand ils ont été préalablement exposés à l'action de la chaleur pour coaguler l'albumine qu'ils pouvoient contenir. Aujourd'hui on admet assez généralement que la gélatine n'est point un principe immédiat ; qu'elle est le résultat d'un changement de composition que la peau, le tissu organique des os, les tendons, etc., éprouvent lorsqu'on les fait bouillir dans l'eau : l'on admet de plus, que la précipitation en flocons de plusieurs liquides animaux mêlés à une infusion de noix de galle, n'est pas un caractère suffisant pour conclure l'existence de la gélatine, parce que l'albumine, étendue d'eau, ne se coagule pas par la chaleur, et qu'elle a, ainsi qu'un grand nombre de substances, la propriété d'être précipitée par la noix de galle.

Usages.

La colle de poisson est employée dans les pharmacies, et dans les offices pour faire des gelées de table.

La gélatine est un des principaux alimens de nature animale : elle se trouve dans la viande bouillie, dans le bouillon, etc.

Les différentes variétés de colle forte sont employées pour faire adhérer de petites pièces de bois, pour faire de forts cartons ; elles sont un des ingrédiens de la peinture *à la colle ;*

elles sont employées pour clarifier les vins : dans ce cas elles paroissent souvent agir en déterminant le dépôt de substances astringentes qui, par la tendance qu'elles ont à se déposer des liquides qui les ont dissoutes, peuvent altérer la transparence de ces derniers.

En chimie, la gélatine a été employée pour reconnoître l'existence des SUBSTANCES ASTRINGENTES. Voyez ces mots. (CH.)

GÉLATINEUSES [PLANTES]. (*Bot.*) La plupart des végétaux sont ligneux ou herbacés. Il y en a qui ont la consistance du cuir ou de la corne (plusieurs *fucus*), du liége (plusieurs champignons), d'une écume (*spumaria mucilago*), etc. On nomme gélatineuses les plantes qui, comme la tremelle, par exemple, ont la consistance d'une gelée. (MASS.)

GÉLATINEUX. (*Bot.*) Paulet donne ce nom à deux champignons, qu'il distingue par *gélatineux à soies* et par *gélatineux papillé*. Ces deux espèces, de consistance de forte gelée et diaphanes, forment à elles seules les deux familles des *agarics gélatineux unis* et des *agarics gélatineux à papilles*, qui constituent le genre que Paulet désigne sous le nom d'*agaric-gelée*.

Le GÉLATINEUX A SOIES (Paul., Trait., 2, p. 96, pl. 11, fig. 1) est encore appelé par Paulet *agaric gélatineux à bandes*. Cette plante est la même que l'*auricularia tremelloides* de Bulliard, et que le *thelephora mesenterica* de Persoon. La surface inférieure de ce champignon est couverte de poils ou de soies; l'autre surface est marquée de sillons profonds.

Le GÉLATINEUX A PAPILLES (Paul., Trait., 2, p. 97, pl. 11, fig. 23) est la même plante que l'*agaric épineux en gelée* de Paulet, et que l'*hydnum gelatinosum* de Schæffer (*Fung. Bav.*, tab. 144, 145), Jacquin, Persoon, etc. Ce champignon est remarquable par sa consistance gélatineuse et demi-transparente. Sa surface inférieure est garnie de papilles coniques. (LEM.)

GÉLATINEUX (*Ichthyol.*), nom d'une espèce de cycloptère décrite par Pallas, et que M. Cuvier rapporte au genre LIPARIS. Voyez ce mot. (H. C.)

GELBENECH. (*Bot.*) Suivant Anguillara, cité par C. Baubin, la gratiole est nommée *gratia Dei*, et sa graine gel-

benech ou *papaver spumeum.* Cette plante est encore l'*eupatorium mesue,* et le *limnesium* de Cordus, différant d'un autre eupatoire de Mesuë, qui est l'*achillea ageratum.* (J.)

GELBING (*Ornith.*), nom allemand du loriot commun, *oriolus galbula,* Linn. (Ch. D.)

GELBULÆ. (*Bot.*) Suivant C. Bauhin, anciennement on nommoit ainsi, dans quelques lieux, les cônes sphériques du cyprès. (J.)

GELDING (*Mamm.*), nom anglois du cheval hongre. (F. C.)

GELÉE. (*Chim.*) Ce mot a plusieurs acceptions. Il désigne, 1.° la température de l'eau solide : 2.° le produit de la congélation qui s'est opérée dans certaines circonstances ; c'est dans ce sens qu'on dit la *gelée blanche :* 3.° l'état que des substances très-différentes par leur nature prennent, lorsque, ayant été dissoutes dans un liquide, elles s'en séparent à l'état solide, en retenant entre leurs particules tout le dissolvant, ou au moins une partie, qui leur donne l'aspect de la glace ; exemples, silice en gelée, alumine en gelée, etc. (Ch.)

GELÉE MINÉRALE. (*Min.*) On ne connoît point encore de *minéraux gélatineux* dans la nature ; aussi cette ancienne dénomination étoit-elle très-inexacte, quand on l'appliquoit à des substances farineuses, que l'humidité intérieure des mines pouvoit bien ramollir, changer en pâte ou en bouillie claire, mais jamais en véritable *gelée.*

Les minéralogistes ne reconnoissent aujourd'hui de *gelées minérales* que celles qui se produisent dans les acides, quand on y fait séjourner la poussière des différentes variétés de *mésotype.* etc. (Brard.)

GELÉE VÉGÉTALE ou GÉLATINE VÉGÉTALE. (*Chim.*) On appelle ainsi une substance extraite des végétaux, à laquelle on a donné pour caractère de se prendre en gelée lorsqu'elle se sépare de l'eau où elle est tenue en dissolution, comme cela arrive à la gélatine, qu'on prépare en faisant bouillir dans l'eau plusieurs matières animales, filtrant le liquide et le laissant refroidir. (Voyez Gélatine.)

Nous allons décrire par ordre chronologique les différentes observations que l'on a faites sur les substances qu'on a appelées gelée végétale. Nous adopterons cette expression de préférence à celle de gélatine végétale , parce qu'on pourroit croire qu'il y a quelque analogie de nature entre ces substances et la gélatine qu'on obtient des matières animales.

Gelée des tamarins.

M. Vauquelin, après avoir retiré de la pulpe des tamarins macérés dans l'eau, 1.º du mucilage, 2.º du sucre, 3.º de l'acide tartarique pur, 4.º du surtartrate de potasse, 5.º de l'acide citrique, 6.º de l'acide malique, traita cette pulpe par l'eau bouillante : la liqueur, passée dans un linge serré, se prit en une masse brune tremblante, qui se sépara, 1.º en un liquide tenant en dissolution du mucilage et du surtartrate de potasse; 2.º en une *gelée* molle, demi-transparente.

La gelée des tamarins ne se dissout qu'en très-petite quantité dans l'eau froide; elle se dissout entièrement dans l'eau bouillante : la solution se prend en gelée par le refroidissement. M. Vauquelin dit qu'une ébullition suffisamment prolongée de la solution lui fait perdre cette propriété et paroît convertir la gelée en mucilage. C'est, suivant lui, ce qui arrive lorsqu'on fait des gelées de fruits, si, n'ayant pas mis assez de sucre pour absorber une certaine quantité d'eau du fruit, on veut suppléer à l'action du sucre par l'évaporation de l'eau.

Gelée de la casse.

M. Vauquelin a obtenu cette gelée en épuisant par l'eau chaude de la pulpe de casse; passant le lavage dans un tamis, puis dans un filtre de papier; le faisant concentrer; enlevant une pellicule de gluten [1]; abandonnant à elle-même la liqueur concentrée au quart de son volume primitif. Par le refroidissement la gelée s'est solidifiée : on l'a mise sur un filtre; puis on l'a pressée, afin de la séparer du liquide qu'elle retenoit.

La gelée de casse est peu soluble dans l'eau froide; elle se dissout très-bien dans l'eau bouillante : la solution se prend

---

[1] C'est probablement la substance que Fourcroy a prise pour de l'albumine végétale.

en gelée par le refroidissement ; elle s'unit facilement à la potasse et à la soude. L'acide nitrique la convertit en acide oxalique sans en dégager d'azote.

La gelée de casse ne paroit pas contenir d'azote ; car, en la distillant, elle donne beaucoup de gaz acide carbonique et inflammable, beaucoup d'acide pyro-acétique, très-peu d'huile, et des traces d'ammoniaque.

Gelée du lichen islandicus.

M. Berzelius a traité le lichen de la manière suivante pour en reconnoître la nature :

40 gramm. de lichen ont été épuisés par l'eau à 20 deg. ; l'eau avoit dissous 2^{gr},18 de

- acide gallique ;
- sirop sucré ;
- amer d'un jaune clair ;
- extractif brun ;
- surtartr. de potasse ;
- tartrate de chaux ;
- phosphate de chaux ;

En faisant évaporer l'eau, traitant le résidu par l'alcool, on dissout l'*acide gallique*, le *sirop sucré*, l'*amer d'un jaune clair* ; en faisant évaporer l'alcool à siccité, et en reprenant le résidu par l'eau, l'*acide gallique* et le *sirop* sont dissous, et l'*amer* ne l'est pas.

Le lichen épuisé par l'eau froide a été traité à quatre reprises, à la température de 20 degrés, par $1\frac{1}{2}$ liv. d'eau chaque fois, tenant 1 gr. de carbonate de potasse cristallisé ; l'eau alcalisée contenoit 2^{g},82 de matière végétale.

L'alcali a enlevé la portion d'amer qui étoit restée dans le lichen, et peut-être un peu de gelée. En faisant évaporer cette solution, l'amer se décompose par la réaction de l'alcali.

Les 55 grammes de lichen ont été épuisés par l'eau bouillante. On employoit deux livres d'eau dans chaque traitement. On en a fait quatre.

Les lavages ont été passés au travers d'un linge. Il est resté sur celui-ci 14^{g},28 de résidu.

Le premier lavage seulement s'est pris en gelée par le refroidissement. Les quatre lavages avoient dissous 20^{g},49 de gelée sèche, que M. Berzelius appelle *fécule de lichen*, et 0,45 d'une gomme formée par l'ébullition aux dépens de la gelée.

L'alcool bouillant, appliqué au lichen épuisé par l'eau
alcalisée, n'a dissous qu'une petite quantité de cire colorée
en vert. M. Berzelius appelle le résidu *squelette féculacé.*

Gelée ou fécule de lichen.

Quand on a suffisamment lavé le lichen à l'eau froide et
à l'eau alcalisée, on peut obtenir une gelée qui n'est presque pas colorée.

Cette gelée, abandonnée à elle-même, se contracte et se
sépare ainsi de l'eau qu'elle retenoit entre ses particules :
en cela elle diffère de la gélatine animale, qui, une fois
prise en gelée, n'éprouve pas de contraction sensible.

La gelée de lichen est presque insipide ; elle a seulement
un arrière-goût analogue à l'odeur qui s'exhale du lichen
qu'on fait bouillir dans l'eau.

La gelée se réduit par une dessiccation lente en une masse
noire, très-dure, qui présente une cassure vitreuse. Cette
masse se gonfle dans l'eau froide sans se dissoudre ; elle se
dissout, au contraire, dans l'eau bouillante, excepté le peu
de matière colorante qu'elle retenoit : la solution se coagule
par le refroidissement en une gelée blanche, opaque. L'eau
d'où la gelée s'est séparée, n'en retient presque pas en
dissolution.

La solution de gelée évaporée se couvre de pellicules, qui
ne sont autre chose que de la gelée altérée. Cette solution
est précipitée par l'infusion de noix de galle.

La solution de carbonate de potasse n'a pas plus d'action
sur la gelée que l'eau pure ; la potasse caustique la dissout
même à froid. Cette solution n'est pas précipitée par les
acides.

L'acide nitrique, mis dans une cornue en digestion avec la
gelée desséchée, la dissout ; elle perd sa viscosité, et il reste
au fond de la cornue une poudre brune qui disparoît à la
longue : en augmentant la température, l'acide nitrique est
décomposé ; il se produit un peu d'acide oxalique, qui ne
devient pas brun par la concentration du liquide, ainsi que
cela arrive au sucre traité par l'acide nitrique. Il ne se produit pas d'acide saccholactique, ainsi que cela a lieu pour
les gommes.

Le chlore qu'on fait passer dans une solution de gelée, la décolore si elle est colorée, mais ne lui fait pas éprouver d'autres changemens; elle se coagule comme auparavant.

3 ᵉ de gelée distillée ont donné, 1) 2 ᵉ,95 d'un liquide aqueux d'une odeur désagréable, sur lequel il y avoit quelques gouttes d'une huile brune épaisse; ce produit ne contenoit pas sensiblement d'ammoniaque, 2) des gaz acide carbonique, oxide de carbone, et un peu d'hydrogène protocarburé; 3) 1 ᵉ d'un charbon spongieux, facile a incinérer : il laissoit 0,15 de cendres formées de carbonate de chaux, de phosphate de chaux, d'oxide de fer et d'un peu de silice.

M. Berzelius, ayant remarqué les plus grandes analogies entre les propriétés de la gelée de lichen et l'amidon, a fait les expériences que nous allons rapporter pour les rendre encore plus sensibles. Il a pris trois solutions, également concentrées, de gelée, de sagou et d'amidon; il les a mêlées avec les réactifs suivans à la température de 50 degrés.

a) L'acétate d'alumine ne précipite aucune des dissolutions.

b) Le sulfate de fer, *idem*.

c) Le nitrate de protoxide de mercure y fait un précipité blanc très-léger.

d) Le sous-acétate de plomb les précipite toutes les trois en blanc; au bout d'une heure, le précipité est déposé et le liquide surnageant est parfaitement clair.

e) L'infusion de noix de galle les précipite en blanc ou blanc-jaunâtre : les précipités sont redissous par l'eau bouillante; ils reparoissent quand les liqueurs se refroidissent.

f) Les solutions de sagou et de gelée, abandonnées à elles-mêmes, se conservent assez long-temps sans acquérir de mauvais goût ni de mauvaise odeur; seulement elles se moisissent.

D'après toutes les observations que nous venons d'exposer, M. Berzelius considère la gelée comme une modification de la fécule, ou plutôt de l'amidon, et ce qui appuie cette opinion, c'est que nous avons observé que l'iode, qui forme avec l'amidon une belle couleur bleue, colore pareillement la solution de gelée de lichen.

Siége et usage de la gelée végétale.

Quelle que soit l'opinion que l'on adopte sur la nature de la gelée, soit comme principe immédiat et particulier, soit comme modification de l'amidon[1] ou de la gomme[2], il n'en est pas moins vrai que cette substance est très-répandue dans les végétaux : elle se trouve, en outre des substances dont nous avons déjà parlé, dans tous les fruits dont on fait des gelées ; je l'ai rencontrée dans les baies du *viburnum opulus* en quantité notable.

La gelée végétale est éminemment nutritive quand elle est mêlée au sucre et à des substances acides, aromatiques ; en un mot, à des corps qui en relèvent l'insipidité et qui en facilitent la digestion. La gelée de lichen est prescrite, comme mucilagineuse, adoucissante et nutritive dans plusieurs maladies. (Cʜ.)

GELÉE VÉGÉTALE. (*Bot.*) Ce nom a été donné par quelques agriculteurs aux espèces de nostocs, de rivulaires et de collema. (Lᴇᴍ.)

GELIDIUM. (*Bot.*) Genre de plantes marines, établi par M. Lamouroux dans la famille des algues, et qui faisoit autrefois partie du genre *Fucus* de Linnæus. Ce genre appartient à l'ordre des floridées de Lamouroux : il est caractérisé par sa fructification, qui consiste en des tubercules presque opaques, oblongs, situés sur les rameaux et à leurs extrémités, composés d'un amas de petites capsules.

Les gelidium sont des plantes cornées, très-découpées, de forme très-élégante et ornées de couleurs vives. C'est parmi elles qu'on trouve, selon M. Lamouroux, les espèces si recherchées par plusieurs peuples de l'Asie et des côtes orientales de l'Afrique, qui s'en nourrissent ou qui en font usage dans les sauces pour leur donner de la consistance, ou pour modifier la saveur âcre et brûlante des épiceries. Ce même naturaliste assure que les fameux nids de salanganes, dont les Chinois et les Asiatiques sont si friands, et qu'ils paient

---

1 Berzelius.
2 Proust.

au poids de l'or, sont composés d'espèces de gelidium, ainsi qu'il s'en est assuré. Ces plantes se réduisent dans leur vieillesse en une espèce de gelée qui flotte à la surface de la mer, mélangée avec d'autres débris de corps marins ; les hirondelles salanganes vont recueillir cette écume gélatineuse et en construisent leurs nids. On a vu des fils de cette matière visqueuse pendant au bec de ces oiseaux. Latham et George Stounton sont de l'opinion que ces nids sont l'ouvrage de plusieurs espèces d'hirondelles, et non de l'hirondelle comestible (*Hirundo esculenta*, Linn.). Quoi qu'il en soit, nous avons observé plusieurs de ces nids, et nous y avons reconnu des débris de plantes marines du genre que nous traitons, mais en trop mauvais état pour permettre d'en déterminer les espèces, probablement différentes de celles du même genre qui sont connues. On peut lire, à l'article Hirondelle, les diverses opinions émises sur la nature de ces fameux nids, le délice des gourmets de l'Inde.

Ce genre se rapproche des genres *Gigartina* et *Plocamium*. Il diffère du premier, parce que ses tubercules fructifères sont entièrement opaques, et que ceux des *gigartina* sont opaques seulement dans le centre : la même différence existe par rapport au *plocamium ;* mais dans ce dernier genre les dernières ramifications sont cloisonnées. Comme ces différences sont assez légères, elles justifient en quelque sorte M. Agardh d'avoir fait des *gelidium* et des *gigartina* deux tribus dans son genre *Sphærococcus*, et Lyngbye, d'avoir porté dans le genre *Gelidium* quelques-unes des espèces de *gigartina* de Lamouroux, et notamment le *gigartina pygmæa*. (Lamx., Ess., tab. 4, fig. 12, 13.)

Nous ferons remarquer les espèces suivantes parmi celles que l'on rapporte, et qui sont au nombre d'une vingtaine. Ces espèces sont en général difficiles à caractériser.

Gelidium corné : *Gelidium corneum*, Lamx.; *Fucus corneus*, Turn., *Hist.;* Decand., Fl. fr., n.° 74; Stackh., *Ner. Brit.*, p. 61, tab. 12; *Nereidea*, Stackh. Plante cartilagineuse, un peu brillante, d'un rouge plus ou moins violet, quelquefois verdâtre, à tige étroite, comprimée, longue d'un à trois pouces, divisée en rameaux opposés, très-découpés, à découpures également opposées, sur le même plan. Cette espèce, qui varie beaucoup, est commune dans l'Océan et dans la Méditerranée.

GELIDIUM EN MASSUE : *Gelidium clavatum*, Lamx.; *Fucus clavatus;* Lamx., Dissert., pag. 22, pl. 22, fig. 1, 2; *Ulva filiformis*, Fl. Dan., tab. 949; *Fucus cæspitosus*, Decand., Fl. fr., n.° 48 (*non* Stackh. *ex* Lamx.). Petite plante d'un pouce et demi de longueur, capillacée, brune, rameuse, à rameaux très-étalés; les derniers de tous renflés en une petite gousse alongée en forme de massue obtuse, remplie de petits grains.

Cette espéce croît en touffes serrées sur le sable et sur les rochers de l'Océan. Elle n'est pas rare au Havre et ailleurs sur nos côtes.

GELIDIUM VERSICOLOR : *Gelidium versicolor*, Lamx.; *Fucus versicolor* et *capensis*, Gmel., *Fucus*, tab. 17, fig. 1, 2; *Fucus cartilagineus*, Linn., Poir. Grande plante de deux ou trois pieds de longueur, cartilagineuse, demi-transparente, versicolore, purpurine, jaunàtre ou verdâtre à la fois; tige très-rameuse, comprimée, et à ramifications plusieurs fois ailées et alternes sur le même plan; les derniers rameaux courts, dentiformes ou renflés en forme de gousses.

Cette belle espéce, une des plus intéressantes de la famille des algues, croît abondamment au cap de Bonne-Espérance. Dans l'Océan elle s'attache aux rochers. Elle se trouve aussi, quoique fort rarement, sur les côtes d'Europe : nous en possédons un échantillon recueilli sur les côtes de France.

On fait avec le *gelidium versicolor* des tableaux d'une grande élégance, qui servent à orner le cabinet du botaniste comme celui de l'homme du monde. Il suffit pour cela de laver plusieurs fois dans l'eau douce la plante, aussitôt qu'on l'a retirée de la mer; on lui enléve ainsi les sels déliquescens qui la recouvrent : puis on la desséche, aprés l'avoir étalée convenablement dans du papier et en la comprimant; on l'applique ensuite sur du papier blanc, et on l'y fixe à l'aide d'une eau gommée ou bien avec du fil.

GELIDIUM CORNE-DE-CERF : *Gelidium coronopifolium*, Lamx.; *Fucus coronopifolius*, Turn., *Fucus*, tab. 122; Stackh., *Ner. Brit.*, tab. 14; Esper, *Fucus*, tab. 138; Lamx., Dissert., tab. 33; *Sphærococcus coronopifolius*, Agardh, *Synops.*, page 30.

Plante comprimée, plane, longue de trois à cinq pouces, très-rameuse, plusieurs fois dichotome; ramifications écartées, multifides, un peu embrouillées vers les extrémités; tubercules fructifères, sphériques, mucronés, portés sur des pédicelles écartés, terminaux.

Cette espèce, très-commune dans l'Océan et dans la Méditerranée, varie beaucoup dans la longueur de ses dernières ramifications : elle est rougeâtre ou jaunâtre, et forme quelquefois des touffes serrées que l'on trouve sur la plage, où elle est rejetée par la mer pendant les tempêtes.

On trouve toutes ces espèces sur les côtes de France, ainsi que les *gelidium setaceum*, Poir.; *concatenatum*, Lamx. (Lem.)

GELINE (*Ornith.*), nom que l'on donne, en plusieurs endroits, à la poule commune. (Cн. **D.**)

GELINETTE. (*Ornith.*) Cette dénomination vulgaire de la gelinotte s'applique aussi à la poule d'eau, et l'on appelle encore petite gelinotte le merle dominicain de la Chine, *turdus leucocephalus*, Linn., dont la connoissance est due à Sonnerat. (Cн **D.**)

GELINOTTE. (*Ornith.*) Les oiseaux connus sous ce nom forment une section du genre Tetras. Voyez ce mot. (Cн. **D.**)

GELONA. (*Bot.*) Adanson désigne sous ce nom un genre qu'il établit dans la famille des champignons et aux dépens du genre *Agaricus*, Linn. Il y ramène les espèces dont le chapeau est porté sur un stipe latéral ou même sessile : dans le nombre de ses espèces se trouve le *gelone* des Italiens et l'*agaric de l'aune* (voyez Fonge), dont Fries vient de faire un genre particulier sous le nom de *schizophyllus*. (Lem.)

GELONE. (*Bot.*) L'un des noms italiens d'un champignon comestible qui paroit être l'*agaricus umbilicatus*, Scop., ou l'une de ses variétés : il s'appelle aussi *cerrena*, *cardela*, *ragagni*, selon Micheli. Voyez Peuplière. (Lem.)

GELONIUM. (*Bot.*) Gærtner a décrit et figuré sous ce nom, t. 159, un fruit à deux loges et à deux graines, entourées à demi par un arille, privées de périsperme et ayant les lobes de l'embryon contournés à la manière des sapindées. Ce fruit a une grande affinité avec celui du *cupania*, genre de la même famille, et n'en diffère que par le nombre de ses loges, réduit à deux, probablement par suite d'un avortement. M. du Petit-Thouars, dans ses Plantes de Madagascar, décrit sous le même nom un arbre qui paroît appartenir à la même famille, et peut être aussi un *cupania*; mais il admet dans la fleur cinq écailles extérieures, ce qui infirme un peu l'analogie. Un autre *gelonium* de MM. Roxbourg et Willdenow est absolument différent, et appartient aux euphorbiacées : c'est celui que les botanistes ont conservé sous ce nom. (J.)

GELONIUM. (*Bot.*) Genre de plantes dicotylédones, à fleurs incomplètes, dioïques, de la famille des *euphorbiacées*, de la *dioécie icosandrie* de Linnæus, caractérisé par des fleurs dioïques : dans les fleurs mâles, un calice à cinq folioles ; point de corolle; douze étamines et plus : dans les fleurs femelles, un calice comme dans les fleurs mâles ; un ovaire supérieur; point de style ; trois stigmates déchiquetés. Le fruit est une capsule supérieure, à trois loges, à trois valves; une semence dans chaque loge.

Ce genre comprend des arbres ou arbrisseaux exotiques, à feuilles alternes, à fleurs axillaires, presque en ombelle.

Gelonium a feuilles elliptiques; *Gelonium bifarium*, Willd., *Spec.*, 4, pag. 851. Arbre ou arbrisseau des Indes orientales, dont les rameaux sont cylindriques, couverts d'une écorce cendrée et garnis de feuilles alternes, pétiolées, elliptiques, longues de trois à cinq pouces, luisantes, entières, d'un vert gai en-dessus; plus pâles, un peu jaunâtres et veinées en-dessous; un peu inégales et rétrécies à leur base, obtuses et mucronées à leur sommet; entourées, avant leur développement, d'une stipule caduque, qui laisse, à la base du pétiole, une impression en forme d'anneau, comme dans les poivres, les figuiers, etc. Les fleurs sont axillaires, réunies, environ au nombre de six, en une sorte d'ombelle sessile : les folioles de leur calice sont obtuses, concaves, inégales; les filamens filiformes; les anthères oblongues, à deux loges.

Gelonium a feuilles lancéolées; *Gelonium lanceolatum*, Willd., *l. c.* Ses tiges sont chargées de rameaux alternes, cylindriques, de couleur cendrée; garnis de feuilles médiocrement pétiolées, alternes, glabres, oblongues-lancéolées, coriaces, longues de deux ou trois pouces, rétrécies à leur base, entières, obtuses à leur sommet, luisantes, d'un vert foncé en-dessus, plus pâles en-dessous. Les calices renferment environ trente étamines, à anthères droites, ovales : le calice des fleurs femelles est à cinq folioles ovales, se recouvrant l'une l'autre; l'ovaire ovale, à six angles; point de style; trois stigmates bifides. Le fruit est une capsule à trois coques, à trois loges, et autant de semences. Cette espèce a été découverte dans les Indes orientales. (Poir.)

GELOTOPHYLLIS. (*Bot.*) Pline, dans son 24.ᵉ livre, chapitre 17, parle d'une plante de ce nom qui croît sur les bords du Borysthène, et Dodoens pense que c'est une renoncule, *ranunculus illyricus*. (J.)

GELSEMINUM. (*Bot.*) Quelques anciens donnoient indifféremment ce nom et celui de *jasminum* aux diverses espèces de jasmin. Cornuti, dans son ouvrage sur les plantes du Canada, l'appliquoit à un *bignonia*, nommé en françois jasmin de Virginie, maintenant réuni au *recoma*. Sloane s'en servoit pour désigner la griffe de chat, *bignonia unguis cati*; il étoit employé par Catesby pour un autre arbrisseau grimpant, *bignonia sempervirens* de Linnæus, dont le caractère s'éloigne du genre *Bignonia*, et même de la famille des bignoniées, pour passer dans celle des apocinées, sous le nom de *gelsemium*, dérivé du nom primitif. (J.)

GELSEMIUM. (*Bot.*) Genre de plantes dicotylédones, à fleurs complètes, monopétalées, très-rapproché de la famille des *apocinées*, de la *pentandrie monogynie* de Linnæus, offrant pour caractère essentiel : Un calice à cinq divisions profondes; une corolle infundibuliforme; le limbe à cinq lobes étalés, un peu inégaux : cinq étamines; un ovaire supérieur; un style; un stigmate trifide; une capsule comprimée, à deux loges, à deux valves; les semences planes, attachées au bord rentrant des valves.

Ce genre avoit d'abord été confondu avec les *bignones* : il est évident qu'il en est également éloigné par son caractère générique et par ses rapports avec la famille des apocinées. Il comprend des arbustes exotiques, à feuilles opposées, à fleurs axillaires, presque solitaires. On n'en cite qu'une seule espéce.

GELSEMIUM LUISANT : *Gelsemium nitidum*, Mich., *Flor. Amer.*,

1 , pag. 120 ; *Bignonia sempervirens*, Linn. ; Pluk. , tab. 112.
fig. 5 ; Catesb. , *Carol.*, 1 , tab. 53 ; vulgairement Jasmin odorant de la Caroline, Jasmin jaune de Virginie. Arbrisseau
fort élégant, à longues tiges sarmenteuses, qui s'entortillent
autour des arbres qui les avoisinent, et se répandent sur les
buissons et les arbrisseaux. Elles parviennent souvent à de
grandes hauteurs. Ses feuilles sont opposées, médiocrement
pétiolées, simples, toujours vertes, lancéolées, aiguës, très-
entières, luisantes, glabres à leurs deux faces, longues d'environ deux pouces, larges de huit à dix lignes. Les fleurs
sont jaunes, axillaires, opposées, longues d'un pouce et
plus, à peine pédonculées : elles répandent au loin une odeur
très-agréable. Leur calice est court, à cinq découpures profondes, lancéolées ; la corolle ample, en forme d'entonnoir,
divisée à son limbe en cinq lobes presque égaux ; les filamens
des étamines insérés dans le fond de la corolle, beaucoup
plus courts que le tube ; les anthères droites, oblongues,
obtuses à leurs deux extrémités ; l'ovaire un peu comprimé ;
le style filiforme, plus long que le tube de la corolle, terminé par trois stigmates courts, filiformes, divergens. Le
fruit est une capsule ovale - oblongue, un peu comprimée,
sillonnée dans son milieu, à deux loges, ressemblant à deux
follicules, à deux valves saillantes en carène, rentrantes à
leurs bords, contenant plusieurs semences planes, imbriquées, membraneuses à leur sommet, attachées au bord des
valves.

Cette plante croit dans les bois humides de la Caroline et
de la Virginie. Jusqu'à présent ce joli arbuste n'a pu être
multiplié dans nos jardins que par des semences tirées de son
lieu natal. En couvrant son pied de litière et ses branches
de paillassons, elle peut passer l'hiver en pleine terre , particulièrement dans les départemens du midi ; autrement il
faut l'abriter dans la serre tempérée : en pleine terre, elle
doit être placée contre un mur, en bonne exposition ; si on
la conserve en pot, il lui faut un treillage ou au moins un
tuteur. (Poir.)

GELSOMERO. (*Bot.*) Dans le grand Recueil des Voyages
par Th. de Bry, Pigafetta parle d'une écorce de ce nom qui,
dans le royaume de Congo et dans divers lieux de l'Inde,

est employée comme monnoie ; mais il ne dit rien qui puisse faire connoître l'arbre produisant cette écorce. Il ne faut pas le confondre avec le *gelsomoro* des Italiens, qui est le mûrier. (J.)

GELVE (*Ornith.*), nom turc du butor, *ardea stellaris*, Linn. (Ch. D.)

GEMAL (*Mamm.*), un des noms arabes du chameau. (F. C.)

GEMARS ou JUMAR. (*Mamm.*) Voyez ce dernier mot. (F. C.)

GEMDEH. (*Bot.*) Voyez Djemde. (J.)

GEMELLA. (*Bot.*) Le genre que Loureiro a fait sous ce nom, a la plus grande affinité avec l'*aporetica* de Forster, et tous deux doivent être réunis à l'*ornitrophe*, auquel se rattachent également le *schmidelia* de Linnæus ou *usubis* de Burmann, l'*allophyllus* de Linnæus, le *cominia* de P. Brown, dont Linnæus faisoit un *rhus*, et probablement encore le *rhus cobbe* de ce dernier, suivant l'observation de Swartz. (J.)

GEMEN. (*Bot.*) Voyez Gezir. (J.)

GEMER - EL - BAHR. (*Ornith.*) Ce nom égyptien, qui signifie chameau d'eau, désigne le pélican, *pelecanus onocrotalus*, Linn. (Ch. D.)

GEMEZ, MUZ (*Bot.*) : noms du bananier, *musa*, dans la Mauritanie. On peut présumer que l'étymologie du nom latin en dérive. Prosper Alpin le nomme *mauz*; c'est le *mauzo* du voyageur Thevet. (J.)

GEMINALIS (*Bot.*), un des noms donnés, suivant Daléchamps et Ruellius, à l'*horminum* de Dioscoride, auquel se rapportent l'ormin ordinaire, *salvia horminum*, et la sclarée sauvage, *salvia sylvestris*. (J.)

GÉMINÉS (*Bot.*), naissant deux ensemble du même lieu ou sur le même support. Les feuilles du pin sauvage, de l'*atropa belladonna*, du *galanthus nivalis*; les fleurs de la vesce cultivée, du *teucrium scordium*, etc., sont géminées. (Mass.)

GEMMATION, *Gemmatio.* (*Bot.*) Linnæus désigne par ce mot la nature diverse des enveloppes qui composent le bouton, *gemma*, c'est-à-dire les rudimens de la nouvelle pousse. On entend aussi par ce mot, tantôt l'ensemble des bourgeons (boutons), tantôt leur disposition générale, tantôt l'époque de leur épanouissement. (Mass.)

GEMME ORIENTALE. (*Min.*) Les anciens donnoient le
nom de *gemmes* à toutes les pierres précieuses qui se faisoient
rechercher par leur rareté, leur brillant éclat, leurs vives
couleurs, et qui sembloient réunir le plus de perfections
sous le plus petit volume possible. Pour désigner ce même
groupe, nons avons employé la dénomination de *pierres fines*,
mais on a conservé, au moins dans le langage familier, le
nom de *gemme orientale* aux différentes variétés de saphir,
que les joailliers désignent sous les noms de saphir blanc,
saphir bleu, de rubis oriental, de topaze orientale, d'émé-
raude orientale, etc., que M. Haüy avoit nommées *télésie* avant
que M. de Bournon eût démontré l'identité de cette espèce
avec le *corindon* et qu'on eût adopté ce dernier pour nom
spécifique. Voyez Télésie et Corindon-télésie. (Brard.)

GEMMULARIA. (*Bot.* = *Crypt.*) M. Rafinesque-Schmalz
prétend qu'il n'y a aucune espèce de truffe (*tuber*) dans les
États-Unis, et que tout ce qu'on a pris pour tel appartient
à des racines tubéreuses, ou bien aux genres *Sclerotium*,
Uperhiza, et à celui qu'il nomme *Gemmularia*, et qu'il caractérise ainsi : Champignon souterrain, tubéreux, à épiderme
distinct, couvert à une époque de petits gemmules repro-
ductifs qui s'en détachent; intérieur charnu, homogène,
crevassé sans veines.

M. Rafinesque-Schmalz indique deux espèces:

1.° Gemmularia léviuscule, *Gemmularia leviuscula;* Rafin.,
Journ. phys., Août 1819. Obtus, alongé, presque lisse, un
peu bosselé, blanc intérieurement; épiderme mince, roussâtre.

2.° Gemmularia rugueux, *Gemmularia rugosa;* Raf., *l. c.*
Obtus, multiflore, bosselé, blanc intérieurement; épiderme
épais, coriace, rayé de brun.

Ces deux plantes croissent en Virginie, dans le Kentucky,
etc. On leur donne, ainsi qu'à toutes les prétendues truffes,
le nom de *tuckahve*, qui signifie pain dans la langue des naturels. (Lem.)

GEMMULE, *Gemmula*. (*Bot.*) La plumule de l'embryon,
invisible ou à peine visible dans certaines graines, est très-
apparente dans d'autres, dans la fève, par exemple. On y
distingue les rudimens de la jeune tige ou la tigelle, laquelle

est terminée par un petit bouton de feuilles. C'est ce petit bouton qu'on nomme gemmule. (Mass.)

GEMSE. (*Mamm.*) Nom allemand du chamois. Kolb, dans sa Description du cap de Bonne-Espérance, donne ce nom à une antilope d'une toute autre espèce que le chamois proprement dit, mais qu'il est impossible de déterminer par le peu qu'il en rapporte. (F. C.)

GENAM (*Bot.*), nom brame du *pee-amerdu* des Malabares, qui est le *menispermum malabaricum* de M. de Lamarck, réuni par M. De Candolle à son genre *Cocculus.* (J.)

GENCIVE. (*Conchyl.*) Quelques auteurs donnent ce nom, encore quelquefois employé à une espèce de nérite, la *nerita peloronta*, plus connue sous le nom de Dent saignante. (De B.)

GENDA-PURA (*Bot.*), nom malais de l'abelmosch, *hibiscus abelmoschus*, suivant Rumph. (J.)

GENDARUSSA (*Bot.*), nom malais du *justicia gendarussa* de Linnæus. (J.)

GENEPI. (*Bot.*) Ce nom est donné à plusieurs plantes amères, aromatiques, faisant partie des genres *Achillea* et *Artemisia*, qui entrent dans les vulnéraires suisses. Les *achillea atrata, nana* et *moschata*, sont de ce nombre, surtout la dernière, qui est, selon Haller, le vrai genepi. Parmi les *artemisia* on distingue l'*artemisia umbelliformis*, que le même auteur nomme son genepi blanc ; l'*artemisia spicata*, qui est son genepi noir, et les *artemisia glacialis* et *rupestris*, qui sont encore des genepi. (J.)

GÉNÉRAL. (*Conchyl.*), nom françois spécifique d'une espèce de coquille du genre Cône, *Conus generalis*. (De B.)

GÉNÉRALE [Ombelle]. (*Bot.*) Lorsque l'ombelle est composée (carotte, panais), l'ensemble des rayons primaires porte le nom d'ombelle générale, et l'ensemble des rayons secondaires qui terminent chaque rayon primaire, porte le nom d'ombellule.

De même on donne le nom d'involucre général aux bractées placées à la base de l'ombelle composée, et celui d'involucre particulier ou involucelle, aux bractées placées à la base des ombellules. (Mass.)

GÉNÉRIQUE [Nom. Caractère]. (*Bot.*) Voyez Théorie fondamentale. (Mass.)

GENESIPHYLLA. (*Bot.*) Sous ce nom génériqùe l'Héritier a séparé le *phyllanthus speciosa* de Swartz de son genre primitif, parce que ses trois filets d'étamines sont réunis à leur base, au lieu d'être simplement rapprochés. Voyez Xilophyllum. (J.)

GENEST. (*Bot.*) Ce nom françois, réservé maintenant au *genista* de Linnæus, a été vulgairement donné aussi à plusieurs arbrisseaux de la famille des légumineuses, mais de genres différens, lesquels sont distingués par des surnoms. Ainsi on nomme genest à balai, le *spartium scoparium*; genest d'Espagne, le *spartium junceum*; genest des teinturiers, le *genista tinctoria*; genest épineux, en France, le joncmarin, *ulex*; et le *spartium scorpius*, en Amérique, suivant Aublet et Nicolson, le *parkinsonia aculeata*. On trouve sous le nom de *genista africana* des *sophora*, des *borbonia*, des *aspalathus*; sous celui de *genista æthiopica*, d'autres *aspalathus*; sous celui de *genista capensis*, un *psoralea*. (J.)

GENESTIÈRES, GENESTADES. (*Bot.*) Voyez Ajonc. (J.)

GENESTROLE (*Bot.*), nom vulgaire du genest des teinturiers, *genista tinctoria*, employé pour teindre en jaune. (J.)

GENÊT; *Genista*, Lamck. (*Bot.*) Genre de plantes de la famille des *légumineuses*, Juss., et de la *diadelphie décandrie*, Linn., dont les principaux caractères sont les suivans : Calice monophylle, campanulé, à deux lèvres, dont la supérieure à deux dents, et l'inférieure à trois; corolle papilionacée, à étendard relevé ou réfléchi en - dessus, à deux ailes oblongues et divergentes, et à carène pendante, ne recouvrant pas les organes sexuels; dix étamines à filamens réunis en un seul corps; un ovaire supérieur ovale ou oblong, à style relevé et à stigmate velu d'un côté; un légume ovale ou oblong, contenant une ou plusieurs graines.

A l'exemple de MM. de Lamarck, de Jussieu, et autres botanistes modernes, nous comprenons ici sous le nom de genêt la plupart des plantes que Linnæus avoit séparées en deux genres sous les noms de *genista* et de *spartium*, mais qui, comme l'a remarqué M. de Lamarck, offrent entre elles trop peu de différences pour qu'on puisse y trouver des caractères suffisans pour les diviser en deux genres distincts. En faisant cette réforme, M. de Lamarck a d'ailleurs cru devoir exclure de son genre Genêt quelques *genista* et *spartium* de Linnæus, pour les reporter dans le genre Cytise, avec lequel ils lui ont paru avoir plus de rapports : tels sont les *genista canariensis, linifolia* et *candicans*, et les *spartium spinosum, cytisoides* et *supranubium*. Ainsi réformé, le genre Genêt contenoit, il y a environ trente ans, lorsque M. de Lamarck le décrivit, vingt-six espèces; aujourd'hui on en compte une soixantaine, dont près de la moitié croit naturellement en France, et dont les autres habitent en général les climats tempérés de l'ancien continent. Ces plantes sont des arbrisseaux ou des arbustes à feuilles alternes, le plus souvent simples, et à fleurs disposées de diverses manières. Nous nous bornerons ici à parler de quelques espèces, parmi lesquelles nous citerons surtout celles qui ont quelque utilité.

* *Espèces à rameaux dépourvus d'épines.*

GENÊT JONCIFORME, vulgairement GENÊT D'ESPAGNE; *Genista juncea*, Lamck., Dict. enc., 2, p. 617; Nouv. Duham., 2, p. 70, tab. 22; *Spartium junceum*, Linn., Spec., 995. Arbrisseau de huit à dix pieds de haut, dont les rameaux nombreux sont grêles, jonciformes, garnis d'un petit nombre de feuilles éparses, quelquefois presque opposées, lancéolées, glabres, d'un vert gai, et qui se terminent par une grappe de fleurs grandes, jaunes, d'un bel aspect et d'une odeur fort agréable; leurs calices sont membraneux, à deux lèvres presque entières. Les légumes sont alongés, aplatis et velus. Cette espèce croît naturellement sur les collines et dans les lieux secs, en Italie, en Espagne, en Portugal et dans le midi de la France. On la cultive fréquemment dans les parterres et les jardins paysagers : elle commence à fleurir en Juin, et ses fleurs se succèdent souvent pendant une grande partie de l'été. Prenant assez facilement les différentes formes qu'on veut lui donner, on peut la tailler en boule ou en faire des palissades : elle se multiplie de graines qu'il faut semer au printemps dans une terre légère, bien labourée, et exposée au levant. Les jeunes arbrisseaux venus de ce semis sont bons à mettre en place au bout de deux ans. On en a obtenu une variété à fleurs doubles, qu'on multiplie en la greffant sur l'espèce commune.

Les fleurs du genêt d'Espagne passent pour être purgatives, apéritives et diurétiques ; mais on n'en fait point usage en médecine. Les abeilles les recherchent beaucoup, ainsi que celles des autres espèces de ce genre. Les oiseaux de basse-cour et les perdrix en aiment beaucoup les graines. On peut faire des liens avec les jeunes rameaux, comme avec l'osier, et l'on pourroit aussi s'en servir pour faire de menus ouvrages de vannerie.

Dans les Cévennes, et principalement aux environs de Lodève, on cultive, depuis un temps immémorial, le genêt d'Espagne, soit pour en retirer une sorte de filasse qui, dans le pays, est employée à faire de la toile, soit pour servir de nourriture aux moutons et aux chèvres. Cet arbrisseau réussit dans les terres sablonneuses, et dans les terrains les plus arides, qui paroîtroient voués à une stérilité éternelle. Les rameaux du genêt destinés à donner de la filasse se récoltent au mois d'Août; on les met en petites bottes qu'on fait d'abord sécher et qu'on met ensuite rouir dans la terre, après les avoir fait tremper dans l'eau pendant quelques heures, et en les arrosant une fois chaque jour, jusqu'au huitième ou neuvième, qu'on les retire de terre pour les laver à grande eau, les battre, les faire sécher de nouveau, et les serrer jusqu'à l'hiver. Dans cette saison, lorsque les travaux d'agriculture sont suspendus, on s'occupe de retirer la filasse des rameaux du genêt, et cette filasse, après avoir été filée, est employée à fabriquer de la toile qui suffit aux besoins du ménage de plusieurs milliers de familles de ce pays. Cette toile est grossière, parce que, n'étant pas un objet de commerce, les procédés pour préparer la filasse de genêt et ceux pour la filer n'ont point été perfectionnés; mais il est probable qu'on pourroit les améliorer. Au reste, le fil de genêt est inférieur en force à celui du chanvre.

Dans le même pays, les feuilles et les jeunes rameaux de ce genêt sont, pendant l'hiver, la principale nourriture des moutons et des chèvres. On les leur fait paître sur place quand le temps est beau, et autrement on en coupe les rameaux pour les leur porter à la maison. Cette nourriture, très-précieuse pour ces animaux pendant la mauvaise saison, a cependant un inconvénient ; c'est que, lorsqu'elle leur est

continuée trop long-temps et trop exclusivement, et surtout lorsqu'ils mangent les graines de la plante, elle leur
cause une inflammation des voies urinaires, maladie qu'on
guérit facilement par des boissons rafraîchissantes et surtout
par un changement de nourriture.

Genêt a balais ou Genêt commun : *Genista scoparia*, Lamck.,
Dict. enc., 2, p. 623; *Spartium scoparium*, Linn.. 995. Arbrisseau n'ayant communément que trois à cinq pieds de
hauteur, mais pouvant s'élever beaucoup davantage quand
on le laisse croître en liberté. Ses jeunes rameaux sont effilés,
cylindriques, très-flexibles, chargés de deux angles saillans,
et garnis de feuilles légèrement velues : les inférieures pétiolées et composées de trois folioles ovales-oblongues, pubescentes; les supérieures simples, presque sessiles et ovales-
lancéolées. Les fleurs sont grandes, d'un beau jaune d'or,
quelquefois blanches, solitaires dans les aisselles des feuilles,
mais formant, par leur rapprochement dans la partie supérieure des rameaux, une sorte de grappe; leur calice est
membraneux, à deux lèvres arrondies, à peine dentées à
leur sommet. Les légumes sont oblongs, aplatis, velus sur
leurs sutures. Cet arbrisseau est commun dans les bois et
les lieux incultes, en France, en Allemagne, en Angleterre,
en Espagne, etc. Il fleurit en Mai et Juin.

Les sommités, les feuilles et les graines du genêt commun
sont apéritives, diurétiques et purgatives : les fleurs sont
même, dit-on, émétiques; mais le vinaigre leur fait perdre
cette propriété. Dans certains pays, et principalement en
Belgique, on fait confire les boutons des fleurs dans le sel
et le vinaigre, pour les servir sur les tables comme les
câpres.

En faisant rouir les jeunes rameaux de ce genêt, on en
retire une filasse dont on peut fabriquer du fil, des cordes
et de la toile grossière; c'est ce qu'on fait aux environs de
Pise. Les vaches, les brebis et les chèvres les broutent volontiers; on cultive même la plante dans quelques cantons, pour
la leur donner ainsi comme fourrage, ou pour leur en faire
de la litière. Il y a des endroits où les rameaux sont employés pour le tannage des cuirs. et ailleurs on les brûle
pour retirer de la potasse de leurs cendres, ou pour les

.répandre sur les terres. Les volailles en aiment beaucoup les graines.

Mais, malgré toutes ces propriétés, le genêt à balais est généralement regardé comme de peu de valeur; le plus souvent on ne s'en sert que pour brûler, et on l'abandonne presque partout à la classe indigente. Les pauvres des campagnes vont le couper dans les bois, ce qui fait qu'on ne le voit jamais s'élever; mais, quand on le laisse venir en liberté, surtout dans les terrains qui lui conviennent, dans ceux qui sont schisteux, par exemple, où il se plait le mieux, il peut atteindre à la hauteur d'un petit arbre. C'est ainsi que M. Bosc en a vu dans les montagnes de la Galice, en Espagne, avoir vingt à trente pieds de hauteur.

Genêt multiflore : *Genista multiflora*, Nouv. Duham., 2, p. 76, t. 23; *Genista alba*, Lamck., Dict. enc., 2, p. 623. Sa tige est droite, haute de quatre à six pieds, ou plus; ses jeunes rameaux sont effilés, striés, soyeux, garnis de feuilles blanchâtres, peu nombreuses, la plupart composées de trois folioles lancéolées. Ses fleurs sont blanches, solitaires, disposées dans presque toute la longueur des rameaux; leur calice est court, un peu tronqué, et à deux lobes. Cette espèce est originaire du Portugal; elle fleurit en Juin. Le joli effet qu'elle produit lorsqu'elle est en fleur, la fait cultiver depuis quelque temps dans les jardins. Elle supporte bien, en pleine terre, les hivers du climat de Paris.

Genêt purgatif ou Genêt griot : *Genista purgans*, Lamck., Dict. enc., 2, p. 617 ; *Spartium purgans*, Linn., *Syst. nat.* ed. 13, pag. 474. Ses tiges sont hautes d'un pied et demi à deux pieds, divisées en rameaux nombreux, effilés, pubescens, garnis de feuilles linéaires-lancéolées, également pubescentes, surtout en-dessous. Ses fleurs sont de grandeur médiocre, d'un jaune pâle, portées sur de courts pédoncules par petits groupes de trois à quatre ensemble, et disposées le long des rameaux en une sorte de grappe interrompue; leurs calices sont velus, à cinq dents inégales assez profondes. Les légumes sont courts, aplatis, velus, et ne contiennent qu'une à deux graines. Cet arbrisseau croit sur les montagnes du midi de la France et des parties méridionales de l'Europe.

J. Bauhin paroit être le premier qui ait donné à cette espèce l'épithète de *purgans*, ce qui doit faire croire qu'elle a été employée autrefois comme purgative, quoique cet auteur n'en dise d'ailleurs rien. La grande quantité de fleurs dont ses rameaux se couvrent en Juin et Juillet, rend ce genêt très-propre à être placé dans les jardins d'agrément.

Genêt des teinturiers, vulgairement Genestrole : *Genista tinctoria*, Linn., *Spec.*, 998 ; *Tinctorius flos*, Fuchs, *Hist.*, 808. Cette espèce ne forme le plus souvent qu'un arbuste haut d'un à deux pieds, divisé dès sa base en rameaux nombreux, effilés, striés, glabres, garnis de feuilles lancéolées, presque sessiles, légèrement ciliées en leurs bords. Ses fleurs sont assez petites, disposées, au sommet des rameaux, en grappes longues d'environ deux pouces ; leur calice est glabre, à cinq dents peu inégales. Les légumes sont oblongs, très-glabres. Cet arbuste se trouve sur les collines, dans les pâturages secs et sur les bords des bois ; il fleurit en Juin et Juillet. Les différentes parties du genêt des teinturiers, et surtout les fleurs et les fruits, sont indiqués comme émétiques et purgatifs ; mais ils sont hors d'usage. On employoit autrefois ses sommités fleuries pour teindre en jaune ; on s'en sert très-rarement aujourd'hui, parce qu'on leur préfère la gaude, qui fournit la même couleur, mais plus solide.

Genêt de Sibérie : *Genista sibirica*, Linn., *Mant.*, 571 ; Jacq., *Hort. Vind.*, 2, t. 190. Cette espèce ne diffère de la précédente que parce qu'elle est plus grande, plus droite. Le grand nombre de petites grappes de fleurs qui terminent ses branches et ses petits rameaux, lui donnent un aspect des plus agréables. On la cultive pour cette raison dans les jardins d'agrément.

Genêt herbacé : *Genista sagittalis*, Linn., *Spec.*, 998 ; Jacq., *Flor. Aust.*, t. 209. Sa tige est rameuse dès la base, divisée en rameaux herbacés, longs seulement de cinq à huit pouces, chargés d'ailes foliacées, et garnis de quelques feuilles sessiles, ovales-lancéolées, légèrement pubescentes. Ses fleurs sont assez petites, jaunes, disposées en un épi terminal ; leur calice est velu, à deux lèvres et à cinq dents inégales. Les légumes sont ovales-oblongs, aplatis, velus. Cette espèce est commune sur les collines et aux bords des bois ; ses fleurs paroissent en Mai et Juin. Elle est propre à mettre dans les gazons des jardins paysagers. Les bestiaux la broutent volontiers.

GENÊT SPHÉROCARPE : *Genista sphærocarpos*, Lamck., Dict. enc., 2, p. 616. Arbrisseau de trois à cinq pieds de haut, divisé en beaucoup de rameaux très-effilés, striés, d'un vert blanchâtre, garnis, dans leur jeunesse, de quelques feuilles oblongues, velues, tombant de bonne heure. Ses fleurs sont d'un jaune foncé, très-petites, disposées en grappes courtes, mais nombreuses, le long des rameaux, et souvent deux ensemble sur le même point ; leur calice est membraneux, à cinq dents, dont les trois inférieures très-rapprochées. Les légumes sont globuleux et ne contiennent qu'une seule graine. Ce genêt croît naturellement dans les parties méridionales de l'Europe, et on le cultive dans les jardins.

** *Espèces à rameaux garnis d'épines.*

GENÊT D'ANGLETERRE : *Genista anglica*, Linn., Spec., 999 ; *Flor. Dan.*, tab. 619. Petit arbrisseau qui n'a guère plus d'un pied de haut, et dont les rameaux sont diffus, d'un rouge brun, garnis d'épines simples, et chargés de feuilles linéaires-lancéolées, glabres, portées sur de courts pétioles. Ses fleurs sont assez petites, disposées en grappes courtes, dont le pédoncule commun est chargé de feuilles ovales. Les calices sont à deux lèvres, dont l'inférieure à trois dents plus longues que celles de la supérieure. Les légumes sont oblongs, renflés, glabres. Cette espèce croît en France et en Angleterre, dans les lieux humides des bois : elle fleurit en Avril et Mai.

GENÊT D'ALLEMAGNE ; *Genista germanica*, Linn., Spec., 999. Arbuste d'un pied à un pied et demi de haut, dont les tiges sont munies de nombreuses épines à trois pointes ; le reste de la plante et les jeunes rameaux sont pubescens. Ses feuilles sont ovales-lancéolées, presque sessiles, et les fleurs, jaunes, forment, au sommet des rameaux, de petites grappes, dont la réunion présente une sorte de panicule. Le calice est à cinq dents profondes, peu inégales. Les légumes sont courts, un peu renflés et velus. Cet arbuste croît dans les lieux sablonneux et au bord des bois, en France, en Allemagne, en Suisse, etc. : il fleurit en Juin et Juillet.

Genêt d'Espagne : *Genista hispanica*. Linn., *Spec.*, 999. Celui-ci est un petit arbuste qui n'a guère plus d'un pied de haut. Ses rameaux, diffus, étalés, munis d'épines composées, sont velus dans leur jeunesse, et garnis de feuilles lancéolées, également velues ; ils sont terminés par six à douze fleurs jaunes, assez petites, presque rapprochées en tête. Les dents du calice sont beaucoup plus courtes que dans les deux espèces précédentes. Les légumes sont courts, peu renflés et légèrement velus. Cette espèce croît sur les collines et les lieux pierreux, dans le midi de la France et de l'Europe : elle fleurit en Mai. (L. D.)

GENET. (*Mamm.*) Voyez Genette. (F. C.)

GENÊT ÉPINEUX (*Bot.*), nom vulgaire de l'ajonc. (L. D.)

GENETTA, GENETHA. (*Mamm.*) Voyez Genette. (F. C.)

GENETTE (*Bot.*), un des noms vulgaires sous lesquels on désigne quelquefois le Narcisse des poëtes. (L. D.)

GENETTE. (*Mamm.*) Buffon conjecture que ce nom vient de ce que l'animal qui le porte se rencontre, en Espagne principalement, dans les terrains couverts de genêts. Quoi qu'il en soit, il s'est étendu de l'espèce qui l'avoit reçue, à toutes celles qui ont avec celle-ci des rapports génériques. En effet, les genettes constituent un groupe naturel, mais assez rapproché des civettes pour ne former qu'une subdivision de ce genre. Ce sont de petits animaux de la grandeur des fouines, assez bas sur jambes, dont le corps est très-effilé, et qui, par là, ont dû être considérés comme des espèces de martes, avant que leur organisation fût mieux connue ; mais elles ont des dents semblables à celles des civettes : ce ne sont plus que des animaux demi-carnassiers, qu'on peut aussi bien nourrir de pain et de lait que de viande ; mais qui cependant vivent de proie dans leur état de nature. Leur mâchoire supérieure a deux molaires tuberculeuses, une carnassière très-épaisse, et trois fausses molaires supérieures ; leur mâchoire inférieure a une molaire tuberculeuse, une carnassière semblable à celle de la mâchoire opposée, et quatre fausses molaires. Ils ont en outre deux canines à chaque mâchoire et six incisives. Chacun de leurs pieds a cinq doigts à trois phalanges, excepté le pouce, qui n'en a que deux; les trois doigts moyens sont les plus longs, et celui du milieu les surpasse tous. Ces doigts sont armés d'ongles à demi rétractiles et fort aigus, et la queue, toujours très-longue, n'est point prenante. La verge des mâles est dirigée en arrière, et le vagin des femelles est semblable à celui des chats; mais de chaque côté se trouvent deux glandes assez grosses et saillantes, qui forment comme une sorte de poche. Ces glandes produisent une matière onctueuse et odorante. Ce sont des animaux nocturnes : leur prunelle est semblable à celle du chat domestique; leurs narines sont entourées d'un muffle; leur langue est couverte de papilles cornées : leurs oreilles sont elliptiques, et ont le petit lobule qui s'observe aux oreilles des chiens et des chats; de longues moustaches garnissent leurs lèvres, et ils ont des poils soyeux et laineux.

On n'est pas d'accord sur le nombre d'espèces qu'on doit distinguer dans ce groupe ; il est vraisemblable qu'on l'a trop multiplié.

La GENETTE; *Viverra genetta*, Linn., Buff., tom. 9, pl. 36. D'un pied de longueur environ, et de quatre pouces et demi de hauteur. Sa queue a huit pouces. Le fond de son pelage est d'un cendré jaunâtre, et il est varié de taches noires et pleines, longues sur le cou et les épaules, et arrondies sur les côtés du corps et sur les membres; le long du dos elles forment une ligne presque continue. La queue est entourée de dix à onze anneaux noirâtres. Les parties inférieures du corps sont grises, sans taches, ainsi que la tête et le devant des pattes; la partie postérieure de celle-ci est noire, et il en est de même du museau et des lèvres en arrière des narines ; le bout de la lèvre supérieure est blanc, et l'on voit une tache de cette couleur au-dessus de l'œil et une au-dessous. On assure que cette espèce se tient dans le voisinage des petites rivières et des lieux bas, et qu'elle s'apprivoise facilement. Belon en a vu à Constantinople qui faisoient l'office de chats. Leur gestation est de quatre mois, et leurs petits naissent avec les mêmes couleurs que les adultes. Cette espèce est extrêmement répandue ; elle se trouve en France.

en Espagne, en Barbarie, au cap de Bonne-Espérance, et conséquemment dans toute l'Afrique : aussi M. G. Cuvier pense-t-il qu'il faut lui rapporter le chat musqué du Cap, la civette de Malaca de Sonnerat, le chat du Cap de Forster, le chat bisaam de Vosmaer, etc.

La Fossanne ; *Viverra fossa*, Linn., Buff., tom. 13, pl. 20, a beaucoup de ressemblance avec la genette : elle a presque sa taille et ses taches ; mais celles-ci sont rousses au lieu d'être noires. Les uns disent que les glandes qui entourent les parties génitales répandent une forte odeur de musc, et d'autres le nient. C'est, au reste, un animal qui n'est encore que très-peu connu ; il se trouve à Madagascar (d'où il a quelquefois reçu le nom de genette de Madagascar) et, à ce qu'il paroit, dans toutes les Indes orientales.

La Genette de l'Inde ; *Civetta indica*, Geoff. Cet animal a été rapporté de l'Inde par Sonnerat, et se trouve actuellement dans les galeries du Muséum d'histoire naturelle. Il a de quinze à seize pouces de longueur. Tout le dessus de son corps est d'un blanc sale, marqué de taches et de lignes brunes ; deux de ces lignes se voient de chaque côté du cou, et deux autres sous la gorge, qui forment une sorte de collier. Le dessous du corps et la gorge sont d'un blanc grisâtre ; la queue est annelée de brun et de blanc ; les pattes sont brunes, et les oreilles noires postérieurement.

La Genette a bandeau ; *Civetta fasciata*, Geoff. M. Geoffroy-Saint-Hilaire a encore fait une espèce distincte d'un individu conservé dans les collections du Muséum, et dont la patrie est inconnue. Son pelage est jaunâtre, rayé et tacheté de brun clair, comme celui des précédentes ; mais il a au-dessus de chaque œil un bandeau d'un blanc jaunâtre que l'on distingue nettement. Le museau est noir : au-dessus du nez s'étend une raie noire qui se prolonge entre les deux yeux et qui est accompagnée de deux lignes blanches ; les oreilles sont noires. Le dessous du ventre est d'un blanc grisâtre ; les jambes et les cuisses sont noires. La queue, qui est touffue, n'a d'anneaux noirs et jaunâtres que dans le premier tiers de sa longueur ; le reste est noir.

La Genette rayée de l'Inde ; *Viverra fasciata*, Gmel., Buff., Suppl., tom. 7, pl. 56. C'est encore à Sonnerat que l'on doit cet animal, qu'il nommoit chat sauvage de l'Inde, et que Buffon a figuré et décrit sous le nom de putois rayé de l'Inde. M. G. Cuvier suppose qu'il doit être rapporté aux genettes, et quoique cette conjecture ne puisse pas être vérifiée, puisqu'on ne possède plus cet animal et qu'il n'a été que fort imparfaitement décrit, nous rapporterons ce qu'en dit Buffon. « Cet animal, qui habite la côte de Coromandel, a quinze pouces de longueur du bout du museau à l'anus; sa grosseur approche de celle de nos putois. La tête, qui a quatre pouces du nez à l'occiput, est d'une couleur brune mêlée de fauve ; l'orbite de l'œil est très-grande et bordée de brun ; la distance du bout du museau à l'angle antérieur de l'œil, est de dix lignes, et celle de l'angle postérieur à l'oreille est de quatorze lignes; le tour des yeux, le dessous du nez et les joues sont d'un fauve pâle; le bout du nez et les naseaux sont noirs, ainsi que les moustaches et les poils au-dessus des yeux. L'oreille est plate, ronde et de la forme de celle des putois; elle est nue, et il y a seulement quelques poils blanchâtres autour du conduit auditif. Six larges bandes noires s'étendent sur le corps depuis l'occiput jusqu'au-dessus du croupion, et ces bandes noires sont séparées les unes des autres alternativement par cinq longues bandes blanchâtres et plus étroites. Le dessous de la mâchoire inférieure est fauve très-pâle, de même que la face intérieure des jambes de devant : la face extérieure du bras est brune, mélangée de blanc sale ; la face externe des jambes de derrière est brune, mêlée d'un peu de fauve et de blanc gris ; les cuisses et les jambes de derrière ont la face interne blanche et en quelques endroits fauve pâle; tout le dessous du ventre est d'un blanc sale : le plus grand poil de dessus le corps a huit lignes. La queue, longue de neuf pouces, finit en pointe ; elle est couverte de poils bruns mêlés de fauve, comme le dessus de l'occiput. Les pieds sont longs, surtout ceux de derrière; car ceux de devant ont, y compris l'ongle, seize lignes de longueur, et ceux de derrière vingt-une lignes. Les cinq doigts de chaque pied sont couverts de poils blanchâtres et bruns; les ongles des pieds de devant ont trois lignes, ceux des pieds de derrière quatre lignes. » (F. C.)

GENÈVRE. (*Bot.*) Voyez GENÉVRIER. (L. D.)

GENÉVRIER, *Juniperus*. (*Bot.*) Genre de plantes dicotylédones, de la famille des *conifères*, Juss., et de la *dioécie monadelphie*, Linn., dont les fleurs sont le plus souvent dioïques, quelquefois monoïques, et dont les principaux caractères sont les suivans : Fleurs mâles, disposées en petits chatons ovoïdes ou arrondis, et composées d'écailles en bouclier, opposées deux à deux ou trois à trois sur un axe; anthères à une loge, sessiles sous chaque écaille, ou nues au sommet du chaton. Fleurs femelles, composées d'un petit nombre d'écailles opposées ou ternées, chaque écaille portant deux ovaires à sa base; après la fécondation, les écailles se soudent ensemble, s'épaississent, et forment un fruit globuleux, un peu charnu, bacciforme, contenant un ou plusieurs noyaux osseux, à une loge monosperme.

Les genévriers sont des arbres ou des arbrisseaux résineux, à rameaux alternes et à feuilles simples, petites, toujours vertes, nombreuses, rapprochées, opposées ou verticillées, ou imbriquées, et dont les fleurs sont disposées en petits chatons axillaires. Ils croissent, en général, dans les climats tempérés ou un peu froids de l'ancien continent; quelques-uns sont originaires de l'Amérique. On en compte aujourd'hui plus de vingt espèces, parmi lesquelles nous citerons seulement les plus remarquables.

GENÉVRIER COMMUN : *Juniperus communis*, Linn., *Spec.*, 1470, Lois. *in Nov. Duham.*, 6, p. 46, tab. 15, fig. 1. Dans les pays chauds, cette espèce, qu'on désigne encore sous le nom vulgaire de genièvre, s'élève quelquefois en arbre à la hauteur de vingt pieds ou plus; mais, dans les pays du Nord, elle ne forme, le plus souvent, qu'un arbrisseau touffu, à rameaux diffus, ayant rarement plus de six ou huit pieds. Ses rameaux sont garnis de feuilles opposées trois à trois, sessiles, linéaires, glabres, très-aiguës et piquantes. Les fleurs mâles et les fleurs femelles naissent dans les aisselles des feuilles, sur des pieds différens : les premières sont de petits chatons ovales-alongés, presque sessiles, composés de douze à quinze écailles en bouclier, pédicellées, portant à leur face interne cinq à sept anthères; les chatons femelles sont très-petits, verdâtres, terminés à leur sommet par trois pointes. Les fruits sont globuleux, presque sessiles, moitié plus courts que la longueur des feuilles, d'un violet bleuâtre lors de leur maturité, qui n'a lieu qu'au bout de deux ans : ils contiennent chacun deux à trois noyaux ovales-triangulaires, un peu aigus. Le genévrier commun croit en Europe, dans les lieux incultes et pierreux, sur les côteaux calcaires : on le trouve aussi en Sibérie.

Toutes les parties de cet arbrisseau, et surtout ses fruits, ont une odeur résineuse et aromatique qui se développe principalement lorsqu'on les brûle. On a cru pendant long-temps que la résine qui découle de son tronc étoit la sandaraque qui est employée pour faire du vernis, et qui, réduite en poudre et appliquée sur le papier, l'empêche de boire, lorsqu'on a été obligé de le gratter et que l'on veut écrire aux mêmes places; mais on sait aujourd'hui que cette dernière substance résineuse est produite par le thuya articulé, qui croît en Barbarie et dans le royaume de Maroc.

Dans les pays où le genévrier est commun, les gens de la campagne l'emploient pour chauffer leurs fours; dans ceux où il croît à la hauteur d'un petit arbre, on en fait des seaux, de la boissellerie, des échalas, qui sont d'une longue durée : on l'emploie aussi pour de petits ouvrages de tour et de marqueterie. Son bois est rougeâtre, agréablement veiné; il a le grain fin, et prend un beau poli : il exhale, lorsqu'on le travaille, une odeur agréable et légèrement balsamique.

On fait, avec le genévrier, des rideaux de verdure, qui sont très-épais et très-serrés, quand on a soin de les tailler régulièrement. Ces espèces de palissades peuvent aussi servir comme haies de clôture.

Dans les pays montagneux, les fruits du genévrier, qu'on nomme communément baies de genièvre, sont une grande ressource pour les pauvres, qui en font une liqueur fermentée appelée *genevrette* et qui fait leur boisson ordinaire. Les Lapons boivent la décoction des baies de genièvre dans de l'eau, comme ailleurs on prend du thé. Dans le nord de l'Europe, on emploie une grande quantité de ces baies pour faire ce qu'on appelle *l'eau-de-vie de genièvre*.

Les marins font un grand usage de cette liqueur dans leurs voyages.

Quelques quadrupèdes et plusieurs espèces d'oiseaux, surtout les merles et les grives, sont friands des baies de genièvre. Ces fruits ont une saveur sucrée et un peu âcre; ils exhalent, quand on les brûle, une odeur aromatique forte et pénétrante. On croyoit autrefois qu'ils avoient la propriété de purifier l'air des miasmes putrides et contagieux; mais ils ne font, lorsqu'on les brûle, que masquer la mauvaise odeur.

On emploie les baies de genièvre en médecine. Leur infusion théiforme donne du ton à l'estomac et aux intestins, active la transpiration cutanée, et paroît surtout augmenter la sécrétion des urines. Sous ce dernier rapport, leur usage est très-utile dans les affections des voies urinaires qui ont pour cause la foiblesse des reins et de la vessie, ou la présence de petits graviers dans les mêmes organes. Dans les pharmacies, on prépare avec ces fruits un extrait qui est tonique, stomachique et antiscorbutique. Le ratafiat qu'on compose en faisant infuser des baies de genièvre dans de l'eau-de-vie, et en ajoutant du sirop de sucre à l'infusion, est une bonne liqueur, dont l'usage est salutaire pour faciliter la digestion et empêcher les flatuosités.

Genévrier oxycèdre : *Juniperus oxicedrus*, Linn., *Spec.*, 1470; Lois. *in Nov. Duham.*, 6, pag. 47, tab. 15, fig. 2. Cette espèce, appelée vulgairement *Cade* dans le midi de la France, a les plus grands rapports avec la précédente; mais elle en diffère constamment par ses fruits deux ou trois fois plus gros, d'une couleur roussâtre, contenant des noyaux renflés à leur base, comprimés à leur partie supérieure, tronqués et un peu échancrés à leur sommet, avec une petite pointe dans le milieu de l'échancrure. Elle croît naturellement dans les lieux secs et arides du midi de la France, en Espagne, dans le Levant, en Barbarie, et elle est aussi commune dans ces contrées que la première espèce l'est dans le Nord.

Le bois du genévrier oxycèdre répand, lorsqu'on le brûle, une odeur très-forte, et on en retire un liquide brunâtre, huileux, inflammable, ayant une odeur résineuse approchant de celle du goudron, mais plus désagréable. Cette liqueur, connue sous le nom d'*huile de cade*, s'obtient, en été, en faisant brûler par un bout les branches fraîchement coupées, et en recevant dans un vase la matière qui découle par l'autre extrémité. L'huile de cade a une saveur âcre et même caustique; elle est employée dans la médecine vétérinaire, pour la guérison des ulcères des chevaux, et contre la gale des moutons. En Provence, le peuple s'en sert aussi pour faire des frictions sur l'estomac et le bas-ventre des enfans qui ont des vers, et cela leur en fait souvent rendre, soit par le haut soit par le bas.

GENÉVRIER A GROS FRUIT : *Juniperus drupacea*, Labill., *Ic. plant. Syr.*, dec. 2, p. 14, tab. 8. Cette espèce est remarquable par la grosseur de son fruit, qui est oblong, régulièrement sillonné, du volume d'une noix ordinaire, et d'une couleur bleue. Elle croît en Syrie, où les habitans du pays mangent son fruit. Elle a été cultivée, il y a quelques années, chez M. Cels.

GENÉVRIER de PHÉNICIE : *Juniperus phœnicea*, Linn., *Spec.*, 1471; Lois. *in Nov. Duham.*, 6, p. 47, t. 17. Le genévrier de Phénicie est un arbrisseau dont la tige, chargée de rameaux nombreux, disposés en pyramide, est haute de douze à quinze pieds. Ses jeunes rameaux sont grêles, recouverts en entier de feuilles très-petites, ovales, obtuses, un peu charnues, opposées trois à trois, exactement appliquées sur la surface des rameaux, et imbriquées les unes sur les autres. Les fleurs mâles et les fleurs femelles sont souvent réunies sur les mêmes pieds, plus rarement séparées sur des individus différens. Les premières forment de petits chatons ovoïdes, très-nombreux, portés sur de courts pédoncules feuillés et disposés latéralement le long des rameaux. Les fleurs femelles, soit qu'elles naissent sur le même pied, soit qu'elles viennent sur un autre individu, sont aussi portées sur des pédoncules garnis de feuilles imbriquées; mais elles sont beaucoup moins nombreuses. Les fruits qui leur succèdent sont gros comme des pois, roussâtres à l'époque de leur maturité, qui n'a lieu qu'au bout de deux ans : ils contiennent ordinairement neuf osselets ovales, irréguliers, légèrement comprimés et un peu anguleux. Cette espèce croît naturellement dans le midi de la France, en Espagne, en Italie, en Barbarie et dans l'Orient; on la cultive dans les jardins : elle résiste bien au froid des hivers les plus rigoureux du climat de Paris, quoiqu'elle soit originaire de pays beaucoup plus chauds. Son bois est dur et noueux; ses fruits servent de nourriture à plusieurs espèces d'oiseaux, surtout aux grives et aux merles, et à certains quadrupèdes, comme les martres et les renards.

GENÉVRIER DE LYCIE; *Juniperus lycia*, Linn., *Spec.*, 1471. Ce genévrier a tant de rapports avec le précédent qu'il ne paroît en être qu'une variété; il en diffère seulement parce que ses fruits sont une fois plus gros : il se trouve de même dans les pays du Midi. Linnæus avoit avancé que l'encens qu'on brûle dans les églises étoit produit par cette espèce; d'autres ont cru qu'il l'étoit par le *juniperus thurifera* : on sait aujourd'hui, d'après les renseignemens fournis par le docteur Roxburgh, que cette résine précieuse est le produit d'un arbre nommé, par cet auteur, *brossvallia dentata*.

GENÉVRIER SABINE : *Juniperus sabina*, Linn., *Spec.*, 1472; Bull., Herb., t. 159. Cet arbrisseau, connu vulgairement sous le nom de sabine, s'élève à la hauteur de dix à douze pieds. Ses jeunes rameaux sont, comme dans les deux espèces précédentes, entièrement recouverts de feuilles ovales, opposées, un peu aiguës, convexes sur le dos. Les fleurs mâles et les fleurs femelles sont séparées sur des individus différens. Les fruits qui succèdent aux dernières sont ovales-arrondis, d'un bleu foncé et presque noirâtre, de la grosseur d'un grain de groseilles : ils ne contiennent ordinairement qu'un petit osselet ovale, un peu comprimé. La sabine croît en Espagne, en Italie, dans le Levant, et en France, dans les montagnes du Dauphiné et de la Provence : elle est cultivée dans les jardins. On en connoit deux variétés : la première, plus élevée, appelée sabine mâle; et la seconde, qui forme un arbrisseau beaucoup plus bas, nommée sabine femelle.

Cette espèce fait un joli effet dans les jardins paysagers; on peut en faire des rideaux de verdure, parce qu'elle supporte bien la tonte aux ciseaux. Elle se multiplie de boutures plus facilement que toute autre espèce, ce qui fait que rarement on se donne la peine de l'élever de graines.

La sabine est employée en médecine : ses feuilles ont une odeur résineuse et aromatique très-pénétrante, et leur saveur est fortement amère ; leur infusion, prise intérieurement, et même leur application sur le bas-ventre, agissent également, dit-on, comme vermifuges. Cette même infusion aqueuse, et toutes les autres préparations qu'on en peut faire, ont beaucoup d'action sur l'utérus, et passent pour être de puissans emménagogues ; on assure même qu'à une dose un peu forte elles peuvent produire l'avortement, ce qui doit mettre en garde sur la manière de les administrer.

Les maquignons allemands font, dit-on, prendre de la sabine à leurs chevaux, pour leur donner de l'ardeur. Les Baschkirs, peuples de la Russie, lui attribuent une grande vertu contre les sortiléges, et ils ont bien soin d'en suspendre de petites branches au-dessus des portes de leurs maisons.

Genévrier de Virginie : *Juniperus virginiana*, Linn., *Spec.*, 1471 ; Mich., Arb. amér., 3, p. 42, pl. 5. Cette espèce, connue en Amérique sous le nom de *cèdre rouge*, ressemble presque en tous points à la sabine ; mais elle en diffère sensiblement sous le rapport de son élévation : elle forme un arbre de quarante à quarante-cinq pieds de hauteur. On la trouve dans plusieurs parties des États-Unis et au Mexique, principalement dans le voisinage de la mer. On la cultive en France depuis environ soixante ans. Les arbres de cette espèce font un bel effet par la verdure perpétuelle et la délicatesse de leur feuillage. Au printemps, dans le moment de la floraison, les pieds mâles paroissent tout jaunes, à cause de la grande abondance de fleurs dont ils sont couverts, et des nuages de poussière fécondante qui s'en échappent : pendant l'hiver, les pieds femelles prennent un aspect particulier, par la grande quantité de fruits d'un bleu foncé dont ils sont chargés, et qui se conservent sur les arbres jusqu'au retour de la belle saison.

Le nom de cèdre rouge, que porte ce genévrier en Amérique, lui vient de la couleur dont son bois est dans le cœur. Ce bois est odorant, fort et léger ; il a le grain fin.

serré, et il a une qualité précieuse, celle d'être d'une très-longue durée. Cet arbre diminue rapidement de grosseur de la base au sommet. ce qui le rend peu propre à faire des pièces de charpente d'une certaine longueur. Il a d'ailleurs l'inconvénient de croître très-lentement : Kalm a compté 188 couches annuelles sur un tronc qui n'avoit que 15 pouces de diamètre, et 250 sur un autre de 18 pouces.

Dans tous les ports des États-Unis on emploie beaucoup de bois de cèdre rouge pour la charpente supérieure des vaisseaux. Dans les villes et dans les campagnes, on en fait des pieux et des palissades pour la clôture des cours et des jardins; on s'en sert pour faire les tuyaux souterrains destinés à la conduite des eaux; on en fabrique aussi de petits ouvrages de boissellerie, des meubles, des boiseries, dont l'odeur pénétrante, mais pourtant agréable, éloigne les insectes.

Genévrier des Bermudes ; *Juniperus bermudiana*, Linn., Spec., 1471. Celui-ci est un arbre de quarante à cinquante pieds, dont les rameaux sont redressés et rapprochés de la tige. Ses feuilles sont subulées, aiguës, verticillées par trois ou par quatre, étalées dans les jeunes individus, courtes et imbriquées dans ceux qui sont plus âgés. Les fruits sont d'un rouge pourpre. Cette espèce croit dans les îles Bermudes : les habitans en construisent des bateaux légers qui durent très-long-temps. Son bois est léger, tendre, d'un brun clair ou rougeâtre. C'étoit avec lui seul qu'on faisoit autrefois les enveloppes des crayons fins; mais, depuis qu'il est devenu rare, on lui substitue le plus souvent celui du genévrier de Virginie, qui est beaucoup plus commun.

Genévrier thurifère; *Juniperus thurifera*, Linn., Spec., 1471. Cette espèce s'élève de vingt-cinq à trente pieds de haut; ses feuilles sont linéaires, aiguës. opposées deux à deux, et imbriquées sur quatre côtés; ses fruits sont très-gros, noirs lors de leur maturité. Elle croit en Espagne et en Portugal. Ce genévrier ne produit point l'encens, comme l'indique l'épithète de *thurifera*.

Genévrier élevé; *Juniperus excelsa*, Willd., Spec., 4, p. 852. Ce genévrier a beaucoup de rapports avec la sabine; mais c'est un arbre de quarante à cinquante pieds d'élévation. Ses feuilles sont opposées, un peu obtuses, marquées sur leur dos d'un point glanduleux, imbriquées sur quatre rangs; les plus jeunes aiguës, ternées, étalées. Les fruits sont petits et noirs. Cet arbre croit vers les bords de la mer Caspienne et dans la Tauride : on le cultive au Jardin du Roi.

Tous les genévriers se multiplient de graines : plusieurs espèces réussissent bien de marcottes, et même de boutures; mais les pieds qui viennent de semis sont toujours plus vigoureux et plus droits. Les graines doivent être semées en automne, le plus tôt possible après leur maturité, parce que, lorsqu'on les garde jusqu'au printemps, elles germent plus difficilement. Excepté le genévrier des Bermudes, qui a besoin d'être mis en serre pendant l'hiver, toutes les autres espèces peuvent être élevées et cultivées en pleine terre dans le climat de Paris. (L. D.)

GENGES. (*Ornith.*) Gesner, qui parle de cet oiseau d'après Rasis, se borne à dire que sa chair est astringente. (Cʜ. **D.**)

GENGIBIL (*Bot.*), nom arabe et turc du gingembre. (J.)

GENGLIN (*Ichthyol.*), un des noms des jeunes meuniers, *cyprinus jeses*, Linn. Voyez Aʙʟᴇ, dans le Supplément du 1.ᵉʳ volume de ce Dictionnaire. (H. C.)

GENIBRE (*Bot.*), nom provençal du genévrier. (J.)

GENICHELLA. (*Bot.*) Dodoens rapporte ce nom, donné par quelques auteurs au sceau-de-Salomon, *polygonatum*. (J.)

GENICULARIA. (*Bot.*) Ce genre, fondé par Roussel (Fl. du Calv.), comprend les espèces de *chantransia* géniculées, qui ne sont point munies d'un axe central comme les espèces qui constituent le genre *Lemanea* de Bory de Saint-Vincent. Ce genre seroit donc le *chantransia*, Dec., moins celui que nous venons de citer. (Lᴇᴍ.)

GENICULARIS (*Bot.*), nom ancien, donné par les Romains, suivant Ruellius, à la coquelourde des jardins, *agrostemma coronaria*, que d'autres nomment aussi *geranopodion* et *corymbion*. La valériane est aussi nommée *genicularis*, suivant Dodoens. (J.)

GÉNICULÉ, *Geniculatus* (*Bot.*) : articulé et fléchi en genou à l'articulation. La tige de la spergule, du *geranium sanguineum*, etc.; les racines de la gratiole, etc.; le pédoncule du *pelargonium*, etc.; les filets des étamines du *mahernia*, etc. :

le style du *geum urbanum*, etc.; l'arête de l'avoine, etc., sont *géniculés*. (Mass.)

GENIÈVRE. (*Bot.*) C'est le nom qu'on donne au fruit du genévrier commun, ou quelquefois à cette espèce elle-même. Voyez Genévrier. (L. D.)

GENIOSTOME, *Geniostoma*. (*Bot.*) Genre de plantes dicotylédones, à fleurs complètes, monopétalées, de la famille des *apocinées*, de la *pentandrie monogynie* de Linnæus, offrant pour caractère essentiel : Un calice à cinq divisions; une corolle monopétale. tubulée, barbue à son orifice; le limbe à cinq divisions : cinq étamines situées à l'orifice de la corolle, alternes avec ses lobes : un ovaire supérieur; un style; un stigmate sillonné. Le fruit est une capsule oblongue, à deux loges, contenant dans chaque loge plusieurs semences attachées à un placenta filiforme.

Geniostome de roche : *Geniostoma rupestris*, Forst., *Nov. gen.*, 24, tab. 12, et *Prodr.*, n.° 104; Lamk., *Ill. gen.*, tab. 133. Plante des îles de la mer du Sud, découverte par Forster, et dont nous ne connoissons encore que le caractère du genre. Sa fleur est pourvue d'un calice supérieur, à cinq divisions aiguës : la corolle est d'une seule pièce, tubulée, plus longue que le calice. Son tube s'élargit insensiblement en un limbe ouvert, partagé en cinq lobes munis de trois dents; celle du milieu plus grande : cinq étamines, dont les filamens sont très-courts, insérés à l'orifice de la corolle, terminés par des anthères oblongues et saillantes ; un ovaire supérieur, ovale, surmonté d'un style plus long que le tube de la corolle, soutenant un stigmate épais, cylindrique, obtus et sillonné. Le fruit consiste en une capsule oblongue, biloculaire, renfermant dans chaque loge plusieurs semences presque anguleuses, attachées à un placenta filiforme. (Poir.)

GENIPAT. (*Bot.*) L'arbre cité sous ce nom par Thevet ne peut être autre que le genipayer, *genipa*, puisque la pulpe du fruit de l'un et de l'autre noircit les parties de la peau sur lesquelles on l'applique. Cette propriété fait donner le même nom dans la Guiane, suivant Aublet, au fruit de plusieurs espèces de *costus*, dont on tire une couleur noire employée pour écrire et pour teindre les fils. (J.)

GENIPAYER, *Genipa*. (*Bot.*) Genre de plantes dicotylédones, à fleurs complètes, monopétalées, de la famille des *rubiacées*, de la *pentandrie monogynie* de Linnæus, très-rapproché des *gardenia*, offrant pour caractère essentiel : Un calice entier à cinq petites dents ; une corolle infundibuliforme ; le limbe à cinq grandes divisions étalées ; cinq anthères presque sessiles et saillantes à l'orifice du tube ; un ovaire inférieur ; un style ; le stigmate en tête : une baie assez grosse, à deux ou quatre loges, contenant chacune plusieurs semences.

Ce genre, peu distingué des *gardenia*, si ce n'est peut-être par ses baies charnues, y a été réuni par plusieurs auteurs ; d'autres l'ont conservé. Il se compose des deux espèces suivantes.

GENIPAYER D'AMÉRIQUE : *Genipa americana*, Linn. ; Burm. *in* Plum., *Amer.*, tab. 136 ; *Janipha*, Maregr., *Bras.*, 92 ; *Janiba*, Pis., *Bras.*, 138 : *Gardenia genipa*, Willd., *Spec.*, 1, p. 1228 ; Swartz, *Obs.*, 84. Arbre de trente-six à quarante pieds d'élévation. Son tronc est épais ; il soutient une cime ample, étalée, garnie de feuilles grandes et nombreuses, qui procurent un ombrage agréable. Le bois est d'un gris de perle ; son écorce grisâtre, ridée et raboteuse ; les branches, très-étalées, sont chargées, par intervalle, de rameaux presque verticillés, et vers leur sommet de feuilles presque sessiles, grandes, lancéolées, entières, opposées, réunies par touffes, vertes, glabres à leurs deux faces, larges d'environ trois pouces sur près d'un pied de longueur. Les fleurs naissent en bouquets au sommet des rameaux, d'une odeur agréable, d'abord blanches, puis d'un blanc jaunâtre, d'environ un pouce et demi de diamètre, portées sur des pédoncules courts, rameux, un peu pédonculés : leur calice est presque tronqué à ses bords, à cinq dents peu sensibles ; la corolle presque en roue ; le tube court ; le limbe très-ouvert, à cinq découpures profondes, ovales, aiguës ; les filamens très-courts, subulés, attachés à l'orifice du tube, réfléchis sur le limbe, entre ses divisions ; les anthères oblongues, point conniventes ; l'ovaire ovale, surmonté d'un style simple, et d'un stigmate ovale-oblong ou en massue, saillant hors du tube de la corolle. Le fruit est une grosse baie charnue, ovale, rétrécie en pointe à ses deux extrémités, tronquée et ombiliquée à son sommet, un peu pubescente, d'un vert blanchâtre, de la grosseur d'une orange, revêtue d'une écorce charnue, contenant une pulpe blanchâtre, aigre-lette, et un suc qui teint en violet-brun ou noirâtre tout ce qu'il touche : elle se divise en deux loges, renfermant chacune plusieurs semences comprimées, anguleuses, nichées dans la pulpe.

Cet arbre croit aux Antilles et dans l'Amérique méridionale : il fleurit en Juin, et porte des fruits mûrs vers la fin de l'été ; au mois de Décembre il perd une grande partie de ses feuilles. Les Indiens mangent ses baies lorsqu'elles sont mûres ; elles sont très-rafraîchissantes, et apaisent la soif. Ce fruit est astringent ; la teinture qu'on en obtient est très-fugace. Le bois prend un assez beau poli ; on en fait des montures de fusils, et quand il est vieux, on le recherche pour faire des brancards.

Genipayer caruto ; *Genipa caruto*, Kunth *in* Humb. et Bonpl., *Nov. gen.*, 3, pag. 407. Arbre d'environ vingt pieds, dont les rameaux sont glabres, cylindriques ; les feuilles opposées, presque sessiles, en ovale renversé, obtuses, rétrécies à leur base, veinées, presque membraneuses, glabres en-dessus, brunes, pubescentes en-dessous, longues de neuf à dix pouces, larges de cinq ; les stipules caduques. Les fleurs sont terminales, pédonculées, au nombre de deux ou trois sur chaque pédoncule, soutenues par des pédicelles longs d'un pouce, accompagnées de deux ou trois bractées ovales, fort petites. Le calice est tronqué, campanulé, glabre, à cinq dents peu marquées ; la corolle blanche, en soucoupe ; le tube court, élargi, soyeux tant en dedans qu'en dehors ; le limbe à cinq ou six découpures oblongues, obtuses, soyeuses ; cinq ou six anthères sessiles, linéaires, saillantes ; le pollen cendré ; le style non saillant ; le stigmate jaune, épais. Le fruit est une baie ovale-oblongue, charnue, couronnée par le calice, bonne à manger, divisée en quatre loges, renfermant chacune plusieurs semences. Cet arbre a été découvert par MM. Humboldt et Bonpland sur les bords de l'Orénoque. Les naturels du pays retirent du suc de ses fruits une couleur noire qu'ils appliquent par taches sur leur visage. (Poir.)

GÉNIPI. (*Bot.*) Les habitans des montagnes donnent le nom de génipi à diverses plantes de la famille des synanthérées, qui croissent dans ces régions : ainsi, par la dénomination de *génipi blanc*, ils ont coutume de désigner les *artemisia rupestris* et *glacialis*, les *achillea nana* et *moschata;* celle de *génipi noir* désigne l'*artemisia spicata*, et le *génipi jaune* est le *senecio incanus*. (H. Cass.)

GENISSE (*Mamm.*), nom de la vache dans sa seconde année. (F. C.)

GENISTA. (*Bot.*) Voyez Genêt. (L. D.)

GENISTA-SPARTIUM. (*Bot.*) Tournefort et ses prédécesseurs désignoient sous ce nom tous les genests épineux dispersés par Linnæus dans les genres *Ulex*, *Genista*, *Spartium* et *Anthyllis*. (J.)

GÉNISTELLE (*Bot.*), nom vulgaire du genêt herbacé. (L. D.)

GENISTOÏDES. (*Bot.*) Mœnch a voulu, sous ce nom, séparer les espèces de *genista* à calice bilabié de celles qui l'ont unilobé, à lobe terminé par cinq dents. Il attribue aussi à son genre une gousse linéaire polysperme et des fleurs en épi. Le même rétablit le *genistella* de Tournefort, nommé par Linnæus *genista sagittalis*, caractérisé par l'étendard de la corolle plus long que les ailes et la carène, par la division de celle-ci en deux pétales, et par une gousse linéaire, lisse, contenant quatre à six graines. On peut ajouter que les tiges sont aplaties, à bords très-minces et presque membraneux. Ce genre avoit été antérieurement restitué par Adanson sous le nom de *chamæspartium*. Mœnch sépare encore le *genista germanica* sous le nom de *scorpius*, auquel il attribue un calice bilabié, une carène partagée en deux, plus longue que l'étendard et les ailes, et des étamines monadelphes. Ces divers changemens n'ont point encore été adoptés. (J.)

GENITALIS (*Bot.*), un des noms anciens du glayeul, suivant Ruellius. (J.)

GENOPLESIUM DE BAVER (*Bot.*) : *Genoplesium Baveri*, Rob. Brown, *Nov. Holl.*, 1, pag. 319; Ferdin. Baver, *Icon.* Plante de la Nouvelle-Hollande, dont M. R. Brown a formé un genre particulier de la famille des *orchidées*, de la *gynandrie monogynie* de Linnæus, très-rapproché des *prasophyllum*, dont le caractère essentiel consiste dans une corolle très-irrégulière, presque en masque ; les pétales supérieurs rapprochés en casque, dont deux intérieurs adhérens ; les deux latéraux inégaux à leurs côtés ; la lèvre ascendante, entière, onguiculée, point éperonnée ; la colonne de la fructification à demi bifide, sans découpures latérales ; une anthère parallèle au stigmate.

Les racines sont bulbeuses ; les tiges ou hampes simples, très-ordinairement pourvues d'une seule feuille à leur base : les fleurs sont disposées en un épi terminal ; les pétales postérieurs de la corolle plus longs que les autres, étalés ; les intérieurs connivens au-dessous de la colonne ; la lèvre en forme de capuchon à sa base. (POIR.)

GENORIA. (*Bot.*) Voyez GINORE. (POIR.)

GENOSIRIS. (*Bot.*) Genre de plantes monocotylédones, à fleurs incomplètes, monopétalées, de la famille des *iridées*, de la *triandrie monogynie* de Linnæus, très-rapproché des *patersonia*, offrant pour caractère essentiel : Une corolle monopétale, tubulée, trifide à son limbe ; point de calice ; trois étamines ; les filamens non connivens ; un ovaire inférieur ; un style ; trois stigmates cylindriques, obtus ; une capsule à trois valves.

M. Rob. Brown rapporte le *genosiris* à son genre *Patersonia* ; cependant, à en juger d'après les caractères que M. de Labillardière lui attribue, on voit qu'il diffère des *patersonia* par sa corolle à trois et non à six divisions, par les filamens des étamines séparés et non connivens. On n'en cite qu'une seule espèce.

GENOSIRIS FRAGILE : *Genosiris fragilis*, Labill., *Nov. Holl.*, 1, page 15, tab. 9 ; *Patersonia glauca*, Rob. Brown, *Nov. Holl.*, 1, pag. 304. Cette plante est pourvue de racines tubéreuses, composées de filamens roides, épais, presque simples. Les feuilles sont vaginales à leur base, comprimées, linéaires, aiguës, finement striées, nues sur leur carène et à leur base, un peu convexes ou roulées sur elles-mêmes, environnées extérieurement par d'autres feuilles beaucoup plus courtes et plus larges, les extérieures semblables à des écailles : de leur centre s'élèvent des hampes filiformes, glabres, presque à deux angles, quatre fois plus courtes que les feuilles ; elles se terminent par une spathe à deux folioles striées, coriaces, renfermant trois à cinq fleurs. Chaque fleur sort d'une petite paillette un peu plus courte, lancéolée, d'un roux clair. Le tube de la corolle est cylindrique; le limbe à trois découpures ovales, très-fragiles, de couleur bleue; les filamens des étamines très-courts, insérés à l'orifice du tube, opposés aux découpures de la corolle; les anthères rapprochées, saillantes, oblongues, à deux lobes; l'ovaire inférieur et oblong; le style saillant, cylindrique; trois stigmates obtus. Le fruit est une capsule oblongue, rétrécie à sa base, à trois loges, à trois valves, chaque valve divisée par une cloison : plusieurs semences ovales, un peu noirâtres, attachées à un réceptacle presque filiforme, libre à l'époque de la maturité. L'embryon est presque globuleux, fort petit, situé proche l'ombilic, avec un périsperme corné. Cette plante a été découverte par M. de Labillardière à la Nouvelle-Hollande. (POIR.)

GENOT (*Conchyl.*); Adanson, Sénégal, pag. 145, pl. 9. Gmelin en fait son *voluta sanguisuga*. mais très-probablement à tort; car cette coquille a évidemment plus de rapports avec certaines espèces de cônes qu'avec les volutes. (DE B.)

GENOUILLÉ. (*Bot.*) Voyez GÉNICULÉ. (MASS.)

GENOUILLET (*Bot.*), nom vulgaire, suivant M. Bosc, du sceau-de-Salomon, *polygonatum*, ou muguet anguleux. (J.)

GENRE. (*Bot.*) Voyez THÉORIE FONDAMENTALE. (MASS.)

GENS-ENG. (*Bot.*) Voyez GINSEN. (POIR.)

GENSIN. (*Bot.*) M. Thunberg cite sous ce nom japonois une plante qu'il croit être un *corchorus*. Mentzel parle d'une racine du Japon, nommée *gensing*, qu'il range parmi les mandragores. On ne confondra pas ces plantes avec le vrai *ginseng*, espèce de *panax*, que l'on écrit aussi quelquefois *genseng*. (J.)

GENTARUBIA. (*Ornith.*) On nomme ainsi, en Sardaigne, le flammant, *phœnicopterus ruber*, Linn. (CH. D.)

GENTE. (*Ornith.*) Ce terme est donné, dans le Nouveau Dictionnaire d'histoire naturelle, comme un des noms vulgaires de la cigogne blanche, *ardea ciconia*, Linn. (CH. D.)

GENTIANE, *Gentiana*, Linn. (*Bot.*) Genre de plantes dicotylédones, qui a donné son nom à la famille des *gentianées*, et que Linnæus place dans sa *pentandrie digynie*. Ses princi-

paux caractères sont les suivans : Calice monophylle, ayant
ordinairement son bord découpé en cinq lobes ou cinq dents,
ou quelquefois plus, rarement membraneux, fendu latéralement, et seulement trifide ou quadrifide; corolle monopétale, tubuleuse à sa base, un peu campanulée ou infondibuliforme, ayant son limbe partagé en cinq lobes, plus rarement en quatre, six ou dix; cinq étamines, ou en même
nombre que les divisions du limbe; ovaire supérieur, fusiforme, anguleux, aminci à son sommet, et terminé par deux
stigmates arrondis; capsule oblongue, fourchue ou bifide
en sa partie supérieure, à une seule loge, qui s'ouvre en
deux valves, et contient des graines nombreuses, souvent
entourées d'un rebord membraneux et portées sur les bords
rentrans des valves.

Toutes les espèces de ce genre sont des plantes herbacées,
à feuilles simples, sessiles et opposées, et à fleurs terminales
ou axillaires, solitaires ou fasciculées.

J. Bauhin, attribuant, d'après Pline, la découverte de la
gentiane et de ses propriétés médicales à Gentius, roi d'Illyrie, qui lui donna son nom, ne manque pas de faire l'éloge
de ce prince, et regrette les simples et utiles délassemens
des rois de l'antiquité qui honoroient l'étude de la nature
et de la médecine en s'y livrant. Mais que deviennent ces
réflexions, quand on apprend dans Tite-Live que Gentius
fut un prince sans mœurs comme sans capacité, détesté de
ses sujets, meurtrier de son propre frère, et qui causa par
ses vices la perte de son royaume et celle de sa famille,
traînée avec lui dans Rome, à la suite d'un char de triomphe?

Les gentianes, dont on compte aujourd'hui environ cent
espèces, se plaisent, en général, dans les climats froids; plusieurs d'entre elles ne croissent même que sur les plus hautes
montagnes du globe, et jusque dans le voisinage des neiges
éternelles. Le plus grand nombre de celles que nous connoissons est propre aux montagnes alpines de l'Europe;
d'autres ont été trouvées dans la Sibérie ou dans les contrées
froides de l'Asie; quelques-unes habitent l'Amérique septentrionale. MM. de Humbold et Bonpland en ont trouvé quinze
espèces nouvelles dans les hautes montagnes du Pérou et du
Mexique, et une seule a été observée jusqu'à présent dans

la Nouvelle-Hollande. Ces plantes sont remarquables par la beauté et l'élégance de leurs fleurs, autant que par la richesse et la variété de leurs couleurs. La corolle de plusieurs espèces donne toutes les nuances de bleu, depuis le plus bel indigo jusqu'à l'azur céleste; celle de plusieurs autres offre différentes teintes de rouge, de pourpre, de rose; dans quelques-unes c'est la couleur de l'or, ou un jaune plus ou moins foncé; dans beaucoup de variétés, enfin, c'est un blanc plus ou moins pur. La nature auroit tout fait pour les gentianes, si elle eût donné un doux parfum à leurs fleurs; mais elle le leur a refusé.

Transportées des montagnes qui les ont vues naître dans nos jardins, ces plantes y languissent ordinairement; on ne réussit qu'avec peine à en cultiver quelques espèces, en les plaçant à l'ombre et au nord, dans du terreau de bruyère. C'est moins le froid que les hivers trop humides qui leur sont contraires.

L'amertume des gentianes ne permet pas aux animaux herbivores de s'en nourrir, et on les trouve toujours entières dans les pâturages. Linnæus, dans le *Pan suecus* (*Amœn. acad.*), met cependant la gentiane-amarelle au nombre des plantes dont les brebis se nourrissent.

Les espèces étant trop nombreuses dans ce genre pour les rapporter toutes ici, nous nous bornerons à parler des plus remarquables, et surtout de celles qui, sous le rapport de leurs propriétés, méritent d'être connues.

* *Corolles quinquéfides, rarement quadrifides, presque campanulées.*

Gentiane jaune ou grande Gentiane : *Gentiana lutea*, Linn., *Spec.*, 329; *Gentiana*, Clus., *Hist.*, 311. Sa racine est vivace, épaisse, alongée, jaunàtre; elle produit une tige simple, haute de trois pieds, garnie de feuilles ovales, glabres, nerveuses, sessiles et connées à leur base. Ses fleurs sont jaunes, nombreuses, disposées par faisceaux opposés dans les aisselles des feuilles supérieures, et comme verticillées; leur corolle est profondément découpée et étalée en roue. Cette plante croit en France, dans les Alpes, les

Pyrénées, les Vosges, les Cévennes, au Mont-d'Or et au Puy de Dôme d'Auvergne, et dans les montagnes alpines de la Suisse, de l'Italie, de l'Allemagne, etc.

La célébrité de la grande gentiane comme médicament, et surtout comme fébrifuge, remonte jusqu'à l'antiquité. Avant la découverte du quinquina, la grande gentiane étoit regardée comme un des meilleurs remèdes qu'on pût employer dans le traitement des fièvres intermittentes. Notre sol ne produit point, en effet, de plante plus éminemment amère et tonique; et malgré tout ce qu'on a dit des vertus des écorces de saule, de marronier d'Inde, de putiet, et des propriétés de la camomille, de la benoîte, etc., la gentiane paroit être celle de toutes nos plantes indigènes qui se rapproche le plus du quinquina par ses qualités, et, par conséquent, la plus propre à le remplacer dans tous les cas où l'on ne pourroit s'en procurer.

La partie de cette plante qu'on emploie en médecine est la racine, et c'est ordinairement à l'état de dessiccation qu'on en fait usage. Cette racine a une saveur extrêmement amère, dont le goût reste long-temps affecté. Dans toutes les maladies qui ont pour symptôme une débilité plus ou moins marquée des voies digestives, la gentiane, en infusion, en poudre ou en opiat, produit toujours un très-bon effet : on l'emploie aussi avec avantage dans les flux atoniques, les engorgemens des viscères de l'abdomen, l'hydropisie, le scorbut, les scrofules, les affections vermineuses.

Dans les maladies chroniques, où l'action des toniques doit être employée avec modération, on donne la gentiane par petites doses, pour en continuer long-temps l'usage. Ainsi sa poudre se prescrit depuis six jusqu'à vingt-quatre grains, et la décoction depuis un scrupule jusqu'à un gros. Mais, dans les fièvres intermittentes et dans celles de mauvais caractère, où il faut agir plus fortement et plus promptement, on administre la gentiane en poudre depuis un demigros jusqu'à deux gros, qu'on répète deux à trois fois par jour. C'est ainsi qu'à cette dernière dose nous avons plusieurs fois guéri des fièvres intermittentes aussi bien qu'avec le quinquina, surtout en associant la gentiane avec la valériane.

Appliquée à l'extérieur, la racine de gentiane en poudre, ou sa décoction, sont encore un des meilleurs moyens de remplacer le quinquina sur les plaies gangréneuses et de mauvais caractère.

Cette racine, coupée par morceaux et macérée dans l'eau, fermente bientôt, et donne, par la distillation, une liqueur alcoolique très-forte et très-pénétrante ; mais cette eau-de-vie, en usage dans les Alpes et dans les Pyrénées, conserve toujours quelque chose de l'amertume de la plante, et affecte la gorge d'une manière désagréable. Les entrepreneurs d'une fabrique d'eau-de-vie de gentiane établie aux environs de Lausanne paroissent néanmoins avoir trouvé le moyen de perfectionner cette liqueur et d'en corriger les défauts ordinaires.

La ressemblance assez marquée des feuilles naissantes de la grande gentiane avec celles de l'ellébore blanc, a causé plus d'une fois des méprises funestes. Un des hommes qui, dans le seizième siècle, se livrèrent avec le plus d'ardeur à l'étude des plantes d'Europe, Lobel, raconte qu'il pensa lui-même être victime d'une semblable erreur. (*Adv. stirp.*, p. 130.)

GENTIANE POURPRÉE : *Gentiana pupurea*, Linn., *Spec.*, 329 ; *Flor. Dan.*, t. 50. La tige de cette espèce est haute d'un pied et demi à deux pieds, garnie de quatre à cinq paires de feuilles ovales, glabres et nerveuses. Ses fleurs sont portées sur de courts pédoncules, disposées en deux verticilles, dont l'inférieur est peu garni, et le supérieur forme un gros bouquet terminal ; la corolle est grande, campanulée, pourpre, marquée intérieurement de quelques points plus foncés. Cette gentiane croit dans les Alpes, les Pyrénées, les montagnes de la Suisse, de la Norwége.

GENTIANE PONCTUÉE : *Gentiana punctata*, Linn., *Spec.*, 329 ; Jacq., *Flor. Aust.*, t. 28. Cette plante est moins grande que la précédente, et elle en diffère, d'ailleurs, par ses feuilles plus pointues, par ses fleurs plus petites, parsemées en dedans et en dehors d'un grand nombre de points bruns, par leur calice plus court, à cinq ou six dents inégales. Elle croit dans les Alpes, les Pyrénées, et dans les montagnes de la Suisse, du Tyrol, de l'Autriche, etc. Les racines de

cette espèce et de la précédente ont une amertume encore
plus forte que celles de la gentiane jaune, et leurs propriétés doivent être regardées comme identiques, si elles
ne sont même plus énergiques. Villars les a employées
toutes les deux avec beaucoup de succès contre les fièvres
intermittentes. Dans les pharmacies d'Allemagne et dans
celles du Nord, c'est la gentiane pourpre qui est la plus
généralement usitée.

GENTIANE DES MARAIS : *Gentiana pneumonanthe*, Linn., *Spec.*,
330; *Flor. Dan.*,.t. 269. Sa tige est haute d'un pied, grêle,
rougeâtre, garnie de feuilles lancéolées-linéaires, un peu
connées à leur base. Ses fleurs sont grandes, campanulées,
d'un bleu superbe, portées sur de courts pédoncules au sommet de la tige, et dans les aisselles des feuilles supérieures.
Cette plante se trouve dans les prés humides et marécageux,
en France, en Allemagne, en Italie, en Suède, en Russie,
en Sibérie, etc. Elle n'a qu'une amertume foible et assez
agréable. En Russie, le peuple l'emploie contre l'épilepsie.

GENTIANE CROISETTE : *Gentiana cruciata*, Linn., *Spec.*, 334;
Jacq., *Flor. Aust.*, t. 572. Sa racine produit ordinairement
plusieurs tiges un peu couchées à leur base, longues de six
à huit pouces, garnies de feuilles lancéolées, dont chaque
paire forme une gaine lâche; ses fleurs sont d'un bleu foncé,
tubulées, peu campanulées, à quatre divisions, presque
sessiles, disposées par verticilles au sommet de la tige ou
dans les aisselles des feuilles supérieures. Cette plante croît
dans les lieux montueux et découverts, en France, en Suisse,
en Allemagne, en Hongrie, en Russie, en Sibérie. La racine de la gentiane croisette est douée d'une forte amertume
qui laisse sur l'organe du goût une impression durable. On
la prend intérieurement, en Suisse, contre les fièvres intermittentes, et on l'emploie extérieurement sur les vieux
ulcères. Quelques auteurs l'ont recommandée, fraîche et con-
tuse, appliquée en forme de cataplasme sur le bas-ventre,
comme un très-bon moyen contre les vers intestinaux.

GENTIANE A TIGE COURTE : *Gentiana acaulis*, Linn., *Spec.*,
330; Jacq., *Flor. Aust.*, t. 136. Cette plante se présente sous
des aspects fort différens, selon la nature du sol, du climat,
et selon l'âge; ce qui produit des variétés plus ou moins

remarquables, que quelques auteurs ont prises pour des espèces distinctes. Sa racine, composée de fibres menues, produit plusieurs feuilles ovales-lancéolées, sessiles, glabres, luisantes, étalées en rosette. Du milieu de ces feuilles s'élève une tige souvent plus courte que la fleur, quelquefois égale à elle, d'autres fois plus longue, et, enfin, presque nulle dans une variété qui se trouve sur les sommets des Alpes. Cette tige est garnie, dans sa partie moyenne, d'une paire de feuilles, et elle est terminée par une fleur longue de dix-huit lignes à deux pouces, d'un beau bleu foncé, marquée intérieurement de cinq bandes d'un jaune clair et parsemées de points violets. Cette plante croît dans les Alpes, les Pyrénées, et les montagnes alpines de l'Italie, de la Suisse, de l'Autriche, etc. Elle est très-amère. Villars a employé avec avantage son infusion vineuse ou aqueuse pour remédier à la foiblesse qui a lieu pendant les convalescences pénibles et languissantes. Dans quelques parties de l'Allemagne, les paysans se servent de ses fleurs, pendant le temps de Pâques, pour teindre en bleu des œufs destinés, d'après un ancien usage, à être distribués à la jeunesse. Cette espèce est celle qu'on trouve le plus fréquemment dans les jardins, où elle fleurit en Avril. Dans les Alpes, ses fleurs ne s'épanouissent qu'en Mai, Juin ou Juillet, selon les hauteurs où elle se trouve.

** *Corolles quinqué- à décemfides, infondibuliformes.*

GENTIANE PRINTANIÈRE ; *Gentiana verna*, Linn., *Spec.*, 331. Sa racine produit plusieurs tiges couchées à leur base, hautes de deux pouces, terminées par une seule fleur, dont la corolle est d'un beau bleu, à tube grêle, et à limbe divisé en cinq découpures ovales, aiguës. Les feuilles sont ovales-lancéolées ; les unes ramassées en rosette à la base des tiges, et les autres disposées par deux à trois paires dans la longueur de ces mêmes tiges. Cette plante croît sur les montagnes alpines de la France, de la Suisse, de l'Italie, de l'Allemagne, etc. Elle présente beaucoup de variétés, qui ont fourni matière à quelques auteurs de la diviser en plusieurs espèces, selon que ses feuilles sont plus larges ou plus étroites, ses tiges plus basses ou plus élevées ; mais toutes les variations qu'on observe dans les différens individus de cette plante, paroissent tenir aux mêmes influences qui font varier la gentiane à tige courte. Haller dit avoir préparé une très-belle couleur, bleue sans doute, avec le suc des fleurs de la *gentiana verna*. Cette espèce est cultivée dans quelques jardins, où elle donne des variétés à fleurs pâles, et même presque blanches. On l'obtient difficilement de graines, ainsi que la précédente, et il vaut mieux, pour se procurer ces plantes, les faire venir vivantes des Alpes.

Gentiane des Pyrénées : *Gentiana pyrenaica*, Linn., *Mant.*, 55; Gouan, *Illust.*, 7, tab. 2, fig. 2. Cette espèce a beaucoup de rapports avec la gentiane printanière; mais elle en diffère par ses feuilles en général plus étroites, et surtout parce que le limbe de sa corolle est partagé en dix découpures alternativement grandes et petites. Elle croît sur le mont Laurenti, dans les Pyrénées.

Gentiane des neiges : *Gentiana nivalis*, Linn., *Spec.*, 332; *Flor. Dan.*, t. 17. Sa racine est annuelle, assez grêle; elle produit une tige simple ou peu rameuse, garnie de feuilles ovales dans le bas de la plante, et lancéolées dans sa partie supérieure. Ses fleurs sont solitaires, terminales, quinquéfides, d'un bleu vif. Cette espèce croît sur les montagnes alpines, en France, en Suisse, en Autriche, en Laponie, etc.

Gentiane utriculeuse; *Gentiana utriculosa*, Linn., *Spec.*, 332. Sa racine est annuelle, et produit une tige rameuse, haute de cinq à six pouces, garnie à sa base d'une rosette de feuilles ovales, et, dans sa longueur, de feuilles plus alongées et plus étroites. Ses fleurs sont solitaires au sommet de la tige et des rameaux, d'une belle couleur bleue, remarquables par leur calice renflé, plissé et comme ailé. Cette plante croît dans les pâturages des montagnes, en France, en Suisse, en Italie, en Allemagne, etc.

*** *Corolles quadri- ou quinquéfides, ayant l'entrée de leur tube ou les bords de leur limbe frangés ou ciliés.*

Gentiane d'Allemagne; *Gentiana germanica*, Willd., *Spec.*, 1, p. 1346. Sa racine est annuelle et produit une tige rameuse, haute de cinq.à six pouces, garnie de feuilles ovales-lancéolées : ses fleurs sont violettes, terminales ou axillaires ; elles ont le tube de leur corolle assez large, garni d'appendices barbus, et leur limbe est partagé en cinq découpures. Cette espèce croit sur les collines et dans les pàturages secs, en France, en Allemagne, etc.

GENTIANE CILIÉE : *Gentiana ciliata*, Linn., *Spec.*, 534; Jacq., *Flor. Aust.*, t. 113. Sa racine est vivace ; elle produit une tige simple ou peu rameuse, haute de six à huit pouces, garnie de feuilles lancéolées ou lancéolées-linéaires ; ses fleurs sont solitaires à l'extrémité de la tige ou des rameaux, grandes, bleues, et à limbe partagé en quatre découpures dentées et ciliées en leurs bords. Cette plante croît aux pieds des montagnes, en France, en Italie, en Suisse, en Allemagne. (L. D.)

GENTIANE BLANCHE. (*Bot.*), nom vulgaire du laser à feuilles larges. (L. D.)

GENTIANÉES. (*Bot.*) Famille de plantes à laquelle la gentiane donne son nom, et qui fait partie de la classe des hypocorollées ou monopétales à corolle insérée sous l'ovaire. Elle a, comme toute cette série, un calice monophylle ou monosépale, ordinairement partagé en plusieurs lobes. La corolle est tubulée, régulière ; les divisions de son limbe sont égales en nombre à celles du calice et alternes avec elles. On compte autant d'étamines insérées à son tube entre ses divisions : leurs anthères sont insérées par le milieu sur l'extrémité des filets. L'ovaire libre, surmonté d'un style et d'un ou deux stigmates (de deux styles dans le *mitreola*), devient une capsule, rarement un peu charnue, s'ouvrant dans sa longueur en deux valves, dont les bords rentrans sont tantôt repliés en spirale sur eux-mêmes, tantôt dirigés en ligne droite, l'un vers l'autre, pour former ensemble une cloison. Dans le premier cas, la capsule est uniloculaire ; dans le second, elle est partagée en deux loges différentes ou en deux capsules uniloculaires, appliquées l'une contre l'autre, et s'ouvrant du côté intérieur dans le point de leur contact. Les graines sont nombreuses et menues, attachées sur les bords renflés des valves, qui, dans la capsule à deux loges, se réunissent en un réceptacle central. L'embryon, contenu dans ces graines, et observé par Gærtner, est droit, presque cylindrique, placé au centre d'un périsperme charnu, et muni d'une radicule longue, dirigée vers le hile ou l'ombilic de la graine.

Les plantes de cette famille sont des herbes, ou rarement des sous-arbrisseaux. Leurs feuilles sont toujours opposées, ordinairement entières et sessiles. Les deux supérieures, plus petites, sont souvent rapprochées des fleurs terminales sous forme de bractées.

La famille peut être subdivisée en trois sections : dans la première, caractérisée par une capsule uniloculaire, sont les genres *Gentiana*, *Erythræa* de Reneaulme et de M. Richard ; *centaurella* de Michaux ; *Vohiria*, *Coutoubea* d'Aublet ou *Picrium* de Schreber ; *Chlora*, *Swertia* dont le *Frasera* de Walther est congénère.

A la seconde section, dont la capsule simple a deux loges, se rattachent les genres *Chælothilus* de Necker (*gentiana heteroclita* de Linnæus) ; *Eracum* et *Sebæa* qui se confondent ensemble ; *Lisianthus*, *Tashia* d'Aublet ou *Myrmecia* de Schreber ; *Sabatia* d'Adanson, *Chironia*, *Nigrina*.

Une capsule didyme, ou composée de deux accolées ensemble, désigne une troisième section, dont le *spigelia* et le *mitreola* font partie.

A la suite des gentianées on a placé les genres *Potalia* d'Aublet ou *Nicandra* de Schreber, *Villarsia* de Michaux, *Anoplerus* de M. Labillardière, qui paroissent tenir le milieu entre elles et les apocinées. (J.)

GENTIANELLA. (*Bot.*) Delarbre et Barckhausen séparent du genre *Gentiana*, sous ce nom, le *gentiana ciliata*, distingué par une corolle en soucoupe à quatre divisions frangées sur les bords et velues dans leur milieu intérieur. C'est le même genre détaché qui est nommé *crossopetalum* par Frælich et *hippion* par Schmidt. Clusius nommoit *gentianella* une autre espèce, qui est le *gentiana acutis* : c'est le même genre que Reneaulme nommoit *thylacitis*, et Barckhausen *ciminalis*, qui est caractérisé par une corolle en cloche à cinq divisions, plus longue que sa tige, et par des anthères connées. (J.)

GENTIANELLE ; *Eracum*, Linn., Willd. (*Bot.*) Genre de plantes dicotylédones, de la famille des *gentianées*, Juss., et de la *tétrandrie monogynie*, Linn., dont les principaux caractères sont les suivans : Calice persistant à quatre divisions; corolle monopétale, infondibuliforme, ou hypocratériforme, à limbe divisé en quatre découpures; quatre étamines attachées au tube de la corolle; un ovaire supérieur, ovale ou oblong, surmonté d'un style à stigmate épais et à deux lobes; capsule ovale ou oblongue, un peu comprimée, sillonnée de chaque côté, à deux loges contenant plusieurs graines. Les divisions du calice, de la corolle, et les étamines sont quelquefois au nombre de cinq.

Les gentianelles sont des herbes presque toutes annuelles, à feuilles simples, opposées, et à fleurs axillaires ou terminales : on en connoit aujourd'hui une vingtaine d'espèces, pour la plupart exotiques, et ne présentant aucun intérêt sous le rapport de leurs propriétés. D'après cela, nous ne parlerons ici que des deux suivantes, qui croissent naturellement en France.

Gentianelle filiforme : *Exacum filiforme*, Willd., *Spec.*, 1, p. 638; *Gentiana filiformis*, Linn., *Spec.*, 535; *Centaurium palustre luteum minimum*, Vaill., *Bot. Par.*, tab. 6, fig. 3. Sa tige est grêle, haute de deux à six pouces au plus, garnie de feuilles sessiles, lancéolées-linéaires, écartées, et communément divisée en rameaux filiformes, terminés chacun par une petite fleur jaune, dont les divisions de la corolle sont ouvertes, et dont le calice est à quatre dents aiguës. Cette plante se trouve dans les lieux où l'eau a séjourné l'hiver, et au bord des étangs.

Gentianelle naine : *Exacum pusillum*, Decand., Flor. fr., n.° 2785; *Gentiana pusilla*, Lamck., Dict., 2, p. 645; *Chironia inaperta*, Willd., *Spec.*, 1, p. 1069; *Centaurium palustre minimum, flore inaperto*, Vaill., *Bot. Paris.*, tab. 6, fig. 2. Sa tige est haute de deux à trois pouces, divisée dès sa base en rameaux dichotomes, garnis de feuilles oblongues, sessiles. Ses fleurs sont petites, d'un blanc jaunâtre, portées sur de courts pédoncules à l'extrémité des rameaux ou dans les aisselles des feuilles; leur calice est à quatre divisions profondes, et le limbe de la corolle est fermé. Cette espèce se trouve dans les endroits où l'eau a séjourné pendant l'hiver. (J. D.)

GENTIANOÏDES. (*Bot.*) La plante des environs de Buenos-Aires, que Feuillée désigne sous ce nom, est le *gentiana sessilis* de Reichard, qui n'est pas mentionné dans ce genre par Willdenow. (J.)

GENTILHOMME. (*Ornith.*) Le *have-sule*, auquel les Écossois donnent le nom de *gentleman*, gentilhomme, et dont il est question dans l'Histoire naturelle de Norwége, de Pontoppidan, édition angloise, tom. 2, pag. 76, a été regardé par Buffon (tom. 9, in-4.°, pag. 428) et par d'autres auteurs, comme une espèce de mouette ou de goéland; mais, quoique l'évêque de Berghen en ait donné une description peu exacte, la grande étendue de l'envergure et la forme du bec, recourbé à sa pointe, sembloient devoir suffire pour faire remarquer l'inconvenance du rapprochement. En comparant la figure de Pontoppidan, quelque mauvaise qu'elle soit, à celle du fou, qu'on trouve dans Buffon lui-même, tom. 8, pl. 29, on reconnoît aisément une analogie que ne sauroit détruire la prétendue crête dont la tête est couronnée dans la première. L'oiseau dont il s'agit est le fou de Bassan, *pelecanus bassanus*, Linn.; et les synonymies d'Othon Fabricius (*Fauna groenlandica*, pag. 91, n.° 59) et d'Othon-Fréd. Muller (*Zool. Dan. prodr.*, p. 18, n.° 149) ne laissent à cet égard aucun doute. Peut-être la supposition d'une crête aura eu pour cause l'état où se sera trouvée, dans l'individu qui aura servi au descripteur et au dessinateur, la peau nue qui entoure les yeux du fou; et l'habitude de suivre, à l'époque de leur apparition, les harengs, dont cet oiseau est très-avide, présente un nouveau signe d'identité avec le même oiseau.

Le *Jean-van-Ghent*, ou *Jean-de-Gand* des navigateurs hollandois au Spitzberg, dont on fait mention dans le Receuil des voyages au nord, tom 2, pag. 110, et que Buffon, à l'endroit cité, rapproche aussi des goélands et surtout du manteau noir, est encore le même oiseau que le gentilhomme, *have-sule*, ou *sula* d'Hoier, et *sula bassana* de Brisson. (CH. D.)

GENTIS. (*Bot.*) Mentzel cite ce nom parmi ceux qui étoient donnés anciennement à la gentiane; et les deux tirent leur origine de Gentius, roi d'Illyrie, qui, le premier, a fait connoître cette plante. (J.)

GÉOCORISES. (*Entom.*) M. Latreille a employé ce nom, qui signifie punaises de terre, pour désigner une famille d'insectes hémiptères à demi-élytres croisées ou hétéroptères, pour les distinguer des punaises aquatiques, qu'il nomme Hydrocorises. Voyez Rhinostomes et Zoadelges. (C. D.)

GÉODES. (*Min.*) Les géodes sont des sphéroïdes siliceux, dont le centre offre un vide plus ou moins grand, qui est hérissé de cristaux de quarz. Ces espèces de coques pierreuses, qui se trouvent souvent engagées au milieu des roches les plus étrangères à leur nature, en sont cependant contemporaines; car il me paroît assez difficile d'admettre qu'elles aient été formées après coup et par infiltration, comme le pensent cependant quelques naturalistes distingués.

Je prends pour type les géodes d'agate, et particulièrement celles qu'on trouve dans les environs d'Oberstein dans le Palatinat. Les roches qui constituent ces montagnes, et particulièrement le *Gallienberg*, sur l'origine desquelles les minéralogistes ne sont point d'accord, renferment une multitude de noyaux d'agate, qui s'en détachent facilement, et qui sont tellement isolés et tellement circonscrits qu'ils écartent toute idée d'infiltration. Les agates les plus volumineuses sont celles qui renferment ordinairement des géodes, c'est-à-dire des vides tapissés de cristaux; les plus petites, au contraire, sont presque toujours solides ou pleines dans toute leur épaisseur : mais, pour tout ce qui tient aux accidens de cristallisation, l'on retrouve, dans l'un et l'autre cas, une conformité parfaite avec les phénomènes de la cristallisation artificielle. Si l'on suppose, en effet, que toutes les places qui sont occupées maintenant par les agates aient été remplies dans l'origine par un fluide qui tenoit la substance siliceuse et les principes colorans en dissolution, on trouvera que la couche extérieure ou la croûte des géodes est le produit de la précipitation des molécules les plus grossières, qui étoient simplement tenues en suspension; qu'en allant vers le centre, ou du dehors au dedans, on trouve ordinairement des couches plus pures et plus transparentes, jusqu'au point, enfin, où le liquide, dégagé d'une grande partie des substances qui le saturoient à l'excès, a permis aux molécules qu'il contenoit encore, de se rapprocher à

loisir et d'affecter les formes régulières qui sont propres à
leur espèce, et avec d'autant plus de perfection que l'espace
du vide est plus étendu. On remarque même dans les agates
pleines, qui n'ont pu donner naissance à des géodes, que la
substance qui occupe le centre et qui a été formée la dernière est souvent transparente, vitreuse, cristalline, et qu'on
y distingue des aiguilles convergentes, qui sont des ébauches
de cristaux. On sent bien qu'une foule de causes accidentelles peuvent apporter nombre d'exceptions à cette marche;
mais, si la nature s'en écarte souvent, il n'en est pas moins
vrai qu'elle la suit plus souvent encore.

J'ai remarqué à Oberstein, dans le beau gisement des
agates du Gallienberg, en brisant un grand nombre de géodes,
que, toutes les fois que le liquide avoit tenu en dissolution
quelques substances étrangères aux agates, elles avoient cristallisé vers la fin et même après que la géode quarzeuse
avoit été terminée : telles sont les aiguilles de titane qui
se font remarquer dans l'intérieur des cristaux de quarz, les
paillettes de manganèse qui ornent leur surface, les cubes
de chabasie qui s'y sont groupés, et, mieux encore, cette
chaux carbonatée brune, dont un cristal solitaire traverse
tout le vide de la géode et semble jeté au hasard tout à
travers les pyramides d'améthyste.

Les calcédoines globuleuses qui sont creuses dans leur
intérieur, qui renferment quelquefois une goutte d'eau mobile; les *enhydres*, enfin, sont encore des géodes qui présentent en petit les mêmes modifications que celles que nous
venons de décrire : en effet, ces corps ovoïdes sont engagés
dans une roche tout-à-fait étrangère à leur nature; ils s'en
détachent avec facilité; leur épaisseur varie comme leur volume, qui n'excède cependant guères un pouce ou dix-huit
lignes de diamètre. Elles sont souvent creuses, mais on en
trouve beaucoup aussi qui sont absolument solides et qui
présentent seulement à leur centre des indices de cristallisation quarzeuse. Quant à celles qui sont de véritables géodes,
leur intérieur est tapissé de très-petites pointes cristallines,
qui sont les pyramides des cristaux de quarz, dont le prisme
forme l'épaisseur totale de la coque ou seulement une partie
de cette espèce de voûte. C'est au milieu de ces géodes qu'il

se trouve quelquefois encore une petite quantité d'eau, qui
se meut dans le vide comme le liquide d'un niveau à bulle,
et qui devient visible à l'œil si l'épaisseur de la calcédoine
permet d'en polir la surface. Faujas fait remarquer qu'il
arrive souvent que ces coques ne sont formées que par l'assemblage des cristaux de quarz, de sorte qu'en polissant
leurs bases on met leurs sutures à découvert, et que l'eau
intérieure s'échappe en suintant par ses légères fissures.
C'est pour cette raison que les enhydres persistantes sont
extrêmement rares et qu'elles sont très-recherchées par les
amateurs. On les trouve particulièrement dans les volcans
éteints du Vicentin, à Monte-Tondo, Monte-Galda, Monte-
Berico, Monte-Maïn, San-Floriano, et dans les îles Féroë,
qui sont aussi volcaniques. [1]

Les agates creuses d'Oberstein et les enhydres du Vicentin sont des géodes par excellence; et quoique cette dénomination ait été appliquée à tous les échantillons de minéralogie qui présentent une cavité tapissée de cristaux, je ne
crois pas qu'il soit juste de l'étendre aux fissures ou aux
espèces de poches à cristaux qui se trouvent dans les filons
et même au milieu des roches calcaires, non plus qu'aux silex
des craies, qui doivent souvent leurs formes et leurs cavités
aux animaux marins qu'ils ont remplacés et dont ils conservent encore les traces ou les empreintes. Je distingue, enfin,
aussi des géodes proprement dites, les cavités des laves, qui
ont reçu par infiltration évidente quelques substances étrangères qui s'y sont cristallisées çà et là sans former des coques
ou des globules entiers. (BRARD.)

GÉODIE, *Geodia.* (*Spong.*) Nouveau genre de corps organisés fort rapprochés de certaines éponges, et encore mieux
des faux alcyons, établi par M. de Lamarck pour une seule
espèce, qu'il regarde comme inédite et qui existe dans son
cabinet. Les caractères qu'on peut assigner à ce genre sont:
Corps libre? polymorphe, tubériforme, creux et vide,
charnu dans l'état frais, ferme et dur dans l'état sec, parsemé de pores enfoncés, épars dans toute sa circonférence,
si ce n'est dans un espace isolé et orbiculaire où existe un

---

[1] Faujas, Classification des produits volcaniques.

amas de trous en forme de cellules. La seule espèce de ce genre, que M. de Lamarck nomme la Géodie bosselée , *G. gibberosa*, est décrite, Ann. du Mus., 1 , p. 234. Sa forme est arrondie, et elle est couverte de tumeurs et de tubercules inégaux. Elle est composée d'une chair qui empâte des fibres extrêmement fines. M. de Lamarck croit qu'elle vient des mers de la Guiane. (D*e* B.)

GEODORUM. (*Bot.*) Genre de plantes monocotylédones, à fleurs incomplètes, irrégulières, de la famille des *orchidées*, de la *gynandrie diandrie* de Linnæus, offrant pour caractère essentiel : Une corolle à six pétales, cinq semblables et presque unilatéraux, le sixième en forme de capuchon, ventru, souvent éperonné à sa base, et non articulé avec la colonne des organes sexuels; une étamine à deux lobes ; le pollen distribué en deux paquets avec un petit lobe en arrière. Le fruit est une capsule uniloculaire ; les semences nombreuses.

Ce genre comprend quelques espèces placées d'abord parmi les *malaxis* ou les *limodorum*. On distingue les suivantes :

Geodorum pourpre : *Geodorum purpureum*, Rob. Brown *in* Ait., *Hort. Kew.*, edit. nov.; *Limodorum nutans*, Roxb., Corom, 1 , pag. 33 , tab. 40 : *Malaxis nutans*, Willd., *Spec.*, 4 , pag. 93. Très-belle espèce, découverte par Roxburg sur la côte du Coromandel. Ses racines sont munies de bulbes arrondies, au nombre de deux ou trois, placées l'une au-dessus de l'autre, garnies en-dessous de fibres charnues ; les feuilles inférieures sont vaginales à leur base, puis élargies, ovales, longues de huit à dix pouces, larges de cinq, entières, aiguës, traversées par cinq nervures ; les hampes, beaucoup plus longues que les feuilles, sont garnies dans toute leur longueur de gaines alternes, aiguës ; les fleurs disposées, à l'extrémité des hampes, en un épi pendant, long de quatre pouces, chargé de fleurs nombreuses, éparses, presque sessiles, assez grandes ; la lèvre ou le pétale inférieur ovale, aigu.

Geodorum dilaté : *Geodorum dilatatum*, Ait., *Hort. Kew.*, *l. c.; Limodorum recurvum*, Swartz, *Nov. act. Ups.*, 6, pag. 79 ; Roxb., *Corom.*, 1, pag. 33, tab. 39. Cette espèce a des bulbes charnues, striées, assez grosses ; elles produisent de grandes feuilles, presque toutes radicales, élargies, nerveuses, lancéolées, un peu aiguës, une fois plus longues que les hampes ; celles-ci sont courtes, simples, cylindriques, enveloppées d'écailles alternes, vaginales. Les fleurs sont disposées en une grappe courte, terminale, un peu globuleuse, fortement recourbée ; ces fleurs sont nombreuses, pédicellées, presque en ombelle : la corolle blanche, un peu jaunâtre ; les pétales égaux, ovales, lancéolés ; la lèvre ou le pétale inférieur élargi, arrondi, un peu crenelé à son sommet, muni d'un éperon très-court. Cette plante a été découverte dans les Indes orientales. Andrew, dans son *Botan. Repos.*, tab. 626, en a figuré une autre espèce, sous le nom de *geodorum citrinum*. (Poir.)

GEOFFRÆA. (*Bot.*) Genre de plantes dicotylédones, à fleurs complètes, papillonacées, de la famille des *légumineuses*, de la *diadelphie décandrie* de Linnæus, offrant pour caractère essentiel : Un calice à cinq découpures, une corolle papillonacée ; les ailes et la carène presque égales ; dix étamines diadelphes ; un style ; un drupe ovale, marqué d'un sillon de chaque côté, renfermant un noyau bivalve, monosperme.

Ce genre comprend des arbres ou arbustes à feuilles ailées avec une impaire ; les rameaux sont nus ou armés d'épines, les fleurs disposées en grappes paniculées. Il faut ajouter à ce genre, comme espèce, l'*andira racemosa*, rangé parmi les geoffræa. Lamck., *Ill. gen.*, tab. 604, fig. 1. (Voyez ANGELIN.)

GEOFFRÆA ÉPINEUX : *Geoffræa spinosa*, Willden., *Spec.*, 3, pag. 1129 ; Lamck., *Ill. gen.*, tab. 604, fig. 3 ; Jacq., *Stirp. Amer.*, tab. 180, fig. 62 : UMARI, Encycl., vol. 8 ; ULMARI, Marcgr., *Bras.*, 121. Arbre d'environ douze à quinze pieds de haut, garni de rameaux diffus, presque en buisson, armés de quelques épines subulées, souvent longues d'un pouce ; les feuilles ailées, composées d'environ sept paires de folioles oblongues, opposées, entières, glabres, obtuses. Les fleurs sont d'un blanc sale ou jaunâtre, d'une odeur un peu désagréable, disposées en grappes simples, touffues, axillaires, longues de trois à quatre pouces ; le calice campanulé, comprimé et anguleux à un de ses côtés, divisé en cinq découpures presque égales ; les deux supérieures divergentes, un peu arrondies, aiguës; les trois inférieures plus profondes, ovales-lancéolées, acuminées; la corolle un peu plus longue que le calice : le fruit est un drupe assez semblable à celui de l'amandier, d'un jaune verdâtre; l'écorce légèrement tomenteuse, renfermant une pulpe molle, douce, un peu jaunâtre, d'une odeur désagréable; un noyau fortement adhérent à la pulpe, et renfermant une amande blanchâtre, d'une saveur astringente. Cet arbre croît au milieu des grandes forêts, dans les terrains sablonneux peu distans des côtes maritimes, à la Jamaïque et dans les environs de Carthagène.

GEOFFRÆA SANS ÉPINES : *Geoffræa inermis*, Swartz, *Prodr.*, 106, et *Fl. Ind. occid.*, 3, pag. 1255; Wright, *Act. Angl.*, 1777, vol. 67, tab. 10. Arbre d'une médiocre grandeur, revêtu d'une écorce un peu glauque et cendrée; ses rameaux sont lisses, étalés, cylindriques, dépourvus d'épines; les feuilles ailées, presque longues d'un pied, composées de cinq à huit paires de folioles coriaces, ovales-lancéolées, glabres, entières, acuminées, pédicellées; deux stipules axillaires à la base du pétiole commun; deux autres subulées à la base des folioles. Les fleurs sont très-nombreuses, disposées en une ample panicule droite, terminale, très-rameuse; le calice urcéolé, pubescent, un peu rouillé, à cinq dents droites, courtes, aiguës, presque égales; la corolle purpurine; l'étendard échancré, arrondi, onguiculé, un peu denticulé à ses bords; les ailes conniventes à leur sommet avec de petites dents latérales. Le fruit est pédicellé, orbiculaire, un peu dur, uniloculaire. Cette espèce croît à la Jamaïque, sur le bord des fleuves, à Porto-Ricco, etc.

GEOFFRÆA TOMENTEUSE; *Geoffræa tomentosa*, Poir., Encycl. suppl. Espèce découverte au Sénégal par M. Roussillon. Ses rameaux sont épais, cylindriques, un peu comprimés, irrégulièrement anguleux à leur partie supérieure; revêtus d'un duvet tomenteux, cendré ou jaunâtre; garnis de feuilles éparses, fort longues, ailées avec une impaire, composées de neuf à onze folioles distantes, presque sessiles, membraneuses, ovales-lancéolées, longues de deux ou trois pouces sur environ un pouce de large, vertes, glabres en-dessus, un peu jaunâtres et tomenteuses en-dessous, entières, obtuses : les pétioles pubescens, renflés et presque calleux à leur base. Les fleurs sont disposées en grappes latérales, presque simples, longues de quatre à six pouces, couvertes d'un duvet tomenteux : chaque fleur pédicellée, un peu inclinée; leur calice velu, urcéolé, à cinq dents courtes; les pétales presque égaux.

GEOFFRÆA A FEUILLES ÉMOUSSÉES : *Geoffrœa retusa*, Poir., Encycl.; Lamck., *Ill. gen.*, tab. 694, fig. 2, *a*, *b*, etc. Cette plante a été observée à Cayenne par M. Richard. Ses rameaux sont glabres, cylindriques, garnis de feuilles ailées, composées de onze à treize folioles opposées, pédicellées, coriaces, ovales, presque elliptiques, un peu arrondies à leur base, fortement émoussées et souvent échancrées à leur sommet, longues d'environ deux pouces sur un de large, glabres, vertes, luisantes en-dessus, d'un brun cendré en-dessous, à nervures simples, saillantes en-dessous. Les fleurs sont disposées en une panicule droite, terminale, assez ample, composées de grappes éparses, très-serrées, chargées de fleurs nombreuses; leur calice un peu campanulé, à cinq dents presque égales; les pétales de même longueur; l'ovaire oblong, pédicellé, aigu à ses deux extrémités; le style fortement recourbé; le stigmate aigu.

Le *Geoffrœa surinamensis*, Willden., *Spec.*, 3, pag. 1130, est une espèce peu connue, qui me paroit très-rapprochée du *geoffrœa retusa*. Ses rameaux sont sans épines; ses feuilles ailées, composées de folioles ovales-oblongues, obtuses, échancrées; la carène composée de deux pétales. Elle croît à Surinam. (Poir.)

GEOFFROY (*Ichthyol.*), nom spécifique d'un crénilabre décrit par M. Risso et rangé par lui dans le genre Lutjan. Voyez CRÉNILABRE. (H. C.)

GEOFFROY. (*Ornith.*) Cet oiseau du Sénégal est un de ceux dont on doit la connoissance à M. Geoffroy de Villeneuve, et M. Levaillant le lui a dédié en le décrivant, tom. 2, p. 90, de son Ornithologie d'Afrique, où il l'a fait figurer dans son jeune âge, et dans son état parfait, pl. 80 et 81. La dépouille de plusieurs individus existe dans le muséum d'histoire naturelle de Paris et dans d'autres cabinets; et, d'après le crochet très-marqué qu'on observe au bec de cet oiseau, vers l'extrémité de la mandibule supérieure, des naturalistes l'ont placé parmi les pie-grièches. C'est le *lanius plumatus* de Shaw, et M. Cuvier l'indique comme pouvant former, avec le manicup de Buffon, *pipra albifrons*, Gmel., qui n'a de commun avec les manakins qu'une réunion des deux doigts externes un peu plus prolongée qu'à l'ordinaire, une section distinguée par un bec droit et grêle, et par une huppe formée de plumes redressées.

M. Levaillant, qui a examiné un assez grand nombre d'individus de la première de ces espèces, pense que les mœurs en doivent être bien différentes de celles des pie-grièches, et que les oiseaux dont il s'agit vivent en troupes, comme les étourneaux, et se nourrissent de la même manière, en cherchant leur pâture dans les lieux humides, où la couche terreuse qu'il a trouvée sur le bec de plusieurs lui a fait présumer qu'ils l'enfonçoient pour en retirer des vers et d'autres insectes. La forme droite et alongée du bec, dont les côtés sont aplatis, lui a aussi paru établir d'autres différences génériques avec les pie-grièches, et ce sont ces considérations qui auront sans doute déterminé M. Vieillot à former de cet oiseau un genre particulier sous le nom de *prionops*, en françois *bagadais*, quoique ce dernier terme fût déjà consacré à désigner un pigeon mondain.

Quoi qu'il en soit, les caractères assignés par MM. Vieillot et Levaillant à ce genre, dans lequel le manicup n'est pas compris, consistent dans un bec à base large, aplatie en-dessous, et garnie en-dessus de plumes dirigées en devant, tendu et très-comprimé par les côtés; la mandibule supérieure échancrée et crochue vers le bout; l'inférieure retroussée et amincie à la pointe; les narines oblongues, couvertes de plumes, dont une partie se hérisse sur le front; les paupières larges et déchiquetées en forme de dentelures qui se rabattent autour de l'œil; les ailes à penne bâtarde courte, et la deuxième rémige la plus longue.

Le BAGADAIS GEOFFROY, *Prionops Geoffroii*, Vieill., est de la taille d'une grive : le bec est noir; les paupières sont jaunes, ainsi que les pieds et les ongles. La tête est ornée d'une huppe molle, qui se rejette en arrière, et qui paroît à M. Levaillant devoir se relever à volonté; les plumes

de cette huppe, du capistrum et des joues, sont blanches ;
celles qui couvrent la tête et les oreilles, sont d'un noir
tirant sur le gris; la gorge, le cou, la poitrine, les flancs
et le dessous des ailes et de la queue, sont d'un blanc de
neige ; le manteau, les scapulaires et les ailes, sont d'un
noir à reflets bleuàtres, à l'exception d'une large bande
blanche qui fait partie des grandes couvertures; les deux
pennes extérieures de la queue sont de cette dernière couleur, et les autres deviennent de plus en plus noires à mesure qu'elles se rapprochent du centre. Les femelles se reconnoissent à des teintes plus cendrées, à une huppe plus petite, et à des paupières moins larges. (Ch. D.)

GEOGLOSSUM, *Geoglosse.* (*Bot.*) Les espèces de ce genre
de la famille des champignons, établi par M. Persoon,
avoient été comprises par les botanistes dans le genre *Clavaria*,
dont elles diffèrent par leur forme aplatie, dilatée vers le
sommet, qui peut être considéré comme une sorte de chapeau en forme de petite massue comprimée ou de langue,
qui se confond avec le stipe, et dans lequel on observe des
utricules distinctes.

Ces champignons sont charnus, simples ou fourchus, et
croissent en automne, à terre ou sur le terreau formé par
les arbres pourris, dans les jardins, les pâturages, les bois,
etc. Le nom générique de *geoglossum* (*terre* et *langue,* en grec)
rappelle leur forme et leur habitation. Les individus sont
ordinairement épars; quelquefois, cependant, on en trouve
une grande quantité réunie sur un très-petit espace. Le
nombre des espèces est de sept, selon M. Persoon; mais Linck,
Fries, etc., ont augmenté ce nombre, soit par la découverte
de nouvelles espèces, soit en démontrant que quelques autres
espèces de *clavaria* devoient y être ramenées. Le nombre des
espèces peut être porté à quatorze. Linck a légèrement mo-
difié les caractères de ce genre, et il en résulte que dans
quelques espèces le chapeau et le stipe sont distincts.

Un très-petit nombre d'espèces ont été observées en France,
et presque toutes dans le Nord. Les deux suivantes sont les
plus communes.

Geoglossum langue-de-serpent : *Geoglossum glabrum,* Pers.,
Synop., 608; *Clavaria ophioglossoides,* Linn.? Decand., Fl.

fr. , n.° 265 ; Bull. , Champ. , pag. 195, tab. 372 : *Langue de serpent*, Paulet, Trait. , 2 , pag. 429, pl. 196, fig. 2 ; Vaill. , Par. , pl. 7 , fig. 3. Cette espèce a la forme d'une langue de serpent, tantôt simple, tantôt fourchue, le plus souvent contournée et creusée en spirale. Elle a deux ou trois pouces de longueur sur deux ou trois lignes de largeur. Sa couleur extérieure est le noir ou le noir brunâtre ; mais elle est blanchâtre à l'intérieur. Sa consistance est sèche et sa surface parfaitement glabre, caractère distinctif entre cette plante et la suivante ; l'on observe à sa surface une poussière noire très-fine, qui tombe d'elle-même lorsqu'on pose le champignon sur une glace.

Cette plante est commune en automne aux environs de Paris : elle croît à terre ; nous l'avons aussi observée sur de vieilles poutres pourries de la machine de Marly, et sur des souches décomposées du sorbier des oiseleurs. Dans les prairies tourbeuses du Hartz, on en trouve une variété noire, remarquable par la longueur de son stipe, distinctement écailleux.

Geoglossum velu : *Geoglossum hirsutum*, Pers. , *Synops.*, 608 ; *Clavaria ophioglossoides*, Sowerb. , *Fung.*, pl. 83. Cette espèce est très-voisine de la précédente ; elle s'en distingue par sa surface velue : elle est noire ; croît en touffes ; elle est comprimée et unie à son extrémité : dans une variété elle est arrondie et plissée. Cette espèce se trouve dans les bois et les prairies. (Lem.)

GÉOGNOSIE. (*Min.*) La géognosie a proprement pour objet la connoissance du globe terrestre, c'est-à-dire, de la nature, de la disposition et de tous les accidens des masses minérales dont il est formé.

Cette science naquit seulement avec Saussure, Pallas, Werner, Dolomieu, Faujas, Spallanzani. Elle se distingue ainsi de la géologie, dont les systèmes remontent aux premiers âges de la civilisation.

Le mot *géognosie*, sorti de l'école allemande, commence à remplacer en France celui de *géologie*, dont l'application est moins précise. Voyez Terre, Terrains, Gisemens. (Brard.)

GÉOGRAPHIE. (*Conchyl.*) On trouve quelquefois désigné sous ce nom le cône Brocard de Soie. Voyez Cône. (De B.)

GÉOGRAPHIE BOTANIQUE. (*Bot.*) On désigne sous le nom de *géographie botanique* l'étude méthodique des faits relatifs à la distribution des végétaux sur le globe, et des lois plus ou moins générales qu'on en peut déduire. Cette branche des connoissances humaines n'a pu exciter l'attention des observateurs que depuis que la géographie et la botanique, enrichies par un grand nombre de faits, ont su s'élever à des idées générales. Les anciens naturalistes avoient fort négligé l'étude et même l'indication des patries des plantes. Linnæus est le premier qui ait pensé à les indiquer dans les ouvrages généraux ; il est le premier qui ait donné et le précepte et le modèle de la manière de rédiger les Flores ; il est le premier surtout qui ait distingué avec soin les *habitations*, c'est-à-dire les pays dans lesquels les plantes croissent, et les *stations*, c'est-à-dire la nature particulière des localités dans lesquelles elles ont coutume de se développer. C'est donc de Linnæus que sont réellement sorties les premières idées de géographie botanique.

Depuis cette époque, tous les botanistes ont indiqué avec plus de précision la patrie des plantes, et quelques-uns même ont fait de cette étude l'objet de leurs recherches spéciales. Ainsi Giraud-Soulavie, dans son Histoire naturelle de la France méridionale, publiée en 1783, et Bernardin de Saint-Pierre, dans ses élégantes Études de la nature, ont présenté à cet égard quelques considérations intéressantes, mais dépourvues de cette exactitude qui fixe l'attention des savans et qui seule constate la vérité. M. Link[1], en 1789, a fait connoître les plantes qui lui paroissent propres aux terrains calcaires. M. Stromeyer[2], en 1800, a présenté sur la géographie botanique le plan d'un travail qui fait connoître toute l'étendue de la science, et qui fait regretter qu'elle n'ait pas été étudiée plus tôt. M. Lavy[3], en 1801, a classé les plantes du Piémont relativement à leur ordre géographique.

---

1 Link, *Floræ Gœttingensis specimen* ; in-8.° *Gœttingæ*, 1789.

2 Stromeyer, *Commentatio sistens historiæ vegetabilium geographicæ specimen* ; in-8.° *Gœttingæ*, 1800.

3 Lavy, *Stationes plantarum Pedemontio indigenarum* ; in-8.° *Taurini*, 1801.

M. Kielman [1], en 1804, a publié quelques observations intéressantes sur la végétation des Alpes. J'ai moi-même, puisque l'ordre chronologique me force à me citer ici, exposé d'une manière abrégée, dans la Flore françoise [2], quelques observations générales déduites de l'étude des plantes de France, et j'ai, depuis, ajouté à cette base quelques détails ultérieurs, soit dans les rapports de mes voyages [3], soit dans l'article *Géographie botanique et agricole* du Dictionnaire d'agriculture [4], soit enfin dans le 3.ᵉ volume des Mémoires de la société d'Arcueil, publié en 1817. M. Bossi a fait à la Lombardie l'application de la méthode que j'avois proposée pour la France [5]. Mais l'ouvrage le plus précieux que nous possédions sur la géographie des plantes, le seul, peut-être, qui l'ait fait entrevoir dans toute son étendue, est la Géographie des plantes que M. de Humboldt a publiée dans son Tableau physique des régions équatoriales [6], auquel on doit joindre quelques développemens insérés dans ses élégans Tableaux de la nature [7]; ouvrages remarquables par le grand nombre de faits qu'ils font connoître, et par leur heureuse liaison avec les lois les plus importantes des sciences physiques. Dès-lors la géographie botanique prit une marche plus assurée. M. Wahlenberg, dans sa Flore de Laponie [8], et ensuite dans ses Essais sur la végétation de la Suisse [9] et des monts Carpathes [10], a développé l'histoire générale des végétaux de ces trois pays avec une sagacité remarquable.

---

1 Kielman, *Dissertatio de vegetatione in regionibus Alpinis*; in-8.° *Tubingæ*, 1804.

2 Flore françoise, 3.ᵉ édition, 1805, vol. 2, p. 1, avec une carte géographique.

3 Rapports des voyages botaniques et agronomiques dans les départemens de la France, imprimés parmi ceux de la Société d'agriculture de Paris; 1808 — 1814.

4 Dictionnaire d'agriculture, chez Déterville, à Paris, 6 vol., 1809.

5 *Giornale della società d'incoragemento del regno d'Italia*, n.° 7.

6 Essai sur la géographie des plantes; 1 vol. in-4.°, Paris, 1807.

7 Tableaux de la nature, traduits par Eyriès; 2 vol. in-12. Paris, 1808.

8 *Flora Laponica*, 2 vol. in-12. *Berolini*, 1812.

9 *De vegetatione et climate Helvetiæ tentamen*; in-8.° *Tiguri*, 1813.

10 *Flora Carpathorum principalium*; in-8.° *Gœttingæ*, 1814.

M. Robert Brown a fait connoître plusieurs généralités piquantes sur la géographie botanique de la Nouvelle-Hollande [1] et de la partie d'Afrique voisine du Congo [2], et a, dans ses divers Mémoires, comme c'est le propre de son talent, ouvert aux botanistes une nouvelle route. M. Schouw [3] a cherché à démêler, au milieu des faits nombreux et divers qui semblent se contredire, si l'on pouvoit admettre que chaque espèce de plante eût pris naissance dans un seul lieu; il prépare, sur la géographie des plantes de l'Italie, un travail que les botanistes attendent avec impatience. M. Boué [4] a publié quelques considérations utiles sur la manière d'étudier la Flore d'un pays donné, et les a appuyées sur l'exemple de l'Écosse. M. Winch [5] a fait un travail presque analogue sur quelques parties de l'Angleterre. M. Léopold de Buch, après avoir indiqué, dans son Voyage en Norwége, plusieurs faits curieux de géographie botanique, a publié un travail très-intéressant sur la distribution des plantes dans les îles Canaries [6], résultat de ses propres recherches et de celles de son ami Chr. Smith, dont la botanique a pleuré depuis la mort misérable. Enfin, M. de Humboldt a recueilli, avec son talent ordinaire, tout ce que l'on connoît sur les bases de la géographie des plantes, et, en le combinant avec ses propres recherches, en a tracé, dans les Prolégomènes de la Flore d'Amérique [7], le tableau le plus fidèle et le plus brillant.

A ces divers ouvrages il faut, pour avoir une idée complète de l'état actuel de nos connoissances, joindre cette multitude immense de notes relatives à la patrie des plantes

1 *General geographical remarks on the botany of Terra australis;* in-4.° *London,* 1814.

2 *Observations on the herbarium collected by prof. Chr. Smith, in the vicinity of Congo;* in-4.° *London,* 1818.

3 *De sedibus plantarum originariis sectio prima. Havniæ,* 1816, in-8.°

4 *De methodo Floram cujusdam regionis conducendi;* in-8.° *Edinburgi,* 1817.

5 *Essai on the geographical distribution of plants through the counties of Northumberland, etc.;* in-8.° *New-Castle,* 1819.

6 *Allgemeine Uebersicht der Flora auf den Canarischen Inseln. Berlin,* 1819; in-4.°

7 Humboldt, Bonpland et Kunth, *Nova plantarum genera et species Americæ, etc.;* in-4.° Paris, 1015 et suiv.

qu'on trouve éparses dans les écrits des voyageurs, dans les collections des naturalistes, dans les Flores et les ouvrages généraux de botanique ; j'oserai peut-être encore ajouter ici, que, par la manière dont j'ai récapitulé ces notes dans le Système universel du règne végétal, elles deviendront plus utiles dans l'avenir à l'étude de la distribution des plantes sur le globe.

Tels sont les ouvrages qui constituent la bibliothèque de la géographie botanique, et dont cet article doit être le résumé : j'y joindrai les considérations qui m'ont été fournies par l'examen attentif que j'ai fait, pendant sept années de voyages en France, de la distribution des plantes sur le sol qui nous entoure.

Je me propose de publier sous peu la statistique végétale de la France, qui contiendra, entre autres résultats de mes voyages, l'ensemble des faits observés sur la distribution des plantes sauvages et cultivées sur la surface de la France. L'article actuel peut être considéré comme l'introduction de cet ouvrage.

Toute la science me paroit se classer sous trois chefs généraux :

1.° L'influence que les élémens extérieurs exercent sur les végétaux, et les modifications qui résultent, pour chaque espèce, du besoin qu'elle a de chaque substance, ou des moyens par lesquels elle peut échapper à son action ;

2.° Les conséquences qui résultent de ces données générales pour l'étude des stations ;

3.° L'examen des habitations des plantes, et les conséquences qui en résultent relativement à l'ensemble de la science.

1.re PARTIE. *Influence des élémens ou agens extérieurs sur les végétaux.*

Nous devons examiner ici l'influence de la température, de la lumière, de l'eau, du sol et de l'atmosphère, et ne pas perdre de vue que, quoique pour la clarté de l'exposition nous devions les séparer, elles agissent cependant presque toutes à la fois.

A. *Influence de la température.*

De toutes ces influences la plus prononcée est la température. Cette action est tellement claire qu'elle est connue de tout le monde, et qu'en l'analysant je ne puis que classer des faits la plupart triviaux.

La température influe sur les végétaux, ou par une action purement physique sur leurs liquides et leurs solides, ou par une action physiologique sur leur force vitale.

Considérée dans son action purement physique, la température dilate ou condense les parties des plantes, comme celles de tous les corps. L'influence sur les solides est peu manifeste; celle sur les liquides est tellement évidente, qu'on peut établir en principe que l'action physique de la température sur les végétaux ou les parties de végétaux est sensiblement proportionnée à la quantité de liquides aqueux qu'ils renferment. Ainsi, les organes qui ne renferment point de liquides, sont comme insensibles aux extrêmes du froid et du chaud : tels sont les bois à leur état parfait, et les graines complétement mûres. De là vient que les graines peuvent être transportées par des causes occasionelles dans des climats entièrement différens des leurs, et y conservent leur vie là où les plantes elles-mêmes périroient.

Mais, pour analyser les effets de la température sur les liquides des végétaux, il faut distinguer ceux qui sont hors du végétal et destinés à y pénétrer, et ceux qui sont déjà introduits dans son tissu.

Toutes les matières dont les végétaux se nourrissent, sont ou de l'eau, ou des substances dissoutes ou suspendues dans l'eau. Si la température est au-dessous de la congélation, l'eau, devenue solide, ne peut pénétrer dans le tissu, et la végétation est suspendue : si la température est trop élevée, le terrain se dessèche et ne fournit plus d'alimens. La première cause de stérilité s'observe au pôle et dans les hautes montagnes; la seconde, dans les lieux très-chauds. Mais l'action de la température est très-sensible à la surface du sol, et l'est moins à une certaine profondeur : d'où il résulte, 1.º que, dans un terrain donné, les plantes à racines profondes résistent mieux aux extrêmes de la température que celles à racines superficielles ; 2.º qu'une plante donnée résiste mieux aux extrêmes de la température dans un terrain plus compacte, ou moins bon conducteur du calorique, ou moins doué de la faculté rayonnante, que dans un sol ou trop léger ou bon conducteur, ou rayonnant fortement le calorique. 3.º La nature des plantes et celle du sol étant données, les plantes résistent mieux au froid dans une atmosphère sèche, et à la chaleur dans une atmosphère humide.

Quant aux liquides renfermés dans le tissu même du végétal, ils sont soumis aux lois générales de la physique. Le froid peut les atteindre au point de les congeler ; et comme cette congélation est toujours accompagnée de dilatation, celle-ci, lorsqu'elle est brusque, rompt les parois des cellules ou des vaisseaux, et détermine ainsi la mort partielle des plantes. Si, au contraire, la chaleur est extrême, elle détermine une trop forte évaporation, d'où suit la flétrissure et le desséchement. Voyons par quels mécanismes les plantes peuvent plus ou moins résister à ces effets.

Leur résistance contre la congélation se fonde sur la marche de leur nutrition. Leurs racines sont plongées dans un sol dont la température est en hiver plus chaude que celle de l'air : elles absorbent donc, quoiqu'en petite quantité, un liquide qui, en s'introduisant dans leur tissu, tend à le réchauffer au point que l'intérieur des gros arbres est en général au même degré de température que celle indiquée par un thermomètre placé à la profondeur moyenne de leurs racines. Cette action s'étend jusqu'aux sommités, parce que les liquides ne se communiquent pas leur chaleur de molécule à molécule, et qu'ils ne peuvent la transmettre qu'avec lenteur aux substances ligneuses et mauvaises conductrices qui les entourent. Il s'établit ainsi une lutte entre le froid extérieur de l'atmosphère et la chaleur interne de la séve. Les différences d'un arbre à l'autre tiennent essentiellement à la facilité plus ou moins grande avec laquelle la chaleur de celle-ci peut se dispenser. Ainsi, 1.º, plus le nombre des couches interposées et distinctes par des zones d'air captif sera grand entre l'aubier (qui, renfermant plus d'humidité, est plus susceptible de gel) et l'extérieur, plus les arbres pourront résister au froid : c'est ainsi que les vieux arbres résistent mieux au froid que les jeunes[1] ; c'est ainsi que les bouleaux, dont l'écorce présente un grand nombre d'épidermes superposés, résistent à des froids étonnans ; c'est ainsi que la plupart des arbres monocotylédones, étant privés d'écorce, vivent moins bien dans les climats froids que les dicotylédones ; c'est ainsi que les jeunes pousses résistent bien mieux au froid lorsque, dans leur premier développement, elles sont abritées par des bourgeons écailleux que lorsqu'elles sont à nu, etc.

2.° Plus les couches extérieures sont dépourvues d'eau et abondamment munies de matières charbonneuses ou résineuses, plus aussi les végétaux résistent au froid : ainsi les plantes grasses gèlent assez facilement ; ainsi les conifères résistent à des froids très-vifs, tandis que les arbres verts non résineux gèlent à des degrés de froid peu intenses ; ainsi les jeunes pousses, imbibées d'eau au printemps, gèlent à des degrés de froid qu'elles supportent en automne, lorsqu'elles sont moins aqueuses ; ainsi les arbres gèlent moins facilement après un été bien chaud, qui a, comme disent les jardiniers, parfaitement *aoûté* leurs pousses, qu'après un été froid et pluvieux, où les pousses n'ont pas acquis toute leur dureté.

Toutes ces causes combinées, soit entre elles, soit avec l'état particulier de chaque organe, soit avec la nature du tissu intime de chaque végétal, expliquent assez bien la diversité d'action d'un même degré de froid sur des végétaux divers. Si nous examinons de la même manière l'action d'une température trop élevée, nous verrons que certains végétaux, tels que les bois très-durs, y résistent, parce que, renfermant peu de sucs aqueux, ils offrent peu de matière à évaporer ; d'autres, comme les plantes grasses, parce qu'elles sont douées d'un très-petit nombre d'organes évaporatoires ; d'autres, comme les herbes des lieux humides, parce qu'elles pompent promptement une quantité d'eau suffisante pour suppléer aux effets de l'évaporation.

---

1 L'azédarach, jeune, gèle souvent, à Montpellier, à 3 ou 4 degrés, et je l'ai vu, plus âgé, supporter sans périr un froid de 15° (therm. centigr.) dans le jardin botanique de Genève.

Quoique ce soit par des causes très-complexes que les végétaux résistent aux actions extrêmes du froid et du chaud, et que par leur réunion on pût peut-être expliquer complétement pourquoi telle plante gèle là où une autre très-semblable ne gèle pas ; il seroit, je pense, impossible d'expliquer, par ces simples considérations de physique, pourquoi, entre les limites mêmes où la végétation est possible, des plantes différentes requièrent des degrés de chaleur différens, en sorte que telle graine germe à 5 ou 6°, et que telle autre en exigera 20 ou 30 pour se développer. Cette diversité, qu'on retrouve dans les animaux, doit, très-probablement, dans les deux règnes organiques, être rapportée à l'intensité de l'excitabilité de la fibre ou du tissu de chaque espèce. Le problème se complique donc de causes physiques appréciables et de causes physiologiques que nous sommes obligés d'admettre, quoique nous ne puissions en rendre compte avec la même précision.

L'influence de la température sur la géographie des plantes doit être étudiée sous trois points de vue : 1.° la température moyenne de l'année ; 2.° les extrêmes de la température, soit en froid, soit en chaud ; 3.° la distribution de la température dans les différens mois de l'année.

La température moyenne, qui pendant long-temps a été l'objet presque unique des physiciens, est en réalité la donnée la moins importante pour la géographie des plantes : à ne la considérer que comme une indication vague, elle est d'un emploi assez commode ; mais la même température moyenne peut être déterminée par des circonstances tellement différentes, que les conséquences et les analogies qu'on en voudroit déduire sur la végétation, seroient très-erronées.

On tire des résultats plus bornés, mais plus exacts, de l'étude des points extrêmes de la température : ainsi toute localité qui, ne fût-ce que de loin en loin, présente ou un froid ou une chaleur d'une certaine intensité, ne peut présenter à l'état sauvage les végétaux incapables de supporter ce degré extrême. Lorsque ces températures exagérées ne reviennent qu'à de longs intervalles, l'homme peut maintenir dans le pays la culture d'un végétal qui ne sauroit s'y maintenir sauvage, soit parce que, à chaque fois qu'il est détruit par la rigueur exagérée de la saison, il le rétablit par des graines ou des plantes tirées de pays plus tempérés; soit parce que, dans ces momens critiques, il l'abrite contre l'intempérie de l'air; soit, enfin, parce que l'agriculteur ne demande pas toujours aux plantes qu'il cultive de porter des graines fertiles. C'est ainsi que la vigne, l'olivier et la plupart de nos plantes cultivées végètent très-bien pour notre usage dans des climats dont il seroit impossible qu'elles supportassent les hivers, si elles étoient livrées à elles-mêmes : c'est une des causes qui établit une différence absolue entre la géographie agricole et la géographie botanique.

Dans cette dernière, qui nous occupe essentiellement ici, les plantes ne peuvent s'établir à demeure dans un pays que lorsque ce pays ne présente pas, même de loin en loin, des causes de destruction complète. Ainsi, quelle que soit la température moyenne, une plante ne peut vivre sauvage dans un climat où, ne fût-ce que tous les vingt ans, elle viendroit à geler; ou, si quelques graines y sont portées par des causes accidentelles, elles n'ont jamais le temps de s'y établir d'une manière fixe. Les plantes annuelles, qui n'ont d'autre moyen de réproduction que leurs graines, sont complétement exclues de toute localité où une intempérie quelconque peut, ou les tuer, ou seulement empêcher la production de leurs graines : aussi sont-elles exclusivement bornées aux régions tempérées. Les végétaux vivaces peuvent encore vivre sauvages dans des climats qui ne leur permettent pas toujours de produire des graines; celles qui sont douées de moyens particuliers de réproduction par les racines, peuvent vivre même dans des climats où elles ne sauroient presque jamais donner des graines fertiles.

Sous ces divers rapports, et sous plusieurs autres, la distribution de la température dans les mois de l'année est la partie la plus importante de cette étude.

Il est des climats éminemment uniformes, dans lesquels une certaine température moyenne est produite par un hiver doux et un été frais : tels sont en général tous les pays maritimes; ce qui tient à ce que leur température est continuellement ramenée près de la moyenne par la mer, ce vaste réservoir de température constante, qui les rafraîchit l'été et les réchauffe l'hiver : telles sont encore , sans qu'on en connoisse bien les raisons, les parties occidentales des deux continens de l'hémisphère boréal, et, jusques à un certain point, la presque-totalité de l'hémisphère austral. Au contraire, une même température moyenne peut être produite par la combinaison d'hivers très-froids avec des étés très-chauds : c'est ce qu'on observe dans les pays continentaux comparés aux pays maritimes, dans les parties orientales des continens comparées aux occidentales, dans l'hémisphère boréal comparé à l'hémisphère austral.

Les plantes annuelles, qui ont absolument besoin de chaleur pendant l'été pour mûrir leurs graines, et qui peuvent passer l'hiver endormies, pour ainsi dire, à l'état de graines et indifférentes au froid de l'hiver, préfèrent les climats de la seconde série; les plantes vivaces, qui peuvent mieux se passer de mûrir leurs graines, et qui redoutent les grands froids de l'hiver, préfèrent ceux de la première. Parmi celles-ci, les plantes qui perdent leurs feuilles s'accommodent mieux des climats inégaux, et les plantes toujours vertes préfèrent les climats égaux.

Si de ces données générales on descend dans les détails, on concevra facilement comment la température de chaque saison en particulier, comment la durée de la chaleur dans certaines époques de l'année ou de la journée (durée que nos tableaux météorologiques ne représentent que d'une manière imparfaite), peuvent exclure tel ou tel végétal de chaque localité. Je n'ai pu, pressé par l'espace, indiquer ici que les principes et la marche du raisonnement : ceux qui voudront étudier ce sujet curieux d'une manière approfondie, doivent lire et méditer le beau travail de M. de Humboldt sur les lignes isothermes, inséré dans le 3.ᵉ volume des Mémoires de la société d'Arcueil.

B. *Influence de la lumière.*

L'influence de la lumière solaire sur la végétation est presque aussi importante que celle de la température, et, quoiqu'elle influe un peu moins que la précédente sur la distribution géographique des végétaux, elle mérite cependant une mention très-particulière.

La lumière est l'agent qui opère le plus grand nombre des phénomènes de la vie végétale. 1.º Elle détermine une grande partie de l'absorption de la séve; les plantes pompent peu d'humidité pendant la nuit et à l'obscurité. 2.º Elle détermine complétement l'émanation aqueuse des parties vertes des plantes; celles-ci n'exhalent point ou presque point d'eau pendant la nuit ou à l'obscurité, tandis que cette exhalaison est très-considérable de jour et surtout aux rayons directs du soleil. 3.º La lumière détermine, sinon absolument dans tous les cas, au moins dans presque tous ceux qu'on connoit bien et qui nous intéressent le plus; la lumière détermine, dis-je, dans le parenchyme des parties vertes, la décomposition de l'acide carbonique, et conséquemment la fixation du carbone dans les végétaux, la coloration des parties vertes, le degré de leur consistance et de leur alongement, l'intensité des propriétés sensibles, et, enfin, la direction de plusieurs organes. 4.º Elle est une des causes principales, et peut-être l'unique, des mouvemens singuliers connus sous le nom de sommeil des feuilles et des fleurs. 5.º Pendant l'absence de la lumière les parties vertes absorbent une certaine quantité de gaz oxigène, déterminée pour chacune d'elles dans un temps donné.

Quoique ces diverses influences s'exercent sur presque tous les végétaux, elles ne s'exercent pas sur toutes les espéces au même degré, et c'est de cette diversité même que naît le besoin qu'a chaque végétal d'une dose particulière de lumière.

A considérer le globe dans sa totalité, la lumière est en moyenne plus également répartie que la chaleur; mais elle offre des disparates importantes dans son mode de répartition. Dans les pays situés près de l'équateur, une lumière intense, parce qu'elle agit plus perpendiculairement, éclaire les végétaux à peu près également toute l'année pendant douze heures chaque jour. A mesure qu'on s'éloigne de l'équateur et qu'on s'approche du pôle, l'intensité des rayons devenus plus obliques va en diminuant; mais, par la distribution de ces rayons, la lumière manque presque complétement pendant l'hiver, où l'absence de végétation la rendroit presque inutile aux plantes, et est presque continue pendant la durée de la végétation, de sorte que sa continuité compense en tout ou en partie son intensité. Quoique les conséquences de la continuité de la lumière n'aient pas encore été suffisamment étudiées, on voit déjà, d'après cette donnée générale, qu'indépendamment de ce qui tient à la température, les plantes qui perdent leurs feuilles peuvent mieux supporter les pays septentrionaux, et que celles à végétation continue doivent avoir un plus grand besoin des régions méridionales. Les plantes dont les feuilles et les fleurs conservent habituellement la même position, peuvent vivre dans les climats du nord, où la lumière est presque continue en été ; tandis que c'est dans les climats méridionaux qu'on trouve et qu'on doit trouver les espèces qui sont remarquables par le sommeil et le réveil alternatif de leurs feuilles ou de leurs fleurs, mouvement qui est en rapport avec l'alternative des jours et des nuits.

Dans les pays situés au niveau de la mer, les rayons solaires ne parviennent aux végétaux qu'au travers d'une épaisse atmosphère, qui éteint, pour ainsi dire, une partie de leur éclat ; à mesure que l'on s'élève sur les sommités des montagnes, l'action de ces rayons est plus intense, parce que l'atmosphère est moins épaisse : d'où il résulte que, sous chaque latitude donnée, les espèces qui ont besoin en proportion de plus de lumière que de chaleur, doivent occuper le sommet des montagnes, et celles qui veulent plus de chaleur que de lumière doivent demeurer dans les plaines. Tous ceux qui ont tenté de cultiver les plantes des Alpes dans les plaines, savent combien il est difficile d'imiter cette station et de leur donner de la clarté sans trop de chaleur.

Enfin, dans chaque pays déterminé, les plantes se distribuent entre les diverses localités, d'après le besoin qu'elles ont d'une certaine quantité de lumière, et le point auquel chacune d'elles peut, sans trop souffrir, supporter un certain degré d'obscurité. Ainsi, toutes les plantes à feuilles très-aqueuses, qui ont besoin de beaucoup d'évaporation ; toutes les plantes grasses qui, ayant très-peu d'organes évaporatoires, ont besoin d'un stimulant pour déterminer sûrement leur action ; toutes celles qui sont d'un tissu très-abondant en carbone, ou qui ont des sucs très-résineux ou huileux, ou qui

offrent une grande étendue de surfaces vertes, etc., ont besoin de beaucoup de lumière et se trouvent dans les lieux
découverts : les autres, selon qu'elles s'écartent davantage de
ces conditions, vivent ou à l'ombre légère des buissons, ou
à celle plus forte des haies ou des murs, ou à celle des forêts
(qui varient entre elles selon la nature des arbres), ou, comme
le font certains champignons, dans les cavernes et à l'obscurité
totale. On a encore peu étudié les végétaux relativement à
la dose de lumière dont ils ont besoin ; mais je ne doute pas
qu'il n'y ait, à cet égard, de grandes diversités, et qu'elles
ne puissent expliquer celles des stations : ainsi j'ai vu des
fougères rester vertes dans des caves où les autres plantes
étoient toutes étiolées ; ainsi j'ai vu la lumière artificielle
des lampes produire des effets très-divers sur différens végétaux exposés à son action. Ce sujet seroit digne des recherches de quelques observateurs exacts. Les époques même où
une certaine dose de lumière parvient aux végétaux, quoique moins variables que ce qui tient à la température, présentent encore quelque intérêt. Ainsi, par exemple, les
mousses et les arbustes toujours verts, comme le houx, qui
végètent principalement en hiver, vivent très-bien dans les
forêts d'arbres qui perdent leurs feuilles, où ne pourroient
vivre des plantes qui végètent surtout pendant l'été.

C. *Influence de l'eau.*

Tout le monde connoît l'absolue nécessité de l'eau pour la
végétation, et les physiologistes ne se sont, à cet égard, distingués du vulgaire, que parce que quelques-uns, tels que Van-
Helmont, ont eu l'art d'exagérer encore un effet si puissant.
Si nous nous bornons d'abord à l'examen de l'eau en tant
que faisant partie du sol lui-même, nous savons qu'elle est
le véhicule universel qui apporte aux végétaux tous leurs
alimens, et qu'elle-même fait partie de la nourriture qui se
fixe dans les plantes et accroît leurs parties solides. Sous ce
double rapport les végétaux peuvent différer, et quant à la
quantité absolue d'eau qu'ils acquièrent, et quant au mode
de son absorption, et quant au besoin qu'a chaque espèce
de trouver certaines matières dissoutes dans l'eau qu'elle

absorbe. Montrons, en peu de mots, l'influence de ces différences sur la géographie botanique.

La quantité diverse de l'eau absorbée par chaque espèce
offre les disparates les plus prononcées, et chacun sait que
c'est une des causes qui influent le plus puissamment sur la
distribution topographique des végétaux.

Ceux qui ont besoin d'absorber une grande quantité d'eau,
savoir, ceux à tissu lâche et spongieux ; ceux qui ont des
feuilles larges, molles et surtout munies d'un grand nombre
de pores corticaux ; ceux qui ne portent que peu ou point de
poils à leur superficie ; ceux dont la végétation est rapide ; ceux
qui forment peu de matériaux huileux ou résineux ; ceux
dont les parties ne sont pas susceptibles d'être altérées ou
corrompues par l'humidité ; ceux, enfin, dont les racines
sont très-nombreuses, ont en général besoin d'absorber beaucoup d'eau et ne peuvent vivre que dans des lieux où ils en
trouvent naturellement une grande proportion.

Ceux, au contraire, qui ont le tissu serré et compacte,
qui ont les feuilles petites, dures ou munies d'un petit nombre de pores ; ceux qui ont beaucoup de poils ; ceux dont
la végétation est lente ; ceux qui forment dans le cours de
leur végétation beaucoup de matériaux huileux ou résineux ;
ceux dont le tissu est susceptible d'être altéré ou corrompu
par trop d'humidité ; ceux, enfin, dont les racines sont peu
nombreuses, ont besoin d'une petite quantité d'eau et choisissent de préférence pour leur station naturelle les lieux les
plus secs.

Le degré d'action de chacune des causes que je viens d'énu-
mérer, et leur combinaison mutuelle, déterminent pour
chaque espèce le besoin d'une quantité d'eau à peu près déterminée. Mais, quelque compliquées que soient ces causes,
il faut encore les combiner avec d'autres : ainsi, plus la température est élevée, et plus la lumière est intense dans une
époque et un lieu donnés ; plus aussi, toutes choses étant d'ailleurs égales, les plantes ont besoin d'absorber une plus grande
quantité d'eau, parce qu'elles en combinent et en éliminent
davantage. De là vient le besoin qu'ont certaines plantes de
trouver plus ou moins d'eau à certaines époques de leur vie,
ou dans certaines localités, ou dans certains modes de culture.

Si je suivois dans les détails cette marche de raisonnement, je pourrois montrer assez clairement comment les végétaux, par des causes diverses, ont besoin d'une quantité d'eau déterminée, et, par conséquent, doivent prospérer chacun dans la localité qui répond à ses besoins. Mais les exemples sont trop faciles à trouver pour qu'il vaille la peine de les présenter à l'attention du lecteur. Les conséquences mêmes des lois générales que je viens d'indiquer, sont généralement connues : ainsi on sait que les plantes à racines profondes prospèrent mieux dans les pays sujets à de longues sécheresses, parce que le fond de la terre végétale présente toujours un peu d'humidité; celles à racines très-superficielles ne peuvent vivre que dans des climats où l'humidité est plus continue, etc.

Mais la nature de l'eau absorbée par les plantes présente encore de grandes diversités : moins l'eau est chargée de principes nutritifs, plus il est nécessaire que les végétaux en absorbent dans un temps donné pour suffire à leur nourriture; plus, au contraire, l'eau est chargée de principes qui altèrent sa fluidité ou sa transparence, et qui, en tant que molécules solides, tendent à obstruer l'orifice des pores ou à gêner l'absorption par leur viscosité, moins aussi les végétaux en absorbent dans un temps donné.

La nature même des molécules dissoutes ou suspendues dans l'eau influe beaucoup sur la distribution topographique des plantes. Ces matières dissoutes sont : 1.° de l'acide carbonique; 2.° de l'air atmosphérique; 3.° des matières solubles, végétales ou animales; 4.° des principes alcalins ou terreux. On conçoit facilement que, quoique les besoins spéciaux des plantes soient beaucoup moins différens que ceux des animaux comparés entre eux, il doit y avoir à cet égard des diversités remarquables. Quoique cet objet ait été moins étudié que les autres parties de la physiologie végétale, on peut déjà entrevoir bien des faits qui s'y rapportent : ainsi, les végétaux dont le tissu doit contenir beaucoup de carbone, tels que les arbres à bois dur, redoutent plus que d'autres les eaux extrêmement pures et qui renferment peu de gaz acide carbonique.

Les plantes qui présentent beaucoup de matières azotées dans leur composition chimique, telles que les crucifères et les champignons, recherchent de préférence les terrains qui renferment beaucoup de matières animales en solution; les plantes qui présentent à leur analyse chimique une quantité notable de certaines substances terreuses, telles que la silice dans les monocotylédones, le gyps dans les légumineuses, etc., ont besoin d'en trouver dans le sol où elles croissent, et, s'il en manque, l'agriculteur a soin d'en ajouter artificiellement. Les espèces qui offrent, lorsqu'on les brûle, une quantité de substances alcalines plus considérable qu'à l'ordinaire, ne peuvent vivre que là où ces matières sont accumulées : ainsi, toutes celles qui ont un besoin absolu de carbonate de soude, ne peuvent prospérer que près de la mer ou des sources salées; quelques-unes peuvent suppléer à ce besoin de leur nature par l'absorption du carbonate de potasse, et alors elles peuvent vivre indifféremment près et loin de la mer. Ainsi la nature diverse des matières dissoutes dans les eaux est évidemment une des nombreuses causes qui déterminent les stations des espèces végétales.

Jusqu'ici je n'ai examiné l'eau qu'en tant qu'elle est destinée à être absorbée par les plantes; mais l'eau agit encore sous un autre rapport : lorsqu'elle est amassée en quantité plus considérable que la plante ne peut en absorber, elle réagit sur son tissu, et tend à le décomposer, à le dissoudre ou à le corrompre. Parmi les plantes qui ont besoin d'absorber une grande quantité d'eau, il en est qui ne peuvent pas résister long-temps à cette action, pour ainsi dire, extérieure de l'eau accumulée : ainsi, les plantes à racines très-charnues, comme les bulbes succulentes ou les racines bulbeuses du *protea argentea*, ou les tubercules charnus des cyclamens, sont assez facilement altérés par l'humidité. et ces plantes ne peuvent vivre par conséquent dans des lieux aquatiques ou marécageux. Au contraire, les tiges et les feuilles de certaines plantes sont naturellement douées de moyens par lesquels elles peuvent résister à l'action de l'eau extérieure. Ainsi, les unes ont la faculté de sécréter une matière visqueuse qui les enveloppe et les protége contre l'eau; c'est ce qu'on voit très-bien dans les *batrachospermum*, par exemple : d'autres, telles que plusieurs potamogétons, suintent à leur superficie une espèce de vernis qui empêche l'eau de les toucher, et qui agit pour les en défendre, précisément comme l'huile dont sont enduites les plumes des oiseaux aquatiques. Enfin, les plantes monocotylédones, dont la surface présente un tissu remarquablement siliceux et par conséquent très-peu altérable par l'humidité, résistent mieux que les dico-tylédones à l'action de l'eau extérieure. Aussi voyons-nous un plus grand nombre de plantes aquatiques parmi les mo-nocotylédones que parmi les dicotylédones; aussi certaines plantes, même charnues, telles que les aloès, peuvent vivre plusieurs mois sous l'eau sans en être sensiblement altérées.

Me seroit-il permis de faire remarquer ici, en passant, que c'est à cause de cette quantité de silice et de cette inalté-rabilité qui en est la suite, que la plupart des peuples du monde ont choisi des monocotylédones pour couvrir leurs maisons? Les septentrionaux ont employé le chaume d'après le même principe par lequel les peuples des tropiques em-ploient les feuilles des palmiers.

Ce que je viens de dire de l'eau accumulée à l'état de liquide autour des racines ou des feuilles des plantes, seroit applicable, avec de légères modifications, à l'eau dissoute ou suspendue dans l'air : c'est ce que nous verrons tout à l'heure, en parlant de l'influence de l'atmosphère; mais je dois auparavant dire quelques mots de l'influence du sol.

D. *Influence du sol.*

Cette influence est peut-être plus compliquée encore que toutes les précédentes; on peut cependant la réduire à trois considérations principales.

1.° Le sol sert de point d'appui aux végétaux, et par conséquent sa consistance doit lui donner, sous ce rapport, une aptitude particulière pour soutenir, plus ou moins bien, des plantes douées de formes diverses. Ainsi, les terrains de sable très-mobile ne peuvent servir de point d'appui qu'aux végétaux ou assez bas et couchés pour que le vent ne les renverse pas, ou aux arbres munis de racines assez profondes et assez ramifiées pour les fixer dans cette matrice mobile; encore ces deux effets seront-ils modifiés dans leurs résultats selon qu'il s'agira de pays plus ou moins sujets à l'action impétueuse des vents, selon qu'il s'agira d'arbres qui vivent naturellement isolés, ou de ceux qui, croissant en sociétés nombreuses, se protègent réciproquement.

Les règles inverses se trouvent vraies pour les terrains compactes : les plantes à petites racines peuvent y être suffisamment fixées, et celles-là seules peuvent y vivre ; car les racines très-grandes ne sauroient pénétrer dans des terrains trop tenaces. .

Enfin , les deux termes extrêmes de cette série présentent également des terrains stériles : les sables trop mobiles, ou les eaux trop courantes ; les argiles trop compactes, ou les rochers trop durs, sont, par des causes inverses, presque entièrement dépourvus de végétation.

2.° La nature chimique des terres ou des pierres qui composent le terrain, influe aussi sur le choix des végétaux qui peuvent le peupler ou y prospérer ; mais c'est ici encore un effet qui, quoiqu'en apparence simple, est en réalité très-complexe.

Les différentes terres agissent sur la végétation par des circonstances physiques, ainsi, par exemple, selon qu'elles sont plus ou moins douées de la force hygroscopique, ou, en d'autres termes, selon qu'elles absorbent l'eau ambiante plus ou moins facilement, qu'elles la retiennent avec plus ou moins de force, ou l'abandonnent plus ou moins facilement. Les plantes qui exigent plus ou moins d'humidité, peuvent prospérer dans tel ou tel terrain ; mais cet effet, évident en lui-même, se complique avec d'autres circonstances : ainsi , Kirwan a montré par l'analyse comparée des terres réputées bonnes pour le froment dans divers pays, qu'elles contiennent d'autant plus de silice que le climat est plus sujet à la pluie, d'autant plus d'alumine que le climat est moins pluvieux ; ou, en d'autres termes, que le terrain , pour être bon pour un végétal donné, doit être plus hygroscopique dans un climat sec, moins hygroscopique dans un climat humide : d'où résulte évidemment que, dans des localités différentes, on peut trouver les mêmes espèces de végétaux dans des terrains différens.

3.° Chaque nature de roche a un certain degré de ténacité et une certaine disposition à se déliter ou à se pulvériser : de là résulte la facilité plus ou moins grande de cer-

tains terrains à être formés ou de sable ou de gravier, et à
être composés de fragmens de forme ou de grandeur à peu
près déterminée. Certains végétaux, par les causes ci-dessus
indiquées, pourront préférer tel ou tel de ces sables ou de
ces graviers; mais la nature propre de la roche n'agit ici
que médiatement : ainsi, lorsqu'on rencontre des roches
calcaires qui se délitent comme les schistes argileux, on y
trouve les mêmes espèces de végétaux. Les deux considérations que je viens d'indiquer sont très-particulièrement applicables aux lichens des rochers.

4.° Les roches, selon leur couleur ou leur nature, sont
plus susceptibles d'être réchauffées par les rayons directs du
soleil, et, par conséquent, elles peuvent un peu modifier
la température d'un lieu donné; par conséquent aussi influer, quoique légèrement, sur le choix des plantes susceptibles d'y prospérer.

Mais, indépendamment de toutes ces causes physiques, la
nature chimique des roches a-t-elle une influence sur les végétaux? On ne peut, sans doute, le nier absolument; mais on
doit convenir que cette action a été en général fort exagérée.
Il faut remarquer, en effet, que les plantes ne vivent pas en
général sur le roc pur, mais dans un détritus de ces mêmes
roches; que les roches d'un pays même assez borné présentent souvent des natures très-diverses; que la terre végétale
n'est pas seulement formée par les roches qui l'entourent
immédiatement, mais encore par le mélange des molécules
terreuses chariées par les eaux, transportées par les vents
et déposées dans un lieu donné par les débris des animaux
ou des végétaux qui y ont vécu précédemment. Il résulte
de toutes ces causes que les terres végétales diffèrent beaucoup moins entre elles que les roches qui leur servent de
support, et que la plupart des plantes trouvent dans la plupart des terrains les alimens terreux qui leur sont nécessaires; aussi, après sept années de voyages en France, j'ai
fini par trouver presque toutes les plantes naissant spontanément dans presque tous les terrains minéralogiques. Lorsqu'il s'agit d'une localité peu étendue et par conséquent
d'un même climat, on trouve bien quelquefois certaines
plantes qui s'arrêtent à la limite d'un terrain; mais, lorsqu'on

étend ses recherches sur un espace plus étendu, on voit souvent cette même plante vivre, sous un climat différent, dans ce terrain qu'elle dédaignoit ailleurs. Je pourrois citer une foule d'exemples à l'appui de ces diverses assertions : ainsi on dit que le buis ne croît que dans les terrains calcaires, et il est vrai qu'il paroît les préférer; mais je l'ai trouvé en abondance dans les schistes argilo-calcaires des Pyrénées, et il n'est complétement exclu ni des granites de la Bretagne, ni des terrains volcaniques de l'Auvergne. On dit que le châtaignier ne croît point dans les pays calcaires, et il y est en effet plus rare qu'ailleurs; cependant on trouve de beaux châtaigniers des deux côtés du lac de Genève, au pied des montagnes calcaires du Jura et du Chablais. M. Carradori a trouvé, par des expériences de laboratoire, que la magnésie pure est un poison pour la plupart des plantes; et M. Dunal, ayant été, à ma demande, visiter un point des environs de Lunel où le sol présente une grande quantité de magnésie presque pure, y a trouvé les mêmes plantes que dans le calcaire environnant, et leurs racines prospéroient dans les fentes de cette roche magnésienne. Sans nier donc entièrement l'influence de la nature chimique des terres (et j'ai, plus haut, en parlant des matières dissoutes dans l'eau, cité quelques exemples qui la prouvent), je pense qu'elle ne doit jamais être séparée des influences purement physiques, et qu'on lui a en général attribué une importance exagérée.

E. *Influence de l'atmosphère.*

Plus nous avançons dans la carrière que nous nous sommes proposée, plus nous trouvons que tout est compliqué, qu'aucun effet ne peut être produit par une cause unique, qu'aucun agent n'opère d'une manière simple. Ainsi l'atmosphère peut agir ou simultanément ou séparément par sa composition accidentelle, c'est-à-dire par l'eau et les autres matières qu'elle renferme, suspendues ou dissoutes; par son mouvement. par sa transparence et par sa densité. Je ne parle pas de sa composition primitive, car les expériences les plus exactes ont prouvé que les proportions d'azote et d'oxigène sont constamment les mêmes dans l'atmosphère; mais des matières qui n'en font pas partie intégrante et nécessaire, s'y mêlent dans certains lieux, et la rendent plus ou moins propre à certaines espèces de végétaux. Ainsi, comme cela a lieu dans certaines grottes ou certaines mines, les quantités de gaz acide carbonique ou d'hydrogène peuvent être assez considérables pour empêcher la végétation de toutes les plantes, ou pour ne permettre que celle de quelques-unes, ou plus robustes, ou plus avides de ces substances. Ainsi l'air chargé des émanations salines de la mer nuit à certains végétaux, et favorise au contraire le développement de ceux qui ont besoin de carbonate de soude, comme on le voit dans les vallées du midi de l'Europe, où l'on trouve des plantes maritimes, et où l'on peut cultiver de la soude à une grande distance de la mer, pourvu qu'elles soient ouvertes de son côté et exposées au vent marin.

Mais ces effets divers sont bornés à des localités peu étendues; l'influence la plus générale que l'atmosphère exerce sous le rapport des substances qu'elle renferme, est son influence hygroscopique. Elle est habituellement chargée d'eau, ou invisible et simplement appréciable par l'hygromètre, ou visible et à l'état de vapeur. On n'a encore qu'un petit nombre d'observations ou d'expériences exactes pour connoître, 1.º si ces deux états de l'eau atmosphérique agissent d'une manière bien différente sur les végétaux; 2.º pour déterminer l'influence sur les plantes d'une certaine quantité habituelle ou momentanée, continue ou variable, d'humidité atmosphérique. Les expériences, un peu vagues il est vrai, des cultivateurs, et les observations déduites de la distribution des plantes sur le globe, tendent à prouver que cette influence est assez importante : tel végétal prospère mieux, à égal degré de température, dans un air modérément humide; tel autre dans un air très-humide ou très-sec. C'est une des circonstances que la culture en plein air ne peut point imiter, que la culture des serres n'imite que d'une manière imparfaite, et qui influe, par conséquent, sur les difficultés que nous éprouvons à transporter les végétaux d'un pays dans l'autre. Par conséquent, elle doit agir aussi sur la géographie des plantes, et mérite plus d'attention que les voyageurs ne lui en ont accordé jusqu'ici. C'est en partie à cette cause que tient la différence de la végétation des pays maritimes et des pays continentaux, des montagnes et des plaines, etc. Les brouillards empêchent la fécondation des fleurs, et, par conséquent, telle plante ne pourroit prospérer habituellement dans un climat qui seroit trop souvent nébuleux à l'époque de sa floraison.

L'influence de l'agitation de l'air est bien connue dans les cas extrêmes, mais n'a pas encore été appréciée dans les détails. Tout le monde sait que les vents trop impétueux brisent ou déracinent les arbres, et leur effet est grave dans les pays où ces accidens sont intenses ou fréquens; il l'est d'autant plus que la nature du sol est plus sablonneuse, et qu'il s'agit d'arbres à tiges plus élevées, à branches plus ramifiées, à bois plus fragile, à feuilles plus larges, à fruits plus gros. Mais la stagnation absolue de l'air paroît aussi nuisible à la végétation : déjà plusieurs jardiniers avoient observé qu'on se trouve bien d'établir un peu de mouvement dans l'air des serres; et récemment M. Knight. a prouvé que des arbres retenus immobiles croissent moins dans un temps donné que ceux qui sont soumis à l'action du vent. Quoiqu'on n'ait point encore assez apprécié cet effet pour savoir s'il agit sur la distribution des végétaux, je ne crois pas devoir le passer entièrement sous silence.

Mais, de toutes les influences de l'atmosphère, la plus difficile peut-être à réduire à sa véritable valeur est l'action de sa densité, ou, ce qui est la même chose, l'influence de la hauteur absolue sur la végétation. J'ai déjà cherché à analyser cette influence de la hauteur dans un Mémoire qui fait partie du troisième volume de ceux de la société d'Arcueil, et je me bornerai à indiquer les bases générales du phénomène.

La hauteur peut agir sur les végétaux, parce qu'elle a une action très-prononcée, et sur la température, et sur l'intensité de la lumière solaire, et sur l'humidité ambiante, et sur la rareté de l'air atmosphérique.

A mesure qu'on s'élève dans l'atmosphère, la température va en diminuant, d'après des lois aujourd'hui assez bien connues des physiciens, et qui paroissent dépendre de ce que l'air rare a plus de capacité pour la chaleur que l'air dense. Les faits qui prouvent que l'abaissement de la température dans les hautes montagnes est une des causes qui influent le plus sur la distribution des végétaux, sont les suivans.

1.° La fixité de la croissance naturelle de chaque plante à une élévation déterminée au-dessus du niveau de la mer, est d'autant plus grande qu'il s'agit de pays plus voisins de l'équateur, d'autant moindre qu'il s'agit de pays plus tempérés : ce qui tient à ce que, plus on s'éloigne de l'équateur, plus l'exposition d'un lieu donné a d'influence sur sa température.

2.° Dans les pays tempérés, comme la France, par exemple, les plantes qui sont peu affectées par la température et qui croissent à toutes les latitudes, croissent aussi à toutes les hauteurs où le terrain n'est pas couvert de neiges éternelles, depuis le niveau de la mer jusqu'au sommet des montagnes. J'ai recueilli environ sept cents exemples de cette loi : ainsi la bruyère commune, le genévrier, le bouleau, etc., croissent indifféremment au niveau de la mer et à 3000 mètres de hauteur.

3.° Si des plantes qui, selon leur constitution, redoutent une température trop chaude ou trop froide, croissent à des latitudes diverses, on observe que c'est à des hauteurs telles que l'effet de l'élévation puisse compenser celui de la latitude : ainsi, les plantes des plaines du Nord croissent dans le Midi sur les montagnes.

4.° Les plantes cultivées en grand suivent des lois tout-à-fait correspondantes aux précédentes : celles qu'on cultive à toutes latitudes, végètent aussi à toutes hauteurs ; celles qu'on ne trouve qu'à des latitudes déterminées, s'arrêtent aussi à des hauteurs proportionnelles : la pomme de terre, qui vient si bien dans nos plaines, se cultive, au Chili, jusqu'à 3600 mètres d'élévation ; l'olivier, qui n'atteint nulle part 44° de latitude, ne s'élève pas au-dessus de 400 mètres de hauteur.

5.° L'élévation au-dessus du niveau de la mer établit, dans la comparaison de la température des saisons, des effets assez analogues à ceux qui résultent de la distance de l'équateur, de sorte que les effets sur la végétation en sont d'autant plus analogues dans les deux cas.

A mesure qu'on s'élève dans une ligne verticale, il résulte de la diminution de la densité de l'air, que l'intensité de la lumière solaire va en augmentant : cet effet est représenté dans la ligne des distances à l'équateur, parce que la continuité de la lumière pendant la durée de la végétation est d'autant plus grande qu'il s'agit d'une latitude plus élevée.

A mesure qu'on s'élève dans les montagnes, on voit l'hygromètre, par sa marche descendante, annoncer que l'humidité de l'air va en diminuant : le même effet général a lieu à mesure qu'on va de l'équateur au pôle.

Dans les montagnes couvertes de neiges éternelles et où les plantes sont arrosées habituellement avec de l'eau glacée, celles qui craignent les températures trop chaudes peuvent vivre à des hauteurs inférieures à celles que, sous la même latitude, elles supportent lorsqu'elles ne sont pas arrosées par de l'eau de neige.

Il semble donc que, sous tous ces rapports, l'espèce de fixité des plantes à de certaines hauteurs tient éminemment à l'abaissement de la température d'après l'élévation. Le seul point de vue, purement théorique, d'après lequel on pourroit croire que la rareté de l'air a par elle-même une action directe sur la végétation, c'est le besoin qu'ont les végétaux d'absorber une quantité plus ou moins grande de gaz oxigène pendant la nuit par leurs parties vertes, et jour et nuit par leurs parties colorées. Il n'est pas douteux qu'il y auroit un terme d'élévation où l'atmosphère, devenue trop rare, ne présenteroit pas assez d'air pour satisfaire à ce besoin des plantes; mais partout les montagnes se trouvent couvertes de neige avant que cet effet devienne sensible. Aussi voyons-nous les plantes qui ont besoin de la plus grande dose d'oxigène, tout comme celles qui ont besoin de la moindre, croître indifféremment dans les plaines et dans les montagnes. Si cette influence entre donc pour quelque chose dans la station des plantes à certaines hauteurs, elle ne me paroît pas appréciable au milieu de l'influence prédominante de la température de la lumière et de l'humidité.

La diminution de la pression de l'air peut encore, selon M. de Humboldt, agir en favorisant et en augmentant l'évaporation. Cet effet est certain en théorie ; mais je ne connois pas de moyens, dans les connoissances actuelles, pour en apprécier l'influence réelle.

Pour prouver combien, dans les climats tempérés, l'influence de la hauteur est moindre qu'on ne pourroit le croire, j'ai coté, dans une suite de tableaux qui font partie du Mémoire cité plus haut, les *maxima* et *minima* des hauteurs où j'ai trouvé une même espèce de plantes. Ces tableaux, où j'ai presque toujours négligé à dessein les exemples où la différence ne va pas à mille mètres, prouvent que l'influence des hauteurs est beaucoup moins grande qu'on ne l'avoit cru.

2.ᵉ Partie. *Des stations.*

Nous venons d'analyser l'influence générale des agens extérieurs sur les végétaux, et d'entrevoir comment la structure propre à chaque plante, combinée avec cette influence générale, détermine pour chaque espèce, ou la possibilité de vivre dans un lieu déterminé, ou sa plus grande prospérité dans une certaine localité. Nous devons maintenant appliquer ces données générales aux stations et aux habitations des plantes. C'est sur cette distinction fondamentale que me semblent reposer tous les moyens de mettre quelque exactitude dans la généralisation des faits connus.

On exprime par le terme de *station*, la nature spéciale de la localité dans laquelle chaque espèce a coutume de croître, et par celui d'*habitation*, l'indication générale du pays où elle croît naturellement. Le terme de station est essentiellement relatif au climat, au terrain d'un lieu donné; celui d'habitation est plus relatif aux circonstances géographiques et même géologiques. La station de la salicorne est dans les marais salés, celle de la renoncule aquatique est dans les eaux douces et stagnantes; l'habitation de ces deux plantes est en Europe, celle du tulipier dans l'Amérique septentrionale. L'étude des stations est, pour ainsi dire, la topographie, et celle des habitations la géographie botanique.

La confusion de ces deux classes d'idées est une des causes qui ont le plus retardé la science, et qui l'ont empêchée d'acquérir quelque exactitude. Nous voyons très-évidemment que dans une région bornée les plantes se distribuent uniquement par le besoin que chacune d'elles a, d'après sa structure, de certaines combinaisons des milieux où elle doit vivre.

La même cause détermine-t-elle les habitations ? C'est une des questions fondamentales de la science, et même pour la discussion des faits il importe de ne pas confondre ceux qui sont relatifs à ces deux classes d'idées. Nous nous bornerons d'abord à l'examen des stations des plantes d'une même région. Les lois relatives aux stations paroissent applicables à toutes les régions; mais on ne doit comparer que les exemples réellement comparables, c'est-à-dire, déduits d'une même région.

Toutes les plantes d'un pays, toutes celles d'un lieu donné, sont dans un état de guerre les unes relativement aux autres. Toutes sont douées de moyens de réproduction et de nutrition plus ou moins efficaces. Les premières qui s'établissent par hasard dans une localité donnée, tendent, par cela même qu'elles occupent l'espace, à en exclure les autres espéces : les plus grandes étouffent les plus petites; les plus vivaces remplacent celles dont la durée est plus courte; les plus fécondes s'emparent graduellement de l'espace que pourroient occuper celles qui se multiplient plus difficilement.

Dans cette lutte perpétuelle il se passe deux phénomènes principaux. 1.° Certaines plantes, d'après leur organisation, ont besoin de certaines conditions d'existence : l'une ne peut pas vivre là où elle ne trouve pas une certaine quantité d'eau salée; l'autre, là où elle n'a pas, à telle époque de l'année, telle quantité d'eau ou telle intensité de lumière solaire, etc. Il résulte de ce besoin de certaines circonstances, que certaines plantes ne peuvent pas se développer dans certaines localités : première cause de la distribution locale des végétaux. 2.° Les conditions d'existence de chaque espéce ne sont pas rigoureusement fixes, mais admettent une certaine latitude entre des limites. On pourroit, pour chaque espéce, déterminer le point qui convient le mieux à sa nature, relativement à la dose de chaleur, de lumière, d'humidité, etc., qu'elle doit recevoir pour être dans le plus grand degré de prospérité possible : ce point une fois déterminé, on ne tarde pas à reconnoître que chaque espéce peut s'en écarter en plus ou en moins dans des limites quelconques. Lorsque ces limites sont très-rapprochées, la plante est plus délicate; elle ne peut vivre que dans un petit nombre de localités, et ne peut, par le même motif, ni se naturaliser au loin ni se cultiver facilement : telles sont, par exemple, les bruyères, les *pinguicula*, les *brunia*, etc. Lorsque ces limites sont larges et plus elles sont larges, plus aussi la plante est robuste ; plus elle peut vivre dans des localités diverses; plus aussi elle est facile à cultiver et à naturaliser au loin : telles sont la plupart des graminées, les plantains, les centaurées, etc. On trouve tous les degrés de délicatesse ou de force entre ces deux extrêmes.

Mais, à mesure que la localité dans laquelle une plante se développe est plus contraire à sa nature, à mesure aussi elle y croit plus foible; de sorte que telle espèce, le *carex arenaria*, je suppose, qui, dans un terrain sablonneux acquiert tout son développement et étouffe toutes ses voisines, pourra bien dans un terrain compacte être à son tour étouffée par ces mêmes espèces qu'elle auroit domptées dans son sol de prédilection. Ce que le terrain produit dans l'exemple que je viens de citer, pourroit être, dans d'autres cas faciles à remarquer, produit par la température, la lumière, l'eau ou l'atmosphère; bien plus, les mêmes plantes, dans les mêmes localités, luttent les unes avec les autres, et avec des succès différens selon leur âge. Ainsi, dans la culture des dunes des landes, on sème pêle-mêle du genêt et du pin : le genêt, qui pousse très-rapidement, domine et protège les jeunes pins, et quand il se trouve trop serré, il les étouffe quelquefois ; le pin, lorsqu'il échappe à ce danger, grandit plus que les genêts, il les dépasse et finit par les étouffer à son tour. Le même effet peut être produit par des maladies ou des accidens, par la nature diverse des couches de terre à différentes profondeurs, par les intempéries plus dangereuses pour une espèce que pour l'autre, et enfin par l'action de l'homme.

On peut conclure de ces faits, que je me contente d'indiquer, vu que la plupart sont très-bien connus; on peut, dis-je, conclure que dans chaque localité, parmi les plantes qui y sont semées naturellement et qui peuvent réellement y vivre, celles qui y prospèrent davantage tendent à s'emparer de l'espace et à en exclure celles qui y sont plus languissantes : seconde cause de la distribution locale des végétaux, et de la tendance naturelle de chacun d'eux à vivre dans le terrain qui lui convient le mieux.

On peut facilement, de ces considérations générales, déduire l'explication d'un fait observé dès long-temps, mais plus méthodiquement par M. de Humboldt, savoir, qu'il est des espèces dont on trouve le plus souvent les individus épars et égrenés, et d'autres, qu'on a nommées plantes *sociales*, dont les individus naissent rapprochés et comme en sociétés nombreuses. Ainsi, pour citer des extrêmes de ces deux manières de vivre, le *cypripedium calceolus* ou l'*orchis hircina* vit presque toujours isolé, tandis que les bruyères de l'ouest, les rhododendrons des Alpes, les potamogétons, etc., vivent le plus souvent en sociétés nombreuses. Cet effet est dû à des causes diverses. Ainsi, lorsqu'un terrain donné est d'une nature tellement particulière qu'il convient très-bien à certaines espèces et mal à la plupart des autres, celles qui y prospèrent finissent par s'en emparer entièrement. C'est ainsi qu'on trouve des plantes sociales dans tous les terrains spéciaux : telles sont l'*elimus arenarius* dans les sables, les *sphagnum* dans les lieux tourbeux, les rhododendrons sur les pentes élevées des Alpes, les bruyères dans les landes, etc. Toutes ces plantes sont sociales, parce qu'elles ne vivent que dans des localités déterminées.

Au contraire, lorsqu'un terrain convient, au même degré, à un grand nombre de végétaux différens, ceux-ci luttent ensemble, à forces égales, pour s'y établir, et y vivent alors mélangées. C'est ainsi que dans nos terrains cultivés toutes les mauvaises herbes prospèrent pêle-mêle lorsqu'on leur en laisse la liberté ; c'est ainsi que les forêts des régions fertiles des tropiques présentent un mélange de plusieurs arbres, tandis que celles des pays tempérés, moins favorisées du climat, présentent d'ordinaire une essence dominante.

Enfin, les espèces éminemment robustes, qui par cela même sont le plus souvent dispersées, deviennent quelquefois sociales : c'est ce qui a lieu, par exemple, dans les très-mauvais terrains, où ces plantes robustes peuvent vivre, tandis que toutes les autres périssent ; c'est ainsi que les individus de l'*eryngium campestre* sont égrenés dans certains pays, et vivent souvent en sociétés dans les sables à demi fixés du bord des mers.

A ces causes générales, déduites du mode de nutrition, il faut joindre les causes qui dépendent de la réproduction des plantes : celles qui se propagent par des racines, des tiges ou des jets rampans, comme la piloselle; celles qui produisent un grand nombre de graines, et dont les graines ne peuvent pas être facilement emportées au loin par les vents, vivent plus rapprochées entre elles que celles d'organisation analogue d'ailleurs, mais à graines peu nombreuses ou très-volatiles.

La disposition ou le rapprochement des individus d'une même espèce est donc une conséquence immédiate de la théorie générale des stations, telle que nous l'avons développée ci-dessus.

La classification des stations des plantes, qui, à la manière dont elle est exposée dans la plupart des livres, semble fort simple, est en réalité fort compliquée et peu susceptible d'une exactitude rigoureuse. Nous avons vu, dans la première partie de cet article, combien une seule des circonstances qui influent sur la végétation présente de modifications, la plupart simultanées : or, une station est une espèce de résultat moyen produit par la combinaison variée et inégale de toutes ces circonstances : ainsi, un marais est différent de lui-même, selon qu'il est alimenté d'eau douce ou d'eau salée; qu'il est sur un sol d'argile ou sur du sable, dans la plaine ou sur une montagne, dans un climat chaud ou froid, etc. Quoique cette difficulté soit évidente, il existe cependant des données générales dans les stations, de sorte qu'il est utile de les distinguer, lors même qu'on ne peut le faire avec rigueur.

Voici les classes qui paroissent les moins incertaines, savoir :

1.° Les plantes *maritimes* ou *salines*, c'est-à-dire celles qui, sans croître plongées dans l'eau salée et sans flotter à sa surface, ont cependant besoin de vivre près des eaux salées pour en absorber une portion nécessaire à leur nourriture. Il faut distinguer ici celles qui, comme la salicorne, vivent dans les marais salés, et qui paroissent absorber des matières salines par leurs racines et leurs feuilles; celles qui, semblables au *roccella fuciformis*, vivent sur les rocs exposés à l'air marin, et ne semblent absorber que par leurs feuilles;

et, enfin, les plantes, telles que l'*eryngium campestre*, qui n'ont pas besoin d'eau salée, mais qui vivent sur les bords de la mer comme ailleurs, parce qu'elles sont assez robustes pour ne pas trop redouter l'action du sel.

2.° Les plantes *marines*, appelées récemment *thalassiophytes* par M. Lamouroux, qui croissent, ou plongées dans l'eau salée, ou flottantes à sa surface. Ces plantes se distribuent dans le fond de la mer ou des eaux salées, d'après le degré de salure de l'eau; d'après le degré habituel de son agitation, la continuité ou l'intermittence de leur immersion, le degré de tenacité du sol, et peut-être l'intensité de la lumière.

3.° Les plantes *aquatiques*, qui vivent plongées dans les eaux douces, soit entièrement immergées, comme les conferves; soit flottantes à la surface, comme les stratiotes; soit fixées dans le sol par leurs racines, avec le feuillage dans l'eau, comme plusieurs potamogétons; soit enracinées dans le sol, et venant ou flotter à la surface, comme les *nymphæa*, ou s'élever au-dessus de la surface, comme l'*alisma plantago*. Cette dernière sous-division se rapproche beaucoup de la classe suivante.

4.° Les plantes des *marais* d'eau douce et des lieux très-humides, parmi lesquelles on doit distinguer principalement celles des terrains tourbeux, des prairies marécageuses, du bord des eaux courantes; et, enfin, celles des terrains inondés pendant l'hiver et plus ou moins desséchés pendant l'été.

5.° Les plantes des *prairies* et des pâturages, dans l'étude desquelles il faut distinguer celles qui, par leur réunion sociale, soit naturelle, soit artificielle, forment le fond de la prairie, et celles qui croissent entre elles avec plus ou moins de fréquence et de facilité. Ces plantes des prairies ne diffèrent que par le degré d'humidité de celles des prairies marécageuses.

6.° Les plantes des *terrains cultivés*. Cette classe est tout-à-fait due à l'action de l'homme : les plantes qui croissent dans nos terres cultivées sont celles qui, dans l'état sauvage, se plaisent dans les terrains légers et substantiels; plusieurs d'entre elles ont été transportées d'un pays à l'autre avec les graines mêmes des plantes cultivées. Celles qu'on trouve dans les champs, les vignes et les jardins, quoique souvent les mêmes, présentent souvent aussi un choix particulier déterminé par le mode de culture.

7.° Les plantes des *rochers*, desquelles on passe, par des nuances insensibles, à celles des murailles, des lieux rocailleux et pierreux, et jusques à celles des graviers, qui, à mesure que la masse des fragmens va en diminuant, nous conduisent, par de nombreuses nuances, jusqu'à la classe suivante. L'étude des plantes des rochers présente des diversités remarquables, d'après la nature propre de chaque roche.

8.° Les plantes des *sables* ou des terrains très-meubles, pour la classification desquelles on éprouve quelque difficulté : car celles des sables maritimes se confondent avec les plantes salines; celles des terrains meubles avec les espèces des terrains cultivés; et celles des sables grossiers ne diffèrent pas de celles des graviers.

9.° Les plantes des *lieux stériles*, à raison de ce qu'ils sont trop compactes, comme le sont les terrains argileux, ou ceux dont la superficie se durcit par la sécheresse ou la chaleur, ou ceux qui sont fortement tassés par l'homme ou les animaux. Cette classe hétérogène renferme des végétaux peu tranchés.

10.° Les plantes des *décombres,* ou qui naissent voisines des habitations humaines : ces espèces, en petit nombre, semblent déterminées dans le choix de leur station, les unes par le besoin qu'elles ont des sels nitreux, d'autres peut-être par le besoin de matières azotées.

11.° Les plantes des *forêts*, parmi lesquelles il faut distinguer les arbres qui, par leur réunion, composent la forêt, et les végétaux qui peuvent avec plus ou moins de facilité croître sous leur abri. Parmi les végétaux habitans des bois, leur distribution dans des forêts de diverses essences se détermine d'après le degré d'obscurité plus ou moins grand que chaque espèce peut supporter, soit toute l'année, comme dans les forêts d'arbres verts; soit pendant tout l'été, dans les forêts d'arbres qui perdent leurs feuilles.

12.° Les plantes des *buissons* et des *haies*. Les arbustes qui composent cette station, diffèrent des végétaux des forêts par leurs moindres dimensions et par la légèreté de leur ombrage : les espèces qui croissent entre eux sont plus particulièrement les herbes grimpantes.

13.° Les plantes *souterraines*, qui vivent, soit dans les cavernes plus ou moins obscures, comme les byssus; soit dans le sein même de la terre, comme les truffes. Ces plantes peuvent se passer de l'action de la lumière, et plusieurs d'entre elles ne peuvent même la supporter. Les espèces qui naissent dans les cavités des vieux troncs, ont de grands rapports avec celles des cavernes.

14.° Les plantes des *montagnes*, parmi lesquelles on pourroit admettre comme sous-divisions toutes les autres stations. On a coutume de classer comme plantes montagnardes celles qui, dans nos climats, ne se trouvent qu'à une hauteur absolue de plus de 500 mètres; mais cette limite est tout-à-fait arbitraire. La division la plus importante à établir parmi les plantes montagnardes, est celle des espèces qui croissent dans les montagnes alpines où la neige persiste pendant tout l'été, et où l'arrosement est non-seulement continu, mais d'autant plus abondant et plus froid qu'il fait plus chaud; et des espèces qui croissent dans les montagnes dépouillées de neige pendant l'été, et où, par conséquent, l'arrosement cesse au moment où il seroit le plus nécessaire. Ces dernières sont évidemment plus robustes que les premières, et sont beaucoup plus faciles à soumettre à la culture.

15.° Les plantes *parasites*, c'est-à-dire, qui sont dépourvues de la faculté, ou de pomper leur nourriture du sol, ou de l'élaborer complétement, et qui ne peuvent vivre qu'en absorbant la séve d'un autre végétal : on en trouve dans toutes les stations précédentes. On doit distinguer parmi les plantes parasites : 1.° celles qui naissent à la surface des végétaux, et s'y implantent pour vivre à leurs dépens, telles que le gui et la cuscute; et 2.° les parasites intestines, qui se développent dans l'intérieur même des plantes vivantes, et percent le plus souvent l'épiderme pour paroître au dehors, telles que les urédos et les æcidium.

16.° Les plantes *fausses-parasites*, c'est-à-dire, qui vivent ou sur des végétaux morts ou sur des végétaux vivans, mais sans en pomper la séve. Cette classe, qui a souvent été confondue avec la précédente, présente trois sous-divisions assez distinctes. La première, qui se rapproche des vraies parasites, comprend des plantes cryptogames, dont les germes, apportés probablement pendant l'acte de la végétation, se développent à l'époque où soit la plante, soit l'organe qui la recèle, commence à dépérir, et qui vivent de sa substance pendant son agonie ou après sa mort; telles sont les némaspores et plusieurs sphéries : ce sont de fausses parasites *intestines*. La seconde comprend des végétaux, soit cryptogames, comme les lichens et les mousses, soit phanérogames, comme les épidendrums, qui vivent sur les arbres vivans sans pomper leur séve, et en se nourrissant ou de l'humidité superficielle de l'écorce, ou de celle de l'air : ce sont de fausses-parasites *superficielles;* plusieurs peuvent vivre sur les rochers, les arbres morts ou le sol. La troisième comprend les fausses-parasites *accidentelles*, comme le sont les herbes qu'on voit naître çà et là dans les cavités des troncs.

Ces seize classes admettent assez tolérablement la totalité des végétaux connus; mais, comme j'en ai prévenu, elles ne doivent point être considérées d'une manière rigoureuse. Les unes se rapportent à l'influence du sol, d'autres à celle de l'eau, d'autres à celle de l'air ou de la lumière; et dans chacune d'elles on a pris un élément prédominant pour base de la division, et on a négligé momentanément tous les autres. Cette méthode est peu logique; mais on est forcé de s'en contenter là où des causes très-nombreuses se compliquent ensemble.

L'influence de la température, quoique très-puissante sur les végétaux, a été négligée dans la classification des stations; nous la verrons, au contraire, tenir le premier rang dans le peu qui est appréciable pour nous dans la théorie des habitations, dont nous allons maintenant nous occuper.

3.ᵉ PARTIE. *Des habitations.*

Si l'étude des stations nous a déjà présenté bien des parties vagues et peu susceptibles d'appréciations rigoureuses, celle des habitations nous offre cette incertitude à un degré plus éminent encore. Une partie du phénomène de la distribution des végétaux dans les pays divers, paroît bien tenir à l'influence appréciable de la température ; mais il est encore une partie de faits qui échappe à toutes les théories actuelles, parce qu'elle se lie à l'origine même des êtres organisés, c'est-à-dire au sujet le plus obscur de la philosophie naturelle.

Tous ou presque tous les végétaux, livrés à eux-mêmes, tendent à occuper sur le globe un espace déterminé ; c'est la détermination des lois d'après lesquelles se fait cette circonscription végétale, qui constitue l'étude des habitations. Si l'on se contente de connoissances relatives aux espèces, on peut assez bien déterminer, pour chacune d'elles, les limites en latitude, en longitude et en hauteur, qu'elle n'a pas coutume de franchir. La collection de ces faits de détail est la base de la science. Lorsqu'on les aura tous réunis avec exactitude, peut-être en pourra-t-on déduire des lois générales et rigoureuses ; mais nous ne connoissons probablement pas la moitié des espèces du globe, et parmi celles que nous connoissons il en est à peine la moitié dont l'habitation soit déterminée avec précision. Les généralités que nous tentons d'établir en ce moment, sont donc évidemment provisoires ; mais elles tendent, tout imparfaites qu'elles sont, à faire connoître l'ensemble de la végétation, et à diriger les voyageurs dans le choix de leurs observations ultérieures : c'est sous ce double rapport qu'elles ont déjà un intérêt réel.

L'influence de la température est manifeste lorsque l'on compare la nature, le nombre et le choix des végétaux qui croissent dans les pays divers, à différentes latitudes et à différentes hauteurs. Cette influence paroît plus grande encore lorsqu'on réfléchit que ces élémens se compensent de manière à procurer aux individus d'une même espèce une température à peu près semblable dans les localités diverses où elle se trouve. Il se passe ici le même phénomène que pour les stations ; savoir, que les espèces délicates, qui ont besoin d'une température bien déterminée (soit quant à l'intensité, soit quant à l'époque), n'habitent que dans un seul pays, tandis que les espèces plus robustes, qui s'accommodent de divers degrés de froid et de chaud, peuvent se rencontrer à des distances très-considérables. La température des eaux présentant de moindres diversités que celles de l'air, il est probable que les plantes aquatiques doivent être, moins que toutes les autres, bornées à un climat déterminé: c'est aussi ce que les botanistes croient avoir observé; mais je ne suis pas bien certain que ce résultat probable soit fondé sur des comparaisons assez nombreuses et assez exactes.

Le nombre des espèces diverses d'un espace donné va en augmentant à mesure qu'on avance vers les pays chauds, et en diminuant vers les pays froids. Cette loi est évidente dans les montagnes, qui ont bien moins de plantes à leur sommet qu'à leur base; mais plusieurs autres causes concourent avec la température pour produire ce résultat, qui est plus clair en comparant les pays soumis à des latitudes diverses. Ainsi M. de Humboldt compte 4000 espèces seulement dans l'Amérique tempérée et 13000 dans l'Amérique équinoxiale entre les tropiques, 1500 dans l'Asie tempérée et 4500 dans l'Asie équinoxiale. Ces nombres ne peuvent être que très-approximatifs, vu que les différens pays sont très-inégalement connus.

On peut atteindre à une précision un peu plus grande, en comparant, sous d'autres rapports, le choix des végétaux du Nord et du Midi. En général, si l'on part des régions tempérées, on voit évidemment,

1.° Que le nombre proportionnel des plantes dicotylédones va en augmentant à mesure que l'on approche de l'équateur, et en diminuant vers le pôle;

2.° Que le nombre des acotylédones ou cellulaires suit une règle inverse, c'est-à-dire qu'il va en augmentant vers le pôle, et en diminuant vers l'équateur;

3.° Que celui des monocotylédones, parmi lesquelles je comprends les fougères, souffre peu de variations comparativement aux deux classes précédentes, et forme environ un sixième de la Flore totale de chaque pays, comme du monde entier.

Ces trois propositions peuvent se déduire du tableau suivant.

1.er *Tableau, indiquant le nombre proportionnel des trois grandes classes de végétaux dans divers pays.*

Laponie. Latit. bor. 66 — 69°.

D'après M. Wahlenberg. Nombre total des plantes, 1087.

		Soit à la totalité comme
Dicotylédones	340	1 : 3
Monocotylédones	186	1 : 6
Acotylédones	557	1 : 2

Islande. Lat. bor. 63 — 67°.

D'après M. Hooker : nombre total 642.

Dicotylédones	239	1 : 3
Monocotylédones	135	1 : 5
Acotylédones	268	1 : 2 ½

Allemagne. Latit. bor. 45 — 54°.

Principalement d'après M. Hoffmann : nombre total, 3650.

Dicotylédones	1466	1 : 2 ½
Monocotylédones *	483	1 : 7 ½
Acotylédones **	1700	1 : 2 ⅕

France. Latit. bor. 42 — 51°.

D'après la Flore françoise et le Supplément :

Nombre total	5966.	
Dicotylédones	2997	1 : 2
Monocotylédones	798	1 : 7 ½
Acotylédones	2171	1 : 2 ½

Barbarie. Lat. bor. 34 — 37°.

D'après M. Desfontaines : nombre total 1577.

Dicotylédones	1200	1 . 1 ¼
Monocotylédones	316	1 : 5
Acotylédones ***	61	1 : 26

Égypte. Latit. bor. 24 — 32°.

D'après M. Delille : nombre total 1030.

Dicotylédones	776	1 : 1 ⅓
Monocotylédones	192	1 : 6 ½
Acotylédones	62	1 : 16

---

* Ce nombre est plus fort que celui de Hoffmann, parce que j'ai supputé les graminées d'après la partie publiée de la Flore de M. Schrader.

** Ce nombre paroît au-dessous de la vérité. Je n'ai pu noter les algues et les champignons que par approximation.

*** Ce nombre est au-dessous de la vérité. L'auteur s'est moins occupé de cryptogames que du reste du règne végétal.

Jamaïque. Latit. bor. 18°.

D'après M. Lunan : nombre total................. 1335. Soit à la tot. comme

Dicotylédones.................	801	1 : 1 5/8
Monocotylédones..............	412	1 : 5 1/3
Acotylédones.................	122	1 : 11

Guiane françoise. Latit. bor. 1 — 4°.

D'après Aublet : nombre total................. 1209.

Dicotylédones.................	960	1 : 1 1/4
Monocotylédones..............	226	1 : 6
Acotylédones***..............	23	1 : 57

Amérique équinoxiale entre les tropiques.

D'après M. de Humboldt : total des espèces observées, 4160.

Dicotylédones.................	3226	1 : 1 1/4
Monocotylédones..............	654	1 : 6 1/2
Acotylédones.................	280	1 : 15

Nouvelle-Hollande. Latit. austr. 10 — 43°.

D'après M. Rob. Brown : total des espèces connues, 4160.

Dicotylédones.................	2900	1 : 1 1/2
Monocotylédones..............	860	1 : 4 7/8
Acotylédones.................	400	1 : 10

Tristan da Cunha. Latit. austr. 37°.

D'après MM. du Petit-Thouars et Dugald-Charmichael.

Total des espèces..............	113.	
Dicotylédones.................	18	1 : 6
Monocotylédones..............	37	1 : 3
Acotylédones.................	58	1 : 2

Globe, dans sa totalité.

D'après M. Persoon, en 1805 et 1806.

Total des espèces.............	27000.	
Dicotylédones.................	17670	1 : 1 1/2
Monocotylédones..............	4560	1 : 5 2/10
Acotylédones, environ........	4770	1 : 5 6/10
Ou les Dicotylédones font du nombre total environ		4/6
Monocotylédones........................		1/6
Acotylédones...........................		1/6

Ce genre de calculs ne peut pas être fort exact, 1.° parce qu'on y compare des Flores faites d'après des principes divers et avec un soin inégal; 2.° parce que les acotylédones sont beaucoup moins bien connues que les deux autres classes, et manquent même complétement dans plusieurs Flores.

Sous ce dernier rapport on atteint à une précision plus

grande en comparant seulement les rapports numériques des dicotylédones et des monocotylédones. C'est dans ce but que sont rédigés les deux tableaux suivans.

2.e *Tableau , indiquant le nombre des dicotylédones et des monocotylédones dans diverses Flores non consignées dans le premier tableau.*

États-unis de l'Amérique septentrionale.

D'après M. Pursh : Vasculaires........................ 2891
                    Dicotylédones................... 2253
                    Monocotylédones................. 638

Isles Britanniques.

D'après M. Smith : Vasculaires...................... 1485
                    Dicotylédones................... 1078
                    Monocotylédones................. 407

Suisse.

D'après Haller.... Vasculaires...................... 1712
                    Dicotylédones................... 1315
                    Monocotylédones................. 397

Venise.

D'après M. Moricand : Vasculaires.................... 757
                      Dicotylédones.................. 568
                      Monocotylédones................ 189

Crimée et Caucase.

D'après M. Marschall de Bieberstein :
                      Vasculaires.................... 2413
                      Dicotylédones.................. 2000
                      Monocotylédones *.............. 413

Royaume de Naples.

D'après M. Tenore : Vasculaires..................... 2537
                    Dicotylédones................... 2001
                    Monocotylédones................. 536

Isles Canaries.

D'après l'ouvrage et les notes manuscrites de M. de Buch.
Vasculaires ...... 371, ou, en comptant les plantes acclimatées, 533
Dicotylédones.... 308 419
Monocotylédones... 63 114

Sainte-Hélène (île de).

D'après M. Roxburgh : Vasculaires................... 61
                      Dicotylédones................. 31
                      Monocotylédones............... 30

---

* Les fougères sont comptées d'après une note fournie par M. Steven.

3.ᵉ *Tableau. Nombres proportionnels des monocotylédones et des dicotylédones, tels qu'ils résultent des deux tableaux précédens.*

1.ʳᵉ Classe. Continens ou îles voisines des continens.

				Monocot. sont aux dicotyl. comme
Laponie...............	lat. 66 — 69°	lat. moy.	67°,30'	100 : 183
Islande...............	63 — 67°	—	65°	100 : 170
Isles Britanniques....	50 — 59°	—	54°,30'	100 : 265
Allemagne..........	45 — 54°	—	49°,30'	100 : 304
Suisse...............	46 — 48°	—	47°	100 : 331
France	42 — 51°	—	46°,30'	100 : 375
Venise·..............	45 — 46°	—	45°,27'	100 : 300
Royaume de Naples..	38 — 42°	—	40°	100 : 392
États-unis d'Amérique.	31 — 47°	—	39°	100 : 353
Barbarie..............	34 — 37°	—	35°,30'	100 : 379
Nouvelle-Hollande...	10 — 43°	—	34° *	100 : 337
Isles Canaries.......	28 — 30°	—	29°	100 : 490
Égypte...............	24 — 32°	—	28°	100 : 404
Guiane françoise....	1 — 4°	—	2°,30'	100 : 424
Amérique équinoxiale entre les tropiques....			0'	100 : 493

2.ᵉ Classe. Isles éloignées des continens.

			Monocot. sont aux dicotyl. comme
Jamaïque................	lat. bor. 18°		100 : 194
Sainte-Hélène...........	lat. austr. 15°55'		100 : 103
Tristan da Cunha.........	lat. austr. 37°		100 : 49

Il résulte des tableaux précédens, que,

1.° Si l'on se borne aux continens ou aux grandes îles très-voisines des continens, le nombre des monocotylédones, comparé aux dicotylédones, va en augmentant vers le pôle et en diminuant vers l'équateur, avec assez de régularité.

2.° Dans les îles éloignées des continens le nombre proportionnel des dicotylédones est plus petit que leur latitude ne paroît le comporter. Ainsi, dans la Jamaïque, où selon l'analogie la proportion devroit être $=1:4$, elle se trouve être $=1:1,94$; à Sainte-Hélène, où la proportion devroit être aussi à peu près $=1:4$, elle se trouve $=1:1,03$; à Tristan da Cunha, où la proportion devroit être $=1:3,6$, elle se trouve $=1:0,49$.

Ce double résultat, et surtout le dernier, pourroit tenir en partie à ce que les monocotylédones ont généralement

---

* Moyenne des lieux suffisamment explorés.

besoin de plus d'humidité que les dicotylédones : aussi voyons-nous les régions très-sèches, comme les Canaries, la Crimée, le royaume de Naples, présenter moins de monocotylédones que l'analogie de leur latitude ne l'indique, tandis que la Guiane, les environs de Venise, qui sont fort humides, en ont un peu plus que la moyenne des pays situés aux mêmes latitudes.

Des calculs analogues, qu'il seroit trop long de rapporter en détail, montrent que le nombre des arbres, qui, proportionnellement aux herbes, est très-petit près du pôle, va sans cesse en augmentant à mesure qu'on approche de l'équateur, et comme le plus grand nombre des arbres appartient à la classe des dicotylédones, ce résultat est tout-à-fait conforme aux précédens. Pour donner une idée de cette disproportion, je dirai qu'on compte en Laponie 11 arbres et 24 arbustes qui s'élèvent au-dessus de deux pieds : on trouve en France 74 espèces d'arbres sauvages et 195 arbustes s'élevant au-dessus de deux pieds. La Flore de la Guiane, pays mal connu, mais situé sous les tropiques, offre 225 arbres et un nombre très-grand d'arbrisseaux, c'est-à-dire que la proportion des arbres à la totalité de la végétation est en Laponie......... $\frac{1}{100}$,

      en France.......... $\frac{1}{80}$,

      à la Guiane........ $\frac{1}{5}$.

Ce plus grand nombre de végétaux ligneux qu'on observe dans les pays chauds, se retrouve même en comparant la distribution sur le globe des espèces de chaque famille. Ainsi les fougères en arbre ne vivent que sous les tropiques : les palmiers, qu'on peut regarder comme des liliacées en arbre, ne sortent guère de cette zone : les malvacées fournissent, sous les tropiques, les plus grands arbres du monde, et ne présentent que des herbes dans les pays les plus septentrionaux où elles parviennent ; on en peut dire autant des rubiacées, des composées, etc.

Jusqu'ici nous voyons la végétation de la zone tempérée tenir le milieu entre celle de la zone glaciale et de la zone torride ; mais il est un point de vue sous lequel elle présente un caractère qui lui est propre, c'est qu'elle est la patrie de prédilection des herbes annuelles et bisannuelles. Ainsi, en négligeant les acotylédones, la Laponie ne présente que

36 espèces d'herbes, qui ne fructifient qu'une seule fois; on n'en connoît à la Guiane que 73, et la France en compte 1073 : de sorte qu'en comparant ces nombres absolus avec la totalité des végétaux de chaque pays, on trouve que le nombre proportionnel des plantes annuelles est en Laponie $\frac{1}{30}$, à la Guiane $\frac{1}{17}$, en France au-delà de $\frac{1}{6}$. Les extrêmes de la température produisent ici des effets analogues : les herbes délicates ne peuvent réussir que dans ces heureuses zones tempérées où l'homme, qui à bien des égards est l'un des êtres les plus délicats de la nature, a lui-même éminemment prospéré; ce n'est que dans ces fortunés climats que l'œil est récréé chaque printemps par cette verdure nouvelle dont la fraîcheur est inconnue et aux habitans de la zone polaire, et à ceux qui vivent sous le soleil brûlant de l'équateur.

Ce que nous venons d'esquisser pour les classes, on devra le faire un jour pour toutes les familles; mais la plupart des Flores étrangères sont encore trop incomplètes pour qu'on puisse donner une grande importance aux résultats qu'on obtiendroit aujourd'hui de recherches longues et minutieuses à faire sur des documens imparfaits. M. de Humboldt a tenté ce beau travail pour quelques grandes familles, et a lui-même consigné les résultats curieux auxquels il est parvenu, dans un article qu'il a bien voulu me communiquer et qui se trouvera à la suite de celui-ci : ceux qui désireront poursuivre ce genre de recherches autant que le comporte l'état actuel de la science, devront aussi étudier avec soin et les Prolégomènes du grand ouvrage botanique de M. de Humboldt, et les notes de géographie botanique qu'il a placées à la fin des principales familles des plantes, et les Mémoires de M. Brown sur la Nouvelle-Hollande et le Congo, que j'ai déjà cités plus haut. L'espace me manque pour donner ici tous les faits de détail; je m'attache surtout à faire connoître la marche du raisonnement qui me paroît propre à la science que quelques botanistes philosophes travaillent à créer.

Toutes les lois que, selon la précision des documens, nous venons d'établir avec plus ou moins de probabilité sur la distribution des plantes, relativement aux degrés de latitude, on devroit les chercher relativement aux hauteurs absolues

au-dessus de la mer; mais le nombre des plantes dont l'habitation a été constatée sous ce rapport, est trop borné pour
oser l'entreprendre : on peut déjà cependant entrevoir que
les mêmes lois s'y représentent avec assez de précision. Les
classes, les familles ou les genres qui s'approchent le plus
du pôle, tendent à s'élever plus haut sur les montagnes,
tandis que celles qui restent dans les zones voisines de l'équateur sont aussi celles qui dans les pays tempérés restent dans
les plaines. A mesure qu'on avance vers l'équateur, on retrouve sur les montagnes un choix de végétaux analogues,
quant aux genres et aux familles, à ceux des plantes des
pays tempérés; et comme les montagnes des pays équinoxiaux
sont plus hautes que les nôtres, on y retrouve même des
plantes de genres et de familles analogues à nos plantes
montagnardes.

Mais, quoique la latitude et la hauteur soient les causes
dominantes de la température moyenne d'un lieu, il est encore d'autres causes que j'ai indiquées plus haut, et qui influent principalement sur la distribution de la chaleur dans
les diverses époques de l'année : tels sont le voisinage ou la
distance de la mer, la forme générale des continens, la direction des vents, etc. Ces causes modifient continuellement
les résultats précédens, et établissent de certains rapports de
végétation entre des localités éloignées.

Pour achever ce qui est relatif à cette espèce d'arithmé-
tique botanique, comme l'appelle M. de Humboldt, et pour
montrer jusqu'à quel point elle peut peindre l'aspect général
de la végétation des pays divers, je dirai encore qu'on a tiré
quelque parti de la comparaison du nombre proportionnel
des espèces et des genres d'un pays. Plus le nombre moyen
des espèces de chaque genre ou de chaque famille est borné,
plus l'aspect de la végétation présente de variété; plus, au
contraire, ce nombre est grand, plus le coup d'œil du pays
présente de monotonie dans les formes. Le tableau suivant
fait connoître ces résultats pour quelques pays; mais il est
nécessaire de faire observer ici combien peu ces résultats
offrent de certitude réelle. Ils sont, en effet, modifiés par la
tendance plus ou moins grande des auteurs à diviser davantage les genres, ou à distinguer plus d'espèces; ils le sont

GEO

encore par cette autre circonstance, que, dans les pays souvent étudiés, les espèces ont été toutes distinguées, tandis qu'on confond plus souvent les unes avec les autres lorsqu'il est question de plantes étrangères. Au milieu des incertitudes de ce genre de calcul, il est difficile de ne pas remarquer que c'est dans les îles isolées que le nombre des espèces de chaque genre est proportionnellement le plus petit : fait que je me borne à consigner ici, en attendant des résultats plus exacts.

4.ᵉ *Tableau. Nombre proportionnel des genres et des espèces de divers pays.*

	Espèces.	Genres.	Moyenne des espèces par genre.
France	5966	830	$7\,\frac{1}{5}$
Allemagne	4100	608	$6\,\frac{2}{3}$
Cap (10.ᵉ classe du Prodr. de Thunb.)	1300	265	5
États-unis	2891 *	739	4
Laponie	1087	320	$3\,\frac{1}{4}$
Isles Britanniques	1485 *	458	$2\,\frac{1}{3}$
Barbarie	1577	504	$3\,\frac{1}{7}$
Islande	642	211	3
Jamaïque	1335	504	$2\,\frac{3}{8}$
Égypte	1030	426	$2\,\frac{1}{4}$
Guiane	1209	566	$2\,\frac{1}{7}$
Tristan da Cunha	113	55	2
Sainte-Hélène	61 *	35	$1\,\frac{3}{4}$
Canaries	371 *	212	$1\,\frac{1}{3}$

J'ai cherché à prouver jusqu'ici que les habitations considérées dans leur ensemble paroissent déterminées par la température. Sans doute, il faut combiner avec elle les considérations déduites des stations ; car il est clair que, plus un pays sera sablonneux, plus on y trouvera de plantes des sables, etc. Mais, lors même que l'on donne à ces causes toute la latitude qu'on peut leur attribuer, peut-on parvenir à rendre complétement raison des faits les mieux connus ? C'est ce dont je doute, et ce qui exige une nouvelle discussion.

---

* Les nombres marqués d'un astérisque se rapportent aux plantes vasculaires seulement.

Il ne seroit peut-être pas difficile de trouver deux points dans les États-Unis et l'Europe, ou dans l'Amérique et l'Afrique équinoxiale, qui présentent toutes les mêmes circonstances, savoir, une même température, une même hauteur, un même sol, une dose égale d'humidité; cependant, presque tous, peut-être tous les végétaux seroient différens dans ces deux localités semblables : on pourroit bien trouver une certaine analogie d'aspect et même de structure entre les plantes de ces deux localités supposées; mais ce seroient en général des espèces différentes. Il semble donc que d'autres circonstances que celles qui déterminent aujourd'hui les stations, ont influé sur les habitations. Avant de discuter cette question, établissons d'abord les faits indépendamment de toute théorie.

Lorsque l'on compare entre elles les diverses parties du monde séparées par de vastes mers, on trouve de grandes différences dans le choix des végétaux; mais il y en a aussi quelques-uns de communs. S'il s'agit de l'hémisphère boréal, on trouve de ces espèces communes à plusieurs régions, principalement vers le pôle, où tous ces pays se réunissent ou se rapprochent beaucoup. On en retrouve encore çà et là dans le reste des deux continens; mais, si l'on fait abstraction des espèces qui paroissent avoir été transportées par l'homme, leur nombre va toujours en diminuant à mesure qu'on approche des régions australes, où la distance des continens devient plus grande : ainsi, sur 2891 espèces phanérogames décrites par Pursh dans les États-Unis, on en trouve 385 qui se retrouvent dans l'Europe boréale ou tempérée, et sur ce nombre, comme l'observe M. de Humboldt, il en est plusieurs qu'il est difficile de croire transportées par l'homme; telles sont le *satyrium viride*, le *betula nana*, etc. Au contraire, MM. de Humboldt et Bonpland n'ont trouvé, dans tous leurs voyages dans l'Amérique équinoxiale, qu'environ vingt-quatre espèces (toutes cyporacées ou graminées) qui fussent communes à l'Amérique et à quelque partie de l'ancien monde. Le nombre des acotylédones commun aux deux continens est plus considérable (autant du moins que la difficulté de distinguer les espèces dans cette classe permet de l'affirmer). Mais les proportions paroissent les mêmes, c'est-à-dire qu'il y a plus d'espèces communes aux deux continens vers le nord que vers le sud.

Si l'on compare la Nouvelle-Hollande avec l'Europe, on trouve, d'après M. Brown, que sur 4100 espèces connues dans cette terre australe il y en a 166 qui lui sont communes avec l'Europe. Sur ce nombre, 15 sont dicotylédones, 32 monocotylédones, et 119 acotylédones. Parmi les deux premières classes, il en est plusieurs qu'on peut soupçonner avoir été transportées par l'homme; mais il en est quelques-unes, telles que les potamogétons, sur lesquelles ce soupçon paroîtroit peu fondé.

Le nombre des espèces communes aux parties de l'ancien continent fort éloignées les unes des autres est peut-être un peu plus considérable que dans les deux exemples que je viens de citer; mais il est encore très-borné : il faut en effet se défier beaucoup, dans les recherches de ce genre, des Flores un peu anciennes; ce n'est que depuis quelques années que les botanistes ont senti toute l'importance de cette question, et ont apporté à l'examen de ces plantes dites communes à divers pays une suffisante attention. Les premiers voyageurs croyoient toujours retrouver dans les pays lointains les plantes de leur patrie, et se plaisoient à leur en donner les noms. Dès qu'ils en ont rapporté des échantillons en Europe, l'illusion s'est dissipée pour le plus grand nombre : lorsque la vue des échantillons secs a laissé encore des doutes, la culture dans les jardins a contribué à les lever, et il reste aujourd'hui (sauf les plantes transportées par l'influence de l'homme) un bien petit nombre d'espèces phanérogames communes à des continens divers. Ainsi, la Nouvelle-Hollande a $\frac{1}{80}$, l'Amérique équinoxiale $\frac{1}{34}$ de ses espèces communes avec l'Europe, et moins encore avec le reste du monde.

Avant d'attacher quelque degré d'importance à ce petit nombre d'espèces communes à des régions fort éloignées, il convient d'examiner quels sont les divers moyens par lesquels les graines peuvent se transporter d'un pays dans un autre.

S'il s'agit d'un transport de proche en proche, il suffit que les circonstances nécessaires à la vie de l'espèce ne soient pas interrompues, ou, en d'autres termes, qu'il ne se rencontre pas sur la route des espaces dans lesquels la végétation de telle ou telle espèce devient impossible. Ces barrières naturelles au transport des plantes sont de divers genres.

1.° Les mers sont des obstacles à la propagation des plantes d'autant plus puissans qu'elles sont plus étendues. Ainsi les plantes des îles participent à la végétation des continens dont elles sont voisines, à peu près en proportion inverse de leur distance : par exemple, en faisant exception des végétaux évidemment naturalisés, on trouve que, sur 1485 végétaux vasculaires qui croissent dans les îles britanniques, il n'y en a que 45 ou $\frac{1}{34}$ qui n'aient pas encore été retrouvées en France ; sur 533 espèces, les îles Canaries en offrent 310, soit environ $\frac{28}{34}$, qui n'ont pas été retrouvées sur le continent d'Afrique, et la Flore de Sainte-Hélène présente à peine deux ou trois espèces qui aient été retrouvées dans l'un des deux continens voisins. Les mers arrêtent le transport des plantes par leur étendue et par l'influence délétère de l'eau salée sur les graines soumises à son action. Ainsi les graines du *lodoicea* des îles Sechelles, transportées par les courans aux Maldives, comme l'a vu M. Labillardière, ou celles du *mimosa scandens* et du *dolichos urens*, transportées des Antilles aux Hébrides, comme je l'ai appris de M. Louis Necker, arrivent dans ces pays lointains privées de la faculté de germer. Mais, quand nous avons des exemples prouvés de graines transportées régulièrement à de telles distances, quand nous avons de fortes probabilités pour croire que l'action délétère de l'eau salée n'agit pas au même degré sur toutes les graines, quand nous voyons les îles offrir si souvent des végétaux semblables à ceux des côtes voisines, pouvons-nous douter qu'un certain nombre d'espèces ne puissent avoir été et être ainsi transportées par la mer d'une région à l'autre, et prospérer, lorsque les plantes y rencontrent un climat conforme à leurs besoins ? Ce transport, qui est très-difficile quand les mers sont très-vastes, devient plus facile lorsqu'il se trouve entre deux continens quelques séries d'îles qui servent aux graines comme de points d'étapes : c'est ainsi que les îles Aleutiennes établissent une communication entre le nord de l'Asie et de l'Amérique ; aussi presque toutes les plantes recueillies jusques à présent dans ces îles sont du nombre des espèces communes à l'ancien et au nouveau continent.

Il est des mers qui semblent avoir moins que les autres arrêté le passage des végétaux; telle est, par exemple, la mer Méditerranée, qui présente sur ses deux bords une végétation presque semblable : sur 1577 espèces observées par M. Desfontaines en Barbarie, il y en a seulement 300 environ, soit à peine $\frac{1}{5}$, qui n'aient pas été retrouvées en Europe. Ce phénomène peut tenir ou à la multitude des îles qui sont dispersées dans cette mer, ou à ce qu'elle est depuis plus long-temps que toute autre parcourue par les navigateurs , ou peut-être à ce qu'elle a dû son origine à quelque irruption de l'océan postérieure à l'origine de la végétation.

2.° La seconde sorte de limites naturelles pour le transport des végétaux est déterminée par les déserts assez vastes et assez continus pour que les graines ne puissent être qu'avec peine transportées d'un côté à l'autre : c'est ainsi que les sables arides et brûlans du Sahara offrent une barrière presque impossible à franchir, et établissent une grande différence entre les végétaux des deux parties de l'Afrique séparées par le désert. Hors les plantes transportées évidemment par l'homme, on peut à peine trouver dans la Flore atlantique quelques espèces qui aient été observées au Sénégal. Les steppes salés de l'Asie occidentale produisent un effet analogue, mais d'une manière moins prononcée , parce qu'ils sont plus interrompus, et moins générale, parce qu'il est un certain nombre d'espèces végétales qui peuvent encore vivre dans cette eau saumâtre.

3.° Une troisième sorte de limites est déterminée par les grandes chaînes de montagnes : celles-ci peuvent influer, ou parce qu'étant couvertes de neiges éternelles elles offrent un obstacle à la propagation des graines, ou parce que la différence brusque de température déterminée par leur élévation empêche certaines espèces de se propager d'un côté à l'autre. Mais il faut remarquer que ce genre de limites est très-imparfait, comparé aux deux précédens. Les chaînes de montagnes sont toujours coupées par des fissures plus ou moins profondes, qui permettent aux plantes de s'étendre d'un côté à l'autre : ainsi on remarque très-bien en France que quelques plantes du Midi s'échappent au travers des gorges des Alpes ou des Cevennes, et se trouvent sur le revers septentrional de ces deux chaines, principalement dans les lieux où elles sont plus basses ou plus interrompues.

Enfin, tout obstacle continu à la végétation d'une espèce quelconque l'empêche de s'étendre dans une certaine direction : un grand marais est une limite pour les plantes qui craignent l'eau ; une grande forêt, pour celles qui craignent l'ombre ; un changement de latitude ou d'élévation, pour celles qui craignent le froid.

Les plantes sont, à des degrés inégaux, douées de la faculté de franchir ces limites, et il importe beaucoup, pour la question qui nous occupe, de prendre une idée générale de ces moyens de transport, soit naturels, soit factices.

1.º Les mouvemens des eaux transportent fréquemment les graines des plantes riveraines ; j'en ai déjà dit quelques mots en parlant de celles que les courans de la mer charient avec eux : mais les rivières produisent cet effet d'une manière plus sûre, parce que l'eau douce nuit moins que l'eau salée à la faculté germinative ; ainsi on voit souvent des plantes alpines se développer le long du cours des rivières qui descendent des Alpes.

Mais, en donnant à ce transport des graines par les eaux toute l'importance possible, on ne peut guères expliquer comment les graines des plantes aquatiques peuvent s'être transportées d'un bassin dans un autre. Comment, par exemple, l'aldrovanda peut-il se trouver dans le bassin du Pô et dans celui du Rhône ? Si ces faits étoient rares, on pourroit admettre quelques causes accidentelles ; mais les plantes aquatiques, qui, moins que toutes les autres, peuvent être transportées par le vent, l'homme ou les animaux, sont la plupart dispersées dans diverses régions. Ce fait ne seroit-il point une conséquence et une preuve nouvelle des inondations ou déluges qui, en recouvrant d'eau une partie quelconque des terres, ont pu jadis transporter et déposer çà et là les graines des plantes aquatiques ? Il est difficile de comprendre autrement l'existence des poissons et autres animaux d'eau douce dans des lacs privés de toute communication entre eux ; et la même explication, en s'appliquant aux deux règnes organisés, devient plus probable pour l'un et pour l'autre, et moins gigantesque relativement au fait spécial auquel je l'avois d'abord appliquée.

Ainsi les eaux, soit dans leur état actuel, soit dans des états anciens dont d'autres phénomènes attestent la réalité, contribuent à expliquer la dispersion de certaines espèces de plantes.

2.° L'atmosphère peut aussi contribuer au même phénomène : nous en avons la preuve directe dans certaines trombes, qui transportent quelquefois à de grandes distances des graines de végétaux divers ; nous voyons tous les jours les vents transporter çà et là les graines qui, par leur petitesse, ou par les ailes et les aigrettes dont elles sont munies, se prêtent facilement à leur action. Mais, outre les faits de ce genre, tellement triviaux que personne ne songe à les contester, il en est d'autres qui doivent peut-être se rapporter à la même cause. Les graines ou germes des cryptogames sont d'une dimension si petite et d'un poids si léger, que nous les voyons emportés dans l'air, comme ces molécules de poussière impalpable qui flottent sans cesse dans l'atmosphère. On peut concevoir que ces graines sont ainsi transportées à d'immenses distances, sans que cette hypothèse contrarie les lois de la physique ni même celle des simples probabilités. Ainsi les vents qui soufflent long-temps dans de certaines directions, devront transporter avec eux certaines espèces de cryptogames ; j'oserois presque en citer un exemple : la côte de Bretagne est habituellement battue par les vents de sud-ouest, et j'ai trouvé sur les arbres de la promenade de Quimper-Corentin deux lichens (le *sticta crocata* et le *physcia flavicans*) qui n'avoient encore été trouvés qu'à la Jamaïque et qu'on ne retrouve point dans le reste de la France.

3.° Les animaux concourent encore au transport des graines d'une région dans l'autre. Les semences qui, comme le *xanthium spinosum* ou le *galium aparine*, sont munies de crochets ou de piquans, s'attachent aux poils des animaux, et sont ainsi chariées hors de leur terre natale ; celles qui se trouvent entourées par des péricarpes charnus, dont certains oiseaux font leur nourriture, résistent souvent à l'effet de la digestion, et sont semées çà et là avec les excrémens de ces oiseaux : la manière dont les grives sèment le gui, peut donner un exemple de ce fait. Les migrations des oiseaux, à des distances considérables, et même au travers des mers, peuvent, dans quelques cas, transporter des graines au loin.

4.° Enfin, l'homme joue un rôle si important et si actif sur le globe, qu'il en modifie continuellement la surface, et que son action, soit volontaire, soit involontaire, se fait sentir sur la plupart des corps de la nature. Il s'est répandu dans le monde entier, et a transporté partout avec lui les végétaux qu'il cultive pour ses besoins. Lorsque l'introduction de ces cultures est récente, on n'a point de doute sur leur origine ; mais, lorsqu'elle est ancienne, on ignore la vraie patrie de ces plantes nourricières. Ainsi personne ne conteste l'origine américaine du maïs ou de la pomme de terre, non plus que l'origine dans l'ancien monde du café ou du froment. Mais il est certains objets cultivés de très-ancienne date entre les tropiques, tels, par exemple, que le bananier, dont l'origine n'est pas avérée : tantôt l'un des continens l'a fourni à l'autre ; tantôt tous les deux possédoient des espèces analogues, qui se confondent aujourd'hui sous le nom de variétés. On peut voir, dans le beau Mémoire de M. Brown sur les plantes du Congo, par quel genre de raisonnemens et d'analogies on peut démêler la vérité relativement à ces anciennes naturalisations.

Parmi celles qui sont plus récentes, il en est encore de difficiles à constater : c'est ainsi que les Nègres arrachés de l'Afrique par l'avide activité des Européens et transportés dans les colonies américaines, y ont porté avec eux quelques-uns des arbres fruitiers et des végétaux utiles de leur patrie ; c'est ainsi que nous avons vu de nos jours des armées porter çà et là des graines et des procédés de culture d'une extrémité de l'Europe à l'autre, et nous montrer ainsi comment dans des temps plus anciens les conquêtes d'Alexandre, les expéditions lointaines des Romains et ensuite les croisades ont pu transporter plusieurs végétaux d'une partie du monde à l'autre.

Mais, outre les plantes qu'il cultive, l'homme en charie sans cesse avec lui, qu'il répand sans s'en douter et quelquefois contre son gré dans le monde entier : ainsi toutes les mauvaises herbes qui croissent au milieu de nos céréales et que peut-être nous avons reçues d'Asie avec elles, nous les avons nous-mêmes introduites dans toutes les parties du globe ; ainsi, avec les blés de Barbarie, les habitans du midi de l'Europe sèment depuis plusieurs siècles les plantes d'Alger et de Tunis ; ainsi, avec les laines et les cotons de l'Orient ou de la Barbarie, on apporte fréquemment en France des graines de plantes exotiques, dont quelques-unes se naturalisent. J'en citerai un exemple frappant. Il est à la porte de Montpellier une prairie consacrée à faire sécher les laines étrangères après qu'elles ont été lavées : il ne se passe presque point d'année qu'on ne trouve dans ce pré aux laines des plantes étrangères naturalisées ; j'y ai cueilli la *psoralea palæstina*, l'*hypericum crispum*, le *centaurea parviflora*, etc. On voit de même, dans quelques villes maritimes, les plantes étrangères naturalisées par les lests des batimens : Bonamy en cite plusieurs semées de cette manière dans les environs de Nantes ; le *datura stramonium*, le *senebiera pinnatifida*, etc., pourroient bien avoir été introduits en Europe de cette manière. Enfin, les jardins de botanique, où l'on réunit tant de végétaux divers, deviennent autant de centres de naturalisation : ainsi l'*erigeron canadense*, le *phytolacca decandra*, etc., qui paroissent en être sortis, sont aujourd'hui plus communs en Europe que bien des plantes indigènes ; ainsi nous avons vu dernièrement, aux portes de Genève, le *veronica filiformis* se naturaliser autour d'un jardin particulier de botanique.

Dans nos pays anciennement civilisés, médiocrement favorables à la végétation et sans cesse débarrassés des plantes inutiles par l'agriculture, ces sortes de naturalisation de hasard ne se font qu'avec lenteur, et un grand nombre de plantes ainsi propagées périssent sans postérité ; mais dans les pays chauds et mal cultivés ces naturalisations deviennent très-faciles. Ainsi M. Burchell a vu le *chenopodium ambrosioides*, qu'il avoit lui-même semé dans un point de l'île Sainte-Hélène, se multiplier en quatre ans au point d'y être une des mauvaises herbes les plus communes. On trouve une preuve expérimentale de ces naturalisations que l'homme fait à son insçu, dans la comparaison même des plantes qui

se retrouvent à de grandes distances : ainsi, dans la Nouvelle-
Hollande, dans l'Amérique, au cap de Bonne-Espérance, on
trouve plus d'espèces originaires d'Europe que d'aucune autre
partie du monde ; d'où l'on voit que l'influence de l'homme
l'emporte dans ce cas sur celle des causes purement physiques.
Les pays dans lesquels on aborde pour la première fois, ne
présentent en général que les espèces véritablement indigènes, et, à mesure que les relations de commerce se multiplient, on voit s'accroître le nombre des plantes européennes ou communes à divers continens. Hâtons - nous
donc, pendant qu'il en est temps encore, de faire les Flores
exactes des pays lointains ; recommandons surtout aux voyageurs celles des iles peu fréquentées par les Européens : c'est
dans leur étude que doit se trouver la solution d'une foule
de questions de géographie végétale.

Si l'on réfléchit maintenant à l'action perpétuelle des quatre causes de transport de graines que je viens d'indiquer,
les eaux, les vents, les animaux et l'homme, on trouvera,
je pense, qu'elles sont bien suffisantes pour expliquer ce
petit nombre de végétaux qu'on retrouve semblables dans
des continens divers. La première s'applique particulièrement aux plantes aquatiques, la seconde aux cryptogames,
les deux dernières aux phanérogames ordinaires. Leur action,
lente, simultanée, continue et inaperçue, tend sans cesse à
transporter les plantes en tous sens, et celles-ci se naturalisent là où elles rencontrent des circonstances favorables à
leur existence.

De l'ensemble de ces faits on peut donc déduire qu'il
existe des *régions botaniques* : je désigne sous ce nom des
espaces quelconques qui, si l'on fait exception des espèces
introduites, offrent un certain nombre de plantes qui leur
sont particulières et qu'on pourroit nommer véritablement
aborigènes. Les plantes d'une région s'y distribuent, d'après
leur nature, dans les localités qui leur conviennent, et elles
tendent avec plus ou moins d'énergie à dépasser leurs limites et à se répandre dans le monde entier ; mais elles sont la
plupart arrêtées, ou par des mers. ou par des déserts, ou par
des changemens de température, ou seulement parce qu'elles
viennent à rencontrer des espaces déjà occupés par les

plantes d'une autre région. Il y a donc des régions parfaitement circonscrites et déterminées; il en est d'autres qu'on ne peut apprécier que par un certain ensemble ou une certaine masse de végétaux communs.

Nous sommes encore loin de pouvoir appliquer ces principes avec quelque exactitude; mais on peut cependant déjà entrevoir quelques-unes de ces régions de manière à éveiller sur ces recherches l'attention des voyageurs. Voici à peu près celles qui se présentent à moi dans l'état actuel de nos connoissances.

1.° La région *hyperboréenne*, qui comprend les extrémités boréales de l'Asie, de l'Europe et de l'Amérique, et qui se confond trop avec la suivante.

2.° La région *européenne*, qui comprend toute l'Europe moyenne, sauf les parties voisines du pôle, et celles qui entourent la Méditerranée : elle s'étend à l'est jusqu'à peu près aux monts Altaï.

3.° La région *sibérienne*, où je comprends les grands plateaux de la Sibérie et de la Tartarie.

4.° La région *méditerranéenne*, qui comprend tout le bassin géographique de la Méditerranée; savoir : la partie d'Afrique en-deçà du Sahara, et la partie d'Europe qui est abritée du nord par une chaîne plus ou moins continue de montagnes.

5.° La région *orientale*, ainsi désignée relativement à l'Europe australe, et qui comprend les pays voisins de la mer Noire et de la mer Caspienne.

6.° L'Inde avec son archipel.

7.° La Chine, la Cochinchine et le Japon.

8.° La Nouvelle-Hollande.

9.° Le cap de Bonne-Espérance, ou l'extrémité australe de l'Afrique, hors des tropiques.

10.° L'Abyssinie, la Nubie et les côtes du Mosambique, sur lesquelles on manque de documens suffisans.

11.° Les environs du Congo, du Sénégal et du Niger, ou l'Afrique équinoxiale et occidentale.

12.° Les îles Canaries.

13.° Les États-Unis de l'Amérique septentrionale.

14.° La côte ouest de l'Amérique boréale tempérée.

15.° Les Antilles.

16.º Le Mexique.

17.º La partie de l'Amérique méridionale située entre les tropiques.

18.º Le Chili.

19.º Le Brésil austral et Buénos-Ayrès.

20.º Les terres Magellaniques.

Enfin, il faudroit joindre à cette indication générale chacune des îles qui est assez écartée de tout autre continent pour présenter un choix de végétaux qui lui est propre.

Les botanistes savent qu'en général les plantes de ces vingt régions sont différentes les unes des autres, de sorte que, lorsqu'on trouve dans les écrits des voyageurs des plantes de l'une de ces régions qu'on dit avoir été retrouvées dans une autre, on doit, avant d'admettre cette proposition, étudier les échantillons venus des deux pays avec un soin tout particulier. A ne considérer cette division du globe que comme une précaution dans la synonymie et la détermination des espèces, elle auroit déjà quelque utilité ; mais elle sert surtout à pouvoir exprimer sous une forme un peu plus générale la multitude immense des faits relatifs aux patries des plantes.

Parmi les phénomènes généraux que présente l'habitation des plantes, il en est un qui me paroît plus inexplicable encore que tous les autres : c'est qu'il est certains genres, certaines familles, dont toutes les espèces croissent dans un seul pays (je les appellerai, par analogie avec le langage médical, *genres endémiques*), et d'autres dont les espèces sont réparties sur le monde entier (je les appellerai, par un motif analogue, *genres sporadiques*). Ainsi, quoique très-nombreuses, toutes les espèces des genres *Hermannia*, *Manulea*, *Borbonia*, *Cluytia*, *Antholiza*, *Gorteria*, etc., sont originaires du cap de Bonne-Espérance ; celles de *Banksia*, de *Styphelia*, de *Goodenia*, etc., de la Nouvelle-Hollande ; celles de *Mutisia*, de *Cinchona*, de *Fuchsia*, de *Cactus*, de *Tillandsia*, etc., de l'Amérique équatoriale : tandis qu'au contraire la plupart des genres ont des espèces qui croissent spontanément dans des pays très-divers. Quelques familles mêmes semblent affecter certaines régions : ainsi les hespéridées sont toutes de l'Inde ou de la Chine ; les labiatiflores, de l'Amérique méridionale ; les épacridées, de l'Australasie. Mais rien ne paroît cependant bien régulier dans cette disposition des espèces sur le globe. Ainsi, par exemple, nous possédons en Europe certaines espèces de genres très-nombreux, et dont toutes les autres espèces sont originaires de quelque autre région. Toutes les *passiflora* habitent l'Amérique, sauf une, découverte il y a peu de temps dans l'extrémité australe de l'Afrique par M. Burchell. Tous les *mesembryanthemum* habitent le cap de Bonne-Espérance, excepté les *M. nodiflorum* et *copticum*, qu'on trouve en Corse et en Barbarie ; tous les *ixia*, excepté l'*ixia bulbocodium*, commun sur nos côtes méridionales : tous les *gladiolus*, excepté le *gladiolus communis*, si commun dans nos moissons ; toutes les bruyères, au nombre de deux ou trois cents espèces, excepté cinq à six qu'on trouve en Europe ; presque toutes les oxalis, excepté trois espèces sauvages en France et quelques-unes en Amérique. Ces espèces égrenées, qu'on compareroit volontiers à des soldats séparés de leurs régimens, ont été les causes pour lesquelles les botanistes ont pendant si long-temps négligé l'étude des ordres naturels : il falloit que la botanique exotique fût très-avancée pour qu'on pût reconnoître leurs affinités ; car elles sembloient échapper à toutes les règles, lorsque ces règles n'étoient établies que sur les familles européennes. Au reste, cette disposition plus ou moins régulière des espèces et des familles sur le globe est un fait avéré, mais qu'il est aujourd'hui tout-à-fait impossible de réduire à quelque théorie. Un autre fait assez remarquable qui se présente dans la comparaison des régions, c'est que certains pays qui n'offrent point ou presque point d'espèces semblables, donnent naissance à des espèces analogues, c'est-à-dire appartenant aux mêmes genres. Ainsi, par exemple, les États-Unis d'Amérique présentent un grand nombre de genres semblables à ceux de l'ancien continent : tantôt les espèces sont partagées entre les États-Unis et l'Europe, comme, par exemple, dans les genres *Fraxinus*, *Populus*, *Pinus*, *Tilia*; tantôt entre les États-Unis et l'Asie, comme dans les genres *Juglans*, *Magnolia*, *Vitis*; quelquefois entre les trois régions, comme pour les genres *Acer*, *Salix*, *Delphinium*, etc. Ce phénomène se présente d'une manière plus piquante lorsqu'il s'agit de genres très-peu nombreux en espèces : ainsi, par exemple,

nous ne connoissons, dans le monde entier, que deux liqui-
dambars, deux panax, deux platanes, deux *stillingia*, deux
planera; l'une des espèces de chaque genre habite l'Asie
orientale, l'autre l'Amérique septentrionale : nous ne connoissons que deux *majanthemum*, deux *vallisneria*, deux
ostrya, deux châtaigniers, deux *hipophae*, l'une des espèces
en Europe, l'autre aux États-Unis : nous ne connoissons que
trois espèces de *larix*, de *carpinus*, de *trollius*, l'une en Europe, la seconde en Sibérie, la troisième aux États-Unis.
Ce que je viens de dire des trois régions principales de la
partie tempérée de l'hémisphère boréal, est également vrai
des trois régions équatoriales; ainsi on trouve entre les
tropiques, en Asie, en Afrique et en Amérique, des espèces
analogues, mais jamais semblables entre elles : par exemple,
les espèces des genres *Cratæva*, *Bertiera*, *Elæis*, etc., sont partagées entre l'Amérique et l'Afrique équatoriales; celles des
genres *Sagus*, *Strophranthus*, etc., entre l'Asie et l'Afrique
équatoriales; celles des genres *Psychotria*, *Begonia*, etc., entre
l'Amérique et l'Asie équatoriale; celles des genres *Melastoma*,
Sterculia, *Jussieua*, entre les trois régions équatoriales. Nous ne
connoissons dans le monde entier que deux *cytinus*, l'un dans la
région méditerranéenne, l'autre au Mexique; deux *sphenoclea*,
l'un au Malabar, l'autre au Mexique; deux *melothria*, l'un en
Guinée, l'autre aux Antilles: deux *gyrocarpus*, l'un dans l'Inde,
l'autre aux Antilles; deux *sauvagesia*, l'un à Cayenne, l'autre
à Madagascar, etc. La même analogie s'aperçoit aussi entre
les régions de l'hémisphère austral, mais d'une manière
moins marquée, soit parce que les mers en occupent une
partie proportionnément plus grande, soit surtout parce que
nous connoissons moins les détails de leur botanique locale.

Si nous comparons les régions analogues des deux hémisphères, nous y trouverons de même quelques rapports assez
remarquables : ainsi, les espèces des genres *Caltha*, *Empe-
trum*, etc., se trouvent dans les parties les plus froides des
deux hémisphères, et manquent dans tout l'espace intermédiaire; les espèces des genres *Oxalis*, *Passerina*, etc., se
trouvent dans les régions tempérées des deux hémisphères,
et manquent dans les espaces intermédiaires; les *hypoxis*
offrent même ceci de singulier, qu'une partie des espèces

croît dans la région tempérée australe de l'ancien monde, et l'autre seulement dans la région tempérée boréale du nouveau.

Enfin, certaines régions présentent des analogies plus particulières encore, et que je dirois volontiers plus mystérieuses. Par exemple, certains genres assez nombreux en espèces sont partagés entre le cap de Bonne-Espérance et le cap de Van-Diémen ; tels sont les *pelargonium*, les *protea*, etc. La région des Canaries et celle de l'Europe offrent un grand nombre de genres semblables, mais qui ont cette particularité que les espèces herbacées sont en Europe, et les espèces ligneuses aux Canaries : ainsi, on trouve dans cette région des *sonchus*, des *prenanthes*, des *convolvulus*, des *echium*, qui sont des arbrisseaux et presque des arbres ; l'île de Sainte-Hélène, dont les forêts sont des espèces de *solidago*, est, sous ce rapport, analogue aux Canaries.

Il semble au premier coup d'œil, et cette idée est si séduisante qu'elle est presque populaire, que ces espèces sont les mêmes que les nôtres, devenues ligneuses par leur séjour dans un climat chaud ; mais il n'en est rien : les espèces ligneuses des Canaries restent ligneuses dans nos climats plus froids ; nos espèces herbacées ne deviennent point ligneuses dans les pays chauds, ou du moins celles qui en sont légèrement susceptibles ne le deviennent pas plus aux Canaries qu'ailleurs. Observons, en effet, pour faire mieux sentir ce caractère particulier de la végétation des Canaries, que d'autres régions également chaudes ont de même des espèces communes avec l'Europe, mais qui y sont herbacées comme chez nous : ainsi, les *sonchus* et les *echium* d'Égypte, les *convolvulus* d'Égypte et de l'Inde, sont herbacés et non ligneux comme aux Canaries. Ces rapports de certains pays les uns avec les autres tiennent sans doute à des ressemblances de localités quelquefois appréciables, quelquefois inconnues ; mais, même dans ce dernier cas, elles peuvent servir de guides dans les naturalisations. Au reste, tout ce que nous venons de dire des régions ne doit s'entendre que des plantes sauvages ; car, dès que les graines d'une espèce trouvent, où que ce soit, un climat et un terrain convenables, elles peuvent s'y développer comme dans leur sol natal. Ce fait nous amène à l'idée déjà indiquée plus haut, savoir, que les stations tiennent uniquement à des causes physiques agissant actuellement, et que les habitations pourroient bien avoir été en partie déterminées par des causes géologiques qui n'existent plus aujourd'hui. Dans cette hypothèse on concevroit facilement pourquoi certaines plantes ne se trouvent jamais sauvages dans des lieux où elles viennent parfaitement dès qu'on les y apporte. Mais cette théorie participe, il faut l'avouer, à l'incertitude de toutes les idées relatives à l'état ancien de notre globe et à l'origine primitive des êtres organisés.

Sous le premier rapport, on pourroit se demander, avec quelques physiciens, si les parties les plus élevées du globe, ayant été les premières découvertes par les eaux, n'ont pas dû être les premières peuplées de végétaux, et servir comme de centres d'où les plantes se seroient dispersées de tous côtés. Cette hypothèse seroit assez d'accord avec l'idée des régions; mais la différence de température des plaines et des montagnes, aussi bien que la circonstance, observée plus haut, que certaines chaînes de montagnes semblent plutôt servir de limites que de centres de végétation, empêche de pouvoir donner trop d'importance à cette idée, que le célèbre Willdenow paroissoit avoir admise.

Dira-t-on, avec quelques autres naturalistes, que les terrains primitifs ont dû les premiers se couvrir de végétaux, ceux-ci ayant dû précéder le développement des animaux, et par conséquent la formation des terrains secondaires? Dans cette idée, les parties primitives du globe devroient être les centres des régions; mais, outre qu'il est difficile de reconnoitre des traces de cette dispersion, il est très-douteux que les espèces de plantes qui végètent aujourd'hui soient les mêmes que celles qui ont dû exister avant les terrains secondaires, et dont nous trouvons des empreintes ou des débris dans ces terrains. Cette étude curieuse, commencée il y a peu de temps, au moins avec quelque exactitude, par M. de Sternberg, et que M. Adolphe Brongniart, tout jeune qu'il est, paroit déjà destiné à perfectionner; cette étude, dis-je, semble indiquer que nos espèces végétales sont différentes des espèces antédiluviennes, et que par conséquent il y a eu développement d'une nouvelle végétation depuis la formation des terrains secondaires.

Que seroit-ce, si de ces considérations purement géologiques nous passions à celles qui tiennent aux bases, et je dirois volontiers à la métaphysique de l'histoire naturelle? Toute la théorie de la géographie botanique repose sur l'idée que l'on se fait de l'origine des êtres organisés et de la permanence des espèces. Je n'entreprendrai point de discuter ici ces deux questions fondamentales et peut-être insolubles; mais je ne puis me dispenser de faire remarquer leurs rapports avec l'étude de la distribution des végétaux.

Tout l'article qu'on vient de lire est rédigé en suivant l'opinion que les espèces des êtres organisés sont permanentes, et que tout individu vivant provient d'un autre être semblable à lui : j'ai cherché à montrer qu'en suivant cette opinion, à laquelle tous les faits certains nous conduisent, et qu'on n'attaque qu'en combinant les conséquences de faits douteux ou ambigus, on pouvoit se rendre raison de la plus grande partie de la géographie des plantes. Que si l'on vient à dire que la permanence des espèces n'est pas prouvée, je répondrai qu'elle l'est au moins dans certaines limites : si l'on vient à trouver que deux ou trois plantes voisines, prises pour des espèces, sont des variétés, nous étendrons seulement les bornes qui circonscrivent telle ou telle espèce; mais l'idée même d'espèce n'en sera pas altérée. De ce que les botanistes ont quelquefois admis trop d'espèces, parce qu'ils ont mis trop d'importance à des caractères déduits des parties les plus visibles, mais les moins essentielles, des organes de la végétation, peut-on raisonnablement conclure que les organes de la fructification participent à la même incertitude, et qu'il n'existe pas d'espèces fixes? Je ne le pense pas, et je ne vois pas que ceux-mêmes qui soutiennent ces idées, se conduisent d'après elles. La plupart sont obligés de convenir qu'au moins dans les êtres d'organisation compliquée, lorsqu'une fois les types des espèces sont fixés, ils sont constans dans des limites données : c'est ce qu'on observé dans tous les êtres des deux règnes organisés dont l'anatomie est bien connue. Mais quelle preuve a-t-on qu'il en soit autrement dans les êtres à organes moins distincts et moins bien connus? On auroit facilement soutenu, avant Hedwig, qu'il n'existoit point d'espèces constantes dans les

18. 27

mousses : aujourd'hui on est obligé de se rejeter dans les champignons, dans les algues, pour citer des exemples qu'on ne puisse pas arguer d'erreur dès le premier examen. Singulière logique que celle où l'on néglige à dessein les conséquences de tous les faits bien connus, pour établir les théories générales sur des faits mal connus et bornés à un petit nombre d'êtres!

L'identité plus fréquente des cryptogames, dans divers pays éloignés, a paru un argument en faveur de leur production par les élémens extérieurs; mais nous avons vu qu'on peut l'expliquer par l'agitation permanente de l'atmosphère; et les partisans des formations spontanées me sembleroient, au contraire, dans l'impossibilité d'expliquer le fait général et incontestable, qu'un grand nombre d'espèces bien déterminées ne se trouvent que dans une région, et ne se rencontrent pas sauvages dans des pays où toutes les circonstances leur sont favorables et où elles vivent très-bien lorsqu'on les y sème.

Jusqu'à présent les variétés des végétaux paroissent se ranger sous deux chefs généraux : celles qui sont produites par les élémens extérieurs actuels et qui sont modifiables par des circonstances contraires, et celles qui sont formées par l'hybridité et que les circonstances extérieures ne paroissent pas altérer. Les différences constantes des végétaux nés dans diverses régions ne semblent se rapporter ni à l'une ni à l'autre de ces classes : on ne peut les attribuer aux circonstances externes, car d'autres circonstances ne les détruisent pas; on ne peut les attribuer à l'hybridité, car l'hybridité ou le croisement des races suppose nécessairement le rapprochement des êtres analogues. Je comprends très-bien, quoique je ne partage pas complétement cette opinion, je comprends et j'admets, dans quelques cas, que, dans un pays où se trouvent rapprochées plusieurs espèces des mêmes genres, il peut se former des espèces hybrides, et je sens qu'on peut expliquer par là le grand nombre d'espèces de certains genres qu'on trouve dans certaines régions; mais je ne conçois pas comment on pourroit soutenir la même explication pour des espèces qui vivent naturellement à de grandes distances. Si les trois mélèzes connus dans le monde vivoient dans les mêmes lieux, je pourrois croire que l'un d'eux est le produit du croisement des deux autres : mais

je ne saurois admettre que, par exemple, l'espèce de Sibérie ait été produite par le croisement de celles d'Europe et
d'Amérique. Je vois donc qu'il existe, dans les êtres organisés,
des différences permanentes qui ne peuvent être rapportées
à aucune des causes actuelles de variations; ce sont ces différences qui constituent les espèces : ces espèces sont distribuées
sur le globe en partie d'après des lois qu'on peut immédiatement déduire de la combinaison des lois connues de la physiologie et de la physique, en partie d'après les lois qui paroissent tenir à l'origine des choses et qui nous sont inconnues.

Tel est, en résumé, le point où la géographie botanique
est obligée de s'arrêter. Ne perdons pas de vue que cette
science n'a pu commencer que lorsque l'étude des espèces
a été assez avancée pour lui fournir des faits nombreux et
constatés, et que, d'un autre côté, il importe de l'étudier
beaucoup, afin d'en fixer les bases avant que les rapports de
commerce, les naturalisations, les voyages, les cultures dans
les jardins, aient achevé de confondre toutes les régions les
unes avec les autres, et quelquefois même aient lié les
espèces entre elles par des productions intermédiaires.

Pour donner une idée, et du degré réel de confiance qu'on
peut accorder aux résultats des connoissances acquises aujourd'hui, et du nombre des espèces qui restent à découvrir
pour pouvoir établir la géographie des plantes sur la connoissance réelle des espèces, je terminerai cet article en
rappelant un calcul approximatif, que j'ai mentionné ailleurs[1], sur le nombre proportionnel des espèces connues et
de celles qui restent à découvrir sur le globe.

Le catalogue le plus complet du règne végétal que nous
possédions aujourd'hui, l'*Enchiridium* de M. Persoon , contient 21,000 espèces, sans compter les cryptogames, qu'on
peut estimer à 6000. Depuis lors les grands ouvrages de
MM. Brown, de Humboldt, Pursh, etc., en ont fait connoître
plusieurs milliers, et il existe, dans les collections des naturalistes, un nombre très-considérable de plantes qui, quoique non décrites, ne peuvent pas être considérées comme
inconnues. Pour avoir une idée approximative du nombre

---

1 Biblioth. univ. des sciences, vol. 6, p. 119.

total des espèces, soit décrites, soit réunies dans les collections, j'ai comparé le nombre des espèces des familles dont j'ai été en dernier lieu appelé à faire des monographies, avec le nombre que les mêmes genres présentent dans Persoon; voici le résultat de cette comparaison.

	Dans Persoon.	Dans le Syst. univ.
Renonculacées	268	509
Dilléniacées	21	90
Magnoliacées	21	37
Anonacées	44	105
Menispermées	37	80
Berbéridées	23	50
Podophyllées	4	6
Nymphæacées	13	30
Papavéracées	27	53
Fumariacées	32	49
Crucifères	504	970
Capparidées	70	215
	1064	2194

Si divers botanistes faisoient donc simultanément le même travail sur toutes les familles du règne végétal, les 27,000 espèces indiquées dans l'ouvrage de Persoon se trouveroient portées à 56,000. Il n'est, en effet, nullement probable qu'il y ait eu dans les livres et dans les collections modernes plus d'augmentations dans ces douze familles que dans toutes les autres; la plus grande portion de ce calcul repose même sur deux familles européennes et qu'on croyoit des mieux connues. En me bornant à dire que le nombre des espèces décrites ou observées dans les collections est de 56,000, je suis probablement au-dessous et non au-dessus de la vérité.

Mais quelle proportion du nombre réel des végétaux du globe représentent ces cinquante-six mille espèces déjà acquises pour la science? Si l'on calcule que c'est depuis trente ans que le plus grand nombre a été recueilli; si l'on compare le nombre proportionnel des espèces européennes et étrangères; si, enfin, l'on cherche à se faire une idée de l'étendue des pays peu ou point parcourus par les botanistes et du nombre des végétaux qu'ils doivent renfermer, on arrive par ces voies diverses à ce même résultat, qu'il est probable que nous n'avons encore recueilli que la moitié des végétaux du globe, et que par conséquent le nombre total des espèces peut être évalué entre 110,000 et 120,000 : nombre immense, qui tend à prouver l'admirable fécondité de la nature; qui démontre la nécessité de perfectionner, autant que possible, les méthodes de classification naturelle; qui doit, enfin, montrer aux voyageurs et aux botanistes qu'il reste beaucoup à recueillir et à observer dans tous les pays du monde.

On voit par ce qui précède, que les lois de la géographie botanique ne sont guères établies que sur la connoissance souvent incomplète d'un quart des végétaux du globe. Ce nombre, tout borné qu'il est, peut suffire pour donner une idée de la théorie des stations, parce que l'étude d'une seule région suffit pour expliquer une foule de faits communs à toutes; mais, quant à la théorie des habitations, nous avons besoin de recherches nombreuses et exactes. Les travaux qui, pour l'avancement de cette partie de la science, me paroissent les plus dignes d'être recommandés aux observateurs, sont les suivans.

Il importe d'abord de multiplier les Flores locales dans différens points du globe, en ayant soin de mettre plus de précision, qu'on ne l'a fait généralement, aux limites géographiques de l'espace dont on décrit la végétation, aux élévations absolues auxquelles les plantes vivent dans diverses localités, et à l'état habituel des milieux ou élémens qui peuvent influer sur la végétation.

Les Flores des îles offrent en particulier un intérêt réel, soit par les bizarreries qu'elles présentent, soit parce que le travail, étant circonscrit, peut être fait avec exactitude.

Il importe que les voyageurs ne se contentent pas seulement de noter qu'ils ont trouvé telle espèce connue dans tels lieux, mais qu'ils rapportent des échantillons qui puissent en constater l'identité. Il est encore à désirer qu'ils notent avec soin les circonstances locales qui peuvent faire présumer si l'espèce est réellement indigène, ou si elle a été naturalisée; si elle vit en société ou éparse, si elle est abondante ou rare dans le pays : en un mot, des détails précis et variés sur les stations et les habitations des plantes sont absolument nécessaires pour donner une marche plus certaine à la géographie botanique. J'ose recommander ces recherches aux voyageurs : il est, je le répète, instant de les faire avant que la civilisation ait trop changé la surface du globe.

Quant aux botanistes sédentaires, leur rôle pour l'avancement de la géographie botanique est de comparer tous les résultats obtenus par les voyageurs, pour en déduire les généralités. Il seroit fort précieux, pour faciliter ce travail, que quelque savant exact et laborieux voulût bien compulser toutes les Flores déjà publiées, et les ranger dans l'ordre des familles naturelles, afin de pouvoir profiter, sans trop de perte de temps, des documens déjà acquis par la laborieuse activité des naturalistes. Je ne doute point qu'un pareil travail ne fasse naitre dans l'esprit de celui qui l'entreprendroit une foule d'idées nouvelles et de rapprochemens ingénieux.

Il seroit encore singulièrement utile et à ce genre de recherches, et à plusieurs autres branches des sciences, qu'il se publiât enfin un résumé exact et complet des connoissances acquises sur l'état actuel de la géographie physique et de cette partie de la physique générale qui fait réellement partie de la géographie. Assez long-temps, dans les livres élémentaires consacrés à cette étude, nous n'avons vu que les divisions politiques et les travaux des hommes; il est temps que nous possédions quelque recueil, soit méthodique, soit même alphabétique, sur la nature même des pays divers. Si, en formant ces vœux, je pouvois déterminer quelque savant à exécuter ces travaux, j'aurois sans doute plus contribué à l'avancement de la géographie botanique que par l'esquisse bien imparfaite que je viens d'en présenter. (De Cand.)

Sur les lois que l'on observe dans la distribution des formes végétales ; par Alexandre de Humboldt. [1]

Les rapports numériques des formes végétales peuvent être considérés de deux manières très-distinctes. Si l'on étudie les plantes, groupées par familles naturelles, sans avoir égard à leur distribution géographique, on demande quels sont les types d'organisation d'après lesquels le plus grand nombre d'espèces sont formées? Y a-t-il plus de Glu-

---

1 Cet article est tiré de la seconde édition, *inédite*, de la Géographie des plantes de M. de Humboldt.

macées que de Composées sur le globe? ces deux tribus de
végétaux font-elles ensemble le quart des Phanérogames? quel
est le rapport des Monocotylédonées aux Dicotylédonées? Ce
sont là des questions de phytologie générale, de la science
qui examine l'organisation des végétaux et leur enchaîne-
ment mutuel. Si l'on envisage les espèces qu'on a réunies
d'après l'analogie de leur forme, non d'une manière abstraite,
mais selon leurs rapports climatériques ou leur distribution
sur la surface du globe, les questions que l'on se propose
offrent un intérêt beaucoup plus varié. Quelles sont les
familles de plantes qui dominent sur les autres Phanérogames plus dans la zone torride que sous le cercle polaire?
les Composées sont-elles plus nombreuses, soit à la même latitude géographique, soit sur une même bande isotherme,
dans le nouveau continent que dans l'ancien? Les types qui
dominent moins en avançant de l'équateur au pôle, suivent-
ils la même loi de décroissement à mesure qu'on s'élève vers
le sommet des montagnes équatoriales? Les rapports des familles entre elles ne varient-ils pas sur des lignes isothermes
de même dénomination, dans les zones tempérées au nord
et au sud de l'équateur? Ces questions appartiennent à la
géographie des végétaux proprement dite; elles se lient aux
problèmes les plus importans qu'offrent la météorologie et
la physique du globe en général. De la prépondérance de
certaines familles de plantes dépend aussi le caractère du
paysage, l'aspect d'une nature riante ou majestueuse. L'abondance des Graminées qui forment de vastes savanes, celle
des Palmiers ou des Conifères, ont influé puissamment sur
l'état social des peuples, sur leurs mœurs, et le développement plus ou moins lent des arts industriels.

En étudiant la distribution géographique des formes, on
peut s'arrêter aux espèces, aux genres et aux familles naturelles (Humboldt, *Prolog. in Nov. Gen.*, tom. I. p. XIII,
LI et 33). Souvent une seule espèce de plantes, surtout
parmi celles que j'ai appelées *sociales*, couvre une vaste
étendue de pays. Telles sont, dans le nord, les bruyères et
les forêts de pins; dans l'Amérique équinoxiale, les réunions
de Cactus, de Croton, de Bambusa et de Brathys de la même
espèce. Il est curieux d'examiner ces rapports de multiplica-

tion et de développement organique : on peut demander quelle espèce, sous une zone donnée, produit le plus d'*individus*; on peut indiquer les familles auxquelles, sous différens climats, appartiennent les espèces qui dominent sur les autres. Notre imagination est singulièrement frappée de la prépondérance de certaines plantes que l'on considère à cause de leur facile reproduction, et du grand nombre d'*individus* qui offrent les mêmes caractères spécifiques, comme les plantes les plus vulgaires de telle ou telle zone. Dans une région boréale où les Composées et les Fougères sont aux Phanérogames dans les rapports de 1 : 15 et de 1 : 25 (c'est-à-dire, où l'on trouve ces rapports en divisant le nombre total des Phanérogames par le nombre des espèces de Composées et de Fougères), une seule espèce de fougères peut occuper dix fois autant de terrain que toutes les espèces de Composées ensemble. Dans ce cas, les fougères dominent sur les Composées par la *masse*, par le nombre des *individus* appartenant aux mêmes espèces de Pteris ou de Polypodium ; mais elles ne dominent pas, si l'on compare à la somme totale des espèces de Phanérogames les formes différentes qu'offrent les deux groupes de Fougères et de Composées. Comme la multiplication de toutes les espèces ne suit pas les mêmes lois, comme toutes ne produisent pas le même nombre d'*individus*, les quotiens obtenus en divisant le nombre total des Phanérogames par le nombre des espèces des différentes familles ne décident pas seuls de l'aspect, je dirois presque du genre de monotonie de la nature dans les différentes régions du globe. Si le voyageur est frappé de la répétition fréquente des mêmes espèces, de la vue de celles qui dominent par leur masse, il ne l'est pas moins de la rareté des individus de quelques autres espèces utiles à la société humaine. Dans les régions où les Rubiacées, les Légumineuses ou les Térébinthacées composent des forêts, on est surpris de voir combien sont rares les troncs de certaines espèces de Cinchona, d'Hæmatoxylum et de Baumiers.

En s'arrêtant aux espèces, on peut aussi, sans avoir égard à leur multiplication et au nombre plus ou moins grand des individus, comparer sous chaque zone, *d'une manière absolue*, les espèces qui appartiennent à différentes familles.

Cette comparaison intéressante a été faite dans le grand ouvrage de M. De Candolle (*Regni vegetabilis Systema Naturæ*, t. 1, p. 128, 396, 439, 464, 510). M. Kunth l'a tentée sur plus de 3300 Composées déjà connues jusqu'à ce jour (*Nov. gen.,. t.* 4, p. 238). Elle n'indique pas quelle famille domine au même degré sur les autres Phanérogames indigènes, soit par la masse des individus, soit par le nombre des espèces ; mais elle offre les rapports numériques entre les espèces d'une même famille appartenant à différens pays. Les résultats de cette méthode sont généralement plus précis, parce qu'on les obtient sans évaluer la masse totale des Phanérogames, après s'être livré avec soin à l'étude de quelques familles isolées. Les formes les plus variées, des Fougères, par exemple, se trouvent sous les tropiques ; c'est dans les régions montueuses, tempérées, humides et ombragées de la région équatoriale, que la famille des Fougères renferme le plus d'espèces. Dans la zone tempérée, il y en a moins que sous les tropiques ; leur nombre absolu diminue encore en avançant vers le pôle : mais comme la région froide, par exemple, la Laponie, nourrit des espèces de Fougères qui résistent plus au froid que la grande masse des Phanérogames, les Fougères, par le nombre des espèces, dominent plus sur les autres plantes en Laponie qu'en France et en Allemagne. Les *rapports numériques* qu'offre le tableau que j'ai publié dans mes *Prolegomena de distributione geographica plantarum*, et qui reparoît ici perfectionné par les grands travaux de M. Robert Brown, diffèrent entièrement des rapports que donne la *comparaison absolue* des espèces qui végètent sous les zones diverses. La variation qu'on observe en se portant de l'équateur aux pôles, n'est par conséquent pas la même dans les résultats des deux méthodes. Dans celle des fractions que nous suivons, M. Brown et moi, il y a deux variables, puisqu'en changeant de latitude, ou plutôt de zone isotherme, on ne voit pas varier le nombre total des Phanérogames dans le même rapport que le nombre des espèces qui constituent une même famille.

Lorsque des *espèces* ou des *individus* de même forme qui se reproduisent d'après des lois constantes, on passe aux divisions de la *méthode naturelle* qui sont des *abstractions diver-*

sement graduées, on peut s'arrêter aux genres, aux familles, ou à des sections plus générales encore. Il y a quelques genres et quelques familles qui appartiennent exclusivement à de certaines zones, à une réunion particulière de conditions climatériques; mais il y a un plus grand. nombre de genres et de familles qui ont des représentans sous toutes les zones et à toutes les hauteurs. Les premières recherches qui ont été tentées sur la distribution géographique des formes, celles de M. Treviranus, publiées dans son ingénieux ouvrage de *Biologie* (tom. 2, pag. 47, 63, 83, 129), ont eu pour objet la répartition des genres sur le globe. Cette méthode est moins propre à présenter des résultats généraux, que celle qui compare le nombre des espèces de chaque famille ou des grands groupes d'une même famille à la masse totale des Phanérogames. Dans la zone glaciale, la variété des formes génériques ne diminue pas au même degré que la variété des espèces : on y trouve plus de genres dans un moindre nombre d'espèces (De Candolle, *Théorie élément.*, p. 190; Humboldt, *Nova gen.*, tom. 1, pag. XVII et L). Il en est presque de même sur le sommet des hautes montagnes, qui reçoivent des colons d'un grand nombre de genres que nous croyons appartenir exclusivement à la végétation des plaines.

J'ai cru devoir indiquer les points de vue différens sous lesquels on peut envisager les lois de la distribution des végétaux. C'est en les confondant que l'on croit trouver des contradictions qui ne sont qu'apparentes, et que l'on attribue à tort à l'incertitude des observations (*Berliner Jahrbücher der Gewächskunde*, Bd. 1, p. 18, 21, 30). Lorsqu'on se sert des expressions suivantes : « cette forme ou « cette famille se perd vers la zone glaciale ; elle a sa vé- « ritable patrie sous tel ou tel parallèle ; c'est une forme « australe ; elle abonde dans la zone tempérée; » il faut énoncer expressément si l'on considère le nombre absolu des espèces, leur fréquence absolue croissante ou décroissante avec les latitudes, ou si l'on parle des familles qui dominent, au même degré, sur le reste des plantes phanérogames. Ces expressions sont justes : elles offrent un sens précis, si l'on distingue les différentes méthodes d'après lesquelles on peut étudier la variété des formes. L'île de

Cuba (pour citer un exemple analogue et tiré de l'économie politique) renferme beaucoup plus d'individus de race africaine que la Martinique ; et cependant la masse de ces individus domine bien plus sur le nombre des blancs dans cette dernière île que dans celle de Cuba.

Les progrès rapides qu'a faits la géographie des plantes depuis douze ans, par les travaux réunis de MM. Brown, Wahlenberg, De Candolle, Léopold de Buch, Parrot, Ramond, Schouw et Hornemann, sont dus, en grande partie, aux avantages de la méthode naturelle de M. de Jussieu. En suivant, je ne dirai pas les classifications artificielles du système sexuel, mais les familles établies d'après des principes vagues et erronés (*Dumosæ*, *Corydales*, *Oleraceæ*), on ne reconnoit plus les grandes lois physiques dans la distribution des végétaux sur le globe. C'est M. Robert Brown qui, dans un mémoire célèbre sur la végétation de la Nouvelle-Hollande, a fait connoître le premier les véritables rapports entre les grandes divisions du règne végétal, les Acotylédonées, les Monocotylédonées et les Dicotylédonées (Brown, dans *Flinder's voyage to Terra australis*, tom. 2, p. 538 ; et *Observ. syst. et geographical on the herbar. of the Congo*, p. 3). J'ai essayé, en 1815, de suivre ce genre de recherches, en l'étendant aux différens ordres ou familles naturelles. La physique du globe a ses *élémens numériques*, comme le système du monde, et l'on ne parviendra que par les travaux réunis des botanistes voyageurs à reconnoître les véritables lois de la distribution des végétaux. Il ne s'agit pas seulement de grouper des faits ; il faut, pour obtenir des approximations plus précises (et nous ne prétendons donner que des approximations), discuter les circonstances diverses sous lesquelles les observations ont été faites. Je pense, comme M. Brown, qu'on doit préférer, en général, aux calculs faits sur les inventaires incomplets de toutes les plantes publiées, les exemples tirés de pays considérablement étendus, et dont la Flore est bien connue, tels que la France, l'Angleterre, l'Allemagne et la Laponie. Il seroit à désirer qu'on eût déjà une Flore complète de deux terrains de 20,000 lieues carrées, dépourvus de hautes montagnes et de plateaux, et situés entre les tropiques dans l'ancien et le nouveau monde. Jusqu'à ce que ce vœu soit accompli, il faut se contenter des grands herbiers formés par des voyageurs qui ont séjourné dans les deux hémisphères. Les habitations des plantes sont si vaguement et si incorrectement indiquées dans les vastes compilations connues sous les noms de *Systema vegetabilium* et de *Species plantarum*, qu'il seroit très-dangereux de s'en servir d'une manière exclusive. Je n'ai employé ces inventaires que subsidiairement, pour contrôler et modifier un peu les résultats obtenus par les Flores et les herbiers partiels. Le nombre des plantes équinoxiales que nous avons rapportées en Europe, M. Bonpland et moi, et dont notre savant collaborateur, M. Kunth, aura bientôt terminé la publication, est peut-être numériquement plus grand qu'aucun des herbiers formés entre les tropiques : mais il se compose de végétaux des plaines et des plateaux élevés des Andes. Les végétaux alpins y sont même beaucoup plus considérables que dans les Flores de la France, de l'Angleterre et des Indes, qui réunissent aussi les productions de différens climats appartenant à une même latitude. En France, le nombre des espèces qui végètent exclusivement au-dessus de 500 toises de hauteur, ne paroit être que $\frac{1}{5}$ de la masse entière des Phanérogames (De Cand., dans les *Mém. d'Arcueil*, t. 3, p. 295).

Il sera utile de considérer un jour la végétation des tropiques et celle de la région tempérée, entre les parallèles de 40° et de 50°, d'après deux méthodes différentes, soit en cherchant les rapports numériques dans l'ensemble des plaines et des montagnes qu'offre la nature sur une grande étendue de pays, soit en déterminant ces rapports dans les plaines seules de la zone tempérée et de la zone torride. Comme nos herbiers sont les seuls qui font connoître, d'après un nivellement barométrique, pour plus de 4000 plantes de la région équinoxiale, la hauteur de chaque station au-dessus du niveau de la mer, on pourra, lorsque notre ouvrage des *Nova genera* sera terminé, rectifier les rapports numériques du tableau que je publie aujourd'hui, en défalquant des 4000 Phanérogames que M. Kunth a employés à ce travail (*Prolegom.*, pag. XVI) les plantes qui croissent au-dessus de mille toises, et en divisant le nombre total des plantes non alpines de chaque famille par celui des végétaux qui viennent dans les régions froides et tempérées de l'Amérique équinoxiale. Cette manière d'opérer doit affecter le plus, comme nous le verrons tantôt, les familles qui ont des espèces alpines très-nombreuses, par exemple, les Graminées et les Composées. A 1000 toises d'élévation, la température moyenne de l'air est encore, sur le dos des Andes équatoriales, de 17° cent., égale à celle du mois de Juillet à Paris. Quoique sur le plateau des Cordillères on trouve la même température annuelle que dans les hautes latitudes (parce que la *ligne isotherme* de 8°, par exemple, est la trace marquée dans les plaines par l'intersection de la *surface isotherme* de 8° avec la surface du sphéroïde terrestre), il ne faut pas trop généraliser ces analogies des climats tempérés des montagnes équatoriales avec les basses régions de la zone circompolaire. Ces analogies sont moins grandes qu'on ne le pense ; elles sont modifiées par l'influence de la distribution particlle de la chaleur dans les différentes parties de l'année (*Proleg.*, p. LIV, et mon *Mémoire sur les lignes isothermes;* p. 137). Les *quotiens* ne changent pas toujours en montant de la plaine vers les montagnes, de la même manière qu'ils changent en approchant du pôle : c'est le cas des Monocotylédonées considérées en général; c'est le cas des Fougères et des Composées. (*Proleg.*, pag. LI et LII; Brown, *on Congo*, pag. 5.)

On peut d'ailleurs remarquer que le développement des végétaux de différentes familles et la distribution des formes ne dépendent ni des latitudes géographiques seules, ni même des latitudes isothermes; mais que les quotiens ne sont pas toujours semblables sur une même ligne isotherme de la zone tempérée, dans les plaines de l'Amérique et de l'ancien continent. Il existe sous les tropiques une différence très-remarquable entre l'Amérique, l'Inde et les côtes occidentales de l'Afrique. La distribution des êtres organisés sur le globe dépend non-seulement de circonstances climatériques très-compliquées; mais aussi de causes géologiques qui nous sont entièrement inconnues, parce qu'elles ont rapport au premier état de notre planète. Les grands Pachydermes manquent aujourd'hui dans le nouveau monde, quand nous les trouvons encore abondamment, sous des climats analogues, en Afrique et en Asie. Dans la zone équinoxiale de l'Afrique la famille des Palmiers

est bien peu nombreuse, comparée au grand nombre d'espèces de l'Amérique méridionale. Ces différences, loin de
nous détourner de la recherche des lois de la nature, doivent nous exciter à étudier ces lois dans toutes leurs com-
plications. Les lignes d'égale chaleur ne suivent pas les parallèles à l'équateur; elles ont, comme j'ai tâché de le prouver
ailleurs, des *sommets convexes* et des *sommets concaves*, qui sont
distribués très-régulièrement sur le globe, et forment différens systèmes le long des côtes orientales et occidentales des
deux mondes, au centre des continens et dans la proximité
des grands bassins des mers. Il est probable que, lorsque des
physiciens-botanistes auront parcouru une plus vaste étendue
du globe, on trouvera que souvent les lignes des *maxima
d'agroupement* (les lignes tirées par les points où les fractions
sont réduites au dénominateur le plus petit) dévient des
lignes isothermes. En divisant le globe par bandes longitudinales comprises entre deux méridiens, et en en comparant
les rapports numériques sous les mêmes latitudes isothermes,
on reconnoîtra l'existence de différens *systèmes d'agroupement*.
Déjà, dans l'état actuel de nos connoissances, nous pouvons
distinguer quatre systèmes de végétation, ceux du nouveau
continent, de l'Afrique occidentale, de l'Inde et de la Nouvelle-Hollande. De même que, malgré l'accroissement régulier de la chaleur moyenne du pôle à l'équateur, le *maximum*
de chaleur n'est pas identique dans les différentes régions
par différens degrés de longitude, il existe aussi des lieux
où certaines familles atteignent un développement plus grand
que partout ailleurs : c'est le cas de la famille des Composées
dans la région tempérée de l'Amérique du nord, et surtout à
l'extrémité australe de l'Afrique. Ces accumulations partielles
déterminent la physionomie de la végétation, et sont ce que
l'on appelle vaguement les traits caractéristiques du paysage.

Dans toute la zone tempérée les Glumacées et les Composées
font ensemble plus d'un quart des Phanérogames. Il résulte de
ces mêmes recherches, que les formes des êtres organisés se
trouvent dans une dépendance mutuelle. L'unité de la nature
est telle, que les formes se sont limitées les unes les autres
d'après des lois constantes et immuables. Lorsqu'on connoît sur
un point quelconque du globe le nombre d'espèces qu'offre une

grande famille (p. ex., celle des Glumacécs, des Composées ou
des Légumineuses), on peut évaluer avec beaucoup de probabilité, et le nombre total des plantes phanérogames, et le
nombre des espèces qui composent les autres familles végétales.
C'est ainsi qu'en connoissant, sous la zone tempérée, le nombre
des Cypéracées ou des Composées, on peut deviner celui des
Graminées ou des Légumineuses. Ces évaluations nous font
voir dans quelles tribus de végétaux les Flores d'un pays sont
encore incomplètes : elles sont d'autant moins incertaines que
l'on évite de confondre les *quotiens* qui appartiennent à différens *systèmes de végétation*. Le travail que j'ai tenté sur les
plantes, sera sans doute appliqué un jour avec succès aux différentes classes des animaux vertébrés. Dans les zones tempérées il y a près de cinq fois autant d'oiseaux que de mammifères, et ceux-ci augmentent beaucoup moins vers l'équateur
que les oiseaux et les reptiles.

La géographie des plantes peut être considérée comme une
partie de la *physique du globe*. Si les lois qu'a suivies la nature dans la distribution des formes végétales étoient beaucoup plus compliquées encore qu'elles ne le paroissent au
premier abord, il ne faudroit pas moins les soumettre à des
recherches exactes. On n'a pas abandonné le tracé des
cartes lorsqu'on s'est aperçu des sinuosités des fleuves et de
la forme irrégulière des côtes. Les lois du magnétisme se
sont manifestées à l'homme dès que l'on a commencé à tracer
les lignes d'égale déclinaison et d'égale inclinaison, et que
l'on a comparé un grand nombre d'observations qui parois-
soient d'abord contradictoires. Ce seroit oublier la marche
par laquelle les sciences physiques se sont élevées progressivement à des résultats certains, que de croire qu'il n'est
pas encore temps de chercher les *élémens numériques* de la
géographie des plantes. Dans l'étude d'un phénomène compliqué, on commence par un aperçu général des conditions
qui déterminent ou modifient le phénomène ; mais, après
avoir découvert de certains rapports, on trouve que les premiers résultats auxquels on s'est arrêté, ne sont pas assez dé-
gagés des influences locales : c'est alors qu'on modifie et corrige les *élémens numériques*, qu'on reconnoît de la régularité
dans les effets mêmes des perturbations partielles. La cri-

tique s'exerce sur tout ce qui a été annoncé prématurément comme un résultat général, et cet esprit de critique, une fois excité, favorise la recherche de la vérité et accélère le progrès des connoissances humaines.

———

ACOTYLÉDONÉES. Plantes cryptogames (Champignons, Lichens, Mousses et Fougères); Agames celluleuses et vasculaires de M. De Candolle. En réunissant les plantes des plaines et celles des montagnes, nous en avons trouvé sous les tropiques $\frac{1}{9}$; mais leur nombre doit être beaucoup plus grand. M. Brown a rendu très-probable que dans la zone torride le rapport[1] est pour les plaines $\frac{1}{15}$, pour les montagnes $\frac{1}{5}$ (*Congo*, p. 5). Sous la zone tempérée, les Agames sont généralement aux Phanérogames comme 1 : 2; dans la zone glaciale, elles atteignent le même nombre, et le surpassent souvent de beaucoup.

En séparant les Agames en trois groupes, on observe que les Fougères sont plus fréquentes (le dénominateur de la fraction étant plus petit) dans la zone glaciale que dans la zone tempérée (*Berl. Jahrb.*, B. 1, p. 52). De même les Lichens et les Mousses augmentent vers la zone glaciale. La distribution géographique des Fougères dépend de la réunion de circonstances locales d'ombre, d'humidité et de chaleur tempérée. Leur *maximum* (c'est-à-dire le lieu où le dénominateur de la fraction normale du groupe devient le plus petit possible) se trouve dans les parties montagneuses des tropiques, surtout dans des îles de peu d'étendue, où le rapport s'élève à $\frac{1}{3}$ et au-delà. En ne séparant pas les plaines et les montagnes, M. Brown trouve pour les Fougères de la zone torride $\frac{1}{30}$. En Arabie, dans l'Inde, dans la Nouvelle-Hollande et dans l'Afrique occidentale (entre les tropiques), il y a $\frac{1}{26}$: nos herbiers d'Amérique ne donnent que $\frac{1}{38}$; mais les Fougères sont rares dans les vallées très-larges et les plateaux arides des Andes, où nous avons été forcés de séjourner longtemps (*Congo*, pag. 43, et *Nov. gen.*, tom. 1, pag. 33). Dans la zone tempérée, les Fougères sont $\frac{1}{40}$; en France $\frac{1}{71}$; en

———

1 Dans cet article, les fractions $\frac{1}{7}$, $\frac{1}{15}$, $\frac{1}{5}$, indiquent le rapport entre les espèces d'une famille et la somme des Phanérogames qui végètent dans le même pays. Les abréviations *Trop.*, *Temp.*, *Glac.*, désignent les trois zones, torride, tempérée et glaciale.

Allemagne, d'après des recherches récentes, $\frac{1}{71}$ (*Berl. Jahrb.*, *B.* 1, pag. 26). Le groupe des Fougères est extrêmement rare dans l'Atlas, et manque presque entièrement en Égypte. Sous la zone glaciale, les fougères paroissent s'élever à $\frac{1}{25}$.

Monocotylédonées. Le dénominateur devient progressivement plus petit en allant de l'équateur vers le 62.ᵉ de latitude nord ; il augmente de nouveau dans des régions plus boréales encore, sur la côte du Groenland, où les Graminées sont très-rares (*Congo*, pag. 10). Le rapport varie de $\frac{1}{5}$ à $\frac{1}{6}$ dans les différentes parties des tropiques. Sur 3880 Phanérogames de l'Amérique équinoxiale que nous avons trouvées, M. Bonpland et moi, en fleur et en fruit, il y a 654 Monocotylédonées et 3226 Dicotylédonées : donc la grande division des Monocotylédonées seroit $\frac{1}{6}$ des Phanérogames. D'après M. Brown, ce rapport est dans l'ancien continent (dans l'Inde, dans l'Afrique équinoxiale et dans la Nouvelle-Hollande), $\frac{1}{5}$. Sous la zone tempérée on trouve $\frac{1}{4}$ (France 1 : $4\frac{2}{5}$; Allemagne, 1 : $4\frac{1}{2}$; Amérique boréale, d'après Pursh, 1 : $4\frac{1}{2}$) ; Royaume de Naples, 1 : $4\frac{1}{5}$; Suisse, 1 : $4\frac{1}{4}$; Isles britanniques, 1 : $5\frac{1}{4}$). Sous la zone glaciale, $\frac{1}{3}$.

Glumacées (les trois familles des Joncacées, des Cypéracées et des Graminées, réunies).= *Trop.*, $\frac{1}{11}$.—*Temp.*, $\frac{1}{8}$.—*Glac.*, $\frac{1}{4}$.

L'augmentation vers le nord est due aux Joncacées et aux Cypéracées, qui sont beaucoup plus rares, relativement aux autres Phanérogames, sous les zones tempérées et sous la zone torride. En comparant entre elles les espèces appartenant aux trois familles, on trouve que les Graminées, les Cypéracées et les Joncacées sont sous les tropiques comme 25, 7, 1 ; dans la région tempérée de l'ancien continent, comme 7, 5, 1 ; sous le cercle polaire, comme $2\frac{2}{5}$, $2\frac{1}{5}$, 1. Il y a en Laponie autant de Graminées que de Cypéracées : de là vers l'équateur les Cypéracées et les Joncacées diminuent beaucoup plus que les Graminées ; la forme des Joncacées se perd presque entièrement sous les tropiques (*Nov. gen.*, T. I.ᵉʳ, p. 240).

Joncacées seules. = *Trop.*, $\frac{1}{100}$. — *Temp.*, $\frac{1}{30}$. — *Glac.*, $\frac{1}{25}$ (Allemagne, $\frac{1}{91}$; France, $\frac{1}{80}$).

Cypéracées seules. = *Trop.* Amérique, à peine $\frac{1}{57}$; Afrique occidentale, $\frac{1}{18}$; Inde, $\frac{1}{15}$; Nouvelle-Hollande, $\frac{1}{14}$ (*Congo*, p. 9). — *Temp.*, peut-être $\frac{1}{10}$ (Allemagne, $\frac{1}{18}$; France, toujours d'après les travaux de M. De Candolle, $\frac{1}{27}$; Dane-marck, $\frac{1}{16}$). — *Glac.*, $\frac{1}{9}$. C'est le rapport trouvé en Laponie et au Kamtschatka.

Graminées seules. = *Trop.* J'ai admis jusqu'ici $\frac{1}{15}$. M. Brown trouve pour l'Afrique occidentale $\frac{1}{12}$, pour l'Inde $\frac{1}{12}$ (*Congo*, p. 41). M. Hornemann s'arrête pour cette même partie de l'Afrique à $\frac{1}{10}$ (*De indole plant. Guineensium*, 1819, p. 10). — *Temp.* Allemagne, $\frac{1}{11}$; France, $\frac{1}{13}$. — *Glac.*, $\frac{1}{10}$.

Composées. En confondant les plantes des plaines avec celles des montagnes, nous avons trouvé dans l'Amérique équinoxiale $\frac{1}{6}$ et $\frac{1}{7}$; mais, sur 534 Composées de nos herbiers, il n'y en a que 94 qui végètent depuis les plaines jusqu'à 500 toises (hauteur à laquelle la température moyenne est encore de 21°, 8; égale celle du Caire, d'Alger et de l'île de Madère). Depuis les plaines équatoriales jusqu'à 1000 toises de hauteur (où règne encore la température moyenne de Naples), nous avons recueilli 265 Composées. Ce dernier résultat donne le rapport des Composées, dans les régions de l'Amérique équinoxiale au-dessous de 1000 toises, de $\frac{1}{9}$ à $\frac{1}{10}$. Ce résultat est très-remarquable, puisqu'il prouve qu'entre les tropiques, dans la région très-basse et très-chaude du nouveau continent il y a moins de Composées, dans les régions subalpines et tempérées plus de Composées, que sous les mêmes conditions dans l'ancien monde. M. Brown trouve pour le Rio-Congo et Sierra-Léone, $\frac{1}{43}$; pour l'Inde et la Nouvelle-Hollande, $\frac{1}{16}$ (*Congo*, p. 26; *Nov. gen.*, t. IV, p. 239). Quant à la zone tempérée, les Composées font en Amérique $\frac{1}{6}$ (c'est peut-être aussi dans l'Amérique équinoxiale le rapport des Composées des très-hautes montagnes à toute la masse des Phanérogames alpins); au cap de Bonne-Espérance, $\frac{1}{5}$; en France, $\frac{1}{7}$ (proprement $\frac{2}{13}$); en Allemagne, $\frac{1}{8}$. Sous la zone glaciale les Composées sont, en Laponie, $\frac{1}{13}$; au Kamtschatka, $\frac{1}{13}$. (Hornemann, p. 18; *Berl. Jahrb.*, *B. I*, p. 29.)

Légumineuses. = *Trop.* Amérique, $\frac{1}{12}$; Inde, $\frac{1}{9}$; Nouvelle-Hollande, $\frac{1}{9}$; Afrique occidentale, $\frac{1}{8}$ (*Congo*, p. 10). — *Temp.* France, $\frac{1}{16}$; Allemagne, $\frac{1}{20}$; Amérique boréale, $\frac{1}{19}$; Sibérie, $\frac{1}{14}$ (*Berl. Jahrb.*, *B. I*, p. 22). — *Glac.*, $\frac{1}{35}$.

Labiées. = *Trop.*, $\frac{1}{40}$. — *Temp.* Amérique boréale. $\frac{1}{40}$; Allemagne, $\frac{1}{26}$; France, $\frac{1}{24}$. — *Glac.*, $\frac{1}{70}$. La rareté des Labiées et des Crucifères dans la zone tempérée du nouveau continent est un phénomène très-remarquable.

Malvacées. = *Trop.* Amérique, $\frac{1}{47}$; Inde et Afrique occidentale, $\frac{1}{34}$ (*Congo*, p. 9); dans la seule côte de Guinée, $\frac{1}{20}$ (Hornemann, p. 20). — *Temp.*, $\frac{1}{200}$. — *Glac.*, 0.

Crucifères. = Presque point sous les tropiques, en faisant abstraction des montagnes au-dessus de 1200 à 1700 toises (*Nov. gen.*, p. 16). France, $\frac{1}{19}$; Allemagne, $\frac{1}{18}$; Amérique boréale, $\frac{1}{62}$.

Rubiacées. Sans diviser la famille en plusieurs sections, on trouve pour les tropiques, en Amérique $\frac{1}{29}$, dans l'Afrique occidentale $\frac{1}{14}$; pour la zone tempérée, en Allemagne $\frac{1}{70}$, en France $\frac{1}{73}$; pour la zone glaciale, en Laponie $\frac{1}{80}$. M. Brown sépare la grande famille des Rubiacées en deux groupes qui offrent des rapports climatériques très-distincts. Le groupe des *Stellatæ* sans stipules interposées appartient principalement à la zone tempérée : il manque presque entre les tropiques, excepté sur le sommet des montagnes. Le groupe des Rubiacées à feuilles opposées et à stipules appartient très-particulièrement à la région équinoxiale. M. Kunth a divisé la grande famille des Rubiacées en huit groupes, dont un seul, celui des Cofféacées, renferme dans nos herbiers un tiers de toutes les Rubiacées de l'Amérique équinoxiale. (*Nov. gen.*, t. III, p. 341.)

Euphorbiacées. = *Trop.* Amérique, $\frac{1}{35}$; Inde et Nouvelle-Hollande, $\frac{1}{30}$; Afrique occidentale, $\frac{1}{28}$ (*Congo*, p. 25). — *Temp.* France, $\frac{1}{70}$; Allemagne, $\frac{1}{100}$. — *Glac.*, Laponie $\frac{1}{500}$.

Éricinées et Rosages. = *Trop.* Amérique, $\frac{1}{130}$. — *Temp.* France, $\frac{1}{125}$; Allemagne, $\frac{1}{90}$; Amérique boréale, $\frac{1}{30}$. — *Glac.* Laponie, $\frac{1}{25}$.

Amentacées. = *Trop.* Amérique, $\frac{1}{800}$. — *Temp.* France, $\frac{1}{50}$; Allemagne, $\frac{1}{40}$; Amérique boréale, $\frac{1}{25}$. — *Glac.* Laponie, $\frac{1}{20}$.

Ombellifères. = Presque point sous les tropiques au-dessous de 1200 toises; mais, en comptant dans l'Amérique équinoxiale les plaines et les hautes montagnes, $\frac{1}{100}$: sous la zone tempérée beaucoup plus dans l'ancien que dans le nouveau continent. France, $\frac{1}{34}$; Amérique boréale, $\frac{1}{57}$; Laponie, $\frac{1}{60}$.

En comparant les deux mondes, on trouve en général

dans le nouveau, sous la zone équatoriale, moins de Cypéracées et de Rubiacées, et plus de Composées ; sous la zone
tempérée, moins de Labiées et de Crucifères, et plus de
Composées, d'Éricinées et d'Amentacées, que dans les zones
correspondantes de l'ancien monde. Les familles qui augmentent de l'équateur vers le pôle (selon la *méthode des fractions*), sont les Glumacées, les Éricinées et les Amentacées ;
les familles qui diminuent du pôle vers l'équateur, sont les
Légumineuses, les Rubiacées, les Euphorbiacées et les Malvacées ; les familles qui semblent atteindre le *maximum* sous
la zone tempérée, sont les Composées, les Labiées, les Ombellifères et les Crucifères.

J'ai réuni les résultats principaux de ce travail dans un
seul tableau ; mais j'engage les physiciens à recourir aux
éclaircissemens sur les diverses familles, chaque fois que les
nombres partiels leur paroissent douteux. Les *quotiens* des
tropiques sont modifiés de telle manière qu'ils ont rapport aux
régions dont la température moyenne est de 28° à 20° (de 0 à
750 toises de hauteur). Les quotiens de la zone tempérée
sont adaptés à la partie centrale de cette zone, entre 13° et
10° de température moyenne. Dans la zone glaciale la température moyenne est de 0° à 1°. A ce tableau des quotiens
ou des fractions, qui indique les rapports de chaque famille
à la masse totale des phanérogames, on pourroit ajouter un
tableau dans lequel seroient comparés entre eux les nombres
absolus des espèces. Nous en donnerons ici un fragment qui
n'embrasse que les zones tempérées et glaciales.

	France.	Amérique boréale.	Laponie.
Glumacées.	460	365	124
Composées.	490	454	38
Legumineuses	230	143	14
Crucifères.	190	46	22
Ombellifères.	170	50	9
Caryophyllées	165	40	29
Labiées	149	78	7
Rhinanthées.	147	79	17
Amentacées	69	113	23

Ces nombres absolus sont tirés des ouvrages de MM. De Candolle, Pursh et Wahlenberg. La masse des plantes décrites
en France est à celle de l'Amérique boréale dans le rapport
de $1\frac{1}{4}$: 1 ; à celle de Laponie, dans le rapport de 7 : 1.

GROUPES fondés sur l'analogie des formes.	RAPPORTS A TOUTE LA MASSE DES PHANÉROGAMES.			SIGNES indiquant la direction de l'accroissement.
	Zone équatoriale; lat. 0° — 10°.	Zone tempérée; lat. [illegible].	Zone glaciale; lat. 67° — [illegible].	
Agames (Fougères, Lichens, Mousses, Champignons.)	Plaines............ 1/15 Montagnes......... 1/5	1/2	1/1	↗
Fougères seules............	Pays peu montueux..... 1/20 Pays très-montueux.. 1/3 à 1/4	1/70	1/25	← →
Monocotylédonées............	Ancien continent....... 1/5 Nouveau continent....... 1/6	1/4	1/3	↗
Glumacées (Joncacées, Cypéracées, Graminées).	1/11	1/3	1/4	↗
Joncacées seules............	1/400	1/90	1/45	↗
Cypéracées seules............	Ancien continent....... 1/22 Nouveau continent...... 1/50	1/20	1/9	↗
Graminées seules............	1/14	1/13	1/10	↗
Composées............	Ancien continent....... 1/18 Nouveau continent...... 1/12	Ancien continent..... 1/5 Nouveau continent..... 1/5	1/13	→ ←
Légumineuses............	1/10	1/13	1/35	↙
Rubiacées............	Ancien continent....... 1/14 Nouveau continent..... 1/25	1/60	1/80	↙
Euphorbiacées............	1/32	1/30	1/500	↙
Labiées............	1/40	Amérique............ 1/40 Europe............ 1/25	1/70	→ ←
Malvacées............	1/35	1/200	0	↙
Éricinées et Rosages............	1/130	Europe............ 1/100 Amérique............ 1/36	1/25	↗
Amentacées............	1/800	Europe............ 1/45 Amérique............ 1/25	1/20	↗
Ombellifères............	1/500	1/40	1/60	→ ←
Crucifères............	1/800	Europe............ 1/18 Amérique............ 1/60	1/24	→ ←

Explication des signes : ↗ le dénominateur de la fraction diminue de l'équateur vers le pôle nord ; ↙ le dénominateur diminue vers l'équateur ; → ← le dénominateur diminue du pôle nord et de l'équateur vers la zone tempérée ; ← → le dénominateur diminue vers l'équateur et vers le pôle nord.

GÉOGRAPHIE PHYSIQUE. (*Min.*) La géographie physique ne connoît aucune division artificielle, aucune démarcation politique ; la terre, l'air et l'eau lui appartiennent. Elle esquisse à grands traits la figure des continens, des iles, des montagnes, des volcans, des vallées, des plateaux et des plaines ; elle décrit la nature du sol ou du roc ; elle trace les régions plus ou moins élevées, par rapport avec leurs latitudes, où les êtres organisés disparoissent en touchant à la zone des neiges permanentes ; elle compare l'étendue des mers avec celle des continens et des iles ; elle suit les contours de l'Océan, étudie ses phénomènes, pénètre dans les méditerranées et les golfes, en en sondant les profondeurs ; elle accompagne les fleuves de leur source à leur embouchure, et calcule les atterrissemens qu'ils forment et qu'ils augmentent sans cesse ; elle observe et explique les vents. Placée sur les sommets glacés des Andes ou des Alpes, dont elle mesure la hauteur immense, elle dessine l'embranchement des chaînes de montagnes qui leur sont subordonnées, et les groupes éloignés qui s'y rattachent ; elle indique leurs escarpemens, les feux qui les embrasent, leurs profondes coupures, les torrens qui s'y précipitent, les lacs enfermés dans leurs enfoncemens, et les sources qui jaillissent de toutes parts. L'uniformité du désert annonce d'autres scènes, d'autres phénomènes : la science les décrit ou les explique. Les régions polaires, enfin, où la terre disparoit sous les glaces, où la mer se hérisse de montagnes mobiles, où le ciel s'embrase d'une brillante aurore étrangère au soleil, se tracent par elle en traits incertains, conformes au doute et au voile épais qui couvrent ces extrémités du monde.[1] (BRARD.)

GEOLO (*Bot.*), nom de l'yèble, aux environs de Vérone, suivant Séguier. (J.)

GÉOLOGIE. (*Min.*) Science qui, ainsi que la géognosie, a pour objet la connoissance de la terre ; mais, comme on a plus souvent présenté sous ce nom des théories arbitraires que des généralités déduites de l'observation, le mot de *géo-*

---

[1] Bergmann, Géogr. physique ; Humboldt, Tableaux de la nature, Vues des Cordillières, etc. ; Malte-Brun, Précis de la géographie universelle, tom. 2, p. 159, etc.

logie, aujourd'hui, se joint assez communément dans l'esprit à l'idée d'hypothèses et de suppositions gratuites. Voyez TERRE, TERRAINS.

GÉOMÉTRIQUE (*Erpét. et Ichthyol.*), nom spécifique d'une TORTUE et d'un HOLACANTHE. Voyez ces mots. (H. C.)

GÉONOMA. (*Bot.*) Genre de plantes monocotylédones, à fleurs incomplètes, monoïques, de la famille des *palmiers*, de la *monoécie monadelphie* de Linnæus, qui a des rapports avec les *alfonsia*, et présente pour caractère essentiel : Une spathe universelle, double, bivalve, contenant des fleurs monoïques ; les mâles offrant une corolle à six divisions profondes, les trois extérieures en forme de calice ; six étamines ; les filamens réunis en cylindre : dans les fleurs femelles, la corolle comme dans les fleurs mâles ; un ovaire supérieur ; le style latéral ; le stigmate à deux lobes. Le fruit est un drupe sec, monosperme.

GÉONOMA A FEUILLES AILÉES ; *Geonoma pinnatifrons*, Willd., *Spec.*, 4, pag. 593. Arbre découvert dans les forêts des hautes montagnes, aux environs de Caracas, dans l'Amérique méridionale : il s'élève à la hauteur de quinze pieds sur un tronc grêle, simple, lisse, d'un pouce d'épaisseur. Frappé continuellement par les vents, et surchargé de feuilles, il se courbe très-souvent sur la terre, où il prend de nouvelles racines, et produit de son extrémité un nouveau tronc de même longueur, et ainsi de suite. Ses feuilles sont ailées, à pinnules irrégulières, un peu plissées, rongées à leur sommet. La spathe est double, bivalve, cunéiforme, un peu comprimée, longue de trois pouces ; le spadice est long de quinze pouces, rameux à son sommet ; les ramifications cylindriques, portant sept à neuf épis alternes, cylindriques, longs de trois pouces ; les fleurs réunies au nombre de trois dans une fossette du rachis de l'épi, deux mâles et une femelle. Le fruit est un drupe sec, fibreux, de la grosseur d'un pois, contenant une noix globuleuse, presque noirâtre.

GÉONOMA A FEUILLES SIMPLES ; *Geonoma simplicifrons*, Willd., *Spec.*, 4, pag. 594. Cette espèce croît aux mêmes lieux que la précédente : elle en est très-distincte par son tronc toujours droit, haut de dix pieds, d'un pouce d'épaisseur. Ses feuilles sont simples, longues d'un pied, en forme de coin, acuminées à leur base. partagées à leur sommet en deux portions divergentes, soutenues par de très-longs pétioles ; la spathe est double, à deux valves ; le spadice porte à son sommet trois ou quatre épis cylindriques ; les fleurs situées comme dans l'espèce précédente. (POIR.)

GEOPHILA. (*Bot.*) Nom donné par Bergeret à un genre voisin du colchique, qui avoit été précédemment nommé *merendera* par M. Ramond, et que Picot La Peyrouse réunit au *bulbocodium* de Linnæus, dont il diffère cependant par ses trois styles. (J.)

GÉOPHILE. (*Entom.*) Ce nom, qui signifie *qui aime la terre*, a servi à M. Leach pour désigner un genre de scolopendres à pattes très-nombreuses, dont les postérieures sont plus longues que les autres, et qui de plus sont aveugles. Voyez APTÈRES, MYRIAPODES et SCOLOPENDRE. (C. D.)

GEOPHONUS (*Conchyl.*), nom latin du genre GÉOPONE. (DE B.)

GÉOPONE, *Geophonus*. (*Conchyl.*) Petit genre de coquilles presque microscopiques, d'une ligne au plus, établi par M. Denys de Monfort (Conchyl. systém., vol. 1, p. 18) pour une espèce vivant dans la mer Méditerranée, où elle se trouve au milieu des plantes marines, et que Von Fichtel et Von Moll (*Test. micr.*, pag. 66, tab. 10, fig. 6, 9) ont nommée *nautilus macellus*. M. Denys de Monfort, qui la nomme la GÉOPONE JAUNE, à cause de sa couleur, lui donne pour caractère, qu'étant enroulée verticalement, mais non tout-à-fait symétriquement, sans que la spire soit visible, et sans ombilic, la cloison qui en forme la terminaison est percée de six trous placés dans une série longitudinale d'avant en arrière ; il paroît en outre qu'elle est cloisonnée. (DE B.)

GEORGIA. (*Bot.*) Ehrhart avoit donné ce nom générique au *mnium pellucidum*, Linn., mousse qui se fait remarquer par son péristome simple, à quatre dents pyramidales. Ce genre a été conservé, mais sous le nom de *tetraphis*, qui rappelle la structure du péristome. (LEM.)

GÉORGINE, *Georgina*. (*Bot.*) [*Corymbifères*, Juss. = *Syngénésie polygamie frustranée*, Linn.] Ce genre de plantes, établi par Cavanilles, en 1791, dans ses *Icones et Descriptiones Plantarum*, appartient à la famille des synanthérées, a notre tribu naturelle des hélianthées, et à la section des hélianthées-coréopsidées. L'auteur du genre lui avoit donné le nom de *dahlia* : mais, comme Thunberg avoit précédemment employé ce même nom pour désigner un genre de la famille des urticées, Willdenow a nommé le genre de Cavanilles *Georgina*, en l'honneur de Georgi, botaniste russe. Voici les caractères génériques que nous avons observés sur un grand nombre d'individus vivans.

La calathide est radiée, composée d'un disque multiflore, régulariflore, androgyniflore, et d'une couronne unisériée, liguliflore, neutriflore. Le péricline est double : l'intérieur, ou vrai péricline, supérieur aux fleurs du disque, campanulé, formé d'environ huit squames très-libres, unisériées, égales, appliquées, ovales-oblongues, obtuses, membraneuses, à base coriace-charnue; l'extérieur, involucriforme, plus court, formé de cinq à huit squames bractéiformes, unisériées, égales, étalées ou réfléchies, ovales-lancéolées, souvent comme pétiolées, foliacées. Le clinanthe est plan, garni de squamelles égales aux fleurs, larges, planes, ovales-oblongues, obtuses, membraneuses. Les ovaires sont obcomprimés, munis d'un bourrelet basilaire et d'un bourrelet apicilaire : leur aigrette est ordinairement nulle; mais souvent on observe deux petits rudimens de squamellules, en forme de protubérances arrondies ou coniques, situées sur les deux angles du bourrelet apicilaire, et quelquefois ces rudimens sont très-développés, en forme de squamellules continues au bourrelet, épaisses, charnues, inégales, irrégulières, variables, simples ou divisées, cylindracées, anguleuses ou laminées. Les fleurs de la couronne, au nombre de huit environ, sont pourvues d'un faux-ovaire absolument semblable aux vrais ovaires du disque, et contenant comme eux un ovule; mais le style et son stigmate sont toujours mal conformés, imparfaits, semi-avortés ou même tout-à-fait nuls : la corolle a le tube court, et la languette large, elliptique, tridentée au sommet, veloutée en-dessus, munie en-dessous de plusieurs nervures, dont deux plus fortes.

En comparant les caractères que nous venons de décrire

avec ceux du genre *Coreopsis*, que nous avons décrits à la page 420 du tome X de ce Dictionnaire, nous ne trouvons aucune différence qui puisse suffire à la distinction des deux genres. Les autres botanistes croient trouver trois différences essentielles, en ce que, suivant eux, le péricline intérieur est plécolépide, les ovaires sont inaigrettés, et la couronne de la calathide est féminiflore, dans le *georgina*; tandis que, dans le *coreopsis*, le péricline intérieur est chorisolépide, les ovaires sont surmontées de deux cornes ou arêtes, et la couronne de la calathide est neutriflore. C'est une triple erreur. Les squames du péricline intérieur sont parfaitement libres jusqu'à la base dans le *georgina*, aussi bien que dans le *coreopsis*. Les vrais *coreopsis* ont souvent l'aigrette nulle, comme le *georgina*, et l'ovaire du *georgina* est souvent surmonté de deux cornes plus ou moins développées et fort analogues à celles des vrais *coreopsis*. Quant au sexe des fleurs de la couronne, nous avons toujours trouvé le stigmate de ces fleurs nul ou imparfait dans toutes les calathides de *georgina* que nous avons examinées; cependant, comme ces mêmes fleurs ont l'ovaire bien conformé et pourvu d'un ovule, il est possible que, dans le pays où la plante est indigène, et dans les circonstances favorables à sa fructification, le stigmate se développe suffisamment pour que la fécondation s'opère, et qu'ainsi la couronne devienne féminiflore. Quoi qu'il en soit, en éliminant du genre *Coreopsis* les espèces dont nous avons composé notre genre *Pterophyton*, le *coreopsis* peut être caractérisé et limité avec exactitude, et ce genre doit comprendre au nombre de ses espèces le *georgina* de Willdenow ou *dahlia* de Cavanilles. C'est pourquoi nous allons décrire cette plante sous le nom de coréopside géorgine.

Coréopside géorgine : *Coreopsis Georgina*, H. Cass.; *Georgina variabilis*, Kunth, *Nov. gen. et Sp. pl.*, in-fol., tom. 4, pag. 191; *Georgina superflua* et *frustranea*, Decand., Ann. du Mus.; *Georgina variabilis* et *coccinea*, Willd., *Hort. Berol.*; *Georgina purpurea, rosea* et *coccinea*, Willd., *Sp. pl.*; *Dahlia pinnata, rosea* et *coccinea*, Cavan., *Icon. et Descript. plant.* Cette belle plante herbacée, originaire du Mexique, a la racine vivace, composée de faisceaux de tubercules horizontaux, oblongs, amincis aux deux bouts, longs d'environ un demi-pied. La tige, qui s'élève jusqu'à environ six pieds, est dressée, rameuse, cylindrique, épaisse, dure, tantôt nue, tantôt couverte d'une poudre glauque, tantôt parsemée de petits poils. Les feuilles sont opposées, connées, grandes, une ou deux fois pennées avec impaire; à pétiole commun, nu ou ailé; à folioles opposées, sessiles ou pétiolées, ovales, pointues, dentées, tantôt glabres, tantôt plus ou moins pubescentes. Les calathides, composées d'un disque jaune et d'une couronne de couleur variable, sont solitaires au sommet de longs rameaux simples, nus, grêles, pédonculiformes: elles fleurissent dans nos jardins depuis la fin de Juillet jusqu'aux premières gelées, et se font remarquer par leur grandeur et leurs couleurs agréables.

La culture a produit plusieurs variétés de géorgine, qui se rapportent toutes à deux races principales, et que nous allons signaler brièvement.

Coréopside géorgine nue: *Coreopsis Georgina nuda*, H. Cass.; *Georgina superflua*, Decand.: *Georgina variabilis*, Willd. Cette première race, qui sans doute a donné naissance à la seconde, se compose de plantes plus élevées et plus robustes; les tiges sont nues, c'est-à-dire qu'elles ne sont point couvertes d'une poudre glauque, mais elles sont souvent rougeâtres, et quelquefois garnies de petits poils, surtout vers le sommet; les feuilles sont moins divisées, plus grandes et d'un vert foncé; enfin, les fleurs de la couronne sont pourvues d'un style plus ou moins développé, quoique toujours imparfait.

On rapporte à cette race: 1.º la géorgine *rouge*, dont les languettes sont proportionnément plus larges et plus courtes que dans toutes les autres variétés; 2.º la géorgine *pourpre*, dont les languettes sont plus longues que dans la précédente; 3.º la géorgine *lilas*, dont les languettes sont plus longues que dans toutes les autres variétés, et dont les sommités des tiges sont presque toujours un peu velues: cette variété paroit être la plus rustique de toutes; 4.º la géorgine *pâle*, plus petite que les précédentes, à languettes d'un rose pâle, moins longues et moins étalées que dans la géorgine lilas; 5.º la géorgine *jaunâtre*, bien distincte de toutes les autres variétés de cette race par la couleur de sa couronne et par sa stature moins élevée.

Coréopside géorgine poudrée : *Coreopsis georgina pruinosa*, H. Cass.; *Georgina frustranea*, Decand.; *Georgina coccinea*, Willd. Les variétés qui dépendent de cette race sont plus basses, plus délicates et d'un vert plus clair, que les variétés de la race précédente; les tiges sont couvertes d'une poudre glauque; les feuilles sont beaucoup plus petites et plus divisées; le style est tout-à-fait avorté dans les fleurs de la couronne.

Cette race comprend : 1.º la géorgine *écarlate*, dont les calathides sont assez grandes, à couronne de couleur ponceau-orangé; 2.º la géorgine *safranée*, dont les calathides sont de moitié plus petites, à couronne de couleur de feu - orangé plus clair; 5.º la géorgine *jaune*, à calathides aussi petites que dans la précédente variété, mais à couronne d'un jaune pur.

Cavanilles, qui, le premier, nous a fait connoître les géorgines, avoit cru pouvoir en distinguer trois espèces. Willdenow les adopta d'abord; mais ensuite il les réduisit à deux, qu'il caractérisa principalement par la tige nue dans la première, poudrée dans la seconde. M. De Candolle crut confirmer les deux espèces de Willdenow, en ajoutant que, dans la première, les fleurs de la couronne étoient femelles, et que dans la seconde elles étoient neutres. M. Kunth a reconnu, aussi bien que nous, que toutes les géorgines avoient la couronne neutriflore, et, comme nous, il a pensé que les prétendues espèces de Cavanilles, et même celles de Willdenow, n'étoient que des variétés d'une seule et même espèce. Il cite à l'appui de cette opinion une observation importante de M. Lelieur, qui a obtenu la géorgine poudrée en semant des graines de géorgine nue. Dumont-Courset avoit depuis long-temps énoncé la même opinion.

Les racines tubéreuses des géorgines peuvent fournir un aliment salubre, mais d'une saveur peu agréable, selon MM. De Candolle et Dumont-Courset, qui en ont mangé après les avoir fait bouillir ou cuire sous la cendre. Cependant on dit que les habitans du Mexique les mangent avec plaisir, et M. Thiébaut de Berneaud prétend que leur substance farineuse et sucrée, préparée de diverses manières, est un aliment agréable et délicat: il ajoute que les feuilles peuvent servir de fourrage et d'engrais, et que la racine plaît beaucoup aux chevaux, aux bœufs et aux moutons. M. De Candolle dit, au contraire. que les chevaux et les vaches refusent d'en manger. En attendant que de nouvelles épreuves aient résolu ces questions, il nous paroît probable que les qualités des racines dont il s'agit sont analogues à celles des racines du topinambour (*Helianthus tuberosus*, Linn.): et il est certain que jusqu'à présent la plus grande utilité des géorgines est de concourir avec avantage a la richesse et à la variété des ornemens de nos jardins.

On reproduit et multiplie ces plantes par le semis des graines ou par la division des racines : mais les graines ne mûrissent pas toujours bien dans notre climat; celles des géorgines poudrées surtout sont presque toujours imparfaites : ainsi la division des racines est le moyen le plus sûr. Au mois de Mars, on sépare les différens faisceaux de tubercules dont se compose la racine, de manière qu'un petit morceau de la racine principale reste attaché à chaque faisceau; on plante chacun de ces faisceaux dans un grand vase rempli d'une terre substantielle et consistante, composée de terre franche mêlée avec de la terre de couches; on arrose, et on place les vases dans une serre chaude ou tempérée, ou même dans une bonne orangerie. Quand les atteintes du froid ne sont plus à craindre, c'est-à-dire au commencement de Juin, on transplante les géorgines le long d'un mur exposé au midi, dans une plate-bande large de trois pieds, défoncée jusqu'à un pied et demi de profondeur, et remplie d'une terre semblable à celle des vases. Il faut les arroser fréquemment pendant leur croissance, en évitant toutefois de leur donner une humidité trop grande ou stagnante. Au mois d'Octobre on coupe les tiges un peu au-dessus de leur base, on déterre les racines, on les nettoie, et on les conserve pendant l'hiver dans un lieu où la gelée ne puisse les atteindre, en les couvrant de sable bien sec. Dans nos départemens méridionaux les géorgines peuvent demeurer toute l'année en pleine terre, au moyen d'une couverture de litière sèche pendant les gelées. (H. Cass.)

GÉORISSE. (*Entom.*) Nom donné par M. Latreille à un genre de petits coléoptères à cinq articles, voisins des birrhes, dont une espèce a été décrite par Paykull, et ensuite par Fabricius sous le nom de *Pimelia pygmæa*. Ce petit coléoptère, n'étant pas hétéroméré, ne pouvoit en effet rester parmi les pimélies; mais, si M. Latreille a voulu indiquer par ce nom que l'insecte fouit la terre, il auroit dû l'écrire ainsi, Géorysse, comme il l'avoit fait pour le genre Orysse parmi les uropristes. (C. D.)

GÉOTRICHUM. (*Bot.*) Champignons formés de filamens cloisonnés, rameux, couchés, entremêlés et composant de petites touffes ou flocons. Sur ses filamens sont dispersés des séminules ou sporidies ovales, tronquées à leurs deux extrémités. Ce dernier caractère distingue seulement ce genre de celui appelé *sporotrichum*. Tous les deux ont été établis par Linck, et font partie de la série des *byssoïdées* dans l'ordre des *mucédinées*, dans la méthode adoptée par ce botaniste prussien.

Géotrichum blanc; *Geotrichum candidum*, Linck, *Berl. Magaz.*, 3, p. 7, pl. 1, fig. 26. C'est la seule espèce de ce genre : elle croît à terre dans les bruyères et les bois arides. Elle forme sur la terre de petites taches blanches, cotonneuses ou granuleuses. Il est probable que Linck a observé cette plante en Allemagne. (Lem.)

GÉOTRUPE, *Geotrupes*. (*Entom.*) Genre d'insectes coléoptères à cinq articles à tous les tarses, ou pentamérés, de la famille des lamellicornes ou pétalocères.

C'est M. Latreille qui a le premier emprunté ce nom de deux mots grecs, γη, *la terre*, et τρυπάω, *je perce, je perfore*, ou du mot γεωρυχος, *fossoyeur*, et il y avoit rapporté une division du genre Scarabée, déjà indiquée dans les auteurs, dont le prolongement du front, qui recouvre la bouche ou le chaperon, est large, quadrilatère et rhomboïdal, dont les pattes de devant offrent une jambe aplatie et dentelée, et qui ont un écusson distinct entre les élytres; mais Fabricius, en adoptant le nom, l'a transporté au genre Scarabée de M. Latreille, et, comme pour augmenter la difficulté déjà si grande de la synonymie, il a pris le nom de géotrupe pour désigner le genre Scarabée. Ainsi les scarabées de Fabricius sont nos géotrupes ou ceux de M. Latreille, et les géotrupes de M. Fabricius sont nos scarabées. (Voyez Pétalocères.)

Voici les caractéres naturels du genre Géotrupe : Corps arrondi, court, très-convexe ; tête distincte, à chaperon avancé, carré ou rhomboïdal ; à antennes courtes ou de la longueur de la tête au plus, insérées sous le chaperon en masse lamellée ; corselet arrondi, plus court que l'abdomen ; écusson arrondi, distinct à la base des élytres, qui dépassent l'abdomen et qui l'embrassent en-dessous sur les côtés ; pattes courtes, à hanches larges, à cuisses comprimées ; toutes les jambes aplaties, tranchantes et dentelées en dehors ; tarses à cinq articles, très-petits, à peine distincts aux pattes antérieures.

Il est facile de distinguer ce genre d'avec tous ceux de la même famille des pétalocères, d'après la forme et l'étendue du chaperon, qui est très-court et à peine distinct dans les trox et les scarabées ; qui n'est pas en croissant comme dans les aphodies et les bousiers, ni coupé carrément comme dans les hannetons, les cétoines et les trichies, tandis que les géotrupes l'ont en losange ou rhomboïdal.

Les géotrupes, ainsi que leur nom l'indique, percent la terre sous la forme d'insectes parfaits ; ils la creusent ainsi sous les bouses et les matières excrémentitielles des solipèdes et des ruminans, pour y entraîner des portions de ces matières, au milieu desquelles ils déposent leurs œufs, d'où proviennent des larves en tout semblables à celles des bousiers et des autres pétalocères. Leur corps est blanc, mou, courbé en arc ; l'extrémité du ventre est obtuse, repliée en-dessous ; la tête seule est cornée, avec des mâchoires et des mandibules bien distinctes ; les pattes sont courtes et terminées chacune par un crochet unique.

Les géotrupes volent principalement le soir, comme les hannetons ; mais, comme ils ne se posent jamais sur les arbres et qu'au contraire ils se dirigent principalement vers les matières stercorales, ils volent très-bas, souvent à fleur de terre ; ils font beaucoup de bruit, parce que leur vol est lourd, et, comme il a lieu presque toujours en ligne droite, l'insecte semble n'avoir pas la faculté de se détourner et il vient souvent se heurter sur les obstacles qui s'opposent à sa route directe; et c'est peut-être à cause de ce qu'ils se jettent ainsi sur le corps de l'homme, que cette sorte de mal-adresse a passé en proverbe et que l'on dit, *étourdi comme un scarabée* ou comme un *hanneton.*

Les principales espèces de ce genre sont les suivantes :

1.º Géotrupe typhoée ou phalangiste ; *G. typhœus*, Linn. (Voyez dans l'atlas de ce Dictionnaire le n.º 1 de la planche des coléoptères pétalocères.)

Geoffroy en a donné une figure à la planche 1, n.º 3, du tome 1.ᵉʳ de l'Histoire des insectes des environs de Paris, et Olivier, planche n.º 7, 52.

Car. Noir; corselet à trois pointes dirigées en avant : très-longues dans le mâle et dépassant la tête, surtout les latérales ; beaucoup plus courtes dans la femelle.

Cet insecte est noir, quelquefois d'un brun rougeâtre ; les élytres sont striées. Le nom de phalangiste lui a été donné par Geoffroy, parce que dans le mâle les pointes saillantes du corselet, dirigées en avant, lui donnent quelque rapport avec les piques des phalanges macédoniennes. Il se trouve dans les bouses des prairies sèches.

Géotrupe stercoraire ; *G. stercorarius.* C'est le grand pilulaire de Geoffroy, qui a donné une très-bonne description de cette espèce, fort commune aux environs de Paris, où le peuple l'appelle *fouille-merde* ou *mère à poux*, à cause du grand nombre de cirons dont il est souvent couvert.

Panzer en a donné une bonne figure, planche 23 du 2.ᵉ cahier de sa Faune d'Allemagne.

Car. Noir bronzé ou bleuâtre en-dessus : à élytres striées ; corselet lisse et brillant d'un noir verdâtre, cuivreux en-dessous.

C'est à tort que Geoffroy indique cette espèce comme celle qu'adoroient les Égyptiens; on voit évidemment, dans leurs hiéroglyphes et sur les cachets, la représentation d'un bousier du sous-genre des ateuches, que nous avons décrit sous le n.º 15 : c'est aussi à tort qu'il le désigne sous le nom de pilulaire. Cette espèce ne dépose pas ses œufs dans les boules de fiente, comme le font la plupart des bousiers ateuches, dont les pattes de derrière facilitent, par leur alongement, cette sorte de manœuvre et de transport.

3.° Géotrupe printannier; *G. vernalis.* C'est le petit pilu-laire de Geoffroy.

Il est d'un bleu foncé rougeâtre ; ses élytres sont brillantes, polies, sans stries enfoncées.

4.° Géotrupe sylvatique; *G. sylvaticus.* Il ressemble au stercoraire ; mais sa couleur est plus bleue, et ses élytres offrent, entre les stries, des rides qui semblent les grésiller ou les raccornir.

Sa larve se développe principalement dans le détritus ou la sorte de bouillie que produit la putréfaction des gros bolets ou champignons poreux des bois ; voilà pourquoi on l'a désignée sous le nom de géotrupe des forêts.

Fabricius a rapporté dix-sept espèces à ce genre de sca-rabées. (C. D.)

GÉOTRUPINES. (*Entom.*) M. Latreille avoit indiqué sous ce nom de famille les deux genres Lèthre et Géotrupe. Voyez Pétalocères. (C. D.)

GEPALO. (*Bot.*) Les habitans de la côte de Canara, dans la presqu'île de l'Inde, nomment ainsi, au rapport de Clu-sius, son *nucleus moluccanus,* qui paroît être le *croton mo-luccanum.* (J.)

GER DZIKA (*Ornith.*), nom polonois de l'oie sauvage, *anas, anser,* Linn. (Ch. D.)

GERABIB (*Ornith.*), nom arabe du corbeau, *corvus corax,* Linn. (Ch. D.)

GERADYEH. (*Ornith.*) On appelle ainsi, en Égypte, la cresserelle, *falco tinnunculus,* Linn. (Ch. D.)

GÉRANIACÉES. (*Bot.*) Cette famille de plantes, placée parmi les hypopétalées, ou polypétales à étamines insérées sous l'ovaire, est composée presque uniquement d'un seul genre ancien, le *geranium,* qui, conséquemment, lui donne son nom. Mais ce genre est tellement nombreux en espèces, qui s'élèvent à près de trois cents, que pour la facilité de l'étude on s'est décidé à le partager en trois, assez bien distin-gués. Les caractères communs à ces genres ou à cette famille, outre ceux déjà indiqués, consistent dans un calice divisé profondément en cinq lobes égaux, alternes avec cinq pé-tales qui sont égaux ou inégaux : les étamines, en nombre double ou plus rarement égal à celui des pétales, et insérées au même point, ont leurs filets réunis par le bas en un anneau et distincts supérieurement; tantôt ils sont tous fertiles ou munis d'anthères, tantôt quelques-uns sont stériles. L'ovaire, libre et simple, est surmonté d'un style terminé par cinq stigmates. Le fruit se partage en cinq capsules ovales ou fusiformes, s'ouvrant à l'intérieur et remplies d'une ou deux graines; chacune est surmontée d'une arête d'abord appliquée contre le style, laquelle se détache ensuite par le bas, en s'écartant du centre et emportant avec elle sa capsule, qui reste pendante, à la manière de la branche d'un lustre. L'embryon des graines, dépourvu de périsperme, a sa radicule alongée, réfléchie sur les lobes irrégulièrement plissés, et dirigée vers le bas de la loge.

Les plantes de cette famille sont herbacées ou s'élèvent en arbrisseaux ou sous-arbrisseaux. Les feuilles sont opposées ou alternes, toujours accompagnées de stipules. Les pédoncules qui portent les fleurs, sont opposés aux feuilles alternes, axillaires aux feuilles opposées.

Les genres de cette famille sont d'abord le *pelargonium*, l'*erodium* et le *geranium*, antérieurement réunis en un seul, auxquels on joint encore le *monsonia* et le *grielum*, différens du caractère général en quelques points.

A leur suite on a laissé quelques genres qui ont de l'affinité avec cette famille, sans lui appartenir, et qui deviendront probablement les types de familles nouvelles : ces genres sont la capucine, *tropæolum*; le *magellana* de Cavanilles; la balsamine, *balsamina* ou *impatiens* de Linnæus; l'*oxalis*, le *rhymotheca* de la Flore du Pérou. (J.)

GERANIER; *Geranium*, Linn. (*Bot.*) Genre de plantes de la *monadelphie décandrie* du système sexuel, et qui a donné son nom à la famille naturelle des *géraniacées* de Jussieu. Ses principaux caractères sont les suivans : Calice de cinq folioles égales ; corolle de cinq pétales égaux ; dix étamines, dont cinq alternativement plus grandes, toutes fertiles ; un ovaire supérieur, surmonté d'un style terminé par cinq stigmates ; cinq capsules monospermes, surmontées chacune par une arête appliquée le long d'un axe central, se détachant, à l'époque de la maturité du fruit, de la base de ce même axe, pour se replier avec élasticité en arc ou en cercle, et restant fixée à son ex-trémité.

Les *geranium* de Linnæus ayant été divisés, ainsi que nous l'avons dit à l'article ERODIER (vol. 15, p. 211), en trois genres, *Erodium*, *Geranium* et *Pelargonium*, le géranier ne se trouve comprendre maintenant que quarante et quelques espèces, dont plus de la moitié croît naturellement en Europe; les autres espèces, en beaucoup plus petit nombre, ont été trou-vées en Asie ou en Afrique, ou dans le nouveau continent et les terres australes. Ces plantes sont rarement frutescentes; elles forment le plus souvent des herbes à feuilles arrondies, lobées ou diversement découpées, munies de stipules à leur base, et leurs fleurs sont portées sur des pédoncules communément bifides. Nous ne parlerons ici que des plus remarquables.

⁕ *Pédoncules uniflores.*

GÉRANIER ÉPINEUX : *Geranium spinosum*, Linn., *Mant.*, 96, Cavan., *Dissert.*, 4, p. 195, tab. 75, fig. 2. Sa tige est droite, courte, rameuse, un peu ligneuse, épaisse, parsemée de tubercules arrondis, charnus, glabres, terminés chacun par une épine roide et aiguë. Ses feuilles sont légèrement pétiolées, opposées, ovales ou cunéiformes, crénelées, char-gées de points glanduleux. Les fleurs sont d'un pourpre clair. Cette espèce croît au cap de Bonne-Espérance.

GÉRANIER SANGUIN; *Geranium sanguineum*, Linn., *Spec.*, 958. Ses racines, dures, un peu ligneuses, d'un rouge bru-nâtre, produisent une tige souvent divisée dès sa base en rameaux étalés, un peu redressés, velus; garnis de feuilles opposées, pétiolées, arrondies, partagées en cinq ou sept divisions trifides. Ses fleurs sont grandes, larges de plus d'un pouce, d'un rouge pourpre, plus rarement roses, portées sur de longs pédoncules axillaires, munis de deux petites bractées un peu au-dessus de leur partie moyenne. Cette plante se trouve dans les terrains sablonneux et sur les bords des bois : elle passe pour être astringente.

❋❋ *Pédoncules biflores; racines vivaces.*

Géranier a feuilles d'anémone : *Geranium ancmonefolium*, Willd., *Spec.*, 3, p. 698 ; l'Hérit., *Ger.*, t. 36 ; Curt., *Bot. Mag.*, t. 206. La tige de cette espèce est une souche ligneuse, cylindrique, environ de la grosseur du pouce, écailleuse, longue de quelques pouces ; de sa partie supérieure naissent des feuilles longuement pétiolées, et des rameaux longs d'un à deux pieds. Les feuilles inférieures sont partagées, presque jusqu'à leur pétiole, en cinq lobes deux fois pinnatifides, et les supérieures n'ont ces mêmes lobes qu'une fois divisés. Les pédoncules naissent dans la bifurcation des rameaux, ou à leur extrémité, et ils se bifurquent eux-mêmes pour porter deux fleurs d'un rouge cramoisi. Ce géranier est originaire de l'île de Madère : on le cultive dans les jardins, où il fleurit en Juin, Juillet et Août. Il faut le mettre en pot, afin de le rentrer dans l'orangerie pendant l'hiver.

Géranier livide : *Geranium phæum*, Linn., *Spec.*, 953 ; Cavan., *Dissert.*, 4, pag. 210, tab. 89, fig. 2. Ses tiges sont droites, velues, simples, un peu rameuses, hautes d'environ un pied, garnies de feuilles alternes, pétiolées, velues, molles au toucher, à cinq lobes dentés et incisés. Les fleurs sont d'un pourpre livide, assez grandes, portées sur des pédoncules opposés aux feuilles et disposés dans la partie supérieure des tiges, formant quelquefois une sorte de panicule lâche ; leurs pétales sont arrondis et munis d'une petite pointe particulière. Cette espèce croit dans les pâturages des montagnes, en France, en Allemagne, en Hongrie et dans la Belgique.

Géranier noueux : *Geranium nodosum*, Linn., *Spec.*, 953 ; Cavan., *Dissert.*, 4, pag. 208, tab. 80, fig. 1. Sa tige est tétragone, glabre, droite, un peu rameuse, haute d'un pied ou un peu plus, garnie de feuilles opposées, d'un vert gai, parsemées de quelques poils rares : les inférieures longuement pétiolées et partagées en cinq lobes ; les supérieures presque sessiles, et seulement à trois lobes. Ses fleurs sont d'un rouge pourpre, assez grandes, terminales ; leurs pétales sont échancrés, et les folioles de leur calice sont terminées par un filet particulier. Cette plante croit dans les bois des montagnes, en Angleterre, en France, en Italie.

Géranier des prés : *Geranium pratense*, Linn., *Spec.*, 954 ; Cavan., *Dissert.*, 4., pag. 210, tab. 87, fig. 1. Sa tige s'élève à deux ou trois pieds de haut, en se divisant en rameaux dichotomes, velus, garnis de feuilles grandes, opposées, hérissées de poils, partagées profondément en cinq ou sept divisions pinnatifides. Ses fleurs sont grandes, bleuâtres ou blanches, avec des veines violettes, disposées à l'extrémité des tiges et des rameaux ; leurs pétales sont arrondis, et les folioles calicinales sont lancéolées. Cette espèce se trouve dans les prés humides, en France, en Allemagne, en Suisse, etc. On la cultive pour l'ornement des jardins.

Géranier argenté : *Geranium argenteum*, Linn., *Spec.*, 954 ; Cavan., *Dissert.*, 4, p. 205, tab. 77, fig. 3. Sa racine est grosse, un peu ligneuse, divisée dans sa partie supérieure en deux ou trois ramifications, desquelles naissent de petites touffes de feuilles longuement pétiolées, soyeuses, blanchâtres, arrondies, découpées profondément en cinq à sept lobes, eux-mêmes partagés en deux à trois divisions étroites. Les fleurs sont grandes, purpurines, portées sur des pédoncules qui naissent immédiatement des racines, ou sur des tiges fort courtes. Cette plante croit sur les Alpes, en France, en Italie et dans la Carinthie.

*** *Pédoncules biflores ; racines annuelles.*

Géranier luisant : *Geranium lucidum*, Linn., *Spec.*, 955 ; *Flor. Dan.*, t. 218. Ses tiges sont rameuses, hautes de huit pouces à un pied ; garnies de feuilles opposées, pétiolées, arrondies, luisantes, presque glabres, partagées en cinq à sept lobes arrondis, trifides. Ses fleurs sont d'un pourpre clair, petites, axillaires, portées sur des pédoncules égaux aux feuilles ou un peu plus longs. Cette espèce croit en Europe, dans les lieux pierreux, ombragés et montueux.

Géranier colombin, vulgairement Pied-de-pigeon : *Geranium columbinum*, Linn., *Spec.*, 956 ; Cavan., *Dissert.*, 4, p. 200, tab. 82, fig. 1. Ses tiges sont simples ou un peu rameuses, hautes d'environ un pied, chargées de poils courts, ainsi que toute la plante. Ses feuilles sont opposées, découpées presque jusqu'au pétiole, qui est très-long dans les inférieures, en cinq divisions pinnatifides, à lanières linéaires. Ses fleurs sont purpurines, axillaires; chacune des folioles de leur calice se termine par une arête, et la corolle a ses pétales échancrés. Cette plante est commune dans les bois et les buissons.

GÉRANIER ROBERTIN; vulgairement HERBE A ROBERT, HERBE A L'ESQUINANCIE, BEC-DE-GRUE : *Geranium robertianum*, Linn., *Spec.*, 955; Cavan., *Dissert.*, 4, p. 215, tab. 86, fig. 1. Ses tiges sont rameuses, pubescentes, redressées, souvent rougeàtres, hautes de huit à douze pouces; garnies de feuilles opposées, partagées en trois à cinq lobes, eux-mêmes découpés en plusieurs divisions. Ses fleurs sont d'un rouge incarnat, de grandeur médiocre. Toute la plante a une odeur forte et désagréable : elle croit dans les bois et les buissons. Elle passoit autrefois pour vulnéraire, résolutive et astringente; on l'a principalement conseillée dans les hémorragies et l'esquinancie : aujourd'hui elle est fort rarement employée par les médecins; mais sa décoction en gargarisme, ou l'herbe pilée et appliquée extérieurement, sont encore, parmi le peuple, des moyens dont on fait souvent usage contre les maux de gorge. (L. D.)

GÉRANOGETON (*Bot.*), un des noms anciens du *geranium*, cités par Ruellius. (J.)

GÉRANOPODION. (*Bot.*) Voyez GENICULARIS. (J.)

GÉRANOS (*Ornith.*), nom grec de la grue commune, *ardea grus*, Linn. (CH. D.)

GÉRARDE, *Gerardia*. (*Bot.*) Genre de plantes dicotylédones, à fleurs complètes, monopétalées, irrégulières, de la famille des *personnées*, de la *didynamie angiospermie* de Linnæus, qui a des rapports avec les *dodartia*, et se caractérise par un calice à cinq divisions; une corolle tubulée; le limbe à deux lèvres inégales, à cinq lobes arrondis ou presque en cœur; quatre étamines courtes, didynames; un style simple; un stigmate obtus. Le fruit est une capsule bivalve, à deux loges, contenant plusieurs semences.

M. Bosc, qui a observé la plupart des *gerardia* dans leur pays natal, dit que leurs graines veulent être semées peu après qu'elles sont arrivées à leur parfaite maturité ; qu'il leur faut de la terre de bruyère; qu'elles demandent à être couvertes d'eau pendant l'hiver, quoique les pieds qui en proviennent ne puissent prospérer que dans la sécheresse, C'est donc uniquement sur le bord des étangs dont les eaux diminuent considérablement pendant l'été, et qui sont situés en pays sablonneux ou autour des mares construites à cet effet, qu'on peut espérer de les conserver, après avoir fait venir de leur pays natal les graines placées dans de la terre humide. Les *gerardia* orneroient agréablement les jardins par la beauté, la grandeur et les vives couleurs de leurs fleurs.

Les *gerardia*, ainsi que l'observe très-judicieusement M. de Lamarck, forment un de ces genres peu saillans par leurs caractères, et qui ne sont composés, le plus souvent, que de l'assemblage d'espèces qu'on auroit pu rapporter à d'autres genres déjà connus, mais qu'on a rapprochées d'après un aspect particulier. Leurs feuilles sont opposées, simples ou pinnatifides; les fleurs axillaires, souvent terminales; la corolle quelquefois très-ouverte et presque campanulée. La plupart des espèces noircissent par la dessiccation. On y rapporte le genre *Afzelia*, établi par Waltherius, trop rapproché par son port du *gerardia delphinifolia*, pour en être séparé et placé dans un autre genre : d'un autre côté, on auroit pu en séparer avec plus de raison la première espèce, *gerardia tuberosa*, qui en diffère par son port, par le limbe de sa corolle, par ses fleurs presque en épi, garni de bractées, ainsi qu'on le verra dans la description suivante,

GERARDE TUBÉREUSE : *Gerardia tuberosa*, Linn.; Lamck., *Ill. gen.*, tab. 529, fig. 3; Burm. *in* Plum., *Amer.*, tab. 75, fig. 2. Cette plante est pourvue de racines tubéreuses, grêles, fasciculées; elles produisent des feuilles nombreuses, étalées sur la terre, ovales-arrondies, longuement pétiolées, à peine larges d'un pouce, un peu velues, ondulées à leurs bords, vertes en-dessus, rougeâtres en-dessous; les pétioles velus. Il sort d'entre les feuilles plusieurs tiges très-simples, moins longues qu'elles, velues, terminées chacune par un épi de fleurs imbriqué de bractées en écailles. Ces fleurs sont petites, purpurines, solitaires entre chaque bractée; leur calice est court, d'une seule pièce, à cinq dents; la lèvre supérieure de la corolle droite, presque arondie, légèrement échancrée; la lèvre inférieure à trois lobes, celui du milieu bifide. Le fruit est une capsule oblongue, enflée, de la grosseur d'un grain de froment, parsemée de points rougeâtres, divisée par une cloison en deux loges qui renferment deux semences orbiculaires. Cette plante croît à la Martinique.

GÉRARDE A FEUILLES DE DAUPHINELLE; *Gerardia delphinifolia*, Linn.; Roxb., *Corom.*, tab. 90; Pluken., tab. 358, fig. 3 ? Plante des Indes orientales, à tige herbacée, annuelle, lisse, droite, presque tétragone, haute d'un pied, munie de quelques rameaux alternes; les feuilles sont fines, glabres, linéaires, ailées; les folioles presque capillaires; les supérieures presque simples; les fleurs axillaires, opposées, médiocrement pédonculées; le calice tubuleux, à cinq dents linéaires, de la longueur du tube; la corolle ouverte à son orifice, à cinq lobes arrondis, les deux supérieurs plus courts; les anthères épineuses postérieurement, dont deux ont les épines tournées en bas, les deux autres parallèles à l'anthère.

GÉRARDE A FEUILLES MENUES : *Gerardia tenuifolia*, Vahl, *Symb.*, 3, pag. 79; *Antirrhinum purpureum*, etc., Pluken., tab. 12, fig. 4. Ses tiges s'élèvent à la hauteur d'un pied et plus; elles sont droites, glabres, rameuses : les rameaux alternes, quoiqu'ils paroissent opposés ou dichotomes : les feuilles des tiges sont très-étroites, linéaires, aiguës, glabres, entières, longues d'un pouce; celles des rameaux presque capillaires, courbées en dedans en demi-cercle : les fleurs axillaires, solitaires, médiocrement pédonculées; les calices glabres, campanulés, à cinq petites dents aiguës; la corolle purpurine. Cette plante croît dans l'Amérique septentrionale. Le *gerardia setacea* de Waltherius, *Flor. Carol.*, 170, s'en distingue évidemment par ses feuilles beaucoup plus fines, sétacées; par ses rameaux nombreux, capillaires, à peine feuillés; par ses fleurs terminales, solitaires. Cette espèce croît dans les mêmes contrées que la précédente.

GÉRARDE POURPRÉE : *Gerardia purpurea*, Linn.; Pluken., tab. 388, fig. 1. Cette espèce a des tiges un peu rudes, légèrement tuberculées, à en juger d'après les individus que j'en possède; elles sont presque cylindriques, striées, rameuses, hautes d'un pied et plus : les feuilles sont linéaires, très-

étroites, opposées, les supérieures alternes, un peu tuberculées; les pédoncules très-courts, axillaires, uniflores; le
calice à cinq dents campanulées : la corolle d'un pourpre
foncé, tubuleuse, presque campanulée. Le *gerardia erecta*,
Mich., *Flor. Bor. Amer.*, 2, pag. 20, diffère de l'espèce précédente, par ses tiges glabres, lisses, très-roides; par ses rameaux paniculés : les feuilles sont linéaires, un peu plus
larges et plus longues; les pédoncules presque aussi longs que
les feuilles, axillaires, uniflores; la corolle purpurine. Ces
deux espèces croissent à la Caroline.

GÉRARDE A FLEURS JAUNES : *Gerardia flava*, Linn., var. *α*;
pinnatifida, Pluken., tab. 389, fig. 1; var. *integra*, Pluken.,
tab. 389, fig. 3. Ses tiges sont hautes d'un pied et plus; ses
feuilles opposées, à peine pétiolées, lancéolées, dentées ou
presque pinnatifides à leur partie inférieure, entières et assez
semblables à celles de la jacée dans la variété. Les fleurs
sont grandes, axillaires, jaunes ou d'un blanc jaunâtre, disposées en un épi lâche et terminal; les anthères terminées
chacune postérieurement par deux épines. Le *gerardia quer-
cifolia*, Pursh, *Flor. Amer.*, 1, tab. 19, paroît appartenir à
la première variété. Le *gerardia auriculata* de Michaux, *Flor.
Bor. Amer.*, 2, pag. 20, est également très-rapproché de la
variété *α* : il en diffère par ses fleurs sessiles et purpurines;
par ses tiges rudes, presque simples; par ses feuilles rudes,
entières, sessiles, munies de deux oreillettes à leur base.
Toutes ces plantes croissent dans l'Amérique septentrionale.

GÉRARDE LACINIÉE; *Gerardia pedicularia*, Linn.; Lmck., *Ill.
gen.*, tab. 529, fig. 2. Cette espèce a le port d'une pédicu-
laire; sa tige est paniculée; ses feuilles opposées, oblongues,
pinnatifides; les découpures obtuses, denticulées; les fleurs
sont grandes, axillaires; les dents du calice crénelées; les corolles oblongues, pubescentes en dehors, ventrues, ouvertes
à leur orifice; les pédoncules plus longs que les fleurs. Cette
plante croît dans la Virginie.

GÉRARDE GLUTINEUSE : *Gerardia glutinosa*, Linn.; Osb., *Itin.*,
pag. 229, tab. 9; Lamck., *Ill.*, tab. 529, fig. 1. Cette plante
est velue sur toutes ses parties, munie d'une tige droite,
un peu cylindrique, chargée de rameaux courts; les feuilles
sont opposées, pétiolées, ovales, aiguës, un peu velues, den-

tées en scie, au moins larges d'un pouce, assez semblables à celles de la scrophulaire; les fleurs axillaires, médiocrement pédonculées, réunies en grappes terminales; leur calice à cinq divisions aiguës, dont une supérieure plus grande; deux bractées filiformes, hérissées, ainsi que le calice, de poils glutineux; la corolle tubulée, presque longue d'un pouce, labiée, ouverte à son orifice; les anthères ovales. Cette espèce croît à la Chine. Une autre espèce, du Japon, *gerardia japonica*, Thunb., *Flor. jap.*, 251, a ses tiges simples, velues; ses feuilles pétiolées, velues, ailées à leur base, pinnatifides à leur partie supérieure; les pinnules aiguës et dentées; les fleurs solitaires, axillaires, pédonculées; les pédoncules plus courts que les feuilles; la corolle purpurine.

GÉRARDE NIGRINE : *Gerardia nigrina*, Linn. fils, *Suppl.*; *Melasma scabrum*, Berg., *Cap.*, pag. 162, tab. 5, fig. 4; *Nigrina viscosa*, Linn., *Mant.* Cette plante a reçu le nom de *nigrine*, à cause de la couleur noire que lui donne la dessiccation. On la trouve au cap de Bonne-Espérance. Ses tiges sont droites, rudes, herbacées, longues d'un pied et demi; ses feuilles sessiles, linéaires-lancéolées, aiguës, un peu dentées à leur base, rudes, longues de deux pouces. Les fleurs sont solitaires, pédonculées, axillaires et terminales; la corolle oblongue, un peu enflée, plus grande que le calice, à cinq découpures. Le *gerardia orobanchoides*, Lamck., Encycl., paroît être la même plante que l'*orobanche purpurea*, Linn. fils, *Suppl.*, qui n'est point un orobanche. Sa tige est simple, pubescente, un peu épaisse, terminée par un gros épi de fleurs : les feuilles petites, oblongues, presque opposées; les inférieures semblables à des écailles : les fleurs grandes, campanulées, ventrues, un peu pédonculées; les lobes du limbe courts, larges, dentés, obtus. Elle croît au cap de Bonne-Espérance.

GÉRARDE A FLEURS SESSILES ; *Gerardia sessiliflora*, Vahl, *Symb.*, 3, pag. 79. Plante du cap de Bonne-Espérance, à tige basse, haute de trois ou quatre pouces au plus, presque simple, lâchement pileuse : les feuilles sessiles, opposées, en cœur, à cinq nervures, munies de trois dents vers leur base; les inférieures plus petites, un peu rudes en-dessus, lisses en-dessous, ciliées à leurs bords : les fleurs sessiles, axillaires, solitaires, opposées; le calice glabre, à cinq découpures étroites, lancéolées, lâchement denticulées.

GÉRARDE AFZELIE : *Gerardia afzelia*, Mich., *Flor. Bor. Amer.*, 2, pag. 20; *Afzelia cassioides*, Gmel., *Syst.*, 927; *Gerardia cassioides*, Pursh, *Amer.*, 2, pag. 424; *Seymeria tenuifolia*, Pursh, *l. c.*, pag. 757. Cette espèce a été découverte dans la Caroline, aux lieux sablonneux. Elle est remarquable par la finesse de son feuillage, composé de petites feuilles pinnatifides, très-glabres, a découpures courtes, sétacées, aiguës; ses tiges sont glabres, un peu scabres, élancées, cylindriques et rameuses; les rameaux grêles, paniculés; les fleurs axillaires, souvent opposées, réunies en un épi lâche, terminal; les pédoncules capillaires, de la longueur des fleurs, uniflores; le calice campanulé, à cinq découpures subulées; la corolle jaune, à peine plus longue que le calice; les capsules glabres, arrondies, acuminées, à deux loges polyspermes.

Le *gerardia maritima*, Schmaltz, *Journ. Bot.*, 1, pag. 229, est une espèce encore peu connue, de la Nouvelle-Jersey, à feuilles épaisses, linéaires, aiguës, concaves en-dessous; les pédoncules uniflores, de la longueur des fleurs; le calice un peu crénelé; les deux lobes supérieurs de la corolle velus. Le *gerardia tubulosa* et le *gerardia scabra* de Linnæus fils, *Suppl.*, ne sont pas plus connus.

GÉRARDE LIGNEUSE; *Gerardia fruticosa*, Pursh, *Flor. Amer.*, 2, pag. 423, tab. 18. Arbrisseau élégant, très-rameux, haut de trois ou quatre pieds; ses rameaux légèrement pubescens, garnis de feuilles touffues, opposées, lancéolées, aiguës, quelquefois obtuses et mucronées, longues de six lignes, glabres, entières, rétrécies en pétiole à leur base; les fleurs assez semblables à celles de la digitale, pédonculées, axillaires, réunies en grappes terminales, munies de bractées presque aussi longues que les pédoncules; le calice à cinq divisions profondes, lancéolées, aiguës, accompagné d'une petite bractée linéaire; le tube de la corolle renflé; le limbe à cinq lobes presque égaux, arrondis; les filamens une fois plus courts que le tube; les anthères oblongues, hérissées; le style de la longueur du tube. Cette plante a été découverte dans l'Amérique septentrionale, sur les montagnes, parmi les forêts de pins. (POIR.)

GERASCANTHUS. (*Bot.*) Ce genre, établi par P. Brown, dans son Histoire de la Jamaïque, a été réuni par Linnæus au sébestier, *myxa*. (J.)

GERBÉRIE, *Gerberia*. (*Bot.*) [*Corymbifères*, Juss. = *Syngénésie polygamie superflue*, Linn.] Dans la première édition du *Genera plantarum*, publiée en 1737, Linnæus a établi, sous le nom de *gerbera*, un genre de plantes, dont Jean Burmann a, bientôt après, décrit deux espèces, dans ses *Rariorum Africanarum plantarum decades*. Le genre *Gerbera* se retrouve encore dans la seconde édition du *Genera plantarum* de Linnæus. Mais ensuite ce botaniste a lui-même abandonné son genre *Gerbera* pour le réunir à l'*Arnica*, dans lequel il a compris les deux espèces de Burmann sous les noms d'*arnica gerbera* et *crocea*. Cette confusion des deux genres a été admise sans réclamation par tous les botanistes. Il est surprenant que MM. Lagasca et De Candolle, dans le cours de leurs recherches sur les synanthérées à corolles labiées. n'aient pas songé à examiner l'*arnica gerbera*; car la labiation de la corolle étoit suffisamment indiquée, quoique trèsmal décrite, dans la description générique du *gerbera* faite par Linnæus. Cet examen eût préservé M. De Candolle d'une erreur de géographie végétale qu'il a commise en disant que toutes les labiatiflores sont originaires du nouveau continent.

Ayant observé avec beaucoup de soin, dans l'herbier de M. Desfontaines, les *arnica gerbera* et *piloselloides* de Linnæus, nous avons reconnu facilement que ces plantes ne pouvoient appartenir ni au même genre ni à la même tribu naturelle que l'*arnica montana*, qui est assurément le véritable type et l'espèce primitive du genre *Arnica*. C'est pourquoi, dans le Bulletin de la société philomatique de Février 1817, nous avons rétabli le genre *Gerbera* de Linnæus, en indiquant ses véritables affinités, et les espèces que nous croyons pouvoir lui attribuer.

Ce genre de plantes appartient à la famille des synanthérées et à notre tribu naturelle des mutisiées, dans laquelle nous le plaçons immédiatement auprès du *Trichocline*. Ce dernier genre, que nous avons proposé dans le Bulletin de la société philomatique de Janvier 1817, et qui a pour type

le *doronicum incanum* de Lamarck, diffère du *gerberia* principalement par le clinanthe hérissé de fimbrilles, par les
corolles de la couronne à languette intérieure indivise, et
par les étamines à filet papillé. Voici les caractères génériques du *gerberia*, que nous décrivons tout autrement que
Linnæus.

Calathide radiée, disque multiflore, labiatiflore, androgyniflore; couronne unisériée, biliguliflore, féminiflore.
Péricline supérieur aux fleurs du disque, formé de squames
imbriquées, lancéolées-aiguës, coriaces. Clinanthe plan,
inappendiculé. Ovaires cylindracés, hérissés de papilles
membraneuses, et pourvus d'un bourrelet apicilaire dilaté
horizontalement; aigrette longue, composée de squamellules
plurisériées, nombreuses, un peu inégales, droites, filiformes, un peu épaisses, barbellulées. Corolles de la couronne
à languette extérieure très-longue, linéaire, un peu épaisse,
tridentée au sommet; à languette intérieure beaucoup plus
courte et plus étroite, divisée jusqu'à sa base en deux lanières
linéaires-subulées, membraneuses, cirriformes. Corolles du
disque à lèvre extérieure tridentée au sommet, souvent
roulée en dehors; à lèvre intérieure plus étroite, divisée
jusqu'à sa base en deux lanières linéaires, souvent roulées
en dehors. Étamines du disque à filets larges, épais, lami-
nés, glabres; à articles anthérifères longs et grêles; à appendices apicilaires très-longs, linéaires, entregreffés; à appendices basilaires très-longs, subulés, membraneux. Fausses-
étamines de la couronne, au nombre de cinq dans chaque
fleur, rudimentaires, semi-avortées, complétement libres
et absolument dépourvues de pollen. Styles offrant tous les
caractères propres à la tribu des mutisiées.

Gerbérie de Linnæus : *Gerberia Linnæi*, H. Cass.; *Arnica
gerbera*, Linn. C'est une plante herbacée, haute d'environ
un pied; sa tige est scapiforme, dressée, très-simple, tomenteuse, couverte à sa base d'une bourre épaisse, presque
dénuée de feuilles, mais pourvue de quelques petites bractées subulées, éparses; les feuilles sont radicales, longues
d'environ six pouces, larges de neuf lignes, épaisses, coriaces, très-glabres en-dessus, tomenteuses en-dessous, formées
d'un long pétiole, et d'un limbe oblong, pinnatifide, à pin-

nules arrondies, très-entières; une calathide, large de près
de trois pouces, est située sur le sommet de la tige; sa
couronne nous a semblé purpurine. Nous avons observé et
décrit cette belle plante sur un échantillon sec, conservé
dans l'herbier de M. Desfontaines. Elle habite l'Afrique et
particulièrement le cap de Bonne - Espérance, où on la
trouve sur la pente des montagnes et où elle fleurit au mois
d'Octobre.

GERBÉRIE A FEUILLES DE CORONOPE : *Gerbéria coronopifolia*,
H. Cass.; *Arnica coronopifolia*, Linn. Cette espèce, que nous
ne connoissons que par le peu de mots qu'en a dit Linnæus,
habite les mêmes lieux que la précédente, à laquelle elle
ressemble beaucoup, et dont elle ne diffère que par ses
feuilles pennées ou très-profondément découpées en lanières
linéaires.

GERBÉRIE DE BURMANN : *Gerberia Burmanni*, H. Cass.; *Doronicum pyrolæfolium*, Lamck., Encycl.; *Arnica crocea*, Linn.;
Gerbera foliis planis dentatis, flore purpureo, Burm., *Rar.
Afric. plant. decad.*, 157, tab. 56, fig. 2. Le collet de la
racine est abondamment garni, ainsi que la base des pétioles,
de poils blancs, longs, fins, cotonneux ou même soyeux;
il n'y a pas de véritable tige; les feuilles sont radicales,
composées d'un pétiole long de deux pouces au moins, et
d'un limbe long d'un pouce et demi, large à peine d'un
pouce, ovale ou elliptique, roide ou coriace, glabre sur les
deux faces, et bordé de dents rares, peu profondes; les calathides, composées de fleurs jaunes ou rougeàtres, sont solitaires au sommet de hampes ou pédoncules radicaux, plus
longs que les feuilles, grêles, glabres, pourvus d'écailles
éparses, ligulaires, aiguës; le péricline est formé de squames
bisériées, linéaires-lancéolées, glabres, les extérieures un
peu plus courtes que les intérieures. Nous n'avons point vu
cette espèce, qui habite le cap de Bonne-Espérance, et que
M. de Lamarck, dont nous avons calqué la description, a
observée sur un échantillon sec.

GERBÉRIE PILOSELLE : *Gerberia piloselloides*, H. Cass.; *Arnica
piloselloides*, Linn. Cette plante africaine est herbacée, haute
de neuf pouces; sa racine émet de grosses fibres; il n'y a
point de tige proprement dite; les feuilles sont toutes radi-

cales, inégales, longues de quatre à cinq pouces, larges
d'environ quinze lignes, oblongues - obovales, obtuses, très-
entières, étrécies inférieurement en un pétiole hérissé de
très-longs poils; leur limbe est garni de longs poils, épars
sur la face supérieure, très-rapprochés sur la face inférieure
et les bords; une hampe ou pédoncule radical, très-simple,
grêle, tomenteux, dépourvu de feuilles et de bractées, est
terminé par une calathide. L'échantillon sec que nous décrivons, existe dans l'herbier de M. Desfontaines; l'espèce à laquelle il appartient, habite la région du cap de Bonne-Espérance.

GERBÉRIE DE LAGASCA : *Gerberia Lagascæ*, H. Cass.; *Aphyllocaulon*, Lag., *Amenid. natur.*, pag. 38. Plante herbacée, à
feuilles toutes radicales, pinnatifides, à hampe munie d'une
ou deux bractées squamiformes, et terminée par une calathide composée de fleurs à corolle jaune. M. Lagasca, dans
sa Dissertation sur les Chénantophores ou synanthérées à
corolles labiées, a proposé, sous le nom d'*aphyllocaulon*, un
genre de plantes qu'il a placé entre le *chœtanthera* et le *per-
dicium*. Les caractères qu'il assigne à ce genre, sont absolument semblables à ceux que nous avons observés sur l'*arnica
gerbera* : il est donc indubitable que l'*aphyllocaulon* n'est
point un genre nouveau, mais une espèce de l'ancien genre
Gerbera, que nous avons dû rétablir. L'auteur n'ayant point
indiqué la patrie de cette plante, et n'ayant donné de ses
caractères spécifiques qu'une description très-incomplète,
insuffisante pour la distinguer de toutes ses congénères, on
pourroit soupçonner que l'*aphyllocaulon* n'est autre chose
que l'*arnica gerbera*; mais il n'est pas vraisemblable que cette
dernière plante ait pu être considérée comme nouvelle par
un botaniste aussi instruit que M. Lagasca. Cet auteur a
cru mal à propos que les fleurs de la couronne étoient hermaphrodites, comme celles du disque, ce qui seroit contraire à la règle que nous avons établie dans notre article
COMPOSÉES ou SYNANTHÉRÉES, tome X, page 145; mais il a
lui-même exprimé des doutes sur l'hermaphrodisme de ces
fleurs, et nous pouvons affirmer avec assurance qu'elles sont
femelles.

Indépendamment des cinq espèces que nous venons de

décrire ou de mentionner, il y a lieu de croire que plusieurs autres plantes, attribuées par les botanistes au genre *Arnica*, devront être rapportées au *gerberia*, quand on aura pu observer avec soin leurs caractères génériques. (H. Cass.)

GERBILLES; *Gerbillus*, Demar. (*Mamm.*) Ce genre a été formé par M. Demarest de la réunion de quelques rongeurs à longues jambes postérieures, qui se rapprochoient des gerboises, sans en être précisément, et qui cependant ne pouvoient être naturellement réunis à aucun autre groupe.

La plupart des espèces qui entrent dans la composition de ce genre, ne sont point encore exactement connues : on n'a pu bien voir que le squelette, la tête et les dents d'une seule ; les autres n'ont été rapprochées de celle-là qu'avec doute par quelques naturalistes, et en attendant qu'il soit possible d'établir les rapports de leur organisation externe avec leur organisation interne. D'autres ont donné leurs déterminations comme absolues : aussi compte-t-on déjà, dans ce genre, dix à douze espèces. Nous nous bornerons à indiquer les principales.

Toutes les gerboises ont trois doigts articulés à un seul os du métatarse. Les gerbilles, au contraire, ont constamment autant d'os au métatarse que de doigts aux pieds de derrière : leurs pieds de devant ont quatre doigts avec un rudiment de pouce ; elles ont de plus la tête alongée des rats, au lieu de la tête arrondie des gerboises, et vivent comme ces dernières dans des terriers qu'elles se creusent et où il paroit que celles des contrées froides s'engourdissent en hiver. Voilà les seules particularités communes aux gerbilles qui soient connues. Nous donnerons les détails en décrivant les espèces.

La Gerbille; *Dipus pyramidum*, Geoff. Cette espèce étant la seule qui soit complétement connue, nous la décrirons la première. M. Geoffroy-Saint-Hilaire la trouva en Égypte aux environs des grandes pyramides. Sa longueur, du bout du museau à l'origine de la queue, est de quatre à cinq pouces environ : la queue est un peu plus longue que le corps ; la tête est alongée et semblable à celle des rats ; ses oreilles sont arrondies et de médiocre grandeur ; sa lèvre supérieure est fendue, et ses narines n'ont point de mufle ; ses pieds de

derrière ont cinq doigts presque égaux, armés d'ongles fouisseurs. De fortes moustaches garnissent la lèvre supérieure ;
la queue est presque nue jusqu'à son extrémité, où se trouve
une petite mêche de poils. Les poils du corps sont doux, assez
courts, serrés et colorés irrégulièrement en-dessus de roux
et de brun ; toutes les parties inférieures du corps sont d'un
blanc sale.

Les mâchoires ont, l'une et l'autre, trois molaires de
chaque côté, et celles de la supérieure sont semblables à
celles de l'inférieure. La première est la plus grande, et a
trois tubercules qui la partagent à peu près également dans
sa longueur ; la seconde en a deux, et la troisième, qui est
la plus petite, n'en a qu'un.

Il paroît qu'on s'accorde à regarder comme appartenant à
la même espèce le *dipus gerbillus* d'Olivier, que ce naturaliste trouva aux environs de Memphis, et dont il a donné
une figure dans son Voyage dans l'empire ottoman, tom. 3,
pl. 22 : il ne paroît différer du gerbille des Pyramides que
par la couleur du pelage, qui est d'un jaune clair en-dessus
et d'un blanc très-pur en-dessous.

La Gerbille du Canada ; *Dipus Canadensis*, Davies, *Trans.
Soc. Linn.*, tom. 4, fig., p. 155. Cette espèce n'est connue
que par la figure qu'en a donnée Davies, qui ne la décrit
point, et se borne à dire, pour la caractériser, qu'elle a quatre
doigts aux pieds de devant, cinq à ceux de derrière. L'examen
de cette figure fait connoître quelques autres détails. On voit
que cette gerbille a la taille et la physionomie de la souris,
sauf ses oreilles, qui sont très-courtes : les ongles sont fouisseurs ; la queue, plus longue que le corps, n'a que quelques
poils dispersés dans son étendue.

M. Davies rapporte que ce petit animal se trouve dans les
bois et dans les prairies ; qu'il passe l'hiver engourdi au fond
de son terrier, où il se prépare avec soin une retraite spa-
cieuse, et que, dès qu'il est surpris, il s'échappe en faisant
des sauts très-considérables à l'aide de ses deux longues
jambes de derrière.

La Gerbille du tamarisc ; *Mus tamariscinus*, Pall., *Gliris*,
pl. 19. C'est à Pallas que nous devons la connoissance de
cette espèce de rongeur ; il la découvrit sur les côtes méri-

dionales de la mer Caspienne, où elle se nourrit principalement de plantes salées et du tamarisc qui lui a donné son nom. Cet animal a de six à sept pouces de longueur du bout du museau à l'origine de la queue, et la queue est d'environ un pouce plus courte que le corps. Sa tête n'a point la forme et la physionomie de celle des rats; elle ressemble plutôt à celle des loirs, ce qui avoit autrefois porté Erxleben à en faire un écureuil, et M. Desmarest un loir. En effet, cette gerbille a le museau arrondi et les yeux très-grands, ainsi que les oreilles, dont la forme est ovale; mais sa queue est à peu près uniformément couverte de poils. Les narines sont velues, excepté à leur partie moyenne, où se voit un petit sillon nu : un pli se remarque dans la peau, au-dessus d'elles. La lèvre supérieure est fendue, et de fortes moustaches en garnissent les côtés. Le pelage est épais, assez doux et très-long sur le dos; un duvet très-fourni et d'un gris foncé recouvre immédiatement la peau. Les dents incisives, les seules qu'on connoisse, ont leur face antérieure jaune, et celles d'en-haut sont partagées longitudinalement par un sillon. Toutes les parties supérieures du corps sont d'un gris jaunâtre, qui pâlit sur les flancs et prend une teinte brune sur la croupe ; les parties inférieures sont blanches; la queue est couverte d'anneaux alternativement gris et bruns, mais plus pâles en-dessous. Les yeux et le nez sont environnés d'une teinte blanchâtre, et cette teinte se retrouve sur les côtés de la tête et du cou.

Ces animaux vivent aux pieds des arbres, où ils creusent des terriers profonds, composés de deux galeries, et ils n'en sortent que pendant la nuit.

La Gerbille de l'Inde : *Yerbua, Trans. Soc. Linn.*, tom. 8, p. 279; Nouv. Bull. de la soc. phil., p. 121, pl. 1.re, fig. 1.re On doit la découverte de ce joli rongeur à M. Thomas Hardwicke. La grandeur de cet animal égale à peu près celle du rat : il a environ six pouces et demi du bout du museau à l'origine de la queue, et celle-ci en a sept. Les pieds de derrière ont cinq doigts; les trois moyens sont très-longs ; le pouce est le plus court de tous, et ils sont armés d'ongles fouisseurs. Les incisives supérieures sont larges, et l'on voit à leur partie moyenne un sillon longitudinal ; les inférieures,

18.   30

plus étroites que les supérieures, sont beaucoup plus longues. Les oreilles sont larges, arrondies et à peu près nues, et les yeux grands et noirs ; toutes les parties supérieures d'un beau marron, et couvertes de petites taches brunes, disposées en lignes dans le sens de la longueur du corps. La tête est d'une teinte plus pâle que le corps autour des yeux et sur les joues ; toutes les parties inférieures sont blanches. La queue n'est, dans sa longueur, couverte que de quelques poils légers ; mais elle est terminée par un long pinceau brun. Cette espèce se nourrit de graines ; elle fait, dans son terrier profond et spacieux, des magasins considérables d'épis d'orge et de blé, auxquels elle ne touche que lorsque les moissons sont faites et que la terre est dépouillée : elle ne sort de sa retraite que pendant la nuit.

La Gerbille de la zône torride ; *Mus longipes*, Pall., *Gliris*, pl. 18, B. C'est au célèbre Pallas que nous devons cette espèce de rongeur, qui a reçu de Schreber et de Gmelin le nom de *meridianus*; ils la réunissoient aux gerboises. Elle est moins grande que le rat commun, et sa queue est à peu près de la longueur de son corps ; sa tête a la physionomie de celle des rats ; les pieds de derrière ont cinq doigts armés d'ongles propres à fouir ; les incisives sont jaunes, et les supérieures partagées par un sillon longitudinal ; les oreilles sont grandes et ovales, et les moustaches très-longues. Les couleurs des parties supérieures du corps sont d'un fauve grisâtre et d'un blanc pur en-dessous, mais tout le long de la ligne moyenne est une ligne brune : la queue est uniformément de la couleur du dos ; elle est velue et terminée par un pinceau. Cette gerbille se trouve dans les déserts de sable qui séparent le Volga de l'Ural, où elle se creuse des terriers et vit de grains.

M. Desmarest rapporte encore à ce genre la Gerbille soricine, *Gerbillus soricinus*, de M. Rafinesque-Schmaltz, découverte par ce naturaliste dans l'Amérique septentrionale. Elle est d'un gris brun en-dessus, et ses flancs sont marqués d'une raie longitudinale rousse ; ses oreilles sont ovales, nues et arrondies ; sa queue est d'une égale dimension dans toute sa longueur, et d'un gris brun en-dessous. C'est là tout ce qu'on trouve sur cet animal dans le Précis des découvertes

séméiologiques (p. 14) de M. Rafinesque , qui rapporte encore à ce genre plusieurs autres espèces, dont cependant il
ne donne point les caractères. (F. C.)

GERBO. (*Mamm.*) Corneille-Lebrun donne ce nom à une
gerboise ; il l'a dérivé du nom arabe *jerbuah*, que l'on donne
au même animal. (F. C.)

GERBOA . GERBUA. (*Mamm.*) Les Anglois ont ainsi écrit
le nom arabe de JERBUAH. Voyez ce mot et GERBOISE. (F. C.)

GERBOISE (*Mamm.*; : *Mus*, Linn.; *Jaculus,* Erxl.; *Dipus*,
Bodd. Nom d'une petite espèce de rongeurs, que les naturalistes ont rendu générique , et qui est dérivé de *jerbuah*,
nom arabe du même animal.

Jusqu'à ces derniers temps on comprenoit généralement
sous le nom de gerboises tous les rongeurs dont les pattes
antérieures étoient très-courtes comparativement aux postérieures, et qui, à cause de l'extrême disproportion de leurs
jambes, ne pouvant courir que sur celles de derrière, de-
venoient alors en quelque sorte des bipèdes. C'est ainsi
qu'on trouve dans Buffon le tarsier, et dans Erxleben le kan-
guroo, réunis à la gerboise, et qu'on a communément regardé comme une espèce de ce genre un grand rongeur du
cap de Bonne-Espérance, dont les jambes de derrière sont
très-longues, mais qui diffère essentiellement des gerboises à
beaucoup d'autres égards (voyez HÉLAMIS); etc.

Depuis qu'on a mieux examiné les rapports d'organisation
qu'ont entre eux les mammifères, on a vu que les espèces
de gerboises étoient en plus petit nombre qu'on ne l'avoit
pensé d'abord.

En effet, il n'en a encore été reconnu exactement que
deux : le gerboa, communément nommé gerbo, et l'alagtaga.
Ces animaux ont le corps épais, la tête large, courte, aplatie
en-dessus et le cou à peine sensible, ce qui, joint à la disproportion de leurs membres, les rendroit peu agréables à
la vue , si leurs proportions disgracieuses n'étoient compen-
sées par un pelage très-doux au toucher et dont les teintes
sont harmonieuses, et par de grands yeux noirs qui animent
leur physionomie tout en y conservant de la douceur.

Les voyageurs, depuis bien long-temps, avoient parlé de
ces animaux; le gerboa surtout étoit connu dès la plus haute

antiquité : cependant, jusqu'à Pallas, ils étoient à peu près restés confondus ; c'est à lui que nous devons leurs caractères distinctifs, que Buffon, toujours prévenu par le système qui le portoit à diminuer le nombre des espèces, n'avoit regardés que comme des différences accidentelles, non constantes et propres seulement à caractériser des variétés. C'est aussi à ce professeur célèbre que nous devons la plupart des détails intéressans que nous possédons aujourd'hui sur le naturel et les mœurs de ces singuliers animaux.

Les gerboises ont six molaires à la mâchoire inférieure et huit à la supérieure. La première de ces dernières dents n'est qu'un petit tubercule qui tombe avec l'âge ; toutes les autres sont à racines distinctes, et leur couronne est découpée si irrégulièrement par les circonvolutions de l'émail, qu'aucune description ne pourroit les représenter : c'est pourquoi nous renvoyons, pour faire connoître cette partie importante de l'organisation, à l'article Mastication, où nous traiterons des dents. Les membres antérieurs sont très-courts et ont quatre doigts armés d'ongles fouisseurs, avec un rudiment de pouce ; les postérieurs, très-longs, varient pour le nombre des doigts. La queue est assez alongée, presque nue, mais terminée par un flocon de poils. Les yeux sont grands et à fleur de tête, et la pupille presque ronde. La conque externe de l'oreille est très-développée ; les narines sont en croissant et ne sont point entourées d'un mufle ; la langue est douce, peu extensible, et la lèvre supérieure fendue. Tout le pelage est épais, et les moustaches sont très-longues : les mamelles sont au nombre de huit ; la verge est dans un fourreau.

Ce sont des animaux qui vivent de racines et de grains, et qui boivent peu. Ils se creusent des terriers comme les lapins, où ils s'arrangent un lit de feuilles et de mousse, et passent l'hiver dans un engourdissement léthargique semblable à celui des loirs et des marmottes. Ils portent leurs alimens à leur bouche avec les pattes antérieures. Lorsqu'ils marchent à deux pieds, ils ne le font pas en avançant un pied après l'autre alternativement, mais en sautant sur l'extrémité des doigts, et ils s'aident de leur queue comme d'un troisième membre : ce secours leur est nécessaire; car, lorsqu'on leur a coupé la queue , ils tombent en arrière et ne peuvent plus sauter, ainsi que Lepechin l'a expérimenté. Dans leur marche à deux pieds, leur corps est fortement porté en avant, et leurs pieds antérieurs tellement appliqués contre la poitrine qu'on ne les aperçoit pas : lorsqu'ils sont effrayés, ils peuvent franchir la distance de huit ou dix pieds; ils s'aident des membres postérieurs, surtout lorsqu'il s'agit de descendre ou de monter. Leur vie se passe dans l'obscurité; la lumière les incommode , et le jour est le temps de leur sommeil. Mais, dès que la nuit tombe, leur veille commence. C'est alors qu'ils s'occupent de leurs divers besoins, qu'ils pourvoient à leur nourriture , et qu'ils se recherchent au temps des amours, c'est-à-dire, au commencement de la belle saison.

L'Alagtaga , *Dipus jaculus*, a la taille d'un gros rat , et il se distingue du *gerbo* par les cinq doigts qu'il a aux pieds de derrière, le gerbo n'en ayant que trois : de ces cinq doigts de l'alagtaga , les deux externes sont très-courts et sans utilité pour l'animal, de sorte que cette espèce, comme l'autre , ne marche réellement que sur trois doigts. Ces cinq doigts sont articulés à trois os métatarsiens : les trois du milieu à l'os principal, et les deux latéraux à deux autres petits os situés à droite et à gauche du premier. Il est en-dessus d'un fauve très-pâle, qui prend une teinte plus foncée vers la croupe; les côtés sont grisâtres; toutes les parties inférieures du corps sont d'un blanc pur : on voit sur chacune des fesses une tache blanche en forme de croissant; la queue est de la couleur du corps, mais la mêche qui la termine est noire avec l'extrémité blanche. Le museau est blanc à son extrémité et brunâtre en-dessus.

Les alagtagas fouissent la terre avec la plus grande facilité : leurs terriers consistent dans de simples boyaux dirigés obliquement, et où des espèces de soupiraux, percés verticalement, facilitent le renouvellement de l'air. Lorsque la mauvaise saison doit arriver, ils bouchent très-exactement leur terrier et s'engourdissent ; ils s'engourdissent encore dans les grandes chaleurs. Leur course est si rapide que Pallas assure qu'un cheval ne pourroit les atteindre.

Cette espèce se trouve dans les déserts de la Tartarie, et s'étend d'orient en occident, depuis les contrées situées entre l'Arguu et l'Onon, et du midi au nord, depuis le tropique jusqu'au 50.ᵉ degré de latitude. Ils préfèrent les terrains fermes aux terrains sablonneux, et on ne peut les conserver en esclavage qu'en leur donnant les moyens de fouir et de se cacher.

Le Gerbo, *Dipus sagitta*. Cette espèce est un peu plus petite que la précédente, et n'a, comme nous l'avons dit, aux pieds de derrière, que trois doigts qui sont articulés à un seul os métatarsien. La queue et les oreilles sont aussi plus courtes proportionnément que celles de l'alagtaga, et il en est de même du grand doigt moyen des pieds de derrière, qui dépasse à peine les autres dans la première espèce et qui au contraire les dépasse de plusieurs lignes dans la seconde.

Les parties supérieures des gerboas sont d'un fauve clair, et les parties inférieures blanches; et l'on voit dans cette espèce, comme dans celle que nous venons de décrire, une ligne blanche en forme de croissant sur les fesses : les oreilles sont grises, excepté vers leur base antérieure, où il y a du blanc. Le pinceau de l'extrémité de la queue est aussi terminé par des poils blancs.

Il paroît certain que ces petits animaux se trouvent dans toutes les contrées sablonneuses du nord de l'Afrique et de l'Asie centrale; du moins les naturalistes s'accordent à regarder comme appartenant à la même espèce, le *mus sagitta* de Pallas, et les animaux décrits par les voyageurs en Orient sous les divers noms de gerbo, jerboa, yerbua, etc. Les gerbos vivent en tribus, et paroissent rechercher les bulbes pour leur nourriture, préférablement à toute autre chose.

Pallas avoit encore parlé de deux autres gerboises, qu'il ne regardoit que comme des variétés de son *mus jaculus*. M. de Blainville, ayant trouvé les différences qui les distinguent suffisantes pour caractériser des espèces, leur a donné les noms particuliers suivans.

La Gerboise brachyure : *Dipus brachyurus*, Blainv.; *Mus jaculus*, var. B, Pallas. Un peu plus petite, ayant le museau moins alongé et les oreilles plus courtes que l'alagtaga ; le tarse plus court et les doigts plus forts proportionnément que ceux de cette dernière espèce; mais du reste lui ressemblant par le nombre des doigts et les couleurs. On trouve cette espèce en Sibérie, et c'est elle qu'on rencontre exclusivement au-delà du lac Baïkal.

La PETITE GERBOISE : *Dipus minutus*, Blainv.; *Mus jaculus*, var. C, Pall., dont la taille ne dépasse jamais celle du mulot: ses couleurs sont celles de l'alagtaga, seulement elle a le museau de la couleur des parties supérieures du corps, au lieu de l'avoir blanc: sa cuisse est proportionnellement plus grande que celle de l'alagtaga : elle égale le tibia, au lieu d'être plus courte d'un tiers. Elle auroit aussi une molaire de moins à la mâchoire supérieure, si nous n'étions fondés à présumer que c'est la première de ces dents, dont l'âge amène la chute, qui ne se sera point trouvée dans les individus examinés par Pallas. Cette espèce se trouve plus au midi que la précédente et même que l'alagtaga.

M. de Blainville fait encore entrer dans le genre Gerboise, sous le nom de

GRANDE GERBOISE, *Dipus maximus*, Blainv., un rongeur grand comme un lapin de moyenne taille, qui se voyoit, en 1814, à Londres, dans la ménagerie du Strand, et que l'on disoit originaire de la Nouvelle-Hollande. Cet animal, qui étoit extrêmement farouche, ne permettoit pas qu'on l'examinât en détail, et après sa mort il a été jeté, de sorte qu'on n'a pu reconnoître son organisation et déterminer précisément ses caractères.

La couleur de toutes les parties supérieures de son corps étoit d'un gris clair, et deux lignes noires, naissant de chaque côté de la tête et passant sur les yeux, se réunissoient sur le chanfrein en forme de chevron. Toute la partie antérieure de la tête et le dessous du corps étoient blancs. On voyoit quatre doigts aux pieds de devant, et trois à ceux de derrière; le doigt moyen des extrémités postérieures étoit plus long que les deux autres, et le tarse, par sa longueur, ressembloit beaucoup à celui des gerboises; la queue étoit de moyenne longueur, touffue et tout-à-fait relevée contre le dos; les oreilles étoient d'une médiocre grandeur et de forme carrée; la lèvre supérieure étoit fendue, la cloison des narines recouverte de poils, et l'on voyoit beaucoup de plis à la peau qui recouvroit les os du nez. L'œil étoit grand et noir, ce qui ne laissoit point voir la forme de la pupille. Le pelage étoit doux et épais ; de fortes moustaches garnissoient la lèvre supérieure , et naissoient d'un point au-dessus de l'œil et d'un autre point en arrière des joues. Telle est la description que j'avois faite moi-même de ce rongeur.

Gerboise du Cap. Voyez Hélamis.

Gerboise des Pyramides. Voyez Gerbille. (F. C.)

GERCE ou GERSE (*Entom.*) : vieux mot françois qui indiquoit la teigne , insecte qui ronge les feuilles , les étoffes , les pelleteries, et y fait des gerçures. (C. D.)

GÉRENDE. (*Erpét.*) Ce nom a été donné à une espèce de serpent qui paroit appartenir au genre Boa. (H. C.)

GERFAUT. (*Ornith.*) Voyez au mot Faucon, tom. 16 de ce Dictionnaire, pag. 229, la seconde section de ce genre. (Ch. D.)

GERGILION. (*Bot.*) Voyez Gangila. (J.)

GERGYDAN. (*Bot.*) Dans la Nubie , suivant M. Delile , on nomme ainsi le *sida mutica*, espèce d'abutilon. (J.)

GERGYG-EL-GHAZAL. (*Bot.*) Le *ruta tuberculata* de Forskal est ainsi nommé dans la Nubie , suivant M. Delile. (J.)

GERGYR (*Bot.*), nom arabe de la roquette, *brassica eruca*, suivant M. Delile ; elle est dans Daléchamps sous ceux de *guargir* ou *ergir*, et Forskal la nomme *djærdjir* dans sa Flore d'Égypte. (J.)

GERIFALCO (*Ornith.*), dénomination italienne du gerfaut, qu'on appelle aussi *girifalco*. (Ch. D.)

GÉRILLE. (*Bot.*) L'un des noms vulgaires de la chanterelle ou girolle ordinaire, champignon qui avoit été placé par Linnæus dans son genre *Agaricus*, et qui est maintenant rangé dans le genre Merulius. Voyez ce mot. (Lem.)

GERLE (*Ichthyol.*), nom que l'on donne sur la côte de Nice à la mendole , poisson qui sera décrit à l'article Picarel. (H. C.)

GERLE BLAVIE. (*Ichthyol.*) A Nice on appelle ainsi un poisson dont M. Risso a fait un spare sous la dénomination de spare alcyon, *sparus alcedo*. (H. C.)

GERLESSO (*Ichthyol.*), nom du spare bilobé à Nice. M. Cuvier rapporte cette espèce aux Daurades. (H. C.)

GERM (*Bot.*), nom arabe du *sceura* de Forskal, qui paroît devoir être réuni à l'*avicennia*. (J.)

GERMAINE, *Germanea*. (*Bot.*) Genre de plantes dicotylédones, à fleurs complètes, monopétalées, irrégulières, de la famille des *labiées*, de la *didynamie gymnospermie* de Linnæus, rapproché des *ocimum*, offrant pour caractère essentiel : Un calice fort petit, à cinq découpures, à deux lèvres, la supérieure plus grande et entière ; une corolle labiée, renversée, terminée postérieurement par un éperon ; la lèvre supérieure large, en cœur, à trois lobes, les deux latéraux plus petits ; la lèvre inférieure plus petite, concave, entière ; quatre étamines didynames ; un style ; quatre semences nues au fond du calice.

L'Héritier a donné à ce genre le nom de *plectranthus*, au lieu de celui de *germanea* que lui avoit imposé M. de Lamarck. M. R. Brown a adopté, pour ses plantes de la Nouvelle-Hollande, le nom de l'Héritier. Le caractère qu'il donne à ce genre n'étant pas exactement conforme à celui qu'ont indiqué MM. de Lamarck et l'Héritier, j'ai cru devoir conserver, sous le nom de *plectranthus*, les espèces de M. Brown, d'autant plus que cet auteur ne fait aucune mention de l'éperon qui accompagne la corolle et forme un des principaux caractères de ce genre. Dans le genre de M. Brown, il n'est question que d'une simple gibbosité à la base du calice, à l'époque de la maturité des semences. On a reconnu que plusieurs espèces d'*ocimum* de Linnæus et de Forskal devoient entrer dans ce genre.

Germaine a feuilles d'ortie : *Germanea urticæfolia*, Lamck., *Encycl.* et *Ill. gen.*, tab. 514 ; *Plectranthus fruticosus*, l'Hérit., *Stirp.*, 83, tab. 41. Arbrisseau rameux et odorant, qui s'élève à la hauteur d'un à deux pieds, sur une tige droite, presque glabre ; les rameaux herbacés, légèrement pubescens, d'un vert rougeâtre, garnis de feuilles pétiolées, assez grandes, se rapprochant de celles du *lamium orvala*, larges, ovales en cœur, un peu rudes, aiguës et à doubles dentelures, longues de trois pouces, larges de deux. Les fleurs sont nombreuses, d'un bleu pâle ou gris de lin, disposées en grappes nues à l'extrémité des rameaux. Cette plante croît au cap de Bonne-Espérance ; on la cultive depuis long-temps au Jardin du Roi : elle produit un effet agréable par la beauté de ses touffes fleuries et la facilité de sa multiplication.

Cette plante fleurit en automne. On la propage de dragcons, de boutures et de graines, qu'il faut semer sur couche au printemps : elle exige une terre substantielle, qu'on renouvelle tous les ans; elle craint l'humidité pendant l'hiver. et doit être, en conséquence, placée dans la partie la plus sèche et la plus éclairée de l'orangerie.

GERMAINE PONCTUÉE : *Germanea punctata*, Lamck., Encycl., Supp.; *Plectranthus punctatus*, l'Hérit., *Stirp.*, 2, tab. 41; *Ocimum punctatum*, Linn. fils, *Suppl.* Plante herbacée, haute d'environ un pied : originaire de l'Afrique. Ses tiges sont cylindriques, légèrement hispides, parsemées de points oblongs et roussâtres; les rameaux étalés, garnis de feuilles opposées, pétiolées, ovales, pileuses, ridées et rayées, longues de deux pouces et plus, larges d'un pouce et demi, dépourvues de stipules. Les fleurs sont petites, disposées, à l'extrémité des rameaux, en verticilles rapprochés, velus, formant un épi presque cylindrique, terminal, accompagné de bractées ovales. Le calice est campanulé, parsemé de glandes d'un jaune orangé, à deux lèvres : la supérieure droite, ovale, entière: l'inférieure à quatre découpures oblongues, aiguës; la corolle bleuâtre: la lèvre supérieure de son limbe à quatre lobes, celui du milieu très-grand, échancré; la lèvre inférieure oblongue. obtuse et concave; le tube muni d'une bosse à sa partie supérieure. On cultive cette plante au Jardin du Roi.

GERMAINE A FEUILLES RONDES : *Germanea rotundifolia*, Poir.. Encycl., Suppl. Cette espèce. recueillie par Commerson à l'Isle-de-France, a quelques rapports avec la précédente. Ses tiges sont glabres, épaisses, striées : les feuilles inférieures glabres, pétiolées, arrondies ou ovales, longues de deux à trois pouces, à crénelures obtuses; les pétioles comprimés, de la longueur des feuilles : les feuilles supérieures sont sessiles, plus petites, ovales, un peu amplexicaules, en cœur à leur base; les fleurs disposées, à l'extrémité des tiges, en une grappe courte. droite. épaisse; la corolle purpurine; les deux lèvres distantes; la supérieure ovale, un peu crénelée, rétrécie en onglet à sa base.

Germaine maculée : *Germanea maculosa*, Lamck., Encycl., 2, pag. 691, *Observ.; Galeopsis maculosa*, Lamck., Encycl., n.° 5. Plante du cap de Bonne-Espérance, que l'on a cultivée au Jardin du Roi. Ses tiges sont tendres, épaisses, herbacées, hérissées de poils blancs, renflées aux articulations, hautes d'un pied et plus, parsemées de taches purpurines ou noirâtres; les feuilles pétiolées, opposées, ovales, vertes, ridées, crénelées, un peu velues; les fleurs bleuâtres, petites, réunies en épis courts, terminaux; le calice labié; la lèvre supérieure élargie; la corolle renversée, munie sur son tube d'une bosse saillante; les anthères bleues; le style bifide à son sommet.

Germaine a fleurs en casque; *Germanea galeata*, Vahl, *Symb.*, 1, pag. 43, *sub Plectrantho*. Espèce découverte à l'île de Java, qui a le port de l'*ocimum scutellarioides*; mais ce dernier est pourvu de bractées, et ses fleurs sont plus petites, géminées dans chaque aisselle : tandis que l'espèce dont il s'agit ici a des tiges velues et cannelées; des feuilles pétiolées, ovales, élargies, acuminées, velues en-dessous, dentées en scie; les fleurs disposées en une grappe droite, terminale; les pédicelles opposés et rameux, sans bractées; la corolle pubescente, munie d'une bosse à sa base; la lèvre inférieure en casque.

Germaine a fleurs nues: *Germanea nudiflora*, Willd., *Spec.*, 3, pag. 168, *sub Plectrantho*. Cette plante, qu'on soupçonne originaire de la Chine, a des tiges courtes, droites, pubescentes, à peine longues de six pouces; les feuilles inférieures pétiolées, longues de deux ou trois pouces, glabres, en cœur, acuminées, pubescentes en-dessous sur les nervures; les pétioles ailés vers leur sommet; les feuilles supérieures plus petites, amplexicaules; les fleurs disposées en une panicule terminale, longue d'un pied et plus, composée de verticilles formés de quatre petites grappes longues d'un pouce, munies de petites bractées en cœur; la lèvre supérieure du calice à trois lobes obtus; l'inférieure à deux découpures linéaires, subulées; la corolle petite, fermée, pubescente; le tube muni d'une bosse.

Germaine de Forskal; *Germanea Forskalæi*, Vahl, *Symb.*, 1, pag. 44, *sub Plectrantho: Ocimum hadiense*, Forsk., *Ægypt.*,

109. Ses tiges sont velues; ses feuilles pétiolées, ovales, pileuses, très-obtuses, à grosses dentelures; les pétioles courts; les fleurs disposées en grappes droites, longues de six pouces, formées de verticilles de huit à dix fleurs; les calices striés, en bosse à leur base; les découpures inférieures sétacées, ascendantes; la corolle d'un bleu pâle, quatre fois plus longue que le calice; le tube de la corolle muni d'une bosse. Cette plante croît sur les montagnes, dans l'Arabie heureuse.

GERMAINE A FEUILLES ÉPAISSES : *Germanea crassifolia*, Vahl, *l. c.*, page 44, *sub Plectrantho; Ocimum zatarhendi*, Forsk., *Ægypt.*, 109. Cette espèce se distingue de la précédente par ses feuilles charnues, par ses bractées ovales, membraneuses. Ses tiges sont pileuses; ses feuilles pétiolées, élargies, ovales, un peu arrondies, longues d'un demi-pouce, velues, obtuses, crénelées, tronquées à leur base; les fleurs disposées en grappes terminales, longues de six à sept pouces, formées de verticilles composés de six fleurs pédicellées; la lèvre inférieure du calice élargie et arrondie; l'inférieure plus courte, à quatre découpures linéaires, lancéolées; le tube de la corolle blanchâtre, muni d'une bosse; le limbe violet; la lèvre supérieure entière, obtuse; l'inférieure blanchâtre, à quatre dents peu sensibles. Cette espèce a été observée en Égypte.

GERMAINE A PETITES FLEURS; *Germanea parviflora*, Henck., *Adumbr. plant.*, pag. 17, *sub Plectrantho*. Plante découverte au Pérou, dont les tiges sont hautes d'un pied et demi, rougeâtres, pubescentes et rameuses; les feuilles longuement pétiolées, ovales, aiguës, tomenteuses, molles, un peu charnues, rétrécies en coin à leur base, à nervures rougeâtres, à grosses dentelures; les grappes terminales, composées de verticilles très-rapprochés, dépourvus de bractées; les fleurs petites, d'un bleu clair, pubescentes, dix à douze à chaque verticille; le calice ventru à sa base, pileux, cilié et glanduleux; la lèvre supérieure ovale, aiguë; l'inférieure à quatre découpures inégales, subulées; la corolle un peu pileuse, une fois plus longue que le calice; la lèvre supérieure très-étroite, blanchâtre, ovale-concave, entière; l'inférieure arrondie, à trois lobes, parsemée de points bleuâtres; le tube muni d'une bosse. (POIR.)

GERMANDRÉE. (*Bot.*) Ce genre de Tournefort, en latin *chamædrys*, a été réuni par Linnæus au genre *Teucrium*. (J.)

GERMANDRÉE; *Teucrium*, Linn. (*Bot.*) Genre de plantes dicotylédones, de la famille des *labiées*, Juss., et de la *didynamie gymnospermie*, Linn., dont les principaux caractères sont les suivans : Calice monophylle, persistant, à cinq dents; corolle monopétale, à deux lèvres, dont la supérieure fendue profondément, et l'inférieure à trois lobes, dont le moyen plus grand; quatre étamines saillantes, didynames; quatre ovaires, au centre desquels est un style filiforme, de la longueur des étamines, et terminé par un stigmate bifide; quatre graines nues au fond du calice.

Les germandrées sont des herbes ou des arbustes, quelquefois des arbrisseaux à feuilles opposées et à fleurs axillaires ou terminales. On en connoît aujourd'hui environ quatre-vingts espèces, presque toutes naturelles à l'ancien continent, et dont une grande partie croît en Europe et surtout dans ses parties méridionales. Nous ne parlerons ici que des plus remarquables, et de celles qui, par leurs propriétés, présentent quelque intérêt.

* *Feuilles découpées.*

GERMANDRÉE BOTRIDE; vulgairement BOTRYS, GERMANDRÉE FEMELLE : *Teucrium botrys*, Linn., *Spec.*, 786; *Chamæpytis altera*, Dod., *Pempt.*, 46. Ses tiges sont herbacées, rameuses, hautes de six à dix pouces; ses feuilles sont pétiolées, velues, divisées en trois à cinq découpures; ses fleurs sont purpurines, disposées trois à quatre ensemble dans les aisselles des feuilles. Cette plante est annuelle, et elle croît dans les champs. Ses fleurs et ses feuilles sont légèrement aromatiques, et elles passent pour toniques et fébrifuges.

GERMANDRÉE-IVETTE, vulgairement PETITE IVETTE : *Teucrium chamæpytis*, Linn., *Spec.*, 787; *Flor. Dan.*, t. 733. Sa tige est partagée dès sa base en rameaux étalés, velus, longs de cinq à huit pouces; ses feuilles sont divisées jusqu'à plus de moitié en trois découpures linéaires; ses fleurs sont jaunes avec une tache rougeâtre, sessiles et solitaires dans les aisselles des feuilles supérieures. Cette espèce se trouve dans les champs arides et sablonneux : elle est annuelle.

Toutes les parties de la germandrée-ivette ont une odeur résineuse : la plante est céphalique, apéritive, tonique et antispasmodique. On l'a beaucoup vantée autrefois contre la goutte ; on en fait usage en infusion théiforme ou en nature, après l'avoir fait sécher et réduire en poudre.

** *Feuilles entières ; fleurs axillaires ou en grappe.*

GERMANDRÉE MUSQUÉE, vulgairement IVETTE MUSQUÉE ; *Teucrium iva*, Linn., *Spec.*, 787. Cette espèce diffère de la précédente en ce qu'elle est plus velue dans toutes ses parties, en ce que ses tiges sont plus dures, et surtout en ce que ses feuilles sont entières, munies seulement d'une à deux dents à leur sommet. Ses fleurs sont communément rougeâtres, plus rarement d'un jaune clair. Toute la plante a une saveur amère et une forte odeur résineuse, qui quelquefois paroît ressembler beaucoup à celle du musc, surtout dans les grandes chaleurs. Elle croit dans les champs du midi de la France. Ses propriétés sont les mêmes que celles de la petite ivette.

GERMANDRÉE DES CANARIES ; *Teucrium canariense*, Lamck., Dict. enc., 2. pag. 692. Celle-ci est un arbrisseau de cinq pieds de haut ou plus, divisé dans sa partie supérieure en rameaux dont les plus jeunes sont velus, garnis de feuilles pétiolées, ovales, crénelées, d'un vert grisâtre en-dessus, presque cotonneuses en-dessous. Ses fleurs sont d'un pourpre foncé, pédonculées, pendantes et solitaires dans les aisselles des feuilles. Cette espèce passe pour être originaire des îles Canaries, et elle est cultivée au Jardin du Roi depuis environ quarante ans. On la rentre dans l'orangerie pendant l'hiver.

GERMANDRÉE FRUTESCENTE : *Teucrium fruticans*, Linn., *Spec.*, 787 ; *Teucrium fruticans boeticum*, Clus., *Hist.*, 348. Cette germandrée est un arbrisseau de deux à trois pieds de haut, dont les jeunes rameaux sont cotonneux et blanchâtres dans leur jeunesse ; garnis de feuilles ovales, grisâtres en-dessus, cotonneuses et blanchâtres en-dessous, légèrement pétiolées. Ses fleurs sont d'un bleu clair, portées sur de courts pédoncules, et solitaires dans les aisselles des feuilles supérieures. Cette plante croit naturellement dans le midi de l'Europe, en Barbarie, etc. : on la cultive dans les jardins de botanique. Dans le nord de la France, on la rentre dans l'orangerie pendant l'hiver.

GERMANDRÉE AQUATIQUE; vulgairement Scordium, Chamarras: *Teucrium scordium*, Linn., *Spec.*, 790; Bull., Herb.; t. 205. Sa racine est rampante, vivace; elle produit une ou plusieurs tiges velues, rameuses, hautes de six à huit pouces, garnies de feuilles ovales-oblongues, sessiles, molles au toucher, crénelées ou dentées en leurs bords. Ses fleurs sont rougeâtres, portées sur de courts pédoncules, et solitaires ou deux ensemble dans les aisselles des feuilles supérieures. Cette plante croit dans les prés humides et marécageux : elle joint à une saveur très-amère une odeur forte, pénétrante, et qui a beaucoup de rapport avec celle de l'ail. Elle est tonique, fébrifuge, antiscorbutique, antiseptique, vermifuge, et on la regardoit autrefois comme vulnéraire. Elle entre dans plusieurs préparations pharmaceutiques, et principalement dans le *diascordium*, auquel elle a donné son nom. Les bestiaux répugnent à la brouter, et lorsqu'ils le font, ce n'est qu'à défaut d'autre nourriture : elle communique une odeur d'ail au lait des vaches qui en ont mangé.

GERMANDRÉE SAUVAGE OU DES BOIS; vulgairement Sauge des bois, Sauge sauvage, faux Scordium : *Teucrium scorodonia*, Linn., *Spec.*, 789; Bull., Herb., t. 301. Ses racines sont vivaces, traçantes; elles produisent des tiges quadrangulaires, velues, hautes d'un pied ou environ, garnies de feuilles pétiolées, cordiformes, dentelées et ridées. Ses fleurs sont d'un blanc jaunâtre, disposées en épi unilatéral à l'extrémité des tiges et des rameaux. Cette plante est commune dans les bois montagneux. Ses propriétés sont analogues à celles de la précédente; mais elle est beaucoup plus rarement employée en médecine.

GERMANDRÉE CHÊNETTE ; vulgairement Petit Chêne, Chênette : *Teucrium chamædrys*, Linn., *Spec.*, 790; *Trissago sive chamædrys*, Math., *Valgr.*, 818. Sa racine est vivace, rampante; elle produit une tige longue de quatre à six pouces, divisée dès sa base en rameaux nombreux, étalés, pubescens, garnis de feuilles ovales ou ovales-oblongues, crénelées et d'un vert gai : ses fleurs sont purpurines, disposées deux à trois ensemble dans les aisselles des feuilles supérieures. Cette plante croît sur les bords des bois et sur les collines; elle est tonique, stomachique, fébrifuge et antiscorbutique. Sa saveur est beaucoup plus amère qu'aromatique. On en fait un usage assez fréquent en médecine, sous le nom de *petit chêne :* on l'emploie en infusion théiforme, ou en nature, réduite en poudre.

GERMANDRÉE LUISANTE : *Teucrium lucidum*, Linn., *Spec.,* 790. Cette espèce a les plus grands rapports avec la précédente ; elle en diffère seulement en ce qu'elle s'élève davantage, qu'elle est plus ligneuse, plus glabre dans toutes ses parties, et que ses fleurs sont disposées dans les aisselles des feuilles supérieures de manière à former une longue grappe. Elle croît dans les bois et les haies des montagnes du midi de la France et de l'Italie.

GERMANDRÉE MARITIME, vulgairement MARUM; *Teucrium marum*, Linn., *Spec.,* 788. Cette espèce est un arbuste dont les tiges, hautes d'un pied ou environ, se divisent en rameaux nombreux, grêles, cotonneux, garnis de petites feuilles ovales-lancéolées, pétiolées, d'un vert grisâtre endessus, blanches et cotonneuses en-dessous. Ses fleurs sont purpurines, solitaires dans les aisselles des feuilles supérieures, mais rapprochées de manière à former une longue grappe terminale, tournée d'un seul côté. Cette plante croît dans les lieux maritimes, en Provence, en Espagne, dans le Levant, etc. Toutes ses parties ont une odeur aromatique très-pénétrante que les chats aiment beaucoup ; car, lorsque ces animaux trouvent des pieds de cette plante, ils se plaisent à se rouler dessus et à en mâcher les feuilles et les branches : aussi, lorsqu'on la cultive dans un jardin, faut-il avoir soin de la préserver de leurs atteintes en la couvrant d'une cage en grillage.

Cette germandrée est assez rarement employée en médecine, quoique beaucoup de médecins recommandables se soient accordés pour la présenter comme un médicament énergique, et qu'ils citent des observations qui prouvent qu'ils s'en sont servis avec succès dans l'apoplexie séreuse, l'asthme, le catarrhe chronique, l'hystérie, l'hypocondrie, etc. La propriété stimulante très-prononcée dont jouit cette plante, est due à la grande quantité d'huile essentielle qu'elle contient; huile dans laquelle on trouve du camphre en assez grande proportion pour qu'on puisse l'en extraire avec quelque avantage.

Pour en faire usage, il faut l'employer en infusion théiforme, à la quantité d'un à deux gros pour deux livres d'eau, ou en nature et en poudre, à la dose de vingt à trente-six grains. Elle entre d'ailleurs dans plusieurs préparations pharmaceutiques, entre autres dans la thériaque.

GERMANDRÉE DE MARSEILLE : *Teucrium massiliense*, Linn., *Spec.*, 789. Ses tiges sont ligneuses dans leur partie inférieure, et souvent couchées à leur base, hautes d'un pied, garnies de feuilles ovales ou ovales-lancéolées, un peu en cœur à leur base, rugueuses et cendrées en leur surface. Ses fleurs sont rougeâtres, axillaires, disposées en grappe tournée du même côté; leur calice est remarquable par la dent supérieure, qui est fort large, formant un lobe arrondi. Cette plante croit aux iles d'Hyères et dans le Levant. Lorsqu'on la froisse entre les doigts, elle exhale une odeur de pomme de reinette.

✱✱✱ *Feuilles entières; fleurs en tête.*

GERMANDRÉE DES PYRÉNÉES : *Teucrium pyrenaicum*, Linn., *Spec.*, 791. Ses racines sont vivaces; ses tiges sont grêles, velues, étalées, longues de quatre à cinq pouces, garnies de feuilles arrondies, crénelées; ses fleurs sont blanches, panachées de violet, disposées en tête terminale et sessile. Cette plante croit dans les Pyrénées.

GERMANDRÉE COTONNEUSE ; *Teucrium polium*, Linn., *Spec.*, 792. Ses tiges sont un peu ligneuses, rameuses, étalées à leur base, chargées, ainsi que toute la plante, d'un duvet court et serré, garnies de feuilles sessiles, oblongues, crénelées en leurs bords, blanchâtres et cotonneuses, quelquefois repliées en-dessous. Ses fleurs sont petites, blanches, ou plus rarement purpurines, ramassées, à l'extrémité de la tige et des rameaux, en tête sessile, arrondie ou ovale. Cette plante se trouve sur les collines et dans les lieux secs du midi de la France, en Espagne, en Italie : elle fournit des variétés nombreuses. (L. D.)

GERMANDRÉE BATARDE (*Bot.*), nom vulgaire de la véronique teucriette. (L. D.)

GERMANDRÉE D'EAU. (*Bot.*) C'est le *teucrium scordium*, le *scordium* des pharmaciens, nommé aussi vulgairement *chamarras*, qui, froissé, exhale une odeur d'ail. (J.)

GERMANEA. (*Bot.*) Le genre de plantes labiées, voisin du basilic, que M. Lamarck nommoit ainsi, a reçu de l'Héritier le nom de *plectranthus*. Voyez GERMAINE. (J.)

GERMANO. (*Ornith.*) D'après Cetti, pag. 321 et 323, cette dénomination italienne est appliquée, en Sardaigne, à deux espèces de canards. (Ch. D.)

GERMINATION. (*Bot.*) La germination est la suite du développement de l'embryon, depuis le moment de sa maturité jusqu'à celui où il se débarrasse des enveloppes séminales, et tire directement sa nourriture du dehors.

L'embryon, en état de germination, prend le nom de plantule. On y distingue deux parties principales, le caudex ascendant et le caudex descendant. A l'exemple de Linnæus, nous ne considérons sous la dénomination de caudex que le corps ou, si l'on veut, que l'axe de la plantule, et nullement les cotylédons, les feuilles et les subdivisions de la racine principale.

Le premier effet de la germination est le gonflement total ou partiel de l'embryon, d'où résulte une rupture dans les enveloppes séminales ; rupture qui, toute mécanique qu'elle est, s'opère avec une sorte d'uniformité dans beaucoup d'espèces, à cause de l'organisation primitive des graines et du mode de germination.

Quand l'embryon se gonfle dans plusieurs points à la fois, les enveloppes, fortement distendues, s'entr'ouvrent et se déchirent comme au hasard (haricot, féve). Quand le caudex descendant fait seul effort contre la paroi interne des enveloppes, et que celles-ci n'ont point d'opercule, elles se percent avec plus ou moins de régularité (*cyclamen*). Quand le caudex descendant presse un opercule, cette calotte se détache, et l'ouverture est souvent aussi régulière que si elle eût été faite avec un emporte-pièce (*canna, commelina, tradescantia*, asperge, dattier, etc.).

L'évolution commence presque toujours par le caudex descendant. S'il existe une coléorrhyze, elle s'alonge ; mais le mamelon radiculaire, plus prompt dans sa croissance, la crève à son extrémité (graminées, capucine, etc.) : s'il n'y a point de coléorrhyze, le collet tantôt s'amincit insensiblement dans sa longueur et se confond avec la radicule (pin, etc.), et tantôt se distingue de la radicule par un bourrelet charnu (*martynia perennis*, *momordica*, *cucurbita*, belle de nuit, etc.).

Le caudex ascendant se développe peu de temps après, et il ne tarde pas à se montrer, si la plumule est dépourvue de coléoptile ; mais, si elle en est pourvue, l'apparition du caudex est moins prompte, la plumule pousse et perce légèrement la paroi interne de la coléoptile, qui se dilate, s'amincit, et s'ouvre ou se déchire avec plus ou moins de régularité.

Le caudex ascendant commence quelquefois au-dessous des cotylédons, et alors il les soulève et les porte à la lumière (potiron, belle de nuit, etc.) ; d'autres fois il commence au-dessus des cotylédons, et alors il les laisse dans la terre, où ils demeurent cachés (marronier d'Inde, graminées, etc.). Dans le premier cas, on les dit épigés; dans le second, on les dit hypogés.

Les cotylédons épigés verdissent, s'alongent, s'élargissent, se couvrent de poils et de glandes, se marquent de nervures et de veines; les cotylédons hypogés ne sortent point des enveloppes séminales, conservent souvent leur couleur blanchâtre et leur forme primitive, et ils augmentent toujours en volume, soit par le simple gonflement du tissu cellulaire, dont ils sont formés en grande partie (marronier d'Inde, etc.), soit par le gonflement et l'accroissement de ce tissu (dattier, etc.).

Après la germination, on désigne par le nom de feuilles séminales les cotylédons épigés, et sous celui de feuilles primordiales, les petites feuilles qui composent la gemmule.

Plusieurs causes tirées de l'organisation des graines contribuent à la germination. Nul doute que le périsperme ne serve de première nourriture à la plantule. Un embryon d'oignon, retiré soigneusement de son périsperme, et placé sous une terre douce et fine, se conserve long-temps sans se flétrir, mais ne prend pas d'accroissement; que si vous semez la graine telle qu'elle sort du péricarpe, l'embryon se développera en un long fil : l'une de ses extrémités restera engagée dans les enveloppes séminales (oignon, etc.); l'autre s'enfoncera dans la terre : toutes deux tireront des sucs nutritifs, celle-ci de l'humidité du sol, celle-là de la substance même du périsperme changé en une liqueur émulsive, et chacune croîtra, en sens inverse de l'autre, par l'effet de sa propre succion. Quand le périsperme sera épuisé, la succion de la racine fournira à l'entretien de toute la plantule, et l'extrémité cotylédonaire se dressera vers le ciel.

Le phénomène se passe à peu près de la même manière dans les *anthericum*, les aloès, etc.

L'extrême dureté du périsperme dans la graine du dattier, de l'asperge, du *commelina communis*, etc., n'empêche pas qu'il ne puisse remplir ses fonctions; l'eau parvient toujours à le ramollir. Il se résout en une liqueur laiteuse après un temps plus ou moins long, et la partie du cotylédon qui reste sous les tuniques séminales, absorbant cette liqueur, se dilate, s'enfle comme une éponge, et remplit à la fin toute la capacité de la graine.

Les cotylédons jouent un grand rôle à cette première époque de la vie. Si vous les retranchez, dans le potiron, avant ou au moment de la germination, la plumule se fane et meurt; si vous en supprimez la majeure partie, la plante n'a qu'une végétation foible et languissante : mais si vous laissez subsister en entier ces *mamelles végétales*, comme parle Charles Bonnet, vous pouvez impunément couper la radicule et toutes les radicelles qui se développeront durant l'expérience; la tige ne poussera pas avec moins de vigueur que si la jeune plante fût restée intacte. Faites plus, divisez un embryon de haricot dans sa longueur, de telle sorte que chaque portion emporte avec elle un cotylédon; ces deux moitiés se développeront aussi bien qu'un embryon tout entier : preuve évidente que la blessure occasionée par la soustraction des lobes séminaux n'est pas ce qui met obstacle à la croissance du blastème. Enfin, il suffit d'humecter les cotylédons pour que l'embryon se développe. L'utilité de ces lobes dans la germination ne sauroit donc être révoquée en doute, quoi qu'en ait pu dire un de nos plus savans botanistes. Au reste, la présence des cotylédons n'est pas une condition d'existence pour toutes les plantes. Sans parler des agames et des cryptogames, qui semblent la plupart en être dépourvues, il est quelques phénogames dans lesquelles on n'en a point trouvé : témoin les cuscutes.

Duhamel observe que les graines, dépouillées de leurs enveloppes, réussissent difficilement. Les enveloppes séminales sont bonnes, en ce qu'elles préservent les parties intérieures de l'action de la lumière ; qu'elles modèrent l'entrée ou le départ des fluides ; qu'elles forment un crible que ne traversent point les molécules terreuses et les substances mucilagineuses suspendues dans l'eau. Le tissu plus perméable du hile et la bouche du micropyle favorisent pourtant l'introduction des sucs nutritifs.

L'eau, la chaleur et l'air sont des agens extérieurs indispensables à l'évolution des germes.

L'eau assouplit les enveloppes séminales et facilite leur rupture ; elle pénètre le tissu de l'embryon, et le dispose à recevoir les substances nutritives. Celles de ces substances qui ne sont point à l'état gazeux ne peuvent s'introduire dans la plante et parcourir ses vaisseaux qu'en dissolution dans l'eau : ce liquide lui-même devient un des principaux alimens de la végétation. Ses élémens, désunis par des procédés naturels que les théories des chimistes n'expliquent point, forment, en se combinant avec le carbone, les principes immédiats, tels que l'amidon, le sucre, la gomme, les acides, les huiles, le camphre, les résines, le ligneux, etc. Il convient néanmoins que l'eau soit distribuée avec économie aux végétaux terrestres ; sans cela elle leur est nuisible. Les graines qui sont plongées dans ce liquide, y pourrissent presque toutes, à moins qu'elles n'appartiennent à des végétaux aquatiques ; encore, parmi ces dernières, s'en trouve-t-il quelques-unes qui montent à la surface de l'eau à l'époque de la germination, et ne se développent qu'au contact de l'air. De ce nombre sont les graines des *lemna* et des *salvinia*.

La chaleur est un stimulant des forces vitales dans tous les êtres organisés ; il est pour chaque espèce de graine une température nécessaire à sa prompte et vigoureuse germination. Si la chaleur s'élevoit de 45 à 5o degrés, elle altéreroit les organes et détruiroit le principe de la vie ; si elle s'abaissoit à zéro, il n'y auroit pas de mouvement organique, et le germe demeureroit dans l'inaction.

A toutes les époques de la vie, l'air n'est pas moins indispensable aux plantes qu'aux animaux. Des graines dans le vide de la machine pneumatique ne germent pas. Homberg cite à la vérité quelques exceptions ; mais Théodore de Saussure, qui a examiné le phénomène en habile physicien, ne voit dans ces anomalies prétendues que les résultats d'expériences fautives ou d'observations incomplètes.

Est-ce l'air tel qu'il compose l'atmosphère, c'est-à-dire, formé d'environ 21 parties d'oxigène, de 79 d'azote, et de $\frac{1}{500}$ à $\frac{1}{800}$ de gaz acide carbonique, qui est indispensable à l'évolution des germes ? ou bien est-ce un seul de ces gaz ? ou bien en est-ce deux agissant de concert ou séparément ? Ces questions ont été traitées à fond, et l'on sait aujourd'hui que les graines ne germent pas dans l'azote et le gaz acide carbonique purs ; qu'elles germent quand elles sont en contact avec de l'oxigène ; que ce gaz, en état de pureté, hâte leurs premiers développemens, mais les fait bientôt périr ; qu'il convient davantage à la plantule quand il est mêlé à une certaine quantité d'azote ou d'hydrogène ; que les proportions les plus favorables dans ce mélange sont trois parties d'hydrogène ou d'azote pour une d'oxigène ; que l'acide carbonique en excès nuit beaucoup à la germination ; que l'action bienfaisante de l'oxigène consiste à débarrasser les graines de leur carbone surabondant ; que, si l'on ne remarque point de diminution dans une atmosphère qui a servi à la germination, c'est que le volume de gaz acide carbonique produit est à très-peu près le même que celui de l'oxigène absorbé.

La perte du carbone, occasionée par le dégagement du gaz acide carbonique pendant la germination, produit un effet bien remarquable. Les quantités respectives de l'oxigène, de l'hydrogène et du carbone, qui composent la fécule du périsperme, n'étant plus les mêmes, cette matière passe à l'état de sucre et devient soluble d'insoluble qu'elle étoit. Observons que le chimiste imite ce procédé naturel, lorsqu'il transforme l'amidon en sucre par le moyen de l'acide sulfurique; mais, dans cette préparation de l'art, la fécule ne perd point de carbone, et si la proportion des élémens change, c'est qu'une partie de l'eau est décomposée et fixée. Le périsperme, réduit en une liqueur émulsive, pénètre par les vaisseaux des cotylédons jusqu'au blastème, et lui présente la nourriture dont il a besoin pour se développer : foible comme il est, il ne peut digérer les sucs de la terre; il faut que ses alimens aient reçu une première préparation. Tout ce qui se passe alors dans la graine, indique un commencement de fermentation spiritueuse; mais bientôt, la lumière agissant sur la plumule, la fermentation s'arrête, le gaz acide et l'eau se décomposent, l'oxigène du gaz est rejeté, le carbone et les élémens de l'eau se combinent et forment des produits inflammables, fixes et volatils, tels que les huiles, les résines, le ligneux, etc., qui remplacent la matière saccharine et le mucilage. Les mêmes phénomènes ont lieu dans toutes les jeunes pousses, soit qu'elles proviennent de racines, soit qu'elles proviennent de parties exposées à l'air. Ces faits ont été développés avec beaucoup de sagacité par le savant Sénebier.

D'après ce que nous venons de dire, on peut déjà présumer que toutes les substances qui augmentent la quantité relative de l'oxigène de l'atmosphère d'une graine placée dans des circonstances favorables à sa germination, doivent hâter l'accomplissement de ce phénomène. Cette conjecture est justifiée par l'expérience : M. de Humboldt a montré que des graines de cresson alenois germent en six heures dans une dissolution de chlore, tandis que ces mêmes graines emploient un temps cinq à six fois plus considérable pour germer dans de l'eau pure. A l'aide du chlore, on est parvenu à tirer de leur état d'engourdissement les graines du *dodonæa angustifolia*, du *mimosa scandens*, et de quelques autres espèces exotiques qui avoient résisté aux moyens ordinaires. Les acides nitrique et sulfurique, délayés dans une grande quantité d'eau, une dissolution légère d'oxi-sulfate de fer, le minium, la litharge, et en général toutes les substances qui retiennent foiblement l'oxigène, ont la même action sur les graines. Au reste, il est bon de dire que ces germinations hâtives sont rarement heureuses : la plumule pousse d'abord avec assez de vigueur ; mais bientôt sa croissance se ralentit, et presque toujours la plante meurt prématurément.

On voit que des trois fluides aériformes dont la réunion compose l'atmosphère, l'oxigène seul est indispensable à la germination ; toutefois ce gaz, qui anime les forces vitales et dont aucun être organisé ne sauroit se passer, seroit contraire à tous, si son action n'étoit tempérée par le mélange d'une grande quantité d'azote. Dans le système de notre monde, la juste proportion des élémens de l'air est une condition d'existence pour les animaux et pour les plantes : les uns et les autres, plongés dans l'oxigène pur, périroient long-temps avant d'avoir atteint l'âge de la reproduction ; l'activité organique, portée à son comble, deviendroit la cause d'une mort prochaine, et la vie seroit anéantie par la surabondance du gaz qui l'entretient.

Le sol le plus convenable à la germination est celui que l'eau ne lie point en pâte, mais qui la contient suspendue entre ses molécules comme dans une éponge, qui se laisse facilement pénétrer par l'air atmosphérique, et qui n'oppose aucune résistance à la jeune pousse. De là on peut conclure l'utilité des labours, et le mal que font aux semis les pluies qui délayent la terre, soutout lorsque, de grandes sécheresses venant ensuite, elle se prend en une croûte épaisse qui ferme tout accès à l'air et met obstacle à l'apparition de la plumule. Les graines fines doivent être à peine recouvertes de terre : les grosses graines peuvent être enfoncées plus avant ; mais il est une profondeur à laquelle aucune graine ne germe, parce qu'elle n'y trouve pas l'oxigène nécessaire pour transformer en gaz acide son carbone surabondant. Il arrive quelquefois que, lorsqu'on remue la terre d'un jardin de botanique, des graines anciennement enfoncées, ramenées à la surface, produisent des plantes perdues depuis long-temps. On a vu, sur les ruines d'antiques édifices, se développer tout-à-coup des espèces inconnues dans le pays ; leurs graines, transportées sans doute de quelque canton éloigné avec les matériaux du ciment, n'ayant point été exposées au contact de l'air, avoient conservé durant des siècles toute leur force germinative. **Des** observateurs dignes de foi attestent que, dans les vastes contrées de l'Amérique septentrionale, après la destruction d'une forêt, le sol, abandonné à lui-même, se couvre souvent d'arbres d'une autre espèce que ceux que la hache ou le feu a détruits : phénomène facile à expliquer, si l'on admet que des semences enfoncées dans la terre pendant un temps immémorial puissent y rester dans l'inaction, et s'y conserver saines jusqu'au moment où elles éprouvent l'influence de l'air atmosphérique.

L'évolution est plus prompte à l'obscurité qu'à la lumière; la raison en est simple : l'un des effets de la lumière sur les plantes est de décomposer le gaz acide carbonique, d'expulser l'oxigène et de fixer le carbone; d'où résulte l'endurcissement des parties. Mais l'embryon, pour germer, a besoin d'être en état de mollesse; au lieu de retenir le carbone et de l'assimiler à sa propre substance, il faut qu'il le rejette, ce qui ne peut se faire qu'autant que le carbone, en se combinant avec l'oxigène, forme du gaz acide carbonique : or, la lumière, qui tend sans cesse à décomposer ce gaz et à fixer le carbone, doit nécessairement ralentir la germination.

Il ne semble pas que la terre fournisse par elle-même aucun aliment aux graines; mais elle les reçoit dans son sein; elle les environne d'une humidité bienfaisante, elle les met à l'abri de la lumière, elle les préserve de l'excès de la chaleur et du froid.

Quant à l'espace de temps nécessaire pour la germination, il varie suivant la nature des graines et les circonstances où elles se trouvent. Les graines des graminées germent très-promptement; quelques-unes, telles que le blé, montrent leur plumule en moins de trente-six heures. Les graines des crucifères, des légumineuses, des cucurbitacées, des labiées, des ombellifères, etc., sont un peu plus tardives; celles du rosier, du cornouiller, de l'aubépine, etc., ne germent qu'au bout d'un à deux ans. Toutes sont plus hâtives quand elles sont semées immédiatement après la récolte : alors les graines sont encore imbibées des sucs de la végétation, leurs enveloppes sont très-perméables, et leur périsperme est tout prêt à fermenter. Quand les graines sont desséchées et raccornies par l'âge, on peut avancer l'époque de la germination, en les faisant tremper, quelques heures avant de les semer, dans de l'eau à une douce température.

Germination des dicotylédons. Si, laissant de côté les exceptions et les anomalies, on ne considère que les faits généraux, vous trouvez que le mode de germination distingue assez bien les dicotylédons des monocotylédons; mais si vous pénétrez dans les détails, vous ne verrez plus de limites.

Une graine dicotylédone étant semée, les lobes séminaux se gonflent, s'écartent, déchirent leurs tuniques, repoussent la terre de droite et de gauche, font passer dans la radicule l'émulsion qu'ils contiennent ou qu'ils puisent dans le périsperme; le caudex descendant se dirige vers le centre de la terre; le caudex ascendant, souvent arrêté par son sommet entre les cotylédons, se courbe d'abord en arc, puis se redresse et monte vers le ciel; les lobes séminaux, tantôt immobiles avec le collet, qui ne prend aucun accroissement, restent cachés sous le sol (marronier d'Inde, noyer, capucine, etc.), et tantôt, poussés par le collet qui s'élève, gagnent la surface de la terre (sensitive, potiron, belle de nuit, frêne, érable, pin. etc.).

Ainsi s'exécute la germination dans une foule de graines bilobées.

Portons à présent notre attention sur quelques faits particuliers.

Dans le marronier d'Inde, les cotylédons demeurent sous les enveloppes séminales, et leurs pétioles, en s'alongeant, dégagent le sommet du caudex ascendant, qui, sans cela, ne pourroit se produire à la lumière.

L'embryon du manglier, arbre des lagunes maritimes des contrées équinoxiales, se développe dans le fruit encore suspendu à la branche; il perce le péricarpe, produit un caudex descendant de plusieurs centimètres de longueur, se détache par son propre poids, laissant son cotylédon au fond du fruit, tombe, la radicule la première, et s'enfonce verticalement dans la vase, où il ne tarde pas à s'enraciner.

Le *nelumbo* et le *nenuphar* ont un caudex ascendant qui attire à lui seul tous les sucs des cotylédons, et le mamelou radiculaire ne se développe pas. A son défaut, des radicelles caulinaires naissent de la base des feuilles, et pourvoient aux besoins de la plante.

Le gui est essentiellement parasite; sa germination n'a de suite que lorsqu'elle s'opère sur la jeune écorce d'un végétal ligneux : son caudex descendant perce les enveloppes séminales, et s'ouvre à son extrémité inférieure en une espèce de coléorrhyze qui prend la forme du pavillon d'un cor de chasse. De l'intérieur de cette coléorrhyze sortent des suçoirs radicaux par lesquels l'embryon s'attache à l'écorce des branches.

Le *trapa natans* a deux cotylédons inégaux en volume; le plus gros, renfermé dans les enveloppes séminales, pousse en avant un très-long pétiole, à l'extrémité duquel sont attachés la radicule, la plumule et le petit cotylédon.

Le *cyclamen* germe à la manière de plusieurs monocotylédons : son lobe séminal (car il n'en a qu'un) ne quitte les enveloppes qu'à la fin de la germination ; son caudex descendant les perce d'abord, et se change bientôt après en un tubercule qui s'enracine par la base.

La cuscute, plante parasite, privée de cotylédons, enfonce dans la terre son caudex descendant, et déploie son caudex ascendant en une tige sans feuille, aussi déliée qu'un fil. Cette tige, qui ne tarde pas à se ramifier, enveloppe dans ses replis les herbes voisines, s'attache à leur écorce par de petits suçoirs, se dessèche à sa partie inférieure, et finit par se séparer de la terre, dont elle n'a plus besoin.

Après que la cupule dans laquelle est renfermé le gland du pin, du sapin, du mélèze, du cèdre, s'est entr'ouverte en deux valves, l'embryon développe son extrémité radiculaire; celle-ci pousse en avant le sommet du péricarpe, qui s'alonge en une gaine membraneuse, jusqu'à ce que, ne pouvant plus s'étendre, il se déchire, et laisse paroître la radicule.

Germination des monocotylédons. Passons maintenant à l'examen des principaux modes de germination des espèces unilobées.

Dans le maïs, le sorgho, etc., plantes de la famille des graminées, l'embryon, tout-à-fait excentrique, est recouvert par la double paroi du tégument et du péricarpe, qu'il crève sitôt qu'il commence à germer. En premier lieu, les deux appendices antérieurs du cotylédon se touchent par leurs bords, et cachent leur blastème ; mais, durant la germination, ces appendices s'écartent : la coléorrhyze et la plumule paroissent comme deux petits cônes à bases opposées. Ensuite le mamelon radiculaire s'alonge vers le centre de la terre, et perce la coléorrhyze, dont les lambeaux subsistent en forme de gaine à la base de la radicule ; le caudex ascendant s'élève vers le ciel ; la piléole, cette feuille primordiale extérieure, close de toutes parts, s'amincit, s'étend, se fend a son sommet, et laisse poindre les autres feuilles de la gemmule. Le cotylédon demeure sous la terre, dans les enveloppes séminales, et ne prend qu'un foible accroissement. A la fin, la substance du périsperme, absorbée par le cotylédon, s'épuise, et la plantule, sevrée, tire toute sa nourriture de la terre et de l'air : c'est alors que la germination est achevée. Elle s'opère à peu près de même dans les autres graminées.

Dans l'oignon, l'asphodèle, le jonc, etc., le cotylédon sort de terre et se développe en un fil grêle, se redresse vers le ciel, portant la graine à son sommet ; et la coléoptile, située à sa base, se fend en longueur pour laisser sortir la plumule.

Dans le *costus speciosus*, le sommet du cotylédon ne change pas de forme ; mais sa base, qui constitue la coléoptile, s'ouvre d'elle-même, se dilate, s'élargit, et devient une feuille semblable à celles qui doivent suivre.

Dans le *scirpus sylvaticus*, *romanus*, etc., et dans d'autres cypéracées, la plumule se développe d'abord et paroit la première.

Dans le *canna*, le *caryota*, le *gloriosa*, le *tigridia*, etc., la coléoptile s'élève en cône, et, venant à se percer à son sommet, forme une gaine à la base de la jeune tige.

Dans l'*alisma*, le *damasonium*, le *potamogeton*, le *naias*, le *butomus*, etc., le collet descend dans la terre, poussant devant lui la radicule jusqu'à ce que des radicelles formées immédiatement au-dessous de la plumule, qui s'échappe de la coléoptile par une fissure latérale, attachent plus fortement la plantule au sol.

Les *cycas*, à cette première époque de la vie, se comportent comme beaucoup de dicotylédons, et ont comme eux deux lobes séminaux : les enveloppes séminales s'entr'ouvrent, et la radicule s'échappe; les cotylédons restent enfermés dans les enveloppes, mais leurs pétioles s'alongent et dégagent la plumule. Après la germination, les *cycas* développent leur caudex de la même manière que les palmiers, les *dracæna*, les fougères, avec lesquels ils ont plusieurs traits de ressemblance.

Direction de la plumule et de la radicule pendant la germination. Pendant la germination, la plumule s'élève vers le ciel, et la radicule descend vers le centre de la terre : cette loi ne souffre d'exception que pour quelques parasites (le gui, par exemple), qui germent en tout sens. Comme jusqu'ici on a recherché inutilement la cause de ce phénomène général, on soupçonne qu'il résulte de cet ordre de choses que nous appelons la *vie*, et dont le principe nous est et nous sera toujours inconnu. Duhamel introduisit dans des tubes d'un diamètre déterminé, des graines d'un diamètre à peu près égal à celui des tubes; ce fut tantôt un gland, tantôt une féve, tantôt un marron : il recouvrit ces graines de terre humide, et suspendit les tubes de façon que les radicules regardoient le ciel, et les plumules la terre. Les radicules et les plumules se développèrent; mais, les premières ne pouvant descendre, et les secondes ne pouvant monter, les unes et les autres se contournèrent en spirale.

Hunter plaça une féve au centre d'un baril rempli de terre, lequel tournoit sur lui-même par un mouvement continu; la radicule, sans cesse éloignée de sa direction naturelle, s'alongea dans la direction de l'axe du baril.

M. Knight attacha des graines de haricot autour d'une roue que l'eau faisoit mouvoir : les radicules gagnèrent l'axe de la roue; les plumules sortirent de la circonférence en rayons divergens. M. Knight suppose que les radicules étoient attirées vers l'axe par la force centripète, et que les tiges en étoient éloignées par la force centrifuge; mais, si l'on considére qu'à chaque révolution toutes les graines, arrivant successivement au sommet de la roue, se trouvoient pour un moment dans la position la plus favorable à leur croissance, on pensera que le développement rayonnant des graines ne fut que l'effet de la tendance ordinaire des tiges et des racines vers le ciel et la terre.

Remarque sur la nature des cotylédons. Les cotylédons sont les premières feuilles dans la graine : lorsque leur tissu n'est pas rempli de périsperme, ils sont minces et veinés comme des feuilles ordinaires ; ceux qui s'élèvent au-dessus du sol et reçoivent la lumière, verdissent et décomposent le gaz acide carbonique à la manière des autres feuilles.

Ils se rapprochent des feuilles encore par de certains caractères propres aux différentes espèces. Ainsi, après la germination, les cotylédons épigés des borraginées ou aspérifoliées sont tout couverts de poils rudes ; ceux des *anagallis* sont parsemés en-dessous de points d'un rouge livide; ceux du *menispermum fenestralum* sont percés de trous ; ceux de la sensitive se meuvent et s'appliquent l'un contre l'autre, lorsqu'on les touche, etc. La cuscute n'a point de feuilles et n'a point de cotylédons.

L'unité ou la pluralité des cotylédons s'accorde, en général, avec la structure des feuilles. La plupart des monocotylédons ont des feuilles engainantes, de sorte que la plus extérieure recouvre les autres; le cotylédon est la première feuille de l'embryon, et il cache la plumule dans son étui. Mais la plupart des cotylédons ont, au contraire, des feuilles libres pétiolées, ou du moins rétrécies à leur base, et dès l'embryon elles se montrent telles, puisqu'il offre plusieurs cotylédons distincts.

Ces rapports dans l'organisation végétale ne dépendent pas de lois si rigoureuses que la nature ne puisse jamais s'en affranchir; les ombellifères, les araliacées, etc., beaucoup de synanthérées ont deux cotylédons, et, toutefois, leurs feuilles sont engainantes. [Mirbel, Élémens de physiologie végétale, etc.] (Mass.)

GERMON; *Orcynus,* Cuv. (*Ichthyol.*) Genre de poissons de la famille des atractosomes, établi par M. G. Cuvier aux dépens des scombres de Linnæus, et très-voisin des thons. Les caractères des espèces qui la composent sont essentiellement les suivans:

Deux nageoires dorsales rapprochées ; nageoires pectorales très-longues et parvenant au-delà de l'anus ; carène saillante sur chaque côté de la queue ; une rangée de dents pointues à chaque mâchoire ; de fausses nageoires derrière la seconde dorsale et l'anale. (Voy. ATRACTOSOMES et SCOMBRE.)

Les espèces contenues dans ce genre, sont :

Le GERMON : *Orcynus germo ; Scomber germo*, Lacép. Mâchoire inférieure avancée ; corps alongé, conique à ses deux extrémités ; tête revêtue de lames écailleuses, grandes et brillantes ; corps recouvert, ainsi que la queue, d'écailles petites, pentagonales, ou arrondies ; ouverture des narines alongée en fente ; œil grand et convexe ; nageoires pectorales en forme de faux, roides, fortes et placées chacune au-dessus d'une fossette creusée sur le côté de l'animal, et dans laquelle la nageoire est reçue en partie lorsqu'elle est en repos ; un appendice charnu dans l'angle de chacune de ces nageoires ; catopes reçus dans des fossettes analogues pratiquées sous le ventre ; première nageoire dorsale falciforme et logée de même dans un sillon sur le dos ; fausses nageoires du dessus et du dessous de la queue triangulaires, et au nombre de huit ou neuf tant en haut qu'en bas ; nageoire caudale en croissant, très-étendue ; ligne latérale fléchie en divers sens jusqu'au-dessous de la seconde nageoire du dos ; dos d'un bleu noirâtre ; côtés azurés ; ventre argenté, avec quelques bandes transversales qui disparoissent avec la vie de l'animal ; catopes bruns en dedans, argentés en dehors ; seconde nageoire dorsale rougeâtre ou dorée. Taille de trois à quatre pieds.

Commerson, le premier, a observé le germon dans le grand Océan austral, vers le vingt-septième degré de latitude méridionale et le cent-troisième de longitude, dans le voyage qu'il fit avec le célèbre navigateur Bougainville. Une troupe très-nombreuse d'individus de cette espèce de poissons entoura le vaisseau françois, à la grande satisfaction des matelots et des passagers, fatigués par l'ennui et les privations inséparables d'une longue navigation. Avec des hameçons on en prit sur-le-champ un grand nombre, dont le plus petit pesoit environ vingt livres, et le plus gros à peu près soixante. La saveur de leur chair étoit très-agréable et analogue à celle du thon et de la bonite.

Cette pêche abondante fournit au naturaliste que nous venons de citer, l'occasion de disséquer le germon, et d'y reconnoître quelques particularités. Le foie, par exemple, d'un rouge pâle, d'une forme trapézoïde, hérissé de pointes vers une extrémité, divisé en lobules à l'extrémité opposée, creusé à l'extérieur par plusieurs ciselures, est composé à l'intérieur de tubes vermiculaires, droits, parallèles les uns aux autres, et exhalant une humeur jaunâtre par des conduits communs. La vésicule du fiel, conformée presque comme un lombric, a une longueur égale à celle du tiers de l'animal.

L'ALALUNGA : *Orcynus alalunga; Scomber alalunga*, Gmel.; *Scomber alalunga*, Linn.; *Scomber sarda*, Bloch, tab. 334. Mâchoire inférieure avancée, ligne latérale tortueuse; sept fausses nageoires au-dessus et au-dessous de la queue; anus deux fois plus près de la nageoire caudale que de la tête. Teinte générale variant entre le bleu et l'argenté. Nageoires grises, mêlées de jaune, à l'exception de la première dorsale, qui est noire.

L'alalunga, décrit pour la première fois par Cetti, dans son Histoire des poissons et des amphibies de la Sardaigne, a une chair blanche et agréable; il pèse de douze à seize livres, et vit, comme le thon, dans la mer Méditerranée, en troupes nombreuses et bruyantes, qui paroissent régulièrement à certaines époques. On le pêche aussi dans l'Océan, sur les côtes de France et d'Espagne. Il est d'une voracité excessive.

A Malte, les François le nomment *thon blanc*, et *alalunga* est le nom par lequel les habitans de la Sardaigne le désignent. Linnæus a donc eu tort d'écrire *alatunga*. (H. C.)

GERNOUNUCH (*Bot.*), nom arabe du cresson de fontaine, *sisymbrium nasturtium*, suivant Shaw. (J.)

GÉROFLÉE, *Caryophylleus*. (*Entomoz.*) Genre de vers intestinaux établi par Schrank sous la dénomination de *caryophyllinus*, changée par Gmelin en celle de *caryophylleus*, qui a été adoptée par tous les zoologistes modernes et entre autres par M. Rudolphi. Abilgaard avoit proposé d'y substituer le nom de *Phylline*. Les caractères de ce genre sont : Corps déprimé, plus large et terminé en avant par une dilatation dentelée; bouche pourvue de lèvres; anus terminal; terminaison des organes de la génération à quelque distance de l'anus. Ce genre ne contient qu'une seule espèce, décrite par Pallas comme une espèce de tænia, par Gœtze comme une fasciole, et que M. Rudolphi figure sous le nom de *T. muta-bilis,* la Giroflée changeante, pl. VIII, fig. 16 — 18. Son corps, d'un pouce à une ligne de long, sur une ligne à une ligne et demie de large, est oblong, le plus souvent comprimé et décroissant un peu d'une extrémité à l'autre; la plus large, qu'on regarde comme la tête, est élargie en forme de pétale d'œillet, ce qui a déterminé le nom du genre, et comme bordée d'un nombre variable de dentelures ou laciniures. La bouche, rarement visible, est pourvue de deux lèvres larges, courtes et très-obtuses; l'extrémité qu'on pense être la postérieure, est obtuse, et M. Rudolphi dit y avoir observé deux fois un orifice distinct. L'organe mâle, formé par une espèce de cirrhe, sort par un orifice arrondi à quelque distance de l'anus. L'appareil femelle se termine extérieurement par une fente transverse un peu plus éloignée de l'extrémité postérieure que l'organe mâle, et au bord antérieur de laquelle on trouve souvent un petit tubercule. Le canal intestinal paroît évidemment devoir être complet, et cependant M. Rudolphi place ce genre près des ligules. Cette espèce de géroflée se trouve fréquemment dans le canal intestinal de presque toutes les espèces de cyprins, et pendant toute l'année. Elle a la vie assez tenace, et ses mouvemens sont assez singuliers; elle s'alonge, se contracte, se dilate en avant, développe ou cache les laciniures de sa lèvre supérieure, de manière à changer souvent de forme. Je ne serois pas étonné que la variété que M. Rudolphi a figurée tab. VIII, fig. 18, fût une larve de quelques insectes hexapodes de l'ordre des diptères : en effet, le corps est évidemment composé de quatorze articulations; en général, c'est un genre qui paroît avoir besoin de nouvelles observations. Aussi M. Rudolphi, qui, dans sa grande Histoire des vers intestinaux, décrivoit, il est vrai d'après Zeder, les deux sexes sur des individus différens, dit, dans son *Synopsis,* que le doute qu'il avoit à ce sujet est devenu de plus en plus grand, et qu'il ne peut faire autrement que de regarder ces animaux comme androgynes. (De B.)

18. 3₂

GEROLFT (*Ornith.*), un des noms du loriot commun, *oriolus galbula*, Linn. (Ch. **D.**)

GERON. (*Ornith.*) Suivant Gesner et Aldrovande, c'est ainsi que les habitans du lac majeur en Italie nomment la lavandière, *motacilla alba et cinerea*, Linn. (Ch. **D.**)

GERONTOPOGON. (*Bot.*) Ce nom, qui signifie barbe de vieillard, étoit donné par Gesner au cercifix ordinaire, *tragopogon pratense*, nommé plus communément barbe-de-bouc. Voyez Geropogon. (**J.**)

GEROPOGON. (*Bot.*) [*Chicoracées*, Juss. = *Syngénésie polygamie égale*, Linn.] Ce genre de plantes, établi par Linnæus, appartient à la famille des synanthérées et à la tribu naturelle des lactucées, dans laquelle nous le plaçons immédiatement auprès du *tragopogon*. Voici les caractères génériques que nous avons observés sur plusieurs individus vivans de *geropogon glabrum*.

La calathide est incouronnée, radiatiforme, pluriflore, fissiflore, androgyniflore, hétérocarpe. Le péricline, très-supérieur aux fleurs et cylindrique-campanulé, est formé de huit squames subunisériées, égales, appliquées, oblongues-subulées, foliacées, uninervées, étalées supérieurement. Le clinanthe est plan et pourvu de squamelles longues, étroites, membraneuses, laminées et linéaires inférieurement, filiformes supérieurement. Les cypsèles intérieures sont moins longues, cylindracées, munies de côtes longitudinales hérissées d'aspérités, et prolongées supérieurement en un long col; leur aréole basilaire est étroite et se détache facilement du clinanthe; leur aigrette est composée de squamellules nombreuses, irrégulièrement bisériées, inégales, subfiliformes, barbellulées et munies en outre de longues barbes capillaires. Les cypsèles marginales sont plus longues, cylindracées, presque lisses, et prolongées supérieurement en un long col; leur aréole basilaire est large et adhère fortement au clinanthe; leur aigrette est composée de cinq ou six squamellules unisériées, inégales, épaisses, roides, subtriquètres-filiformes, barbellulées. Les corolles sont glabres; les étamines ont l'appendice apicilaire de l'anthère arrondi.

Géropogon glabre; *Geropogon glabrum*, Linn. C'est une plante herbacée, annuelle, glabre, haute d'environ un pied à tige dressée, ordinairement simple, ou divisée seulement à la base; à feuilles alternes, longues, presque linéaires, entières; à calathides terminales, solitaires, composées de fleurs à corolles couleur de rose. Cette plante, qui ressemble beaucoup aux salsifix, et surtout au salsifix à feuilles de poireau, habite l'Italie, les environs de Nice, et fleurit en Juin et Juillet.

Ce genre, très-bien caractérisé par Linnæus, diffère du *tragopogon* principalement par le clinanthe, qui est squamellifère, et par les aigrettes marginales qui ne sont point plumeuses. Cependant Gærtner déclare qu'il n'a jamais trouvé aucun appendice sur le clinanthe du *geropogon*; et nous affirmons au contraire que nous avons toujours vu chaque fleur accompagnée d'une squamelle. La confiance que nous avons dans les observations de Gærtner, nous persuade que les squamelles du *geropogon* avortent quelquefois. La plupart des botanistes admettent aujourd'hui trois espèces dans le genre *Geropogon*; mais nous croyons qu'il n'y en a qu'une seule qui lui appartienne légitimement : en effet, M. De Candolle a démontré (Flore franç., tom. 4, pag. 64) que le *geropogon hirsutum* de Linnæus étoit un véritable *tragopogon*; et il nous semble que le *geropogon calyculatum* doit constituer un genre particulier. Toutefois nous ne pouvons rien affirmer sur ces deux dernières espèces, parce que nous ne les avons point vues. (H. Cass.)

GEROUSSE, JAROUSSE. (*Bot.*) Une espéce de vesce ou plutôt d'ers, *ervum arachus*, est ainsi nommée, suivant l'auteur du Dictionnaire économique, dans l'Auvergne et le Forez, où on la cultive : c'est l'arousse de la Bourgogne, la jarosse de l'Anjou. (J.)

GERRAH (*Ornith.*), nom arabe du busard, *falco æruginosus*, Linn. (Ch. D.)

GERRE, *Gerris.* (*Entom.*) Genre d'insectes hémiptères à élytres demi-coriaces, à bec paroissant naître du front, à antennes longues, filiformes et non en soie, et à tarses propres à marcher et très-longues, par conséquent de la famille des frontirostres ou rhinostomes.

Ce nom de gerris, qu'on trouve dans Pline et dans Martial, désignoit évidemment des sauterelles de mer de mauvaise qualité et peu recherchées des crevettes. Fabricius, en l'employant, a choisi un mot insignifiant. Il avoit d'abord réuni sous ce nom beaucoup d'espèces qu'il a depuis distribuées dans les genres *Béryte*, *Émèse* et *Hydromètre*. et il n'a laissé dans le genre Gerre que neuf espèces, dont deux seulement se trouvent en Europe, l'une en Italie et l'autre en France. Ce sont nos *podicères*.

D'un autre côté, M. Latreille, en empruntant ce nom de gerre à Fabricius, l'a restreint et appliqué seulement aux espèces dont M. Fabricius a fait des hydromètres dans son dernier ouvrage ayant pour titre *Systema rhyngotorum*.

La méthode que nous avons employée, nous a forcés pour ainsi dire de séparer les *hydromètres* et les *ploïères* (qui sont sanguisuges ou zoadelges, et qui ont les antennes en soie, c'est-à-dire terminées par un article plus grêle), d'avec les gerres que nous décrivons dans cet article, qui sont de véritables rhinostomes, se nourrissant pour la plupart du suc des végétaux, et dont les antennes ne sont pas en soie ; et nous en avons cru devoir en séparer encore, mais comme formant le genre le plus voisin, celui des *podicères*, dont les antennes, en masse, alongées et coudées, servent comme de pattes à l'insecte, de sorte que le caractère de nos gerres peut être ainsi exprimé : *Hémiptères à élytres demi-coriaces, croisées ; à bec paroissant naître du front ; à antennes longues en fil, composées de quatre articles seulement ; à pattes propres à la marche, très-longues, surtout les deux paires postérieures.*

Ces caractères suffisent pour distinguer les gerres des autres insectes hémiptères de la même famille : en effet, les *scutellaires*, les pentatomes, ont cinq articles aux antennes, qui sont en fil, comme dans les *acanthies* et les *lygées*; mais ces deux derniers genres ont les pattes d'une longueur médiocre, tandis qu'elles sont très-longues dans les gerres. Quant aux podicères et aux corées, la forme du dernier article des antennes, qui est en masse, suffit pour les distinguer au premier aperçu.

On aura une idée exacte de ces différences, en consultant les deux planches de l'atlas de ce Dictionnaire, qui sont consacrées aux trois familles d'hémiptères-rhinostomes, zoadelges et hydrocorées, dont les figures sont très-exactes. Le n.° 6 de la planche des rhinostomes représente en particulier le *gerre des lacs.*

Les *gerres* ou *gerris* (car quelques auteurs ont conservé cette terminaison latine en françois) sont donc les premières espèces d'hydromètres de Fabricius. Ils vivent sous les trois états de larves, de nymphes et d'insectes adultes ou parfaits, à la surface des eaux, où on les voit courir rapidement et sauter par bonds en parcourant peu à peu des espaces égaux, ce qui leur a valu le nom d'hydromètres. Leur corps semble exsuder une humeur huileuse, qui les empêche de se mouiller.

1.re Espèce. Gerre des lacs; *Gerris lacustris.* C'est la punaise nayade de Geoffroy, dont nous avons donné la figure sous le n.º 6 de la planche précédemment indiquée. De Géer a donné l'histoire de ces insectes dans ses Mémoires, tome 3, pl. 311, n.º 39. et la figure, pl. 16, fig. 7.

Car. D'un noir brun en-dessus: on voit trois lignes saillantes longitudinales sur le corselet; le dessous est couvert d'un glauque blanchâtre.

On trouve souvent le mâle, qui est plus petit, monté sur le corps de la femelle, et comme leur corps est linéaire, on ne distingue les deux insectes qu'au moment où ils se séparent. Il paroit que cet accouplement dure fort long-temps.

2.e Espèce. Le Gerre des marais; *Gerris paludum.* Il ressemble au précédent; mais il est d'un blanc mat, argenté en-dessous, et les bords de l'abdomen sont d'un fauve rouillé.

On le voit souvent sur le nénuphar, les potamogétons des étangs et de toutes les eaux tranquilles.

3.e Espèce. Le Gerre des fossés; *Gerris fossularum.* Il est noir; le corselet et les élytres sont parsemés de points blancs mats et saillans.

4.e Espèce. Le Gerre des ruisseaux; *Gerris rivulorum.* Il ressemble au précédent; mais l'abdomen est fauve en-dessous. Toutes ces espèces se rencontrent aux environs de Paris. (C. D.)

GERRES (*Ichthyol.*), nom vulgaire du spare smaris. Voyez Picarel. (H. C.)

GERUMA BLANC (*Bot.*): *Geruma alba;* Forsk., *Flor. Arab.*

Ægypt., pag. 62. Plante qui n'est encore que médiocrement connue, dont Forskal a fait un genre particulier, placé dans la *pentandrie monogynie* de Linnæus, et que M. de Jussieu rapporte à la famille des *méliacées*. On n'en connoît encore que la fructification, sans autres détails, sinon que les feuilles sont alternes, ovales-oblongues, légèrement dentées.

Le calice est plan, inférieur, d'une seule pièce, petit. verdâtre, persistant, à cinq dents. La corolle est composée de cinq pétales blancs, lancéolés, tronqués, ouverts, trois fois plus longs que le calice; les étamines, au nombre de cinq, droites, de moitié plus courtes que les pétales, soutenant des anthères droites, trigones; les filamens insérés sur le bord extérieur d'un anneau épais qui entoure l'ovaire. Celui-ci est globuleux, supérieur, enfoncé dans l'anneau qui l'entoure, surmonté d'un style fort petit. filiforme, terminé par trois stigmates rouges, étalés, cunéiformes, échancrés à leur sommet. Le fruit est une capsule ovale, à quatre loges (peut-être à cinq?), qui s'ouvre en autant de valves, et renferme dans chaque loge deux semences ovales, insérées dans une pulpe blanche; une des semences avorte très-souvent. Cette plante croît dans l'Arabie. (POIR.)

GERVILLIE, *Gervillia*. (*Foss.*) On trouve dans les couches du calcaire compacte des communes de Ste-Colombe et d'Amfreville, département de la Manche, les traces d'une espèce de coquille bivalve qui ne se rapporte à aucun des genres connus.

Malheureusement on ne peut se procurer le test de ces coquilles, qui se sont trouvées dans une de ces localités où toutes celles qui étoient dans le cas d'être dissoutes ont disparu; mais les moules, tant extérieurs qu'intérieurs, qu'elles ont laissés, sont si bien exprimés que l'on peut aisément en saisir tous les caractères. Voici ceux qui appartiennent à ce genre, auquel j'ai donné le nom de *Gervillie*.

Coquille bivalve, inéquilatérale, très-alongée longitudinalement, un peu courbe et aplatie, bâillante très-probablement à l'extrémité antérieure où se trouve située la charnière et où chaque valve est un peu retroussée dans le plan de la courbure de la coquille. Trois fossettes obliques, qui ont dû contenir autant de ligamens, dont deux vis-à-vis les crochets, et l'autre un peu plus éloignée. Cinq à six petites dents obliques au-dessous des deux premières, deux longues parallèles et quelques autres plus petites au-delà de la troisième fossette. Une impression musculaire vis-à-vis de la charnière.

Ce genre n'a présenté jusqu'à ce jour qu'une seule espèce, à laquelle nous avons donné le nom de *gervillie solénoïde*, vu les rapports qu'elle a par ses formes extérieures avec quelques espèces de *solens*, mais avec lesquelles elle ne peut jamais être confondue. Sa longueur est de trois pouces sur quatre lignes environ de hauteur. On la trouve avec des *ammonites* et des baculites dans les communes ci-devant désignées, et dans l'île d'Aix, où elle a laissé aussi des moules intérieurs. (D. F.)

GES (*Bot.*), un des noms japonois du *citrus trifoliata*, suivant M. Thunberg. (J.)

GESEGEN (*Ornith.*), nom turc de la linotte, *fringilla linota*, Linn., suivant Gesner. (Ch. D.)

GÉSIER. (*Ornith.*) C'est le troisième estomac des oiseaux, dont les muscles et les tendons sont foibles chez les rapaces et les carnivores aquatiques, et très-robustes chez les granivores, qui ont besoin de cet organe pour comprimer et achever de broyer les alimens, déjà ramollis dans le premier jabot, et humectés dans le second par les sucs que des glandes y sécrètent. (Ch. D.)

GESNÈRE, *Gesneria*. (*Bot.*) Genre de plantes dicotylédones, à fleurs complètes, monopétalées, de la famille des *campanulacées* de Jussieu et de celle des *gesnérées* de Richard, de la *didynamie angiospermie* de Linnæus, rapproché des *scævola*, et offrant pour caractère essentiel : Un calice à cinq divisions; une corolle monopétale, campanulée; le tube souvent courbé et resserré à son orifice; le limbe à cinq lobes ouverts, inégaux; les deux supérieurs concaves, les trois inférieurs planes ; quatre étamines didynames; un ovaire inférieur; un style; un stigmate en tête. Le fruit est une capsule couronnée par le calice, à une loge, à deux valves, s'ouvrant ordinairement à leur sommet; deux réceptacles opposés, lamelleux, en forme de cloison, chargés de semences nombreuses.

Ce genre renferme de très-belles espèces, surtout par l'élégance, la grandeur et les riches couleurs des fleurs, la plupart d'un beau rouge écarlate, quelques-unes d'un jaune verdâtre, tubulées, souvent longues de deux pouces et plus; le tube courbé dans les unes, droit dans d'autres; le limbe à cinq lobes, grands, irréguliers ou courts, presque égaux. Dans plusieurs espèces les fleurs sont plus petites, disposées en épis terminaux, composés de verticilles axillaires : dans le plus grand nombre les fleurs sont placées à l'extrémité de longs pédoncules axillaires, multiflores. Les feuilles sont opposées, quelquefois ternées ou quaternées; les tiges ligneuses ou herbacées. On voit, d'après cet exposé, que les espèces de ce genre diffèrent beaucoup entre elles par leur port, leur inflorescence; elles ne se conviennent que par les caractères de leur fructification.

Gesnère cotonneuse : *Gesnera tomentosa*, Linn.; Jacq., *Amer.*, 179, tab. 175, fig. 64, et *Icon. pict.*, tab. 261, fig. 47; Lamck., *Ill. gen.*, tab. 556, fig. 3; Gærtn., *de Fruct.*, tab. 177; *Gesneria*, etc., Burm. *in* Plum., *Amer.*, tab. 134? Arbrisseau de quatre ou six pieds et plus, dont les tiges, abondantes en moelle, sont revêtues d'une écorce grisâtre et ridée, divisées en rameaux étalés, cotonneux ou lanugineux, garnis de grandes feuilles, très-médiocrement pétiolées, lancéolées, crénelées sur leurs bords, âpres et ridées en-dessus, cotonneuses en-dessous, veinées, un peu glutineuses, longues d'un pied, larges de trois à quatre pouces; les pédoncules axillaires, longs de huit à dix pouces, rougeâtres, velues; leurs ramifications dichotomes à leur sommet, formant une cime en corymbe. Leur calice est ovale, blanchâtre, très-cotonneux, à cinq dents ovales, aiguës; la corolle, assez semblable à celle d'une digitale, est d'un rouge obscur à l'extérieur, couverte de poils courts et blanchâtres, d'un rouge jaunâtre en dedans. Le fruit est une capsule globuleuse, un peu ovale, cotonneuse, adhérente avec le tube du calice, couronnée par ses dents, à une seule loge, partagée par le réceptacle, s'ouvrant au sommet par un trou ovale, contenant un très-grand nombre de semences linéaires, très-petites. Elle croît dans les îles de Saint-Domingue et de Cuba.

Je suis porté à regarder comme variété de cette espèce le *gesneria grandis* de Swartz, *Flor. Ind. occid.*, 2, pag. 1018, à laquelle cet auteur rapporte le synonyme de Plumier, cité plus haut, arbrisseau qui s'élève quelquefois jusqu'à quinze pieds de hauteur, très-cotonneux. Les pédicelles sont souvent chargés de trois fleurs assez grandes, d'un vert jaunâtre; le tube de la corolle est dilaté à sa base, puis resserré, ventru vers son orifice, qui est purpurin; la lèvre supérieure du limbe très-grande, bifide et réfléchie; les lobes de la lèvre inférieure ovales, égaux. Cette plante a été observée sur les hautes montagnes de la Jamaïque.

On ne cultive, dans les jardins de botanique, que le seul *gesneria tomentosa*, que l'on multiplie par graines tirées de son pays natal, ou par boutures, qui se font au milieu du printemps, prises au collet de la racine, placées dans des pots sur couches et sous châssis. On leur donne une terre substantielle, des arrosemens fréquens en été, modérés en hiver. Il faut les dépoter au printemps et en automne, et leur fournir de la nouvelle terre. Dans l'été on les sort de la serre et on les expose au midi.

Gesnère frangée : *Gesneria fimbriata*, Lamck., Encycl.; Burm. *in* Plum., *Amer.*, tab. 157; *Craniolaria fruticosa*, Linn. Grand arbrisseau de Saint-Domingue, qui s'élève à plus de six pieds de haut sur un ou plusieurs troncs pleins de moelle. Ses feuilles sont tendres, alternes, lancéolées, cassantes, bordées de dents rares, un peu anguleuses, longues de six pouces et plus, élargies vers leur sommet, rétrécies à leur base. Les pédoncules sont nus, axillaires, latéraux, longs d'un pied; portant à leur sommet trois ou quatre fleurs pédicellées, très-grosses, verdâtres en dehors, blanches en dedans, avec des taches couleur de sang. La corolle est ventrue, campanulée, un peu courbée, garnie dans le fond de poils très-blancs; le limbe rougeâtre, agréablement frangé; les divisions du calice longues, étroites, très-aiguës. Le fruit est une capsule ombiliquée, à deux loges, couronnée par le calice.

Gesnère jaunâtre: *Gesneria humilis*, Linn.; Burm. *in* Plum., *Amer.*, tab. 133, fig. 2; *Digitalis folio oblongo*, etc., Sloan., *Jam.*, 1, tab. 104, fig. 2; Lamck., *Ill. gen.*, pag. 536, fig. 2.

Arbrisseau de Saint-Domingue, à tiges basses. Ses racines sont épaisses, longues, diffuses, étalées, rougeâtres en dedans ; elles produisent quelques tiges à peine longues de deux pieds. Les feuilles sont éparses, sessiles, étroites, lancéolées : les pédoncules axillaires, rameux à leur sommet ; ils soutiennent des fleurs jaunâtres : la corolle recourbée, resserrée à son orifice ; le limbe petit, irrégulier, ouvert, à cinq lobes.

GESNÈRE NAINE : *Gesneria acaulis*, Linn.; Lamck., *Ill. gen.*, tab. 536, fig. 1; Sloan., *Jam.*, 1, tab. 102, fig. 1. Cette plante s'élève à peine de quelques pouces hors de terre, sur une tige très-basse, garnie de feuilles éparses, longues de trois ou quatre pouces, lancéolées, sinuées, dentées à leurs bords : les pédoncules axillaires, chargés de trois fleurs pédicellées ; leur calice divisé en cinq découpures longues, aiguës ; la corolle d'un rouge écarlate. Cette espèce croît à la Jamaïque, dans les fentes des rochers. Le *gesneria pumila* de Swartz, *Flor. Ind. occid.*, 2, pag. 1030, a des rapports avec la précédente. Ses tiges sont à peine sensibles ; ses feuilles presque sessiles, cunéiformes, longues de deux pouces, arrondies au sommet, rudes, crénelées ; la corolle grande, blanchâtre, campanulée, couverte de poils rougeâtres. Elle croît à la Jamaïque.

GESNÈRE A FEUILLES RUDES ; *Gesneria scabra*, Swartz, *Flor. Ind. orient.*, 2, pag. 1020. Arbrisseau de quatre pieds, dont les rameaux sont pubescens : les feuilles éparses, pétiolées, ovales-lancéolées, dentées en scie ; les pédoncules axillaires et dichotomes : les pédicelles chargés de trois petites fleurs d'un rouge de sang, ainsi que le calice, à découpures rudes, ovales, aiguës ; le tube de la corolle cylindrique et courbé ; les lobes du limbe presque égaux, ovales, aigus ; les capsules obscurément pentagones, s'ouvrant à leur sommet. Cette plante croît sur les roches calcaires, à la Jamaïque. Le *gesneria exserta*, Swartz, *l. c.*, des mêmes contrées, est remarquable par ses étamines une fois plus longues que la corolle, par ses fleurs jaunes, longues d'un pouce, au nombre de trois sur chaque pédoncule ; ses feuilles sont glabres, ovales-lancéolées, crénelées.

GESNÈRE A GRAND CALICE ; *Gesneria calicina*, Swartz, *l. c.*

Arbrisseau de six pieds, garni de feuilles éparses, lancéolées ou ovales, glabres, acuminées, longues de quatre à six pouces. Les pédoncules soutiennent trois grandes fleurs blanches, pédicellées : le calice est enflé ; ses divisions ovales, aiguës. Le fruit est une capsule cylindrique, presque longue d'un pouce. Cette plante croît à la Jamaïque, ainsi que le *gesneria ventricosa*, Swartz, *l. c.* : arbrisseau de six ou huit pieds, dont les feuilles sont glabres, elliptiques, crénelées, acuminées ; les pédoncules soutiennent trois ou quatre fleurs pédicellées, en ombelle ; les divisions du calice très-longues, droites, subulées ; la corolle grande, ventrue, de couleur écarlate, un peu courbée, longue d'un pouce et demi ; la capsule turbinée, s'ouvrant à son sommet.

GESNÈRE A COROLLE TUBULÉE ; *Gesneria tubiflora*, Cavan., *Icon. rar.*, 6, tab. 584. Ses tiges sont tétragones, herbacées, tomenteuses ; ses feuilles ovales-acuminées, crénelées, longues de deux pouces, blanchâtres et tomenteuses en-dessous ; les fleurs axillaires, géminées ou ternées ; le calice tomenteux, à cinq découpures lancéolées ; la corolle d'un rouge écarlate, tomenteuse, longue d'un pouce et plus, ventrue, tubulée ; le limbe très-court. Elle croît à l'île de Panama. Le *gesneria verticillata*, Cavan., *Icon. rar.*, 6, tab. 585, fig. 1, a des tiges herbacées, velues ; des feuilles presque sessiles, ovales, hispides en-dessus, tomenteuses en-dessous, longues d'un pouce, contenant dans leurs aisselles des fleurs nombreuses, verticillées, petites, velues, tubulées, de couleur écarlate. Elle croît au Pérou, ainsi que le *gesneria spicata*, Kunth *in* Humb. et Bonpl., *Nov. gen.*, 2, pag. 393, tab. 188 : sous-arbrisseau, à tige droite, pileuse, presque simple ; les feuilles ternées, à peine pétiolées, lancéolées, oblongues, crénelées, acuminées, rudes en-dessus, tomenteuses en-dessous ; les fleurs verticillées, réunies en un épi terminal ; leur calice hérissé ; la corolle courte, tubulée, de couleur écarlate.

GESNÈRE ÉLEVÉE ; *Gesneria elatior*, Kunth *in* Humb. et Bonpl., *Nov. gen.*, 2, pag. 393. Plante de la Nouvelle-Andalousie, à tige herbacée, haute de trois pieds, pileuse, garnie de feuilles ternées, presque sessiles, crénelées, lancéolées, rudes et pileuses en-dessus, très-velues en-dessous, longues de près de trois pouces ; les fleurs disposées en épis verticillés, de couleur rouge, au nombre de trois à chaque verticille ; leur calice à cinq découpures ovales-lancéolées, égales; la corolle tubulée, pileuse: le limbe à deux lèvres: les anthères rouges. Le *gesneria chelonioides*, Kunth, *l. c.*, de la Nouvelle-Grenade, remarquable par son calice n'adhérant à l'ovaire que par sa base, a des tiges herbacées, presque simples; des feuilles opposées, à peine pétiolées, oblongues, un peu aiguës, pileuses à leurs deux faces, blanchâtres en-dessous, à grosses dentelures, longues de trois pouces. Les fleurs sont de couleur incarnate, axillaires, solitaires ou géminées, formant un épi terminal; la corolle tubulée, hérissée en dehors, en bosse au-dessus de sa base ; son limbe a deux lèvres ; les lobes arrondis, égaux.

Gesnère des bois; *Gesneria sylvatica*, Kunth, *l. c.*, pag. 393. Cette plante croît sur les bords de la rivière des Amazones: elle s'élève à la hauteur de trois ou quatre pieds sur une tige simple, cylindrique, pileuse, garnie de feuilles ternées ou quaternées, presque sessiles, oblongues, lancéolées, acuminées, rudes, pileuses, entières, blanchâtres en-dessous; les fleurs pédicellées, réunies trois ou quatre en verticille, formant un épi terminal; le calice pileux, ses découpures lancéolées; la corolle d'un rouge écarlate, longue de six lignes, tubulée, ventrue, pileuse en dehors; le limbe à cinq lobes ovales, réfléchis.

Gesnère hérissée ; *Gesneria hirsuta*, Kunth, *l. c.*, pag. 394, tab. 189. Arbrisseau de la province de Cumana, dans l'Amérique méridionale, haut de quatre pieds, très-hérissé, muni de feuilles opposées, ovales-oblongues, acuminées, crénelées et dentées en scie, tomenteuses à leurs deux faces, purpurines à leurs bords et sur leurs veines, longues de trois pouces; les pédoncules géminés, axillaires, uniflores; les fleurs inclinées, longues de deux pouces et plus; les divisions du calice étroites, lancéolées, égales; la corolle tubulée, renflée vers son orifice, pileuse; le limbe à cinq lobes arrondis, étalés, tachetés; la capsule uniloculaire, bivalve à son sommet. Le *gesneria ulmifolia*, Kunth, *l. c.*, de la province de Quito, diffère de la précédente par ses fleurs plus grandes, de couleur rouge; par ses feuilles ovales-aiguës, obliquement en cœur, rudes, relevées en bulles à leur face supérieure.

Gesnère de Honda; *Gesneria hondensis*, Kunth, *l. c.*, pag. 395, tab. 190. Plante herbacée, très-élégante, s'élevant à la hauteur d'un pied sur une tige droite, couverte d'un duvet blanchâtre, lanugineux et soyeux. Les feuilles sont opposées, pétiolées, ovales-oblongues, un peu obliques, acuminées, un peu crénelées, aiguës à leur base, très-rudes en-dessus, blanchâtres et lanugineuses en-dessous, longues de quatre ou cinq pouces; les pédoncules axillaires, uniflores, géminés ou ternés vers l'extrémité des rameaux; les divisions du calice ovales, acuminées, égales; la corolle tubulée, d'un jaune verdâtre, hérissée de longs poils écarlates; le limbe à cinq lobes presque égaux, tachetés de pourpre; l'ovaire à demi inférieur. Cette plante croit proche Honda, dans le royaume de la Nouvelle-Grenade.

Gesnère molle; *Gesneria mollis*, Kunth, *l. c.*, tab. 191. Espèce de la Nouvelle-Grenade, dont les rameaux sont cylindriques et pileux; les feuilles molles, opposées, obliques, ovales-oblongues, acuminées, arrondies à leur base, presque en cœur, dentées en scie et crénelées, fortement pileuses et pubescentes en-dessus, soyeuses et argentées en-dessous, longues d'environ trois pouces; les pédoncules axillaires, solitaires, chargés de trois fleurs longuement pédicellées. Le calice est pileux, tomenteux, à cinq découpures lancéolées, égales; la corolle tubulée, d'un rouge écarlate, pubescente en dehors; le limbe à cinq lobes tachetés, arrondis, presque égaux, très-ouverts.

Gesnère a longues fleurs; *Gesneria longiflora*, Kunth, *l. c.*, pag. 396. Cette plante a beaucoup de rapports avec la précédente. Ses tiges sont hérissées; ses feuilles opposées, obliques, ovales-aiguës, rétrécies à leur base en un pétiole court, veinées, réticulées, membraneuses, légèrement pileuses en-dessus, pubescentes en-dessous, longues de quatre à cinq pouces; les pédoncules solitaires, axillaires, bifides, à deux fleurs; les pédicelles longs de deux pouces; le calice lanugineux et pileux; ses découpures linéaires-lancéolées, égales; la corolle tubulée, lanugineuse en dehors, de couleur purpurine, longue de deux pouces, les lobes presque égaux, tachetés de pourpre; les capsules pileuses. Cette espèce croit aux mêmes lieux que la précédente.

GESNÈRE ALONGÉE; *Gesneria elongata*, Kunth, *l. c.*, pag. 396, tab. 192. Ses rameaux sont tétragones, lanugineux, très-hérissés; les feuilles opposées, pétiolées, oblongues, acuminées, aiguës à leur base, presque entières, un peu charnues, légèrement crénelées, rudes en-dessus, brunes et tomenteuses en-dessous; les pédoncules axillaires, longs de trois pouces, pileux, chargés de quatre fleurs en ombelle, munies de pédicelles longs d'un pouce; la corolle tubulée, de couleur écarlate, pileuse en dehors, tachetée sur son limbe à cinq lobes arrondis, presque égaux; les capsules ovales, coniques, pileuses, uniloculaires, à deux valves. Cette plante croît dans le royaume de Quito. (POIR.)

GESSE; *Lathyrus*, Linn. (*Bot.*) Genre de plantes dicotylédones, de la famille des *légumineuses*, Juss., et de la *diadelphie décandrie*, Linn., dont les principaux caractères sont les suivans : Calice monophylle, campanulé, à cinq découpures aiguës, peu inégales; corolle papillonacée, à étendard cordiforme et relevé, à ailes oblongues et lunulées, à carène semi-orbiculaire, montante, un peu plus courte que les ailes; dix étamines, dont neuf ont leurs filamens réunis dans leur partie inférieure; ovaire supérieur, oblong ou linéaire, comprimé, surmonté d'un style redressé, chargé, depuis sa partie moyenne, d'une ligne velue, et terminé par un stigmate simple.

Les gesses ne sont qu'imparfaitement distinguées des vesces et des pois, et leurs caractères, fondés sur des particularités minutieuses, sont souvent difficiles à bien voir. « On peut « conjecturer, dit M. de Lamarck, que le *facies* particulier « de ces plantes a plus servi à les rassembler sous leur genre « que la considération de leur fructification; en effet, les « larges stipules de presque tous les pois, et les folioles pe-« tites et nombreuses de la plupart des vesces, distinguent, « au premier coup d'œil, ces deux genres de celui des « gesses. » Toutes les plantes comprises dans ce dernier sont herbacées, annuelles ou vivaces; leurs feuilles sont alternes, ordinairement composées d'un petit nombre de folioles, ayant leur pétiole commun terminé par une vrille et muni de deux stipules à sa base; leurs fleurs sont axillaires, solitaires ou disposées plusieurs ensemble sur le même pédoncule, et en général d'un aspect agréable. On en connoît aujourd'hui une quarantaine d'espèces, dont près de la moitié croît naturellement en France; sept ont été trouvées en Amérique; les autres appartiennent à diverses contrées de l'ancien continent. Nous parlerons principalement des espèces utiles, et de celles qu'on cultive pour l'ornement des jardins.

✿ *Pédoncules uniflores et biflores.*

GESSE SANS FEUILLES : *Lathyrus aphaca*, Linn., *Spec.*, 1029 ; *Aphace*, Dod., *Pempt.*, 545. Sa racine est fibreuse, annuelle ; elle produit une ou plusieurs tiges simples ou rameuses, grêles, foibles, hautes d'un à deux pieds, garnies de vrilles simples, dépourvues de folioles, mais munies à leur base de deux grandes stipules cordiformes, presque sagittées, d'une couleur glauque, opposées et paroissant tenir lieu de feuilles. Les fleurs sont d'un jaune clair, assez petites, solitaires sur un long pédoncule placé dans l'aisselle des vrilles. Cette plante est commune dans les moissons; elle fleurit en Mai et Juin. Les bestiaux l'aiment beaucoup, et elle améliore, comme fourrage, la paille à laquelle elle se trouve mêlée; mais, comme elle est d'ailleurs nuisible à la récolte des blés, les cultivateurs n'en doivent pas moins chercher à l'extirper de leurs champs, surtout quand elle y est très-multipliée.

GESSE CHICHE : *Lathyrus cicera*, Linn., *Spec.*, 1030 ; *Aracus sive cicera*, Dod., *Pempt.*, 523. Cette espèce, qui porte encore les noms de *gessette*, *petite gesse*, *jarosse*, *petit pois chiche*, est annuelle : sa tige, haute d'un pied ou un peu plus, est anguleuse, glabre, garnie de feuilles pétiolées, composées de deux longues folioles lancéolées-linéaires, dont le pétiole commun est terminé par une vrille simple ou rameuse; ses fleurs sont assez grandes, purpurines, solitaires sur un long pédoncule; ses légumes sont ovales-oblongs, sillonnés sur le dos. Elle croît naturellement dans les champs du midi de la France et de l'Europe.

La gesse chiche est cultivée en Espagne et dans quelques cantons en France, et l'on mange, dit-on, ses graines dans le premier pays. Cependant ces mêmes graines viennent d'être signalées comme pouvant devenir un aliment très-dangereux pour l'homme, quand elles sont introduites dans le pain. Lorsqu'elles n'y sont que dans une foible proportion, il ne paroît pas qu'il en résulte de mauvais effets; mais, dans la dernière année (1817), où la disette s'est fait sentir dans beaucoup de départemens, quelques personnes en ayant mis dans leur pain plus que de coutume, les unes en sont mortes, les autres ont été frappées de paralysies incurables.

Gesse cultivée ou Gesse domestique ; vulgairement Pois-Gesse, Pois carré, Pois breton, Lentille d'Espagne : *Lathyrus sativus*, Linn., *Spec.*, 1030; *Lathyrus sive Cicerula*, Dod., *Pempt.*, 522. Cette espèce est annuelle, comme la précédente ; ses tiges sont hautes d'un pied et demi à deux pieds, glabres comme toute la plante, ailées, garnies de feuilles composées de deux folioles étroites, lancéolées, à pétiole commun terminé par une vrille ordinairement trifide ; ses fleurs sont solitaires, pédonculées, mêlées de blanc, de bleu ou de rouge, quelquefois d'une seule de ces couleurs ; ses légumes sont ovales-oblongs, aplatis, chargés, sur leur suture dorsale, de deux rebords membraneux, et contenant chacun trois à quatre graines anguleuses. Cette plante croît naturellement dans les parties méridionales de la France et de l'Europe ; elle fleurit en Juin et Juillet.

La gesse domestique est cultivée dans plusieurs endroits, soit pour fourrage, soit pour en recueillir les graines. Elle réussit mieux et produit des récoltes plus abondantes dans les pays méridionaux, où on la sème à l'automne, que dans les pays du Nord, où l'on ne peut mettre ses graines en terre qu'au printemps, lorsque les gelées ne sont plus à craindre. Quand on la cultive comme fourrage, on la fauche dans le moment où ses fleurs sont à moitié passées ; si c'est, au contraire, pour en avoir les graines, on attend que celles-ci soient parvenues à maturité, au moins pour la plus grande partie.

Tous les bestiaux aiment la gesse ; les bœufs, les vaches et les moutons la mangent avec avidité, surtout les derniers. Ses graines, soit bouillies, soit réduites en farine grossière, font aussi une très-bonne nourriture pour les mêmes animaux, et surtout pour les cochons, qu'elles engraissent promptement : on peut également les donner aux poules et aux pigeons. Dans plusieurs parties du midi de la France la gesse est même employée comme aliment par les hommes, et elle fait, dans certains cantons, une grande partie de la nourriture des pauvres. Ses graines, sèches, cuisent difficilement, et sont d'une digestion laborieuse pour les personnes qui n'ont pas un estomac robuste ; mais elles se digèrent beaucoup plus facilement et ont un goût plus agréable, quand on les a réduites en purée, et surtout quand elles sont vertes.

GESSE ANGULEUSE; *Lathyrus angulatus*, Linn., *Spec.*, 1031. Sa racine, fibreuse, annuelle, produit une tige grêle, anguleuse, garnie de feuilles à deux folioles linéaires, ayant leur pétiole commun terminé par une vrille ordinairement simple. Ses fleurs sont violettes, bleuâtres ou rougeâtres, assez petites, solitaires sur des pédoncules beaucoup plus longs que les pétioles des feuilles, et prolongés en une longue pointe sétacée. Ses légumes sont alongés, peu comprimés, et ils contiennent souvent au-delà de douze graines. Cette espèce croit dans les moissons, et elle y est quelquefois tellement multipliée qu'elle leur devient très-nuisible. Les bestiaux la mangent avec plaisir, et l'on pourroit la cultiver comme fourrage.

GESSE ODORANTE; vulgairement POIS A FLEUR, POIS ODORANT, POIS DE SENTEUR : *Lathyrus odoratus*, Linn., *Spec.*, 1032. Sa tige est anguleuse, rameuse, légèrement velue comme toute la plante; elle s'élève à la hauteur de trois pieds et plus, en s'attachant, ainsi que les espèces précédentes, aux corps qui sont dans le voisinage, au moyen des vrilles qui terminent les pétioles de ses feuilles. Celles-ci sont composées de deux folioles ovales ou ovales-oblongues. Les fleurs sont grandes, agréablement odorantes, portées deux à trois, les unes près des autres, à l'extrémité d'un long pédoncule; elles se distinguent, par leurs couleurs, en deux variétés remarquables : dans l'une, l'étendard est d'un violet très-foncé, tandis que les ailes et la carène sont bleues; dans l'autre, l'étendard est rose, et les ailes et la carène sont blanches. Dans l'une et l'autre variété les légumes sont oblongs, presque

18.	35

cylindriques : la première passe pour être originaire de la Sicile, et l'autre pour avoir été apportée de l'île de Ceilan.

Ces deux plantes sont depuis très-long-temps cultivées dans les jardins pour la beauté de leurs fleurs, et plus encore pour le doux parfum qu'elles exhalent. Elles ne demandent aucun soin particulier ; elles se multiplient même le plus souvent naturellement par les graines qui tombent à terre avant qu'on les ait recueillies, et les pieds qui viennent ainsi sont toujours les plus beaux, quand de trop fortes gelées ne les ont pas fait périr. Il est donc convenable de semer les premiers pois de senteur en automne ; ensuite on en sème de nouveau à la fin de Mars ou au commencement d'Avril, et l'on peut continuer à en mettre en terre de quinze jours en quinze jours, parce que, par ce moyen, on en aura en fleur pendant une grande partie du printemps et de l'été : car les pieds qui ont passé l'hiver commencent à fleurir en Mai, et ceux qu'on sème à différentes époques dans le courant du printemps, donnent ensuite leurs fleurs, qui se succèdent sans interruption pendant quatre à cinq mois. Les pieds qui ont passé l'hiver, ou ceux qui proviennent de semis faits au commencement du printemps, n'ont pas besoin d'arrosemens ; mais, lorsque le temps est sec, il faut donner de l'eau à ceux qui ont été plantés plus tard. Les pois de senteur sont propres à être placés aux pieds des murs et des treillages, qu'ils garnissent bien, et le long desquels ils peuvent appuyer leurs tiges. Lorsqu'on les met au milieu des plates-bandes, il faut leur donner des rames pour les soutenir.

** *Pédoncules multiflores.*

GESSE TUBÉREUSE ; *Lathyrus tuberosus*, Linn., *Spec.*, 1033. Sa racine est rampante, vivace ; elle produit çà et là de petits tubercules de la grosseur d'une noisette ou un peu plus, et elle donne naissance à une tige rameuse, grêle, foible, haute d'un pied à un pied et demi, garnie de feuilles composées de deux folioles ovales ou ovales-oblongues, glabres comme toute la plante, et dont le pétiole commun se termine par une vrille presque simple. Ses fleurs sont d'une grandeur médiocre, d'une odeur douce et agréable, et d'une belle couleur rouge, portées quatre à huit, les unes près des autres, sur un pédoncule commun, deux à trois fois plus long que les feuilles; elles forment de petites grappes d'un fort joli aspect. Cette plante se trouve dans les moissons, en France et dans plusieurs autres parties de l'Europe.

Les renflemens produits par les racines de la gesse tubéreuse sont brunâtres extérieurement, et ils contiennent une sorte de chair tendre, blanche, dont le goût a beaucoup de rapport avec celui de la châtaigne. Dans les campagnes où cette plante est commune, on la connoît sous différens noms, comme ceux d'*anette*, de *gland de terre*, de *macjon*, de *méguzon*, etc., et l'on mange ses tubercules, qu'on ramasse sur la terre lors des labours d'automne et d'hiver, après les avoir fait cuire dans l'eau ou sous la cendre; les enfans même les mangent souvent crus. D'après l'analyse que Parmentier a faite des tubercules de cette gesse, ils contiennent de la fécule, du sucre et une substance glutineuse, c'est-à-dire les mêmes élémens que le froment, et l'on pourroit en faire du pain. Cependant ces tubercules sont trop peu volumineux et trop rares sur les racines de cette plante pour qu'il soit permis de croire qu'elle puisse devenir un objet de culture utile. Au reste, les bestiaux aiment son herbe, et les cochons recherchent avec avidité ses tubercules. Ses jolies fleurs, douées d'un parfum agréable, lui mériteroient une place dans les jardins d'agrément; mais ses racines traçantes, qui font que les tiges changent de place chaque année, ne permettent guère qu'on puisse l'y cultiver avec succès.

Gesse des prés : *Lathyrus pratensis*, Linn., *Spec.*, 1089; *Fl. Dan.*, t. 527. Sa racine est vivace; elle produit une tige anguleuse, pubescente, ainsi que les feuilles et les calices, haute de deux pieds ou plus. Ses feuilles sont à deux folioles lancéolées, portées sur un pétiole muni à sa base de deux stipules sagittées, et terminé par une vrille souvent simple. Ses fleurs sont jaunes, de grandeur médiocre, portées, au nombre de six à dix, sur un long pédoncule. Cette plante croît dans les prés et dans les bois. Des agronomes anglois ont beaucoup vanté cette gesse comme faisant un excellent fourrage; mais jusqu'à présent elle n'a point été en France l'objet d'une culture particulière. Ce qui pourroit engager à faire des essais pour constater si ses produits seroient avantageux, c'est que tous les bestiaux l'aiment beaucoup.

GESSE DES BOIS : *Lathyrus sylvestris*, Linn.. *Spec.*, 1033 ; *Fl. Dan.*, t. 525. La racine de cette espèce est vivace; elle produit une tige rameuse, ailée, glabre comme toute la plante, haute de trois à quatre pieds. Ses feuilles sont composées de deux folioles linéaires-lancéolées, portées sur un pétiole dont la vrille se ramifie. Ses fleurs sont assez grandes, d'un rouge clair, disposées plusieurs ensemble dans la partie supérieure d'un long pédoncule. Ses légumes sont alongés et contiennent souvent au-delà de douze graines. Cette plante croit dans les prés des montagnes et dans les bois. Les vaches et les moutons la mangent.

GESSE A FEUILLES LARGES : *Lathyrus latifolius*, Linn., *Spec.*, 1033 ; *Flor. Dan.*, t. 785. Cette espèce ne diffère de la précédente que par ses tiges plus élevées, ses folioles plus larges, ses fleurs plus grandes et plus nombreuses. Elle croit dans les prairies et les buissons du midi de la France et de l'Europe ; on la cultive dans les jardins sous les noms de *pois à bouquet*, *pois éternel*, *pois vivace*. Il faut la semer dans la place où l'on veut qu'elle reste , parce qu'elle souffre difficilement la transplantation. Elle ne commence à fleurir qu'au bout de trois ans ; mais dès-lors ses pieds deviennent plus beaux chaque année , et se couvrent de superbes bouquets de fleurs qui se succèdent les uns aux autres depuis le mois de Juin jusqu'en Juillet et Août. Tous les bestiaux aiment ses feuilles et ses jeunes pousses : mais, lorsque ses tiges ont pris tout leur accroissement, elles sont trop grosses et trop dures pour être mangées : aussi cette plante n'est-elle point cultivée pour fourrage. Les volailles aiment beaucoup ses graines, et comme elle en produit beaucoup, il seroit peut-être avantageux de la cultiver sous ce rapport.

GESSE DES MARAIS : *Lathyrus palustris*, Linn., *Spec.*, 1034 ; *Flor. Dan.*, t. 599. Cette espèce se reconnoit facilement à ses feuilles composées de six folioles lancéolées-linéaires. Ses tiges sont hautes de deux à trois pieds, ailées, glabres ; ses fleurs sont bleuâtres, d'une grandeur médiocre, disposées trois à six ensemble sur un pédoncule plus long que les feuilles. Cette gesse est vivace, et se trouve dans les marais. Les bestiaux paroissent la manger avec plaisir, et il seroit sans doute avantageux de la multiplier dans les terrains marécageux, où elle vient spontanément, et où il se trouve naturellement·si peu d'autres plantes propres à former un bon fourrage. (L. D.)

GESSETTE (*Bot.*), nom vulgaire de la gesse chiche. (L. D.)

GESTREIFTER ROTHLING (*Ichthyol.*), nom allemand du diagramme, *perca diagramma*, Linnæus. Voyez DIAGRAMME. (H. C.)

GESTREIPTE KISTKENTVISCH (*Ichthyol.*), nom hollandois du coffre tigré, *ostracion cubicus*, Linn. Voyez COFFRE. (H. C.)

GET. (*Mamm.*) Voyez GEISSE. (F. C.)

GETA. (*Ornith.*) Ce terme, et ceux de *jayon*, *jaques*, *jacuta*, désignent, en vieux françois, le geai commun, *corvus garrulus*, Linn. (CH. D.)

GETAFELTER LIPPFISCH (*Ichthyol.*), nom allemand du *labrus tessellatus*, que Bloch a figuré pl. 291, fig. 2. (H. C.)

GETHIA. (*Bot.*) Scaliger nomme ainsi la jacée, *centaurea jacea* de Linnæus. (J.)

GÉTHIOÏDES. (*Bot.*) Nom que donnoit Columna à une espèce d'ail, *allium pallens*. Dodoens cite le nom de *gethyon* pour un oignon, *cepa*, et il ajoute que quelques personnes le donnoient aussi au poireau. (J.)

GÉTHYLLIDE, *Gethyllis*. (*Bot.*) Genre de plantes monocotylédones, à fleurs incomplètes, monopétalées, de la famille des *narcissées*, de l'hexandrie monogynie de Linnæus, offrant pour caractère essentiel : Une corolle tubulée, filiforme, trèslongue, partagée à son limbe en six découpures courtes, égales; point de calice; six étamines insérées à l'orifice du tube (les filamens souvent divisés et portant des anthères en spirale, selon Linnæus fils); un ovaire inférieur, surmonté d'un style simple et d'un stigmate en massue. Le fruit est une baie radicale, en massue, à une seule loge, contenant des semences globuleuses nichées dans une pulpe.

Les géthyllides paroissent se rapprocher des *hypoxis;* ils ont aussi quelques rapports extérieurs avec les safrans, plus

encore avec les colchiques. Les fleurs et les fruits se développent dans un temps où la plante est dépourvue de feuilles.
Leur baie a une odeur fort agréable et une saveur douce.
Ces plantes ne sont encore que médiocrement connues, et
les caractères par lesquels on distingue les espèces, si peu
prononcés, qu'ils donnent lieu de soupçonner qu'elles pourroient bien n'être que des variétés d'une seule ou de deux
espèces, légèrement différenciées entre elles. Thunberg les
avoit fait connoître d'abord sous le nom de *papiria*.

GÉTHYLLIDE EN SPIRALE : *Gethyllis spiralis*, Linn. fils, *Suppl.*,
198 : *Bot. Magaz.*, tab. 1088; *Gethyllis afra*, Linn., *Spec.*;
Papiria spiralis, Thunb., *Act. Lond.*, 1, §. 2, pag. 111. Cette
espèce a des racines bulbeuses : il en sort une fleur solitaire,
radicale, enveloppée d'une spathe simple, persistante, dans
laquelle le fruit est renfermé. Le tube de la corolle est radical, alongé, cylindrique, terminé par un limbe ouvert, à
six découpures courtes, égales, ovales-oblongues. Les fleurs
se montrent sans les feuilles : celles-ci sont glabres, linéaires,
en spirale. Dans le *gethyllis ciliaris*, Thunb., *l. c.*, Jacq.,
Hort. Schœnbr., 1, pag. 41, tab. 70, les feuilles sont ciliées :
elles sont filiformes, linéaires, velues, dans le *gethyllis villosa*,
Linn. fils. Les feuilles sont planes, lancéolées; les découpures
du limbe de la corolle lancéolées, dans le *gethyllis lanceolata*,
Linn. fils, *Suppl.*

Jacquin a pensé que l'*hypoxis plicata*, Linn. fils, *Suppl.*,
devoit être réuni à ce genre. Il le nomme *gethyllis plicata*,
Hort. Schœnbr., 1, tab. 80. Ses racines sont pourvues d'une
bulbe globuleuse : les feuilles sont linéaires, en lame d'épée,
plissées, nerveuses, un peu pileuses et ciliées, rétrécies à
leurs deux extrémités, denticulées à leur base, sur leur carène et à leurs bords. La corolle est jaune, d'un jaune verdâtre en dehors; les découpures de leur limbe lancéolées;
les anthères bifides à leur base. Les hampes sont nues, uniflores. Toutes ces plantes croissent au cap de Bonne-Espérance. (POIR.)

GETHYLLIS. (*Bot.*) Ce nom, donné primitivement à une
espèce d'ail, *allium schœnoprasum*, a été employé depuis par
Linnæus pour désigner un genre de la famille des narcissées. (J.)

GETHYON. (*Bot.*) Voyez Géthioïdes. (**J.**)

GETHYRA. (*Bot.*) Ce genre avoit été établi par Salisbury (*Trans. Hort. Soc. Lond.*, 282) pour l'*alpinia occidentalis* de Swartz. (Poir.)

GETIEGERTER. (*Ornith.*) Nom sous lequel est décrit le pygargue tigré, *falco tigrinus* de Beseke, Oiseaux de Courlande, et de Latham, Supplément à l'*Index ornithologicus*. (**Ch. D.**)

GETTÉ. (*Bot.*) Suivant Rauwolf, dans les environs d'Alep ce nom est donné au concombre serpent, *cucumis flexuosus*. Le *getté* du Sénégal est la pistache de terre, *arachis*, suivant Adanson. (**J.**)

GÉUM. (*Bot.*) Ce nom avoit été donné anciennement, soit à des saxifrages, soit à des benoîtes. Tournefort, croyant trouver dans quelques saxifrages un caractère particulier, en avoit fait, sous ce nom, un genre que Linnæus n'a point adopté. Il a rejeté de même pour les benoîtes le nom de *caryophyllata*, qui a trop d'affinité avec celui du giroflier, *caryophyllus*, et il a rappelé pour ces plantes leur nom ancien, *geum*. (**J.**)

GEUMPEL. (*Ornith.*) Voyez Gimpel. (**Ch. D.**)

GEUNZIA. (*Bot.*) Nom donné par Necker au *samyda* de Linnæus. On retrouve encore dans son ouvrage, sous celui de *geunsia*, les espèces de *justicia* auxquelles il attribue un calice à quatre lobes, entouré d'un second calice, divisé profondément en quatre parties, qui ne sont peut-être que des bractées. (**J.**)

GEUSADEA. (*Bot.*) Mentzel cite ce nom arabe du châtaignier, d'après Avicenne. (**J.**)

GEVUIN, *Gevuina*. (*Bot.*) Genre de plantes dicotylédones, à fleurs incomplètes, de la famille des *protéacées*, de la *tétrandrie monogynie* de Linnæus, offrant pour caractère essentiel : Une corolle à quatre divisions profondes; point de calice; quatre étamines presque sessiles, deux un peu plus courtes; un ovaire supérieur, surmonté d'un style filiforme et d'un stigmate charnu. Le fruit est une capsule coriace, sphérique, renfermant une amande.

Ce genre a été établi par Molina pour un arbre du Chili. Il est le même que celui qui a été depuis nommé *quadria* par les auteurs de la Flore du Pérou. Il est borné à une seule espèce.

GEVUIN DU CHILI : *Gevuina avellana*, Molin., *Stor. nat. Chil.*, pag. 184, et édit. franç., pag. 158 : *Quadria heterophylla*, Ruiz et Pav., *Flor. Per.*, 1, pag. 63, tab. 99. fig. *a; Nebu*, etc., Feuill., Chil., 3, p. 46. tab. 33. Arbre fort touffu, toujours vert, qui s'élève à la hauteur de dix-huit à vingt pieds et plus. Ses feuilles sont alternes, pétiolées, ailées avec une impaire, assez semblables à celles du frêne. composées de quatre ou cinq paires de folioles opposées, pédicellées, glabres. ovales, un peu fermes. légèrement dentées à leur contour: quelques-unes auriculées à leur base. Les fleurs sont petites, disposées en grappes simples, axillaires, presque terminales, deux à deux sur chaque pédicelle; un très-grand nombre stériles. Leur corolle est blanche, divisée en quatre découpures linéaires, obtuses, presque spatulées, réfléchies en dehors, pubescentes, concaves à leur sommet; les anthères ovales, presque sessiles, placées dans la cavité supérieure de chaque pétale; l'ovaire ovale, surmonté d'un style velu, épais, cylindrique, terminé par un stigmate charnu. Le fruit est une capsule coriace, sphérique, d'environ neuf lignes de diamètre, contenant une amande divisée en deux lobes, d'une saveur douce, approchant de celle d'une noisette. L'écorce du fruit est jaunâtre; elle noircit à mesure que celui-ci se dessèche.

Cet arbre croit en assez grande quantité dans les forêts du Pérou et du Chili, au pied des collines. Les Péruviens recueillent ses fruits, les laissent, pendant quelques jours, exposés au soleil, et, lorsqu'ils sont desséchés, ils les vendent sur les marchés. Ces fruits ont une saveur très-agréable, fort douce; on les enveloppe de sucre. On en obtient de l'huile par expression. L'écorce du fruit est astringente; le bois est dur, flexible, employé pour la fabrique de plusieurs ustensiles de ménage. (Poir.)

GEWAPENDE HARNASMAN (*Ichthyol.*), nom hollandois d'une LORICAIRE (*Loricaria cataphracta*, Linn.). Voyez ce mot. (H. C.)

GEYER (*Ornith.*), nom générique des vautours en allemand. (CH. D.)

GEYER-FALK. (*Ornith.*) Ce nom désigne, en allemand, le gerfault, *falco candicans, cinereus* et *sacer*, Gmel. (Ch. D.)

GEYÉRITE. (*Min.*) Nom donné par de la Métherie au tuf quarzeux déposé par les eaux chaudes et jaillissantes du *Geyser* et du *Reikum* en Islande. Les quarz concrétionnés des solfatares, et ceux qui forment une sorte de vernis vitreux à la surface de certaines laves, pourroient bien avoir la même origine. Voyez Quarz hyalin concrétionné. (Brard.)

GEYER-SCHWALBE. (*Ornith.*) L'oiseau connu en Allemagne sous ce nom est le martinet noir, *hirundo apus*, Linn., qu'on appelle en Hollande *gier-zwallow*. (Ch. D.)

GEYSE. (*Mamm.*) Voyez Geisse. (F. C.)

GEZAR. (*Bot.*) Voyez Djazar. (J.)

GEZIR, GEMEN (*Bot.*) : noms arabes, suivant Avicenne, cité par Mentzel, de l'*opopanax*, substance extraite d'une espèce de panais. (J.)

GHÆRIÆTHAGAS. (*Bot.*) Le *chionanthus zeylanica* est ainsi nommé à Ceilan, suivant Hermann et Linnæus. (J.)

GHÆSEMBILLA. (*Bot.*) Voyez Embelia. (J.)

GHAHALA (*Bot.*), espèce d'*arum* ou colocase de l'île de Ceilan, non déterminée, et citée par Burmann. (J.)

GHAINOUK. (*Mamm.*) Suivant Gmelin le voyageur, et Pallas, c'est un des noms que les Calmoucks donnent au yak, espèce de Bœuf. Voyez ce mot. (F. C.)

GHAIP (*Orn.*), nom que, suivant M. Levaillant, les grands Namaquois donnent à l'oricou, *vultur oricularis*, Lath. (Ch. D.)

GHALBERIJA, GUALBERYA. (*Bot.*) Espèce de vigne de Ceilan, citée par Hermann et Burmann, qui est le *cissus vitiginea*. Linnæus l'écrit *galberija*. C'est, suivant Burmann fils, le *galing-galing* de Java. (J.)

GHALGET-ED-DIB. (*Bot.*) Voyez Gharged. (J.)

GHALKURU (*Bot.*), plante malvacée de Ceilan, voisine du *sida*, selon Linnæus. (J.)

GHANAM (*Ichthyol.*), nom arabe de l'holocentre ghanam de Lacépède, *sciæna ghanam*, Forskal. Voyez Holocentre et Sciène. (H. C.)

GHANDIROBA. (*Bot.*) Les Brasiliens donnent indifféremment ce nom et celui de *nhandiroba* à la liane de serpent, *fevillea* des botanistes. (J.)

GHARAB. (*Ornith.*) Nom arabe d'une espéce de corbeau vivant de charogne, suivant Forskal, *Descript. animal.*, p. 11. Le même mot est écrit sans *h* à la page précédente. (Сн. D.)

GHARAF. (*Bot.*) Le cornouiller sanguin est ainsi nommé dans l'Arabie. suivant Forskal. (J.)

GHARARA (*Ichthyol.*), nom que l'on donne, à Dichadda, à l'*exocœtus exsiliens* de Linnæus, espèce de poisson volant. Voyez Exocet. (H. C.)

GHARGED. (*Bot.*) Le *nitraria tridentata* de M. Desfontaines, que Forskal nommoit *peganum retusum*, est désigné sous ce nom arabe dans les déserts qui avoisinent les embouchures du Nil, où il est indigène, suivant M. Delile. Il est écrit *gharghædd* par Forskal, qui cite pour l'harmale, *peganum harmala*, le nom de *ghalgel-ed-dib*. (J.)

GHARGHAFTI (*Bot.*), nom égyptien de l'orme, suivant Forskal; M. Delile l'écrit *kharkhafty*. (J.)

GHASCHUÉ (*Bot.*), nom arabe d'une asclépiade, *asclepias nivea*, suivant Forskal. (J.)

GHASDAMINI (*Bot.*), espèce de séné de Ceilan, citée et figurée par Burmann, laquelle paroit être le *cassia absus*. (J.)

GHASL. (*Bot.*) Voyez Chada. (J.)

GHASUL (*Bot.*), nom arabe d'un ficoïde, *mesembryanthemum nodiflorum*; on l'écrit aussi *gazoul*. (J.)

GHASUNDU-PYALI (*Bot.*), nom de l'indigo à Ceilan, suivant Hermann. (J.)

GHA-TOITOI (*Ornith.*), nom que porte, à la baie de Dusky, dans la Nouvelle-Zélande, l'espèce de merle appelée par Gmelin et par Latham *turdus albifrons*. (Сн. D.)

GHAZELL. (*Mamm.*) C'est ainsi que les Égyptiens écrivent en arabe le nom de *gazelle*. Voyez Antilope. (F. C.)

GHÉ (*Ornith.*), nom du geai commun, *corvus glandarius*, à Mondovi. (Сн. D.)

GHEISAKAN. (*Bot.*) Le *cleome gynandra* est ainsi nommé dans l'Arabie, suivant Forskal. (J.)

GHEPHEN, CHEREM (*Bot.*), noms hébreux de la vigne, cités par Mentzel. (J.)

GHEPIÉ. (*Ornith.*) Ce nom désigne, à Turin, le guépier

commun, *merops apiaster*, Linn.; et Cetti, *Uccelli di Sardegna*, pag. 47, applique le mot *gheppio* à un oiseau de proie autrement appelé *tilibriccu* ou *tilibriu*. (Cʜ. **D.**)

GHIAMAIA, GHIAMALA. (*Mamm.*) On a donné sous ce nom la description d'un très-grand animal herbivore d'Afrique, dans laquelle plusieurs particularités, évidemment fabuleuses, se mêlent à d'autres qui paroissent indiquer la girafe. (F. C.)

GHIANDAIA. (*Ornith.*) L'oiseau qu'on nomme ainsi en Sardaigne, selon Cetti, pag. 76, est la pie, *corvus pica*, Linn. (Cʜ. D.)

GHINIA. (*Bot.*) Schreber et Swartz substituent ce nom à celui de *tamonea*, donné par Aublet à un de ses genres appartenant à la famille des verbenacées. Ce nom d'Aublet ne paroit pas mériter cette réforme. (J.)

GHINITELLA (*Bot.*), plante de Ceilan, qui est, suivant Hermann, une gentiane aquatique. Voyez Gɪʀɪᴛɪʟʟᴀ. (J.)

GHIRATTO (*Mamm.*), nom italien du Lᴇ́ʀoᴛ. Voyez ce mot. (F. C.)

GHIREAU PESCAIRE (*Ornith.*), nom languedocien du héron commun, *ardea major* et *cinerea*, Linn. (Cʜ. D.)

GHIRITELLA. (*Bot.*) Hermann indique cette plante comme une espèce de liseron. Voyez Gɪʀɪᴛɪʟʟᴀ. (J.)

GHIRO (*Mamm.*), un des noms italiens du Lᴏɪʀ. Voyez ce mot. (F. C.)

GHITAIEMOU. (*Bot.*) Clusius, dans le livre 4, chap. 8, p. 82, de ses *Exotica*, parle d'un suc qui lui avoit été envoyé sous ce nom. Il étoit de couleur fauve et teignoit en jaune. C. Bauhin croit que c'est le même qui est connu maintenant sous le nom de gomme-gutte, qui a été aussi nommé *gutta gamanda*, *catta gumma*, *succus gambicus*. (J.)

GHOBARI (*Bot.*), nom arabe du *sida paniculata* de Forskal. (J.)

GHOBBAN (*Ichthyol.*), nom arabe d'un poisson que Forskal a rangé parmi les scares sous la dénomination de *scarus ghobban*. (H. C.)

GHOBBEYREH. (*Bot.*) Nom arabe, selon M. Delile, du *glinus lotoides*, commun sur les rives du Nil. Il indique, ainsi que Forskal, le même nom pour le tournesol, *croton tinctorium*, et il le répète encore pour l'*inula undulata*. Une absinthe, *artemisia pontica*, est, suivant Forskal, le *ghobœjre* des Arabes. (J.)

GHODAPARA. (*Bot.*) L'arbre de Ceilan cité sous ce nom par Hermann est le *dillenia speciosa*, suivant M. De Candolle. Willdenow le rapportoit au *dillenia dentata* de M. Thunberg. (J.)

GHODHAKADURA (*Bot.*), nom du vomiquier, *strychnos nux vomica*, à Ceilan, suivant Hermann. (J.)

GHODHAMI-WANA. (*Bot.*) La fougère de Ceilan, citée sous ce nom et figurée par Burmann, est le *polypodium unitum* de Linnæus. (J.)

GHOIGIWŒL, GHOIWEL (*Bot.*) : noms donnés, dans l'île de Ceilan, suivant Linnæus, au *flagellaria indica*, genre de la famille des asparaginées. (J.)

GHOLEF, GHOLŒS, GHOLAK (*Bot.*) : noms du *stapelia quadrangula* de Forskal, dans l'Arabie. L'euphorbe, *euphorbia antiquorum*, est aussi nommé *gholak* ou *kœlah*. (J.)

GHONAKOLA. (*Bot.*) Plante de Ceilan, citée par Hermann ; elle est aussi mentionnée dans la *Flor. Zeyl.* de Linnæus, sous le nom de *stœchado-mentha*, et nommée par Vahl *stemodia camphorata*. (J.)

GHONKADURU (*Bot.*), nom donné dans l'île de Ceilan, suivant Burmann, à un arbre qu'il prenoit pour un manguier, et que Linnæus nomme *cerbera manghas*. (J.)

GHORAKA, GOHKATHU (*Bot.*) : noms donnés dans l'île de Ceilan, suivant Hermann, à l'arbre qui fournit la gomme-gutte. Linnæus a cru, et beaucoup d'autres avec lui, que c'étoit son *cambogea* ; mais le botaniste Kœnig, qui y résidoit, a reconnu que c'étoit un autre arbre, qu'il avoit nommé pour cette raison *guttœfera vera*. Ce nom a été changé par Murrai et Schreber en celui de *stalagmitis*. (J.)

GHORARA (*Bot.*), nom arabe du *cressa cretua*. (J.)

GHOTARRÉ (*Ornith.*), nom donné, dans la Nouvelle-Zélande, à un alcyon. Gmelin le regarde comme une variété de son *alcedo sacra*. (Ch. D.)

GHURÆNDA (*Bot.*), nom du *volkameria inermis* dans l'île de Ceilan, suivant Linnæus. (J.)

GHZAR-EL-CHEYTAN. (*Bot.*) Voyez Guylymoe. (J.)

GIACCO. (*Mamm.*) Quelques auteurs italiens ont donné ce nom au ouistiti. Voyez Sagouin. (F. C.)

GIACOTIN. (*Ornith.*) L'oiseau que, suivant Frézier, on nomme ainsi dans l'île de Sainte-Catherine, sur la côte du Brésil, et qu'il assimile aux faisans, en avouant que son goût est bien moins délicat, appartient peut-être à une autre famille de gallinacés, comme les hoccos ou les marails. (Ch. D.)

GIACOU. (*Ornith.*) M. Bonelli dit que, dans les Langues, en Piémont, ce terme est le nom générique des hérons. (Ch. D.)

GIADDE (*Ichthyol.*), nom suédois du brochet. (H. C.)

GIADE. (*Bot.*) Voyez Cahade. (J.)

GIAJAT (*Ornith.*), nom de la grande linotte des vignes dans plusieurs contrées du Piémont. (Ch. D.)

GIALLO, GIALETTO, GIALLINO, GIALLERELLO et GIALLONE (*Bot.*) : divers noms italiens, qui sont donnés à la chanterelle, *merulius cantharellus*, Pers., dont la couleur est jaune. (Voyez Gallinaccio.) Ces noms désignent aussi quelques autres espèces de champignons du genre Agaric, dont la couleur est plus ou moins jaune. Voyez l'ouvrage de Micheli, intitulé *Nova genera*. (Lem.)

GIAM-BO (*Bot.*), nom chinois du jambos, *eugenia jambos*, suivant le missionnaire Boym. (J.)

GIANZI, IEUZ, LEUZ (*Bot.*) : noms arabes du noyer, selon Daléchamps. (J.)

GIARENDE, GÉRENDE, GORENDE. (*Erpétol.*) On appelle ainsi, dans les colonies portugaises de l'Amérique, un fort gros serpent, que Daudin regarde comme le *boa aboma*. M. Bosc dit qu'on ignore si c'est le devin, le rativore, ou le bojobi. (H. C.)

GIARGA (*Bot.*), nom donné dans quelques lieux de l'Italie, suivant Dodoens, au *galega*. (J.)

GIARGIR. (*Bot.*) Voyez Gergyr. (J.)

GIAROLA. (*Ornith.*) Voyez Girole. (Ch. D.)

GIAROLE. (*Ornith.*) Ce nom est donné, dans Buffon, à la troisième espèce de perdrix de mer, qu'Aldrovande rapporte au *melampos* ou pied-noir de Gesner, *glareola nævia*, Gmel. et Lath.; espèce à laquelle M. Cuvier ne reconnoît rien d'authentique. Ce dernier a fait du mot *giarole* la dénomination générique des oiseaux improprement appelés perdrix de mer, et auxquels, d'après le nom latin *glareola*, on a généralement conservé, en françois, celui de *glaréole*. (Cн. D.)

GIARONCELLO. (*Ornith.*) L'oiseau que les Italiens désignent par ce nom et par celui de *giarolo*, est une alouette de mer, ou le cincle, *sturnus cinclus*, Linn., et *turdus cinclus*, Lath. (Cн. D.)

GIARRET (*Ichthyol.*), nom que les pêcheurs de la Provence donnent au smaris. (H. C.)

GIASINO. (*Bot.*) Aux environs de Vérone, on nomme ainsi la plante et le fruit de l'airelle ou myrtille, *vaccinium myrtillus*, au rapport de Seguier. (J.)

GIAUSIR, JEUSIR, STEUSIR (*Bot.*) : noms arabes, suivant Daléchamps, du *panaces des Grecs*, qui est une espèce de berce, *heracleum panaces*. (J.)

GIAVARDO. (*Bot.*) Les paysans des environs de Vérone donnent ce nom à une scrophulaire, *scrophularia canina*, qu'ils emploient, soit en friction soit en lavage, pour guérir les cochons attaqués d'une espèce de gale. (J.)

GIAVERS. (*Bot.*) Voyez GEGUERS. (J.)

GIAVONE. (*Bot.*) Dans les environs de Vérone ce nom est donné, suivant Seguier, à la variété à longues arêtes du *panicum crus galli*. (J.)

GIBBAIRE, *Gibbaria*. (*Bot.*) [*Corymbifères*, Juss. — *Syngénésie polygamie nécessaire*, Linn.] Ce genre de plantes, que nous avons proposé dans le Bulletin de la Société philomatique de Septembre 1817, appartient à la famille des synanthérées, et à notre tribu naturelle des calendulées, dans laquelle nous le plaçons entre les genres *Calendula* et *Osteospermum*, dont il diffère par le péricline imbriqué, spinescent, par les ovaires gibbeux, et par les faux-ovaires aigrettés.

La calathide est radiée ; composée d'un disque multiflore, régulariflore, masculiflore, et d'une couronne unisériée, liguliflore, féminiflore. Le péricline, égal aux fleurs du disque, hémisphérique, est formé de squames paucisériées, irrégulièrement imbriquées, sublancéolées, à partie infé-

rieure appliquée, coriace, à partie supérieure appendici-
forme, inappliquée, spinescente. Le clinanthe est plan,
inappendiculé. Les ovaires de la couronne sont courts, épais,
lisses, munis sur la face extérieure d'une grosse bosse qui
s'élève au-dessus de l'aréole apicilaire. Les faux-ovaires du
disque sont comprimés bilatéralement, striés, munis d'un
rebord sur chaque arête antérieure et postérieure, et surmontés d'une aigrette coroniforme, très-courte, dimidiée,
irrégulièrement découpée. Les corolles de la couronne ont
le tube court, et la languette très-longue, large, légèrement
tridentée au sommet.

GIBBAIRE BICOLORE; *Gibbaria bicolor*, H. Cass., Bull. de la Soc.
philom., Septembre 1817. Tige rameuse, cylindrique, striée,
pubescente. Feuilles alternes, irrégulièrement rapprochées,
longues, étroites, demi-cylindriques, uninervées, aiguës au
sommet, à base élargie et semi-amplexicaule, glabres, armées sur la face inférieure convexe de quelques spinelles
éparses. Calathides terminales, solitaires, à disque couleur
de feu, à couronne blanche en-dessus, couleur de feu en-
dessous.

La gibbaire est remarquable par la beauté de ses calathides. Nous l'avons étudiée dans l'herbier de M. de Jussieu,
où elle est nommée *arctotis*, et où il est dit qu'elle a été recueillie au cap de Bonne-Espérance par Thunberg. (H. Cass.)

GIBBAR (*Mamm.*), nom donné, par les habitans de la
Saintonge ou Charente inférieure, à une espèce de BALEINE.
Voyez ce mot. (F. C.)

GIBBE, *Gibbus*. (*Conchyl.*) M. Denys de Montfort, Conch.
syst., tom. 2, p. 302, a cru devoir, sous ce nom générique,
séparer des véritables maillots ou *puppa*, une belle espèce de
ce genre, qui vit dans l'intérieur des terres de la Guiane, du
côté de Sinamari, et qui est encore fort rare dans les collections. Son caractère distinctif le plus remarquable consiste
dans une sorte de bosse ou de déviation latérale qu'offre le
dernier tour de spire, et dans la forme presque carrée de
l'ouverture, qui est du reste bordée et placée à peu près
comme dans les maillots. La déviation du dernier tour de
spire produit aussi une large ombelle qui existe peu dans
ceux-ci; et la forme de toute la coquille est conique, la

spire étant assez élevée, quoique obtuse. Du reste, c'est tout-à-fait l'aspect général des maillots : la couleur est blanche en dehors comme en dedans ; les stries d'accroissement sont aussi très-marquées. Cette singulière coquille, dont on ne connoît pas l'animal, ce qui seul pourroit servir à expliquer l'anomalie qu'elle offre, est connue dans le commerce sous le nom d'Enfant unique. M. Denys de Montfort la nomme le G. de Lyonnet, *G. Lyonneti*, parce que long-temps ce célèbre anatomiste a possédé le seul individu qui existoit en Europe. Depuis ce temps, M. Lescalier, administrateur de Cayenne, en a rapporté cinq à six autres. Elle a rarement plus d'un pouce de long. (De B.)

GIBBECIÈRE. (*Conchyl.*) Nom marchand d'une belle espèce de peignes, dont les deux valves sont également creuses, de couleur blanche agréablement variée de jaune orangé ; c'est l'*ostrea variegata*, Linn. (De B.)

GIBBERA. (*Ornith.*) Belon, en parlant des peintades, pag. 247, cite, d'après Varron, ce terme, par lequel les Romains désignoient une poule dont le plumage étoit également varié, et que cependant il rapporte aux dindons. (Ch. D.)

GIBBIE, *Gibbium*. (*Entom.*) Nom employé par Scopoli, dans son Appendice à l'Introduction de l'histoire naturelle, pour un genre établi afin d'y ranger une espèce de *ptine*, petit coléoptère de la famille des térédyles, et voisin des espèces que Geoffroy nommoit *bruches*. C'est le *ptinus scotias* de Fabricius. Panzer en a donné une figure à la planche 8 de son cinquième cahier de la Faune d'Allemagne, et Geoffroy la décrit ainsi sous le nom de bruche sans ailes. « Rien n'est « plus singulier, pour la forme, que ce petit insecte ; il res- « semble a un globe brun et lisse, porté sur des pattes. Sa « tête fait seulement une petite pointe d'un côté. Cette tête « est très-petite, et il en sort des antennes presque aussi « longues que le corps ; elles sont placées au devant des yeux, « qui sont très-petits : le corselet est large et fort court : « les étuis sont convexes, lisses, polis, d'une couleur de « marron ; ils sont joints et réunis ensemble, et, de plus, ils « enveloppent une grande partie du dessous du corps, en « sorte que l'insecte est tout cuirassé. Sous ces étuis réunis

« et immobiles il n'y a point d'ailes. Ses pattes et ses an-
« tennes sont très-peu velues et d'une couleur claire ; le
« reste de son corps est d'un brun lisse. » Cet insecte se
trouve dans les herbiers. Il fuit la lumiere. (C. D.)

GIBBON (*Mamm.*), nom indien d'une espèce d'Orang-
outang. Voyez ce mot. (F. C.)

GIBBOOSI (*Bot.*), un des noms japonois de l'*hemerocallis
japonica*, suivant M. Thunberg. (J.)

GIBBOUS WRASSE. (*Ichthyol.*) Pennant a désigné par ce
nom un poisson des mers du Nord, qui est le *crenilabrus nor-
vegicus* de M. Cuvier. Bloch l'a figuré pl. 256 de son grand
ouvrage sur les poissons : il en a fait un lutjan. Voyez Crénilabre. (H. C.)

GIBEL ou GIBÈLE. (*Ichthyol.*) Nom spécifique d'un poisson
que Linnæus et la plupart des ichthyologistes ont appelé *cyprinus gibelio*. On le trouve en Prusse, en Silésie, en Saxe :
il est d'une teinte générale noirâtre, et souvent d'un bleu
verdâtre sur le dos ; ses nageoires sont jaunes, excepté la
caudale, qui est grise. Il multiplie avec une grande facilité,
et acquiert souvent un poids de trois ou quatre livres. Il vit
fort long-temps sous la glace, et peut être transporté sans
mourir à de grandes distances. Sa chair contracte rarement
une saveur bourbeuse. Bloch l'a figuré (pl. XII), et Wulf
en a parlé dans son Ichthyologie prussienne. (H. C.)

GIBELIO (*Ichthyol.*), mot latin. Voyez Gibel. (H. C.)

GIBIER. (*Chasse.*) Cette expression embrasse les mammifères et les oiseaux qui deviennent la proie du chasseur,
et l'on désigne particulièrement les premiers par la dénomination de gibier à poil, et les seconds par celle de gibier à plumes. (Ch. D.)

GIBLISCHEN (*Ichthyol.*), nom que l'on donne, en Silésie,
à la gibèle. Voyez Gibel. (H. C.)

GIBOULÉE. (*Phys.*) Voyez Météores. (L.)

GIBOYA (*Erpétol.*), un des noms que l'on donne, en Amérique, au *boa aboma*. (H. C.)

GIÇARA. (*Bot.*) Une espèce de palmier est ainsi nommée
au Brésil, suivant Pison, qui ne la décrit pas. Il en cite
aussi une autre sous le nom de *gioçara*. (J.)

GICHERUM. (*Bot.*) Voyez Gigarum. (J.)

GICKERLIN (*Ornith.*), nom allemand de l'alouette spipo-lette, *alauda campestris*, Linn. (Cu. D'.)

GICLET (*Bot.*), nom vulgaire de la momordique élas-tique. (L. D.)

GICQUETEI. (*Mamm.*) Ce mot est le même que celui de dzigtai, espèce du genre Cheval, *equus Hermionis.* Voyez Cheval. (F. C.)

GIEBEL (*Ichthyol.*), un des noms que l'on donne, en Saxe, au jesse, *cyprinus jeses*, Linn. Voyez Able, dans le Supplément du premier volume de ce Dictionnaire. (H. C.)

GIEBEN (*Ichthyol.*), nom prussien du Gibel. Voyez ce mot. (H. C.)

GIEDDK (*Mamm.*), nom du glouton chez les Lapons. (F. C.)

GIEDWAR (*Bot.*), nom arabe, suivant Tabernamontanus, de l'*anthora*, espèce d'aconit. (J.)

GIEGEN (*Ornith.*), nom turc du gros-bec, *loxia cocco-thraustes*, Linn., suivant Sonnini. (Ch. D.)

GIELAVŒLGO. (*Ornith.*) Muller, *Prod. zool. Dan.*, cite ce terme comme étant le nom donné, en Laponie, au merle à plastron blanc, *turdus torquatus*, Linn. (Ch. D.)

GIELD - AEE. (*Ornith.*) Suivant Brunnich, cité par Buffon, ce nom, et celui de *gield-fugl*, sont donnés par les Norwégiens à des eiders mâles. (Ch. D.)

GIERNEFUR (*Ichthyol.*), nom que l'on donne, en Islande, à l'aiguille de mer. Voyez Bélone et Orphie. (H. C.)

GIERS (*Ichthyol.*), nom suédois de la perche goujonière. Voyez Gremille. (H. C.)

GIERTRUDS-FUGL (*Ornith.*), un des noms danois et norwégiens du *corvus infaustus*, suivant Brunnich, *Ornith. borealis.* (Ch. D.)

GIER-ZWALLUW (*Ornith.*), dénomination hollandoise du martinet noir, *hirundo apus*, Linn. (Ch. D.)

GIEUDO. (*Ichthyol.*) Suivant M. Risso, à Nice, l'on appelle ainsi le *sparus berda* de Linnæus, que nous avons décrit à l'article Daurade, sous le nom de *daurade berde.* (H. C.)

GIEULE. (*Ichthyol.*) Voyez Gieudo. (H. C.)

GIEZAR ou GEZAR (*Bot.*), nom arabe de la carotte, suivant Daléchamps. Voyez Djazar. (J.)

GIFOLE, *Gifola*. (*Bot.*) [*Corymbifères*, Juss. = *Syngénésie polygamie superflue*, Linn.] Ce genre ou sous-genre de plantes, que nous avons proposé dans le Bulletin de la Société philomatique de Septembre 1819, appartient à la famille des synanthérées, à notre tribu naturelle des inulées, et à la section des inulées-gnaphaliées, dans laquelle nous le plaçons auprès du vrai *filago*, dont il diffère en ce que le disque est androgyniflore, au lieu d'être masculiflore, et en ce que les ovaires du disque sont aigrettés, au lieu d'être inaigrettés.

La calathide est ovoïde-pyramidale, pentagone, discoïde; composée d'un disque sex-flore, régulariflore, androgyniflore, et d'une couronne multisériée, multiflore, tubuliflore, féminiflore. Le péricline, un peu supérieur aux fleurs, est formé de cinq squames unisériées, égales, appliquées, embrassantes, concaves, ovales-oblongues, membraneuses-foliacées, surmontées d'un appendice subulé, membraneux-scarieux. Le clinanthe est cylindrique, long, grêle, axiforme, inappendiculé au sommet, qui est occupé par le disque, et garni du reste de squamelles plurisériées, imbriquées sur cinq rangs, un peu supérieures aux fleurs, embrassantes, et absolument semblables aux squames du péricline. Les ovaires sont oblongs, papillulés; les aigrettes du disque sont composées de squamellules unisériées, égales, longues, filiformes, capillaires, à peine barbellulées, libres, caduques, s'arquant en dehors; les aigrettes de la couronne sont nulles. Les corolles de la couronne sont tubuleuses, longues, grêles, filiformes.

Les calathides sont immédiatement rapprochées en capitules globuleux; chaque capitule est composé d'un grand nombre de calathides portées par un calathiphore nu. La dernière rangée intérieure de la couronne, contiguë au disque, est ordinairement aigrettée.

Gifole commune; *Gifola vulgaris*, H. Cass.; *Filago germanica*, Linn. C'est une plante herbacée, annuelle, à racine petite et rameuse, à tige haute d'environ six pouces, dressée, puis étalée, ramifiée, dichotome, cylindrique, un peu laineuse, garnie de feuilles; celles-ci sont alternes, demi-amplexicaules, dressées, lancéolées, aiguës, un peu ondulées, laineuses sur les deux faces ; les capitules sont solitaires, d'abord terminaux, puis axillaires ou latéraux. Cette plante, nommée vulgairement *cotonnière*, ou *herbe à coton*, est commune en Europe, dans les champs et sur les bords des chemins et des fossés; elle fleurit en Juillet et Août.

Le *filago pyramidata* de Linnæus n'ayant point encore passé sous nos yeux, nous ne pouvons affirmer qu'il appartienne au genre *Gifola*, quoique la description de ce botaniste nous le persuade.

Pour éviter les répétitions, nous renvoyons le lecteur à nos articles Evax et Filago, où nous avons démontré que le *filago pygmæa* étoit le vrai type du genre *Filago* de Linnæus; que ce genre devoit être conservé sous ce nom, et que l'*evax* de Gærtner devoit être supprimé. (H. Cass.)

GIGALOBIUM. (*Bot.*) Sous ce nom P. Browne faisoit un genre du *mimosa scandens* de Linnæus, remarquable par sa gousse ligneuse aplatie, renflée sur les graines et longue de deux pieds ou plus. (J.)

GIGANTEA. (*Bot.*) Suivant C. Bauhin, les Bourguignons nommoient ainsi le topinambour, *helianthus tuberosus*. (J.)

GIGANTEA. (*Bot.*) Fronde simple ou découpée, cartilagineuse, épaisse, très-glabre, intérieurement formée par une humeur muqueuse rétiforme, dans laquelle sont des graines étroites, rassemblées en petites taches ou divisées en séries.

Stackhouse ramène dans ce genre de la famille des algues quatre espèces, savoir, les *gigantea bullata*, *simplicifolia*, *bulbosa* et *digitata*, qu'il avoit d'abord laissées dans les *fucus*, comme Linnæus l'avoit fait pour la dernière de ces espèces, qui se fait remarquer quelquefois par une grandeur gigantesque. Ces espèces rentrent dans le genre *Laminaria* de Lamouroux, adopté par Agardh et par Lyngbye. (Lem.)

GIGARTINA. (*Bot.*) Les plantes marines rapportées à ce genre par M. Lamouroux ont été placées dans les *fucus* par les botanistes qui l'ont précédé. Elles sont caractérisées par leur fructification, laquelle consiste en tubercules sphériques ou hémisphériques sessiles, dont le centre est opaque et le reste demi-transparent, à peu près comme cela s'observe dans un grain de raisin. Ce genre renferme, selon Lamouroux, une cinquantaine d'espèces, presque toutes d'Europe ; mais il nous paroit peu naturel et foiblement caractérisé. Il est vrai que l'auteur ne se dissimule point que les trois divisions qu'il établit pour les espèces, pourront peut-être devenir autant de genres. Stackhouse a fait rentrer un grand nombre des espèces dans ses genres *Dasyphylla*, *Pinnatifida*, *Kaliformia*, *Verrucaria*, *Flagellaria*, *Tubercularia* et *Clavaria*, et, par une singulière circonstance, le genre qu'il nomme *Gigartina* ne rentre pas dans celui du même nom du botaniste françois, comme on le verra dans l'article GIGARTINA, qui suit celui-ci. Lyngbye adopte le genre *Gigartina* de M. Lamouroux ; mais il renvoie presque toutes ses espèces dans d'autres genres, tels que le *Gelidium*, le *Chordaria*, le *Gastridium* et le *Lomentaria*. Enfin Agardh place les espèces de M. Lamouroux dans ses genres *Sphærococcus*, *Chondria* et *Chordaria*.

Les espèces de gigartina sont des algues rameuses à tige et rameaux grêles, cylindriques, tantôt munies de petites frondules, tantôt en étant privées ; presque toujours dépourvues de ces contractions (endophragmes, Gaillon) qui donnent à quelques-unes des espèces l'apparence articulée des *ceramium*. Ces espèces à contractions ont été placées parmi les *ceramium* par Stackhouse, et avant lui par Roth ; mais M. Lamouroux fait remarquer qu'elles présentent la double sorte de fructification propre aux fucacées, et que ce caractère n'existe pas dans les thallassiophytes articulés, ni par conséquent dans les vrais *ceramium*. Il fait remarquer encore que, dans les espèces qui offrent des contractions qu'on pourroit prendre pour des articulations, le tissu cellulaire intérieur n'est nullement interrompu, tandis que dans les *ceramium* l'interruption est complète. Mais toutefois ce caractère ne sauroit être donné comme décisif ; car il y a des algues de notre section des fucacées qui ont de vraies cloisons, et la couleur verte, ou olivâtre, ou rougeâtre, des *ceramium* : ainsi leur fructification peut seule faire reconnoître ces espèces d'algues.

Voici les espèces les plus remarquables de ce genre :

§. 1.ʳᵉ *Espèces munies de petites frondules ou petites feuilles.*

1.° GIGARTINA RAISIN : *Gigartina uvaria*, Lamx. ; *Fucus uva-*

rius, Murray, *Syst.*; Jacq., *Collect.*, 3, t. 13, fig. 1 ; Esper, *Icon.* Petite plante d'un pouce et demi de hauteur environ, d'un brun verdâtre ou rougeâtre, divisée dès la base en trois ou quatre rameaux à peine divisés, garnis, surtout vers l'extrémité, de petites frondes sphériques ou oblongues, visqueuses à l'intérieur. Cette plante croît dans la Méditerranée ; elle tient au sol par un empâtement calleux : elle a été trouvée à Nice, à Marseille, etc.

2.° GIGARTINA VERMICULAIRE : *Gigartina vermicularis*, Lmx., Ess. Thalass., p. 49, tab. 4, fig. 8, 9, 10 ; *Fucus vermicularis*, Gmel., *Fuc.*, tab. 18, fig. 4 ; *Fucus sedoides*, Réaum., *Act. Acad. Par.*, 1712, p. 40, tab. 4, fig. 8 ; Stackh., *Ner. Brit.*, p. 67, tab. 12 ; *Dasyphylla vermicularis*, Stackh. Petite plante de deux à trois pouces de longueur, d'un vert brunâtre ; tige fixée par un petit disque aplati, menue, rameuse ; rameaux divergens, garnis de petites frondes gélatineuses, cylindriques, pointues à leurs deux extrémités, éparses, excepté au sommet des rameaux, où elles sont rapprochées ; tubercules fructifères situés sur les frondules supérieures. Cette jolie espèce se trouve sur nos côtes dans la Méditerranée et dans l'Océan.

On trouve encore sur nos côtes les *gigartina dasyphylla*, *tenuissima*, *pedunculata* et *subfusca*, Lamx. Toutes ces espèces sont figurées parmi les *fucus* de Turner, et, à l'exception de la dernière, font partie du genre *Dasyphylla* de Stackhouse.

§. 2. *Tige et rameaux dépourvus de frondes et sans contractions.*

3.° GIGARTINA CONFERVOÏDE : *Gigartina confervoides*, Lamx. ; *Fucus confervoides*, Turn., *Icon.*, 84 ; Encycl. bot., 1668, esp. 68 ; Stackh., *Ner. Brit.*, tab. 15 ; Wulf, *in* Jacq., *Coll.* 3, tab. 14, fig. 1 ; *Verrucaria confervoides*, Stackh., *Ner. Brit.*, edit. alt. Racine fibreuse ; tiges très-alongées, fort grêles, renflées dans leur milieu, presque membraneuses, plutôt comprimées que cylindriques, plus ou moins rougeâtres, rameuses ; rameaux translucides, filiformes, aigus, épars ou alternes, simples ou peu ramifiés, peu alongés, garnis, ainsi que les tiges, de tubercules latéraux solitaires ou agglomérés, contenant de petits grains rougeâtres. Cette espèce, confondue par beaucoup de botanistes avec la suivante , est assez commune sur les rochers de l'Océan , en France et en Angleterre.

4.° GIGARTINA FLAGELLIFORME : *Gigartina flagelliformis*, Lmx. ; *Fucus longissimus*, Gmel., *Fuc.,* tab. 13; Stackh., *Ner. Brit.*, tab. 96 ; *Fucus flagelliformis*, Œd., *Dan.*, tab. 650 ; Turn., *Hist.*, 85 ; *Flagellaria longissima*, Stackh., *Ner.*, edit. alt.; *Chordaria flagelliformis*, Agardh, *Synops.*, p. 12 ; Lyngb., *Tent. hydroph. ic.* Racine calleuse, produisant plusieurs tiges longues d'un pied et plus, cylindriques, très-rameuses dès le bas; rameaux filiformes, dichotomes ou épars, quelquefois rejetés du même côté, d'un rouge foncé ou d'un brun-olive presque noir, opaques. Cette plante se trouve sur toutes les côtes de l'Europe baignées par l'Océan. Elle offre çà et là de petits flocons sétacés, qui sont très-bien représentés dans la figure 650 de la Flore danoise. Selon Stackhouse, sa fructification consiste en des tubercules fort petits, nus, plongés dans la substance de ses rameaux et vers leur extrémité.

5.° GIGARTINA PURPURIN : *Gigartina purpurascens*, Lamx.; *Fucus purpurascens*, Turn., *Hist.*, tab. 9; *Fucus corallinus*, *Fl. Dan.*, tab. 709; *Tubercularia purpurescens*, Stackh., *Ner. Brit.*, edit. alt. D'un rouge pourpré, quelquefois nuancé de brun ; tige longue d'un à six pouces et plus, très-menue, fort rameuse ; rameaux filiformes ou sétacés, épars çà et là, renflés et contenant dans le renflement des tubercules fructifères qui, par leur développement, se changent en mamelons latéraux, renfermant chacun un globule opaque. Cette plante se rencontre sur les côtes baignées par l'Océan, en France, en Angleterre, dans tout le Nord, etc.

6.° GIGARTINA VERMIFUGE : *Fucus helminthocorton*, Latour., Journ. phys., 20, tab. 1 ; Hæm., *Dissert. cum ic.* ; Jaum., Pl. fr., tabl. 4, fig. 1, 2; *Ceramium helminthocortos*, Roth, *Catalect.* Petite plante d'un à deux pouces, de couleur blonde, brunâtre ou rougeâtre, qui forme des touffes serrées, composées de plusieurs tiges grêles à trois ou quatre rameaux cornés, redressés, presque simples, à extrémités pointues, et à peine sensiblement articulés ; tubercules fructifères, hémisphériques, latéraux, épars et sessiles.

Cette espèce se trouve dans la Méditerranée, en Pro-

vence, en Corse, en Espagne, dans l'Archipel, etc. Elle
est employée en médecine : sa propriété vermifuge paroit
l'avoir introduite depuis fort long-temps dans les pharmacies; elle y est connue sous les noms vulgaires de *coralline de Corse*, *d'helminthocortos*, *de mousse de mer* et *de
mousse de Corse*. C'est particulièrement de la Corse et de la
Sardaigne qu'on apporte celle dont on fait usage en France
et ailleurs en Europe. On se contente de la ramasser sur les
rochers, sans la débarrasser des autres végétaux ou des polypiers avec lesquels elle se trouve mélangée : aussi peut-on, avec
MM. De Candolle et Jaume-Saint-Hilaire, compter dans la
mousse de Corse plus de vingt espèces différentes de corps
étrangers, notamment des corallines, et surtout celle très-
improprement nommée *coralline officinale* par Linnæus, dont
la vertu vermifuge paroit être nulle. C'est à Latourette
qu'on doit la première description de cette plante, qu'il regardoit comme une espèce de fucus. On l'administre en poudre,
en infusion et en sirop : on la convertit en gelée, en la faisant
simplement bouillir dans de l'eau, et on corrige par du sucre
sa saveur désagréable.

Cette seconde division du genre Gigartina est la plus nombreuse en espèces. Nous ne ferons que nommer le *gigartina
pistillata*, Lamx., ou *fucus pistillatus*, Turn., Gmel., etc.,
qui est le *fucus gigartinus* de quelques auteurs. C'est dans ce
genre qu'on avoit d'abord placé le *fucus lichenoides*, Desf.,
Atlant., dont M. Lamouroux a formé, dans les polypiers
flexibles, un genre qui sera décrit à l'article LIAGORE, et dans
lequel viennent se placer quelques autres productions marines semblables à des lichens, et qu'on avoit rangées parmi
les fucus.

§. 3. *Tiges et rameaux nus, garnis de contractions ou endophragmes articuliformes très-visibles.*

7.° GIGARTINA EN FORME DE KALI : *Gigartina kaliformis*,
Lamx.; *Fucus kaliformis*, *Trans. Linn. Lond.*, 3, tab. 18;
Engl. Bot., tab. 640; Turn., *Hist. fuc., ic.*; Lam., *Diss.*,
tab. 29 : *Kaliformia verticillata*, Stackh., *Ner. Brit.*, *edit. all.*;
Chondria kaliformis, Agardh ; *Gastridium kaliforme*, Lyngb.
Plante longue de quatre à huit pouces et plus, d'un rouge

clair ou blanc jaunâtre, molle, très-rameuse ; ramifications filiformes, tubuleuses, éparses ou verticillées et comme articulées, d'autant plus courtes qu'elles sont plus près de l'extrémité de la plante ; tubercules fructifères d'un rouge noirâtre, sessiles et latéraux. Cette plante se trouve rejetée sur les côtes par l'Océan, en France et en Angleterre : on la compare pour sa forme à certaines espèces de soudes ou kalis.

8.º GIGARTINA ARTICULÉE : *Gigartina articulata*, Lamx. ; *Fucus articulatus*, Turn., *Hist.*, tab. 108 ; Stackh., *Ner. Brit.*, tab. 8 : *Ulva articulata*, Ligthf. ; Decand., Fl. Fr., tom. 2, p. 17 ; Poir., Encycl. bot., 8, p. 178 : *Chondria articulata*, Agardh ; *Dasyphylla articulata*, Stackh., *Ner. Brit.*, edit. alt. ; *Lomentaria articulata*, Lyngb., *Tentam.*, *ic.* En touffe peu forte, longue de trois à quatre pouces ; tige rose, ou purpurine ou verdâtre, adhérente aux rochers ou aux plantes marines par un petit disque étroit, rameuse, formée par une suite d'articulations ovoïdes ou oblongues, d'une ligne environ de diamètre. Cette plante délicate croît dans l'Océan et se trouve rejetée sur les plages de France, d'Angleterre, etc. Selon Stackhouse, les tubercules fructifères sont contenus dans les dernières articulations.

Dans cette division se trouvent rangés le *fucus opuntia*, Turn., placé par Stackhouse dans son genre *Kaliformia*; le *fucus clavellosus*, Turn., ou *gastridium clavellosum*, Lyngb. ; le *fucus cæspitosus*, ou *clavaria cæspitosa*, Stackh. ; enfin, la *gigartina pygmæa*, Lamx. (Ess., Thal., tab. 4, fig. 12, 13), ou *gelidium pygmæum*, Lyngb., qui tous se rencontrent sur nos côtes occidentales. (LEM.)

GIGARTINA. (*Bot.*) Autre genre de la famille des algues, auquel Stackhouse rapporte son *fucus Læflingii*, et qu'il caractérise ainsi qu'il suit : fronde cartilagineuse, comprimée, presque dichotome, à rameaux égaux, obtusangles ; fructification sessile, globuleuse, située au bas d'une épine ou corne terminale. (LEM.)

GIGARUM, GICHERUM. (*Bot.*) Ces noms, qui ont quelque rapport avec le latin *arum*, sont donnés dans la Toscane au gouet ou pied-de-veau. Dodoens le cite sous le nom de *gigaro*. Les Espagnols le nomment *yaro*. (J.)

GIGENIA. (*Ornith.*) Ce terme est employé par Aldrovande comme synonyme de *turdus*, grive. (Ch. D.)

GIGERI (*Bot.*), nom du sésame dans les Antilles; c'est aussi le *gingelli* ou *gingili* des Indes orientales. J.)

GIGIRANG (*Bot.*), un des noms donnés à l'*aralia chinensis* dans l'île de Java, suivant Burmann fils; sa variété y est nommée *gangirm-murra*. (J.)

GIGLIO (*Bot.*), nom italien du lis blanc, suivant Dodoens. Le même est donné quelquefois à l'iris. (J.)

GIL (*Ornith.*), nom polonois du rouge-gorge, *motacilla rubecula*, Linn. (Ch. D.)

GILARDINA (*Ornith.*), nom de la maronette ou petit râle d'eau, *rallus porzana*, Linn., en Piémont, où l'on appelle *gilardoun* le râle de genêt, *rallus crex*, Linn. (Ch. D.)

GILARUM. (*Bot.*) Suivant Dodoens, Marcellus, ancien auteur, affirme que ce nom étoit donné dans les Gaules au serpolet. (J.)

GILBAN (*Bot.*), nom arabe de la gesse cultivée, *lathyrus sativus*, suivant M. Delile. (J.)

GILBE (*Bot.*), un des noms vulgaires du genêt des teinturiers. (L. D.)

GILGUERO. (*Ornith.*) Ce nom espagnol du chardonneret commun, *fringilla carduelis*, Linn., est donné également par les Espagnols de Buenos-Ayres au chardonneret Olivarez, ou gafarron de M. d'Azara, n.° 134, *fringilla magellanica*, Vieil. (Ch. D.)

GILHOOTER. (*Ornith.*) L'oiseau ainsi nommé dans Charleton est la hulotte, *strix aluco*, Linn. (Ch. D.)

GILIA. (*Bot.*) Genre de la Flore du Pérou, qui doit être réuni au *cantua*, dans la famille des polémoniacées, duquel il diffère cependant par sa tige herbacée. Voyez Ipomopsis. (J. et Poir.)

GILIBERTIA. (*Bot.*) Deux genres ont été successivement consacrés à la mémoire de Gilibert, professeur de botanique à Lyon. Gmelin a substitué ce nom à celui de *quivisia*, donné par Commerson au bois de quivi, genre de la famille des méliacées, qui doit conserver sa première dénomination. Le *gilibertia* de la Flore du Pérou paroît devoir être réuni au *polyscias* de Forster dans la famille des araliacées. (J.)

GILIBERTIA. (*Bot.*) Genre de plantes dicotylédones, à fleurs complètes, polypétalées, régulières, de la famille des *araliacées*, de l'heptandrie *heptagynie* de Linnæus, très-rapproché des *polyscias* de Forster, offrant pour caractère essentiel : Un calice supérieur à sept dents; sept pétales, autant d'étamines; un ovaire inférieur; point de style; sept stigmates ovales. Le fruit est une capsule ou une baie à sept loges monospermes. Le nombre des parties de la fructification varie quelquefois de sept à huit.

GILIBERTIA OMBELLÉ; *Gilibertia umbellata*, Ruiz et Pav., Flor. Pér., 3, p. 75, tab. 512. Arbre découvert dans les grandes forêts du Pérou. Il s'élève à la hauteur de trente pieds. Ses rameaux sont glabres, jaunâtres, cylindriques, garnis de feuilles éparses, pétiolées, oblongues, acuminées ou aiguës, luisantes en-dessus, veinées en-dessous, fort grandes, longues de six à huit pouces, munies à leurs bords de quelques petites dents rares. Les pédoncules sont terminaux, couverts d'écailles ovales et rougeâtres, soutenant une ombelle à rayons nombreux; le rayon du centre plus alongé, anguleux; les autres comprimés, articulés dans leur milieu; deux petites écailles opposées à l'articulation; l'involucre commun composé de folioles courtes, ovales, rougeâtres; les fleurs d'un blanc verdâtre; le calice court; les pétales ovales, étalés; les filamens subulés, de la longueur des pétales; les anthères ovales; les stigmates sessiles, ovales, étalés. Les fruits de la grosseur d'une cerise, d'un vert jaunâtre, à odeur de fenouil, à sept ou huit loges contenant chacune une semence oblongue, petite et rougeâtre. (Poir.)

GILLA VITRIOLI. (*Chim.*) On appeloit ainsi le sulfate de zinc, purifié par la cristallisation, que l'on employoit autrefois comme vomitif. (Ch.)

GILLENA. (*Bot.*) Le *tinus* de Linnæus étoit ainsi nommé par Adanson; mais, ce genre ayant été supprimé avec raison et réuni au *clethra* dans la famille des éricinées, l'un et l'autre nom restent sans emploi. Mœnch, voulant séparer du *spiræa* l'espèce désignée sous le nom de *spiræa trifoliata*, à cause de son calice resserré par le haut et de son fruit simple, capsulaire et à trois loges, lui avoit donné celui de *gillenia*. (J.)

GILLENIA. (*Bot.*) Genre de plantes dicotylédones, à fleurs complètes, polypétalées, régulières, de la famille des rosacées, de l'icosandrie pentagynie de Linnæus, très-rapproché des *spiræa*, offrant pour caractère essentiel : Un calice campanulé, resserré à son orifice, à cinq dents, cinq pétales; des étamines nombreuses, insérées sur le calice ; cinq ovaires, autant de styles rapprochés et de stigmates en tête. Le fruit consiste en cinq capsules, chacune d'elles divisée en cinq loges; deux semences dans chaque loge.

Ce genre a été établi pour une plante rangée d'abord parmi les *spiræa*, mais qui en diffère essentiellement par la forme de son calice, et plus particulièrement par ses capsules divisées en cinq loges, tandis que celles des *spiræa* n'en ont qu'une seule.

GILLENIA TRIFOLIÉE : *Gillenia trifoliata*, Mœnch, *Meth.*; Nuttal, *Amer.*, 2, pag. 307 : *Spiræa trifoliata*, Linn., *Spec.*; Miller, *Dict. et Icon.*, tab. 256 : *Ulmaria major*, etc., Pluk., *Almag.*, tab. 256, fig. 5. Plante vivace, cultivée au Jardin du Roi, originaire de la Caroline et de plusieurs autres contrées de l'Amérique septentrionale, qui s'élève à la hauteur d'environ un pied sur une tige glabre, rougeâtre, divisée en rameaux alternes, étalés. Les feuilles sont pétiolées, alternes, ternées, composées de trois folioles pédicellées, lancéolées, longues d'environ deux pouces, glabres à leurs deux faces, acuminées à leur sommet, un peu rétrécies à leur base, vertes en-dessus, plus pâles en-dessous, dentées en scie à leur contour; les dents inégales, très-aiguës, les nervures simples, latérales et obliques. Les fleurs sont disposées à l'extrémité des rameaux en une panicule très-lâche, médiocrement rameuse ; les pédoncules et les pédicelles glabres, étalés, munis de quelques petites bractées sétacées; le calice est glabre, verdâtre, campanulé, à cinq dents aiguës; la corolle blanche, au moins quatre fois plus longue que le calice ; les pétales étroits, linéaires, obtus; les étamines plus courtes que la corolle. Le fruit est une capsule à cinq loges; deux semences dans chaque loge. (POIR.)

GILLIT. (*Ornith.*) On appelle ainsi le gobe-mouche pie de Cayenne, *muscicapa bicolor*, Linn., lequel est le dominicain de M. d'Azara, n.° 175. (CH. D.)

GILLON. (*Bot.*) Dans quelques cantons on donne ce nom au gui. (L. D.)

GILLONIERE (*Ornith.*), un des noms vulgaires de la grive draine, *turdus viscivorus*, Linn. (Ch. D.)

GILOCK. (*Ornith.*) Ce nom, dans Schwenckfeld, désigne le courlis ordinaire, *scolopax arcuata*, Linn. (Ch. D.)

GILSTEIN. (*Min.*) On donne, en Valais, le nom de *Gilstein* à la pierre ollaire et à la serpentine, dont on construit les fourneaux ou poêles qui chauffent les appartemens. Ces roches, dont les principales carrières sont situées dans le canton d'*Hérémence* et surtout dans la vallée de *Viége*, sont d'autant plus propres à cet usage, qu'elles supportent fort bien la chaleur sans éclater, et que leur poli est tel qu'on peut les toucher et se chauffer sans se brûler; aussi ces poêles sont-ils en usage dans le haut et bas Valais, et dans une partie de la Savoie. (Brard.)

GILT CHARRE (*Ichthyol.*), nom anglois du *salmo carpio* de Linnæus. (H. C.)

GILT HEAD, GILT POLL (*Ichthyol.*) : noms anglois de la daurade, *sparus aurata*, Linn. Voyez Daurade. (H. C.)

GIMBERNATIA (*Bot.*), nom donné par les auteurs de la Flore du Pérou au *chuncho* du Maragnon, que nous avions établi antérieurement sous celui de *chuncoa*. (J.)

GIMELL. (*Mamm.*) C'est le nom du chameau en arabe moderne. (F. C.)

GIMMEIZ. (*Bot.*) Voyez Djummeiz. (J.)

GIMPEL. (*Ornith.*) Ce nom, qui s'écrit aussi *Gympel*, désigne, en allemand, le bouvreuil ordinaire, *loxia pyrrhula*, Linn. (Ch. D.)

GIMRI (*Ornith.*), nom arabe de la tourterelle, suivant Forskal, *Descript. anim.*, pag. 9. (Ch. D.)

GI-NAM. (*Bot.*) Voyez Ginkgo. (J.)

GINANNIA. (*Bot.*) Scopoli et Schreber ont substitué ce nom à celui de *paloue*, donné par Aublet à un de ses genres de la famille des légumineuses, que nous avions imprimé sous celui de *palovea*, qui se rapporte mieux à la dénomination primitive. Schreber et Swartz regardoient ce genre comme ayant une grande affinité avec le *brownea*, et Jacquin, dans ses *Fragmenta botanica*, les dit absolument congénères.

Les observations faites sur des échantillons fort incomplets ne suffisent pas pour décider la question. (J.)

GINDE, SISEN (*Bot.*) : noms japonois du narcisse, suivant M. Thunberg. (J.)

GINEPRO (*Bot.*), nom italien du genévrier, *juniperus*, suivant Dodoens : c'est le *ginebre* ou *enebre* des Espagnols. (J.)

GINESTRELLA. (*Bot.*) Suivant Césalpin, on nomme ainsi dans la Toscane une espèce de *leontodon* ou pissenlit, qui est mangée en salade. (J.)

GINETTA (*Mamm.*), un des noms de la genette. (F. C.)

GINGE. (*Bot.*), un des noms indiens de l'*abrus*, pois-de-bédaut, suivant Camerarius, cité par C. Bauhin. (J.)

GINGELI, GINGILI. (*Bot.*) Voyez GIGERI. (J.)

GINGEMBRE. (*Bot.*) Voyez AMOMUM. (POIR.)

GINGEON. (*Ornith.*) Ce canard, qu'on nomme aussi *vingeon*, a été rapporté au canard jensen et au canard siffleur, pl. enl. de Buffon, n.º 45, *anas Penelope*, Linn. M. Vieillot le regarde comme devant être plutôt le canard siffleur à bec noir, *anas arborea*, Lath., pl., enl., n.º 84. (CH. D.)

GINGI. (*Bot.*) Le chanvre est ainsi nommé à Java, suivant Burmann. (J.)

GINGIBIL (*Bot.*), nom arabe et persan du gingembre, suivant Daléchamps. (J.)

GINGIDIUM. (*Bot.*) La plante que Dioscoride nommoit ainsi, paroit être, d'après les indications de C. Bauhin, l'*artedia squamata* de Linnæus. Dodoens, Lobel et d'autres nommoient de même le *tordylium syriacum*. Ce nom avoit encore été donné par Cordus et Daléchamps à deux carottes, *daucus visnaga* et *daucus gingidium*; mais aucune de ces plantes ne l'avoit conservé. Forster avoit cru pouvoir s'en servir pour désigner un de ses genres nouveaux, lequel n'a pas été adopté par Linnæus, Vahl et Willdenow, qui l'ont regardé comme absolument congénère du *ligusticum*, quoique, selon l'auteur, il ait l'ombelle composée seulement d'un petit nombre de fleurs dont celles du centre avortent, et que les deux involucres soient composés de six feuilles. (J.)

GINGIDIUM (*Bot.*); Forst., *Austr.*, tab. 21. Genre de plantes dicotylédones, à fleurs complètes, polypétalées, régulières, de la famille des *ombellifères*, de la *pentandrie digynie* de Linnæus, rapproché des *œnanthe* et des *cuminum*, dont le caractère essentiel consiste dans un calice à cinq dents; cinq pétales lancéolés, en cœur, réfléchis en dedans; cinq étamines; un ovaire inférieur; deux styles. Le fruit est ovale, couronné par le calice, composé de deux semences marquées de quatre stries.

Ce genre a été établi par Forster pour une plante qu'il a découverte dans les îles de la mer Pacifique, mais dont il ne nous a fait connoître que le caractère générique, sans aucun autre détail : son inflorescence en fleurs disposées en ombelles et ombellules; les premières inégales, les secondes peu garnies de fleurs, celles du disque stériles; un involucre composé de six folioles, tant aux ombelles qu'aux ombellules. (POIR.)

GINGOULE. (*Bot.*) Ce nom est donné, selon le docteur Paulet, à la chanterelle ou girolle ordinaire, et à l'agaric du panicaut, ou l'oreille de chardon, *agaricus eryngii*, Decand. Ces deux champignons sont excellens à manger, et regardés comme une friandise dans certains endroits; ce qui explique le nom de *gingoule*, dérivé des deux mots latins, *gignere*, engendrer, et *gula*, gosier, comme qui diroit, *né pour être mangé avec gourmandise.* (LEM.)

GINKGO, GINAN, ITSIO (*Bot.*) : noms japonois du *salisburia*, connu maintenant dans nos jardins sous celui de *gingo.* (J.)

GINKGO ou GINGO. (*Bot.*) Genre de plantes dicotylédones, à fleurs incomplètes, monoïques, de la *monoécie polyandrie* de Linnæus, dont la famille naturelle n'est pas encore déterminée, qui paroît avoir quelques rapports avec les pistaciers. Son caractère essentiel consiste dans des fleurs monoïques. Les fleurs mâles sont disposées en un chaton filiforme; les étamines sont nombreuses; les anthères vacillantes, deltoïdes, à deux loges réunies seulement au sommet; les fleurs femelles solitaires, munies d'un calice persistant, à quatre divisions; un ovaire supérieur. Le fruit est un drupe sphérique renfermant un noyau.

GINKGO BILOBÉ : *Ginkgo biloba*, Linn., *Mantiss.*; Thunb., *Jap.*, 528; *Gingo*, Kæmpf., *Amœn. exot.*, pag. 811 et 812, *Icon.*, 813; *Salisburia adiantifolia*, Smith, *Act. soc. Linn.*

Lond., 3, pag. 55o. Bel arbre, originaire du Japon et de la Chine, cultivé en France depuis plusieurs années, qui parvient, d'après Kæmpfer, à la grandeur d'un noyer, remarquable par la forme très-particulière de ses feuilles. Son bois est tendre, revêtu d'une écorce grisàtre, crevassée, un peu ridée; l'intérieur rempli d'une moelle fongueuse. Son tronc se divise en rameaux alternes, glabres, très-ouverts, garnis de feuilles alternes sur les jeunes pousses, fasciculées sur les nœuds ou tubercules des branches, pétiolées, cunéiformes, à bord supérieur arrondi, légèrement incisé ou crénelé inégalement, avec une grande échancrure au milieu, qui le partage en deux lobes. Ses feuilles sont glabres, finement striées par des veines nombreuses, parallèles et fourchues, sans nervures ni côtes remarquables, assez semblables par leur forme aux feuilles de l'adianthe : elles sont larges d'un à trois pouces; les pétioles longs de deux pouces, un peu canaliculés.

Ses fleurs sont unisexuelles; elles naissent au sommet des rameaux : les mâles sur des chatons un peu longs et pendans; les fleurs femelles solitaires dans les aisselles des feuilles, soutenues par des pédoncules épais, longs d'un pouce. Le fruit est un drupe ovale, arrondi, de la grosseur d'une prune de Damas, parsemé de tubercules à sa surface, charnu, d'un jaune pàle à l'extérieur, blanc et succulent en dedans : sa chair adhère fortement au noyau, qui est une fois plus gros qu'une pistache, et dont la coque, mince et fragile, renferme une amande d'un goût légèrement acerbe, mais assez agréable. Cette amande entre dans la préparation de plusieurs alimens; on la sert aussi sur les tables, et on la mange après les repas pour aider la digestion. On la fait encore rôtir sur des charbons, comme les châtaignes. Cet arbre supporte bien la rigueur de nos hivers; on le perpétue de marcottes et de drageons. Peut-être pourroit-on parvenir à le naturaliser et à en obtenir de bons fruits. (Pora.)

GINNUS. (*Mamm.*) C'est le nom qu'on donne au mulet qui provient quelquefois de l'accouplement d'un mulet avec une jument ou une ànesse. (F. C.)

GINOCHIELLA. (*Ornith.*) Aldrovande dit que cet oiseau

pourroit être rapporté au genre de l'œdicnème, vulgairement nommé courlis de terre, s'il n'avoit quatre doigts aux pieds; mais cette seule circonstance l'en écarte, et c'est vraisemblablement le motif pour lequel Brisson l'a rangé parmi les vanneaux, sous le nom de *vanellus bononiensis*. Au reste, l'existence même de l'oiseau dont il s'agit n'est pas très-authentique. (Ch. D.)

GINOCHIETTO (*Bot.*), nom italien du sceau-de-Salomon, *polygonatum*, cité par Matthiole. (J.)

GINORE, *Ginoria.* (*Bot.*) Genre de plantes dicotylédones, à fleurs complètes, polypétalées, régulières, de la famille des *lythraires*, de la *dodécandrie monogynie* de Linnæus, caractérisé par un calice coloré, urcéolé, à six divisions; six pétales longuement onguiculés, insérés vers le haut du tube du calice; douze étamines attachées au-dessous des pétales; les anthères réniformes; un ovaire supérieur, surmonté d'un style subulé, d'un stigmate obtus. Le fruit est une capsule uniloculaire, acuminée par le style, à quatre sillons, à quatre valves, renfermant des semences nombreuses, attachées autour d'un placenta épais, arrondi.

Ginore d'Amérique: *Ginoria americana*, Linn.; Jacq., *Amer.*, tab. 91, et *Icon. pict.*, tab. 137; Lamck, *Ill. gen.*, tab. 407. Arbuste élégant, qui a le port d'un myrte, originaire de l'île de Cuba, qui croît le long des ruisseaux, parmi les pierres et les rochers, dont les fleurs, ainsi que les fruits, se montrent dans le mois de Décembre. Les tiges s'élèvent à la hauteur de trois ou quatre pieds : elles se divisent en rameaux glabres, cylindriques, comprimés à la naissance des feuilles; celles-ci sont opposées, presque sessiles, glabres, entières, lancéolées, aiguës, longues d'un pouce et demi; les pédoncules un peu plus courts que les feuilles, solitaires dans l'aisselle des feuilles supérieures; les fleurs grandes, d'un beau rouge bleuâtre, inodores, ayant environ un pouce de diamètre; leur calice est campanulé, persistant, à six divisions aiguës; la corolle composée de six pétales plans, arrondis, étalés, beaucoup plus grands que le calice, munis de longs onglets; les étamines plus courtes que la corolle; l'ovaire arrondi, aplati en-dessus; le style de la longueur de la corolle, persistant, à stigmate obtus. Le fruit consiste en une capsule arrondie, luisante, un peu aplatie en-dessus, d'un rouge noirâtre, à une seule loge, s'ouvrant par son sommet en quatre valves, contenant des semences petites et nombreuses, attachées autour d'un placenta épais, arrondi. Il est à regretter que cet arbrisseau ne soit point cultivé dans nos jardins d'Europe ; il y produiroit un très-bel effet. (Poir.)

GINOUS. (*Mamm.*) On dit que c'est un des noms du MAGOT. Voyez ce mot. (F. C.)

GINOUSELE. (*Bot.*) Suivant M. Gouan, l'épurge, *euphorbia lathyris*, est ainsi nommé aux environs de Montpellier. (J.)

GIN-RAN (*Bot.*), nom japonois, suivant M. Thunberg, de son *epidendrum nervosum*, qui est le *malaxis nervosa* de Swartz. (J.)

GINSEN ou GINSENG, *Panax.* (*Bot.*) Genre de plantes dicotylédones, à fleurs complètes, polypétalées, régulières, de la famille des *araliacées*, de la *pentandrie digynie* de Linnæus, offrant pour caractère essentiel : Des fleurs souvent polygames ; un calice court, à cinq dents persistantes ; cinq pétales égaux, recourbés ; cinq étamines caduques ; un ovaire inférieur, surmonté de deux styles courts ; les stigmates simples. Le fruit est une baie en cœur, ombiliquée, à deux loges ; une semence dans chaque loge. Dans les fleurs polygames, le calice des fleurs mâles est entier ; les filamens des étamines un peu plus longs. Le pistil manque.

Ce genre comprend des herbes ou arbrisseaux à tige simple, à feuilles la plupart digitées, quelquefois disposées en verticille ; les fleurs réunies au sommet des tiges en ombelles simples ou composées, auxquelles succèdent des baies à deux semences. Dans ce genre est compris ce célèbre *ginseng* dont les Chinois font un usage si fréquent.

* *Espèces à tige herbacée.*

GINSEN A CINQ FEUILLES : *Panax quinquefolium*, Linn., *Spec.* ; Lamk., *Ill.*, *gen.*, tab. 860, fig. 1 ; Blackw., tab. 513 ; *Flor. médic.*, tab. 184 : *Aureliana canadensis*, Lafit., *Gins.*, 51, tab. 1 ; Catesby, *Carol.*, *App.*, tab. 16 ; *Araliastrum*, etc., Trew, *Ehret.*, tab. 6, fig. 1 : vulgairement JIN-CHEN en

Chine ; Orkhoda chez les Tartares - Mandchoux ; Garent-oguen chez les Iroquois ; Gen-Seng, Ging-Seng, Ginseng, chez les François. Cette plante, qui a joui pendant long-temps de la plus haute réputation, est pourvue de racines charnues, fusiformes, de la grosseur du doigt, longues de deux ou trois pouces, roussâtres en dehors, jaunâtres en dedans, souvent divisées en deux branches pivotantes, garnies de quelques fibres menues à leur extrémité, d'une saveur un peu âcre, légèrement amère, aromatique. Au-dessus du collet de la racine est un tissu noueux, tortueux, où sont imprimés les vestiges d'anciennes tiges détruites. Ces racines poussent, chaque année, une tige glabre, droite, haute d'un pied, très-simple, garnie à sa partie supérieure de trois feuilles pétiolées, disposées en verticille, composées chacune de cinq folioles inégales, un peu pédicellées, ovales-lancéolées, aiguës, vertes à leurs deux faces, un peu vei-nées, dentées à leurs bords. Du centre des trois feuilles s'élève un pédoncule commun qui supporte une petite om-belle simple, composée de fleurs de couleur herbacée, dont un grand nombre avortent ; il leur succède des baies arron-dies, un peu comprimées latéralement, de couleur rouge à l'époque de leur maturité. L'ovaire est quelquefois surmonté de trois styles dans les fleurs hermaphrodites.

Cette plante, cultivée au Jardin du Roi, n'a été connue en Europe qu'au commencement du dix-septième siècle ; elle y fut apportée par des Hollandois qui revenoient du Japon. Les Japonois la tiroient de la Chine : on prétend qu'elle croît dans les grandes forêts de la Tartarie, sur le penchant des montagnes, entre le 39.ᵉ et le 47.ᵉ degré de latitude septentrionale, où elle est si rare qu'elle se vendoit, chez les Chinois, trois fois son poids d'argent. On sait aujourd'hui qu'elle est très-commune dans la Virginie, le Canada et la Pensylvanie ; on en a transporté en Chine une si grande quantité qu'elle s'y vend maintenant à un très-bas prix. Il est difficile de la multiplier dans nos jardins d'Europe autrement que par des graines tirées de son pays natal, celles qu'elle donne dans nos jardins étant trop sou-vent d'une médiocre qualité, outre que ses racines se prêtent difficilement à des divisions au moyen desquelles on pourroit la propager. Sa culture consiste à la placer à l'ombre, dans la terre de bruyère, et à l'arroser pendant les chaleurs : elle ne craint pas les plus fortes gelées; elle fleurit au mois de Juin : elle perd ses tiges tous les ans; mais ses racines sont vivaces.

La haute réputation du Ginseng en a fait long-temps une plante rare et précieuse. Sa racine, qui est seule usitée en médecine, est recueillie par les Tartares et les Chinois avec beaucoup de soins et d'appareil, au commencement du printemps et à la fin de l'automne. Geoffroy rapporte, d'après le père Jartoux, que, pour la livrer au commerce, on commence par la ratisser avec un couteau de bois de bambou, en prenant garde de déchirer son écorce; on la lave ensuite dans une décoction de graine de millet ou de riz, et on la fait sécher exactement à la fumée de cette même graine, qui a été bouillie dans l'eau. Quand elle est bien sèche, on en retranche les radicules, et, lorsque le vent du nord soufle, on l'enferme dans des vases de cuivre bien clos, qu'on tient dans des endroits secs : sans cette précaution ces racines seroient en danger de se pourrir promptement, ou d'être rongées par les vers. On fait un extrait des plus petites racines, et on garde les feuilles pour s'en servir comme de thé. Le même auteur rapporte que l'empereur de la Chine avoit employé dix mille Tartares, en l'année 1709, pour recueillir cette plante dans les déserts où elle croît naturellement, les avoit fait garder par une troupe de mandarins qui campoient sous des tentes, dans des endroits convenables à la subsistance de leurs chevaux, et qui, de là, envoyoient des détachemens de troupes pour veiller à cette récolte.

M. Vaidy a décrit, d'après John Burow, un procédé différent de celui qui vient d'être exposé, mais qui paroît être véritablement employé par les Chinois, puisque l'auteur anglois le tenoit de la bouche même d'un mandarin. Selon ce procédé, on recueille les racines du ginseng après la floraison : on les lave, avec l'attention de ne point en altérer la peau : on les plonge ensuite pendant trois ou quatre minutes dans de l'eau bouillante, et on les essuie soigneusement avec un linge fin : alors on les fait sécher dans une poéle, sur un feu doux. Quand elles commencent à devenir élastiques, on les place parallèlement sur un linge humide, avec lequel on les enveloppe en les liant fortement : ces paquets sont placés eux-mêmes sur un feu doux, pour les priver de toute humidité. Enfin, on les met dans des boîtes doublées en plomb, lesquelles sont renfermées dans d'autres boîtes plus grandes, avec de la chaux vive, pour écarter les insectes. Cette racine, ainsi desséchée, est de la longueur d'environ deux pouces, de la grosseur du petit doigt, d'un jaune pâle à l'extérieur, d'une substance demi-transparente, compacte et comme cornée intérieurement ; sa saveur, quoique sucrée et analogue à celle de la racine de réglisse, est un peu amère et légèrement aromatique.

Les Indiens et les Chinois en particulier considèrent cette racine comme un analeptique précieux, comme un tonique puissant, et comme un excellent aphrodisiaque : ils lui attribuent la propriété de donner de l'embonpoint à ceux qui en font usage ; de rétablir, comme par enchantement, les forces épuisées par la fatigue, les plaisirs de l'amour ou des méditations profondes ; ils lui supposent la faculté de préserver des maladies pestilentielles, et de prévenir les accidens des maladies éruptives. Les Chinois y ont recours dans toutes leurs affections, et les gens riches, parmi eux, ne prennent pas un médicament dont le ginseng ne fasse partie. Dans la petite vérole, lorsque l'éruption cesse de pousser, on en donne une grande dose avec un heureux succès : elle augmente la transpiration, répand une douce chaleur dans le corps des vieillards, affermit tous les membres ; on prétend même qu'elle rend tellement les forces à ceux même qui sont à l'agonie, qu'elle leur procure le temps de prendre d'autres remèdes, et souvent de recouvrer la santé.

Il y a sans doute beaucoup d'exagération dans l'éloge que l'on fait des propriétés de cette racine : néanmoins le père Jartoux assure avoir éprouvé sur lui-même, pendant qu'il étoit en Tartarie, les vertus salutaires du ginseng, après un tel épuisement de travail et de fatigues qu'il ne pouvoit pas même se tenir à cheval ; et il dit qu'une heure après

en avoir pris la moitié d'une racine, il avoit été entièrement
rétabli, qu'il s'étoit senti plus vigoureux et en état de supporter le travail beaucoup mieux qu'auparavant. On ne
finiroit pas, si l'on vouloit rapporter tous les effets mira-
culeux et vraiment incroyables qu'on attribue à cette mer-
veilleuse racine, décorée, dans le style figuré des Asiatiques,
des titres *d'esprit pur de la terre*, de *recette d'immortalité*, de
reine des plantes, etc.

Toutes ces prétendues propriétés médicales du ginseng,
auxquelles le célèbre Cullen n'ajoute aucune croyance, ne
paroissent fondées, au jugement de Peyrilhe, que sur l'exagération superstitieuse des Chinois, et sur la cupidité des
négocians hollandois, très-flattés d'une erreur qui, dans un
temps de rareté, leur a fourni l'occasion de vendre une
seule de ces racines jusqu'à cent cinquante florins. Quoi
qu'il en soit, cette racine, pulvérisée, est administrée en
substance d'un à deux gros, et en infusion aqueuse ou vineuse, à dose double ou triple. On l'introduit dans des con-
serves, des biscuits et des gâteaux.

Ginsen a trois feuilles : *Panax trifolium*, Linn., *Spec.*;
Lamk., *Ill. gen.*, tab. 860, fig. 2; *Araliastrum*, etc., Trew,
Ehret., tab. 6, fig. 2; *Nasturtium marianum*, etc., Pluck.,
tab. 455, fig. 7. Cette espèce, très-rapprochée de la précédente, n'en est peut-être qu'une variété; elle en diffère
cependant par sa tige beaucoup plus courte, et par la petitesse de ses autres parties : elle parvient à peine à cinq
pouces de hauteur. Sa tige est pourvue, dans sa partie supérieure, de trois feuilles pétiolées, disposées en verticille,
composées de trois, quelquefois de quatre folioles sessiles,
ovales-lancéolées, dentées. Ses fleurs sont réunies en une
petite ombelle terminale à l'extrémité d'un pédoncule qui
semble n'être que la continuation de la tige. Cette plante
croît dans la Virginie, le Maryland, etc. Forster, *Prodr.*,
n.° 399, fait mention d'une espèce découverte dans la Nouvelle-Zélande, sous le nom de *Panax simplex*, à feuilles
alternes, lancéolées, dentées en scie; les ombelles sont composées d'autres petites ombelles ou ombellules.

** *Espèces à tige ligneuse.*

GINSEN A AIGUILLONS : *Panax aculeatum*, Linn. fils, *Supp.*; Jacq., *Icon. rar.*, 3, tab. 654 ; *Zanthoxylum trifoliatum*, Linn., *Spec.* Petit arbrisseau originaire de la Chine, qui s'élève à la hauteur d'environ trois pieds, dont les tiges, les rameaux et les pétioles sont armés d'aiguillons, et le feuillage d'un vert luisant. Ses feuilles sont alternes, pétiolées, composées chacune de trois folioles glabres, ovales, dentées à leurs bords. On trouve sous chaque pétiole un petit aiguillon très-aigu, et à leur sommet un ou deux autres, près de l'insertion des folioles; souvent même la nervure de chaque foliole est chargée de quelques petits aiguillons, et les dentelures terminées chacune par un filet très-court. Les fleurs sont pédonculées, disposées en ombelles simples, terminales, hémisphériques; les styles au nombre de trois. On cultive cette plante au Jardin du Roi; elle passe l'hiver dans l'orangerie, et se perpétue de boutures et de drageons.

Le *Panax arborea*, Linn. fils, *Supp.*, est une plante ligneuse de la Nouvelle-Zélande, dont les feuilles sont pétiolées, digitées, composées chacune de sept folioles oblongues, très-glabres, luisantes, denticulées à leurs bords, de diverse grandeur; les fleurs disposées en une grande ombelle composée, à rayons alongés : elle n'est point encore connue dans les jardins de botanique.

GINSEN DE TERNATE : *Panax fruticosum*, Linn., *Spec.*; *Scutellaria tertia*, Rumph., *Amboin.*, 4, pag. 78, tab. 33. Arbrisseau de l'île de Ternate, qu'au rapport de Rumph on cultive à Amboine, dans les jardins, non-seulement comme ornement, mais principalement à raison de son usage en médecine : ses racines et ses feuilles passent pour diurétiques; elles sont employées utilement dans la néphrétique, la dysurie, etc. Ses tiges s'élèvent à la hauteur de six ou sept pieds; elles sont garnies de feuilles alternes, pétiolées, plusieurs fois composées, deux et trois fois ailées, à folioles glabres, lancéolées, dentées et ciliées à leurs bords : les pédoncules sont ramifiés sans ordre; leurs dernières divisions portent de petites ombelles un peu lâches. Le fruit est une baie un peu comprimée, qui renferme deux semences sillonnées. Toute la plante a une odeur pénétrante qui approche de celle du persil.

Le *Panax pinnatum*, Lamk., Encycl., se distingue de la précédente par ses feuilles simplement ailées avec une impaire; les folioles ne sont pas dentées; les baies sont arrondies, légèrement comprimées, un peu plus grosses que celles du genévrier, renfermant deux semences presque osseuses. Cette plante croît dans les Moluques; elle a été figurée par Rumph, sous le nom de *scutellaria secunda*, *Herb. Amboin.*, 4, pag. 76, tab. 32. Ses feuilles ont une saveur piquante; une odeur assez forte, aromatique: quelques personnes, à Amboine, les font cuire comme potagères; d'autres les mâchent crues pour se parfumer la bouche; les femmes s'en frottent les cheveux, et en font même usage dans les bains.

GINSEN ÉLÉGANT : *Panax speciosum*, Willd., *Spec.*, 4, pag. 1126; Encycl., Supp., 2, pag. 778 (par erreur, *P. spinosa*). Grand et bel arbre, qui croît aux environs de Caracas, sur les collines stériles, et que M. Ledru a également recueilli à Porto-Ricco. Son tronc est revêtu d'une écorce blanchâtre: ses feuilles naissent à l'extrémité des rameaux; elles sont alternes, longuement pétiolées, digitées, composées de neuf à dix folioles pédicellées, longues d'un demi-pied, luisantes, veinées, d'un vert foncé en-dessus, tomenteuses et soyeuses en-dessous, un peu jaunâtres, oblongues, acuminées à leur sommet, légèrement sinuées à leurs bords. Les fleurs sont disposées en une panicule droite, alongée, terminale, pubescente, un peu blanchâtre; les ramifications courtes, presque simples, soutenant de petites fleurs en ombelles, dont le calice est pubescent, à cinq petites dents aiguës; l'ovaire comprimé, surmonté de deux styles courts, persistans. Le fruit est une baie sèche, de la grosseur d'un pois, comprimée, arrondie, contenant deux semences orbiculaires.

GINSEN A FEUILLES DORÉES : *Panax chrysophyllum*, Vahl, *Egl.*, 1, pag. 33; *Panax morotoloni*, Aubl., *Guian.*, 2, pag. 949, tab. 360; *Jacaranda*, Barr., *Æquin.*, 61, et Marcgr., *Bras.*; vulgairement BOIS-CANON BATARD, ARBRE DE SAINT-JEAN. Il a déjà été fait mention de cette plante à l'article BOIS-

CANON BATARD (voyez ce mot). Ce bel arbre est remarquable par le duvet jaunàtre et comme doré qui revêt les jeunes rameaux, le dessous des feuilles, ainsi que les pétioles, les calices et les pétales en dehors. Les feuilles sont très-amples, composées de sept à neuf folioles longues de huit à dix pouces; le pétiole commun long d'un pied. Les fleurs sont disposées en une ample panicule diffuse et terminale; les deux ramifications inférieures opposées; les autres alternes, accompagnées de bractées; les dernières divisions soutiennent des ombelles de huit à treize rayons, munies d'une écaille à leur base. Le fruit est une baie arrondie, comprimée, plus large que longue, à deux, rarement à trois loges; une semence à demi orbiculaire dans chaque loge.

GINSEN A FEUILLES RÉTRÉCIES; *Panax attenuatum*, Swartz, *Flor. Ind. occid.*, 2, pag. 562. Cette espèce, découverte à la Jamaïque, a des tiges ligneuses, pourvues de rameaux glabres, cylindriques. Ses feuilles sont alternes, éparses, pétiolées, composées de trois ou cinq folioles ovales, élargies, pédicellées, longuement rétrécies à leur sommet, roides, très-glabres, crénelées à leurs bords; les fleurs disposées en ombelles terminales, à cinq rayons très-alongés; le pédoncule commun très-court; les ombellules très-courtes; les involucres fort petits; le calice urcéolé; la corolle composée de cinq pétales ovales, aigus et caducs; le fruit glabre, arrondi, un peu comprimé. (POIR.)

GINTEL. (*Ornith.*) Voyez GYNTEL. (CH. D.)

GIOÇARA. (*Bot.*) Voyez GIÇARA. (J.)

GIOÉNIA, *Char.* (*Malacoz.*) Dénomination qui rappelle à la fois une des plus fortes supercheries qui aient été faites en histoire naturelle, et combien il est important d'avoir des notions positives sur l'organisation des animaux avant de recueillir dans des traités généraux les observations particulières. On sait en effet, depuis la remarque qui en fut faite par Draparnaud, que l'animal dont un chevalier de Malte sicilien, Gioéni, avoit proposé modestement de faire sous son propre nom un genre et même une nouvelle famille de testacés, auquel un zoologiste allemand, nommé Retzius, avoit cru devoir donner le nom de *tricla*, et qu'enfin Bruguières, dans l'Encyclopédie méthodique, avoit décrit et figuré sous la dénomination de Char, n'est autre chose que l'estomac d'une espèce de bulle, la bulle-oublie, *bulla lignaria;* et cependant Gioéni en décrivit les mœurs et les habitudes avec un assez grand nombre de particularités, dont nous croyons devoir donner l'extrait. « Étant, dit-il, à examiner les basaltes « volcaniques qui de l'Etna s'étendent à la mer Ionienne, les « pêcheurs me montrèrent plusieurs multivalves dont la figure « singulière me frappa, et qu'ils me dirent ne connoître que « depuis un assez petit nombre d'années et depuis qu'ils em- « ployoient une espèce de filet qui racle le fond de la mer. « Comme il m'étoit impossible de reconnoître l'animal ainsi « contracté, je m'avisai d'en chercher de vivans. Je réussis « enfin à m'en procurer quelques-uns dans un vase rempli « d'eau de mer. Leur vie assez courte ne me permit que de « joindre quelques particularités à la description que j'en vais « donner. » Il commence en effet par donner des détails nombreux et assez exacts sur l'extérieur et l'intérieur de ce prétendu animal; après quoi il ajoute : « Cet animal vit entiè- « rement caché sous le sable : pour en sortir, il se fait un « chemin avec son écusson (la plus petite pièce calcaire de « l'estomac), qu'il meut en tout sens, et par son moyen il « s'élève sur le tranchant des deux valves; il pose ensuite à « terre la trachée postérieure (c'est le commencement de l'in- « testin), et dirige l'autre (l'œsophage) verticalement. Le « même écusson sert au mouvement progressif: l'animal l'avance « en retirant la partie supérieure et la comprimant sur le sable; « il se traîne ensuite lentement, mais avec tant de force qu'il « laisse derrière lui deux sillons formés par le tranchant de « ses valves, comme pourroit le faire un char. Il m'a semblé « qu'il pouvoit à peine faire une ligne de chemin en huit se- « condes. Il se dirige en arrière par le même mécanisme, mais « encore beaucoup plus lentement. Dans ses mouvemens je « lui ai vu alonger la trachée supérieure et tâter le sol, peut- « être pour chercher ses alimens. Au moindre choc il la rentre « entièrement en dedans, en la mettant à couvert sous la partie « supérieure de l'écusson; si le choc est plus violent, l'animal « tombe sur l'un des flancs, tâchant de se creuser, à l'aide de « son écusson, un abri sous le sable. Dans cette position, et

« en le prenant entre les doigts, j'ai vu comment, avec le même
« organe il peut couvrir et défendre à volonté les deux ouver-
« tures sur lesquelles il se trouve. » Ces détails sur les habitudes
d'un estomac, dont la description est réellement fort exacte,
sont tellement circonstanciés, qu'il est peut-être permis de
croire que, lorsqu'il est détaché immédiatement de l'animal,
il conserve encore quelque temps la faculté de se mouvoir,
et que ce sont ces mouvemens particuliers que Gioéni a con-
vertis en mouvemens de translation. Quoi qu'il en soit, les
résultats de son erreur ou de sa supercherie sont consignés
dans une dissertation de 24 pages in-8.°. imprimée, en 1782.
à Naples, sous le titre de *Descrizione di una nuova famiglia
e di un nuovo genere di testacei, trovati nel littorale di Catania
da Giuseppe Gioeni, etc.*, avec une planche qui donne les
figures détaillées de l'estomac sous toutes ses faces. (De B.)

GIOGLIO (*Bot.*), nom italien de l'ivraie vivace, *lolium
perenne*, selon Daléchamps, ainsi que de l'ivraie des blés,
lolium temulentum, qui est aussi nommée *loglio*. (J.)

GIOJA (*Ornith.*), nom du coracias, à Turin, où le choucas
des Alpes est appelé *gioja d'mountagna*. (Ch. D.)

GIOL (*Bot.*), nom de l'ivraie, *lolium temulentum*, aux environs de Montpellier, selon M. Gouan. (J.)

GIOLET (*Bot.*), un des noms vulgaires de la momordique
élastique. (L. D.)

GIORNA. (*Ichthyol.*) M. de Lacépède a donné ce nom à
une espèce de raie que l'on a rangée depuis parmi les cépha-
loptères. Voyez ce mot. (H. C.)

GIP-GIP. (*Ornith.*) On appelle ainsi, au Brésil, une espèce de martin-pêcheur, *alcedo brasiliensis*, Lath. (Ch. D.)

GIRAFE, GIRAFFE; *Camelopardalis*, Linn. (*Mamm.*) Nom
dérivé du nom arabe *girnaffa*, et que les Européens ont adopté
pour désigner le plus élevé des mammifères connus.

La girafe appartient à la famille des ruminans, où elle
constitue, à elle seule, un genre qui, d'une part, a des rapports avec les cerfs, et de l'autre avec les antilopes. Elle a
le front couronné, comme les premiers, de deux protubérances osseuses qui ne sont point revêtues de matière cornée,
et, comme dans les seconds, ces protubérances, n'étant point
caduques, restent constamment couvertes de peau et de poils.

Lorsque cet animal a acquis toute sa grandeur et qu'il relève sa tête, il a jusqu'à vingt pieds de hauteur, et il doit surtout cette taille considérable à ses jambes de devant et à son cou, qui leur est proportionné ; son train de derrière est beaucoup plus bas que celui de devant, ce qui donne à son corps et doit donner à ses mouvemens un caractère tout particulier. Sa tête a des analogies de forme avec celle des chameaux ; mais, ce qui la caractérise essentiellement, c'est l'élévation sphérique très-grande de la partie moyenne de son chanfrein. Ses organes de la mastication sont semblables à ceux des ruminans à cornes creuses, c'est-à-dire qu'il a huit incisives inférieures et six molaires de chaque côté des deux mâchoires, et point de canines comme les chameaux, les chevrotains et quelques cerfs ; sa lèvre supérieure est très-grande et très-mobile, mais entière et sans muffle ; ses oreilles ressemblent à celles du bœuf, ainsi que sa langue, qui est couverte de papilles cornées. Du reste il a tous les caractères généraux des Ruminans (voyez ce mot). Son pelage est ras, gris, parsemé de grandes taches jaunâtres, en forme de parallélogrammes ; sa queue, qui descend jusqu'aux jarrets, est terminée par une touffe de poils noirs ; tout le long de son cou règne une crinière droite, alternativement composée de poils noirs et jaunes ; et les protubérances de sa tête sont garnies à leur sommet, qui est obtus, de poils roides et droits, qui y forment une sorte de brosse.

La patrie de cet animal est l'Afrique. Aujourd'hui, pour le trouver, il faut s'avancer dans l'intérieur de ce continent, où il paroît avoir été moins rare autrefois ; car depuis fort long-temps il n'en a point été amené en Europe, et les Romains en ont vu plusieurs. Il a été décrit très-distinctement par Oppien et Strabon. Pline l'indique, et nous apprend que César le fit voir le premier à Rome aux jeux du cirque. Le nom de caméléopard lui avoit été donné par les Latins (car les Grecs ne le connurent point), à cause des rapports qu'il a avec le chameau par son naturel et sa taille, et avec la panthère par ses taches.

D'après ce que la plupart des voyageurs rapportent, on voit que la girafe est un animal assez facile à apprivoiser, et comme il est très-fort, il ne seroit peut-être pas impossible de le soumettre utilement, en Afrique, à la domesticité.

Nous avons donné dans l'Atlas une figure originale de la girafe, faite d'après le squelette et la peau bourrée qui se trouvent dans le Muséum d'histoire naturelle. (F. C.)

GIRAFRA. (*Mamm.*) C'est ainsi que Jonston écrit le nom de la girafe. (F. C.)

GIRALDIEU (*Ornith.*), un des noms vulgaires de la marouette, *rallus porzana*, Linn. (Ch. D.)

GIRANDETS et GIRANDOLES. (*Bot.*) Voyez Girolles. (Lem.)

GIRANDOLE (*Bot.*), nom vulgaire sous lequel on désigne l'*amaryllis orientalis*, et la gyroselle, *meadia dodecatheon*. (L. D.)

GIRANDOLE D'EAU (*Bot.*), nom vulgaire de l'*hottonia palustris*. (L. D.)

GIRARD (*Ornith.*), un des noms vulgaires du geai commun, *corvus glandarius*, Linn. (Ch. D.)

GIRARD-ROUSSIN (*Bot.*), un des noms vulgaires de l'asaret d'Europe. (L. D.)

GIRARDE. (*Bot.*) On donne ce nom à une variété de la julienne des dames. (L. D.)

GIRARDEL. (*Ornith.*) L'oiseau auquel on donne ce nom dans les environs du lac Majeur, est rapporté, par Brisson, à sa grande barge grise, *scolopax glottis*, Linn.; *lotanus glottis*, Bechst., et chevalier aboyeur de M. Temminck. (Ch. D.)

GIRARDELLA COLUMBA. (*Ornith.*) Nom que, suivant Aldrovande, les Milanois donnent à la grinette, *fulica nœvia*, Linn., et *gallinula nœvia*, Lath. Brisson applique ailleurs le mot *girardello* au corlieu, *scolopax phœopus*, Linn. (Ch. D.)

GIRARDINE. (*Ornith.*) Dans le département de la Somme, on donne ce nom, que les Milanois écrivent *giraldina*, à la marouette ou petit râle d'eau, *rallus porzana*, Linn. (Ch. D.)

GIRASOL. (*Bot.*) Les Portugais nomment ainsi le grand soleil des jardins, *helianthus annuus*, au rapport de Vandelli. Dodoens dit que le girasole des Italiens est le ricin ordinaire, et Mentzel, que c'est le tournesol, *crotum tinctorium*. On trouve encore dans Clusius le nom de *girasol*, donné, sur la côte malabare, à une variété du fruit du jaquier de l'Inde, *artocarpus jacca*, laquelle est regardée comme inférieure pour le goût à celle nommée *barca*. Un autre *girasol*, cité, par Linscot et C. Bauhin, est la variété de riz la plus estimée dans l'Inde ; celle dont on fait le moins de cas, est nommée *chambasal*. (J.)

GIRASOL. (*Min.*) Les joailliers, les lapidaires, les amateurs et les anciens minéralogistes ont donné ce nom à une variété de quarz ou de silex, dont la transparence est troublée par un nuage légèrement laiteux qui reflète une lumière aurore quand on la tourne vers le soleil.

M. de Bournon, qui a rassemblé une suite magnifique de variétés de cette pierre, pense même encore qu'elle doit constituer une espèce distincte et séparée du quarz et de la calcédoine, à laquelle il propose de conserver le nom de *girasol*. En attendant que l'analyse et la forme cristalline, qui sont les seuls fondateurs de l'espèce en minéralogie, aient détruit ou confirmé l'opinion de ce savant minéralogiste, nous continuerons de ranger cette substance dans notre espèce Silex, à côté des *hydrophanes* et des *opales*, avec lesquels le girasol a la plus grande analogie, puisque, d'une part, certaines variétés acquièrent de la transparence dans l'eau, et que ses reflets le disputent parfois à ceux de l'opale.

Les fabriques d'émaux fournissent aux lapidaires une composition laiteuse où il entre une petite quantité d'étain, et qui imite fort exactement le girasol naturel. Voyez SILEX, GIRASOL. (BRARD.)

GIRASOL FEUILLETÉ (*Bot.*), ou GIRASOLE DES ITALIENS, selon Micheli et Paulet : petit agaric blanc, à chapeau noir au sommet, avec de petites zones circulaires, fauves, distinctes entre elles et cependant comme séparées les unes des autres, et à stipe creux et cylindrique. (LEM.)

GIRASOL ORIENTAL. (*Min.*) C'est le nom vulgaire du corindon-télésie, qui offre des reflets d'une légère teinte de rouge et de bleu sur un fond translucide et laiteux. Il ne faut pas le confondre avec le saphir astérie, qui présente l'image d'une brillante étoile à six rayons sur un fond d'azur. Voyez CORINDON, TÉLÉSIE, GIRASOL. (BRARD.)

GIRATORES. (*Ornith.*) Cette dénomination latine est

donnée par M. de Blainville, dans son Prodrome, à un ordre d'oiseaux comprenant les pigeons, et dont les caractères sont d'avoir les pieds marcheurs, et l'externe des quatre doigts à demi palmé. (Ch. D.)

GIRAU (*Ornith.*), nom du geai commun, *corvus glandarius*, Linn., dans les confins du Brabant. (Ch. D.)

GIRAUMONT. (*Bot.*) On donne ce nom à une variété de la courge-pepon. (L. D.)

GIRAWECZ (*Ornith.*), nom illyrien de la grive mauvis, *turdus iliacus*, Linn. (Ch. D.)

GIRCHI. (*Mamm.*) C'est le nom d'un écureuil chez les Burates. (F. C.)

GIRELLA. (*Mamm.*) Ruysch dit qu'on appelle ainsi, en Autriche, un animal qu'il rapporte aux rats et qu'il dit être de la grandeur d'une belette : on ne peut point le reconnoître à ces particularités. (F. C.)

GIRELLA (*Ichthyol.*), nom que, suivant M. Risso, on donne, à Nice, à son *labre Giofredi*. (H. C.)

GIRELLE, *Julis*. (*Ichthyol.*) M. Cuvier a récemment donné ce nom à un genre de poissons de la famille des léiopomes. Il l'a formé aux dépens de celui des *labres* des autres ichthyologistes, et il y place les espèces de ce genre qui présentent les caractères suivans :

Une seule nageoire dorsale ; catopes thoraciques ; tête entièrement lisse et sans écailles ; ligne latérale fortement coudée vers la fin de la nageoire dorsale ; ni épines ni dentelures aux opercules et aux préopercules.

Le type de ce genre, qui diffère des Labres proprement dits en ce que ceux-ci ont les joues et les opercules couvertes d'écailles et la ligne latérale droite, est :

La Girelle de la mer méditerranée : *Julis vulgaris ; Labrus julis*, Linn. Les deux dents de devant de la mâchoire supérieure plus grandes que les autres ; teinte générale d'un violet éclatant, relevée de chaque côté par une bande en zigzag d'un bel orangé ; nageoire caudale arrondie ; une bande jaune, une bande rouge et une bande bleue, placées l'une au-dessus de l'autre sur les nageoires dorsale et anale. Taille de trois à cinq ou six pouces.

Ce poisson, d'une forme élégante, et sur lequel brillent

d'un doux éclat les couleurs les plus vives, est regardé généralement comme un des plus beaux des eaux de l'Europe. Il vit par troupes au milieu des rochers, dans la mer Méditerranée et dans la mer Rouge. Il est commun sur les rivages de plusieurs des îles de l'Archipel de la Grèce. Sa chair est ferme et délicate. Il se nourrit de petits crustacés et de frai de poisson, et il mord aisément à la ligne.

Il y a plusieurs variétés dans cette espèce. On croit pouvoir distinguer les individus mâles à deux taches placées l'une au-dessus de l'autre sur les premiers rayons de la nageoire du dos, et dont la supérieure est rouge et l'inférieure noire.

Il paroit qu'Aristote, Athénée, Élien et Oppien, ont parlé de ce poisson sous le nom de ιουλις.

Les autres espèces rapportées au genre GIRELLE ont été partagées en deux sections.

§. 1.ᵉʳ *Girelles ayant des pores à la tête.*

La GIRELLE A GRANDES ÉCAILLES : *Julis macrolepidota; Labrus macrolepidotus*, Bloch, 284, 2. Mâchoires également avancées; tête courte et comprimée; deux demi-cercles de pores muqueux au-dessous des yeux; nageoire caudale arrondie; écailles très-grandes, lisses, rondes; teinte générale jaune; nageoires nuancées de violet; des taches violettes sur les opercules, et quelques taches bleues à l'origine de la nageoire dorsale.

On croit que cette espèce vit dans les mers des Indes orientales.

La GIRELLE A DEUX RAIES : *Julis bivittata; Labrus bivittatus*, Bloch, 284, 1. Toutes les nageoires pointues, excepté celle de la queue, qui est arrondie : tête large à son sommet et comprimée sur les côtés; front étroit; dos et ventre rouges; côtés jaunes; nageoires nuancées de violet et de jaune; deux raies brunes le long du corps, l'une passant au-dessus de l'œil, l'autre sur le ventre.

Bloch a, le premier, fait connoître ce poisson, dont la patrie n'a point encore été indiquée.

La GIRELLE A DEUX BANDES : *Julis bifasciata; Labrus bifas-*

ciatus, Bloch, 283. Nageoire caudale en croissant ; dos gris ; tête violette ; poitrine blanche ; nageoires dorsale et anale rougeàtres, bordées de bleu ; catopes et nageoires pectorales jaunes ; caudale brune avec une grande tache bleue ; deux bandes brunes transversales sur le corps ; bouche petite ; màchoires égales et garnies d'une rangée de dents serrées, dont celles de devant sont les plus longues ; yeux petits ; iris vert ; écailles grandes, minces et lisses.

Des Indes orientales.

La GIRELLE MÉLAPTÈRE, *Julis melaptera*, que Bloch a nommée *Labrus melapterus*, et qu'il a figurée sous ce nom dans son grand ouvrage, n'est, suivant M. Cuvier, que le *coris angulatus* de M. de Lacépède. Nous en avons parlé à l'article COaIS, et nous y renvoyons le lecteur.

§. 2. *Girelles n'ayant point de pores sur la tête.*

La GIRELLE DU BRÉSIL : *Julis brasiliensis ; Labrus brasiliensis*, Bloch, 280. Nageoire caudale trilobée, à premier et à dernier rayons prolongés en arrière ; deux dents recourbées, et plus longues que les autres, à la màchoire supérieure ; quatre dents semblables à la màchoire inférieure ; deux ou trois lignes longitudinales bleues sur les nageoires dorsale et anale, qui, de même que presque tout le corps, brillent de l'éclat de l'or ; nageoires pectorales et caudale bleues, ainsi que les catopes ; écailles grandes et lisses.

Ce beau poisson, dont on trouve la description dans les manuscrits du prince Maurice de Nassau, vit dans les eaux du Brésil. Il parvient à la grosseur d'une carpe et passe pour un manger délicat.

La GIRELLE CROISSANT : *Julis lunaris ; Labrus lunaris*, Linn. Nageoire caudale en croissant ; tête large et oblongue ; bouche étroite ; opercules des branchies terminées en pointe et rayées de lignes blanches ; tête de couleur pourprée ; iris argenté ; corps cendré ; une tache oblongue sur chaque écaille ; queue rousse ; une ou deux raies pourprées sur les nageoires pectorales, dorsale et anale.

Des mers de l'Inde et de l'Amérique méridionale.

La GIRELLE TÊTE-BLEUE : *Julis cyanocephala ; Labrus cyanocephalus*, Bloch, 286. Nageoire caudale arrondie ; ligne la-

18. 36

térale interrompue ; écailles grandes, rondes et minces ; opercules terminées en pointe du côté de la queue ; tête et dos bleus ; côtés argentés ; nageoires d'un gris tirant sur le vert.

Bloch, qui a décrit ce poisson, n'en connoissoit point la patrie.

La GIRELLE VERTE : *Julis viridis ; Labrus viridis*, Bloch, 282. Nageoire caudale trilobée, à premier et à dernier rayons très-prolongés en arrière ; les deux dents de devant de chaque mâchoire plus longues que les autres ; écailles vertes, bordées de jaune ; nageoires jaunes, bordées ou rayées de vert.

De la mer du Japon.

La GIRELLE HÉBRAÏQUE : *Julis hebraica ; Labrus hebraicus*, Lacép., III, pl. 29, fig. 3. Des raies imitant les caractères hébraïques ou orientaux, sur la tête et les opercules ; une petite tache à la base d'un très-grand nombre d'écailles ; nageoire caudale trilobée.

Ce poisson a été dessiné et observé par Commerson dans le grand Océan équatorial. M. Risso dit qu'il vit aussi dans la mer Méditerranée, et qu'il s'approche des rochers du Saint-Hospice, dans le voisinage de Nice, en Juin et en Octobre. Suivant ce dernier naturaliste, sa taille est d'environ un pied, et sa chair est grasse et délicate.

La GIRELLE MALAPTÈRE : *Julis malaptera ; Labrus malapterus*, Bloch, 286, 2. Bouche étroite ; écailles grandes et lisses ; teinte générale d'un blanc bleuâtre, avec cinq taches noirâtres de chaque côté, et les nageoires nuancées de jaune et de bleu.

Des mers du Japon.

La GIRELLE MALAPTÉRONOTE : *Julis malapteronota ; Labrus malapteronotus*, Lacép., III, 31, 1. Mâchoire inférieure un peu avancée ; dents antérieures de la mâchoire inférieure inclinées en avant ; une tache foncée sur la pointe de l'opercule ; nageoire caudale arrondie.

Le nom spécifique de ce poisson, tiré du grec μαλακος, *mou*, πτερὸν, *nageoire*, et νῶς, *dos*, indique une des particularités qui le distinguent, celle de n'avoir que des rayons mous à la nageoire du dos.

M. de Lacépède a, le premier, fait connoître aux naturalistes, d'après les manuscrits de Commerson, la girelle malaptéronote, qui habite le grand Océan équatorial.

La GIRELLE-PARTERRE : *Julis hortulana; Labrus hortulanus*, Lacép., III, 29, 2. Nageoire dorsale basse; museau avancé; dents de la mâchoire supérieure presque horizontales; deux lignes latérales se réunissant en une vers le milieu de la nageoire du dos; nageoire caudale arrondie; la surface du corps et de la queue divisée par des raies obliques en losanges, dont le milieu présente une tache; des taches sur la tête et les opercules.

Observée, comme la précédente et la suivante, par Commerson, dans le grand Océan équatorial.

La GIRELLE TÉNIOURE : *Julis tœnioura; Labrus tœniourus*, Lacép., III, 29, 1. Les dents des deux mâchoires grandes et séparées; écailles grandes et bordées d'une couleur foncée; nageoire caudale arrondie, avec une bande transversale à la base, disposition qu'indique le mot *ténioure*.

La GIRELLE CHLOROPTÈRE : *Julis chloroptera; Labrus chloropterus*, Bloch, 288; *Sparus chloropterus*, Lacép. Nageoire caudale arrondie; chaque mâchoire garnie de deux dents alongées, saillantes et placées sur le devant, et de deux rangées de molaires arrondies et inégales en grandeur; une partie de la nageoire caudale couverte de petites écailles; couleur générale verdâtre; toutes les nageoires vertes; tête comprimée, brune et rayée de bleu; anus plus proche de la tête que de la nageoire caudale.

Des mers du Japon.

La GIRELLE HÉMISPHÈRE : *Julis hemisphœrium; Sparus hemisphœrium*, Lacép. Tête arrondie en demi-sphère; dents antérieures de la mâchoire supérieure plus longues que les autres; ligne latérale double de chaque côté; nageoire caudale arrondie, avec une bande transversale courte à l'extrémité; une tache noire à la base de chaque nageoire pectorale et à la partie antérieure de la dorsale.

Observée par Commerson dans le grand Océan équinoxial.

La GIRELLE BRACHION : *Julis brachion; Sparus brachion*, Lac., III, 18, 3. Chaque nageoire pectorale fixée à un prolongement charnu; dix incisives plates et larges sur le devant de la mâchoire supérieure ; huit incisives presque semblables sur le devant de celle d'en-bas ; nageoire caudale arrondie ; nageoires dorsale et anale très-longues et très-hautes.

De l'Océan équinoxial, comme le précédent.

La GIRELLE FASCÉE : *Julis fasciata; Hologymnosus fasciatus,* Lacép. Nageoire dorsale longue et basse ; quatorze bandes transversales étroites, régulières et inégales, et trois raies très-courtes et longitudinales de chaque côté de la queue ; écailles presque invisibles ; nageoire caudale courte et presque rectiligne ; mâchoires égales : dents petites et aiguës.

Ce poisson, qui vit aussi dans le grand Océan équatorial, a servi de type à M. de Lacépède pour l'établissement d'un genre particulier, que M. Cuvier n'admet point. (Voyez Holog mose.)

La GIRELLE DEMI-DISQUE : *Julis semi-discus; Labrus semi-discus,* Lacép. Nageoires dorsale et anale festonnées ; une tache en forme de demi-disque à l'extrémité de la nageoire caudale, qui est en croissant.

La GIRELLE CERCLÉE : *Julis doliata; Labrus doliatus,* Lacép. Nageoire caudale en croissant ; vingt-trois bandes transversales de chaque côté du corps.

Ces deux espèces vivent dans le grand golfe de l'Inde. (H. C.)

GIRELLO. (*Ichthyol.*) Suivant M. Risso, à Nice, on donne ce nom à la girelle, *julis vulgaris.* Voyez GIRELLE. (H. C.)

GIRELLO TURCO. (*Ichthyol.*) D'après le même naturaliste, on appelle ainsi, à Nice, la girelle hébraïque, que M. de Lacépède a rangée parmi les labres. Voyez GIRELLE. (H. C.)

GIRERLE. (*Ornith.*) On nomme ainsi, en Suisse, la grive mauvis, *turdus iliacus,* Linn. Aldrovande écrit ce mot *Gixerle.* (CH. D.)

GIRGILIEN. (*Bot.*) Voyez GANGILA. (J.)

GIRI, GOTOO (*Bot.*) : noms japonois du *volkameria japonica* de M. Thunberg. Le *giri-kolinjam* des Brames, *malainschi-kua* du Malabar, est le *helenia allughas* de Willdenow. (J.)

GIRIFALCO ou GERFALCO. (*Ornith.*) On désigne par ces noms, en Italie, le gerfaut, *falco gyrfalco* ou *hierofalco.* (CH. D.)

GIRIMASO (*Bot.*), nom brame du bengiri des Malabares. Voyez Bengiri. (J.)

GIRINO (*Erpétol.*), nom italien des têtards, des crapauds et des grenouilles. (H. C.)

GIRITILLA. (*Bot.*) Burmann, dans son *Thes. Zeyl.*, cite et figure sous ce nom une plante de Ceilan, qu'il rapporte au genre *Lysimachia*, en indiquant comme synonyme une autre *lysimachia* de Hermann, et Linnæus réunit ensemble les trois dans son *Fl. zeyl.*; mais il n'en fait aucune mention dans ses *Species*, et la même omission a lieu dans les éditions postérieures de cet ouvrage. Burmann fils rapportoit la plante mentionnée par son père à l'*exacum pedunculatum* de la famille des gentianées, qui paroît avoir avec elle beaucoup d'affinité; mais ce rapprochement n'a pas été adopté par Willdenow, et sa place définitive est encore incertaine. D'une autre part, Hermann cite un *ghinitilla*, qui est selon lui une gentiane aquatique, et un *ghirittella*, qu'il dit être un liseron; ce qui jette beaucoup d'incertitude sur les plantes qui portent ces noms. (J.)

GIRIY (*Bot.*) : nom brame du Biti-maram-maravara. Voyez ce mot. (J.)

GIRLITS. (*Ornith.*) Ce nom allemand, qui s'écrit aussi *Girlitz*, désigne le cini, *fringilla serinus*, Lath. (Ch. D.)

GIRNAFFA (*Mamm.*), nom arabe de la Girafe. Voyez ce mot. (F. C.)

GIROFLADE DE MER. (*Zoophyt.*) Rondelet, et non Belon, comme le veut le Nouveau Dictionnaire d'hist. natur., dit que les pêcheurs de la Méditerranée donnoient de son temps, à cause de son odeur semblable à celle de l'œillet, ce nom à une espèce de Rétépore de M. de Lamarck, *Millepora cellulosa*, Linn. (De B.)

GIROFLÉE. (*Bot.*) Anciennement on nommoit ainsi non-seulement un *cheiranthus*, qui portoit aussi le nom de violier, mais un œillet, qui est encore la *girouflada* des Languedociens, le *garofoli* des Italiens, le *carpiphyllus* des anciens botanistes. (J.)

GIROFLÉE; *Cheiranthus*, Linn. (*Bot.*) Genre de plantes dicotylédones, de la famille des crucifères, Juss., et de la tétradynamie siliqueuse de Linnæus, dont les principaux

caractères sont les suivans : Calice de quatre folioles droites,
deux d'entre elles souvent un peu bossues à leur base; corolle de quatre pétales à onglet plus long que le calice; six
étamines, dont deux plus courtes que les autres; un ovaire
supérieur, linéaire, surmonté d'un style court et terminé
par un stigmate bifide ou trifide; silique alongée, à deux
valves, à deux loges, contenant plusieurs graines plates,
ordinairement entourées d'un rebord particulier.

Les giroflées sont des plantes herbacées ou suffrutescentes,
à feuilles alternes et à fleurs disposées au sommet de la tige
ou des rameaux en épis, ou en grappes souvent d'un bel
aspect. On en connoît aujourd'hui une trentaine d'espèces,
toutes naturelles à l'ancien continent, et parmi lesquelles
plusieurs sont depuis long-temps cultivées pour l'ornement
des jardins. Nous parlerons seulement des suivantes.

* *Fleurs purpurines, violettes ou blanches; feuilles
cotonneuses.*

Giroflée triste : *Cheiranthus tristis*, Linn., *Spec.*, 925; *Leucoium minus*, etc., Barrel., *Icon.*, n.° 803 et 999. Le bas de
sa tige forme une souche un peu ligneuse, partagée en plusieurs rameaux longs de huit à douze pouces, garnis de
feuilles lancéolées-linéaires, couvertes d'un duvet court, à
poils rayonnans; les inférieures sont sinuées et même pinnatifides; les supérieures sont communément entières et plus
étroites. Ses fleurs, d'une couleur ferrugineuse ou purpurine obscure, sont sessiles le long de la partie supérieure
des rameaux et disposées en épi lâche : elles exhalent, surtout le soir, une odeur agréable. Les fruits sont des siliques
grêles, linéaires, blanchâtres et cotonneuses comme le reste
de la plante, terminées par le stigmate sessile, à trois lobes
peu prononcés. Cette plante croit dans les lieux arides et
pierreux de la Provence, du Languedoc, de l'Espagne et de
l'Italie.

Giroflée a trois pointes : *Cheiranthus tricuspidatus*, Linn.,
Spec., 926; *Leucoium marinum*, Camer., *Hort.*, 87, t. 24. Sa
racine, pivotante, annuelle, donne naissance à une tige
souvent rameuse dès sa base, haute de six pouces à un pied,
garnie de feuilles oblongues, sinuées ou presque en lyre,

abondamment chargées, ainsi que toute la plante, de poils qui les rendent blanchâtres et molles au toucher. Ses fleurs sont presque sessiles, d'une grandeur moyenne, purpurines, disposées en épis lâches au sommet des rameaux. Les fruits sont des siliques cylindriques, terminées par trois pointes divergentes. Cette espèce se trouve dans les lieux sablonneux sur les bords de l'Océan et de la Méditerranée.

Giroflée sinuée : *Cheiranthus sinuatus*, Linn., *Spec.*, 926; *Leucoium marinum majus*, Clus., *Hist.*, 298. Sa racine est pivotante, très-longue, bisannuelle; elle produit une tige cylindrique, abondamment couverte, ainsi que toute la plante, d'un duvet court et serré, haute d'un pied et plus, simple inférieurement, plus ou moins rameuse dans sa partie supérieure. Ses feuilles sont oblongues-lancéolées, sinuées en leurs bords, quelquefois très-entières. Ses fleurs sont purpurines, assez grandes, pédonculées, disposées au sommet de la tige et des rameaux en grappes lâches. Les siliques sont très-longues, tétragones. Cette plante croit dans les sables, sur les rivages de l'Océan et de la Méditerranée.

Giroflée annuelle; vulgairement Quarantain, Quarantaine, Violier d'été: *Cheiranthus annuus*, Linn., *Spec.*, 925. Sa racine, pivotante, annuelle, produit une tige droite, haute d'un pied ou environ, divisée dans sa partie supérieure en plusieurs rameaux cotonneux. Ses feuilles sont lancéolées-oblongues, molles au toucher, d'un vert blanchâtre, entières ou à peine dentées. Ses fleurs sont grandes, d'une odeur agréable, portées sur de courts pédoncules et disposées en grappes terminales; elles ont leurs pétales larges et arrondis. Les siliques sont cylindriques, terminées en pointe. Cette plante croit sur les bords de la mer, en Languedoc et dans l'Europe méridionale.

Cette giroflée, dont la culture a été depuis long-temps très-soignée dans les jardins, produit de belles fleurs doubles de quatre couleurs principales, qui sont le violet, le rouge, la couleur de chair et le blanc, et dans ces différentes couleurs plus de vingt nuances différentes. On sème tous les ans ses graines sur couche, en Mars, pour avoir des fleurs en Juin, et plus tard, en Avril et Mai, pour en jouir pendant tout l'été. Les fleurs se succèdent les unes aux autres, et durent long-temps quand on a le soin de couper celles qui sont passées. Ce n'est que des simples qu'on peut recueillir des graines : les doubles sont stériles.

Giroflée blanchâtre, vulgairement Giroflée ou Violier des jardins; *Cheiranthus incanus*, Linn., *Spec.*, 924; *Leucoium candidum majus*, Dod., *Pempt.*, 159. Cette espèce ressemble beaucoup à la précédente : elle s'en distingue seulement par sa tige vivace, moitié plus élevée, et par ses siliques un peu tronquées à leur sommet, terminées par le stigmate à deux lobes. Ses fleurs varient du violet et du pourpre jusqu'au blanc. Ses graines sont comprimées, bordées d'une membrane blanchâtre. Cette plante croit dans les lieux maritimes du midi de la France et en Espagne.

La giroflée des jardins, cultivée depuis long-temps, de même que l'espèce précédente, a fourni, comme elle, de belles variétés à fleurs doubles et de différentes couleurs. On sème ses graines au printemps sur couche, ou simplement dans du terreau à une bonne exposition, et lorsque les jeunes plantes ont environ trois pouces de hauteur, on les repique sur une autre couche dont le feu est passé, à douze ou quatorze pouces l'une de l'autre, et on les y laisse jusqu'à ce qu'elles commencent à marquer, ainsi que le disent les jardiniers, c'est-à-dire jusqu'à ce que l'on puisse reconnoître à la forme de leurs boutons si elles donneront des fleurs doubles ou simples. Le bouton alongé marque des fleurs simples; celui qui est arrondi, en annonce de doubles. Tous les pieds reconnus avoir cette dernière qualité sont mis dans des pots, afin de pouvoir les mettre à l'abri des gelées pendant l'hiver, et on arrache la plus grande partie des autres, n'en conservant que le nombre nécessaire pour se procurer des graines. Cette giroflée est assez difficile à gouverner pendant l'hiver; car elle craint les brouillards, l'humidité, et elle n'aime point d'ailleurs les serres où l'on fait du feu. Il faut lui faire prendre l'air aussi souvent qu'il sera possible, et toujours au soleil. Ses fleurs ont une douce odeur de girofle, et elles produisent par leurs belles couleurs un effet très-agréable; on en jouit depuis le mois de Juin jusqu'en Août.

** *Fleurs jaunes; feuilles glabres ou au moins non cotonneuses.*

GIROFLÉE CHANGEANTE ; *Cheiranthus mutabilis,* Willd. , *Spec.* 3, p. 517 ; Curt., *Bot. Mag.,* n.° et t. 195. Ses tiges sont ligneuses, divisées en rameaux garnis de feuilles lancéolées, glabres, acuminées, rétrécies en pétiole à leur base, dentées en leurs bords. Ses fleurs sont pédicellées, disposées en grappes terminales, remarquables par leurs pétales entiers, d'abord jaunes, et prenant ensuite une couleur purpurine. Les siliques sont étroites, terminées par un stigmate en tête et échancré. Cette espèce est originaire de l'île de Madère. On la cultive dans quelques jardins : elle ne donne que des fleurs simples. Elle peut passer les hivers doux en pleine terre ; mais il est plus certain de la rentrer dans l'orangerie. On la multiplie de graines ou de boutures. Ses fleurs paroissent dès le mois de Mars.

GIROFLÉE DE MURAILLE ; vulgairement GIROFLÉE JAUNE, RAVE-NELLE, VIOLIER JAUNE : *Cheiranthus cheiri,* Linn., *Spec.,* 924 ; *Leucoium aureum,* Matth., *Valgr.,* 877. Sa tige est nue, dure et presque ligneuse dans sa partie inférieure, divisée en rameaux feuillés, hauts de six pouces à un pied dans la plante sauvage, et jusqu'à deux pieds dans celle qui est cultivée. Ses feuilles sont lancéolées, entières, aiguës, à peu près glabres, et d'un vert médiocrement foncé. Ses fleurs sont assez grandes, d'un beau jaune d'or dans la plante sauvage, d'une odeur agréable, et disposées en grappe au sommet des rameaux. Les siliques sont très-légèrement tétragones, un peu comprimées, surmontées d'un style très-court, et terminées par le stigmate persistant, à deux lobes. Cette plante fleurit depuis le commencement du printemps jusqu'en été.

Des fentes des vieux murs et des rochers, où elle croît naturellement, cette espèce a été transportée depuis long-temps dans les jardins, où la culture en a fait une très-belle plante, qui a fourni plusieurs variétés à fleurs doubles et une fois plus grandes que dans l'état sauvage. Les deux plus belles sont le *rameau d'or,* dont les fleurs sont d'un beau jaune d'or, et la *ravenelle savoyarde,* dans laquelle les pétales sont panachés de jaune et de rouge-brun. Les variétés

à fleurs doubles se multiplient par boutures à talon, faites
avec les jeunes rameaux d'un an, et mises dans des pots qu'on
tient à l'ombre jusqu'après la reprise, et qu'on rentre dans
l'orangerie pendant l'hiver. Les variétés à fleurs simples se
multiplient de graines : mais elles sont assez négligées, et
l'on cultive de préférence les doubles et les semi-doubles.
(L. D.)

GIROFLÉE DES DAMES. (*Bot.*) Voyez Gyroflée. (J.)

GIROFLÉE D'EAU (*Bot.*), un des noms vulgaires du plu-
meau des marais. (L. D.)

GIROFLÉE DE MAHON (*Bot.*), nom vulgaire de la julienne maritime. (L. D.)

GIROFLIER ou GÉROFLIER. *Caryophyllus.* (*Bot.*) Genre
de plantes dicotylédones, à fleurs complètes, polypétalées,
régulières, de la famille des *myrtées*, de l'icosandrie monogynie de Linnæus, très-rapproché des *eugenia*, offrant pour
caractère essentiel : Un calice court, à quatre divisions
profondes, persistantes; quatre pétales attachés à la base
interne du calice; un grand nombre d'étamines attachées
à l'extérieur d'un bourrelet quadrangulaire, entourant le
sommet de l'ovaire; l'ovaire inférieur oblong, chargé d'un
style simple. Le fruit est un drupe sec, ovale-oblong, ombiliqué, couronné par le calice, uniloculaire et monosperme.

Ce genre, très-peu distingué des *eugenia*, avec lesquels
plusieurs auteurs l'ont réuni, ne renferme qu'une seule
espèce, mais très-importante par l'usage que l'on fait, comme
épices, tant dans les Indes qu'en Europe, de ses boutons
de fleurs, recueillis et desséchés avant leur épanouissement,
et connus sous le nom de *clou de girofle*, qui sont devenus,
dans les deux Indes, ainsi que dans les îles d'Afrique, l'objet
d'une grande culture et d'un commerce fort étendu.

Giroflier aromatique : *Caryophyllus aromaticus*, Linn.,
Spec., Lamk., *Ill. gen.*, tab. 417; Blackw., tab. 458; Gars.,
Exot., tab. 59; Clus., *Exot.*, pag. 15, 16 et 18; Pluck., tab.
155, fig. 1; Rumph., *Amb.* 2, tab. 1 et 2; Sonner., Voyage
à la Nouvelle-Guinée, pag. 195, tab. 119. Arbre d'une médiocre grandeur, qui a le port d'un caféier, et ne s'élève communément qu'à la hauteur de vingt-cinq à trente pieds, sur

un tronc droit, d'un pied au plus de diamètre, terminé par une cime large, un peu conique. Ses rameaux sont opposés, foibles, glabres, effilés, étendus horizontalement, garnis de feuilles pétiolées, opposées, glabres, ovales-lancéolées, très-entières, longues de deux à quatre pouces sur un pouce et demi de largeur, un peu luisantes en-dessus, parsemées en-dessous de petits points résineux et de nervures latérales très-fines, presque parallèles. Les fleurs sont très-odorantes, terminales, et forment une petite panicule en corymbe, à ramifications opposées; les pédoncules sont glabres, accompagnés de bractées fort petites et presque écailleuses, très-caduques, qui, quelquefois plus nombreuses et comme imbriquées, donnent aux fleurs du giroflier l'apparence d'un double calice, qui a donné lieu à cette variété désignée dans Rumph sous le nom de *Caryophyllum regium*, *Herb. Amb.*, 2, pag. 10, tab. 2, et Pluck., tab. 155, fig. 5.

Les uns considèrent le calice comme oblong et infundibuliforme, en le représentant comme adhérant avec l'ovaire; d'autres le bornent à ces quatre petites folioles étalées, concaves, aiguës, persistantes, qui couronnent l'ovaire : elles sont d'un rouge de sang, ainsi que l'ovaire; la corolle est blanchâtre, composée de quatre pétales arrondis, un peu plus grands que le calice, alternes avec ses divisions, très-caducs; les filamens des étamines capillaires, un peu plus longs que les pétales, attachés, selon M. de Lamarck, à l'extérieur d'un rebord quadrangulaire élevé au disque de la fleur; les anthères petites et jaunâtres; l'ovaire oblong, inférieur, coloré, couronné par la fleur, chargé d'un style simple, qui s'élève du milieu d'un disque quadrangulaire et concave, et se termine par un stigmate simple. Le fruit est une baie ovale-oblongue, d'un rouge brun ou noirâtre, terminée par le calice durci et presque connivent, ombiliquée, à une seule loge, renfermant une semence ovoïde, grosse, jaunâtre, composée de deux lobes sinueux, appliqués l'un sur l'autre, de manière que la ligne qui les divise est arquée en la forme d'un S. Le giroflier croît naturellement dans les îles Moluques, d'où il a été transporté dans beaucoup d'autres.

Les fleurs du giroflier, un peu avant leur épanouissement, ont presque entièrement la forme d'un clou; leurs pétales, couchés alors les uns sur les autres, sous la forme d'un bouton globuleux, forment la tête du clou, tandis que l'ovaire forme sa longueur et sa pointe. C'est dans cet état, c'est-à-dire dans l'instant le plus voisin de l'épanouissement, que l'on cueille les fleurs naissantes, renfermant les embryons des fruits, qu'on les dessèche, et qu'on les débite dans le commerce sous le nom de *clous de girofle*. Ces clous sont donc les ovaires des fruits desséchés, longs d'un demi-pouce, ayant la forme d'un clou; mais ils ne sont pas toujours garnis de leur petite tête, parce qu'elle tombe facilement lorsqu'on transporte les clous de girofle : ils sont âcres, chauds, aromatiques, un peu amers et agréables; leur odeur est très-pénétrante.

On fait la récolte des clous de girofle, savoir, des calices des fleurs et des embryons des fruits, avant que les fleurs s'épanouissent, depuis le mois d'Octobre jusqu'au mois de Février : on les cueille en partie avec les mains, et on les fait tomber en partie avec de longs roseaux; ils sont reçus dans de grandes toiles que l'on étend sous les arbres, ou bien on les laisse tomber sur la terre, dont on a soin, dans le temps de cette récolte, de couper toute l'herbe. Lorsqu'ils sont nouvellement cueillis, ils sont roux, légèrement noirâtres; mais ils deviennent noirs en se séchant, et par la fumée à laquelle on les expose pendant quelques jours sur des claies : on les fait ensuite bien sécher au soleil. Les fruits qu'on laisse sur le giroflier, ou qui échappent à l'exactitude de ceux qui font la récolte des clous de girofle, en restant sur l'arbre, continuent de grossir presque jusqu'à la grosseur du pouce, et se remplissent d'une gomme dure et noire, qui est d'une agréable odeur et d'un goût fort aromatique : on les nomme *antofles* ou *clous matrices*, *mères des fruits*, et enfin *baies de giroflier*. Ces fruits tombent d'eux-mêmes l'année suivante. Leur vertu aromatique est plus foible que celle des clous; mais ils ne sont pas moins recherchés : ils servent aux plantations, et produisent, au bout de cinq à six ans, des arbres en état de porter des fruits.

Les clous de girofle doivent être bien nourris, gras, pesans, au moment où on les récolte; faciles à casser; d'un rouge tanné ou brun; garnis, s'il se peut, de leur bouton, qu'on nomme leur fût; d'un goût chaud et aromatique, brûlant presque la gorge; d'une odeur excellente, et laissant échapper une humidité huileuse lorsqu'on les presse : on rejette les clous qui n'ont point ces qualités, qui sont maigres, mollasses, presque sans goût et sans odeur. Les Hollandois ont coutume de confire les fruits ou *clous matrices* avec du sucre, lorsqu'ils sont récens : dans leurs longs voyages sur mer, ils en mangent après le repas, pour faciliter la digestion et prévenir le scorbut.

On ignore l'époque précise où les clous de girofle commencèrent à être connus en Europe. On lit dans l'*Histoire des plantes* de J. Bauhin, que les habitans des iles Moluques ne faisoient presque aucun cas de leurs girofliers, jusqu'au moment où des vaisseaux chinois, étant venus les visiter, transportèrent une très-grande quantité de girofles dans leur pays; qu'ils les répandirent ensuite dans les autres contrées de l'Inde, dans la Perse, l'Arabie, etc. Les iles Moluques ne furent découvertes qu'en 1511 par les Portugais, qui s'emparèrent du commerce, après s'être établis sur ces côtes; mais ils ne tardèrent pas à en être dépouillés par les Hollandois, qui les en chassèrent avec le secours des habitans du pays. Le giroflier croissoit autrefois en grande abondance dans toutes les iles Moluques; mais, par la suite, les Hollandois ne le laissèrent croître que dans les iles d'Amboine et de Ternate : ils firent arracher, dans les autres iles, tous les pieds de girofliers qui s'y trouvoient, afin de s'en assurer la possession exclusive. Pour dédommager le roi de Ternate de la perte du produit de ses girofliers, ils lui payoient tous les ans, en tribut ou en présens, environ trente-deux mille deux cent cinquante florins. On prétend que, depuis un certain nombre d'années, on a vu ces iles se repeupler de girofliers et de muscadiers, par le moyen des oiseaux qui se nourrissent de leurs fruits, et qui en ont dispersé les semences dans ces contrées : au reste, la culture du giroflier est aujourd'hui répandue dans toutes les contrées favorables à ce précieux aromate, ainsi que nous allons l'exposer.

« La France, dit M. de Lamarck, a l'obligation à M. Poivre,

« ancien intendant de l'Isle-de-France, et qui a voyagé aux
« Indes, à la Chine, à la Cochinchine, etc., d'avoir in-
« troduit à l'Isle-de-France, en 1770, les arbres à épiceries
« fines, tels que le giroflier, le muscadier, le cannellier,
« qu'il eut l'adresse de se procurer dans ses voyages. Ces
« arbres intéressans furent néanmoins fort négligés après
« le départ de M. Poivre, qui, malgré la sagesse de son ad-
« ministration, malgré tout le bien qu'il fit, fut déplacé
« et repassa en France en 1773. Sa belle entreprise, d'éta-
« blir à l'Isle-de-France la culture des arbres à épiceries
« fines, essuya alors beaucoup de contrariétés de la part de
« ceux qui lui succédèrent : ils prétendirent avec opiniâtreté
« que ces arbres ne rapporteroient jamais, et ils firent
« même répandre ce préjugé en France, lequel fut consigné
« dans quelques ouvrages composés dans la capitale de ce
« royaume.

« Heureusement les arbres précieux dont il est question
« furent confiés, en 1775, aux soins de M. Céré, major
« d'infanterie, et qui fut alors directeur du Jardin du Roi à
« l'Isle-de-France. Il n'y avoit plus, à cette époque, que
« trente-huit girofliers et quarante-six muscadiers; mais le
« zèle et les talens de M. Céré, qui joint à l'amour du
« bien public des connoissances très-étendues sur la culture,
« firent bientôt prospérer cette intéressante plantation. Il
« multiplia tellement les arbres dont il s'agit, que, depuis,
« le Jardin du Roi en a fourni les habitans de l'Isle-de-France
« et de Bourbon, et qu'il en a fait des envois considérables
« à l'île de Cayenne, à Saint-Domingue, à la Martinique.

« Les premiers clous que les girofliers de l'Isle-de-France
« commencèrent à produire, furent, à la vérité, maigres et
« secs, comme provenant d'arbres encore très-peu vigou-
« reux; mais, les années suivantes, les mêmes arbres, de-
« venus plus forts, en produisirent de beaucoup mieux
« nourris, et ceux que M. Céré a envoyés à cette époque
« étoient assez gros, gras, très-aromatiques, et ne parois-
« soient ne le céder presque en rien à ceux des Moluques
« qu'on trouve dans le commerce.

« Selon les observations de M. Céré, le giroflier, que
« l'on doit regarder plutôt comme un arbrisseau que comme

« un arbre, donne deux à quatre livres de clous : il en don-
« nera deux quand on l'étêtera pour le rendre plus fort
« contre les ouragans, et davantage quand on le laissera
« venir à volonté et former une espèce d'arbre. Il faut
« cinq mille clous parfaits pour former le poids d'une livre;
« l'arbre qui en fournit deux livres donne donc dix mille
« clous, ce qui est considérable. Celui qui, en 1782, a
« donné quatre livres de clous secs, ou vingt-mille clous,
« a produit, comme on le voit, un très-grand avantage.
« Il faut dire qu'outre les clous il a aussi fourni plus de
« six mille fruits ou baies mûres. »

Dans les îles de France et de Bourbon, le giroflier demande à être tenu bas, comme à huit, neuf ou dix pieds
d'élévation, pour qu'il devienne capable de résistance contre
les terribles ouragans : il faut les espacer à dix ou douze
pieds, laisser dans la fosse un vide de dix-huit pouces, que
le temps remplira de reste et à profit pour l'arbre. Il ne
veut pas être élevé en arbre, à cause de la foiblesse de ses
branches, et même de celle de son corps; à cause de l'é-
tendue considérable de sa tête, formant un poids trop fort
pour être supporté par un corps si foible, et à cause de sa
ramification étonnante, qui forme un volume impénétrable
au soleil, faisant obstacle au vent, qui le renverse bientôt.

L'usage le plus général des clous de girofle est dans les
cuisines, comme assaisonnement : ils sont tellement recherchés dans quelques pays de l'Europe, et plus encore aux
Indes, que l'on y méprise presque tous les alimens privés
de cette épice; on les mêle dans presque toutes les sauces,
les vins, les liqueurs spiritueuses et les boissons aromatiques;
on les emploie aussi parmi les odeurs. Les clous de girofle
sont toniques, cordiaux et très-échauffans; on s'en sert pour
ranimer les forces de l'estomac et des autres parties : ils sont
utiles aux personnes foibles ; mais ils sont dangereux et
fort à craindre pour ceux qui ont le sang animé et en
quelque sorte bouillant ou effervescent, ou dont la bile
est exaltée. On obtient des clous de girofle, par la distillation, une huile essentielle plus pesante que l'eau. Les
parfumeurs en font un grand usage. Cette huile est extrêmement chaude, et même un peu caustique; on s'en sert

pour la carie des os et le mal de dent : on l'emploie aussi
en liniment avec d'autres huiles aromatiques, et l'on en
frotte les parties paralytiques ou d'autres, dans l'apoplexie,
les affections soporeuses, etc. Dissoute dans l'esprit de vin,
elle est considérée comme un excellent topique pour arrêter
les progrès de la gangrène. Quand les clous de girofle sont
récens, ils fournissent, par expression, une huile épaisse,
roussâtre, odorante. On prétend que, pour se préserver de
la contâgion de l'air, il est utile d'employer le girofle en
fumigation ou comme masticatoire ; d'autres en font une
poudre dont ils remplissent de petits sacs que l'on plonge
dans du vin de Canaries, et qu'ils portent en amulette sur
l'estomac, dans la vue de se préserver de la peste et du
scorbut. Quelquefois on y joint de l'angélique sèche, de la
noix muscade, de l'iris et des fleurs de lavande avec du
storax et de l'encens oliban ; on en met une certaine quantité entre deux pièces de coton, qu'on enveloppe ensuite
d'une étoffe de soie piquée : on en forme une espèce de
bonnet, utile, dit-on, dans les maladies de la tête qui viennent de vieilles douleurs catarrheuses. (Poir.)

GIROFLIER DES ALPES (*Bot.*), nom vulgaire de l'ara-
bette des Alpes. (L. D.)

GIROL (*Conchyl.*) ; Adans., Sénég., pag. 6, pl. 4. C'est
une variété de la *voluta oliva*, Linn., et par conséquent
une espèce du genre Olive de M. de Lamarck. Voyez ce
mot. (De B.)

GIROLE. (*Bot.*) Dans les marchés de Lyon on donne ce
nom à la racine de chervi. (L. D.)

GIROLE (*Ornith.*), nom de l'alouette d'Italie, *alauda
italica*, Linn. et Lath. (Ch. D.)

GIROLETTE EN BOUQUET (*Bot.*), ou la Petite Girolle
de Vaillant et la Girolette en limaçon de Vaillant ; Paul.,
Tr., ch. 2, p. 162, tab. 66, fig. 7. C'est un petit champignon très-voisin de la chanterelle ou girolle ordinaire, *merulius cantharellus*, Pers., avec laquelle même il est confondu
par Persoon et De Candolle ; mais qui s'en distingue par la
couleur de son chapeau cannelle foncé ou marron clair, et
celle de son stipe, qui est jaune. Il s'élève à deux pouces,
croît en touffe, et n'est pour ainsi dire qu'une peau coriace,

rayée par l'impression des nervures inférieures. Dans sa jeu=
nesse le chapeau est d'un diamètre presque égal à celui du
stipe : celui-ci est creux. Cette espèce n'est point mal-faisante. Elle est figurée dans Vaillant, *Bot. Par.*, pl. XI, fig.
9, 10, 11, 12 et 13. (Lem.)

GIROLLES ou GIRANDETS. (*Bot.*) Nom d'une des familles établies par Paulet dans les champignons, et qu'il
nomme ainsi du latin *gyrare*, tourner, parce que dans ces
plantes le chapeau, de rond et convexe qu'il est d'abord, se
creuse ensuite et change de forme dans le développement,
au point qu'il semble tourner. Paulet n'en compte que trois
espèces, qui se font remarquer par leur couleur jaune, ou
de chamois, ou de safran, également répandue, et par les
plis ou nervures qui rampent à la surface inférieure, depuis
la base du stipe où elles s'évanouissent, jusqu'aux bords du
chapeau.

La Girolle ordinaire, Paulet, tom. 2, p. 129, pl. 36,
fig. 1 à 5, est l'espèce la plus commune : on la nomme plus
vulgairement Gerille, Gingoule, Chanterelle, Oreille-de-
lièvre; c'est l'*Agaricus cantharellus*, Linn., ou *Merulius cantharellus*, Pers., qui sera décrit à l'article Merulius. Ce
champignon, d'une odeur agréable, est très-bon à manger.

La Girolle pruinée, Paulet, l. c., p. 130, pl. 37, fig. 1,
est la même plante que Batsch a nommée *Agaricus pruinatus*,
Elem., fig. 55, parce que les nervures ou plis de la partie
inférieure sont recouverts d'une poussière farineuse blanche.
M. Persoon pense que cette plante est une variété de son
merulius fuligineus, que M. De Candolle regarde comme une
variété du *merulius cinereus* du même auteur, et de l'*helvella
hydrolips* de Bulliard, Herb., tab. 465, fig. 2.

La Girolle en fuseau, Paulet, l. c., p. 130, pl. 57, fig. 2,
3, est un champignon à surface sèche, roux-fauve partout,
haut de deux à trois pouces, à nervures fines et à stipe fusiforme, avec un sillon au milieu, d'une substance blanche,
pleine et ferme : elle ne paroît avoir aucune mauvaise
qualité.

Dans sa Synonymie des espèces de champignons, Paulet
place sous le n.º 10 un groupe qu'il désigne aussi par *girandets* ou *girolles*, et qui diffère de la famille du même nom,

18. 57

quoique la chanterelle en soit le type, et que l'un et l'autre
rentrent dans le genre *Merulius* des botanistes actuels. Ce
groupe de girolles se divise en deux sections. La première
comprend les espèces à nervures ramifiées, et qui sont la
chanterelle, *merulius cantharellus*, grande espèce; le *fungus
croceus*, Sterb., tab. 4, fig. A, petite espèce pâle et safranée,
et le *fungus vescus* 3 de Loesel, espèce laiteuse, à nervures
blanches.

La deuxième section est caractérisée par ses plis ou feuillets, ou nervures de la partie inférieure, qui sont droits. La
première espèce et la plus grande est l'*agaricus pseudo-onctuosus*
de Batsch, *Elem.*, tab. 9, fig. 37, dont la couleur est celle
du safran; et l'*agaricus scrobiculatus*, Scop., Schæff., tab. 227,
est la deuxième espèce, remarquable par sa couleur soufrée,
son stipe bosselé et sa substance lactescente; la *girolle soufrée
à pulpe blanche* ou *pradellus*, Sterb., tab. 23, fig. C, est la
troisième espèce; une quatrième est la *petite girolle-safran à
pulpe jaune* ou l'*agaricus incurvus*, Schæff., tab. 65; enfin, la
petite girolle rousse et bombée, ou le *fungus perniciosus*, Sterb.,
Theatr., tab. 23, fig. E, est la cinquième et dernière espèce
que Paulet rapporte à cette section, qui ne comprend que
les champignons suspects.

Indépendamment de toutes ces espèces de girolles, le docteur Paulet donne encore ce nom à des champignons qu'il
place dans d'autres familles. Tels sont:

1.º Les GRANDES GIROLLES ou les OREILLES DES BUISSONS, qui
forment sa vingt-huitième famille, dans les *agaricus* (voyez
FONGE) remarquables par leur chapeau tourné à peu près
en forme d'oreille d'animal, ou languetté, ou lobé, et par
leur stipe renflé. Cette famille ne contient que deux espèces,
qui sont excellentes à manger: l'une est l'OREILLE DU HOUX,
de Paulet, *agaricus aquifolii*, Pers.; et l'OREILLE DE CHARDON,
Paul., *agaricus eryngii*, Decand., qui seront décrits à leurs
articles.

2.º La GIROLLE BLANCHE, ou l'OREILLE-DE-LIÈVRE (voyez ce
dernier nom).

3.º La GIROLLE-ENTONNOIR ou FAUSSE GIROLLE, Paul., Trait.
2, p. 160, pl. 66, fig. 1, 2, est une espèce d'agaric de la
famille des *entonnoirs mous*, et probablement le même que

le *faux mousseron-entonnoir* de Paulet, puisque c'est lui-même qui fait ce rapprochement. Cet agaric n'a pas plus de trois pouces de haut; il est d'une belle couleur rousse, répandue généralement sur toute sa surface, laquelle est sèche et unie. Son chapeau est mince, d'abord rond et régulier; puis il se déforme et se creuse en entonnoir irrégulier. Ses feuillets sont de longueur inégale. Ce champignon, d'une odeur peu agréable, se trouve dans les bois de Vincennes et de Boulogne, en automne et quelquefois en hiver, lorsque cette saison est douce et pluvieuse. Il a incommodé un chien auquel on en avoit fait manger; cependant rien n'annonce en lui des qualités suspectes.

4.° La GIROLLE FEMELLE ou la JUMELLE, de la même famille que la précédente, est un petit agaric d'un pouce de hauteur, et d'une belle couleur fleur de capucine, répandue partout jusqu'à l'intérieur de sa substance : ses feuillets ne sont point ramifiés et seulement entremêlés de petites portions de feuillets; son stipe est plein et fragile. On trouve cette espèce, en automne, dans la forêt de Senard; elle n'est point mal-faisante.

5.° La PETITE GIROLLE DE VAILLANT, ou la GIROLETTE EN BOUQUET (voyez cet article), qui est encore de la même famille.

6.° GIROLLE-AGARIC A BRANCHES : c'est le *merulius ramosus coriaceus* de Scopoli, dont cet auteur ne donne point la description.

7.° GIROLLE-AURORE : c'est l'*agaricus aurora*, Batsch, tab. 9, fig. 36, dont le chapeau est lavé de gris-brun agréable, et le stipe jaune lavé de rouge ou d'aurore, dont la couleur se continue sur toute la partie inférieure.

8.° Les GIROLLES BLANCHES, qui font partie des GRANDS-POIVRÉS (voyez cet article).

9.° La PETITE GIROLLE BLANCHE, qui est un petit agaric blanc, tenace, figuré dans Sterbeeck, *Theatr.*, tab. 16, fig. I.

10.° GIROLLE FEUILLETÉE POURPRE. Paulet classe sous ce nom deux champignons figurés par Cimel, et dont les dessins sont conservés au Muséum d'histoire naturelle de Paris. Ces dessins représentent deux agarics d'Italie, en forme d'entonnoir, assez semblables aux vraies girolles, dont l'un offre des bandes concentriques de couleur pourpre, et l'autre est pourpre et aurore.

11.º LA PETITE GIROLLE A SUC JAUNE, qui est l'*amanita fulvus lacte croceo* de Haller, *Hist. Helv.*, n.º 2419. Ce champignon est d'un roux tendre ou blond ; les bords de son chapeau se relèvent en-dessus ; il est rempli d'un suc âcre couleur de safran. Il croît sous les pins et les sapins.

12.º GIROLLES A FEUILLETS. Voyez GRANDS-POIVRÉS.

13.º GIROLLES JAUNES OU SAFRANÉES, les mêmes que les GIROLLES qui font partie du groupe de ce nom dans la Synonymie de Paulet. (Voyez plus haut.)

14.º GIROLLE VIOLETTE. C'est le nom que Paulet donne au *merulius violaceus* de Haller. (LEM.)

GIRON (*Bot.*), un des noms vulgaires du gouet maculé. (L. D.)

GIRON (*Ornith.*), un des noms que, suivant Muller, n.º 223, porte en Laponie le lagopède, *tetrao lagopus*, Linn. (CH. D.)

GIRONE (*Ornith.*), nom italien du héron blanc, *ardea alba*, Linn. et Lath. (CH. D.)

GIROUFLADA (*Bot.*), nom languedocien de l'œillet des jardins, selon M. Gouan. (J.)

GIROUILLE, GIROUILLO (*Bot.*) : noms donnés, suivant Garidel, par les paysans de la Provence, soit à deux espèces de carotte, soit à une espèce de caucalide, dont ils mangent la racine. M. Bosc applique à ces dernières le nom de *gironille*. (J.)

GIS (*Bot.*), un des noms anciens de la prêle, *equisetum*, suivant Ruellius. (J.)

GISEKIA. (*Bot.*) Voyez GISÈQUE. (POIR.)

GISEMENT. (*Min.*) Voyez INDÉPENDANCE DES FORMATIONS[1], ROCHES, TERRAINS. (DE H.)

GISÈQUE, *Gisekia*. (*Bot.*) Genre de plantes dicotylédones, à fleurs incomplètes, de la famille des *portulacées*, de la *pentandrie pentagynie* de Linnæus, offrant pour caractère essentiel : Un calice à cinq divisions, point de corolle ; cinq éta-

---

[1] Nous donnerons à cet article un tableau comparatif des *formations* de l'ancien et du nouveau monde, tiré d'un ouvrage inédit de M. DE HUMBOLDT, ayant pour titre *De la superposition des roches*.

mines, les filamens dilatés à leur base; un ovaire supérieur à cinq lobes, surmonté de cinq styles et d'autant de stigmates obtus. Le fruit consiste en cinq capsules rapprochées, indéhiscentes, monospermes.

Gisèque nodiflore: *Gisekia nodiflora*, Linn., *Mant.*; Lamk., *Ill. gen.*, tab. 221; Roxb., *Corom.*, tab. 185 : *Anthyllis indica*, etc., Pluk., tab. 557, fig. 1; *Kolreutera molluginoides*, Murr., *Comm. Gott.*, 1772, pag. 67, tab. 2, fig. 1. Petite plante des Indes orientales, assez semblable, par son port, à l'euphorbe à feuilles de thym, qui se rapproche aussi des trianthèmes et des pharnaces. Ses tiges sont glabres, menues, herbacées, cylindriques, un peu rameuses, étalées et couchées sur la terre, longues de près d'un pied, garnies de feuilles opposées, pétiolées, oblongues, elliptiques, obtuses, entières, beaucoup plus courtes que les entre-nœuds, et chargées de quelques poils courts. Les fleurs sont petites, de couleur herbacée, un peu blanchâtres, pédonculées, disposées cinq à huit à chaque nœud dans toute la longueur des tiges, et formant des espèces de petites ombelles simples en verticilles : les pédoncules sont simples, uniflores, à peine de la longueur des pétioles. Le calice est partagé en cinq découpures profondes, ovales, concaves, un peu aiguës, persistantes, à bords légèrement scarieux : il n'y a point de corolle; les filamens sont courts, ovales à leur base, subulés vers leur sommet, terminés par des anthères arrondies; l'ovaire supérieur, arrondi, à cinq lobes, surmonté de cinq styles courts, recourbés, terminés par cinq stigmates obtus. Le fruit consiste en une capsule à cinq loges, ou plutôt en cinq capsules rapprochées, arrondies, minces, scabres, contenant chacune une semence ovale et glabre. (Poir.)

GISIGISI (*Bot.*), nom japonois de la patience frisée, suivant M. Thunberg. (J.)

GISOPTERIS. (*Bot.*) Genre de la famille des fougères, établi par Bernhardi, et qui n'a pas été adopté. Il avoit pour type le *lygodium palmatum*, Swartz, qui est l'*hydroglossum palmatum*, Willd. Selon Bernhardi il se distingue par les capsules solitaires recouvertes et s'ouvrant par une fente. Voyez Hydroglossum. (Lem.)

GIST SCHAN. (*Mamm.*) Chez les Tunguses c'est le nom du chevreuil. (F. C.)

GITES DES MINÉRAIS. (*Min.*) Les filons, les couches, les masses et les amas sont les principaux gîtes des substances minérales qui contiennent quelque matière propre aux arts et aux manufactures : ce n'est même que dans le sens d'utilité économique que l'on entend cette expression ; car le quarz, la baryte, le mica, et une foule d'autres minéraux insigni-fians, ont aussi des gîtes assez constans, et l'on n'attache aucune importance à les déterminer rigoureusement.

La connoissance du gîte des minérais fait la base de l'art du mineur ; car on ne doit point exploiter un filon comme une couche, un amas comme une masse, etc. Il importe donc infiniment de ne point les confondre : et pour les re-connoître, ce qui n'est pas toujours aisé, on peut faire usage des observations suivantes, qui sont devenues leurs caractères distinctifs.

1.° *Les filons* traversent obliquement les couches des mon-tagnes qui les renferment, en formant avec elles des angles divers, mais qui approchent toujours beaucoup plus de la ligne verticale que de la ligne horizontale : ils sont donc postérieurs à ces couches, puisqu'ils les coupent.

Tout porte à croire que les filons ont été des fentes qui se sont remplies, soit par un liquide qui tenoit diverses substances en dissolution, soit par des matières terreuses ou des galets qui s'y sont précipités : quelques-unes même sont restées vides. Desmarets, pour distinguer les couches métal-lifères des filons proprement dits, nommoit les premières *filons-couches*, et les secondes *filons-fentes*. On a, dans le monde, une idée fausse de ces gîtes, qui y sont cependant assez connus de nom ; on se les représente toujours comme des arbres dont le tronc seroit situé dans la partie la plus profonde de la terre, et dont les branches et les rameaux occuperoient les couches les plus voisines de la surface : mais ceux qui sont familiarisés avec les travaux souterrains des mines, savent parfaitement que les filons sont des fentes plates, remplies, d'une étendue indéfinie en longueur et profondeur, dont la largeur éprouve des variations fré-quentes, et qui sont quelquefois accompagnées, en effet, par d'autres fentes, subordonnées aux principales, et qui peuvent être considérées, à la rigueur, comme des branches ou des ramifications; mais, comme elles sont toujours plates, et jamais arrondies, la comparaison est absolument fausse. Duhamel père publia, en 1764, un Mémoire sur les filons, tendant à détruire cette erreur. (Voyez FILONS.)

2.° *Les amas transversaux* des minéralogistes françois, qui répondent aux *stehende Stœcke* des Allemands, ne sont que des filons puissans et raccourcis, relativement à la longueur des autres, qui s'amincissent rapidement en forme de coin, mais qui sont ordinairement d'une grande largeur à leur origine. On a remarqué que ce sont plus particulièrement ces sortes de filons qui se trouvent remplis par des roches ou des minérais d'alluvion, et qui contiennent quelquefois des débris de corps organisés, tandis que les autres sont remarquables par des druses ou cavités tapissées de cristaux, qui se présentent de place en place et dans les points où ils sont les plus puissans.

L'un des plus beaux exemples que l'on puisse citer de ces sortes de filons ou amas transversaux, est le gite de la calamine de la grande montagne près d'Aix-la-Chapelle, qui a quarante mètres d'épaisseur et quatre à cinq cents de longueur.

3.° *Les amas entrelacés.* Les *Stockwerks* des Allemands, dont nous ne pouvons donner une idée qu'en nous servant, avec Duhamel, des expressions d'*assemblages de veines*, de *rendez-vous de filons*, etc., sont des espaces de terrains, grands ou médiocres, d'une figure régulière ou irrégulière, quelquefois remplis de minéral avec sa gangue seulement, comme les filons ordinaires; d'autres fois composés de la réunion de plusieurs filons; et, enfin, il en est qui présentent une grande quantité de filons, branches, veines, fentes et rognons, inclinés tantôt d'un côté, tantôt de l'autre, et même par couches, le tout sans régularité ni suite constante, qui se joignent, se croisent et se coupent, tant dans leur direction qu'en profondeur, dont les largeurs ou épaisseurs sont par momens assez considérables et souvent très-petites. [1]

---

[1] Géométrie souterraine de Duhamel, p. 15.

D'après cette description, on peut se représenter un espace ou un bloc de roche concassé, pénétré de fentes et brisé dans tous les sens, dont les quartiers auroient été agglutinés ensuite par la matière qui forme les veines de ce singulier gîte,

Doit-on considérer le stockwerck comme appartenant à la famille des filons, et comme étant postérieur à la formation du terrain qui le contient ? C'est ce qui paroit le plus probable; mais on remarquera cependant que ce gîte diffère essentiellement des filons par son extrême irrégularité, par sa manière d'être, et surtout parce que la roche qui en sépare les différentes parties est elle-même imprégnée de la substance minérale qui fait l'objet de l'exploitation, en sorte qu'on est forcé d'admettre que, si les filets dont l'entrelacement compose le stockwerck ne sont point contemporains de la formation de la roche, ils l'ont au moins suivie de bien près et sont presque aussi anciens qu'elle : en effet, c'est principalement l'étain oxidé qu'on trouve dans cette sorte de gîte, et l'on sait qu'il partage, avec le molybdène et le schéelin, l'espèce de privilége exclusif de faire partie constituante des granits et de se trouver à la tête des minérais rangés par ordre d'ancienneté relative. L'un des principaux stockwercks qui aient été décrits, est celui qui constitue la fameuse mine d'étain de Geyer en Saxe : M. de Bonnard ne le considère cependant pas comme tel ; il n'y reconnoît point assez l'irrégularité qui caractérise ce gîte, et le range, en conséquence, au nombre des amas transversaux. Duhamel assure, en décrivant et figurant la mine de Geyer, que l'on n'accorde, en Allemagne, cette dénomination de stockwercks qu'aux gîtes qui ont plus de sept toises de largeur.

4.º *Les amas en rognons* se trouvent engagés au milieu des couches d'un terrain, et en interrompent une ou plusieurs, suivant leur grandeur ou la puissance de ces mêmes couches. On peut s'en former une idée en les considérant comme des grottes ou des cavités créées avec les couches, mais remplies après coup, souvent par des substances stériles, souvent aussi par des minérais précieux. Il ne faut pas confondre les amas isolés avec les filons à rognons ou à chape-

let qui offrent des renflemens et des étranglemens successifs : les masses minérales dont il s'agit ici sont absolument
isolées les unes d'avec les autres, tandis que celles qui appartiennent aux filons sont pour ainsi dire attachées ensemble par des filets ou des fissures qui servent de guides
aux mineurs pour passer d'un amas à un autre.

Ce gîte est un des plus difficiles à exploiter, puisqu'on
est obligé de s'abandonner au hasard dans la recherche des
amas, qui sont disséminés à travers le terrain, irrégulièrement et sans ordre. Plus ces amas sont étendus, moins ils
sont nombreux; ce sont les *Nierenweis* des Allemands. La
mine de mercure du Stahlberg, près Meissenheim, ci-devant
département de la Sarre, en Palatinat, en est un exemple.
Je ne confonds point avec les minérais disposés en masses
par rognons, ceux qui sont disséminés en très-petits noyaux
(*Nierchen*) dans toute l'étendue du terrain, et qui obligent
à exploiter la roche elle-même, pour les en séparer ensuite
par le lavage ou toute autre préparation mécanique : tels
sont les minérais de cuivre carbonaté nouvellement découverts à Chessy près Lyon ; les minérais de plomb des environs
de Saint-Avoldt en Lorraine; ceux qui sont répandus dans le
grès de Bleyberg (Roër), et qui semblent s'y être cristallisés
comme les pyrites dans les schistes. En un mot, les amas par
rognons supposent toujours une cavité souterraine d'une
certaine étendue, qui auroit été remplie après coup, de
manière que l'emplacement de ce gîte peut être contempo-
rain, selon toute apparence, des couches du terrain, et que
le minérai peut y avoir été déposé plus ou moins long-temps
après. La rencontre de quelques cavités vides semble prouver que le minérai n'a point été déposé au moment de la formation des excavations, qui l'ont reçu par la suite.

Quant aux minérais disséminés, tels que l'étain, les pyrites,
la galène, le cuivre, etc., il paroît qu'ils datent de l'époque
où les roches qui les renferment se sont déposées ou cristallisées, puisqu'ils font partie constituante des granites, des
schistes ou des grès. Cependant l'existence des matières métalliques dans les terrains de transport, dans les grès, n'est point
encore, ainsi que le remarque M. Cordier, expliquée d'une
manière satisfaisante. « En effet, dit ce savant minéralogiste,

« en parlant du gisement du cuivre carbonaté de Chessy,
« il ne s'agit point ici d'un gîte où tous les élémens peuvent
« être regardés comme étant incontestablement contempo-
« rains. Les bancs métallifères, comme les bancs environnans,
« font partie d'un puissant terrain composé de matériaux
« évidemment transportés. Si la matière métallique est con-
« temporaine du dépôt, on ne conçoit pas pourquoi elle
« ne s'est pas également répartie dans la roche, du moins
« dans chacune des assises qui en renferment : si elle s'est
« infiltrée postérieurement, on ne voit pas comment elle
« a pu trouver les vides que supposeroit la pureté d'une
« partie des masses.[1] »

5.º *Les couches ou bancs.* Si l'on tient beaucoup à distinguer les bancs d'avec les couches, ce qui est assez inutile,
on pourra dire que les couches sont moins épaisses que les
bancs ; mais on conçoit que cette distinction, purement artificielle, est illusoire, puisqu'on ne sauroit dire à quelle épaisseur la couche commence à devenir banc, et réciproquement. L'usage a cependant introduit une sorte de distinction
entre l'un et l'autre : on dit un banc de pierre, un banc de
grès, et une couche de houille, une couche d'argile, etc.
Au reste, les bancs et les couches se distinguent essentiellement des filons, en ce qu'ils sont contemporains et parallèles aux autres assises de la montagne ou des terrains ;
qu'ils en font partie, et qu'ils semblent avoir été déposés
pendant la période durant laquelle ils se sont formés.
Les couches sont moins sujettes que les filons à subir des
alternatives de rétrécissement et de développement ; en
effet, il est assez naturel de penser qu'une fente ou une cavité quelconque qui s'est remplie après coup, et qui est le
produit d'une cause violente ou anomale, doit présenter un
bien plus grand nombre d'inégalités de puissance ou de richesse qu'une couche qui s'est déposée et nivelée régulièrement en se consolidant : aussi trouve-t-on beaucoup moins
d'accidens, de druses et de cristallisations, dans les couches
que dans les filons. Les bancs n'offrent point de ramifications

---

[1] Ann. des mines, tom. 4, p. 19.

comme les filons : cependant il arrive souvent, surtout dans les couches de houille, qu'elles subissent des replis sur elles-mêmes, des inflexions ou des ondulations; qu'elles sont interrompues par des filons stériles, et qu'on ne les retrouve qu'au-dessus ou au-dessous du point où elles ont disparu : mais une partie de ces irrégularités accidentelles sont postérieures à leur formation, et communes à toutes les couches du terrain dont elles font partie. (Voyez FAILLES.)

6.° *Les masses.* Lorsque les couches acquièrent une épaisseur extraordinaire qui dépasse de beaucoup celle qu'on est convenu tacitement de leur accorder, quand plusieurs couches de même nature se succèdent et ne sont séparées que par de très-petits filets de substances hétérogènes, elles prennent le nom de *masses.* Ce gîte, qui est extrêmement riche, puisqu'il offre toujours une grande quantité de minérai à extraire, présente cependant tant de difficultés dans le cours de son exploitation, quand on ne peut opérer à ciel ouvert, qu'on pourroit souvent lui préférer une couche de moyenne épaisseur; car, si l'enlèvement complet du minérai formant un gîte est une condition dictée par le bien général et par l'intérêt des générations à venir, cette sage prévoyance est souvent onéreuse pour l'exploitant, qui, commençant l'attaque, doit prendre le gite par le pied, ou du moins dans la partie la plus basse possible, pour remonter ensuite, en ne laissant rien ou presque rien en arrière.

Les masses se trouvent au jour, ou dans l'intérieur de la terre : dans le premier cas, elles constituent souvent des collines entières qui sont exploitables à ciel ouvert; et dans l'autre, on ne peut les attaquer qu'à l'aide de puits ou de galeries.

Les gypses de Paris, l'aluminite de la Tolpha, le sel gemme de Cardonne en Espagne, et un grand nombre de mines de fer en roche, appartiennent aux masses externes; tandis que plusieurs houillères et les vastes salines de la Pologne sont des masses internes et souterraines, qui exigent tous les secours de l'art, et qui, malgré les plus grandes précautions, sont sujettes aux catastrophes les plus affreuses.

7.° *Les dépôts extérieurs, ou les alluvions.* A tous les gîtes qui précèdent, dont les uns sont étrangers aux terrains qui les renferment, et dont les autres font partie intégrante de ces mêmes gisemens, l'on doit ajouter ceux qui constituent des alluvions plus ou moins anciennes, et qui renferment aussi des minérais plus ou moins précieux. Ce gîte, qui repose indistinctement sur toute espèce de terrain, comprend une partie des minérais de fer limoneux et marécageux, les sables stanifères, aurifères et platinifères, de l'ancien et du nouveau monde ; ceux qui fournissent une partie des diamans, ainsi que les saphirs, les spinelles, les topazes, les cymophanes et les autres pierres précieuses qui sont versées dans le commerce. Les dépôts extérieurs dont il est ici question, sont formés par des sables ou des graviers provenant des montagnes environnantes, ou appartenant à des révolutions anciennes qui se rattachent aux dernières époques du vieux monde ; ils constituent le fond d'un grand nombre de plaines ou de vallées, et sont souvent traversés par des fleuves qui les entrainent au loin et charient les substances précieuses qu'ils renferment.

Une grande partie de l'or qu'on extrait annuellement de l'une et l'autre Amérique, provient, suivant M. de Humboldt, des terrains d'alluvion que l'on lave continuellement et très en grand. Beaucoup de rivières et de fleuves roulent des paillettes de ce précieux métal, et le plus gros morceau qui ait été trouvé au Choco, fut retiré du lit d'une rivière (il pesoit 25 livres). Il en est de même du plus gros diamant qu'on ait trouvé au Brésil, et qui appartient au roi de Portugal : on le rencontra dans le ruisseau de l'Abaïté (voyez Or, Diamant). Le platine, ce métal si précieux pour les arts et les sciences, se trouve, en Amérique, dans un terrain d'alluvion qui occupe une surface de six cents lieues carrées, et l'on exploite plusieurs mines d'étain dans les terrains de transport d'Angleterre, d'Allemagne, etc.

L'origine des substances minérales précieuses qui se trouvent dans le sable des rivières, a piqué la curiosité des minéralogistes et des gens les plus étrangers à cette science. Rien ne sembloit aussi naturel et même aussi probable, en effet, que de trouver de l'or en place en remontant les ruisseaux qui en charient des paillettes ; mais, en Europe, du moins, ces espérances de fortune se sont toujours évanouies. Le problème est encore à résoudre, et la récolte des grains d'or qui se trouvent dans les sables du Rhin, du Rhône, de l'Arriège, etc., est abandonnée depuis long-temps à ces hommes qu'on nomme orpailleurs, parce qu'ils font métier de laver les sables aurifères dans des jattes de bois.

MM. Napione et de Bournon pensent que l'or des alluvions provient de la décomposition des pyrites aurifères, dans lesquelles, en effet, il n'est point combiné, mais simplement mélangé; en sorte que l'oxide de fer qui teint ordinairement les sables où l'on trouve de l'or, seroit le résidu de cette même décomposition. Cette explication, qui est très-plausible pour les grains ou les simples paillettes, n'est pas aussi satisfaisante pour les grosses pépites qu'on trouve aussi dans les mêmes terrains de transport, et que l'on ne sauroit guère supposer avoir été contenues dans des pyrites. Quant à l'or des rivières, l'on pense généralement qu'il existe dans des alluvions qui sont traversées par ces courans d'eau dont ils forment le lit dans certaines parties; ce qui explique assez bien la richesse passagère et locale des fleuves, qui cessent d'être aurifères, quand on les remonte au-delà de tels ou tels points. Le Rhin cesse d'être aurifère quand on dépasse Strasbourg en allant vers Bâle.

A l'égard des diamans, l'on sait aujourd'hui qu'ils se trouvent en place dans une espèce de poudingue ferrugineux qui a peu de consistance; et il n'est pas fort étonnant que l'action d'un courant désunisse cette roche simplement agglutinée, qu'il isole les diamans et les charie avec les autres élémens de leur gangue : aussi une partie de ceux qu'on trouve aux Indes et au Brésil se rencontrent-ils dans le lit de plusieurs grandes rivières qu'on détourne pour fouiller leur lit. (Voyez DIAMANT.)

Une partie des pierres gemmes se trouvent dans des sables ferrugineux, titanifères, volcaniques; d'autres semblent étrangères à cette origine, et appartiennent, selon toute apparence, aux terrains primordiaux. M. de Bournon, en considérant la parfaite conservation des cristaux de ces belles substances pierreuses, pense qu'elles ont été fort peu roulées, et qu'elles proviennent de la destruction d'un filon voisin du lieu où on les trouve aujourd'hui, et qui les auroit toutes recelées. En effet, cette brillante réunion de saphirs, de topazes, de rubis, de cymophanes, de tourmalines de toutes couleurs, ont dû nécessairement composer des groupes, des druses analogues à celles que nous trouvons en Europe, car leur pureté, leur volume, la perfection de leurs angles et de leurs faces, démontrent assez qu'elles ont occupé des espaces favorables à la cristallisation, à moins, cependant, qu'on ne veuille supposer que toutes ces substances aient été engagées, comme les grenats, dans des roches talqueuses, friables, qui se seroient détruites : mais la rareté des cristaux complets exclut cette opinion, et fait revenir à l'idée des cristaux groupés ou implantés.[1]

Le Brésil, le Pégu, le royaume d'Ava et Ceilan sont les principaux lieux où l'on trouve les gemmes dites orientales; on les apporte en Europe, et particulièrement en Angleterre et en Portugal, avec une telle abondance qu'il n'est point rare d'en voir des sacs remplis : ce sont surtout les topazes que l'on vend ainsi à la livre; mais l'on doit bien penser que ces *parties* (car c'est ainsi qu'on les nomme) contiennent peu de belles pierres, et que celles-ci se vendent séparément et à la pièce. C'est à un de ces sacs, qui arrivoit des Indes et qui étoit rempli de saphirs, que l'on doit le beau travail que M. de Bournon a publié sur la réunion de cette gemme au corindon et à l'éméril. Je ne cite ces exemples que pour donner une idée de l'abondance extrême de ces gîtes. Le petit ruisseau d'Expailly, près de la ville du Puy, département de la Haute-Loire, présente aussi, dans son sable ferrugineux volcanique, un grand nombre de zircons et quelques saphirs. L'on en trouve également dans le territoire volcanique de Léonédo, dans le Vicentin.

Si tous les gîtes qu'on vient de décrire étoient toujours bien caractérisés dans la nature, il ne seroit pas permis de prendre un filon pour une couche, un amas pour une masse, etc.; mais il existe tant de gîtes mixtes ou différemment embrouillés, qu'il n'est pas possible, même aux gens de

---

[1] Le comte de Bournon, Catalogue du cabinet particulier du Roi, pag. 37.

l'art les plus exercés, de déterminer rigoureusement à quelle espèce ils doivent être rapportés : aussi les différens gîtes qui ont été cités ne doivent-ils être considérés que comme des types parfaits, autour desquels viennent se rattacher tous ceux qui s'en rapprochent plus ou moins.

Les différentes modifications des gîtes en apportent nécessairement dans le mode d'exploitation qui leur est propre. Tantôt le mineur se traîne dans des couloirs de quelques pouces de hauteur, pour n'enlever que la partie utile et diminuer les frais d'extraction : tantôt il divise son travail en massifs, qu'il attaque ensuite de front ou par échelons ; il ménage des piliers qui partent de la partie la plus profonde des travaux, et qui se prolongent à de grandes hauteurs, mais dont les intervalles sont soigneusement remblayés. Ailleurs il s'élève sur ses propres déblais, en laissant dans l'intérieur toute la gangue stérile, et n'envoyant au jour que les minérais déjà choisis. Il traverse les masses solides dans tous les sens, les excave avec une hardiesse dont il est souvent victime ; produit des vides immenses que de légers piliers, réservés à regret, soutiennent à peine, et qui donnent à ces antres souterrains cet aspect pittoresque et architectures que les voyageurs décrivent et qu'ils embellissent souvent du fruit de leur brillante imagination.

Le feu, le fer, la poudre et l'eau même sont employés pour arracher à la terre les minérais contenus dans leurs gites. Avant la découverte de la poudre, et à l'époque où les forêts étoient plus communes qu'elles ne le sont aujourd'hui, on attendrissoit avec le feu les roches qui résistoient à l'effort du pic et des coins ; peut-être même les faisoit-on éclater en jetant de l'eau dessus avant qu'elles ne fussent refroidies. La tradition, l'histoire du rocher d'Annibal ; l'examen des vieux travaux, où la trace du feu est encore évidente ; et, enfin, l'usage que l'on en fait encore dans quelques exploitations d'Allemagne, ne laissent aucun doute à ce sujet. Le tirage à la poudre a remplacé très-avantageusement cette ancienne méthode, qui devoit entraîner les plus grands inconvéniens dans les travaux souterrains ; mais on ne doit pas, cependant, la considérer comme étant tout-à-fait dépourvue d'avantages, puisqu'on s'en sert encore dans un pays où l'art des mines est porté à un point de perfection qu'on chercheroit vainement ailleurs.

La poudre est employée avec le plus grand succès pour briser les roches vives et entières, ou pour ébranler celles qui sont crevassées. Lorsque l'explosion a eu lieu (ce que l'on opère, comme on le sait, au moyen d'une cartouche de deux à trois onces que l'on serre dans un trou rond, fait au moyen d'un fleuret), l'ouvrier reconnoît toutes les parties qui ont été ébranlées au son qu'elles rendent sous le marteau. L'effet plus ou moins grand d'une mine tient beaucoup plus à l'intelligence avec laquelle le mineur l'a dirigée, qu'à la quantité de poudre employée. Toutes les pierres ne se cassent pas avec la même facilité : aussi doit-on proportionner la profondeur du trou, la force de la cartouche, et l'épaisseur du bloc que l'on veut détacher, à la qualité de la roche. Les outils du mineur varient aussi avec le gîte qu'il exploite; mais les principaux, ou ceux qui sont communs à presque toutes les localités, sont, pour l'usage de la poudre, les différentes sortes de burins, de fleurets ou pistolets aciérés, les bourroirs simples ou à terre grasse, les curettes, les épinglettes et les petites masses : pour les roches crevassées, ce sont les pics aciérés, les coins, les leviers et les batterans ou grosses masses; pour la houille, ce sont de petits pics très-pointus et effilés, des coins pyramidaux, des pelles, etc. Les pointes et les pointerolles ne sont guère employées qu'à entailler les cavités carrées qui sont destinées à recevoir l'extrémité des pièces de bois servant à consolider les différentes parties des travaux souterrains.

L'eau ne sert qu'à extraire directement le sel qui est contenu dans les gypses et les terres argileuses où il se trouve souvent mélangé. On pratique, à cet effet, dans ces terrains salés, de grandes excavations souterraines qu'on nomme salons : l'on y amène de l'eau douce ou de l'eau peu salée, détournée de quelque source intérieure; on l'y fait séjourner jusqu'à ce qu'elle ait acquis le degré convenable de salure, et on la conduit ensuite aux ateliers, où l'on en opère l'évaporation.

Je ne puis entrer dans les détails techniques de l'art d'exploiter les divers gîtes des minérais; j'en ai dit assez pour faire entrevoir l'étendue de ce sujet, qui commence aux simples excavations des sablonnières, qui s'élève jusqu'aux opérations les plus délicates de la trigonométrie souterraine, et où la boussole, compagne inséparable des marins, devient aussi le guide des mineurs. (BRARD.)

GITH. (*Bot.*) C. Bauhin soupçonne que la plante à laquelle Dioscoride donnoit ce nom et celui de *melanthium*, est la nigelle ordinaire, *nigella arvensis.* Brunsfels et Dodoens avoient eu avant lui la même opinion, et ce dernier combat celle d'autres auteurs, qui croyoient que la plante de Dioscoride pourroit être le *githago*, *agrostemma githago* des botanistes. (J.)

GITH BATARD (*Bot.*), nom vulgaire de la nigelle cultivée. (L. D.)

GITHAGO. (*Bot.*) Nom donné par Tragus à une plante commune dans les blés, connue sous le nom vulgaire de nielle, et que les Italiens nomment *githone.* C. Bauhin et Tournefort l'avoient réunie au genre *Lychnis.* Linnæus, trouvant dans son nombre de cinq styles un caractère distinctif et générique, l'a nommée *agrostemma*, parce que les paysannes en font des couronnes de fleurs, et il lui associoit quelques autres *lychnis* munis de cinq styles. Cette première espèce diffère des autres par ses pétales entiers, nus et plus courts que les divisions du calice. Adanson a, pour cette raison, établi le genre *Githago*, en nommant les autres *coronaria.* Si cette distinction est adoptée, il faudra observer que c'est pour cette première espèce que le mot *agrostemma* a été fait. (J.)

GITHONE. (*Bot.*) Voyez GITHAGO. (J.)

GITON (*Conchyl.*); Adanson, Sénég., p. 124, pl. 8. Très-petite espèce de pourpre. (DE B.)

GIU. (*Ornith.*) Scopoli désigne, par ce nom et par celui de *chiu*, une espèce de petit-duc, d'une couleur cendrée blanchâtre, avec des raies transversales noirâtres, qu'on trouve dans les contrées voisines de la Carniole. (CH. D.)

GIUGGIOLE (*Bot.*), nom italien du fruit du jujubier, selon Daléchamps. (J.)

GIUGGIOLINA (*Bot.*), nom italien, selon Adanson, du sesame, nommé aussi en françois jugéoline. (J.)

GIULA (*Bot.*), nom italien, cité par Dodoens, de son

balsamita minor, qui est l'eupatoire de Mésué, *achillea age-ratum*. (J)

GIUMEITS. (*Bot.*) Un des noms, peut-être défigurés, et cités dans Rauwolf, du *mumeiz* des Arabes, qui est le figuier sycomore. C'est aussi le *giume* de Prosper Alpin, l'*aliumeizi* ou *giumeizi* cité par Daléchamps. Voyez DJUMMEIZ. (J.)

GIVAL (*Conchyl.*); Adanson, Sénég., p. 37, pl. 2 : *Patella græca*, Linn. Espèce du genre FISSURELLE de M. de Lamarck. Voyez ce mot. (DE B.)

GIVAUDANE (*Ornith.*), nom provençal de la perdrix bartavelle, *perdix saxatilis*, Meyer. (CH. D.)

GIVIN. (*Bot.*) C'est le gevuin, *gevuina*, arbre du Chili. (J.)

GIVRE. (*Phys.*) Voyez MÉTÉORES. (L.)

GIWUL, DIWUL (*Bot.*) : noms du *limonia acidissima*, à Ceilan. (J.)

GIXERLE. (*Ornith.*) Voyez GIRERLE. (CH. D.)

GJOEK (*Ornith.*), nom suédois du coucou, *cuculus canorus*. Linn. (CH. D.)

GJOEK TYTA ou TIDA (*Ornith.*), nom suédois du torcol, *yunx torquilla*, Linn. (CH. D.)

GJUGIN. (*Bot.*) Le *geranium palustre* est ainsi nommé au Japon, suivant M. Thunberg. (J.)

FIN DU DIX-HUITIÈME VOLUME.

STRASBOURG, de l'imprimerie de F. C. LEVRAULT, imprimeur du Roi.